Das Schrauberhandbuch

W0071060

Das Schrauberhandbuch

für Motorräder
Bikes und
heiße Öfen

Von
Bernd L. Nepomuck und
Udo Janneck

Mit 260 Abbildungen

Moby 🐋 Dick

Die deutsche Bibliothek - CIP-Einheitsaufnahme

Nepomuck, Bernd L.:
Das Schrauberhandbuch für Motorräder, Bikes und heisse Öfen
/ von Bernd L. Nepomuck und Udo Janneck. - 5. Aufl. - Kiel :
Moby Dick, 1993
  ISBN 3-922843-33-6
NE: Janneck, Udo:

Copyright 1987 Moby Dick Verlag KG, Kiel
1. Auflage November 1987
2. Auflage Oktober 1988
3. Auflage August 1990
4. Auflage August 1991
5 . Auflage Juni 1993
Druck: WDA Grafischer Betrieb, Brodersdorf

ISBN 3-922843-33-6

Gedruckt auf Recycling-Papier

Vorwort zur 1. Auflage

Es geschah in einer lauen Sommernacht im Jahre 1985 am Strand der Kieler Förde, als die Idee entstand.

Wir hockten beim Bier zusammen, während sich der Schein des Lagerfeuers im Lack und Chrom unserer Motorräder widerspiegelte. In dieser Bilderbuchidylle kam das Thema, wie so oft, auf Motorradtechnik. Dem Bierdunst entstieg die Erkenntnis, daß Werkstatthandbücher ein gewisses Fachwissen voraussetzen und außerdem stets nur für eine Maschine gelten.

"Grundlagenbücher gibt's aber auch keine guten", meinte einer aus der Runde. "Die sind entweder nur bunt und teuer oder veraltet oder in Ingenieursdeutsch geschrieben, was schwer zu verstehen ist." Das echte Schrauberhandbuch mußte her mit modernster Motorradtechnik. Klipp und klar und leicht verständlich. Aber alles drin. Umfassendes Grundlagenwissen, gleichzeitig praktisch, mit Wartungs-, Montage- und Reparaturanleitung. Fotos unwichtig, dafür astreine Zeichnungen, wo nur das Wesentliche drauf ist. Kurz: Die Bibel für den Schrauber.

Wir beschlossen, die Idee zu verwirklichen und das Buch zu machen. — Hier ist es!

Daß es zustande kam, verdanken wir Uwe Achterberg und Ulrich Herzog vom Moby Dick Verlag. Für ihre tatkräftige Unterstützung danken wir besonders herzlich Marliese, Uschi, Ines und Renate. Für die Durchsicht der Texte Peti!

Besonderer Dank geht auch an diejenigen, die uns mit Informationen und Illustrationen versorgten: Herr Wilkness (Honda Deutschland), Herr Vetter (Yamaha), BMW, Bosch, Harley-Davidson, Kawasaki, Ducati, Suzuki, Triumph, Benelli, Bing-Vergaser und Dell-Orto-Vergaser.

Vorwort zur 2. Auflage

Wir freuen uns, Euch die zweite Auflage des "SCHRAUBERHANDBUCHES" schon nach so kurzer Zeit vorstellen zu können.

Wir nutzten die Gelegenheit, das Buch textlich und graphisch zu überarbeiten, es runder zu machen. Die erfreulich hohe Nachfrage bestätigte uns, die Autoren und den Verlag, in der Ansicht, ein modernes und praktisches Buch gemacht zu haben....eben die Bibel für den Schrauber.

Bernd L. Nepomuck und Udo Janneck

Inhaltsverzeichnis

1. Der Verbrennungsmotor

1.1. Wie ein Motor grundsätzlich funktioniert

Motoren, die in Motorrädern ihren Dienst tun, sind in der Regel *Ottomotoren*. Sie funktionieren nach dem Vergaserprinzip.

Das bedeutet konkret: Luft wird mit Kraftstoff (Benzin, Zweitaktgemisch) in einem Apparat, Vergaser genannt, vermischt und vom Motor angesaugt. Wobei der Vergaser im Prinzip nichts anderes ist als eine Sonderausführung des Parfümzerstäubers, wie er auf Muttis Frisierkommode steht.

Weil diese Motoren das angesaugte Kraftstoff-Luft-Gemisch verbrennen, heißen sie Verbrennungsmotoren. Die Zündung erfolgt elektrisch mit Hilfe des Funkens einer Zündkerze.

Motorradmotoren sind in der Regel Kolbenkraftmaschinen. Die Kraft des verbrennenden Gemisches wirkt auf den Boden eines Kolbens und treibt schließlich über eine sinnvolle Mechanik das Hinterrad des Fahrzeugs an.

In alten Büchern und Zeitschriften aus den Kindertagen der motorisierten Fortbewegung hießen solche Motoren Explosionsmotoren. Der Verbrennungsvorgang im Motor hat allerdings nicht viel mit einer Explosion zu tun...

Ein Verbrennungsmotor, der vom Otto-Prinzip abweicht, ist der *Wankelmotor*. Er war eine Zeitlang als Motorradantrieb modern. Schwierigkeiten technischer Art und die enorme Verfeinerung des Hubkolbenmotors, wie der "Otto" sonst noch heißt, ließen den Wankel fürs erste in der Mottenkiste der Zeit verschwinden.

Der *Dieselmotor*, auch ein Hubkolbentriebwerk wie der Ottomotor, ist für Motorräder noch zu schwer. Er hat zu wenig Leistung und nicht gerade viel Temperament.

Er ist aber auch bekannt durch seine traditionelle Haltbarkeit. Bei sorgfältiger Konstruktion würde er die Motorradtechnik um ein sparsames und langlebiges Antriebsaggregat bereichern.

Zurück zu den Grundlagen. In unserer Kolbenkraftmaschine läuft der Kolben in seinem Arbeitszylinder von oben nach unten - und wieder zurück.

Diese Auf- und Abbewegung wird über eine Pleuelstange auf eine Kurbelwelle übertragen. Sie macht aus einer gradlinigen eine drehende Bewegung: Eine Umwandlung findet statt! Erst mit dieser Drehbewegung beginnt ein Motor zu leben, ist die Voraussetzung für den Antrieb eines Motorrades geschaffen. Der Arbeitszylinder wird oben abgedichtet durch den Zylinderkopf. In ihm befinden sich die beim Viertaktmotor wichtigen Kanäle und Ventile (der Zweitaktmotor braucht sie nicht).

Wenn der sich aufwärts bewegende Kolben seinen höchsten Punkt erreicht hat, ändert er die Laufrichtung und strebt nach unten. Dieser Umkehrpunkt nennt sich oberer Totpunkt (OT). Unterer Totpunkt (UT) heißt der untere Umkehrpunkt des Kolbens.

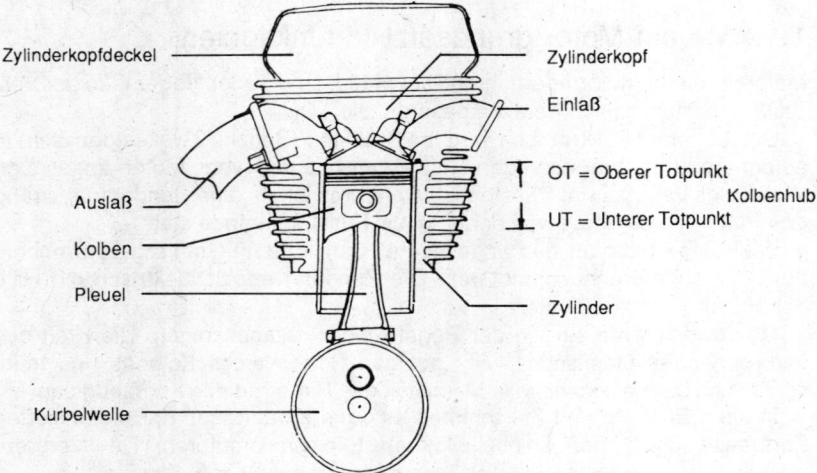

Der Weg, den der Kolben zurücklegt, heißt Kolbenhub oder einfach "Hub". Der Raum, den der Kolben ausfüllt, wenn er von "UT" nach "OT" fährt, nennt sich folglich "Hubraum". Als "Kurbeltrieb" hat sich die Bezeichnung für Kolben, Pleuelstange und Kurbelwelle eingebürgert. Sie sind die Haupterkennungsmerkmale der Kolbenkraftmaschine.

Der Ottomotor setzt die Kräfte, die im Kraftstoff als chemische Energie gebunden sind, bei der Verbrennung mit Hilfe des Sauerstoffs aus der Luft in mechanische Energie und Wärmeenergie um.

Der Zylinder des Motors ist während dieses Verbrennungsvorganges nach allen Seiten abgedichtet. Die Ventile sind geschlossen (Viertaktmotor). Die nachgiebigste Stelle ist der Kolben selbst. Er befindet sich im Augenblick der Zündung im Bereich des oberen Totpunktes (OT). Der durch die Verbrennung entstandene Druck treibt den Kolben nun Richtung UT im Zylinder nach unten. Seine Hubbewegung versetzt die Kurbelwelle über Pleuel und Hubzapfen in eine Drehbewegung. Die Wärme im Motor erreicht während der Verbrennung Spitzenwerte bis zu 2500° Celsius. Jeder weitere Arbeitstakt setzt noch mehr Wärme frei! Die Temperatur im Motorblock steigt und hätte, würde sie nicht weggekühlt, den Motor bald zerstört.

Diese Wärmeenergie kann bei einem Motorradmotor kaum genutzt werden. Eine gewisse Betriebstemperatur von 85° bis 130° Celsius ist zwar nötig, um das Motoröl optimal schmierfähig zu halten, das angesaugte

Kraftstoff-Luft-Gemisch besser zu vergasen. Aber ansonsten würde sie sich schädlich auswirken, wenn man sie nicht abführte. Turbolader nutzen zwar den Druck der heißen Abgase im Motor, aber der komplizierte und teure Aufbau lohnt sich bei Motorradmotoren nicht. Diese haben mit weniger Aufwand auch so reichlich Leistung.

Das, was an produzierter Energie (z.B. Wärme) nach der Verbrennung im Motor nicht mehr genutzt werden kann, bezeichnet man als "Energieverluste".

In unserem Motor entstehen Verluste an mechanischer Energie durch Reibung und den Antrieb von Hilfsgeräten, Verluste an Wärmeenergie durch Wärmeabstrahlung und Abgaswärme, Verluste an chemischer Energie durch schlechte Verbrennung und unverbranntes Frischgas.

Der Wirkungsgrad zeigt das Verhältnis von reingesteckter Energie und abgegebener Leistung auf. Dabei besteht die chemische Energie aus dem Kraftstoff und die abgegebene Leistung aus der mechanischen Energie. Der Ottomotor verwertet letztlich nur 25%. Das ist dann die Nutzleistung des Motors. Sie wird in PS, seit etlichen Jahren auch in kW (Kilowatt) ausgedrückt.

reingesteckte Energie (Kraftstoff)	Verluste (Wärme, Abgas)	mechan. Energie (Nutzleistung PS)
100%	– 75%	= 25%

Energiebilanz

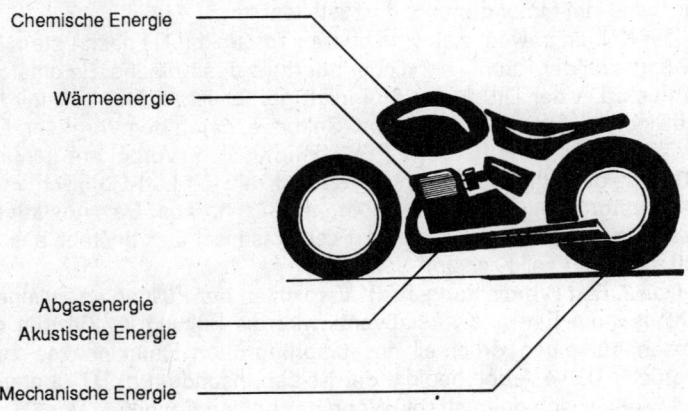

Chemische Energie

Wärmeenergie

Abgasenergie
Akustische Energie

Mechanische Energie

1.1.1. Der Viertaktmotor

Er trägt die Hauptlast im Verkehrsalltag und hat sich im Laufe von Jahrzehnten durch Sparsamkeit, niedrigen Lärmpegel, Umweltverträglichkeit, Laufruhe, Robustheit und gute Kraftentfaltung auch bei niedrigen Drehzahlen bestens bewährt. Dies, obwohl er komplizierter aufgebaut ist als sein Konkurrent, der Zweitaktmotor.

Der Otto-Viertaktmotor besitzt vier Arbeitstakte: Ansaugen, Verdichten, Verbrennen und Ausstoßen.

Zur Steuerung des Wechsels von "Frischgas" (dem Kraftstoff-Luft-Gemisch) und den verbrannten Gasen sind Ventile eingesetzt. Sie werden durch eine sinnvolle Mechanik über die Kurbelwelle gesteuert.

Das Viertaktprinzip

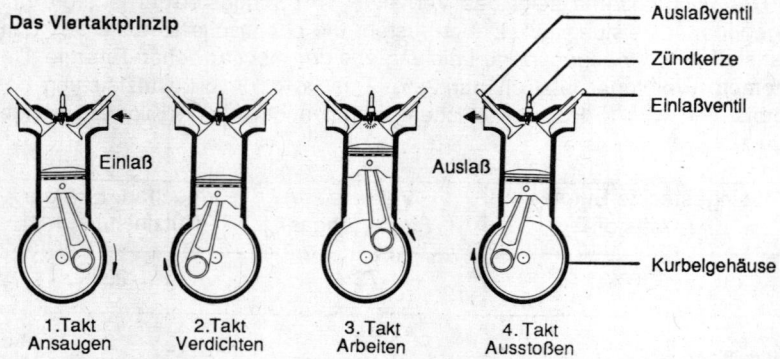

| 1.Takt | 2.Takt | 3. Takt | 4. Takt |
| Ansaugen | Verdichten | Arbeiten | Ausstoßen |

Beginnen wir mit dem *1. Takt* (Ansaugtakt) auf unserem Weg, die Funktionsweise im Motor genauer darzustellen.

Der Kolben bewegt sich vom oberen Totpunkt (OT) nach unten. Dabei vergrößert sich der Raum im Zylinder oberhalb des Kolbens. Es entsteht ein Unterdruck. Da der Druck der Außenluft größer ist, strömt Luft mit hoher Geschwindigkeit, etwa 100 Meter pro Sekunde, durch den Vergaser. Dabei reißt sie den Kraftstoff in feinsten Tröpfchen mit sich. Vorbei am geöffneten Einlaßventil gelangt das so entstandene Kraftstoff-Luft-Gemisch in den sich stetig vergrößernden Zylinderraum und füllt ihn aus. Das Auslaßventil bleibt hierbei geschlossen. Die ideale Frischgasmischung besteht aus 15 Teilen Luft auf einen Teil Kraftstoff.

Der *2. Takt* (Verdichtungstakt): Verdichten der Füllung im Zylinder. Bei geschlossenem Ein- und Auslaßventil wird die Füllung im Zylinder durch den Kolben auf einen Bruchteil des ursprünglichen Rauminhaltes zusammengedrückt. Diese Arbeit beginnt der Kolben, nachdem er UT überwunden hat und wieder nach oben strebt. Wenn der Kolben dann kurz vor OT angelangt

4

ist, füllt das nun komprimierte Frischgas diesen Raum völlig aus. Der Zylinderkopf besitzt an seiner Unterseite eine Wölbung. Sie ist der Öffnung des Zylinders zugewandt und sieht halbkugelförmig, manchmal dachförmig aus. In ihr liegen die Sitze der Ein- und Auslaßventile. Auch das untere Ende der Zündkerze wird an einer zentralen Stelle in den "Verdichtungsraum" von außen eingeschraubt.

Die Verdichtungsangaben in den technischen Daten von Motoren sind nun einfach zu verstehen. So bedeutet eine Verdichtung von 9:1, daß der Rauminhalt des Zylinders plus dem Inhalt des Verdichtungsraumes von neun Teilen auf ein Teil zusammengedrückt wird.

Die Verdichtung alleine bewirkt schon einen Druckanstieg im Zylinderraum. Dabei erwärmt sich das zusammengepreßte Frischgas auf etwa 400° Celsius. Das wiederum führt zu einer Vergrößerung des Volumens der Mischung im Verdichtungsraum (heiße Gase dehnen sich aus!) - Folge: Der Druck steigt weiter an. Wenn der Kolben endlich auf OT hochgefahren ist, drängt sich das hochgespannte, brennbare Gemisch auf engstem Raum zusammen. Es fehlt nur noch der sprichwörtliche "Funke am Pulverfaß". Der Zündzeitpunkt ist erreicht!

Im *3. Takt* (Arbeitstakt) erfolgt nun die lang erwartete Arbeitsleistung. Die in den Verdichtungsraum hineinragende Zündkerze zaubert einen elektrischen Funken herbei und die "geballte Ladung" geht hoch.

Infolge der sich jetzt rasch ausbreitenden Verbrennung (etwa 2 Millisekunden) steigt die Temperatur des brennenden Gases bis auf etwa 2500° Celsius an. Es entsteht ein immenser, steil ansteigender Druck im Zylinderkopf (30 bis 60 bar); der Verdichtungsraum wandelt sich zum Brennraum.

Die mit hoher Geschwindigkeit auseinanderstrebenden Gase drücken auf den Kolben und schieben ihn nach unten in den Zylinder hinein. Währenddessen breitet sich die Flammenfront über den ganzen, sich stetig vergrößernden Zylinderraum aus.

Im *4. Takt* (Auspufftakt) werden die verbrannten Gase ausgestoßen. Bevor der Kolben im Arbeitstakt ganz unten bei UT angelangt ist, öffnet sich das Auslaßventil. Das gibt den noch unter Druck stehenden Gasen die Möglichkeit, sich zu entspannen.

Der nach Erreichen von UT wieder aufwärtsschiebende Kolben stößt die Abgase hinaus, er hat unter diesen Umständen kaum Widerstand zu überwinden. Die in den Auspuff entweichenden Gase haben eine hohe Ausströmgeschwindigkeit. Das Donnergrollen eines Einzylinders oder das turbinenartige Pfeifen eines Vierzylinders haben darin ihre Ursache. Die Abgastemperatur beträgt dabei immer noch etwa 600° bis 800° Celsius - ein Grund, weshalb Auspuffanlagen so heiß werden und verchromte Auspuffkrümmer oft blau anlaufen. Nachzutragen sind noch einige Bemerkungen zu einzelnen Ar-

5

beitstakten, die ein vollständiges Bild von den beschriebenen Vorgängen vermitteln.

Im 2.Takt, dem Verdichtungstakt, sollen durch den Druck des hochgespannten Frischgases die Kraftstoffteilchen (Tröpfchen) näher an die Sauerstoffpartikel der Luft herangedrückt werden, so daß die Vermischung inniger wird, wirksamer noch als durch das Zerstäuben des Kraftstoffes im Vergaser. Man kann sagen: Je größer die Verdichtung des Gemisches, desto wirksamer die Verbrennung und letztlich auch die Leistung des Motors. Moderne Motorräder haben hochverdichtete Motoren. Doch ohne die Entwicklung leistungsfähiger Kraftstoffe wäre auch eine Verdichtung von 9:1, 10:1 oder 11:1 unmöglich. Das führt uns zum Problem der vorzeitigen Entzündung (Kopfzündung) des hochverdichteten Kraftstoff-Luft-Gemisches. Diese leistungssenkenden und den Motor schädigenden Auswirkungen besprechen wir im Kapitel 3.8.: "Benzin und seine Eigenschaften."

Während des Arbeitstaktes (3.Takt) entsteht bei einer relativ vollständigen Verbrennung des Kraftstoff-Luft-Gemisches CO_2 (Kohlendioxyd), H_2O (Wasserdampf) und Wärme.

Die heute vieldiskutierten Giftstoffe, die beim Betrieb von Otto-Motoren entstehen, ergeben sich aus einem bestimmten Problem: Kein Motor hat über den gesamten Drehzahlbereich eine gleich gute Verbrennung. Luft-Kraftstoff- Verhältnis von 15:1 wird selten erreicht. Auch moderne Vergaser oder Einspritzanlagen, optimal eingestellt, ändern daran nicht viel.

Ein Nachverbrennungssystem oder ein Katalysator wäre eine Lösung. Im Automobilbau wird das schon praktiziert. Für Motorräder mit Viertaktmotoren ist das Problem auch nicht so drängend, da ihre leistungsoptimierten Motoren einen sehr geringen Stickoxidanteil in die Luft blasen (im Vergleich zum Auto, versteht sich). Der Kohlenwasserstoffgehalt ist beim Viertaktmotor allerdings recht hoch. Mofas, Mopeds, Leichtkrafträder und überhaupt alle Zweitaktmotorräder haben es da schon schwerer. Ihre Emissionen weisen im Vergleich zum Viertakter hohe Schadstoffwerte auf. Konsequenzen werden nicht lange auf sich warten lassen.

Die Hauptschwierigkeiten beim Katalysator für Viertaktmotoren liegen in den bauartbedingten Vibrationen bei Motorrädern. Das auch diese Schwierigkeiten zu meistern sind, zeigt die Tatsache, daß der erste Nachrüstkatalysator für Motorräder auf dem Markt ist, der entgegen allen Unkenrufen die Leistung des Motors nicht vermindert.

Natürlich haben die Firmen kein so großes Interesse, ihre Motorradmodelle mit einem sowieso geringen Schadstoffanteil im Abgas noch mit einem kostentreibenden Katalysator zu versehen. Außerdem ist der Anteil der relativ wenigen Motorräder, gemessen an vielen Millionen Autos, an der Gesamtemission äußerst gering. Aber wachsendes Umweltbewußtsein wird auch hier seinen Preis fordern.

6

1.1.2. Der Zweitaktmotor

Der Zweitaktmotor, eine Variante des Otto-Motors, ist schon seit Mitte des letzten Jahrhunderts bekannt.

Nach dem 2. Weltkrieg wurde er zum beliebtesten Motorradmotor in den mittleren und unteren Hubraumklassen. Vor allem seit der Erfindung der Umkehrspülung waren die Vorteile gegenüber dem Viertakter so groß, daß er 60% dieses Marktes beherrschte. Er war unkompliziert aufgebaut und preiswert, zeigte sich drehfreudiger als ein Viertakter und hatte als Alltagsmaschine vergleichsweise akzeptable Kraftstoffverbräuche.

Das änderte sich erst ab den sechziger Jahren, als Viertaktmotoren soliderer Bauart und kostengünstigerer Massenfertigung im Alltagsbereich immer stärkere Bedeutung erlangten. Zweitaktmotorräder wurden in den kleineren sportlichen Sektor verdrängt. Heutzutage ist die Sportdomäne beherrscht von den Zweitaktern, und die alltagstauglichen Motorräder besitzen zum größten Teil Viertaktmotoren.

Doch nicht nur die Marktlage hat sich geändert. Das Motorrad besitzt heute fast ausschließlich Freizeitwert, da Autos mittlerweile so billig sind, daß fast jeder sich das schützende Dach seiner motorisierten Fortbewegung leisten könnte. Mehr noch, es ist gleichzeitig so normal geworden, im automobilen Massenverkehr mitzuschwimmen, daß die gähnende Langeweile und der unerfüllte Sinn fürs Abenteuerliche die Freude am Automobilismus inzwischen zu ersticken droht.

Darin lag wohl auch die große Renaissance der Motorräder Mitte der siebziger Jahre, als vor allem junge Leute mit Begeisterung fürs ursprüngliche Fahrerlebnis das Motorradfahren für sich neu entdeckten.

So läßt sich auch die breite, mehr sportliche Komponente in der Motorenentwicklung leichter erklären. Alltagsmotorräder für den Weg zur Arbeit und den Einkauf in Supermärkten bräuchten längst nicht so kompliziert, PS-gesteigert und aufregend zu sein, wie sie es heute sind.

Das Erlebnis des sportlichen Fahrvergnügens führte auch zum Bau neuer Zweitaktmotorräder, deren moderne Hochleistungstriebwerke ähnlich kompliziert, doch leistungsfähiger sind als vergleichbare Viertaktmotoren.

Lediglich die Mofa-, Moped-, Klein- und Leichtkraftrad-Scene wird noch zum größten Teil von simplen, wartungsarmen und drehfreudigen Zweitaktern alten Schlages majorisiert.

Das Prinzip des Otto-Zweitaktmotors besteht darin, daß er nach jedem 2.Takt einen Arbeitstakt verzeichnen kann. Eigentlich tut er dies wie ein Viertaktmotor. Nur daß sich die Funktionen Ansaugen, Verdichten, Arbeiten und Ausstoßen innerhalb zweier Kolbenhübe abspielen - beim Viertakter sind dazu ja vier notwendig. Im Zweitaktmotor laufen die Arbeitszyklen nicht nur oberhalb des Kolbens ab, wie beim Viertakter, sondern auch im Kurbelgehäuse. Das wird deutlich, wenn wir die Arbeitsweise des Zweitakters unter die Lupe nehmen.

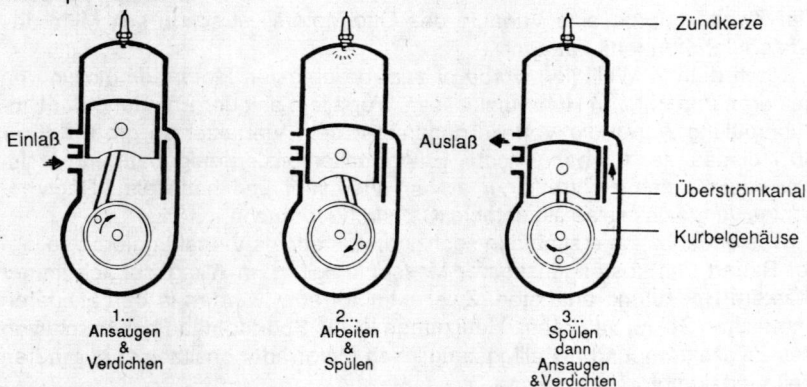

1... Ansaugen & Verdichten	2... Arbeiten & Spülen	3... Spülen dann Ansaugen &Verdichten

Beginnen wir mit dem 1. Takt, dem Ansaug- und Verdichtungstakt. Der aufwärtsgehende Kolben erzeugt durch die Vergrößerung des Kurbelraumes unter dem Kolben einen Unterdruck im Kurbelgehäuse (etwa 0,4 bar). Das Kurbelgehäuse, in dem die Kurbelwelle gelagert ist, muß zu diesem Zweck gasdicht sein. Bei Freigabe des Einlaßschlitzes im Zylinder durch die untere Kolbenkante strömt Frischgas aus dem Vergaser in den Kurbelraum. Diese Frischgase haben durch den Unterdruck eine hohe Einströmgeschwindigkeit und füllen den Raum rasch aus.

Das inzwischen durch die Überströmkanäle in den Zylinderraum oberhalb des Kolbens geflutete, im letzten Arbeitszyklus vorverdichtete Frischgas wird durch den Kolben weiter verdichtet. Die Zündung erfolgt dann kurz vor OT mittels einer zentral im Zylinderkopf eingelassenen Zündkerze. Während die Flammenfront sich im Verbrennungsraum weiter ausgebreitet hat, überschreitet der Kolben OT.

Die Macht des nun voll einsetzenden Verbrennungsschubes drückt ihn vehement nach unten. Der Kolben leistet Arbeit und leitet den 2. Takt ein. Auf seinem Weg nach unten, Richtung UT, verringert sich der Raum im Kurbelgehäuse und verdichtet das dort im 1.Takt eingelagerte Frischgas. Kurz vor UT gibt die obere Kolbenkante den Auslaßschlitz frei. Die verbrannten Gase entspannen sich und strömen in den Auslaßkanal. Wenig später gibt der Kolben auch die Überströmschlitze im Zylinder frei. Das vorverdichtete Frischgas strömt aus dem Kurbelgehäuse in den Zylinderraum und spült die restlichen Abgase hinaus. Beide Öffnungen, Auslaß- und Überströmkanäle, sind nun für kurze Zeit gleichzeitig offen. Bevor beide Öffnungen wieder vom Kolben abgedeckt werden - er unterschreitet UT und gleitet zum 1.Takt wieder nach oben - entweichen leider auch Frischgase aus dem Zylinder.

8

Sie gelangen durch den Auslaßkanal unverbrannt in den Auspuff. Das ist ein wichtiger Grund für den hohen Kraftstoffverbrauch von Zweitaktmotoren.

Der Zweitaktzyklus beginnt mit dem Einströmen von Frischgas aus dem Vergaser in das Kurbelgehäuse von vorne.

Übrigens – der blaue Qualm und der Gestank von Zweitaktmotoren hat mit der Beimengung von Öl in den Kraftstoff (zum Zwecke der Motorschmierung) zu tun.

1.1.3. Unterschiede zwischen Zwei- und Viertaktmotoren

Zweitaktmotoren haben doppelt so viel Arbeitstakte wie Viertaktmotoren. Während ein Viertakt-Einzylinder im Verlaufe von vier Takten nur einen Arbeitstakt liefert – seine Kurbelwelle macht dabei zwei volle Umdrehungen – zündet ein Zweitakt-Einzylinder bei jeder Kurbelwellenumdrehung einmal.

Das ließe den Schluß zu: "Zweitakter besitzen die doppelte Leistung!" Leider ist dem nicht so. In Wirklichkeit leisten sie nur das 1,3 bis 1,5-fache des Viertaktmotors.

Das ist trotzdem noch recht viel und wohl auch ein Grund dafür, daß Zweitaktmotoren zur Zeit in Straßenrennen, aber auch beim Moto-Cross an der Spitze liegen. Neue Einlaß- und Auslaßsysteme, verbunden mit einem geringen Eigengewicht, machen sie schier unschlagbar. Doch was sind die Nachteile? Es gibt derer drei:

1. Der leidige Umstand, daß ein Teil des Frischgases beim Spülvorgang mit im Auspufftrakt verschwindet (siehe: "Der Zweitaktmotor") und dem Motor nicht mehr für die Energieerzeugung zur Verfügung steht. Geringere Motorleistung und relativ hoher Kraftstoffverbrauch sind die Folgen.
2. Im Zylinder bleiben Abgase zurück, die beim Auspufftakt nicht vollständig herausgedrückt werden und sich dann beim Spülvorgang mit dem Frischgas vermischt haben. Sie senken die Motorleistung, da sie unbrennbar sind.
3. Die Einlaßschlitze zum Kurbelgehäuse, die vom Kolben wie ein Schieber auf- und zugemacht werden, sind nur zu einem Fünftel des Hubweges geöffnet, während der Viertakter den vollen Ansaughub für das "Inhalieren" des Frischgases zur Verfügung stellen kann.

Doch es gibt auch Vorteile! Zweitaktmotoren haben keine Ventile und Nokkenwellen zur Steuerung von Ein- und Auslaß. Einfache Zweitaktmotoren werden schlitzgesteuert im Umkehrspülverfahren (siehe: "Der Zweitaktmotor"). Diese normalen, sehr häufig vertretenen Motoren sind je nach Charakteristik auf einen sportlichen oder mehr tourenmäßigen Stil hin konstruktiv festgelegt. Die sportliche Variante bietet mehr Kraftentfaltung im oberen

Drehzahlbereich, was für hohe Geschwindigkeiten unerläßlich ist. Es bedeutet aber auch häufigeres Schalten der Gänge. Dagegen besitzt die alltagstaugliche Tourenversion ihre Leistungsentfaltung im unteren und mittleren Drehzahlspektrum. Das ist, bei Stadtverkehr und Tourenfahrten, höchst entspannend und nervenschonend.

Sportliche Modelle neuerer Konstruktion haben Membran- oder Drehschiebereinlaßsysteme, auf die wir noch im Unterkapitel 1.2. eingehen werden. Hochmoderne Triebwerke, aus Rennsportversionen abgeleitet, sind da schon komplizierter im Aufbau. Mehr darüber im Unterkapitel: "Die Steuerung des Gaswechsels beim Zweitaktmotor".

Das Schmiersystem von Zweitaktern zeigt einen weiteren markanten Unterschied zum Viertakter auf. Der Zweitaktmotor wird mit einem Frischgas versorgt, das in seiner Mischung von Kraftstoff und Luft auch einen Ölanteil besitzt. Er wird, bei reiner Mischungsschmierung, mit dem Kraftstoff im Tank vermengt oder mittels einer Frischölschmierung mit separater Ölpumpe, vom Motor angetrieben, aus einem separaten Öltank in den Vergaser gepumpt. In kleinen Dosen erfolgt dort die Beimengung des Öls zum entstehenden Kraftstoff-Luft-Gemisch. Dieses Verfahren nennt sich Frischölschmierung (mehr darüber in 1.5.).

Bei der Schmierung des Viertakters hingegen wird frisches Motoröl an die wichtigsten Stellen wie Kurbelwelle, Kolbenlaufbahn, Ventiltrieb etc., direkt gepumpt oder geschleudert. Das ablaufende Öl sammelt sich im Ölsumpf unten im Motor. Ganz im Gegensatz zum Zweitakter, der diesen Raum dringend als Vorverdichtungsraum für seine Arbeit benötigt. Siehe auch Unterkapitel 1.5.: "Wie Viertaktmotoren geschmiert werden!"

Die Umweltverträglichkeit von Zweitaktmotoren ist unumstritten schlechter als beim Viertakter. Trotz Abmagerung der beigemischten Ölmenge von 1:20, 1:25 auf 1:40 und sogar auf 1:50 (ein Liter Motoröl auf 20, 25, 40 oder 50 Liter Kraftstoff), dem Allernotwendigsten, stinkt und qualmt ein Zweitakter leider noch wie zuvor: Er verbrennt Öl im Arbeitstakt. Besonders dann, wenn die Fördermenge der Ölpumpe beim Frischölschmierer falsch eingestellt oder nicht gewartet wurde oder wenn dem Mischungsschmierer die falsche Dosis Öl in den Kraftstoff gemischt wurde.

Zum Schluß sei noch der bekanntermaßen schlechte Leerlauf des Zweitaktmotors erwähnt. Das liegt an der Auslegung der Überströmkanäle. Sie sind naturgemäß auf höhere Drehzahlen getrimmt. Im Leerlauf ist deshalb die Füllung des Zylinders mit Frischgas nicht optimal. Sie ist von Zufallsfaktoren abhängig. Wenn man sich an den holprigen Leerlauf gewöhnt hat, stört er aber nicht sehr.

10

1.1.4. Ein- und Mehrzylindermotoren

Beim Einzylinderviertaktmotor sind drei Leertakte erforderlich, das sind Ansaugen, Verdichten und Ausstoßen, um den einen Arbeitstakt zu erzeugen. Der Druck, der im Arbeitstakt produziert wird (siehe Prinzip Viertaktmotor), wirkt auf die Kurbelwelle als Drehkraft. Da die vorausgegangenen Leertakte ihrerseits keinen Druck auf die Kurbelwelle ausüben, entsteht somit eine unregelmäßige Druckbelastung.

Die auf diese Art bei jeder zweiten Kurbelwellenumdrehung entstehende starke Drehkraft wirkt auf den Hubzapfen der Kurbelwelle. Die lange Pause zwischen den Arbeitstakten, verantwortlich für die Drehkraftschwankungen, versucht man durch Schwungmassen an der Kurbelwelle auszugleichen. Deren Aufgabe ist es, Bewegungsenergie, im Arbeitstakt entstanden, zu speichern und während der Leertakte wieder abzugeben. Das Ganze beruht auf dem Gesetz der Massenträgheit.

Das Prinzip kennen wir von den Spielzeugautos mit Schwungradantrieb, die, einmal in Bewegung gesetzt, lange weiterrollen, ohne, daß ein zusätzlicher Antrieb existiert.

Doch Schwungmasse alleine kann Drehkraftschwankungen, die sich am Motorrad als Vibrationen bemerkbar machen, nicht zufriedenstellend ausgleichen. Die Schwungmasse kann auch nicht beliebig groß gewählt werden. Ihre Trägheit beim Beschleunigen und Verzögern würde sich im Fahrbetrieb als unpraktisch erweisen.

Steigert man das Tempo eines solchen Fahrzeuges, würde es eine kleine Ewigkeit dauern, bis die Maschine auf Touren käme. Beim Abbremsen oder Gaswegnehmen wäre der Schwung nur durch brutales Abbremsen zu vermindern.

Höhere Drehzahlen verlagern das Problem nur. Die Schwingungen würden schneller aufeinander folgen, grobes Schütteln von feineren Vibrationen abgelöst. Kurbelwellenbrüche, abvibrierende Teile, eingerissene Bleche und - ja, eingeschlafene Füße und Hände wären unangenehme Folgen.

Die Lösung besteht in verschieden angewandten Techniken. Die erste und einfachste ist ein sauber ausgewuchteter Kurbeltrieb. Kolben, Pleuel und Kurbelwelle werden in Verbindung mit einer Schwungmasse präzise aufeinander abgestimmt. Wenn dann der Motor noch für mittlere Drehzahlen (etwa 5000...6500 1/Min.) ausgelegt ist, ergeben sich zivile Vibrationswerte. Die meisten Einzylinder wurden nach diesem Konzept bis in die achtziger Jahre gebaut.

Mehr Leistung verlangt höhere Drehzahlen. Erst die Einführung zusätzlicher Ausgleichswellen in hochdrehenden Ein- und Mehrzylindern war ein gelungener Schritt zur Lösung dieses Problems. Die Ausgleichswelle hat

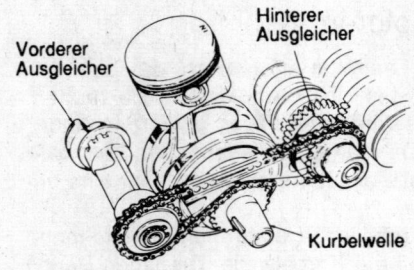

Vorderer
Ausgleicher

Hinterer
Ausgleicher

Kurbelwelle

Honda XL 250 S

eine der Kurbelwelle entgegengesetzte Drehrichtung. Sie hat mit
ihren Ausgleichsgewichten eine
Massenträgheit, die jener der Kurbelwelle, von der sie angetrieben
wird, entgegenwirkt, und unterstützt
die Wirkung der Ausgleichsgewichte
an der Kurbelwelle.

Eine Beruhigung des Motor-
gleichlaufes ist die Folge. Hohe
Drehzahlen verursachen keine allzu
großen Probleme mehr. Trotzdem ist das Leistungsvermögen und der
Gleichlauf von Motorrad-Einzylindermotoren begrenzt; Drehzahlen, Hubräume und Ausgleichswellen können, auch aus physikalischen Gründen,
nicht beliebig vergrößert werden.

Doch die Vorteile liegen um so klarer auf der Hand. Der Einzylinder hat ein

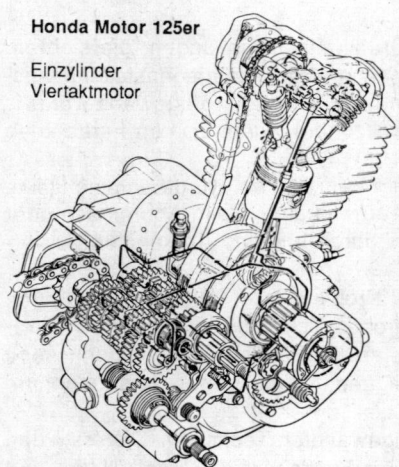

Honda Motor 125er

Einzylinder
Viertaktmotor

geringes Eigengewicht, was die
ganze Maschine beweglicher macht.
Deshalb wird er mit Vorliebe im
Moto-Cross, beim Geländesport und
in Enduros eingesetzt.

Aber auch in leichten Straßenmotorrädern, Klein- und Leichtkraft-
rädern und erst recht in Mokicks,
Mopeds und Mofas ist er zu finden.
Da kommt dann ein weiterer angenehmer Zug zum Tragen. Er ist
einfach im Aufbau, was vor allem für
Zweitakteinzylinder gilt, dadurch
leichter zu reparieren und bequem
einzustellen.

Sein Konsum an Öl und Kraftstoff
ist erfreulich gering. Übrigens: Zweitakteinzylinder haben trotz doppelter
Arbeitstakte pro Kurbelwellenumdrehung, was den Gleichlauf ungemein
fördert, ähnliche Probleme wie der Viertakter.

Zwar hat der, bei vergleichbarem Aufbau des Kurbeltriebes, wesentlich
mehr Vibration, doch mit zunehmendem Hubraum und Drehzahl werden die
Schwierigkeiten ähnlicher.

Maßnahmen zur Eindämmung von Gleichlaufschwankungen und Erzeugung eines befriedigenden Massenausgleiches sind dann weitgehend identisch.

12

Mehrzylindermotoren sind entwickelt worden, um dem Ottomotor mehr Leistung und größere Laufruhe anzuerziehen. Motoren mit großen Hubräumen und entsprechender Leistung lassen sich nur als Mehrzylindermotoren realisieren. Es gibt moderne Einzylinder mit bis zu 650 ccm (Suzuki LS 650 Savage), doch bleiben die Hauptprobleme des ungenügenden Massenausgleiches bei hohen Drehzahlen bestehen. Der Sinn der Zylindervermehrung liegt also:

1. in höherer Leistung
2. im ruhigeren Motorlauf
3. in der Möglichkeit, große Hubräume zu nutzen.

Der erste Grund ist eng verbunden mit den folgenden zwei. Hohe Drehzahlen, verbunden mit kleinen, erst recht aber mit großen Hubräumen, können erstaunliche Leistungen hervorbringen.

Die benötigte Laufruhe, um in diese hohen Drehzahlbereiche aufsteigen zu können, wurde durch Aufteilen des Hubraums auf mehrere Einzelzylinder erreicht. Diese verteilen die Kraft ihrer Arbeitstakte relativ gleichmäßig auf die gemeinsame Kurbelwelle. Folglich haben solche Motoren auch mehr Laufruhe.

Wie beim Einzylinder-Viertakter schon erwähnt, zündet dieser in vier Takten nur ein einziges Mal (im Arbeitstakt), was zwei Kurbelwellenumdrehungen bis zur nächsten Zündung bedeutet. Ein unangenehm großer Abstand.

Der Zweizylinder-Parallel-Motor und der Boxerzweizylinder haben ihren Arbeitstakt schon alle zwei Takte (Viertakter). Bei jeder Kurbelwellenumdrehung einmal. Das ist ein Fortschritt.

Der Zweizylinder-Zweitaktmotor aber, mit um 180° versetztem Hubzapfen, zündet bei jedem zweiten Takt. Revolutionär! Das bedeutet eine halbe Kurbelwellenumdrehung pro Arbeitstakt. Eine solchermaßen "beruhigte Kurbelwelle" mit gleichmäßig häufigen Arbeitstakten läßt einen ruhigen, vibrationsarmen Motorlauf entstehen.

Da bleibt dem Viertakt-Zweizylindermotor nichts anderes übrig, als noch zwei Zylinder anzufügen, will er einen ähnlich guten Rundlauf erreichen. In diesem Falle zündet auch der Viertakt-Vierzylinder pro halbe Kurbelwellenumdrehung einmal. Als Fazit läßt sich sagen: Je mehr Zylinder desto besser.

Sechszylinder, Achtzylinder oder gar Zwölfzylinder im Automobilbau legen dafür Zeugnis ab. Die Grenze der Zylindervermehrung im Motorradbau liegt heute bei sechs Zylindern. Andernfalls werden die Motoren zu schwer, die Fahrzeuge zu unhandlich.

Doch Grenzen setzt auch der Trend der jeweiligen Mode, Nostalgie, die ganze Philosophie der Zylinder. Ob Zweizylinder-V-Motoren oder Einzylinder, Singles; ob Vierzylinder Reihe oder V, liegend, stehend und so weiter... Das Motorrad ist fast jeder Rationalität entschlüpft, oft in den Himmel

Kraftwirkung auf die Kurbelwelle

(Übertragbar auf 1-Zylinder-Motoren als Einzelkennlinie sowie auf 2-Zylinder mit um 180 Grad versetztem Hubzapfen)

Die Wandprojektion zeigt die Summe der Kraftwirkung auf die Kurbelwelle

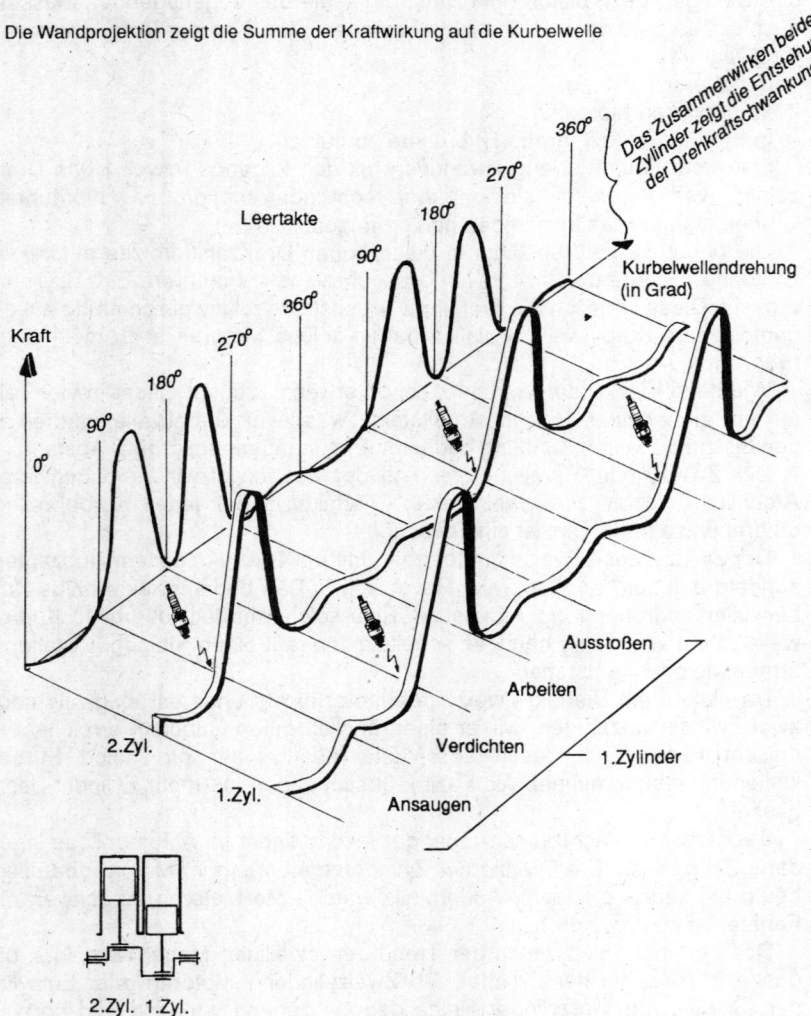

Das Zusammenwirken beider Zylinder zeigt die Entstehung der Drehkraftschwankung

Kurbelwellendrehung (in Grad)

Leertakte

Kraft

Ausstoßen

Arbeiten

Verdichten

Ansaugen

2.Zyl.

1.Zyl.

1.Zylinder

2.Zyl. 1.Zyl.

Die Drehkraftschwankungen beim Vierzylindermotor (Reihenmotor) sind recht gering, wie die Verteilung der Kräfte zeigt

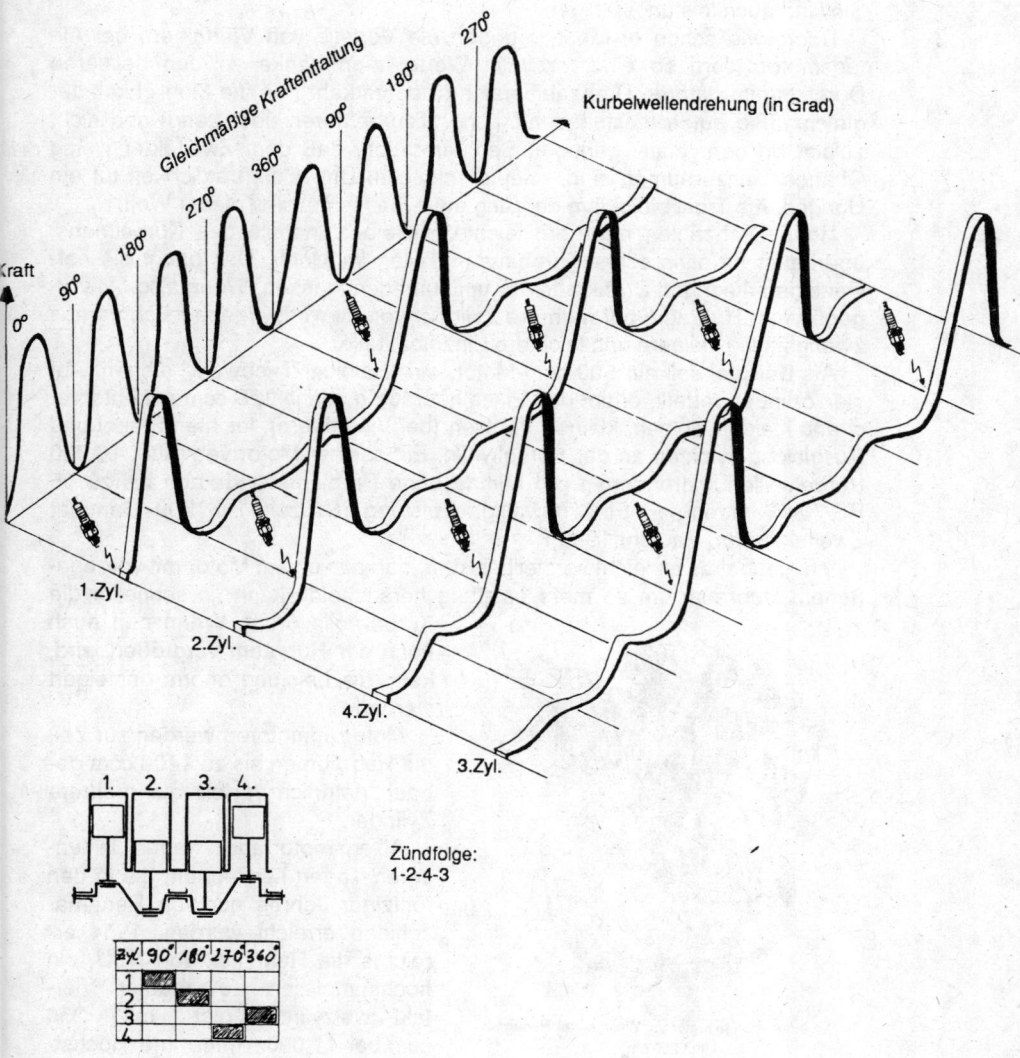

Zündfolge:
1-2-4-3

15

mystischer Weltanschauung versetzt. Das sichert ihm sein Überleben und uns die Sinnlichkeit des Fahrens.

Zurückgekehrt zum Motorengleichlauf: Zweitakter sind prinzipiell im Vorteil. Auch können sie ebensoviele Zylinder haben wie Viertaktmotoren. Sie sind auch leistungsfähiger.

Doch, wie schon erwähnt, ergeben die Vorteile von Viertaktern bei Alltagsmotorrädern so eindrucksvolle Werte, man denke an den besseren Durchzug im unteren Drehzahlbereich (Stadtverkehr), an die Möglichkeit der gleichmäßig guten Leistungsentfaltung (Tourenfahren über Land) und nicht zuletzt an den relativ geringen Spritverbrauch, daß dem Zweitakter wenig Chancen einzuräumen sind. Seine schlechte Umweltverträglichkeit tut ein Übriges. Als Trost bleibt ihm der Sieg auf allen Rennpisten dieser Welt.

Hohe Drehzahlen erfordern leichte Einzelbestandteile des Kurbeltriebs, überhaupt an allen schnell drehenden Teilen im Motor. Das bringt die notwendigen niedrigen Drehkräfte der umlaufenden Massen. Wenn also ein vorgegebener Hubraum auf mehrere Zylinder verteilt wird, ergeben sich daraus zwangsläufig kleinere und leichtere Einzelbauteile.

Als Beispiel soll ein 500 ccm-Motor, ein "Halbliter-Triebwerk" dienen. Auf vier Zylinder verteilt, ergibt das Einzelhubräume von je 125 ccm mit entsprechend kleinen Kolben, kleinen Ventilen (bei Viertaktern), leichten Pleuel und Ausgleichgewichten an der Kurbelwelle. Ein solcher Motor verkraftet 10.000 Kurbelwellenumdrehungen pro Minute ohne Probleme und kann bis zu 95 PS/70kW erzeugen. Eine gewaltige Leistung (Szuzuki RG 500 Gamma, Zweitaktmotor, Baujahr 1985)!

Ich glaube, es ist leicht vorstellbar, daß man aus einem Motor mit vorgegebenem Hubraum um so mehr Leistung herausholen kann, je schneller die Kurbelwelle dreht. Wenn nun auch noch der Hubraum vergrößert wird, kann die Leistung enorm gesteigert werden.

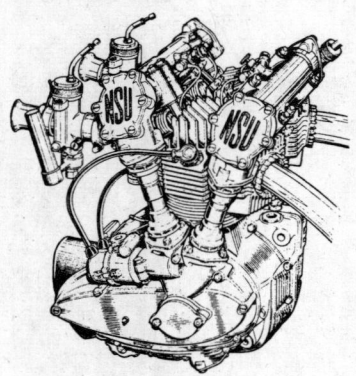

Der einbaufertige Motor der Weltmeister-Rennmax mit 250 cm^3

Motorradmotoren werden zur Zeit mit Hubräumen bis zu 1400 ccm gebaut, natürlich verteilt auf mehrere Zylinder.

Alltagsmotorräder haben in unseren Tagen Leistungen, die in den fünfziger Jahren nur von Rennmaschinen erreicht wurden. 1954 erreichte die Rennmax von NSU, ein hochkompliziert aufgebauter Viertakt-Zweizylindermotor mit 250 ccm, bei 11.000 1/min. ihre Höchst-

16

leistung (39 PS/29 kW). Eine RG 250 Gamma von Suzuki mit ebenfalls 250 ccm, ein sportliches Zweizylinder-Zweitaktmotorrad von 1986, mit 9.500 1/min., bringt sogar 10 PS/7 kW mehr! Dabei galten Zweitaktmotoren Anfang der Fünfziger als nur begrenzt leistungsfähig, dominierten Viertakter souverän im Renngeschehen, was sich in den 60er Jahren aber schon bald änderte.

Wenn man also auf diese Weise Motoren von damals und heute vergleicht, wird deutlich, daß nicht nur Hubraumgröße, Zylinderzahl, Drehzahl der Kurbelwelle und Materialien den sich wandelnden Einflüßen der Motorenentwicklung unterworfen sind. Grundlagenforschung der physikalischen Vorgänge im Verbrennungsraum und Erkenntnisse über die "schwingende Gassäule" (siehe nächstes Unterkapitel), die den enormen Leistungszuwachs moderner Motoren erst möglich gemacht haben, hatten entscheidenden Anteil an der Gestaltung moderner Motoren.

Populärster Vertreter des modernen Mehrzylindermotors im Motorradbau war von Anbeginn der Zweizylinder in seinen verschiedensten Bauweisen. Ende der 60er Jahre gesellte sich ihm der Vierzylinder zu. Ein Mauerblümchendasein führen nach wie vor die Drei- und Sechszylindermotoren.

Lassen wir einmal die Galerie der vielen Zylinder an uns vorbeiziehen. Beginnen wir mit dem *Reihenzweizylinder*. Seine beiden Zylinder bilden einen gemeinsamen Zylinderblock, *Parallel-Twins* oder *Gleichläufer* genannt, da sich die beiden Kolben auf gleicher Höhe in ihren Zylindern auf und ab bewegen. Die Kurbelwelle ist entsprechend quer zur Fahrtrichtung, der Zylinderreihe folgend, eingebaut. Der Parallel-Twin hat einen mäßig guten Gleichlauf. Im oberen Drehzahlbereich neigt er zu starken Vibrationen, wenn keine Ausgleichswelle eingebaut ist. Kraftentfaltung im unteren Drehzahlbereich ist seine Stärke. Motoren diesen Typs findet man vor allem bei den berühmten englischen Motorrädern wie Norton, Triumph, BSA und AJS.

Wenn die Kolben im Zweizylinder-Reihenmotor infolge versetzt angeordneter Hubzapfen (180°) an der Kurbelwelle entgegengesetzt auf- und ablaufen, hat man es mit einer Variante des Reihenmotors zu tun. Er nennt sich dann *Gegenläufer* und ist bei modernen Motoren kleiner bis mittlerer Hubräume der meistverwendete. Verbunden mit ein oder zwei Ausgleichswellen läuft er verhältnismäßig ruhig, auch bei hohen und höchsten Drehzahlen. Motoren dieser Bauart werden nach dem Viertakt- und nach dem Zweitakt-Prinzip gebaut. Als Zweitaktmotor hat er die hohe Laufruhe eines Viertakt-Vierzylinders. Sein Druckzugsvermögen ist nicht so gut wie das des Gleichläufers.

Berühmt in Deutschland ist der *Boxer-Zweizylindermotor*, untrennbar mit BMW verbunden. Seine beiden Zylinder sind entgegengesetzt auf einem gemeinsamen Motorgehäuse angebracht. Der Motor ist flach gebaut und verleiht dem Motorrad einen günstigen Schwerpunkt, die Maschine ist somit leichter zu handhaben. Die Kurbelwelle verläuft längs der Fahrtrichtung. In den alten Douglas-Motorrädern aus England waren, anders als bei BMW, Boxermotoren in einigen Modellen quer eingebaut. Kühlungsprobleme mit dem hinteren Zylinder ließen diese Variante bald verschwinden. Die Kolben bewegen sich beim Boxermotor in ihren Bahnen gleichzeitig nach außen und nach innen, daher der Name "Boxer", seinem vierzylindrigen Verwandten begegnen wir noch weiter unten.

Der Boxermotor hat einen recht guten Rundlauf. Bei niedrigen Kurbelwellenumdrehungen neigt er allerdings zum Schütteln. Bei normalen Drehzahlen im Fahrbetrieb läuft er sauber rund. Ein zuverlässiger und haltbarer Motor! Seine Bauweise erlaubt es, die Kurbelwelle direkt (ohne Primärantrieb) via Kupplung mit dem Getriebe zu verbinden. Das verkleinert die Reibung im Motor und spart Energie.

Der *V-Motor* sieht oft aus wie ein Boxer, dem man die seitlich liegenden Zylinder nach oben geklappt hat. Doch nicht nur seine Kolben laufen anders. Der Motor wird längs gebaut wie ein Boxer, mit Kurbelwelle in Fahrtrichtung oder quer, ein Zylinder nach vorn, einer nach hinten. V-Motoren ersterer Bauart werden zum Beispiel von Moto Guzzi, der berühmten italienischen Marke, eingesetzt. Quer eingebaute Motoren werden verwendet in Motorrädern so bekannter Firmen wie Harley Davidson, USA, oder Ducati, Italien. Bezeichnet wird der V-Motor nach dem Winkel, den das V der beiden Zylinder bildet. Da gibt es z.B. den 90° V-Motor der Ducati-Königswellenmaschine 900 SS. Der 90° V-Motor zeichnet sich übrigens durch große Laufruhe aus. Er läßt sich gleichermaßen gut als Sport- wie als Alltagstourer konstruieren. Vierzylinder V-Motoren sind hochmodern und bei Honda in fast allen großen Motorradmodellen zu finden. Bei V-Motoren anderer Winkelgrade müssen technische Kniffe benutzt werden, um ähnlich gute Eigenschaften zu erreichen. Motoren mit engem Zylinderwinkel bauen allerdings nicht so lang bzw. breit. Je nach Einbaulage von V-Motoren ist das Erscheinungsbild des Motorrades somit schlanker oder bulliger.

Dreizylindermotoren gibt es als Reihenmotor quer eingebaut, als Reihe liegend der Länge nach (BMW K75 C/S) und in speziellen Fällen, mit einem stehenden und zwei liegenen Zylindern, als Dreizylinder-Zweitaktmotor (Honda NS 400 R). Dreizylindermotoren haben bei um 120° Kurbelwinkel versetzt angeordneten Hubzapfen recht gute Rundlaufeigenschaften (Laverda RGS 1000 Jotoa). Allerdings empfiehlt sich ab Werk der Einbau einer Ausgleichswelle, wie BMW sie für die K 75 C/S vorsieht.

Die Entwicklung von Vierzylindermotoren mit geringer Baubreite – alle Nebenaggregate wurden hinter den Motor verlegt - machten den Vorteil der geringen Breite von quer eingebauten Reihendreizylindern zunichte. Auch die Energiespargeschichte zieht nicht mehr, da Vierzylinder heute genausowenig Sprit verbrauchen. Bleibt ein geringeres Eigengewicht und

18

die Einsparung eines wartungsträchti- gen Zylinders samt Einstellerei.

Der Vierzylinder ist der wohl wichtigste Vertreter im heutigen Motorenbau. Es gibt ihn in etlichen Varianten:

Kawasaki GPX 750 R
Vierzylinder-Reihenmotor mit
Wasserkühlung; quer eingebaut

Als *Reihenmotor quer* eingebaut (Kawasaki GP Z 1000 RX), als *Reihenmotor der Länge nach* (BMW K100), als *Boxermotor* längs liegend (Honda Gold Wing GL 1200 DX), als *90° V-Vierzylinder*, längs eingebaut (Honda VFR750 F) oder als *Square Four* mit zwei gekoppelten Kurbelwellen und vier Zylindern, von oben betrachtet wie eine Vier auf einem Würfel (Ariel 1000 Square Four oder RG 500 Gamma von Suzuki). Der Vierzylinder ist für alle Hubraumgrößen passabel, von 250 ccm (Benelli 254) bis 1200 ccm (Yamaha FJ 1200). Er vereint die Vorzüge hoher Laufruhe und Drehzahlfestigkeit mit der Möglichkeit großer Hubräume und Leistungen, bei geringer spezifischer Belastung der Einzelzylinder und damit auch der beteiligten Bauteile. Er erreicht hohe Kilometerleistungen und ist in langer Entwicklungszeit herangereift. Lediglich sein hohes Eigengewicht gereicht ihm, wie auch dem Sechszylinder, zum Nachteil.

Der *Sechszylindermotor* wurde von Benelli, einer italienischen Marke, in die Serie eingeführt (Benelli 750 Sei Bauj. 1975). Im Rennsportgeschehen hatte vorher schon, in den 60er Jahren, Mike Hailwood mit Sechszylinder 250 ccm (!) Honda-Rennmaschinen die Weltmeisterschaft gewonnen. In der Serienfertigung für den Motorradmarkt kreierte Honda dann im Dezember 1977 die CBX mit 1000 ccm und 105 PS/77 kW, als Reihensechszylinder quer eingebaut.

Sechszylinder haben einen sagenhaften Gleichlauf und kaum Vibrationen. Ihr Leistungspotential ist enorm. Ihr größter Nachteil ist die unförmige Breite des Motors, wenn man sie als Reihenmotor quer einbaut. Sechs Einzeltöpfe nebeneinander

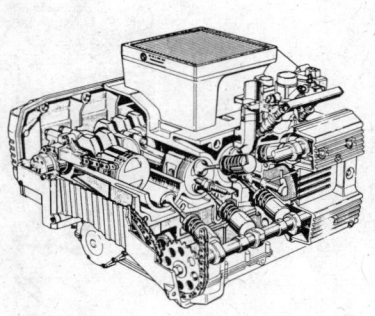

BMW K 100, Vierzylinder in Reihe (liegend)

19

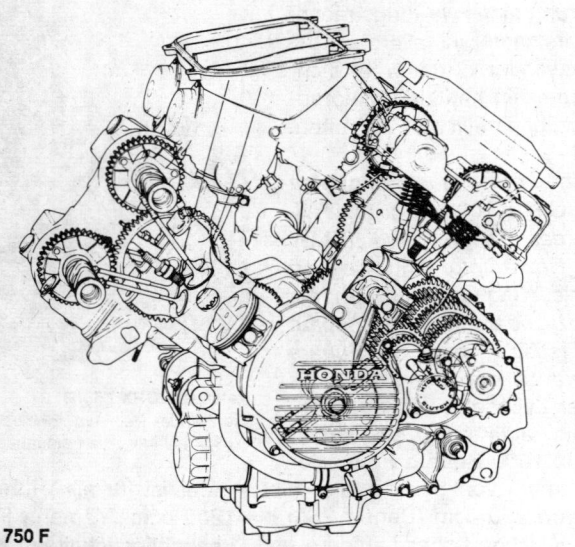

Honda VFR 750 F
Flüssigkeitsgekühlter Vierzylinder-Viertakt 90° V-Motor
Bohrung x Hub 70.0x48.6 mm, 748 cm^3
Max. Leistung 74 kW (100 PS)/10500 min^{-1}, Max. Drehmoment 7,8 kg m/8500 min^{-1}
Ventilsteuerung über stirnradgetriebene Nockenwellen (DOHC) und gewichtsarme Schwinghebel
mit Kugelbolzen, 16 Ventile
Gleitgelagerte Kurbelwelle mit 180° Hubzapfenversatz

**Benelli Sei
900 Sport**

Sechszylinder-Reihenmotor (luftgekühlt)

20

brauchen viel Platz. Ein hohes Eigengewicht kommt hinzu. Für zukünftige Generationen, als Sechszylinder Reihenmotor der Länge nach eingebaut oder als Sechszylinder 90 Grad V-Motor, aber im Bereich der Möglichkeit. Ein Superschwergewicht und PS-Monster für die kommenden Jahre?

1.2. Prinzipieller Aufbau von Motoren, ihren Bestandteilen und Baugruppen

Grundsätzlich hat ein Ottomotor folgende Komponenten:
— Motorgehäuse mit Kurbelraum, Zylinder und Zylinderkopf
— Kurbeltrieb mit Kurbelwelle, Pleuel und Kolben
— Ventilsteuerung bei Viertaktmotoren bzw. Ein- und Auslaßvorrichtung bei Zweitaktern
— Motorkühleinrichtung
— Schmierölversorgung
— Vergaseranlage, seltener Kraftstoffeinspritzung
— Luftfilterung
— Auspuffanlage
— Kraftübertragung
— Zündanlage
In diesem und den folgenden Kapiteln werden die beschriebenen Motorbaugruppen im Mittelpunkt unserer Erörterung stehen.

1.2.1. Motorgehäuse, Kurbeltrieb und Wellen

Das Kurbelgehäuse ist im Motorgehäuse integriert und dient der Aufnahme und Lagerung der Kurbelwelle. Es besteht, wie das gesamte Motorgehäuse, aus einer gegossenen Aluminiumlegierung. Bei den meisten Motortypen ist das Schaltgetriebe im Motorgehäuse mit enthalten. Beispiel: Yamaha SR 500, ein Viertakteinzylinder. Gegenbeispiel: BMW R 65, ein Viertakt-Zweizylinder Boxermotor mit angeflanschtem, separatem Schaltgetriebe.
   Um eine Reparatur an Kurbelwelle und Innereien durchführen zu können, ist so ein Motorgehäuse entweder:
— horizontal teilbar - beide Motorhälften sind wannenartig ausgeformt,
— vertikal teilbar - zwei Gehäusehälften umschließen Kurbeltrieb und ein eventuelles Schaltgetriebe von zwei Seiten,
— als festes Gehäuse ausgeführt, "ausnehmbar wie eine Weihnachtsgans" und verschiedentlich mit einer abnehmbaren Ölwanne ausgestattet.

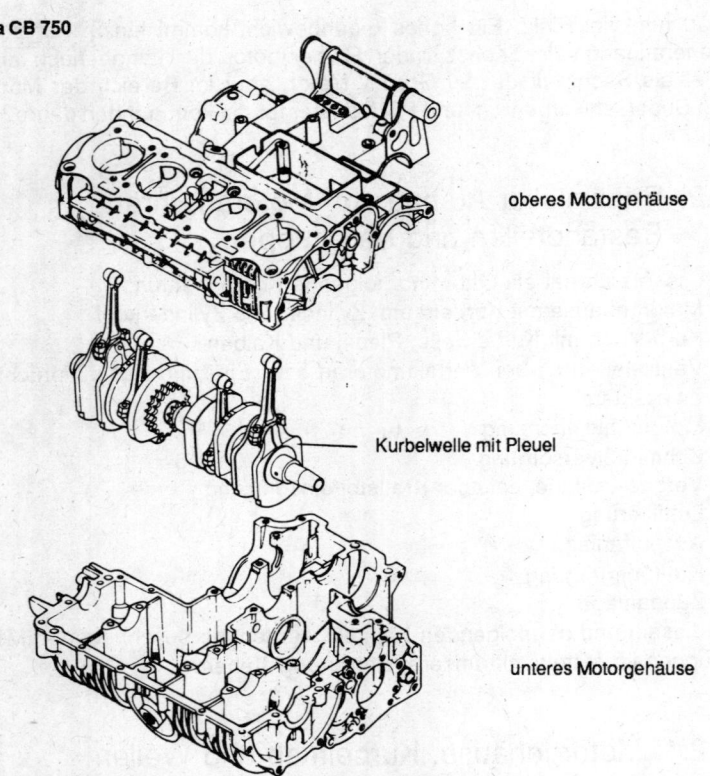

Honda CB 750

oberes Motorgehäuse

Kurbelwelle mit Pleuel

unteres Motorgehäuse

Horizontal geteiltes Motorgehäuse eines Vierzylinder-Reihenmotors, quer eingebaut, mit integriertem Getriebe

Kurbelgehäuse von Zweitaktmotoren müssen gasdicht sein, weil das Frischgas darin vorverdichtet wird. Nicht nur das! Bei Mehrzylinderzweitaktmotoren hat jeder Zylinder aus diesem Grunde sein eigenes, gegen die anderen und die Außenwelt abgedichtetes Kurbelgehäuse.

Kurbelgehäuse von Viertaktern sind da nicht so problematisch. Zwar müssen auch sie dicht sein, wegen des Öls im Motorsumpf (das ist der unterste Teil des Kurbelgehäuses), doch sind Unterteilungen im Kurbelraum nicht nötig.

Dafür müssen Kurbelgehäuse von Viertaktmotoren gut be- und entlüftet werden. Der rauf- und runterlaufende Kolben im Zylinder produziert, wenn er gegen UT läuft, im Kurbelgehäuse einen Überdruck. Wechselt er die Laufrichtung nach OT, entsteht ein Unterdruck. Beides ist beim Viertaktmotor

22

Rechtes Motorgehäuse

Kurbelwelle mit zwei Pleuel

Linkes Kurbelgehäuse

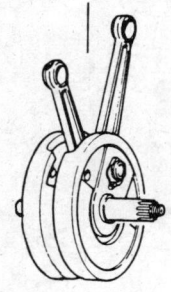
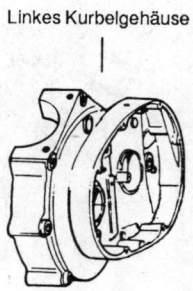

Harley-Davidson-Sportster 900/1100
Vertikal geteiltes Motorgehäuse eines V-2-Motors, der Länge nach eingebaut.

unerwünscht. Durch den Überdruck, aber auch den Unterdruck können Gehäuse und Wellendichtungen durchlässig werden; Motoröl kann ins Freie gelangen.

Eine zur Motorentlüftung verwendete Vorrichtung fällt je nach Fabrikat und Modell unterschiedlich aus. Meist wird über mehrere Kammern ein Druckausgleich hergestellt. Entstandene Öldämpfe aus dem Motor kondensieren in diesem System und das Öl fließt zurück in den Motor. Ein unausweichlicher Rest der Öldämpfe wird durch Rückführung zum Luftfilter im Motor verbrannt. Bei älteren Motoren führt ein Schlauch die Dämpfe ins

Motorgehäuse (ungeteilt)

Kurbelwelle

Zylinder (links)

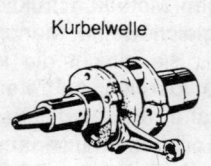
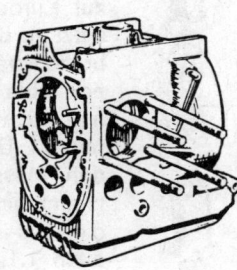
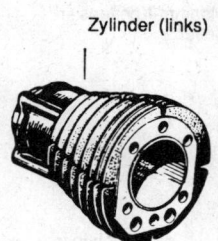

BMW-Boxer-Motor ab-/5
Tunnel-Motorgehäuse mit Zugankern

23

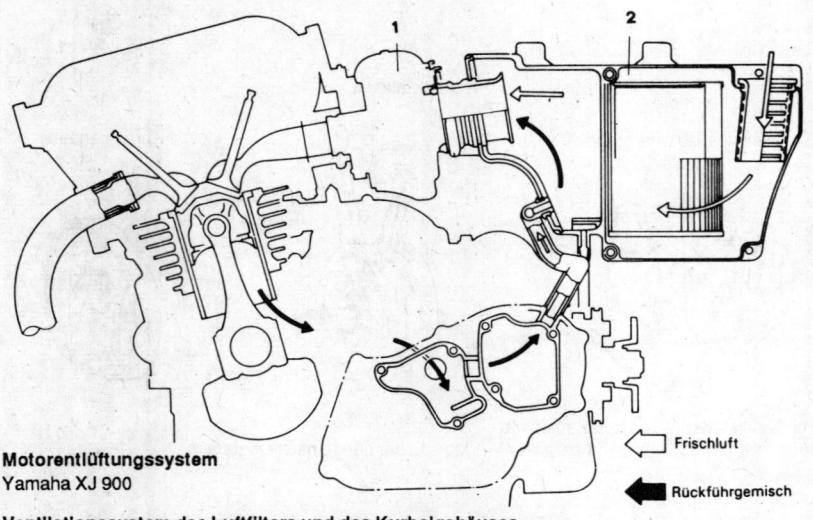

Motorentlüftungssystem
Yamaha XJ 900

Ventilationssystem des Luftfilters und des Kurbelgehäuses

1 Vergaser
2 Luftfilter
schwarze Pfeile = Rückführungsgemisch
weisse Pfeile = Frischluft

⇦ Frischluft

⬅ Rückführgemisch

Freie oder auf die Primärkette. Am Motorgehäuse angebaute Nebenaggregate wie Lichtmaschine und Elektrostarter oder Elemente der Kraftübertragung wie Kupplung und Getriebe sowie Zündkontakte bzw. Impulsgeber der elektronischen Zündanlage sind durch Seitendeckel geschützt und abgedichtet.

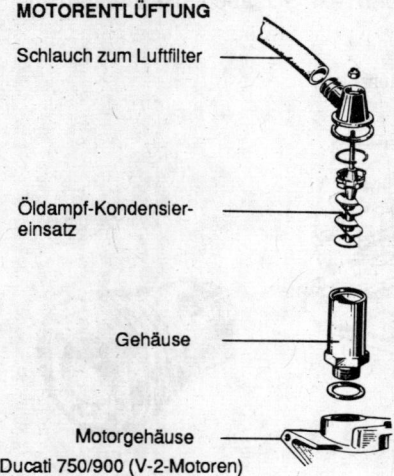

MOTORENTLÜFTUNG

Schlauch zum Luftfilter

Öldampf-Kondensiereinsatz

Gehäuse

Motorgehäuse
Ducati 750/900 (V-2-Motoren)

Im Motorgehäuse läuft parallel zur Kurbelwelle, aber entgegengesetzt zu deren Drehrichtung, bei vibrationsträchtigen Motorkonstruktionen eine Ausgleichswelle. Manchmal auch zwei. Sie gleicht die im oberen Drehzahlbereich auftretenden Massenkräfte aus und übernimmt einen Teil des Massenausgleiches der Kurbelwelle (siehe auch 1.1.: "Ein- und Mehrzylindermotoren").

Bei OHV-Motoren, deren Ventile über Stoßstangen und Kipphebel

24

betätigt werden, liegen die Nockenwellen zur Steuerung dieser Ventile immer innerhalb des Motorgehäuses. Im Gegensatz zu OHC oder DOHC gesteuerten Motoren, bei denen die Nockenwellen immer mit im Zylinderkopf gelagert sind.

OHV ist wie OHC oder DOHC eine Abkürzung aus dem Englischen.

OHV = Over Head Valve, bedeutet: Über dem Verbrennungsraum im Zylinderkopf hängende Ventile.

OHC = Over Head Cam, bedeutet: Oben über den Ventilen liegende Nockenwelle.

DOHC = Double Over Head Cam, bedeutet: Doppelte, über jeweils den Einlaß- und den Auslaßventilen liegende Nockenwelle.

Der Kurbeltrieb besteht aus Kurbelwelle, Pleuel und Kolben. Er wandelt die bei der Verbrennung entstandene gradlinige Kraft in eine Drehkraft um. *Die Kurbelwelle*, Hauptbestandteil des Kurbeltriebes, ist im Kurbelgehäuse gelagert. Sie wird vielfach beansprucht:
— auf Druck, infolge Verbrennung und Verdichtung
— auf Verdrehung, durch Gasgeben oder -wegnehmen
— durch Eigenschwingungen auf Verbiegen
— durch die Fliehkraft von Pleuel und Kolben auf Zug
— Lagerreibung beansprucht die Kurbelwellenoberfläche an den Lagerstellen.
Eine Kurbelwelle muß sorgfältig ausgewuchtet sein, weil jede Unwucht die oben erwähnten Beanspruchungen nur noch mehr verstärkt.

Gemeinsam ist allen Kurbelwellen die gekröpfte Welle, die den Hubzapfen bildet, auf dem das Pleuel mit seinem unteren Lager läuft. Die Zahl der Hubzapfen wird von der Anzahl der Zylinder vorgegeben: Einzylinder = eine Kröpfung = ein Hubzapfen. Vierzylinder = vier Kröpfungen = vier Hubzapfen.

Die Kurbelwellenlager sind als teilbare Gleitlager oder als geschlossene Wälzlager ausgebildet.

Gleitgelagerte Motoren gelten als laufruhiger, sind billig und die Lagerschalen der Kurbelwelle leicht austauschbar. Sie haben aber einen erhöhten Reibwiderstand an den Lagerstellen und müssen mit relativ hohem Öldruck geschmiert werden. Mit Wälzlager versehene Kurbelwellen laufen widerstandsarm, sind aber nach höherer Kilometerleistung unruhiger im Lauf, fühlbar als verstärkt auftretende feine Vibrationen und einen rauheren Motorlauf. Sie sind empfindlich gegen Verschmutzung, dafür in der Schmierung recht anspruchslos. Wälzlager haben zudem eine lange Lebensdauer und laufen nicht heiß.

Falls Wälzlager gewechselt werden, muß die Kurbelwelle zerlegt werden. Da hierfür viele Kilopond Preßdruck benötigt werden, dazu das Neuausrich-

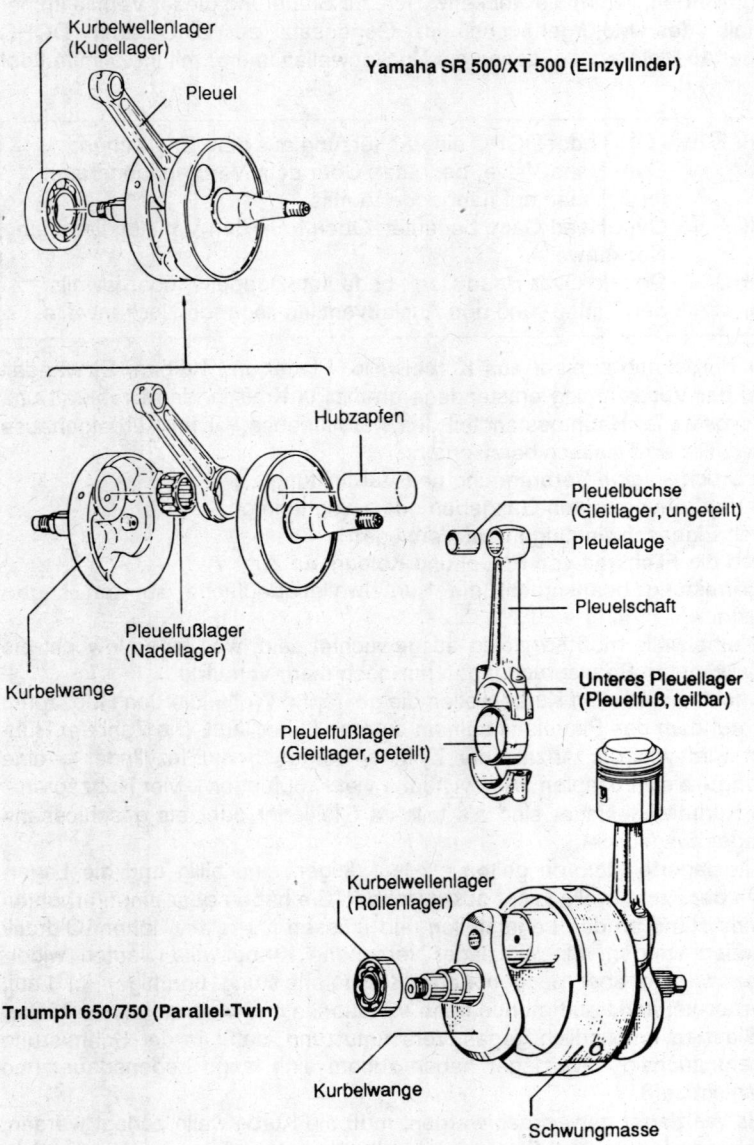

Kurbelwellenlager
(Kugellager)

Pleuel

Yamaha SR 500/XT 500 (Einzylinder)

Hubzapfen

Pleuelbuchse
(Gleitlager, ungeteilt)

Pleuelauge

Pleuelschaft

**Unteres Pleuellager
(Pleuelfuß, teilbar)**

Pleuelfußlager
(Nadellager)

Kurbelwange

Pleuelfußlager
(Gleitlager, geteilt)

Kurbelwellenlager
(Rollenlager)

Triumph 650/750 (Parallel-Twin)

Kurbelwange

Schwungmasse

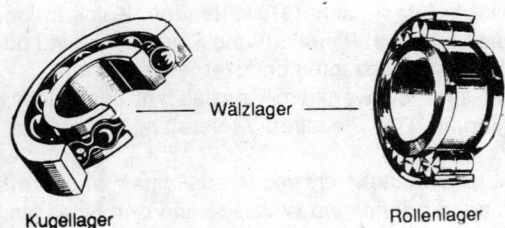

Kugellager

Wälzlager

Rollenlager

Gleitlager
(Zwei Lagerschalen)

ten der Welle nicht ganz einfach ist, sollte man diese Arbeit unbedingt einem Fachbetrieb überlassen.

Hochleistungsmotoren haben eine größere Anzahl von Lagerstellen als Allerweltsmotoren . Ältere weniger als Neue. Das liegt hauptsächlich an der gestiegenen Leistung der Motoren, die infolge der größeren Belastung der Kurbelwelle eine höhere Anzahl von Lagerstellen benötigen.

Einzylinder haben zwei Lager, Zweizylinder zwei bis vier, Vierzylindermotoren sind fünf- bis sechsfach gelagert.

Alle Kurbelwellen haben Ausgleichsgewichte, wobei Form und Art von der Motorenkonstruktion abhängig ist. Die Ausgleichsgewichte werden als Scheiben (Hubscheiben) ausgebildet oder als Kurbelwangen.

Kurbelwellen sind einteilig, im Gesenk geschmiedet oder teilbar, aus zusammengepreßten, manchmal geschraubten Einzelteilen bestehend. Ihre Lagerstellen sind präzise rundgeschliffen. Kurbelwellen sind an der Oberfläche gehärtet, innen dagegen relativ weich, das ist wichtig für ihre Elastizität.

Die Beanspruchung der Kurbelwellen kann gemildert werden durch Ausgleichswellen sowie mit Hilfe von Schwingungsdämpfern auf der Kurbelwelle selbst. Man meidet solche Maßnahmen nach Möglichkeit, weil sie die Kosten und das Gewicht der Motoren hochtreiben. Bei hochdrehenden Ein- und Zweizylindern, sogar bei Vierzylindermotoren (Kawasaki GPZ 900 R z.B.), sind sie unerläßlich geworden.

In den Kurbelwellen von Viertaktmotoren laufen gebohrte Kanäle zum Zwecke der Schmierstoffversorgung von Haupt- und Pleuellager. Besonders Pleuellager sind empfindlich und müssen ausreichend geschmiert werden.

Die Pleuelstange, von der später noch die Rede sein wird, überträgt den Kolbendruck auf die Kurbelwelle. Sie besteht aus Pleuelkopf, auch Pleuelauge genannt, aus dem Pleuelschaft und dem Pleuelfuß. Letzterer sitzt auf dem Hubzapfen der Kurbelwelle.

Das Pleuelauge nimmt den Kolbenbolzen auf. Im Pleuelauge gelagert, erlaubt er eine Kippbewegung des Kolbens nach zwei Seiten. Die Pleuelstange wird durch den Verbrennungsdruck auf Biegen, Knicken und Druck beansprucht. Die Massenkräfte des nach OT laufenden Kolbens beanspruchen sie auf Zug und die Lager von Pleuelfuß und Pleuelauge sind durch die Reibung von Kolbenbolzen und Hubzapfen belastet.

Die Pleuelstange besteht aus hochwertigem Spezialstahl oder einer geschmiedeten Aluminiumlegierung. Der Pleuelfuß ist verstärkt ausgeführt. Er trägt die größte Last.

Das Lager des Pleuelkopfes besteht entweder aus einer eingepreßten Bronzebuchse (einem Gleitlager) oder einem Wälzlager in Form eines Nadellagers.

Das Lager des Pleuelfußes kann im Gegensatz zum Pleuelkopf auch geteilt ausgeführt sein, entsprechend haben gleitgelagerte Motoren dann geteilte Pleuelfüße. Pleuelfußlager von Zweitaktmotoren sind aus Gründen der andersgearteten Schmierung immer Wälzlager. Bei Gleitlagern bestehen die Lagerschalen aus mehrschichtigem Metall. Gleitlager müssen hohe Drücke abkönnen, bei Stößen dämpfend wirken, also relativ weich und elastisch sein, aber trotzdem verschleißarm.

Bei geschlossenem Pleuelfuß werden Nadellager verwendet. Es kann in diesem Falle keine einteilige Kurbelwelle benutzt werden.

Die Ölversorgung für das Pleuelfußlager erfolgt über Bohrungen im Hubzapfen der Kurbelwelle. Von der Kurbelwelle hochgeschleudertes Motoröl aus dem Ölsumpf schmiert das obere Pleuellager (nur Viertaktmotoren). Manche modernen Hochleistungsviertakter haben Spritzdüsen, die per Ölstrahl von der Kurbelwelle aus von unten in den Kolben hineinsprühen und so einerseits das Pleuelauge schmieren, andererseits den Kolbenboden kühlen.

Über Kolben könnte sehr viel gesagt werden. Es sprengte den Rahmen des Buches, kämen nur die wichtigsten technischen Informationen und Tabellen zur Sprache. Wir beschränken uns auf wesentliche Ausschnitte, um Grundaussagen zu vermitteln.

Der Kolben eines Verbrennungsmotors übernimmt die wichtige Aufgabe, den Verbrennungsdruck aufzunehmen und weiterzuleiten. Er dichtet darüberhinaus den Zylinder nach unten gegenüber dem Kurbelgehäuse ab. Kolben von Zweitaktmotoren steuern außerdem noch den Gaswechsel im Motor.

Der Kolben besteht im wesentlichen aus dem Kolbenboden, dem Kolbenringbereich mit den Kolbenringen, dem Kolbenauge mit Kolbenbolzen plus Sicherungsclips sowie dem Kolbenschaft, allgemein auch als Kolbenhemd bezeichnet. Der Kolbenschaft übernimmt die eigentliche Führung im Zylinder.

Unter Kolbenringen versteht man die ein bis drei Kompressionsringe und bei Viertaktern den zusätzlichen Ölabstreifring. Die Kompressionsringe haben die Aufgabe, Druckverluste während der Verdichtung und der Verbrennung zu vermeiden, kein Frischgas in den Kurbelraum zu lassen

28

Kolbensicherungsclips für Kolbenbolzen

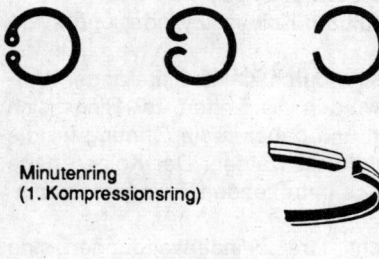

Minutenring
(1. Kompressionsring)

2. Kompressionsring

Ölabstreifring

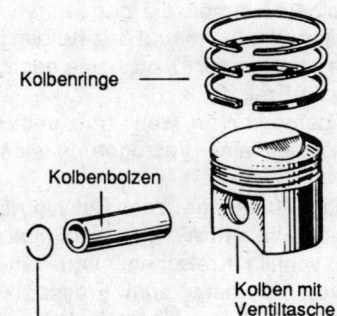

Kolbenringe ———

Kolbenbolzen

Kolben mit
Ventiltasche

Kolbensicherungsclip

und die Wärme des Kolbens an die Zylinderwände zwecks Kühlung abzugeben.

Kolbenringe haben Federwirkung, sind etwas größer als die Zylinderbohrung und drücken auf die Art abdichtend gegen die Zylinderwandung.

Der oberste Kompressionsring ist meist als Minutenring, auch als Topring bezeichnet, ausgebildet. Er berührt mit seiner im Querschnitt spitz zulaufenden Lippe die Zylinderwandung nur linienförmig. Er nutzt sich, wenn er neu ist, gewollt rasch ab, bis auf ein bestimmtes Maß. Dadurch entsteht eine schnellere Anpassung an die Zylinderwandung, was eine hohe Dichtigkeit ergibt. Moderne Kolbenringe sind nach 200 km schonender Fahrweise voll eingelaufen.

In die zweite Ringnut des Kolbens werden normale, im Querschnitt rechteckige Kompressionsringe eingebaut.

Nasenringe mit Abstreifkante sind vor dem Ölabstreifring als dritter Kompressionsring üblich. Sie sind elastisch und passen sich der Rundung des Zylinders gut an.

Bei etlichen Konstruktionen entfällt der zweite Kompressionsring, bei Zweitaktern der Ölabstreifring, weil das Schmieröl mit verbrannt wird.

Die Einbaulage der Kolbenringe ist peinlich genau zu beachten. Meist ist ein "Top" oder "Oben" auf den Ringflanken eingeätzt. Oben versteht sich immer vom Kolbenboden aus gesehen. Kolbenringe

29

sind aus superhartem Spezialstahl, elastisch, aber nicht sehr bruchfest. Der Einbau ist recht diffizil und es braucht Geduld und Geschick. Besondere Aufmerksamkeit kommt dem Einführen des Kolbens in den Zylinder zu. Mehr darüber im Kapitel 2.3.: "Wiederaufbau: Kolben, Zylinder und Zylinderkopf".

Die Kolbenringe von Zweitaktmotoren sind durch kleine Stifte gegen Verdrehen gesichert. An einer Seite offen, würden die Enden der Ringe sich sonst während der Kolbenhübe verdrehen und dabei in die Öffnung für die Einlaß-, Auslaß- oder Überströmkanäle gedrückt werden. Der Kolben hätte sie im Nu brutal abgerissen. Der Ausfall des betreffenden Zylinders, zumindest ein Druckabfall, wäre die Folge.

Viertakter haben solche Probleme nicht. Ihre Zylinderwandungen sind ohne Durchbrechungen glatt. Dafür brauchen sie den vorhin erwähnten Ölabstreifring. Er verhindert das Eindringen von Motorenöl in den Verbrennungsraum und auf diese Art die Entwicklung von störender Ölkohle im Verbrennungsraum, in den Ventilen und im Auslaßkanal.

Die Bildung eines dünnen Ölfilms auf der Zylinderwandung nach jedem Verbrennungstakt wird und darf von den Kolbenringen nicht beeinträchtigt werden. Er ist für die Gleitfähigkeit des Kolbens verantwortlich und damit für seine Funtkion von entscheidender Bedeutung.

Wenn der Ölfilm reißt, sind es immer wieder die Kolben, die zuerst festgehen.

Wenn so im Zylinder Metall auf Metall reibt, verschweißen Zylinderwandung und Kolben bzw. Kolbenringe durch die hohe Reibungswärme in Sekundenbruchteilen miteinander. Von Gleitfähigkeit keine Spur mehr, müssen sie mit Hammer und Holzklotz wieder roh voneinander getrennt werden. Das soeben dargestellte Szenario kennt jeder unter dem Namen "Kolbenfresser".

Doch jedem Kolbenfresser geht ein Kolbenklemmer voraus. Reißt der Ölfilm nur punktuell, entstehen kurze Kolbenklemmer, die der Fahrer nicht einmal merkt. Lediglich Spuren an der Zylinderlaufbahn und den Kolben bzw. Kolbenringen deuten darauf hin. Sie geben nach einer Demontage des Zylinders späthin Auskunft über das unerfreuliche Ereignis.

Kolbenklemmer stärkerer Ausprägung bemerkt man, wenn trotz unbewegtem Gasdrehgriff während der Fahrt plötzlich eine Verzögerung einsetzt. Keine Angst!

Es kann auch etwas anderes sein, Kraftstoffmangel zum Beispiel. Doch Vorsicht ist geboten - Kupplung ziehen und anhalten! Wer das nicht beachtet, bekommt möglicherweise das typische, schrille Kreischen gequälten Materials zu hören, das den Übergang vom Klemmer zum Fresser kennzeichnet. Wenn nach dem Abkühlenlassen und dem Überprüfen der möglichen Ursachen der Motor ohne Geräusche wieder anspringt und weiterläuft, ist der Kelch des Elends noch einmal an Dir vorbeigegangen. Ist der Motor aber fest, steht der Kickstarter unbeweglich, geht der Anlasser in die Knie, als wenn kein Saft mehr in der Batterie wäre - dann ist wohl ein Kolbenfresser angesagt.

Ursachen für Kolbenklemmer respektive Kolbenfresser können sein:

1. Ölmangel im Motor, bedingt durch Unachtsamkeit (der Ölstand sollte in keinem Falle unter die Minimum-Markierung fallen) oder Leckagen am Motor, die den Ölstand nach und nach vermindern.

2. Überhitzung des Motors bei Vollgasfahrten auf der Autobahn mit Fahrzeugen,die dafür nicht gebaut wurden. Z.B. englische Motorräder mit ihren langhubigen Motoren oder alte deutsche Maschinen, deren Graugußzylinder die anfallende Wärme relativ schlecht abgeben können, und die als Allerweltsmotorräder in ihrer Zeit für Staub, Schotter und Kopfsteinpflaster hergestellt wurden, nicht aber für schnelle Betonpisten der achtziger Jahre.

— Weiterhin: Fehler im Kühlungssystem bei flüssigkeitsgekühlten Motoren oder etliche abgebrochene Kühlrippen an luftgekühlten Antriebsaggregaten.

— Ein defekter Ölkühler am Motor bewirkt, wenn er verstopft ist, einen rapiden Temperaturanstieg des Motorenöls. Wenn darauf nicht geachtet wird, zeigt die Maschine bald Überhitzungserscheinungen. Symptome dafür besprechen wir in "Kapitel 1.4.", wo auf die Kühlung der Motoren eingegangen wird.

— Ferner ergeben sich Probleme bei stark verschmutzten Zylindern, nach einer Schlammschlacht etwa, wenn der Fahrtwind nicht mehr an die Kühlrippen gelangen kann.

— Ein Sonderfall ist der Umgang mit Enduromotorrädern. Wer im schwierigen Gelände Fahrübungen absolviert, sollte daran denken, daß der Motor sich dabei stark erhitzt. Fährt er anschließend wieder auf die Straße und im Eiltempo nach Hause, so zieht sich das Metall des Zylinders um den Kolben infolge des kühlen Fahrtwindes schnell zusammen. Der Kolben kann denVorgang nicht schnell genug nachvollziehen. Es wird eng zwischen den beiden Teilen und bei manchem Motor reißt der Ölfilm, was, wenn es nur punktuell passiert, zumindest den Verschleiß erhöht. Es haben aber auch schon Leute mit einem Kolbenfresser nach Hause geschoben.

— Eine letzte Ursache festgehender Kolben ist das Nüdeln der Motoren im Leerlauf, oft eine halbe Stunde lang. Ob im Stau, vor der Eisdiele oder der Disco. Für luftgekühlte Motoren reines Gift. So ein Motor heizt und heizt sich auf, bis - ja, bis es knirscht. "Luftgekühlt", heißt eigentlich fahrtwindgekühlt, und wo der fehlt, ist auf Dauer ein Klemmer nicht weit. Also: Motor aus!

Wassergekühlte Motoren mit einem Quirl, dem Ventilator, können dagegen stundenlang im Leerlauf drehen. Sie überhitzen sich nicht. Doch für die Lager der Kurbelwelle ist das nicht gut, für den Brennraum im Zylinder auch nicht. Die einen werden ungleichmäßig belastet, der andere verrußt im Leerlauf und belastet die Umwelt. Also auch abstellen!

3. Mehr indirekt hat der folgende Punkt mit einer Überhitzung im Motor zu tun. Gemeint ist das brutale Drauflosfahren mit voller Drehzahl nach dem Kaltstart. Das Motoröl ist auch im Sommer noch recht zähflüssig, kann demzufolge nur unzureichend an die Schmierstellen gelangen. Wir erinnern uns: Die Betriebstemperatur von Motorenöl liegt zwischen 85° und 130° Celsius, dann hat es seine beste Schmierfähigkeit. Der Verschleiß, dem die Kolben, Kolbenringe und Zylinder vor Erreichen dieser Temperatur unterliegen, ist also enorm hoch. Durch unvernünftiges Kaltstartverhalten kommt es zu punktuellem Riß des Ölfilms, mit entsprechenden Folgen.

Kolbenklemmer können auch Kolbenringbrüche verursachen. Eine blaue Fahne aus dem Auspuff zeigt dann das Ende an. Weiterfahren geht dann in der Regel noch eine ganze Weile. Aber die Leistung des Motors läßt nach. Dafür steigt der Ölverbrauch auf zwei bis drei Liter pro 100 km an.

Kolbenringbrüche können auch auf Materialermüdung, falschen Einbau oder ausgeschlagene Kolbennute, die zum Verkanten und Brechen der Ringe führen, zurückgehen.

Weitere Gründe sind Uraltzylinder von Motoren mit hoher Kilometerleistung und klappernden, zum Kippen neigenden Kolben. Im Kapitel 2 wird aufgezeigt, wann es Zeit wird, solche Teile auszuwechseln und wie man das am besten angeht.

Der Kolbenbolzen überträgt die Kolbenkraft auf das Pleuel und wird auf Druck, Dehnung, Biegung und Reibung beansprucht.

Um Gewicht zu sparen und weil ein Rohr elastischer ist als Vollmaterial, sind Kolbenbolzen hohl. Sie bestehen aus oberflächengehärteten, legierten Stählen.

Gegen seitliches Verrutschen sind Kolbenbolzen mit Sicherungsclips versehen. Kolbenbolzen werden oft noch zusätzlich im Kolben eingeschrumpft. Die Bolzen sitzen dann unbeweglich fest im Kolbenauge.

Mit Einschrumpfen, einer im Motorradbau oft angewandten Technik, ist das Ausdehnen und wieder Schrumpfen von Metallen unter Wärme bzw. Kälteeinwirkung gemeint. Aluminium dehnt sich aus und in unserem Falle auch die Öffnung des Kolbenauges. Der Kolbenbolzen wird eingeführt. Erkaltet nun das Metall des Kolbens, zieht es sich zusammen. Der Bolzen sitzt bombenfest. Der Kolben hat auf dem Kolbenbolzen ein seitliches Spiel von ein bis drei Millimeter. Er kann sich damit auf die Zylindermitte ausrichten. Zusammen mit der Kippbewegung, die er um die Bolzenachse machen kann, übt er

32

keinen einseitigen Druck auf die Zylinderwandung aus. Das ist wichtig, um den Verschleiß in Grenzen zu halten.

Verschlissen werden im Normalfall vor allem Kolbenringe. Im Gegenzug weitet sich die Zylinderbohrung ein wenig. Kolben selbst verschleißen nicht so schnell. Sie liegen nicht so eng an der Zylinderwandung an wie die Kolbenringe.

Der Kolbenboden hat einiges auszuhalten. Hohe Drücke und Temperaturen beanspruchen ihn stark. Beim Viertaktmotor sind in den Kolbenboden Taschen eingelassen. Sie verhindern im Verdichtungs- oder Ausstoßtakt ein Antippen des Kolbenbodens an die geöffneten Ventilteller.

Die verschiedenen Kolbenarten will ich hier nicht aufzeigen. Für Zweitakter und Viertaktmotoren werden unterschiedliche Kolbenkonstruktionen verwendet. Ebenso für Renn-, Sport- oder Alltagsmotoren.

Kolben werden aus Aluminiumlegierungen gegossen und rundgedreht. Oft sind sie, um die Gleitfähigkeit zu verbessern, hauchdünn beschichtet mit Zinn, Blei oder einer Mischung von Graphit mit Kunstharz. Kolben für Hochleistungstriebwerke, welche hohen Drücken und Verformkräften ausgesetzt sind, werden aus einer geschmiedeten Aluminiumlegierung hergestellt.

Alle Teile des Kurbeltriebes sind so leicht und haltbar wie möglich und ökonomisch vertretbar ausgeführt. Ausgleichsmassen an der Kurbelwelle müssen exakt dem Gewicht der Pleuel, Lager und den Kolben samt Ringen und Bolzen entsprechen. Andernfalls entsteht die berüchtigte Unwucht im Kurbeltrieb, die durch das Ungleichgewicht zu starken Vibrationen mit Lagerschäden und Brüchen führt.

Kolben werden bei Mehrzylindermotoren professionell nur satzweise getauscht. Dann besteht die Gewähr, daß sie alle gleich schwer sind.

1.2.2. Der Zylinder

Die verschiedenartige Anordnung der Zylinder am Motor bestimmt deren Form und Aufbau. Die Laufflächen im Inneren der Zylinder haben die Aufgabe, die Führung der Kolben zu übernehmen, die in ihm rauf- und runtergleiten. Dabei müssen sie den Arbeitsdruck des Motors aushalten und die überschüssige Wärme abführen.

Je nach Motorenart stehen die Zylinder einzeln im Fahrtwind (BMW R80, Zweizylinder-Viertakt-Boxermotor), oder als Block zusammengefaßt (Kawasaki GPZ 400, Vierzylinder-Viertakt-Reihenmotor, quer eingebaut).

Es gibt luftgekühlte (Yamaha XT 500, Einzylinder-Viertaktmotor) und wassergekühlte Zylinder (Kawasaki KLR 600 Einzylinder-Viertaktmotor).

Luftgekühlte sind gut zu erkennen an ihrem vielfach verrippten Zylinderblock. Die anfallende Wärme wird über die Kühlrippen an den Fahrtwind ab-

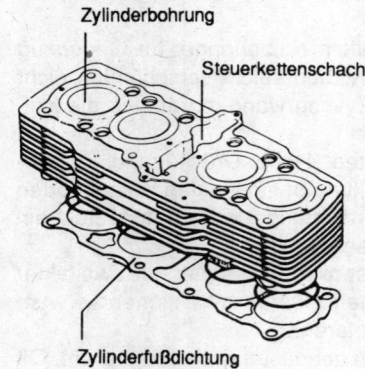

Zylinderbohrung

Steuerkettenschacht

Zylinderfußdichtung

gegeben. Wassergekühlte Motoren haben im Zylinder innen ein Kanalsystem, durch das Wasser gepumpt wird. In einem Kühler, durch den das erhitzte Wasser fließt, erfolgt der Wärmeaustausch durch den Fahrtwind.

Der Zylinder, bzw. der Zylinderblock, übernimmt noch andere Aufgaben im Zusammenspiel der verschiedenen Motorenteile. Im Zylinderkopf (siehe nächstes Kapitel) befindet sich bei Viertaktmotoren der Ventilmechanismus, und der muß gut und reichlich geschmiert werden.

Diese Schmierstoffzuführung erfolgt über im Zylinder oder im Zylinderblock laufende Ölkanäle. Bei einigen Motoren auch über angeschraubte Ölleitungen außen vorbei.

Die Steigleitungen für den Transport von Kühlflüssigkeit in den Zylinderkopf sind wie die Ölleitungen zu einem guten Teil im Zylinder gelegen.

Zur Betätigung der bei OHC- und DOHC-Motoren im Zylinderkopf befindlichen Nockenwellen besitzt der Zylinder Schächte für den Antrieb von der Kurbelwelle aus. OHC-Motoren und Königswellenmotoren (siehe 1.2.) haben außen am Zylinder hochragende, verchromte Rohre, in denen die Antriebseinrichtungen laufen.

An der Rückseite der Zylinderblöcke von Motoren mit obenliegender Nockenwelle befinden sich zumeist die Spannvorrichtungen für die obligatorische Nockenwellenkette, auch Steuerkette genannt. Diese Vorrichtungen sind nur zu einem geringen Teil vollautomatisch. (Über Nockenwellenkettenspanner wird in diesem Kapitel weiter unten gesprochen).

Zylinder werden nach unten, zur Kurbelwelle hin, mit einer Fußdichtung, nach oben zum Zylinderkopf mit einer Kopfdichtung gas- und öldicht abgeschlossen. Manche Zylinder werden mit Hilfe einer Dichtleiste an Zylinder und Zylinderkopf ohne Kopfdichtung gasdicht verbunden (Ducati 900 V2 Motoren). Die Befestigung der Zylinder bzw. des Zylinderblockes erfolgt mittels Zugankern, langer Bolzen, die vom Kurbelgehäuse aus durch den Zylinder bis in den Zylinderkopf hinaufreichen und dort verschraubt werden.

Ältere Motoren sind mit auf das Kurbelgehäuse verschraubbaren Zylindern versehen, auf denen wiederum mit Bolzen bzw. Schrauben der Zylinderkopf befestigt wird. Probleme mit der Wärmeausdehnung des Metalls haben die

Befestigungsart per Zuganker favorisiert. Sie ist an den meisten heutigen Motoren zu beobachten. Zylinder sind hochbeansprucht infolge Druck, Hitze und Reibung. Das verwendete Material muß dementsprechend widerstandsfähig sein.

Zylinder bestanden bis in die 50er Jahre hinein ganz aus feinkörnigem Sondergrauguß, einem Gußeisen mit hohem Graphitgehalt, Chrom- und Nickelzusätzen. In späteren Jahren begann man zu differenzieren. Besonders wegen der schlechten Wärmeableitfähigkeit des Graugusses suchte man geeigneteres Material und kam auf das besonders leichte Aluminium. Pur ließ es sich nicht verwenden, es war zu weich und schlecht in Formen zu gießen.

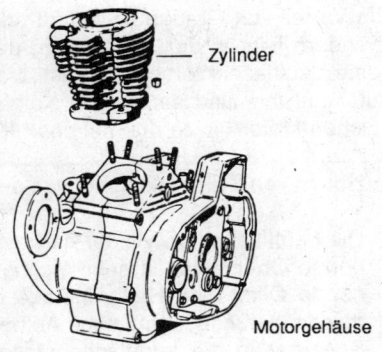

Zylinder

Motorgehäuse

Harley-Davidson-Sportster 900/1100
Zylinderbefestigung mittels Stehbolzen

So kam man zu den schon im Flugzeugbau erprobten Alu-Legierungen, deren vielfältige Arten, jede Firma schwört auf ihre eigene Mischung, ich nicht aufzählen möchte. Eine Kolbenlauffläche aus Alu-Legierung wäre viel zu weich. Eine separat eingesetzte oder eingegossene Laufbuchse aus Sondergrauguß ergab sich als ideale Lösung und ist die heute übliche, recht effektive Kombination.

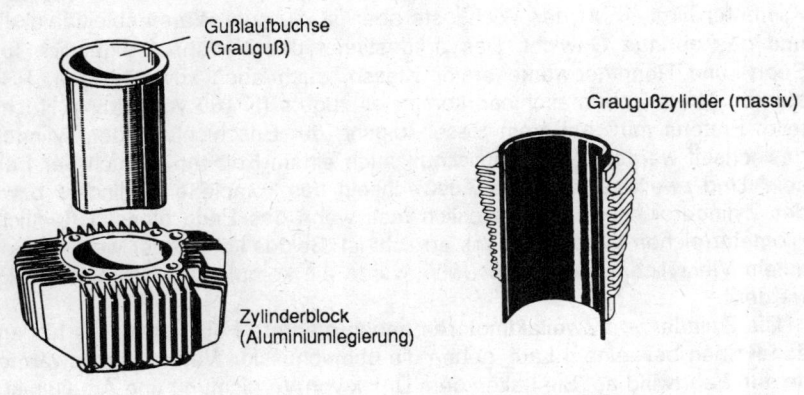

Gußlaufbuchse
(Grauguß)

Graugußzylinder (massiv)

Zylinderblock
(Aluminiumlegierung)

Ducati 750/900

35

Ein Vorteil von Graugußzylindern oder Graugußlaufbuchsen in Alu-legierten Zylindern liegt in der Möglichkeit, den Zylinder wieder aufzuarbeiten, wenn seine Lauffläche verschlissen ist. Man bohrt ihn dazu lediglich etwas weiter auf, hont ihn, und setzt neue Kolben ein. Das Ganze läßt sich bei einem solchen Motor bis zu dreimal und oft mehr wiederholen.

Honen von Zylinderlaufbuchsen aus Sondergrauguß:

Die Lauffläche im Zylinder darf nicht poliert werden. Eine gewisse feinporige Oberfläche ist sehr wichtig, soll der der Kolbenschmierung dienende Ölfilm eine Haftgrundlage haben. Graugußzylinder werden aus diesem Grunde nach dem Aufbohren gehont. Dabei wird mit einem Spezialstein die Lauffläche maschinell geschliffen. Die feinen Poren des Materials werden dabei nicht wie beim Bohren oder Drehen verschmiert, sondern bleiben offen, lassen Platz für unzählige kleine, zähhaftende Öltröpfchen, die eine sichere Schmierung des Kolbens garantieren.

Die dritte und neueste Variante ist der beschichtete Alu-Zylinder. Hierbei wird auf die gebohrte Zylinderlaufbahn eine Beschichtung aus Nickel-Siliciumkarbid oder eine ähnlich superharte Schicht aufgetragen. Sie ist nur knapp einen Millimeter dick, aber sie erfüllt alle Anforderungen des modernen Motorenbaus.

Gegenüber einer Beschichtung aus Hartchrom ist sie noch um einiges verschleißfester, und ihre Feinporigkeit unterstützt die Haftfähigkeit des Ölfilms hervorragend.

Die Lebensdauer eines so behandelten Zylinders reicht über 100.000 Kilometer hinaus. Mit das Wichtigste aber ist die gute Wärmeableitfähigkeit und das geringe Gewicht. Das prädestiniert das Verfahren eigentlich für Sport- und Renntriebwerke erster Klasse, doch auch zuverlässigen, PS-starken Tourensportmaschinen kommt es zugute (K 100 von BMW). Nachteile: Erstens muß bei einer Beschädigung der Beschichtung der Zylinder gewechselt werden. Das kann schon nach einem Kolbenringbruch der Fall sein. Und zweitens steht das Auswechseln des kompletten Zylinders bzw. des Zylinderblockes unausweichlich fest, wenn das Ende eines hoffentlich kilometerreichen Motorradlebens erreicht ist. Beides kann teuer werden. Bei einem Vierzylinder der Marke BMW würde ein kompletter Motorblock fällig werden!

Die Zylinder von Zweitaktmotoren haben mehrere Funktionen. Sie führen den Kolben bei seinem Lauf, geben die überschüssige Verbrennungswärme an den Fahrtwind ab. Sie halten dem Druck von Verdichtung und Arbeitstakt, wie beim Viertakter, stand. Darüber hinaus führen die Kanäle von Einlaß und

Auslaß durch den Zylinder, laufen die Überströmkanäle vom Kurbelraum bis zum Zylinderraum oberhalb des Kolbens hinauf.

Stichwort Hubraum! Im Zylinderraum entsteht die Kraft des Motors. Seine Größe und die Höhe seiner Verdichtung beeinflussen die Leistung entscheidend. Mit Hubraum ist, wie vorab schon erwähnt (siehe Kapitel 1.1.), der Raum gemeint, den der Kolben von OT nach UT abwärtslaufend freigibt, die Fläche der Zylinderbohrung mal dem Hub, plus dem Rauminhalt des Verdichtungsraumes im Zylinderkopf.

Einen bestimmten Hubraum kann der Hersteller durch eine große Bohrung und einen kurzen Kolbenhub erreichen, oder er verknüpft einen langen Hub mit einer relativ engen Bohrung. Das entstehende Verhältnis Bohrung/ Hub ist mitbestimmend für den Charakter eines jeden Motors.

Man spricht von einem *Kurzhuber*, bei großer Bohrung und kurzem Hub. Als Beispiel mag die Ducati 750 Formel 1 Replika gelten, ein V-Zweizylinder Viertaktmotor. Sie hat bei einem Hubraum von 748 ccm eine Bohrung von 88,61 mm und einen Hub von 61,5 mm.

Ein *Langhuber* hat als Gegensatz dazu eine relativ kleine Bohrung und einen großen Hub. Beispiel: Harley Davidson Wide Glide, Zweizylinder-V-Viertaktmotor mit 1338 ccm Hubraum, Bohrung 88,8 mm, Hub 108 mm.

Quatratisch wird ein Verhältnis bezeichnet, bei dem die Maße für Bohrung und Hub gleich sind. Z.B. Suzuki LS 650 Savage, ein Einzylinder-Viertakter mit 652 ccm Hubraum. Seine Bohrung beträgt ebenso wie sein Hub 94 mm.

Hubraumverhältnisse mit kleinen Unterschieden zwischen Bohrung und Hub bezeichnet der Techniker als *unterquadratisch*, wenn die Bohrung größer ist, als *überquadratisch,* wenn der Hub größer ausfällt.

Bei technischen Angaben ohne genaue Bezeichnung der Zahlen stehen Bohrungsangaben zuerst, es folgt der Hub.

Die mittlere (gemittelte) Kolbengeschwindigkeit ist unser nächstes Thema. Die Schnelligkeit, mit der sich der Kolben im Zylinder auf- und abbewegt, wird in Meter pro Sekunde gerechnet. (m/sek.) Das ist natürlich ein theoretischer Wert, denn ein Hub von einem Meter steht vielleicht einem Schiffsdiesel gut, nicht aber einem Motorradmotor.

Je schneller sich ein Kolben im Zylinder bewegt, desto mehr Reibung erzeugt er dabei auf der Zylinderlauffläche. Zusammen mit der Verbrennungswärme ergeben sich damit bei hohen Drehzahlen starke thermische Belastungen für Zylinderlaufbahn und Ölfilm. Ist die Temperatur zu hoch, reißt der Ölfilm infolge überhitzter Lauffläche. Die Schmierung des Kolbens ist in Frage gestellt, er klemmt und geht im ungünstigsten Falle fest. Ein kapitaler Motorschaden kann daraus entstehen.

So ist es nur natürlich, wenn die Motorenkonstrukteure versuchen, die Kolbengeschwindigkeit niedrig zu halten. Da aber Drehzahl und Hubraum für die Leistung verantwortlich zeichnen, kam man vom Langhuber auf den Kurzhu-

Langhubmotor   **Kurzhubmotor**

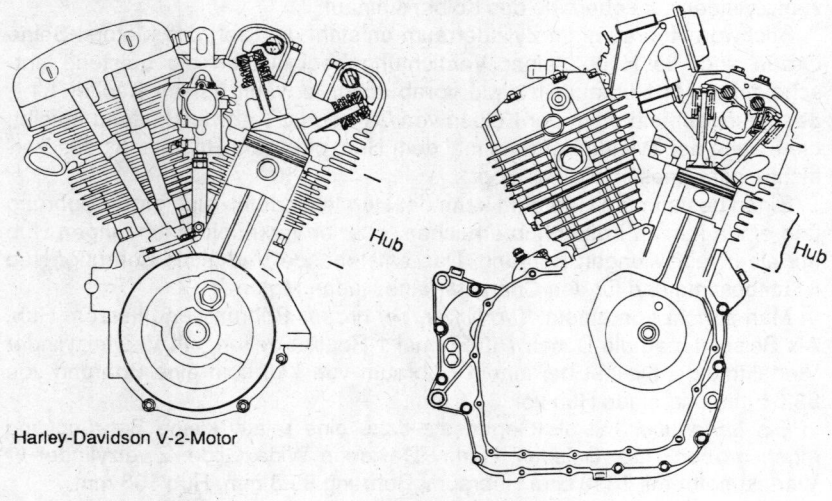

Harley-Davidson V-2-Motor

Honda VT 750 C

ber. Der Trick dabei ist, daß ein Kolben mit kurzem Kolbenhub auch einen
kürzeren Weg im Zylinder zurücklegt. Das liegt in keinem Fall am kürzeren
Pleuel, sondern am kürzeren Kurbelarm der Kurbelwelle, die Pleuel und
Kolben einen kurzen Arbeitsweg aufnötigt.

In Verbindung mit unserer Definition von Kolbengeschwindigkeit (Weg pro
Zeiteinheit) dürfte klar sein, daß der Kurzhuber weniger Kolbenweg zurücklegt als ein technisch etwas anders aufgebauter Langhuber.

Eine Kolbengeschwindigkeit von 19 m/sek. ist für unsere heutigen Motoren
das Limit. Bis Ende der Fünfziger Jahre waren es noch 16 m/sek. Der Grund
liegt in den besseren Materialien sowie in der Anwendung neuer Erkenntnisse im Motorenbau.

Werden die 19 m/sek. überschritten, können Motorschäden ausgelöst
werden. Zumindest aber schreitet der Verschleiß mit großen Schritten voran.
Als Beispiel für eine Maschine mit noch ziviler Kolbengeschwindigkeit und
um eine praxisgerechte Berechnungsmöglichkeit der mittleren Kolbengeschwindigkeit Deines Motorrades aufzuzeichnen, nehmen wir ein populäres
Motorrad, die Yamaha SR 500. Sie verfügt über einen Hubraum von 499
ccm. Bohrung und Hub sind: 87/84 mm. Ein unterquadratisches Hub-
verhältnis also. Der Motor hat bei 6000 1/min. eine Höchstleistung von

38

27PS/20 kW (in der gedrosselten, deutschen Version). Welche Kolbengeschwindigkeit hat dieses Motorrad?

Die Formel lautet:
$$V_K = \frac{H \cdot n}{30}$$

V_K = mittlere Kolbengeschwindigkeit in m/sek., das Maß, das uns interessiert!

H = ist der Kolbenhub in Meter umgerechnet.

n = die Drehzahl in 1/min. Wir setzen hier die Maximaldrehzahl ein, bei der der Motor seine höchste Leistung abgibt.

30 = damit ist die Zeit in Sekunden gemeint. Da die Kurbelwelle pro Kolbenhub nur eine halbe Umdrehung macht, die volle Umdrehung pro Minute als technische Maßeinheit benutzt wird, teilen wir die Umdrehungsminute zur Hälfte, da uns ja nur der eine spezielle Kolbenhub interessiert.

Für die Yamaha gilt dann:

$$V_K = \frac{H \cdot n}{30} = \frac{0,084\ m \cdot 6000\ 1/min.}{30\ sek.} = 16,8\ m/sek.$$

Der SR 500 Motor läuft also auch bei Vollgas im gefahrlosen Bereich. Die Maschine ist somit vollgasfest im eigentlichen Sinne.

Die Kolbengeschwindigkeit (V_K)

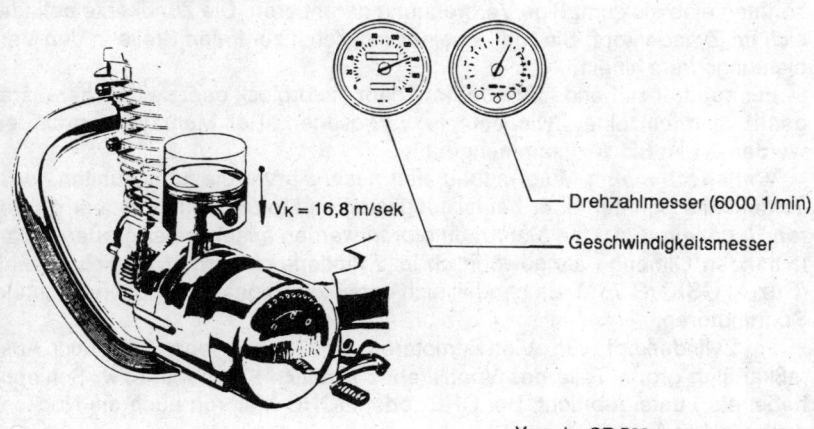

$V_K = 16,8\ m/sek$

Drehzahlmesser (6000 1/min)

Geschwindigkeitsmesser

Yamaha SR 500

Echte Langhuber haben bei Höchstdrehzahl hohe Kolbengeschwindigkeiten von 20 m/sek. und mehr auszuhalten. Die alten englischen Motorräder, die "Ladies" wie Triumph Bonneville oder Norton Commando leben von ihrem gewaltigen Durchzug im mittleren Drehzahlbereich. Hohe Drehzahlen sind nach kurzer Dauer Gift für sie, Autobahnen reiner Mord.

1.2.3. Der Zylinderkopf

Er bildet den oberen Abschluß des Verbrennungsraumes und schließt den Zylinder gas- und druckdicht ab. Befestigt ist er meist mittels Muttern an Stehbolzen, die durch den Zylinder führen. Zwischen Zylinder und Zylinderkopf ist in der Regel eine Zylinderkopfdichtung eingelegt.

Der Verdichtungsraum liegt, wie schon in Kapitel 1.1. erwähnt, im Zylinderkopf. Er nimmt auch einen Großteil des Verbrennungsdruckes auf. Da die Verbrennungsgase ihn stark erwärmen, muß er gut gekühlt sein.

Die Form des Verbrennungsraumes ist mitentscheidend für die Höhe der Motorleistung. Sie beeinflußt die Gemischverwirbelung, den Verbrennungsablauf und die Klopffestigkeit. (Klopffestigkeit siehe Kapitel 3.8.)

Der Verbrennungsraum, siehe hierzu Kapitel 1.1., soll möglichst kompakt mit kleiner Oberfläche sein. Ecken und versteckte Winkel sind verpönt und der Leistung abträglich. Die günstigsten Verhältnisse würde eine Halbkugelform schaffen, der besseren Verwirbelung des Gemisches wegen noch mit Quetschzonen (siehe unten) ausgestattet.

Die von der Flammenfront zurückgelegten Wege (Brennwege) im Verdichtungsraum wären nach der Zündung auf diese Weise am kürzesten und könnten eine gleichmäßige Verbrennung garantieren. Die Zündkerze befindet sich im Zylinderkopf. Sie ragt an einer möglichst zentralen Stelle in den Verdichtungsraum hinein.

Für separat stehende Zylinder (auf dem Motorblock oder seitlich herausragend) sind einzelne Zylinderköpfe vorgesehen. Bei Mehrzylindermotoren werden sie im Block zusammengefaßt.

Vorherrschend im Motorradbau sind nach wie vor die luftgekühlten, wassergekühlte nehmen aber bei leistungsstarken Motoren einen immer größeren Raum ein. Einzelne Motorradmotoren werden mittels einer größeren umlaufenden Ölmenge als gewöhnlich im Zylinderkopf noch zusätzlich gekühlt (Suzuki GSX - R 750). Es handelt sich dabei vorwiegend um hochgezüchtete Sportmotoren.

Im Zylinderkopf von Viertaktmotoren sind neben den Ein- und Auslaßkanälen große Teile des Ventiltriebes (Ventile, Kipphebel bzw. Schlepphebel etc.) untergebracht. Bei OHC- oder DOHC-Motoren auch die Nockenwellen nebst Antrieb.

Wegen der Anordnung der Ventile bei Viertaktern sind im Verdichtungsraum Formveränderungen, d.h. Abweichungen vom Ideal, unumgänglich. Die eingesetzten Ventile lassen mit ihren Ventiltellern keine wirkliche halbkugelige Gestaltung des Raumes zu. Als Folge ergeben sich recht unterschiedliche Konstruktionen, von denen hier einige wichtige beschrieben werden.

Der *dachförmige Verdichtungsraum:* Er ähnelt der idealen Halbkugelform. Seine Gestaltung ist hervorragend für zwei oder vier Ventile geeignet und läßt eine gute Füllung des Zylinders zu. Quetschzonen verbessern die Durchmischung des Frischgases erheblich.

Quetschzonen sind stark abgeflachte Bereiche des Zylinderkopfes, die in den Verdichtungsraum hineinragen. So, als wäre bei der Herstellung vergessen worden, Material des Zylinderkopfes im Verdichtungsraum auszufräsen, bilden sie Quetschkanten, unter denen der Kolben im Verdichtungstakt das Frischgas herauspreßt. Das ist sinnvoll, weil es eine besonders gute Durchmischung des sich verdichtenden Gemisches bewirkt. Eine so beförderte schnelle Verbrennung verkürzt die Zeit, die die Flammenfront zu ihrer Entwicklung im Arbeitstakt benötigt. Diese Gemischverwirbelung unterbindet die vorzeitige Selbstzündung des Gemisches (Klopfen, Klingeln des Motors, siehe hierzu Kapitel 3.8.). In der Folge kann sogar die Verdichtung des Motors noch weiter erhöht werden, zwecks Leistungssteigerung, ohne diese Klopfgrenze zu überschreiten. So kann auch Normalbenzin statt Superbenzin als Kraftstoff gefahren werden. Eine andere angenehme Folge der Gemischverwirbelung durch Quetschzonen ist die verringerte Schadstoffemission.

Der *Muldenverdichtungsraum:* Breite Quetschkanten umschließen eine halbkugelförmige Mulde. In ihr liegen Ventile und Zündkerzenöffnung eng beieinander. Der Forderung nach kleiner Brennraumoberfläche ist hier Rechnung getragen.

Der *Mehrmulden-Verdichtungsraum:* Dachförmig im Prinzip, liegen jedoch Ventile und Zündkerze in einzelnen, separaten Vertiefungen, von Quetschzonen umgeben. In Vielventilköpfen vor allem von Suzuki verwendet.

Radial angeordnete Ventile im Verdichtungsraum erlauben eine fast ideale Halbkugelform des Zylinderkopfes. Da recht aufwendig, wird er meist für Vierventilköpfe angewendet.

Der Zweitaktmotor benötigt den Zylinderkopf, oft heißt er hier schlicht Zylinderdeckel, nicht in so vielfältiger Weise wie der Viertaktmotor. Abgesehen vom Verdichtungsraum und der zentral angebrachten Zündkerze ist er höchstens noch mit Kühlrippen oder, bei Wasserkühlung, mit von Kühlmittel durchflossenen Kammern ausgerüstet. Lediglich bei einigen Hochleistungs-

41

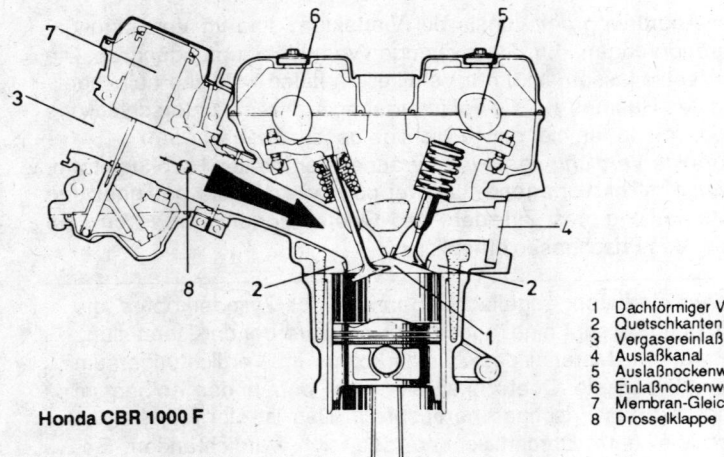

1 Dachförmiger Verbrennungsraum
2 Quetschkanten (ringförmig)
3 Vergasereinlaß
4 Auslaßkanal
5 Auslaßnockenwelle
6 Einlaßnockenwelle
7 Membran-Gleichstromvergaser
8 Drosselklappe

Honda CBR 1000 F

zweitaktern wird ein Teil seines Volumens als Resonanzkammer für Auslaß-systeme verwendet. Wichtiger ist die bei Zweitaktern optimierte Gestaltung des Verdichtungsraumes, der bei modernen Motoren relativ klein, in der Mitte oder am Rande halbkugelförmig und mit breiten Quetschzonen ausgestattet ist. Es existieren keine störenden Ventilteller, so daß die Brennraumverhält-nisse ideal sind.

Zylinderköpfe bestehen aus einer Aluminiumlegierung. Graugußköpfe fin-det man an Motorradmotoren so gut wie gar nicht mehr.

Die Zylinderkopfdichtung hat die Aufgabe, den Verbrennungsraum gas-dicht abzuschließen. Weiterhin soll der Austritt von Motoröl und Kühlflüs-sigkeit verhindert werden. Öl- und Wasserdurchflußkanäle verlaufen durch den Zylinder in den Zylinderkopf und zurück.

Kopfdichtungen (Kopfpackungen) sind bei alten Graugußzylindern aus Weichkupfer, bei modernen Alu-Zylindern aus einer Schichtdichtung, beste-hend aus Asbest-Metallgewebe oder aus einem asbestfreien Ersatzstoff.

Asbest ist ein mineralischer Stoff, der Temperaturen von 1500° Celsius aushalten kann. Wie geschaffen für eine Zylinderkopfdichtung, doch wegen seiner krebserzeugenden Wirkung durch andere Stoffe gleicher Eignung ersetzt.

Das Metallgewebe trägt die hitzefesten Dichtungsmaterialien, leitet die Wärme und erhöht die Festigkeit der gesamten Zylinderkopfdichtung. Zwi-schen Zylinder und Zylinderkopf darf es keinen Wärmestau geben, da ein un-gehinderter Austausch für die Kühlung des gesamten Motors von großer Wichtigkeit ist.

42

Alle Bohrungen und Aussparungen der Dichtung sind in Blech, aus Weicheisen oder Aluminium eingefaßt. Das macht man, um die Dichtung an diesen Stellen gegen seitlichen Druck zu schützen. Drücke werden durch den Verbrennungsschub im Zylinder, aber auch durch die Schmierstoffe bzw. bei Wasserkühlung durch das Kühlmittel ausgeübt, die in den Durchführungskanälen vom Motorgehäuse durch den Zylinder bis in den Zylinderkopf fließen. Alle Dichtungen setzen sich allmählich, wenn sie neu sind, so daß die Zylinderkopfschrauben nach ca. 500 km Fahrtstrecke nachgespannt werden müssen. Nachlassender Preßdruck kann ein Durchbrennen der Kopfpackung von innen oder einen Austritt von Öl bzw. Kühlwasser oder beidem zufolge haben.

1.2.4. Die Steuerung der Ventile beim Viertaktmotor

Der Gaswechsel, womit wir das Ansaugen des Frischgases und das Ausstoßen der Abgase bezeichnet haben, geschieht mit Hilfe der Ventile.

Das Einlaßventil gibt beim Ansaugen den Weg für die Frischgase aus dem Ansaugkanal frei. Während des Arbeitstaktes geschlossen entläßt das sich öffnende Auslaßventil die Abgase in den Auslaßkanal zum Auspuff hin.

Der Vorgang wiederholt sich während des Motorlaufes rhythmisch viele tausend Mal. Die Ventile öffnen und schließen sich zu ganz bestimmten Zeiten, und die sind unmittelbar von der Stellung des Kolbens im Zylinder abhängig, doch darüber weiter unten mehr.

Unsere heutigen Motoren werden durch die Bank weg von im Zylinderkopf hängenden Ventilen geregelt. Hängend heißt: Mit dem Ventilteller nach unten. Man spricht dabei von "obengesteuerten Motoren", im Gegensatz zum veralteten "untengesteuerten Motor". Letztere haben stehende Ventile, Ventilteller nach oben und benutzen Ein- und Auslaßkanäle, die im Zylinder liegen. Da sie somit keinen richtigen Zylinderkopf besitzen, wie Motoren mit hängenden

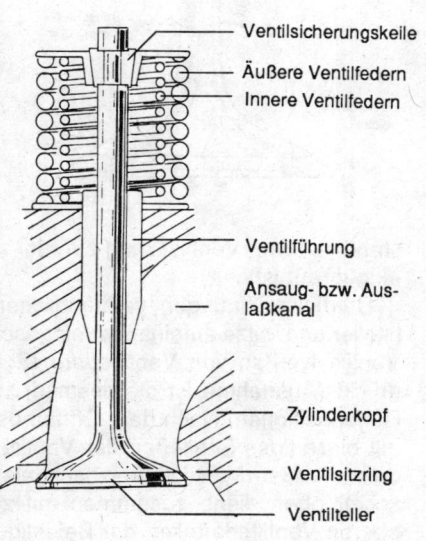

Viertaktmotor: hängendes Ventil

Ventilsicherungskeile

Äußere Ventilfedern

Innere Ventilfedern

Ventilführung

Ansaug- bzw. Auslaßkanal

Zylinderkopf

Ventilsitzring

Ventilteller

Ventilen, werden sie wegen ihres flachen Zylinderdeckels oft mit Zweitaktmotoren verwechselt.

Die Bezeichnung OHV, OHC oder DOHC (siehe Kasten im Unterkapitel 1.2.: "Motorgehäuse, Kurbeltrieb...") bezieht sich immer auf obengesteuerte Motoren, auf die Lage der Nockenwelle im Verhältnis zur Kurbelwelle, egal ob der Motor liegt, steht oder quer eingebaut ist.

Lediglich aus der Bezeichnung "OHV" muß man sich die Lage der Nockenwelle im Motorgehäuse hinzudenken. Im Folgenden werden nur obengesteuerte Motoren (OHV, OHC und DOHC) behandelt.

Gehen wir ins Detail und schauen uns die einzelnen Bestandteile des Ventiltriebes einmal an. Jeder Zylinder hat mindestens ein Ein- und ein Auslaßventil. Aus Gründen der Leistungssteigerung und der besseren Leistungsverteilung über den ganzen Drehzahlbereich haben Serienmotoren bis zu fünf Ventile pro Zylinder, wobei die Verteilung der Ventile folgendermaßen aussieht:

1. Der Dreiventilmotor hat zwei Einlaßventile und ein Auslaßventil.
2. Der Vierventilmotor hat zwei Ein- und zwei Auslaßventile.
3. Der Fünfventilmotor hat drei Ein- und zwei Auslaßventile.

Ventilteller
Ventilschaft-durchmesser
Ventilteller-dicke
45°

Das Ventil selbst besteht aus einem Ventilschaft und dem Ventilteller mit einer kegeligen Abschrägung daran. Diese Abschrägung hat einen Winkel von 45 Grad. Mit seiner Fläche liegt das Ventil auf dem Ventilsitz auf. Geführt wird das Ventil in einer Ventilführung, die im Zylinderkopf eingeschrumpft sitzt. Der Ventilteller schließt den Ein- bzw. Auslaßkanal zum Verdichtungsraum hin ab. Er liegt im geschlossenen Zustand auf dem Ventilsitzring auf, der am Eingang der Kanäle im Zylinderkopf eingepreßt ist.

Da diese Öffnungen verständlicherweise gasdicht sein müssen, sind Ventilteller und -sitze aufeinander eingeschliffen.

Ventile werden von Ventilfedern (Schraubenfedern) fest auf ihre Sitze gedrückt (Ausnahme ist die desmodromische Ventilsteuerung). Das sind ihre Ruhepositionen. Nach dem Öffnen der Ventile sorgen sie als Gegenkraft für ein blitzartiges Schließen der Ventile, sobald der Druck des noch näher zu definierenden Ventilöffners nachgelassen hat. Eine Einkerbung am Ventilschaft oben dient, zusammen mit zwei Kegelstücken (Keilen) und einem oberen Ventilfederteller, der Befestigung von Ventil und Feder. Ein untenliegender Federteller verhindert das Eindringen der harten Feder in den

44

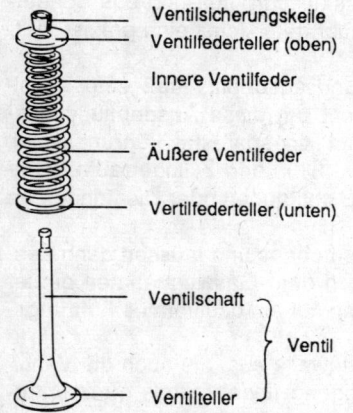

Ventilsicherungskeile
Ventilfederteller (oben)
Innere Ventilfeder
Äußere Ventilfeder
Vertilfederteller (unten)
Ventilschaft
} Ventil
Ventilteller

weichen Zylinderkopf und verleiht darüber hinaus der Ventilfeder einen stabilen Sitz.

Es gibt einfache und doppelte Ventilfedern. Sogenannte Haarnadelventilfedern benutzt man heute nicht mehr. Sie waren in Zeiten schlechterer Materialien zuverlässiger als die zur gleichen Zeit verwendeten Schraubenfedern. Ihr Nachteil war der recht große Platzbedarf. Schraubenfedern sind kompakter. Doppelte Ventilfedern bringen einen höheren Anpreßdruck bei gleichbleibendem Federdrahtdurchmesser und zweitens bieten sie mehr Sicherheit - eine bleibt immer heil! Bei hohen Drehzahlen haben Ventilfedern ihre schwerste Arbeit zu verrichten. Sie müssen die Ventile vor dem hereinrasenden Kolben retten und sie blitzartig auf ihre Sitze drücken.

Es leuchtet ein, daß eine gebrochene Feder diese Arbeit gar nicht, eine schlappe Feder sie nur gefährlich ungenügend ausführen kann. Gefährlich, weil im Falle einer gebrochenen Feder der Kolben gegen den Ventilteller schlagen kann und außerdem das ganze Ventil wegen fehlenden Haltes in den Zylinder zu fallen droht. Während wiederum eine schlappe Ventilfeder den Ventilteller nicht schnell genug vor dem Kolben in Sicherheit bringen kann.

Ventile sind stark belastet. Sie werden in der Minute bis zu 3000mal und mehr angehoben und auf ihren Sitz zurückgeschlagen. Sie sind aus zähelastischem Material mit gehärteten Flächen und Kanten gefertigt. Gehärtet sind der Ventilschaft, die Haltekerben, das Schaftende und der kegelige Tellerrand. Auslaßventile sind aus einem hitzebeständigerem Material, da die Abgase -zigmal heißer sind als die Frischgase des Einlaßkanals. Der Gegenpart der Ventile, die Ventilsitze, bestehen aus harter Bronze oder gesintertem Stahl. Ventilsitze verbreitern sich im Laufe ihres Motorlebens infolge der harten Schläge der Ventilteller. Die Verbreiterung läßt die Ventile tiefer in den Ventilsitz eindringen, der Ventilschaft wandert nach innen und ist somit Ursache für die Veränderung des Ventilspieles.

Ventile haben vom Schaft zum Teller einen runden, weichen Übergang - eine Kehlung. Die soll im geöffneten Zustand die ein- oder ausströmenden Gase verwirbelungsfrei leiten. Einlaßventile sind der besseren Füllung und des passiveren Verhaltens der Frischgase wegen (im Gegensatz zum starken Druck der erhitzten Abgase) immer etwas größer als Auslaßventile.

45

Die Ventilführungsbuchse, im Zylinderkopf eingeschrumpft und aus Sonder-
gußeisen oder Sinterbronze bestehend, erlaubt dem Ventil eine präzise Auf-
und Abbewegung.

Da der Ventilschaft sich stark erwärmt und ausdehnt, muß eine Ventilführung immer ein gewisses Laufspiel haben, um diese Ausdehnung ausgleichen zu können. Damit durch den winzigen Ringspalt, das Führungsspiel,
zwischen Ventilschaft und Ventilführung, kein Öl in den Zylinderraum angesaugt wird, sind alle modernen Motoren mit Dichtkappen oder Dichtringen an
der Ventilführung ausgerüstet.

Ventilführungen weiten sich im Laufe ihres Lebens und müssen dann ausgewechselt werden. Eine blaue Ölfahne nach dem Gaswegnehmen deutet
darauf hin, denn auch die Dichtkappen können nur ein bestimmtes Führungsspiel überbrücken. Danach geben sie auf.

Die Ventile werden betätigt von der Nockenwelle aus, die auch die Ventilöffnungszeiten bestimmt. Diese Kraftübertragung findet mittels ganz unterschiedlicher Systeme statt.

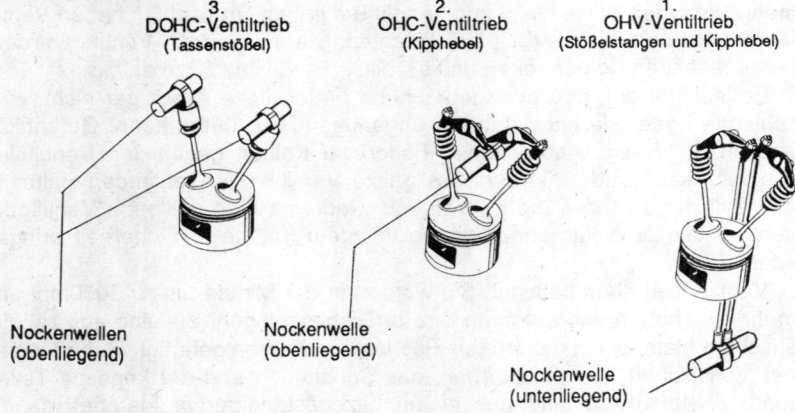

3.
DOHC-Ventiltrieb
(Tassenstößel)

2.
OHC-Ventiltrieb
(Kipphebel)

1.
OHV-Ventiltrieb
(Stößelstangen und Kipphebel)

Nockenwellen
(obenliegend)

Nockenwelle
(obenliegend)

Nockenwelle
(untenliegend)

Bei den veralteten OHV-Motoren (was nicht heißt, daß sie schlecht oder
unzuverlässig wären - ganz im Gegenteil!) läuft ein Stößel für jedes Ventil
(bei Vierventilern pro Ventilpaar) auf der entsprechenden Nocke der Nockenwelle. Diese liegt im Motor immer tiefer als die Ventile. Im oder auf dem
Stößel ruht die Stößelstange. Sie reicht in den Zylinderkopf hinauf und ist um
so länger, je weiter die Nockenwelle von den Ventilen entfernt ist. Ein Kipphebel im Zylinderkopf, auf einer Kipphebelwelle drehbar gelagert, nimmt sie
an einem Ende auf. Gewöhnlich wird eine Kugelpfanne oder ähnliches als
Gegenlager verwendet. Am anderen Ende des Kipphebels befindet sich der
Verstellmechanismus für die Ventilspieleinstellung, die sich auf dem Ven-

46

tilschaftende abstützt. Eine Drehbewegung der Nockenwelle läßt den Stößel mit der Stößelstange (vulgär als Stoßstange bezeichnet) je nach Stellung des Nockens nach oben oder nach unten gleiten. Der Kipphebel macht jede Bewegung mit und drückt das Ventil beim Heben der Nocke nach unten (es öffnet) oder erlaubt der Ventilfeder, das Ventil zu schließen, wenn die Nocke durch die Drehung der Welle sich absenkt.

Der OHC-Motor hat eine zentrale Nockenwelle im Zylinderkopf. Das verkürzt die Steuerzeiten und vereinfacht den Ventiltrieb. Sie wird, wie noch näher erklärt wird, von der Kurbelwelle unmittelbar angetrieben. Die Ventile werden über drehbare Kipphebel oder Schwing- bzw. Schlepphebel betätigt.

Der Kipphebel funktioniert wie beim OHV-Motor, nur daß das Ende, welches für die Aufnahme der Stoßstange vorgesehen ist, auf dem Nocken der Nockenwelle reitet. Deren Hubbewegung wird somit unmittelbar auf den Ventilschaft weitergegeben. Der Schwinghebel ist mit einem Ende auf eine Lagerung gestützt, die auch zum Verstellen des Ventilspiels ausgelegt sein kann. Das andere Ende liegt auf dem Ventilschaftende. Die Nockenwelle drückt auf eine plane und gehärtete Fläche oben auf dem Schwinghebel. Jede Nockenbewegung wird auch hier auf den Ventilschaft weitergegeben.

Ventilspieleinsteller sind technisch einfache Bauteile, doch unterschiedlich je nach Motor. Es empfiehlt sich deshalb, im Bordbuch der Maschine nachzuschauen, bevor man die Ventile justiert. Erklärt wird die Einstellung im nächsten Kapitel.

DOHC-Motoren haben zwei Nockenwellen im Zylinderkopf, je eine für das Einlaßventil und das Auslaßventil. Damit werden oft auch die Schwing- und Schlepphebel eingespart. So stellt man die kürzeste Verbindung zwischen Nockenwelle und Ventilschaft her. Einzig Tassenstößel werden bei Verwendung dieser Technik als Zwischenglieder auf die Ventilschäfte aufgesetzt. Eine sich unmittelbar auf die Ventilschaftenden abwälzende Nockenwelle würde nämlich seitliche Kräfte ins Spiel bringen, die recht bald das Ausschlagen von Ventilführung und Ventilschaft zur Folge hätten.

Aus diesem Grunde wird ein Tassenstößel, der wie eine zylindrische Tasse aussieht, über den Ventilschaft gestülpt. Er gleitet in einer Führung im Material des Zylinderkopfes und bewegt sich mit dem Ventil auf und ab. Außerdem laufen in ihm die Ventilfedern gut geführt und gerade ausgerichtet. In seinem Unterteil, dem Tassenboden, der der Nockenwelle entgegensteht, ist ein sogenannter Chip, eine dünne, gehärtete Metallscheibe eingelassen. Auf dieser Scheibe gleitet der Nocken. Sie wird

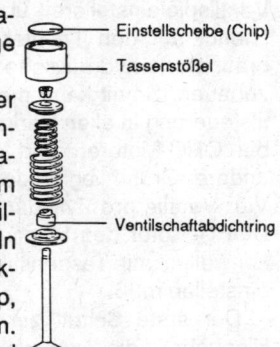

Ventil mit Tassenstößel

— Einstellscheibe (Chip)

— Tassenstößel

— Ventilschaftabdichtring

zwecks Ventilspielausgleich gegen dünnere oder dickere Exemplare ausgetauscht und bestimmt die Größe des Ventilspieles.

Ventilbetätigung mit Schlepphebel (OHC bzw. DOHC) und Hydrostößel als Ventilspielausgleicheinrichtung

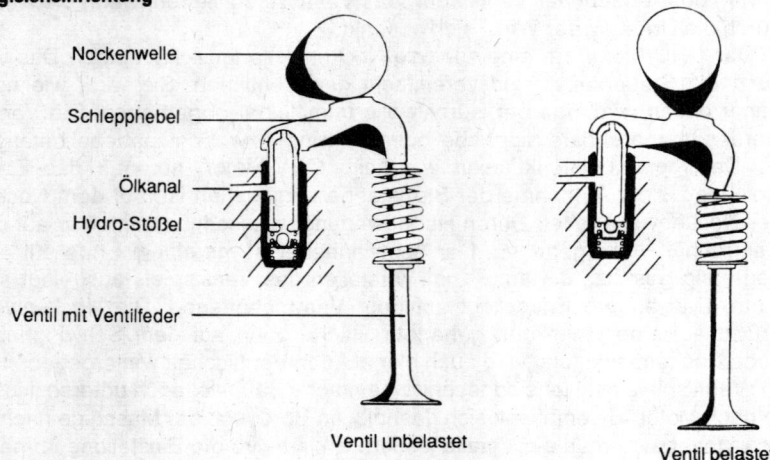

Nockenwelle

Schlepphebel

Ölkanal

Hydro-Stößel

Ventil mit Ventilfeder

Ventil unbelastet

Ventil belastet

DOHC-Motoren, wie der von der Honda CBX 650 E, werden zunehmend mit wartungsfreiem Ventilspielausgleich versehen. Schwinghebel übernehmen dabei die Kraftübertragung zwischen Nockenwelle und Ventilschaft. Der Abstützpunkt des Schwinghebels ist als sogenannter Hydrostößel ausgebildet. Er gleicht das Ventilspiel mit Hilfe des Motoröldruckes stets optimal aus.

Diese Erfindung ist vom Prinzip recht alt. Einige Hersteller kamen, der Ventilspieleinstellerei überdrüssig und ein neues Verkaufsargument suchend, auf den Trichter, daß schon bei den alten Harley-Davidsons gebräuchliche hydraulische System zu verfeinern und in moderne Motoren einzubauen. Somit kann man Hydrostößel heute als Zwischenglieder der Ventilsteuerung in allen Harley-Davidson-Motorrädern (OHV-Motoren), aber auch bei OHC-Motoren und den eben erwähnten DOHC-Motoren finden. Ein anderer Grund liegt in der Zunahme von Mehrventilmotoren im Motorradbau. Vier Ventile pro Zylinder, somit sechzehn Ventile als Ganzes, können beim DOHC-Motor den Mechaniker zur Weißglut treiben, wenn er bei zwei Nokkenwellen mit Tassenstößeln jedes Ventil einzeln mittels passender Chips einstellen muß.

Der erste Schritt zur Wartungsfreiheit waren gegabelte Schlepp- oder Kipphebel, die es erlaubten, bei DOHC-Motoren die Ventile mit her-

48

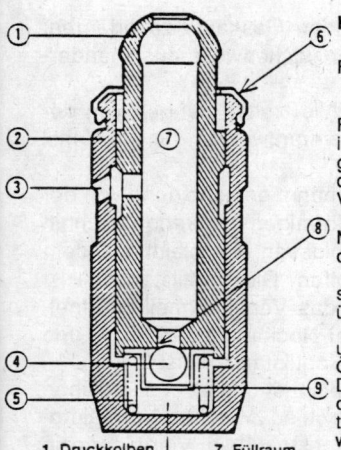

Hydraulische (Hydro) Stößel

Funktion:

Das Gehäuse (2) sitzt fest im Zylinderkopf und wird über die Füllbohrung (3) mit Motoröl versorgt. Der Druckkolben (1) gleitet im Gehäuse und wird über die Ausgleichsfeder (5) nach oben gedrückt, wo der Halbkugelkopf des Druckkolbens am Kipp- oder Schlepphebel angreift. Die Ausgleichsfeder gleicht das Ventilspiel aus.

Im Füllraum (7) befindet sich eine Motorölfüllung, deren Menge während des Betriebes schwankt. (Hydrostößel nach dem Einbau stets neu befüllen).

Ist das Ventil entlastet, vergrößert sich der Hohlraum und es strömt zusätzliches Öl in den Füllraum und gelangt vermehrt über das Kugelventil (4) in den Druckraum (10).

Wird das Ventil belastet, will sich der Druckkolben nach untenverschieben. Dabei preßt sich die Kugel (4) mit Hilfe des Öls im Druckraum gegen den Kugelsitz (8). Das Motoröl im Druckraum kann nicht entweichen und bildet eine starre Verbindung. Ventilspiel = Null. Das im nächsten Takt entspannte Ventil entlastet auch den Druckkolben. Ein Ölaustausch kann wieder stattfinden.

Die Ausgleichsfeder (5) stellt den Druckkolben zwischen den Takten immer auf den neuesten Ventilspielabstand ein und gleicht so den Verschleiß aus und hält das Spiel so regelmäßig auf Null.

1. Druckkolben
2. Gehäuse
3. Füllbohrung
4. Kugelventil
5. Ausgleichsfeder
6. Verschlußkappe
7. Füllraum
8. Kugelsitz
9. Kugelkäfig
10. Druckraum

kömmlichen Einstellern (siehe Kapitel 2.4. "Ventileinstellung...") einzustellen. Das halbierte die Einstellzeiten und machte es unnötig, wegen jedem Chip zur Werkstatt zu laufen, weil kein Mensch sich einen kompletten Set leisten kann. Der nun laufende Trend zur vollkommenen Wartungsfreiheit mittels der hydraulischen Stößel hält an, mit hoffentlich rasch steigender Tendenz.

Der Begriff "Schwingende Gassäule" geisterte schon durch den Text und muß erklärt werden, bevor auf die Nachteile von zu kleinem oder zu großem Ventilspiel eingegangen wird. Er ist erst auf Grund langjähriger Motorenforschung entstanden. Es gibt vielfältige Einflüsse zu beachten, die auf diese Gassäule einwirken. Die Form des Brennraumes z.B. oder die Anzahl der Ventile pro Zylinder. Die Größe der Ventile, die Gestaltung der Ein- und Auslaßkanäle sowie die Ausführung von Auspuffanlage und Vergaser nebst Luftfilter.

Eigentlich besteht die schwingende Gassäule aus Frisch- und Abgassäule. Der Zylinderraum ist Zentrum der Schwingungen und Wandlungspunkt der Gase. Mit Hilfe neuerer Meß- und Beobachtungstechniken, unterstützt durch Computersimulation sowie der rechnerischen Erfassung und Verarbeitung großer Datenmengen, gelang es in den letzten zehn bis fünfzehn Jahren, viele noch unerforschte Geheimnisse des Gaswechsels sowie seiner Steuerung zu enträtseln. Hohe Leistungsausbeute, ein breit nutzbares Drehzahlband (siehe hierzu Kapitel 1.3.) und in der Geschichte der Motorentechnik beispiellose Literleistungen sind die Ergebnisse.

Um nun konkret die Entstehung der schwingenden Gassäule zu erfahren, müssen wir uns beim Viertaktprinzip noch mit der Nockenwelle auseinandersetzen.

Die Öffnungszeiten, Ventilstandzeiten und Schließzeiten hängen von der Form der einzelnen Nocken ab. Jede Nocke ist verantwortlich für ein Ventil oder bei Vierventilköpfen für deren zwei.

Die Charakteristik eines jeden Viertakt-Motors hängt entscheidend von der Nockenform der Nockenwelle ab. Bei einem eiförmigen Nockenquerschnitt wird das Ventil langsam angehoben und geschlossen. Es bleibt auf dem Gipfelpunkt der Hubbewegung nur kurze Zeit offen. Die Ventilstandzeit ist kurz, sagt man. Bei einem steilen Nocken wird das Ventil schnell geöffnet, bleibt durch den flach gehaltenen Gipfelpunkt der Nocke lange geöffnet und schließt anschließend relativ schnell wieder. Die Ventilstandzeit ist lange.

Eine solche Nockenwelle wird als "scharf" bezeichnet und ist in sportlichen oder rennmäßigen Motoren eingebaut. Der Unterschied zwischen Normalmotoren, sportlichen und rennmäßigen Triebwerken besteht beim Viertaktprinzip entscheidend in der Auslegung der Ventilsteuerung. Je länger die Ventile im Einlaßtakt offen stehen, desto größer ist die für die Leistung wichtige Füllung des Motors mit Frischgas. Eine lange und frühzeitige Öffnung der Auslaßventile garantiert eine vollständige Abgasentsorgung. Dabei überschneiden sich die Ventilöffnungszeiten. Je größer die Überschneidung, desto mehr verschiebt sich ein Motorcharakter in Richtung Rennsport, entstehen hohe Leistungen erst bei irrsinnig hohen Drehzahlen - zu abgehoben und praxisfern für den Alltag. Daher die Kompromisse bei Serienmotorrädern. Das ist jedoch nicht das einzige Leistungskriterium.

Das gleichzeitige Offenstehen von Ein- und Auslaßventilen, die Ventilüberschneidung, findet im oberen Totpunkt statt. Die Dauer der Überschneidung (man sagt: je größer der Überschneidungswinkel ist!) bestimmt die Güte der Füllung. Je höher ein Viertaktmotor dreht, desto länger müssen die Ventilöffnungszeiten von vorn herein sein. "Scharfe" Nockenwellen sind notwendig.

Verstellbare Nocken zur flexiblen Einstellung der Motorcharakteristik gibt es nicht, dazu sind andere Methoden gut, aber darauf kommen wir noch! Während des Ein- und Auslaßvorganges wird die Trägheit von Frischgasen und Abgasen ausgenutzt. Beide Gassäulen unterliegen physikalischen Zwängen. Sie haben eine Massenträgheit. Das heißt: Einmal in Bewegung gesetzt, schieben sie so lange weiter, bis diese Bewegungskraft aufgezehrt ist oder andere Kräfte ihr entgegenwirken.

Das wirkt sich folgendermaßen aus: Das mit hoher Geschwindigkeit im Ausstoßtakt durch das Auslaßventil strömende Abgas erzeugt im Brennraum einen Unterdruck. Obwohl der Kolben schon in OT steht und keinen Ausstoß schub mehr ausüben kann, fließen dank der Massenträgheit die Gase im Auspuff weiter. Die Abgassäule ändert, das ist ein anderes physikalisches Gesetz, auch nicht ihre Fließrichtung, obwohl das Einlaßventil (Überschneidung!) schon offensteht. Das Einlaßventil seinerseits öffnet deshalb so früh, damit unter Ausnutzung des Sogeffektes der im Abgasrohr verschwindenden Abgase die trägen Frischgase vom Vergaser her frühzeitg in Bewegung versetzt werden, bevor es ernst wird mit dem 1. Takt und der Kolben zum Ansaugen nach unten geht.

Als wichtiger Nebeneffekt werden durch Sogwirkung und eindringende Frischgassäule im Zylinderraum auch noch die letzten Abgasteile in den Auspuff gejagt. Da auf diese Weise Abgasreste durch Frischgase ersetzt werden, verbessert sich der Füllungsgrad im Zylinder. Außerdem bringt die vorab beschleunigte Frischgassäule gegen Ende des Ansaugtaktes einen weiteren Schub Frischgase als Nachladeeffekt in den Zylinder hinein. Obwohl der Kolben schon wieder nach OT unterwegs ist, zum Verdichtungstakt, drängen so, durch das wenig später schließende Einlaßventil, immer noch Frischgase nach.

Dieser Nebeneffekt bringt zusammen mit der Füllungsaufbesserung vor dem 1. Takt einen wichtigen Beitrag zu der hohen Leistung moderner Saugmotoren und stellt eines der wichtigsten Geheimnisse der schwingenden Gassäule dar.

Nun wird auch klarer, wie wichtig eine richtig abgestimmte Auspuffanlage ist. Allerdings darf der Ansaugkanal der Frischgassäule keine Widerstände entgegensetzen. Er muß glatt und in Länge und Durchmesser dem Ansaugvolumen des Motors angepaßt sein. Als Faustformel gilt: Die Einströmgeschwindigkeit der Frischgase soll nicht unter 100 m/sek. betragen.

Eine gleichmäßig pulsierende schwingende Gassäule mit geringen Schwankungen bedeutet höchste spezifische Leistung für den Motor. Jede Störung dieser Vorgänge, jede konstruktive Einfallslosigkeit (das betrifft auch Leistungsreduzierungen aus Versicherungsgründen in Deutschland), erzeugen Schwankungen, die sich im Leistungsdiagramm (siehe Kapitel 1.3.) niederschlagen. Ärgerlich sind die Leistungseinbrüche bei bestimmten Drehzahlen. Man fährt so vor sich hin, beschleunigt und der Motor dreht hoch. Doch plötzlich stagniert das Ganze, nichts passiert. Langsam quält sich der Motor höher, bis, einige hundert Touren höher, wieder der gewohnte Schub einsetzt, dem erst durch die Höchstdrehzahl des Motors Einhalt geboten wird. So etwas ist eine schlechte Abstimmung und muß nicht sein.

Kehren wir zurück zum Ventilspiel und seinen Auswirkungen auf den Gaswechsel. Eine Überschreitung des Einstellintervalles um etwa 1000 Kilometer ist meist nicht tragisch. Man kann aber, bei einer gewissen Feinfühligkeit, unregelmäßigen Motorlauf in Verbindung mit Leistungsabnahme diagnostizieren. Doch den meisten Leuten bleibt das verborgen und es besteht die Neigung, das Ganze überhaupt zu vergessen. Deshalb ist die Frage wichtig: Was geschieht, wenn das Ventilspiel zu klein ist? Oder was, wenn es zu groß ist?

Ist das Ventilspiel zu klein und der Motor warm, kann das Ventil durch die wärmebedingte Längenausdehnung in der Ventilsteuermechanik leicht von seinem Sitz abgehoben werden. Das hat mitunter schlimme Folgen. Im Verdichtungstakt pfeift ein Teil des Gemisches in den Auslaß, da das Ventil dann noch ein klein wenig offensteht.

Die Leistung fällt um einige Prozent, und im Auspuff knallt es, weil das entwichene Frischgas von den folgenden heißen Abgasen gezündet wird. Das Auslaßventil selbst ist dabei in großer Gefahr. Heiße Abgase umstreichen den freischwebenden Ventilteller und können ihn zum Schmelzen bringen. Das Ventil ist dann defekt, dichtet nicht mehr ab und der betreffende Zylinder fällt aus.

Dem Einlaßventil kann so etwas nicht passieren, weil es periodisch von relativ kühlen Frischgasen umspült wird. Steht es infolge zu geringen Ventilspiels offen, können im Ausstoßtakt die heißen Verbrennungsgase in den Ansaugtrakt gelangen und den Vergaser in Brand setzen. Schade dann um die schöne Maschine. Ansonsten schlagen sich solchermaßen verursachte Störungen im allgemeinen als Leistungsverluste, unruhiger Motorenlauf und Patschen im Auspuff nieder.

Großes Ventilspiel läßt die Ventile zu spät öffnen und zu früh schließen. Dadurch ergeben sich kürzere Öffnungszeiten und kleinere Öffnungsquerschnitte. Das verschlechtert die Füllung des Zylinders und verändert die Schwingung der Gassäule des Motors negativ. Zu kurze Ansaugzeiten im 1.Takt, zu kurze Ausstoßzeiten im 4.Takt kostet Leistung. Die Ventilgeräusche nehmen zu und damit auch der Verschleiß, mechanische Geräusche treten stärker hervor, es klappert.

Dennoch sind hier die Nachteile weit geringer, als wenn das Ventilspiel zu klein wäre. Das provozierte unter Motorradfahrern den gängigen Spruch: "Was klappert, geht auch nicht fest." Na denn!

Mehrventilzylinderköpfe mit drei bis fünf Ventilen pro Zylinder haben wegen ihrer leichten, kleinen Ventile keine große Belastung der Ventilsitze zu befürchten. Gutes Sitzmaterial vorausgesetzt, sichern sie große Einstellintervalle. Die Yamaha FZ 750 z.B., ein Vierzylinder, braucht nur eine Ventilspieleinstellung alle 40000 km. Dann aber geht's los: 20 Ventile, mit Tassenstößeln versehen, brauchen ihre Zeit...

Über die Nockenwelle wurden schon die wichtigsten Eigenschaften berichtet. Was bleibt ist der Antrieb, der in jedem Falle von der Kurbelwelle aus erfolgt, mal direkt, mal indirekt, und ein paar Informationen über Material und Verarbeitung.

Die Nockenwelle ist so untersetzt, daß sie immer eine Umdrehung macht, wenn die Kurbelwelle zwei tätigt. Das hängt damit zusammen, daß während der vier Takte nur im Ansaug- und Auslaßtakt Ventile benötigt werden. Also kann sich die Nockenwelle etwas Zeit nehmen, um ihre Pflicht zu tun.

Ältere und mit moderaten Drehzahlen laufende Motoren haben ihre Nockenwelle im Motorgehäuse. Über Zwischenzahnräder oder Rollenkette werden sie von einem Kurbelwellenende aus angetrieben. Es sind die OHV-Motoren.

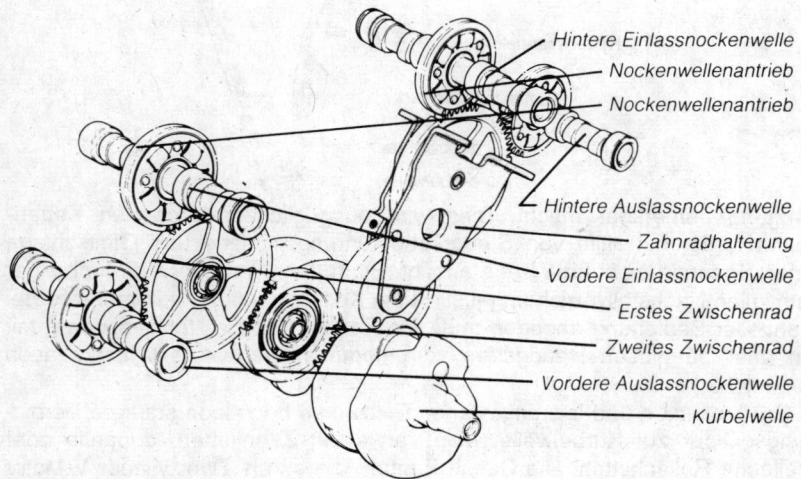

Hintere Einlassnockenwelle
Nockenwellenantrieb
Nockenwellenantrieb
Hintere Auslassnockenwelle
Zahnradhalterung
Vordere Einlassnockenwelle
Erstes Zwischenrad
Zweites Zwischenrad
Vordere Auslassnockenwelle
Kurbelwelle

Honda VFR 750 F

Zahnradantrieb bei Nockenwellen von OHC- oder gar DOHC-Motoren, mit Nockenwelle im Zylinderkopf gehört zu dem Edelsten, was es gibt. Aufwendig und teuer, waren sie bisher nur bei Rennmotoren oder Edelmotorrädern wie MV- Augusta's Reihenvierzylinder üblich. Lediglich Honda nutzt die Technik seit kurzem recht erfolgreich im Serienbau und brachte mit der neuen VFR 750 F ein Spitzenprodukt zu günstigem Preis auf den Markt.

Üblicher bei OHC- oder DOHC-Motoren ist die Verwendung von Rollenketten, direkt von der Kurbelwelle angetrieben. Kettenräder an Kurbelwelle und Nockenwelle(n) übertragen die Drehkräfte. Das um die Hälfte kleinere Kettenrad an der Kurbelwelle bewirkt die gewünschte Drehzahlreduzierung der Nockenwelle um 50%. Wir erinnern uns, die Nockenwelle läuft immer mit halber Kurbelwellenumdrehung.

Eine Rollenkette mit ihren vielen beweglichen Gliedern ist trotz guter Schmierung im Motor einem Verschleiß der Stahlgelenke unterworfen. Die einzelnen Kettenglieder bekommen Spiel, das sich auf die gesamte Kette als

Nockenwellensteuerkette mit Kettenspanneinrichtung (Halbautomat)

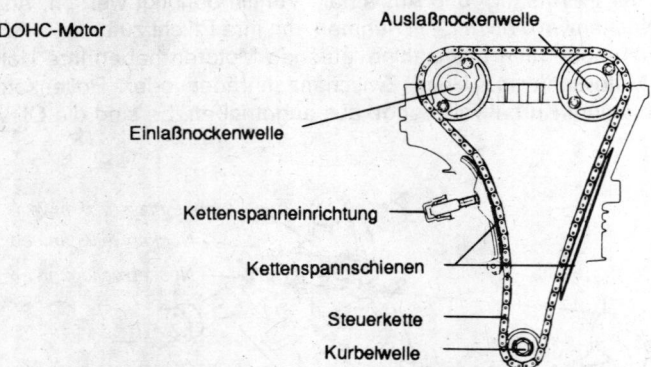

DOHC-Motor

Auslaßnockenwelle

Einlaßnockenwelle

Kettenspanneinrichtung

Kettenspannschienen

Steuerkette

Kurbelwelle

Längung bemerkbar macht. Dies wird ausgeglichen durch den Ketten-spanner, der mit Hilfe von Steuerkettenführungsschiene und Gleitschiene einen Spanndruck auf die Kette ausübt. Ein federbelasteter Stößel mit einer sinnvollen Nachstellvorrichtung justiert die Kettenspannung automatisch. Bei manueller Bedienung dagegen muß von Zeit zu Zeit die Nachjustierung mit ein paar harmlosen Handgriffen vorgenommen werden (sie hierzu auch Kapitel 2.3.).

Großvolumige und leistungsstarke Triebwerke benötigen stärkere Verbin-dungsglieder zur Kurbelwelle. Man verwendet Zahnketten, doppelte oder dreifache Rollenketten. Die Ducati Pantah, die es als Zweizylinder V-Motor gibt, hat einen Zahnriemen aus Kunststoff mit innenliegendem Gewebe. Der Zahnriemen ist ein wenig wärmeempfindlich und reagiert allergisch auf Öl-spritzer. Um bei Ducati zu bleiben:

Der Königswellenmotor, eine edle Erscheinung, hat hier sein letztes Re-servat gefunden. Zu teuer für viele Hersteller, stellt er eine elegante und zu-verlässige Lösung für den Nockenwellenantrieb von Viertaktmotoren dar. Hier treibt ein Umlenkgetriebe an der Kurbelwelle die nach oben führende Königswelle an. Deren oberes Ende mündet in den Zylinderkopf. Ein zweites Umlenkgetriebe dreht anschließend die Nockenwelle.

Nockenwellen bestehen aus Kugelgraphit oder Temperguß. Seltener werden sie noch im Gesenk geschmiedet. Nockenlaufbahnen und Lager-stellen sind hart und geschliffen. Die Nockenwelle läuft in Gleitlagern oder Wälzlagern. Bei OHC- und DOHC-Motoren dreht sie sich in Lagerböcken im Zylinderkopf oder sie läuft im Material des Kopfes selbst - eine unschöne Technik. Ist das Lager ausgelaufen, muß der gesamte Zylinderkopf ausge-wechselt werden. Nockenwellen sind hohen Belastungen an den Nocken ausgesetzt, weshalb ihrer Schmierstoffversorgung besondere Bedeutung zu-

54

kommt. Der Begriff "Desmodromische Ventilsteuerung" taucht hin und wieder in der Literatur auf und spukt auch durch die Fachpresse.

Abgesehen von der Firma Ducati aus Italien verwendet niemand mehr die "Zwangssteuerung der Ventile", wie der Begriff frei übersetzt ins Deutsche heißt. Das Öffnen und Schließen der Ventile wird dabei über eine mechanische Vorrichtung, bei der außer einer kleinen Hilfsfeder keine Ventilfedern im Spiel sind, besorgt. Der Sinn des Ganzen liegt darin, daß durch das zwangsweise Schließen der Ventile "Leistungsgrenzen" der Ventilfedern umgangen werden und somit exaktere und schnellere Steuerzeiten möglich werden.

Vierventilzylinderköpfe werden schon recht lange verwendet. Bereits Mitte der zwanziger Jahre baute die Firma Rudge Withworth Motorräder mit Vierventilern und eilte von Sieg zu Sieg. Ende der Fünfziger Jahre, von Honda neu belebt, machte der Vierventiler im Renngeschehen bald klar, daß nichts mehr an ihm vorbeiliefe.

Königswellenmotor (Ducati-V2)

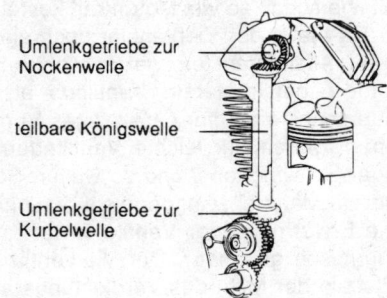

Umlenkgetriebe zur Nockenwelle

teilbare Königswelle

Umlenkgetriebe zur Kurbelwelle

Desmodromische Ventilsteuerung (Ducati)

Ventilöffnungshebel

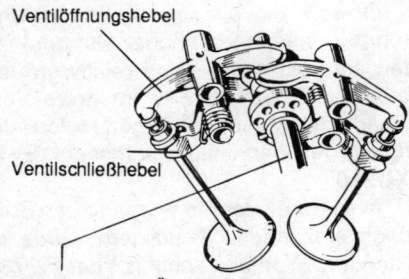

Ventilschließhebel

Nockenwelle mit Öffner- und Schließernocken

Die Hochleistungsmotoren der fünfziger Jahre benötigten als Zweiventiler große Einlaßquerschnitte und entsprechende Auslässe. So ergaben sich recht große und schwere Einzelventile, die nur noch mit Hilfe der Desmodromik (siehe oben) sicher zu bewältigen waren.

Der Viertaktmotor mit vier Ventilen pro Zylinder zeigte seine Stärke in Verbindung mit relativ großen Hubräumen und hohen Drehzahlen. Gerade da ist der Frischgasbedarf, bedingt durch die kurze Füllungszeit des Zylinders, besonders hoch. Die Größe der Ventilquerschnitte ist aus Gewichtsgründen beschränkt. Da war der Einbau von vier statt zwei Ventilen ein fast logischer Schluß. Wohl machte man bei den Zweiventilern den Versuch, durch große Nocken und lange Ventilstandzeiten die Füllungszeit zu verlängern, aber große, "scharfe" Nocken können große Ventile wegen der Massenträgheit nur schwer beschleunigen. Die Ventilfedern, die das Ventil sehr schnell

55

schließen mußten, waren so stark, daß ihre Betätigung durch den Ventiltrieb alleine schon so viel Motorkraft kostete, wie sie zusätzlich einbringen sollten. Da bietet der Vierventiler doch einiges. Er kann mit seinen zwei Ein- und zwei Auslaßventilen viel schlichter und effektvoller agieren. Zwei Ventile öffnen, bei kürzerem Ventilhub als ein Zweiventilmotor, breitere Einlaßquerschnitte als nur ein einziges Ventil es vermag. Zwei kleine Ventile brauchen folglich nur leichte Ventilfedern und ebensolche Tassenstößel, Kipp- oder Schwinghebel und so weiter. Sogar die Ventile selbst können aus billigerem Material sein, denn sie brauchen nicht mehr so viel auszuhalten. Auch die Erwärmung der Ventile verteilt sich besser auf zwei: Die Motoren sind thermisch gesünder. Der Vierventilzylinder läßt der Zündkerze den idealen Platz in der Mitte des Verdichtungsraumes. Aufwendiger als ein Zweiventiler braucht ein moderner Vierventiler nicht zu sein. Der Verschleiß ist nicht größer und die Ventilspieleinstellung dank sinnreicher Konstruktionen zumeist auch nicht zeitaufwendiger als beim Zweiventiler.

Obwohl die allgemeine Entwicklung damals schon zum Kurzhubmotor führte - er kann trotz hoher Motordrehzahlen niedrige Kolbengeschwindigkeiten aufweisen und seine relativ großen Kolbenquerschnitte im Zylinderkopf bieten reichlich Platz für mehrere Ventile - dauerte es noch bis 1974, als Honda mit zwei unauffälligen Motorradmodellen den Einstieg in die Serienfertigung der Vierventilzukunft schuf. Es waren die Enduromodelle XL 250 und XL 350.

In späteren Jahren wurden auch Brennräume mit drei Ventilen geschaffen, doch erst in den Achtzigern wurde der Vierventiler bei Sportmotorrädern Standard. Yamaha schuf mit der FZ 750 einen Fünfventilmotor, der ein gutes Drehmoment (Drehmoment siehe Kapitel 1.3.) im unteren Drehzahlbereich mit hoher Leistung im oberen Bereich miteinschloß. Daß der Vierventilkopf damit aber noch lange nicht am Ende ist, bewies Honda, als sie mit der VFR 750 F einen V-Vierzylinder 90 Grad mit vier Ventilen pro Zylinder, einen ebenbürtigen Konkurrenten schuf.

1.2.5. Die Steuerung des Gaswechsels beim Zweitaktmotor

Die Gaswechselsteuerung des Zweitaktmotors unterscheidet sich in einem wesentlichen Punkt vom Viertaktmotor. Statt der Ventile dient der Motorkolben als Steuerorgan, dessen obere und untere Kante wie ein Schieber die zur Zeit passenden Kanäle öffnet.

Die zwei Phasen des Ladungswechsels, der den Austausch von Frischgas und Abgas kennzeichnet, finden gleichzeitig und in einem Raume statt: Spülen, also Einlassen, sowie das Ausräumen der verbrannten Gase. Der

Kolben hat bei diesem Vorgang kaum noch Verdrängerwirkung wie beim Viertaktmotor. Die Gase sind aus physikalischen Gründen, stärker noch als beim Viertakter, mit Hilfe von Schwingungen gut zu beeinflussen. Das "Wie" der Beeinflussung unterscheidet die voneinander recht verschiedenen Zweitaktsysteme.

Der normale Zweitaktmotor wird fast ausschließlich von dem Zusammenspiel der im Zylinder angebrachten Schlitze und den vorbeistreifenden unteren und oberen Kolbenkanten gesteuert. Anders aber als beim Viertaktmotor, dessen Ventile unabhängig voneinander arbeiten, stehen die Steuerschlitze und damit die Steuerzeiten im Zylinder des Zweitaktmotors konstruktiv fest: Es muß schon der ganze Zylinder neu bearbeitet oder ausgetauscht werden, um das zu ändern. Von dieser Veranlagung her ergibt sich eine gleichmäßige, symmetrische Öffnungs- und Schließzeit für den gesamten Ladungswechsel im Motor. Symmetrisch heißt in diesem Zusammenhang, daß die Öffnung des Einlaßkanals durch den Kolben zum gleichen Zeitpunkt vor OT erfolgt wie sein Schließen nach OT. Ähnliches gilt für die Überström- und Auslaßkanäle.

So war es lange Zeit in Ordnung. Die Umkehrspülung war Standard, ihre Schlitzsteuerung bewährt und unempfindlich. Die Leistung war dem jeweiligen Hubraum entsprechend ausreichend.

Mit der rapiden Leistungssteigerung der Viertaktmotoren in den sechziger und siebziger Jahren, wir sprechen hier über Serienmotorräder, wurden auch die Nachteile dieses Zweitaktsystems ins grelle Licht gerückt. Der Motor hatte ein nur schmal nutzbares Drehzahlband, verbrauchte recht viel Kraftstoff und anteilig dazu entsprechende Mengen Zweitaktöl zur Schmierung. Füllungsverluste beim Überströmen waren die Hauptursache. Wir erinnern uns: Der Auslaßkanal steht offen und ein paar Grad später auch die Überströmkanäle. Die im Kurbelgehäuse unter Druck gehaltenen Frischgase schießen hervor und verdrängen das verbrannte Abgas in den Auslaß. Dabei geraten aber auch Frischgase mit in den Auspuff, die wenig später, wenn der Kolben zum Verdichten und Verbrennen wieder nach oben kommt, dringend benötigt werden. Außerdem vermischen sich Abgasreste mit den Frischgasen, was dem potentiellen Energiegehalt des Gemisches abträglich ist.

Grundübel des Systems war die symmetrische Steuerung. Wollte man da etwas ändern, mußte in erster Linie der Beginn der Öffnungszeit des Einlaßkanals vorverlegt werden.

Das aber ließ sich mit baulich festgelegten Steuerkanälen nicht machen. Neue mechanische Vorrichtungen mußten erfunden werden. Eins davon ist ein schon seit den zwanziger Jahren bekanntes, aber wegen unzureichenden Materials erst wieder in den siebziger Jahren aufgegriffenes Einlaßsystem: Das Hauptstrom-Membran-Einlaßverfahren.

Es werden dabei auf einem gummierten, dachförmigen Membrankörper zwei
bis acht Membranzungen angeordnet. Sie sind dem Einlaßkanal zugewandt

1. Aufwärtshub   2. Abwärtshub

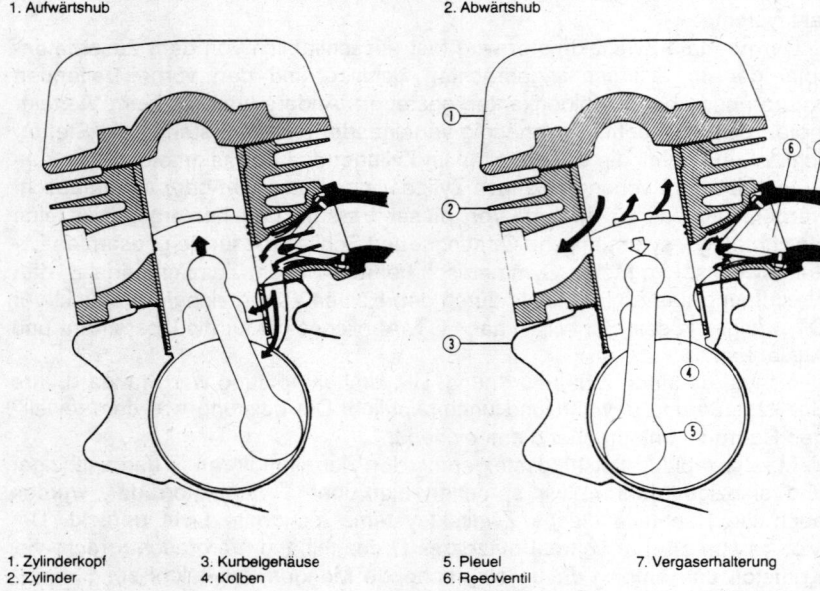

1. Zylinderkopf	3. Kurbelgehäuse	5. Pleuel	7. Vergaserhalterung
2. Zylinder	4. Kolben	6. Reedventil	

und öffnen sich, wenn der Motor ansaugt. Werden die Frischgase im Kurbelraum komprimiert, schließen sich die Zungen und legen sich abdichtend auf
die Öffnungen des Membrankörpers. Zwischen Vergaser und Einlaßkanal
gelegen, verhindern sie so das Zurückströmen der angesaugten Frischgase
und verbessern die Füllung.

Während der veraltete Plattendrehschieber gezielt Leistung im einge-
stellten Drehzahlbereich erhöhte, bringt der Membraneinlaß auch im unteren
und mittleren Drehzahlbereich eine wesentliche Verbesserung der Drehmo-
mentcharakteristik. Das System nutzt ebenfalls den Vorteil einer asymmetri-
schen Einlaßsteuerung.

Verbessert wird das System durch drei Abwandlungen. Die erste ist eine
Hauptstrommembran mit zusätzlichem Überströmkanal. Die zweite ist ein
von Yamaha entwickeltes "Energy Induktion System" (YEIS) mit zwischen
Membrankörper und Vergaser liegendem Druckreservoir. Schließlich ein von
Suzuki und KTM verwendetes "Power Read-System", bei dem die Membran
in einem Nebenkanal untergebracht ist, der parallel zum Hauptkanal ins Kur-

58

belgehäuse führt. Es würde zu weit führen, diese Abwandlung eingehender zu besprechen. Ich verweise lieber auf die Literaturangaben im Anhang des Buches.

Nachteile des Membransystems sind in erster Linie Strömungsverluste bei hohen Drehzahlen. Die einfließende Frischgassäule wird dabei mit zu vielen Turbulenzen und zeitlicher Verzögerung, bedingt durch den Membrankörper, in den Kurbelraum geschleust. Ein weiteres Problem sind die unkontrollierten Schwingungen der metallenen Membranzungen. Sie bewirken bei hohen Drehzahlen eine flatternde Bewegung der Membran. Die entstehende Durchlässigkeit für Gase in diesen Momenten hat unerwünschte Folgen auf den Füllungsgrad des Motors.

Neue Entwicklungen von Honda (NS 400 R) und Yamaha (RD 500) lassen Probleme der Membrantechnik aber immer beherrschbarer erscheinen.

Zweitaktmotoren sind viel mehr Strömungsmaschine als dies bei Viertaktmotoren möglich ist. Der Wegfall von zwei Takten macht sich hier ungeheuer positiv bemerkbar. Gemeinsam aber ist beiden die Einbeziehung aller Aggregate und Vorrichtungen zur Kraftentfaltung, vom Luftfilter bis zum Endschalldämpfer.

Zweitakter sind komplizierte Gasschwingungssysteme, bei denen jede Veränderung an den Einzelbaugruppen Einfluß auf das ganze System gewinnt. Die Kompliziertheit der Anlagen hat es mit sich gebracht, daß wir bei den Zweitaktmotoren Einlaß- und Auslaßsysteme getrennt besprechen und beurteilen.

Die Auslaßsysteme lassen sich grob in drei Grundprinzipien aufteilen: Das erste ist die schon bekannte Umkehrspülung, schlitzgesteuert durch die Kolbenkanten.

Die zweite ist die Resonanzverstimmung der Auspuffanlage, eine gezielte Beeinflussung der Schwingungen der Abgasströme. Und das funktioniert so:

Eine separate Kammer mit einem Verbindungstunnel zum Auslaßkanal, beide im Zylinder gelegen, wird je nach Drehzahl stufenlos geöffnet. Die Abstimmung der Resonanzkammer erfolgt nun so, daß im unteren Drehzahlbereich die Kammer mit ihrem Volumen voll zur Verfügung steht und das Gesamtvolumen der Auspuffanlage gerinfügig, aber effektiv vergrößert. Der Rückstau im Auslaßsystem wird verstärkt, das Austreten von Frischgasen in den Auslaßtrakt weitgehend unterbunden. Bei zunehmender Drehzahl schließt eine Vorrichtung die Kammer im Verhältnis, so daß die nun kleinere Kammeröffnung den Rhythmus der Abgassäule verändert. Der Rückstau im Auslaßsystem paßt sich dem höheren Drehzahlbereich an! Ist die Kammer geschlossen, und dreht der Motor mit Nenndrehzahl, so ist die Resonanzkammersteuerung außer Funktion. Der Motor arbeitet nun wie ein auf hohe Drehzahlen ausgelegter, schlitzgesteuerter Motor. Der Einfluß von Einlaßsystemen, siehe oben, wirkt sich dann ergänzend aus.

Die Vorteile der Resonanzkammersteuerung: Ein besser zu nutzendes Drehzahlband, ein besserer Drehmomentverlauf bei niedrigen und mittleren Drehzahlen (Drehmoment und Drehzahlband siehe Kapitel 1.3.) und abschließend eine geringe Anhebung der Endleistung.

Verschiedene Hersteller haben ihre eigenen Resonanzsysteme: Beim "ATAC-System" von Honda (Auto Control Torque Amplification Chamber) wird die Öffnung einer am Auslaßstutzen angebrachten Resonanzkammer über ein Tellerventil von einem Fliehkraftmechanismus drehzahlabhängig gesteuert.

Kawasaki's "KIPS-System" (Kawasaki Integrated Power Valve System) ist ähnlich aufgebaut. Zusätzlich zum Hauptauslaßkanal existieren noch zwei Nebenauslässe, von denen einer einen Tunnel zu einer am Zylinder seitlich liegenden Resonanzkammer führt. Die Öffnungs- und Schließvorgänge erfolgen über zwei senkrecht stehende Walzenschieber, die fliehkraftabhängig, je nach Motordrehzahl, über ein Gestänge betätigt werden. Bei niedrigen Drehzahlen ist einer der beiden Nebenauslässe geschlossen. Der zweite mündet, durch seinen Walzenschieber umgeleitet, in die Resonanzkammer. Hierin liegt die Ähnlichkeit zum ATAC/System von Honda. Ab einer bestimmten Drehzahl dreht sich der betreffende Walzenschieber wieder und verschließt die Kammer. Gleichzeitig gibt er seinen Nebenauslaß frei und erlaubt den Abgasen wieder ungehinderten Austritt parallel zum Hauptauslaßkanal. Der zweite Walzenschieber, der die ganze Zeit geschlossen war, öffnet sich nun ebenfalls und gibt seinerseits den zweiten Nebenauslaß frei. "ATAC" und "KIPS" sind sich in ihrer Auswirkung auf den Motor ähnlich.

Suzuki ging eigene Wege und entwickelte das "SAEC-System" (Automatik Exhaust Chamber). Es ist eine Kombination von Resonanzkammer und Power Valve, das dritte Grundprinzip der Auslaßsteuerung.

Über dem Auslaßkanal liegt ein Walzenschieber horizontal eingebaut, der den Weg zu einer zusätzlichen, darüberliegenden, teilweise im Zylinderdeckel befindlichen Resonanzkammer kontrolliert. Vom Prinzip her wirkend wie "ATAC" und "KIPS", hat es die Besonderheit der Schieberbetätigung über Servomotor (Stellmotor) und Elektronik. Von der Motordrehzahl abhängig, versteht sich.

Ja, ein weiter Weg führt zurück zum einfachen, immer noch vielfach genutzten, aus ein paar Teilen bestehenden Zweitaktmotor.

Das dritte zu beschreibende Grundprinzip, ist das von Yamaha entwickelte "Power Valve System" (YPVS). Die Zielrichtung auch dieser Anlage war klar und entsprach

YPVS–Steuerwalze geöffnet

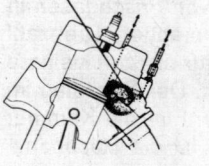 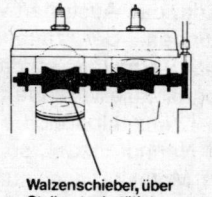

Walzenschieber, über
Stellmotor betätigt

YPVS-Auslaßsystem (Yamaha)

60

dem später erst folgenden Resonanzkammersystem. Nämlich die Verbesserung der Durchzugsqualitäten im unteren und mittleren Drehzahlbereich sowie die Verhinderung von Spülverlusten.

Die "Power Valve" erlaubt eine Verschiebung der Auslaßkanaloberkante nach unten, wodurch die Auslaßsteuerzeit verkürzt werden kann. Die Walze des "Power Ventils", wie es auf neudeutsch heißt, läßt sich wie alle Auslaßsysteme drehzahlabhängig verstellen. Bei Höchstdrehzahl bewegt sich die Walze in der Weise, daß der ganze Kanalausschnitt geöffnet erscheint und somit eine maximale Steuerzeit zur Verfügung steht. Bei niedrigen Drehzahlen wird durch langsames Verdrehen der Walze die Auslaßöffnung kontinuierlich verkleinert.

Vorteilhaft ist die Verringerung der Spülverluste, das spart Kraftstoff und Zweitaktöl. Der Gegendruck im Auslaßsystem steigt drehzahlangepaßt. Die Strömungsgeschwindigkeit der Abgassäule paßt sich der ebenfalls geringeren Geschwindigkeit der Frischgassäule besser an. Das bringt mehr Drehmoment und Leistung vor allem bei niedrigen Drehzahlen.

Betätigt wird der Walzenschieber entweder mechanisch über Fliehkraftverstellung oder über einen elektronisch überwachten Stellmotor. Diese Elektronik bietet auch die Möglichkeit, Daten über Drehzahl und Verschieberstellung auszuwerten und eine optimale Nutzung des Systems zu schaffen.

1.3. Drehzahl und Drehmoment: Leistungsverlauf von Verbrennungsmotoren

Das Drehmoment ist die Wirkung einer Kraft an einem Hebelarm, womit wir beim allseits bekannten Hebelgesetz angelangt wären.

Ein gutes Beispiel, um die Wirkungsweise des Hebelgesetzes darzustellen, ist die Handkurbel. Kurbeln kennen wir unter anderem vom Fahrrad her, aber auch von unserer Beschreibung des Verbrennungsmotors. Ich meine die Kurbelwelle!

Hier wirkt eine Kraft auf einen drehbar gelagerten Hebelarm. Das sich daraus ergebende "Drehmoment" an der Welle der Kurbel resultiert als Produkt aus der Länge des Kurbelarms und der Kraft, mit der die Kurbel betätigt wird. Je größer diese Kraft ist, um so größer wirkt auch das Drehmoment an der Kurbelwelle. Wenn diese Kraft aber gleichbleibt, kann das Drehmoment trotzdem erhöht werden, indem der Hebelarm verlängert wird. Allerdings vergrößert sich dann zwangsläufig auch der Kurbelweg.

Die Kraft, mit der die Kurbelwelle in unserem Motor bewegt wird, kommt hierbei vom Verbrennungsdruck auf den Kolben des Motors. Das Pleuel stellt die Verbindung zum Kolben her. Der Verbrennungsmotor entwickelt ein um so höheres Drehmoment an der Kurbelwelle, je größer der Arbeitsdruck

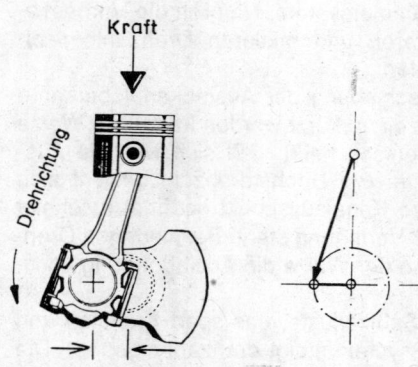

Kraft

Drehrichtung

Hebelarm

Die Länge des Hebelarmes bestimmt die Größe des Hubes und beeinflußt die Stärke des Drehmoments.

des Kolbens und je größer der Kolbenhub im Zylinder ist. Die Höhe des Kolbenhubes ist abhängig von der Länge des Kurbelarmes an der Kurbelwelle.

Anders ausgedrückt: Je größer der Hub und je größer die Bohrung, desto höher das Drehmoment. Wie weit die Bohrung eine Rolle spielt, wird deutlich, wenn man sich vor Augen hält, daß ein großer Kolbenboden natürlich mehr Verbrennungskraft aufnehmen und weitergeben kann, als ein ebensolcher in einer kleineren Ausführung. Ein kräftiger Mensch dreht an einer Kurbel ganz anders als ein Kind.

Die Güte des Verbrennungsdruckes auf die es nun ankommt, ist abhängig von der Füllung des Zylinders mit Frischgas, und die Leistung eines Motors ergibt sich aus dem gleichmäßig intensiven Schwingen der Gassäule im Zylinder.

Jede Verbesserung in diesem Bereich wirkt sich auf das Drehmoment aus, aber auch jede Verschlechterung.

Motoren werden auf einen bestimmten Verwendungszweck hin konstruiert. Der Ventiltrieb eines Viertakters z.B. wird auf Höchstleistung bei hohen (ab ca. 6000 Touren) oder breitbandig auf einen mittleren Bereich von ca. 3000 bis 6000 Touren (1/min.) ausgelegt. Ich erinnere in dem Zusammenhang an die Bedeutung der Nockenform der Nockenwelle oder die Größe und Anzahl der Ventile. Das erklärt, warum der betreffende Motor in dem Bereich seines Drehzahlbandes, für den er nicht ausgelegt ist, entsprechend schwächlich ist. So hat der eine Motor unten (bei niedrigen Drehzahlen), Suzuki RG 250 Gamma, ein Zweitakter z.B., der andere oben (bei hohen Drehzahlen), Kawasaki Z 750 LTD, ein Viertaktmotorrad z.B. nicht viel Leistung.

Daraus können wir schließen, daß kein Verbrennungsmotor über seinen gesamten Drehzahlbereich ein gleich großes Drehmoment entwickelt. Sein Leistungsverlauf ist also nicht geradlinig, sondern erfolgt als Kurve. Da, wo die Kraft des Motors am effektivsten ist, liegt sein höchstes Drehmoment. Fällt die Drehmomentkurve wieder ab, nimmt auch die Leistung des Motors denselben Weg.

Leistung und Drehmoment stehen somit in einem engen Zusammenhang. Will man die Leistung eines Motors ermitteln, mißt man das Drehmoment und die jeweils dazugehörige Drehzahl. Daraus errechnet sich eine Vielzahl von Punkten, die eine Kurve ergeben: Die Leistungskurve. Für uns gibt es drei Diagramme, die interessant sind. Das eine ist das Leistungsdiagramm. Hier zeigt der Motor was er kann.

Leistung und Drehmoment
Mit dem Anstieg der Motordrehzahl steigt abhängig vom Drehmoment die Motorleistung an, wobei im Bereich des höchsten Drehmoments die Leistung am stärksten wächst. Der drehmomentstarke Motor erreicht dabei (1) seine günstigste Leistungsentfaltung schon wesentlich früher als der hochdrehende Sportmotor (2).

Yamaha XT 500

Honda VFR 750 F

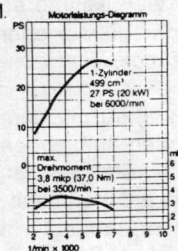

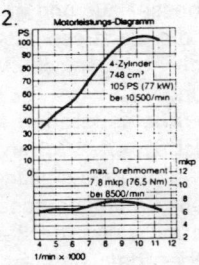

Gangdiagramm

Suzuki GSX 550

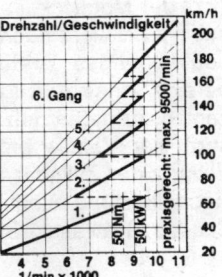

In der Kurve des Drehmomentverlaufes werden die Schwankungen in der Kraftentfaltung des Motors, bezogen auf die Drehzahl, deutlich. Man sollte hierbei vor allem auf Einbrüche, Biegungen der Kurve nach unten achten, weil man sich dann nicht zu wundern braucht, warum in dem angegebenen Drehzahlbereich die Schüssel nicht so flott weiterdüst wie davor und danach. Auch zeigt die Kurve, ob der Motor über ein mehr unten, mehr oben oder fast gleichmäßig gutes Drehmoment verfügt.

Deutlich ist der Drehzahlbereich zu erkennen, der zwischen den einzelnen Gängen liegt. Ihn kann man, um günstigeren Leistungsanschluß zu erzeugen, durch Getriebeänderungen beeinflussen (Abstufung der Gänge). Je steiler die Ganglinien, desto kürzer und besser ist der Kraftschluß.

Das dritte Diagramm wird seltener gebraucht. Es zeigt als Gangdiagramm die Drehzahl des Motors in Abhängigkeit zum jeweiligen Getriebegang. Man kann diese Kurve als Grundlage für eine Änderung der einzelnen Getriebeuntersetzungen oder der Anpassung des Sekundärantriebes auf die Straßenverhältnisse benutzen. Einem Langhubmotor wird in der Regel ein besseres Drehmoment nachgesagt als einem Kurzhuber. Was ist da dran? Der Langhuber hat, bedingt durch den längeren Kurbelarm an der Kurbelwelle, eine günstigere Hebelwirkung als der Kurzhuber, so daß er bei gleich gutem Arbeitsdruck im Zylinder ein besseres Drehmoment über den gesamten Drehzahlbereich entwickelt.

Doch zwei Haken hat die Sache. Der erste ist der Umstand, daß die Kurbelwelle einen größeren Außendurchmesser hat. Das macht, via Pleuel, die Kolbenwege länger. Bei hohen und höchsten Drehzahlen ist das, gelinde gesagt, nicht so schön. Wir erinnern uns an die Probleme mit der Kolbengeschwindigkeit (siehe Kapitel 1.2.: "Der Zylinder"). Als Folge bleiben solche leistungsträchtigen Drehzahlbereiche dem Langhuber verschlossen.

Der zweite Haken betrifft die Kolbenoberfläche. Die ist bei einem Kurzhuber größer, weil bei gleichem Hubraum wie ein Langhuber die Bohrung umfangreicher ist.

Das hat Folgen: Große Kolbenoberflächen nutzen, wie oben schon erwähnt den Verbrennungsdruck besser aus und erlauben bei Viertaktmotoren darüber hinaus im Zylinderkopf die platzfressende Installation von vier oder sogar fünf Ventilen. Das sind wichtige technische Voraussetzungen für Hochleistungstriebwerke erster Ordnung.

Bei der Entwicklung eines straßentauglichen Motorrades aber, mit dem man sowohl zum Touren als auch zu erbaulichen Kurvenjagden aufbrechen kann, mixen sich die Techniker in den Herstellungsfirmen aus dem reichen Topf der Möglichkeiten das jeweils Passende zusammen. Ein bißchen Langhuber, vielleicht noch im Verein mit einem größeren Hubraum, erbringt ein befriedigendes Drehmoment über den unteren und mittleren Drehzahlbereich, ohne den Kolben durch hohe Geschwindigkeiten bei Höchstdrehzahlen zu gefährden (K 75 S/C von BMW). In einem anderen Fall verbessern vier Ventile pro Zylinder in Tateinheit mit einem Kurzhubmotor die Füllung der Zylinder auch bei hohen Drehzahlen und optimieren neben der Höchstleistung auch noch das Drehmoment in diesem Bereich des Drehzahlbandes (Kawasaki GPZ 900 R).

1.4. Wie die Motorkühlung funktioniert und welche Systeme es gibt

Die Verbrennungsgase erwärmen den Motorblock und gelangen von da aus ins Freie. Damit der Motor nicht zu heiß wird, muß er gekühlt werden. Wäre dies nicht der Fall, bei Ausfall der Kühlung z.B., würde
1. Das zur Schmierung notwendige Motorenöl im Motor verbrennen und verkokeln.
2. Daraus folgend, der Kolben infolge Schmierstoffmangels (Ölfilmriß) sofort festgehen (Kolbenfresser).

64

3. Parallel dazu würden sich alle Motorenteile ihrem unterschiedlichen Wärmeausdehnungskoeffizienten entsprechend ausdehnen, Material und Fertigungstoleranz wären überbrückt, Teile wie Kolben oder Lager wären hohem Verschleiß ausgesetzt oder gingen fest.
4. Der heiße Motor ließe die Ausdehnung der Frischgase im Verdichtungsraum rapide ansteigen. Eine geringere Füllung des Zylinders mit nachfolgenden Leistungseinbußen wäre unabwendbar.
5. Das Frischgasgemisch würde vor dem Zündzeitpunkt entflammen. Die Leistung des Motors würde sich weiter verschlechtern, die Temperatur noch stärker ansteigen.

Eine richtige Betriebstemperatur hingegen, meßbar entweder auf Grund der Motoröltemperatur von ca. 85° Celsius oder der Kühlwassertemperatur von etwa 90° C, sichert

1. Günstigen Kraftstoffverbrauch und hohe Leistung. Gute Kühlung vermeidet das gefährliche Selbstentzünden (Klingeln oder Klopfen) des Motors. Die Zylinderfüllung verbessert sich, und Leistung bleibt erhalten.
2. Den Schutz vor Motorschäden infolge Schmierstoffproblemen und Überhitzung.
3. Die Lebensdauer des kompletten Motors infolge geringeren Verschleißes.

Umgekehrt bewirkt eine Unterkühlung des Motors, z.B. im Winter oder auch nach dem frühmorgendlichen Kaltstart im Sommer

1. Eine schlechte Vergasung des Kraftstoffes. Das bringt auf den ersten Kilometern, bis der Motor seine Betriebstemperatur erreicht hat, Leistungsverluste und steigert den Spritverbrauch.
2. Stärkere Korrosion im Motor. Die Teile gammeln, weil durch die schlechte Verbrennung des Kraftstoffes ätzende Verbindungen entstehen.
3. Der Kraftstoff kondensiert aus dem Frischgasgemisch an der kalten Zylinderwandung. Er wäscht den Schmierölfilm ab und die Kolbenringe samt Kolben sind hohem Verschleiß ausgesetzt.

Während im Sommer der Motor recht bald auf seine Betriebstemperatur (Öltemperatur 85° C) kommt, ergeben sich für den Winterbetrieb schwierige Verhältnisse. Allerdings muß keiner seinen Motor nach dem Winter wegschmeißen. Wenn der Motor sorgfältig warmgefahren und erst dann voll belastet wird, das Motorenöl vor und nach dem Winterhalbjahr gewechselt wird, gibt es keine Bedenken.

Motorräder werden luft- oder wassergekühlt. Die Wasserkühlung wurde erst in den siebziger Jahren richtig populär, man denke an Suzuki's Dreizylinder GT 750, den "Wasserbüffel" oder Honda's Gold Wing, den Vierzylinder-Boxermotor. Doch vorherrschend ist immer noch die Luftkühlung durch den Fahrtwind respektive die Umgebungsluft.

1.4.1. Die direkte Fahrtwindkühlung

Der Zylinderblock hat, ebenso wie der Zylinderkopf zu diesem Zweck Kühlrippen. Dünn, breitflächig und bei modernen Motoren aus Aluminiumguß bestehend wie der Zylinderblock, sind sie so angebracht, daß sie mit ihrer Oberfläche bestmöglich im Luftstrom liegen. Weiterhin leiten sie den Fahrtwind an die wärmsten Stellen des Motors. Die Kühlrippen am Zylinderkopf sind besonders groß ausgeformt. Im oberen Bereich um die Zündkerzen und an der Einmündung der Auspuffrohre liegt die Problemzone, deren Kühlbedarf am größten ist.

Die Luftkühlung beim Motorradmotor hängt von der Fahrtgeschwindigkeit und der Temperatur des Fahrtwindes ab. Im Stand sollte ein luftgekühlter Motor in keinem Falle lange vor sich hintuckern. Er könnte sonst Überhitzungsschäden erleiden (siehe hierzu auch Kapitel 1.2.: "Der Kolben").
Die Vorteile der Luftkühlung:
1. Luftkühlung ist nahezu wartungsfrei. Sie erfordert weder Kühler, Wasserrohre, Ventilator, Thermostat noch Wartung oder Vorsorge gegenüber Frost im Winter, wie dies für die Wasserkühlung zutrifft.
2. Luftgekühlte Motoren kommen schneller auf Betriebstemperatur, sie brauchen nicht erst das Kühlwasser aufzuheizen.
Nachteile:
1. Luftgekühlte Motoren erwärmen und kühlen sich schnell ab. Diese starken Temperaturveränderungen erfordern wegen der schwankenden Materialausdehnung größere Fertigungstoleranzen im Motorenbau als bei der temperaturmäßig ausgeglicheneren Wasserkühlung. Negative Folgen daraus sind höhere Motoröl- und Kraftstoffverbräuche während der Warmlaufphase, was sich auf die Motorleistung auswirkt, wie auch eine kürzere Lebensdauer der Verschleißteile.
2. Die Lärmdämpfung der Motorengeräusche der luftgekühlten Triebwerke ist verhältnismäßig schlecht. Schwirrende Kühlrippen sorgen für eine zusätzliche Geräuschkulisse.

1.4.2. Kühlung durch Flüssigkeiten

Ordinär ausgedrückt heißt die Flüssigkeitskühlung im Volksmund immer noch "Wasserkühlung!", obwohl dort schon lange kein reines Leitungswasser mehr fließt, sondern destilliertes, mit Antifrost- und Korrosionsmitteln vermischtes Wasser.

Was hat die doch recht schwere und aufwendige Wasserkühlung an einem Motorrad zu suchen?
1. Die Motorenkonstrukteure nehmen das größere Gewicht, den ver-

66

Flüssigkeitsgekühlter Motor

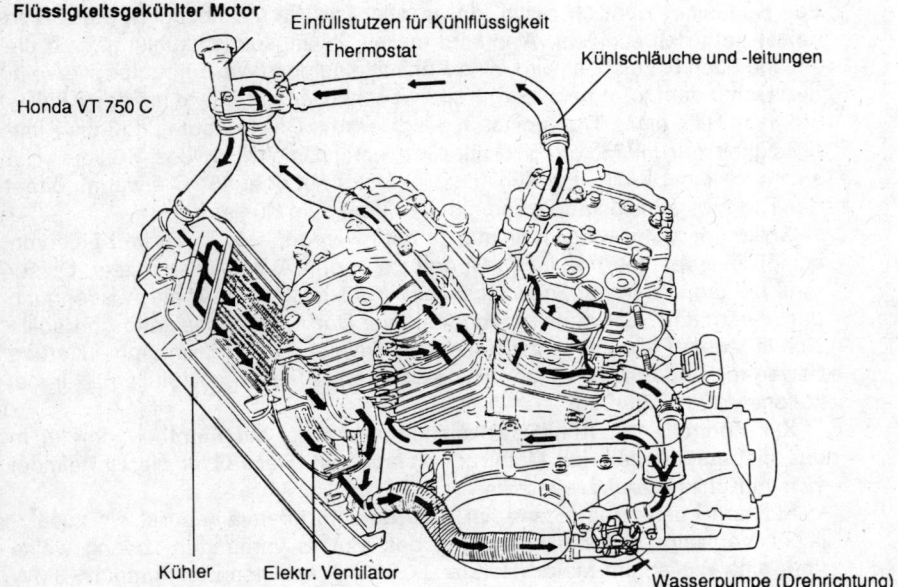

Einfüllstutzen für Kühlflüssigkeit

Thermostat

Kühlschläuche und -leitungen

Honda VT 750 C

Kühler   Elektr. Ventilator

Wasserpumpe (Drehrichtung)

mehrten Aufwand und die höheren Kosten in Kauf, weil eine "Wasser-kühlung" den Motorblock gleichmäßig temperiert.

2. Die relativ gleichmäßige Temperatur im Motorblock läßt kaum Span-nungen im Material des Motors entstehen. Toleranzen von Kolben und anderen Bauteilen können so recht eng gehalten werden.

3. Hohe Motorleistungen können problemlos realisiert werden, da über-schüssige Wärme in allen Lebenslagen weggekühlt wird.

4. Die Geräuschdämpfung ist hervorragend, da der Wassermantel im Mo-torblock einiges schlucken kann.

Die Flüssigkeitskühlung funktioniert folgendermaßen:

Die Kühlflüssigkeit wird durch besondere Kanäle und Kammern, die sich im Zylinderblock und Zylinderkopf befinden, an die heißen Stellen im Motor geleitet. Diese befinden sich rund um und über dem Verbrennungsraum. Die Flüssigkeit erwärmt sich hier und transportiert die Wärme über Kühlerrohre und Schläuche zum Kühler.

Der Kühler liegt in der Regel vor dem Motor und somit direkt im Luft-strom des Fahrtwindes. Dort nun kühlt sich die Flüssigkeit im Kühlernetz der vielen kleinen Flachrohre mit dazwischenliegenden, die Wärme gut leitenden Lamellenblechen wieder ab und fließt in den Motorblock zurück. So erfolgt eine stetige Zirkulation der Kühlflüssigkeit. Bei Hochleistungsmotoren kreist das Kühlmittel ziemlich rasch, da es reichlich Wärme abzugeben gilt. Von selbst geht das schlecht. Also wird in der "Zwangsumlaufkühlung", wie die Anlage auch bezeichnet wird, eine Kühlmittelpumpe (Wasserpumpe) verwendet. Damit der Motor nach dem Kaltstart schneller warm wird, ist das Kühlsystem mit Hilfe eines Thermostaten geschlossen. Das bedeutet, daß die Kühlflüssigkeit nur im Motorblock zirkuliert, unter Umgehung des Kühlers. Hat sich nach einer Weile das Kühlmittel im Motor auf über 85° C erwärmt, öffnet der Thermostat selbständig und gibt den Weg zum Kühler frei.

Sollte der Motor wirklich einmal zu heiß werden, entläßt ein im Kühlerverschluß eingebautes Ventil den Überdruck in den Ausgleichsbehälter. Dieser muß bei den modernen, geschlossenen Kühlkreisläufen für die Ausdehnung der erwärmten Flüssigkeit vorhanden sein. Der Flüssigkeitsstand dort sollte sich in jedem Falle immer zwischen der Minimum- und Maximummarkierung bewegen. Andernfalls ist er mit destilliertem Wasser aufzufüllen. Nur bei kaltem Motor eingießen!

Zur Kontrolle der Kühlflüssigkeitstemperatur ist ein Fernthermometer in das Instrumententeil des Motorrades eingebaut. Der Fühler hierzu befindet sich im Kühlkreislauf des Motors.

Für den Leerlauf im Stand, im Stau oder Straßenverkehr ist ein zusätzlicher Ventilator gegen Überhitzung des Motors vorhanden, zwangsweise über eine Welle vom Motor (Honda CX 500) oder einen Elektromotor (BMW K 100) angetrieben. Der elektrische Antrieb hat den Vorteil, regelbar zu sein. Er schaltet sich nur ein, wenn er wirklich gebraucht wird und die Temperatur der Kühlflüssigkeit einen bestimmten Grad erreicht hat.

An der Trennfläche zwischen Zylinderblock und Zylinderkopf dichtet die Zylinderkopfdichtung die innenliegenden Kühlmitteldurchflußkanäle ab. Einige Motoren lassen das Kühlmittel auch durch außen liegende Rohre vom Zylinderblock (bzw. der Kühlmittelpumpe) zum Zylinderkopf laufen.

Wassergekühlte Motoren kann man übrigens ziemlich schnell an ihrer schwachen Verrippung am Motorblock erkennen. Teilweise sind die Zylinderwandungen vollkommen glatt. Da dies aber nicht so gut aussieht, werden aus Designgründen Kühlrippen a la Luftkühlung integriert, obwohl diese eigentlich technisch nicht nötig wären.

Zusätzliche Kühlung

Darunter verstehen wir Maßnahmen, die dem Motor, dem Motoröl oder dem Kühler (bei wassergekühlten Motoren) eine zusätzliche Wärmeabführung ermöglichen. Das ist nur bei hochbelasteten Motoren notwendig, wo die normale Fahrtwindkühlung bei scharfer Fahrweise nicht mehr ausreicht. Da die Literleistung moderner Serientriebwerke zur Zeit stark angestiegen ist, gehen die Hersteller stärker zu solchen Maßnahmen über.

Zusätzlich gekühlt wird:
1. Mittels eines Ölkühlers
2. Durch die Vergrößerung des Ölvorrates im Motor
Der Ölkühler, wesentlich kleiner, aber im großen und ganzen aufgebaut wie ein Wasserkühler und in seiner Funktion ganz ähnlich, liegt vorn über dem Motor, im direkten Fahrtwind. Mit dem Ölkreislauf durch Schläuche verbunden, durchfließt ihn das heiße Motorenöl, um abgekühlt wieder in den Motor zurückzukehren. Ein Thermostat verhindert, daß bei kaltem Motor schon Öl durch den Kühler gepumpt wird. Das im Motor verbleibende Öl kann sich in der Warmlaufphase dann schneller erwärmen, der Verschleiß beim Kaltstart hält sich in Grenzen.

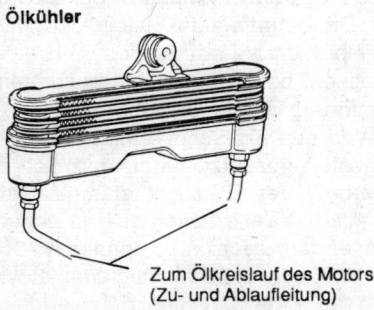

Ölkühler

Zum Ölkreislauf des Motors (Zu- und Ablaufleitung)

Manchen Herstellern ist ein Ölkühler zu teuer, sie vergrößern deswegen einfach die Menge des umlaufenden Motorenöls. Zusätzliche Kühlrippen am Motorgehäuse verbessern die Wärmeabfuhr. Motoren mit einer Ölwanne (BMW-Boxermotoren) erhalten eine neue mit größerem Fassungsvermögen. Kräftig verrippt, setzt sie die Öltemperatur im Fahrbetrieb herunter. Das Prinzip ist einfach. Je mehr Öl im Motor kreist, desto kürzer ist die Zeit, die ein einzelner Öltropfen in der heißen Zone verharren muß und umso länger kann er im kühleren Motorenbereich seine überhöhte Temperatur abgeben. Ausgebaut werden kann das Verfahren, indem eine Ölpumpe höherer Förderleistung verwendet wird. Sie wälzt das Motoröl schneller im Motorgehäuse um, drückt das Öl ziemlich flott und in größeren Mengen zu den heißen Regionen.

Tuckert eine Maschine während der Stoßzeiten im Stadtverkehr und im Stau im Leerlauf, dann ist der Motor durch hohe Wärmeentwicklung gefährdet. Luftgekühlte Zwei- und Viertaktmotoren haben durch ihren unmittelbaren Kontakt zur Außenluft noch einen gewissen Kühleffekt. Wassergekühlte Motoren sind ohne Hilfe von außen durch ihren Wasserpanzer gehandikapt. Ihre Kühler bekommen im Stand keinen Fahrtwind zu spüren, es droht der Wärmetod. Abhilfe bringt, wie im Automobilbau, ein Kühlerventilator. Angetrieben wird er durch die Nockenwelle des Motors oder einen eigenen kleinen Elektromotor. Ein Fühler im Wasserkreislauf setzt ihn ab einer gewissen Temperatur in Gang und schaltet ihn auch wieder ab.

1.5. Warum geschmiert werden muß

Wenn feste Körper aufeinander gleiten, Kolben und Kolbenringe im Zylinder-beispielsweise, entsteht Reibung. Diese ist umso größer, je fester die Teile aufeinander drücken und je rauher die Oberfläche ist. Bei trockener Reibung treten an den Erhöhungen der sich berührenden Teile hohe Temperaturen auf. Die betreffenden Stellen verschweißen miteinander und reißen sich unmittelbar darauf wieder los. Dieser sich wiederholende Vorgang wird als "Fressen" bezeichnet. Er führt zu starkem Materialabrieb und schließlich zur Zerstörung der Materialoberfläche.

Wird nun ein Schmiermittel wie in unserem Fall Öl zwischen beide Kontrahenten gespritzt, vermindert sich die Reibung urplötzlich. Sie findet nun innerhalb der Ölschicht statt. Verschleiß und Wärmeentwicklung der geschmierten Teile halten sich in engen, leicht beherrschbaren Grenzen. Die trennenden Ölschichten nennen wir "Ölfilm".

Fette und Feststoffschmiermittel wie Graphit oder Molybdändisulfit haben ähnliche oder bessere Schmierfähigkeiten. Schmieröle sind als flüssige Schmiermittel dennoch am besten geeignet. Anders als Fette und Feststoffschmiermittel können sie zusätzlich Wärme und Verbrennungsrückstände abtransportieren und auf diese Weise den Motor funktionstüchtig halten.

1.5.1. Wie die Schmierung des Motors und seine Ölversorgung funktionieren

Neben der Schmierung gibt es eine Menge anderer Aufgaben, die das Motoröl übernehmen muß:
1. Das Öl transportiert die Wärme.
2. Es reinigt den Motor von Verbrennungsrückständen und gealterten Ölbestandteilen.
3. Es hat die Funktion der Feinabdichtung.
4. Es dämpft die mechanischen Motorgeräusche auf ein erträgliches Maß.
5. Motoröl enthält Korrosionsschutzmittel.
Der Austausch der im Motor entstehenden Wärme durch die Ölströme ist eine wichtige Aufgabe. Das Motoröl verhütet Überhitzung der Lagerstellen und verhindert das Verbrennen von Ölresten an besonders heißen Zonen im Motor (Kolbenboden, Zylinderwandung).

Die im Motor erzeugten Verbrennungsrückstände, die durch Gasdruck während des Verbrennungstaktes in das Kurbelgehäuse gedrückt und vom Motoröl von der Zylinderwandung abgewaschen werden, lagern sich ab. Hinzu gelangen Rückstände aus dem Motoröl, das im Laufe seiner Tätigkeit altert. Metallstaub von den sich langsam abnutzenden Lagern kommen

70

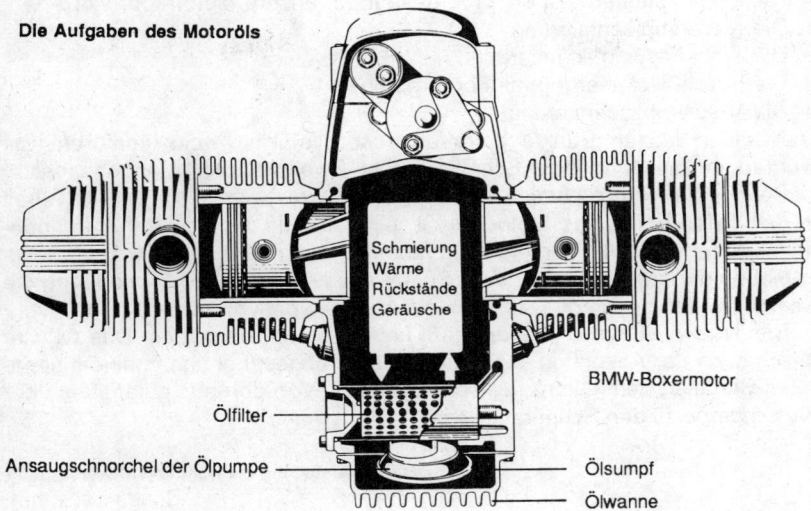

Die Aufgaben des Motoröls

Schmierung
Wärme
Rückstände
Geräusche

BMW-Boxermotor

Ölfilter

Ansaugschnorchel der Ölpumpe

Ölsumpf

Ölwanne

neben normaler Verschmutzung aus diversen Quellen hinzu. Kondenswasser, vor allem entstanden im Kurzstreckenbetrieb, wie auch der kondensierte Kraftstoff aus dem Kraftstoffluftgemisch bildet weitere Bestandteile, die sich im Motorsumpf als Schlamm ablagern. Das Motoröl transportiert diesen Dreck zum Filter, der die Ablagerungen aufnimmt, weshalb er auch unbedingt intervallmäßig gewechselt werden muß. Diese Eigenschaft des Öls ist besonders wichtig, weshalb es aggressive Reinigungszusätze enthält. Ablagerungen im Motor setzen Ölbohrungen und Kanäle zu, verstopfen Lager, behindern mechanische Vorrichtungen. Sind mit einem Wort schädlich!

Die Feinabdichtung bewirkt das Motoröl, indem es relativ gasdicht die Kolbenringe zur Zylinderwandung hin überbrückt. Neben seiner Schmiertätigkeit, versteht sich. Die hohe Adhäsionskraft des Öls läßt es auch zu, Simmerringe und Gehäusenähte gegenüber der Außenluft abzudichten.

Schließlich dämpft das Öl die mechanischen Geräusche in Motor und Getriebe. Es verhindert, daß sich die Metallteile ernsthaft berühren. Der Verschleiß durch "Freßstellen" würde ansonsten schlagartig in die Höhe schnellen.

Additive (Zusätze) im Motor schützen die stählernen Bestandteile von Kurbel, Ventilbetrieb und Schaltgetriebe vor Korrosion. Additive binden auch aggressive Verbrennungsrückstände, die es ebenfalls auf blanke Lager und Zylinderlaufbahnen abgesehen haben.

71

An Schmiersystemen gibt es, grob gesagt, für unsere Motorräder vier Arten:
1. Die Naßsumpfschmierung
2. Die Trockensumpfschmierung
3. Die Frischölschmierung mit Förderpumpe
4. Die Mischungsschmierung
Die beiden letzten Punkte betreffen ausschließlich Zweitaktmotoren. Sie werden im Kapitel über die Schmierung der Zweitaktmotoren abgehandelt.

Bei der Naßsumpfschmierung bildet das Öl, wenn es nach getaner Arbeit in den tieferen Teil des Motors fließt, eine Art von Morast. Als Auffangbehälter bietet sich eine Vertiefung im Motorgehäuse an. Einige Motoren besitzen abnehmbare Ölwannen. Vom Sumpf aus wird das Motoröl wieder an die Schmierstellen gepumpt. Der Schmierzyklus beginnt von vorne.

Die Trockensumpfschmierung läßt keinen Sumpf entstehen. Das Öl wird gleich nach der Ankunft in der Wanne wieder abgesaugt und in einem separaten Behälter, dem Öltank, zwischengelagert. Von dort aus gelangt es über die Ölpumpe zu den Schmierstellen.

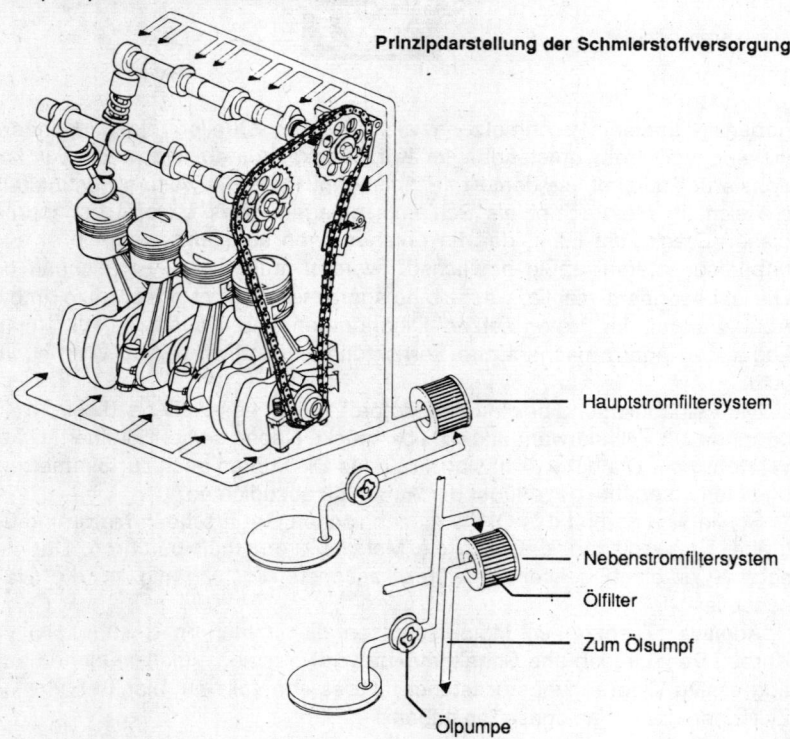

Prinzipdarstellung der Schmierstoffversorgung

Hauptstromfiltersystem

Nebenstromfiltersystem

Ölfilter

Zum Ölsumpf

Ölpumpe

72

Dieses System hat den Vorteil, bei schnellen Kurvenfahrten eine zuverlässige Schmierung zu gewährleisten. Bei älteren, naßsumpfgeschmierten Motoren schwappt das Öl bei solchen Gelegenheiten schon mal wieder im Sumpf herum, so daß der Ansaugschnorchel der Pumpe hin und wieder nach Luft statt nach Öl schnappt. Das tut dem Motor wahrscheinlich nicht gut, weshalb man bei sportlichen Modellen eine Trockensumpfschmierung verwendet. Flugzeugmotoren haben so etwas auch!

Eine geschickte Motorenkonstruktion, bei modernen Serienmotoren weitgehend realisiert, erlaubt auch der Naßsumpfschmierung ähnliche Vorteile und ist vor allem billiger. Um das Motoröl von Viertaktern von all den aufgesammelten Schmutzpartikeln zu reinigen werden Ölfilter verwendet. Ohne Filter wäre das Motoröl recht bald unfähig, seine Aufgaben zu erfüllen. Kurze Ölwechselintervalle alter Motoren künden noch von filterlosen Zeiten.

Man unterscheidet Hauptstromfilter und Nebenstromfilter. Den Hauptstromfilter passiert die gesamte Ölmenge im Motor, bevor sie zu den Schmierstellen gelangt. Ein Überströmventil (Bypassventil) gewährleistet bei einem verstopften Filterelement die Versorgung der Schmierstellen mit dem dann aber ungereinigten Öl. Der Filter wird dabei umgangen.

Ein Überdruckventil im Leitungssystem baut ungewöhnlich hohe Öldrücke ab. Kaltes, zähflüssiges Motoröl, vor allem beim Kaltstart im Winterbetrieb, ist die Ursache für solche hohen Drücke. Sie gefährden Ölleitungen und lassen Leitungsanschlüsse sowie Gehäusedichtungen leck werden.

Ein Rückschlagventil verhindert bei Motorstillstand das Zurücklaufen des Motoröls aus den oberen Schmierstellen in den Sumpf. Wird der Motor gestartet, setzt so die Schmierung ohne Unterbrechung wieder ein.

Der Nebenstromfilter reinigt immer nur einen Teil der Ölmenge. Während der Hauptstrom des Motoröls an ihm vorbei zu den Schmierstellen gedrückt wird, fließt nur ein geringer Prozentsatz durch diesen Filter. Somit wird das gesamte Motoröl zwar nur langsam gereinigt, aber:

1. Es kann ein feinerer Filter verwendet werden, der das Öl sorgfältiger reinigt als ein Hauptstromfilter. Dessen Filterporen dürfen dem umlaufenden Öl nämlich ein nicht zu großes Hindernis in den Weg legen.

2. Bei verstopftem Filter ist nie die Ölversorgung des Motors unterbrochen. Das Druckumlaufsystem kann auf das Überströmventil und die Bypassleitung verzichten.

1 Ölfiltereinsatz (Papierfilter)
2 Ölfilterpatrone, von außen aufschraubbar (Papier- und Stahlblecheinsatz)

Die Ölmenge im Motor ist vom Konstrukteur genau festgelegt und sollte im Rahmen der Toleranz peinlich genau eingehalten werden. Zuviel Öl im Motor, über das Maximum hinaus (Ölmeßstab), erhöht den Druck im Motorgehäuse, da Kurbelwelle und Ausgleichsgewichte energisch ihren Platz beanspruchen. Der Druckanstieg könnte Dichtungen und Ölleitungen öldurchlässig machen. Außerdem kann aus der Motorentlüftung bei hoher Drehzahl Öl austreten, welches dann als Ölspur auf der Straße eine gefährliche Unfallursache bildet. Endet die Entlüftung im Luftfiltergehäuse, wie das bei modernen Motorrädern Vorschrift ist, wird das oft aus Papier bestehende Filterelement verstopft. Erfolg: der Motor bekommt weniger Luft und verliert an Leistung.

Ein zu niedriger Ölstand, unter Minimum (Ölmeßstab), erhöht den Verschleiß im Motor und kann bei weiterem Absinken zur Zerstörung der Maschine führen.

1.5.2 Wie Viertaktmotoren geschmiert werden

Viertaktmotoren werden im Motorradbau von einer Druckumlaufschmierung mit Filter und Ölpumpe versorgt.

Bei einigen Straßenmotorrädern (Honda CB 750, Triumph 750 Bonneville) sowie einigen Enduros (Yamaha XT 500) wird die Trockensumpfschmierung bevorzugt. Die moderne Naßsumpfschmierung findet für alle anderen Viertaktmotoren Verwendung.

Die Druckumlaufschmierung hat in beiden Motorschmierverfahren ihren Platz. Sie funktioniert folgendermaßen:

Von einem Ölbehälter aus wird das Öl durch ein feines Maschensieb, das grobe Verunreinigungen wie Dichtmittel oder verbrannte Ölreste zurückhalten soll, von der Pumpe angesaugt. Über Bohrungen und Kanäle im Gehäuse, Wellen und Leitungen, wird das Motoröl zu seinen Arbeitsplätzen geleitet. Zumeist ist unmittelbar nach der Ölpumpe noch ein Ölfilter zur Feinauslese von Schmutzpartikel zwischengeschaltet. Ventile sorgen für einen gleichmäßigen, geregelten Öldruck im Ölkreislauf.

Von den Schmierstellen läuft und tropft das Öl dann zurück in den Motorsumpf.

Die wichtigsten Schmierstellen im Motor sind:
1. Kurbelwellenlager
2. Pleuellager mit Kolbenbolzenlager und Hubzapfenlager
3. Zylinderlaufbahn und Kolben mit Kolbenringen
4. Nockenwellenlager und Ventiltrieb
5. Zahnräder des Primärantriebes sowie der Nockenwellenantrieb
6. Bei einem gemeinsamen Ölhaushalt auch das Getriebe

74

Druckumlaufschmierung (ohne Getriebeschmierung)

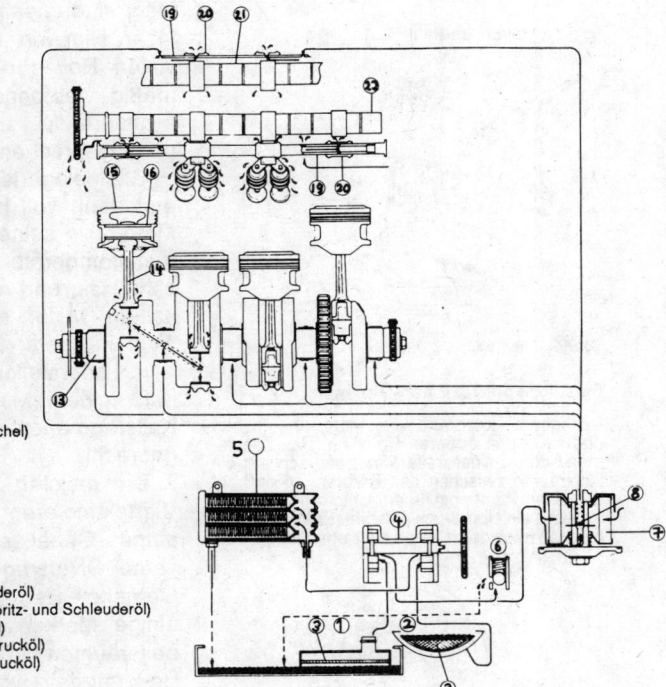

Kawasaki GPZ 900 R

1 Getriebekammer
2 Ausgleichskammer
3 Ölsieb (Ansaugschnorchel)
4 Ölpumpe
5 Ölkühler
6 Überdruckventil
7 Ölfilter
8 Bypa-Ventil
13 Kurbelwelle (Drucköl)
14 Pleuel (Drucköl)
15 Kolben (Schleuderöl)
16 Kolbenbolzen (Schleuderöl)
19 Schlepphebelwelle (Spritz- und Schleuderöl)
20 Schlepphebel (Drucköl)
21 Auslaßnockenwelle (Drucköl)
22 Einlaßnockenwelle (Drucköl)

Die vom Druckumlaufsystem nicht unmittelbar versorgten Baugruppen wie Zylinderwandung und Primär- oder Nockenwellenbetrieb werden durch Schleuderöl, welches durch die im Motorgehäuse drehenden Teile produziert wird, geschmiert.

Tauchschmierung heißt es, wenn die zu schmierenden Teile sich im Ölbad drehen. Das ist beim Getriebe der Fall.

Das wichtige Aggregat Ölpumpe wird in unseren Viertaktmotoren von vor allem zwei Repäsentanten vertreten. Das eine ist die Zahnradpumpe, das andere die Eaton- oder Rotorpumpe.

Den richtigen Pumpentyp sucht der Konstrukteur nach dem verwendeten Kurbelwellen und Pleuellagern des konstruierten Motors aus.

Gleitlager brauchen einen größeren Öldruck, da der Schmierfilm sich zwischen Lagermaterial und Lagerwelle schieben muß. Hier ist die Eatonpumpe am besten geeignet, da sie hohe Drücke erzeugen kann.

Eaton-Ölpumpe (Trochoid-Ölpumpe)
für hohe Öldrücke

zum Motorölkreislauf

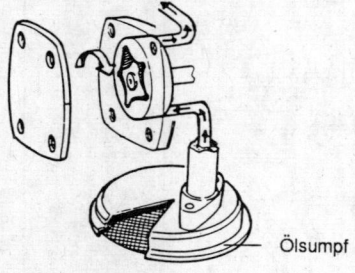

Ölsumpf

Harley-Davidson V-2-Motor

Funktionsprinzip Eaton-Ölpumpe

Der innere Rotor wird vom Motor angetrieben und treibt den äußeren Rotor an. Das Zusammenwirken beider Teile öffnet und schließt die Hohlräume zwischen den Rotoren, so daß auf der einen Pumpenseite ein Unterdruck, auf der anderen ein Überdruck entsteht. Eaton-Pumpen müssen nach dem Öffnen stets entlüftet werden.

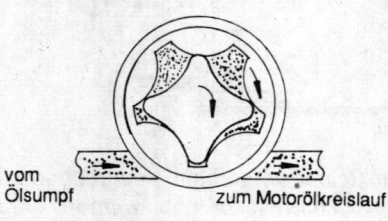

vom
Ölsumpf

zum Motorölkreislauf

Zahnrad-Ölpumpe

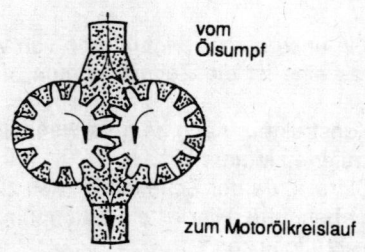

vom
Ölsumpf

zum Motorölkreislauf

Die Zahnradpumpe wird für wälzgelagerte Wellen verwendet. Wälzlager sind unempfindlicher als Gleitlager. Hier wird der Lagerdruck von vielen Rollen oder Kugeln gleichmäßig aufgenommen. Die zu schmierende Lageroberfläche ist dementsprechend klein.

Gleitgelagerte Motoren sollte man erst dann voll belasten, wenn das Motoröl seine korrekte Betriebstemperatur hat. Kaltes Öl ist zähflüssig und steif. Es gelangt bei kaltem Motor nur widerwillig und nicht in bester Schmierfähigkeit zu den Lagerstellen. Schon mancher hat seinen Motor durch rasante Kaltstartmanöver über den Jordan gebracht.

Die meisten heute hergestellten Viertaktmotoren haben ein gemeinsames Gehäuse und eine gemeinsame Ölversorgung für Motor und Getriebe. Es gibt allerdings noch einige Marken mit getrennten Arbeitsräumen. Gemeint sind die Boxermodelle von BMW oder Moto Guzzi mit ihren V 2-Triebwerken. Nicht zu vergessen: Harley Davidson, die Marke, die auf Tradition im Motorbau größten Wert legt. Einfacher ist die gemeinsame Schmierung allemal und technisch vertragen sich Motoren und Schaltgetriebe ohne Probleme. Doch war es aus Reparatur- und Wartungsgründen früher, als Motorräder noch anfälliger waren, praktischer, beide voneinander getrennt zu halten.

In jedem Fall sollte man sich vergewissern, ob das eigene Motorrad keine separate Getriebeschmierung

76

besitzt. Die Schmierfähigkeit des Motors hängt unmittelbar mit seiner Menge im Motorraum zusammen. Deshalb ist es eminent wichtig, den Ölstand nicht unter das Minimum absinken zu lassen. Regelmäßige Kontrollen sollten mindestens wöchentlich, ideal vor jedem Fahrtantritt stattfinden. Hierbei kann man leicht feststellen, was der Motor verbraucht. Die Folgen analysiert man so:

— Bis zu einem Liter Motorölverbrauch auf 1000 km ist alles o.k.
— Ab einem Liter kann man schon an der blauen Fahne beim Gaswegnehmen erkennen, wo das verbrauchte Öl abbleibt: Es verbrennt. Natürlich kann es auch durch Undichtigkeiten am Motor auslaufen. Also, Augen auf!
— Bleibt der Ölstand verdächtig gleich oder steigt er an, riecht das Öl gar nach Sprit, wenn man es unter die Nase hält, dann ist etwas faul im Motor. Oft haben Kolben und Zylinderlaufbahn dann zu viel Spiel. Der Kraftstoff aus dem Gemisch kondensiert im Kurbelgehäuse und gelangt ins Motoröl. Bei Motoren mit langer Laufzeit in Verbindung mit häufiger Kurzstreckenfahrerei, ein wohlbekanntes Phänomen.

Ölwechsel ist wichtig, weil auch das beste Öl, obwohl gereinigt durch Filter und wohl temperiert, nach einer Reihe von Kilometern seinen Geist aufgibt. Es ist gealtert und hat einen guten Teil seiner guten Eigenschaften verloren. Reguläre mineralische Mehrbereichsöle, sogenannte HD-Öle (siehe auch Kapitel: "Motorenöl, Geheimnisse eines Lebenssaftes") haben Wechselintervalle von 3000 bis 5000 km. Moderne synthetische Öle wie Castrol Formula RS brauchen erst nach etwa 10000 km gewechselt zu werden. Einmal in jedem Jahr sollte in jedem Fall ein Ölwechsel stattfinden. Im Bordbuch Deiner Maschine steht es aber ganz genau.

Ölwechsel sollte immer bei warmem Motor erfolgen. Dann ist das Öl dünnflüssig wie Wasser und spült sich selbst und alle möglichen aufgewirbelten Schmutzpartikel, die der Filter nicht aufgefangen hat, mit Leichtigkeit aus dem Motor hinaus.

Vorsicht! ein Tropfen Motoröl im Boden versaut etliche Liter Trinkwasser. In unserer schutzbedürftigen Natur sollte jeder sein Motoröl sorgfältig sammeln und es zusammen mit Ölfiltereinsätzen und gebrauchten Putzlappen bei einer öffentlichen Ölsammelstelle abgeben.

1.5.3. Wie Zweitaktmotoren geschmiert werden

Es gibt die einfache Mischungsschmierung und die Frischölschmierung mit Förderpume.

Bei der Mischungsschmierung wird ein bestimmtes Maß an Zweitaktöl mit in den Kraftstofftank geschüttet. Es vermischt sich dort mit dem Kraftstoff zur Zweitaktmischung. Je nach Motorentyp beträgt das Mischungsverhältnis ein

Liter Zweitaktöl auf fünfzig Liter Kraftstoff (1:50) oder 1:40; 1:25; 1:20. Ein falsches Mischungsverhältnis hat charakteristische Auswirkungen:

1. Mischung zu fett, z.B. 1:25 statt 1:50: Motor qualmt blauen Rauch wie eine brennende Zigarettenfabrik; er läuft schlecht, die Zündkerzen verölen. Die Maschine springt dadurch sehr schlecht an. Fährt man längere Zeit so fett, bildet sich enorm viel Ölkohle im Auspufftrakt, und der Motor verliert brutal an Leistung.

2. Mischung zu mager, z.B. 1:40 statt 1:20: Motor wird recht heiß, neigt zu Kolbenklemmern, da die Schmierung ungenügend ist. Fährt jemand länger mit zu magerer Mischung, z.B. 1:50 statt 1:40, entstehen Schäden an den Pleuel- und Kurbelwellenlagern. Außerdem verschleißen Kolbenringe und Zylinder auffallend schnell.

Vorteil der Mischungsschmierung ist die einfache Handhabung. Nachteile ergeben sich im Schiebebetrieb, wenn der Gasgriff geschlossen ist und kaum Kraftstoff-Luft-Ölgemisch in den Zylinder gelangt. Dann magert die Schmierung ab, es kommt kaum mehr Öl zu den Schmierstellen im Motor. Bei längeren Bergabfahrten ohne Gasgeben kann der Motor Schaden nehmen. Ein anderer Nachteil ergibt sich aus der Tatsache, daß die Öl-Kraftstoffmischung auf Vollgasfahrt eingerichtet, somit der Motor im Teillastbereich überfettet gefahren wird. Das forciert die Ölkohleproduktion.

Die Frischölschmierung mit Förderpumpe und separatem Öltank wurde entwickelt, um dem Motor bei jedem Belastungszustand die richtige Dosis Öl zu verpassen. Meist vom Gasdrehgriff gesteuert, saugt eine Pumpe Öl aus einem separaten Öltank und spritzt es in den Vergaser oder den Ansaugkanal. Dort mischt es sich mit der angesaugten Kraftstoff-Luftmischung.

Einige Hochleistungszweitakter spritzen ihre Öldosis direkt in den Kurbelraum. Das verbessert den Schmiereffekt erheblich, ist aber auch teurer in der Herstellung. Doch wieso kann ein Motor über längere Zeit funktionieren, dessen Lager und Zylinderlauffläche nur durch Ölbeimengungen im Kraftstoff geschmiert werden?

Wie wir wissen, kondensiert im Kurbelgehäuse das Zweitaktöl, ein gutes Einbereichsöl mit bestimmten Additiven, aus dem Kraftstoff-Luft-Ölgemisch aus. Die bei Zweitaktmotoren verwendeten Wälzlager an Kurbelwelle und Pleuel benötigen aber nur extrem wenig Schmierstoff. Selbst die Verdünnung des Öls mit Kraftstoff macht ihnen nichts aus. Hat der Motor seine Betriebstemperatur erreicht, was bei Zweitaktern recht schnell geht, vergast der Kraftstoff in der Kurbelkammer, während sich die meisten Ölanteile aus der Zweitaktmischung an den Motorinnereien niederschlagen.

Trotzdem gelangt noch ein gehöriger Ölanteil mit in den Zylinderraum, wo er mit verbrannt wird. Die Schmierung der Zylinderlaufbahn erfolgt einmal vom Kurbelgehäuse aus durch die Öldünste, das andere Mal durch jene aus der Mischung im Zylinderraum. Selbst nach dem Verbrennungstakt genügen die verbrannten Ölreste im Zylinder noch zur Schmierung der Kolbenringe. Zweitaktmotoren ist eine gemeinsame Schmierung von Motor und Getriebe schon immer fremd gewesen. Lediglich die äußeren Kurbelwellenlager werden bei einigen Motoren vom Getriebe aus versorgt. Wenn also scherzhaft nach dem Motorölstand eines Zweitakters gefragt wird, kannst Du getrost auf den Getriebeölstand verweisen und entgehst so dem unvermeidlichen Gelächter eines ansonsten traditionellen Lacherfolges: Ein Zweitaktmotor hat keine Ölfüllung im Motorgehäuse und folglich auch keinen Ölstand!

1.5.4. Motorenöle, Geheimnisse eines Lebenssaftes

Motorenöle gehören zu den flüssigen Schmierstoffen. Als sogenannte mineralische Öle werden sie aus Erdöl hergestellt. Vollsynthetische Motorenöle sind künstlich produzierte Flüssigkeiten die chemisch mit Erdöl nichts am Hut haben.

Von besonderer Bedeutung für die Schmierfähigkeit aller Öle ist ihre Viskosität (Zähflüssigkeit). Sie ist je nach Ölsorte unterschiedlich groß, nimmt aber mit steigender Temperatur ab. Die Viskosität ist ein Maß für die innere Reinigung, die dem Fließen des Schmieröls Widerstand entgegensetzt. Von der amerikanischen Vereinigung der Ingenieure SAE (SOCIETY OF AUTO-MOTIVE ENGINEERS) wurden zur Vereinheitlichung die SAE-Viskositätsklassen eingeführt. Sie sind mittlerweile internationaler Standard.

Für den Kaltstart brauchen wir in unseren Motorradmotoren ein dünnflüssiges Öl. Denn nur dünnflüssig eignet es sich zur Schmierung von Lagern, Kolben und Zylindern sowie Zahnrädern und Ketten. Erwärmt sich das Öl durch den Motorenlauf auf Betriebstemperatur, darf die Außentemperatur des Landstriches, in der die Maschine bewegt wird, nicht zu groß sein. Unser dünnflüssiges Öl wird sich infolge der zusätzlichen Grade weiter verdünnen und dabei seine Schmierfähigkeit einbüßen. Da Motorenöle eine unterschiedliche Unter- und Obergrenze ihrer Schmierfähigkeit besitzen, setzt man bei kalten Temperaturen dünnflüssige, bei warmen, dickflüssige Öle ein. Diese "Einbereichsöle", die den Jahreszeiten entsprechend eingefüllt werden, sind ihrer Viskosität nach in Klassen aufgeteilt. Ein "W" hinter der Ziffer gibt an, daß es sich um ein Winteröl handelt. Die nachfolgende Tabelle gibt einen Einblick in die verschiedenen SAE-Klassifizierungen.

Weil es in unseren Breiten innerhalb einer Jahreszeit recht große

SAE		VISKOSITÄT
10W	-	sehr dünnflüssig
20W	-	dünnflüssig
30	-	flüssig
40	-	zähflüssig
50	-	dickflüssig

Temperaturschwankungen gibt, und das Motorenöl dann dementsprechend oft zu wechseln wäre, hat die Ölindustrie neue Ölsorten entwickelt. Diese Mehrbereichsöle überbrücken größere Temperaturschwankungen und können deshalb ganzjährig benutzt werden.

ÖLVISKOSITÄTEN

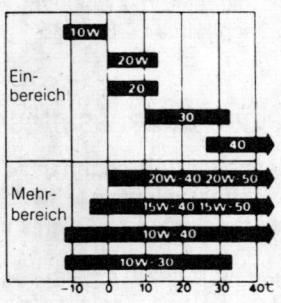

Mehrbereichsöle, und wann sie einzusetzen sind:
Motoröle werden in der Regel mit chemischen Zusätzen und anderen Additiven versehen. Bei Mehrbereichsölen verbreitern sie den wichtigen Viskositätsbereich und bei Einbereichsölen verstärken sie die Festigkeit des Schmierfilms. Die Anforderungen des modernen Motorenbaus erlauben nur noch den Einsatz von hochlegierten Ölen. Während die Viskosität lediglich die Zähflüssigkeit des Öles vergleichbar macht, soll der Zusatz: "HD" (Heavy Duty) auf die Qualität verweisen. HD-Öle sind untereinander mischbar!

Das amerikanische Petroleuminstitut (API) hat eine Klassifizierung für HD-Motorenöle geschaffen, die es erlaubt, Qualitätsunterschiede unter diesen Ölen klar zu erkennen. Für uns lauten die wichtigsten:

SD = Einsatz in Ottomotoren, befriedigendes V.T.-Verhalten (V.T.= Viskosität verändert sich unter dem Einfluß der Temperatur.), höherer Schutz gegen Korrosion und unerwünschten Ablagerungen.

SE = Einsatz in Ottomotoren. Das Öl genügt höheren Anforderungen als die SD- Öle.

SF = Einsatz in Ottomotoren. Das zur Zeit beste auf mineralischer Grundlage basierende Motoröl.

Die "C"-Klasse der API-Klassifizierung mag uns nicht interessieren. Sie bezieht sich auf Dieselmotoren.

Synthetische Motorenöle sind immer Mehrbereichsöle. Ihre Viskosität überspannt große Bereiche. Als Beispiel mag das Castrol Formula KRS, SAE 15W 50 dienen. Synthetische Öle haben einen niedrigen Stockpunkt (verfestigt sich ein Öl bei niedrigen Temperaturen zu einer fettähnlichen Substanz, so bezeichnet man das als den Stockpunkt des Öles), verdampfen bei höheren Temperaturen als mineralische HD-Öle, sind altersbeständiger, haben einen höheren Flammpunkt (Punkt, an dem sich das Öl selbst entzündet), und ihr Aschegehalt ist besonders gering (für Zweitaktmotoren

80

wichtig). Zusätzliche Additive wirken druckaufnahmesteigernd, oxydations- und korrosionshemmend. Der einzige offensichtliche Nachteil: zu teuer! Synthetiköle sind mit HD-Ölen mischbar.

Zweitaktöle sind Einbereichsöle SAE 40 bis 50. Ihre Additive sind so abgestimmt, daß keine störenden oder ätzenden Überreste nach der Verbrennung im Zylinder übrigbleiben (Veraschung des Öls). Viertakt-HD-Mehrbereichsöle sollte man nur in Notfällen als Zweitaktöl verwenden. Sie haben einen relativ hohen Aschegehalt in den Verbrennungsrückständen, die zudem für den Motor schädliche Verbindungen enthalten.

Schmiermittelzusätze, im Handel frei erhältlich, sind, soweit sie auf der Basis von Feststoffschmiermitteln wie Molybdändisulfid bestehen, nicht schädlich für Motoren. Sie verringern die Innenreibung im Motorenöl, wodurch sich günstiges Kaltstartverhalten, ruhigerer Motorenlauf und bessere Abdichtung der Kolbenringe ergeben.

Zusätze auf chemischer Basis werden von Schmierstoff- und Fahrzeugherstellern meist abgelehnt und sind sehr umstritten. Die Zusätze stören das Gleichgewicht der legierten, aktiven Zusätze in HD-Ein- und Mehrbereichsölen (Prof. Wolf Dieter Frenke, siehe Quellenverzeichnis).

Schmiermittelzusätze sind nicht billig und bei modernen Mehrbereichsölen eigentlich überflüssig. Es sei denn, man fährt Einbereichsöl oder muß im Ausland auf Billigöle ausweichen.

Die passende Ölsorte für die jeweiligen Motoren sowie etwaige Ausweichsorten sind in der Regel im Bordbuch verzeichnet.

Zum Abschluß schauen wir uns noch einmal am Beispiel einer Ölsorte die Aufschlüsselung der Bezeichnung an.

"Motorenöl SAE 15W 50, Erstraffinat, entspricht API SF/CC." SAE gibt uns die Viskosität an.

15W 50 sagt uns, daß es sich um ein Mehrbereichsöl handelt, dessen Stockpunkt erst bei Minus 28° Celsius liegt, wie bei einem Einbereichsöl SAE 15 W. Die Zahl "50" gibt an, daß die Schmierfähigkeit des Öles bei Plus 170° Celsius endet, das Öl somit auch die Eigenschaften des Einbereichschmierstoffes SAE 50 besitzt.

Ersatzraffinat meint, daß das Öl nicht aus Altöl wiedergewonnen wurde.

API SF/CC deutet auf die höchste Qualiätsstufe in der Hierarchie der Motoröle mineralischen Ursprungs hin. Die Buchstaben "CC" zeigen eine gute Qualität für die Verwendung in Dieselmotoren an.

2. Motorinstandsetzung und Wartungsarbeiten

Es gibt im Bau von Motorradmotoren eine solche Vielzahl von unterschiedlichen Detaillösungen, daß wir unmöglich auf alle eingehen können.

Aus diesem Grunde beschränken wir uns auf einige wenige Motoren, die stellvertretend für die jeweiligen Techniken stehen. Ausgesucht wurden sie nach unserem eigenen Gusto sowie nach ihrer relativen Häufigkeit im Straßenverkehr. Beschränkt sind die beschriebenen Motorinstandsetzungs- und Wartungsarbeiten auf das unserer Meinung nach unbedingt Notwendige, auch von der Häufigkeit ihres Auftretens her. Ein paar wichtige Tips:

1. Festsitzende Schrauben werden leicht abgerissen oder die Schraubenköpfe demoliert und unbrauchbar, versucht man sie mit schierer Gewalt zu lösen; das gilt auch für Muttern.
2. Strammsitzende oder angerostete Schrauben lösen sich recht gut durch einen kurzen, harten Schlag auf den Schraubenkopf. Als Verlängerung kann auch ein Austreibestift benutzt werden.
3. Verdreckte Gewinde müssen vor dem Losschrauben gereinigt werden.
4. Die gereinigten Gewindegänge werden mit Motoröl benetzt oder mit Rostlösespray behandelt, bevor Muttern abgeschraubt oder Schrauben herausgedreht werden. Etwa 10 Minuten einwirken lassen! Stark verrostete Schraubverbindungen sprüht man am besten mehrmals ein, im 24-Stundenrhythmus und das mehrere Tage. Zwischendurch werden mit Ring- oder Steckschlüssel Lösungsversuche gemacht. Vorsichtig hin- und herbewegen! Das Gewinde soll gelockert, dem Sprühmittel die Gelegenheit gegeben werden, tief einzudringen. Quietscht das Gewinde beim Lösen (vor allem Auspuffgewinde), muß es gut geölt und durch Vor- und Zurückbewegungen des Schlüssels gegen Festfressen und damit Abreißen bewahrt werden.
5. Sollte gar nichts mehr gehen, bleibt nur Aufmeißeln, Abbohren oder Abflexen der Schraubverbindung. Stehbolzen oder Schrauben in Aluminiumgehäusen dürfen max. 200 Grad heiß gemacht werden.
6. Ist das Unglück passiert und der Bolzen rausgerissen oder abgebrochen, wurde der Rest rausoperiert, kann ein neues, größeres Gewinde eingesetzt werden. Wo dies nicht geht, das Gewinde mittels eines Heli Coil-Einsatzes erneuern. Heli Coil-Werkzeug siehe Kapitel 2.1.: "Zylinderkopf, Ventile, Nockenwellen und Ventilsteuerung, einfaches Prüfen der Einzelteile".

Es kann auch dem Experten mal passieren, vor allem beim Überkopfschrauben, daß er nicht mehr weiß, wie herum die Schraube zu lösen ist. Im Zweifelsfall braucht man sich nur vor Augen zu halten, wie ein Wasserhahn geöffnet wird, meist ist die innere Blockade dann überwunden.

Ausbauen des Motors

Ist ein Motorausbau unausweichlich, weil für den projektierten Abbau von Zylinderkopf und Zylinder kein Platz zwischen Motorblock und Rahmen besteht, ergeben sich die folgenden Vorarbeiten, die wir hier nur schematisch wiedergeben.

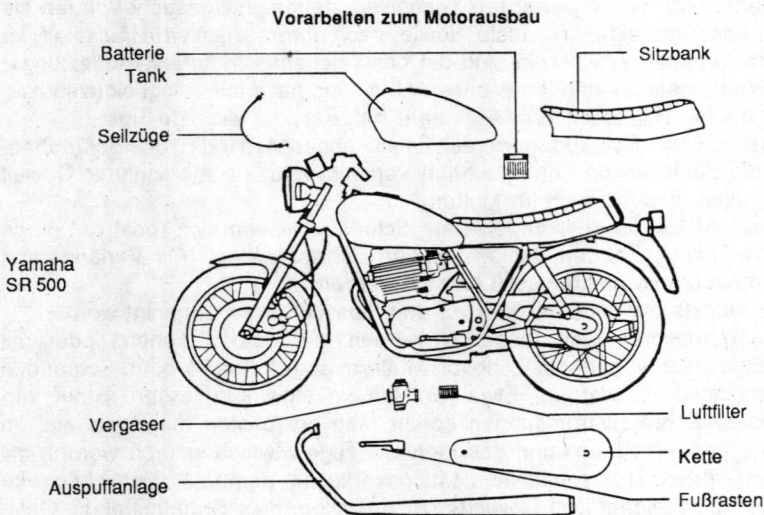

Vorarbeiten zum Motorausbau

Batterie
Tank
Sitzbank
Seilzüge
Yamaha
SR 500
Vergaser — Luftfilter
Kette
Auspuffanlage — Fußrasten

Reinigen der Maschine

Die Maschine reinigt man vorteilhafterweise vor Demontagearbeiten von anhaftendem Schmutz und Ölresten. Ebenso von Schlamm oder Sand zwischen den Kühlrippen an der Vorderfront, wo sich zwischen den Auspuffkrümmern gerne dicke Ablagerungen bilden. Besonders achte man auf die Trennstellen am Motor, damit dort später kein Schmutz in das Motorinnere hineinfällt.

Eine gründliche Reinigung erreicht man mit einem Dampfstrahler, den jede Tankstelle gegen ein geringes Entgelt zur Verfügung stellt. Doch sollte man hier den Strahl selbst führen, um ihn von den Radlagern, Luftfilter und elektrischen Leitungen fern zu halten.

Ohne diese Einrichtung können verölte Teile mit einem Kaltreiniger gesäubert werden. Nach zehnminütiger Einwirkzeit können die Teile mit einer kräftigen Bürste und warmem Wasser hervorragend gereinigt werden. Blech-

und Plastikteile lassen sich ausgezeichnet mit warmem Wasser und handelsüblichen Spülmitteln säubern.

Aus Gründen des Umweltschutzes wäre es opportun, alle diese Arbeiten auf einem Waschplatz für KFZ vorzunehmen, der mit einem Ölabscheider versehen ist.

Motoröl ablassen
Wenn ein Motor ausgebaut werden soll, ist es zweckmäßig, das Motoröl vorher abzulassen. Da es erhitzt leichter und restlos abfließt, sollte die Maschine warmgefahren werden, bevor man sie auf dem Hauptständer aufbockt und die Ölablaßschraube herausdreht. Unter den Motorblock stellen wir eine Ölauffangschale.

Die Ablaßschraube zeigt sich meist, wenn man in Höhe des Kurbelgehäuses unter dem Motor oder an den Seiten der Ölwanne nachschaut. Bei Motoren mit Trockensumpfschmierung muß zusätzlich der Öltank geleert werden. Bei Motoren mit separater Getriebeschmierung sollte man vorsichtig sein, um nicht die falsche Ablaßschraube zu erwischen.

Motorenausbau mit oder ohne Getriebe
Die Entscheidung ist jetzt zu fällen, bevor Entscheidungen über Primärantrieb oder Kupplung getroffen werden; aber auch, weil man Helfer braucht, um diese große Masse problemlos aus dem Rahmen zu bekommen.

Wassergekühlte Motoren
Jetzt sollte die Kühlflüssigkeit abgelassen werden. Zweckmäßigerweise leert man zuerst den Kühler und dann den Motorblock. Einige Kühler haben keine Ablaßschraube. Stattdessen läßt sich dann der untere Kühlerschlauch lösen.

Die Kühlflüssigkeit wird in einer sauberen Schüssel aufgefangen und später wieder gefiltert in den Kühler zurückgegossen. Genauso wird verfahren, nachdem der Ablaufstopfen am Zylinderblock herausgeschraubt wurde.

Batterie abklemmen
Die Batterie muß jetzt abgeklemmt werden, bevor Kabelverbindungen gelöst werden, um während der Demontage Kurzschlüsse in den Leitungen oder Schädigung der Elektronik zu vermeiden.

Sekundärantrieb
Die Kraftübertragung vom Motor zum Hinterrad muß aufgetrennt werden. Bei Motoren mit Rollenkettenantrieb löst man den entsprechenden Seitendeckel, entfernt die Befestigungsschraube(n) des Kettenritzels, löst das Sicherungsblech und hebt anschließend Kette und Ritzel von der Getriebeausgangswelle ab. Die Kette wird mit Draht hochgebunden, damit sie beim Ausbau

85

des Motors nicht stört. Natürlich kann auch das Kettenschloß geöffnet und die Kette abgezogen werden, doch ist dies meist ein unnötiger Aufwand.

Der Kardanantrieb verlangt die Trennung von Antriebswelle und Getriebeausgang, sofern der Motor nicht alleine aus dem Rahmen abzubauen ist. Die Nahtstelle hierfür ist das Kreuzgelenk in der Schwingenregion.

Kraftstofftank und Fahrwerksteile

Zu den meisten Arbeiten am Motor muß der Kraftstofftank abgebaut werden. Hierzu gehört oft auch die Demontage der Sitzbank, zumindest muß sie hochgeklappt und arretiert werden. Als nächstes folgen Fußrastenanlage, Schalt- und Bremshebelei.

Seilzüge, Schläuche, Drehzahlmesserwelle

Große Einzylindermotoren besitzen Dekompressionseinrichtungen, um das Starten zu vereinfachen. Deren Seilzüge, falls die Dekompression nicht automatisch arbeitet, werden von einem Handhebel vom Lenker aus bedient und sind abzubauen.

Der Kupplungszug vom Lenker zum Motorblock muß ebenfalls daran glauben. Ausnahmen gibt es nur bei Motoren mit separatem Getriebe (BMW-Boxermotor).

An flüssigkeitsgekühlten Motoren werden nach geleertem Kühlsystem die Verbindungsschläuche zum Kühler abgebaut. An Motoren mit Ölkühler werden die Anschlüsse am Motor abgeschraubt.

Die Drehzahlmesserwelle mit Anschluß am Motorblock wird entfernt. Bei OHC- oder DOHC-Motoren endet sie im Zylinderkopf, sonst an einer anderen Stelle am Gehäuse. Der Schlauch der Motorentlüftung zum Luftfilter wird abgenommen.

Zündanlage und Stromversorgung

Die Steckkontakte für die Lichtmaschine werden vom Kabelbaum getrennt. Falls kein Stecker verwendet wird, soll man sich unbedingt die Zuordnung der Kabel nach Farbe und Lage aufzeichnen.

Kerzenstecker und Zündkabel werden abgezogen und hochgebunden. Die Zündkerzen verbleiben im Motor.

Auspuffanlage

Das Schwierigste ist oft die Entfernung der Dröhntüte, weil manche Bolzen und Muttern total verrottet sind. Nach längerer Einwirkung von Rostlösemitteln und vorsichtigem Hin- und Herschrauben, durch kräftiges Ölen unterstützt, lassen sich die Muttern und Schrauben endlich doch abschrauben. Die vielen zusammengehörenden Teile von Auspuffkrümmern (Mehrzylinder vor allem) wie Schellen, Schrauben, Dichtungen, werden ebenso wie Einzelteile der Zwischen- und Endschalldämpfer notiert und auf einem Plan aufgezeichnet.

Vergaser und Luftfilterkasten
Vergaser werden, schon um möglicher Beschädigung zu entgehen, abgeschraubt. Es sei denn, sie sitzen so günstig wie an den BMW-Boxermotoren, nämlich weit weg vom Schuß.
Die Ansaugstutzen zwischen Vergaser und Luftfilter werden zuerst entfernt. Manchmal genügt dies nicht, dann muß auch der Luftfilter verschwinden.
An Schiebervergasern werden die einzelnen Vergaserseilzüge mitsamt Schieber ausgebaut, in Lappen gewickelt und am Rahmen hochgebunden. Das erleichtert später den Wiedereinbau.
An desmodromisch betätigten Vergasern werden die beiden Seilzüge abgeklemmt und zur Seite gebogen.
Vergaserbatterien werden komplett abgebaut (Mehrzylindermotoren), die Einzelvergaser von der gemeinsamen Trägerplatte nicht gelöst.

Rahmenunterzüge
Einige Motoren haben abnehmbare Rahmenunterzüge, die den Motorenausbau erleichtern. (Moto Guzzis V2-Motorräder ab 1974; Yamaha SRX 600 z.B.).

Motorausbau
Ein Motorausbau, der am besten mit zwei Personen zu bewerkstelligen ist, beginnt mit Holzklötzen, die unter den Rahmen oder Motorblock gestellt werden, um die Standfestigkeit zu gewährleisten.
Danach werden alle Schraubverbindungen gelöst. Motoren mit geschlossenen und nicht abbaubaren Rahmenunterzügen hebelt man am günstigsten seitlich nach oben herauf, wobei eine Hilfsperson den Motor von oben festhält. Motorräder mit offenen Rahmen können hochgenommen und über den Motor hinweggehoben werden.
Weitere Ausbaumöglichkeiten bleiben der Phantasie des Mechanikers sowie den Anleitungen der Werkstatthandbücher überlassen.

2.1. Zylinderkopf abbauen und zerlegen

Die Demontage von Zylinderkopf und Zylinder beschreiben wir an drei Motoren, die in ihrem Aufbau so unterschiedlich sind wie die Steuerung ihrer Ventile. Mit seitlichen Verweisen auf andere Motoren versuchen wir allgemeingültige Regeln für die Demontage aufzustellen.
Als Beispiel für einen OHV-Motor steht der BMW-Boxermotor. Die Yamaha

SR 500 leiht uns ihren Motor für den OHC-Ventilantrieb, die Yamaha XJ 900 F für das Zerlegen eines DOHC-Motors.

Zylinderkopf abbauen an OHV-Motoren

Der OHV-Motor in den BMW-Boxer-Motorrädern ist ein Zweizylinder, dessen Kurbelwelle in Fahrtrichtung verläuft. Die Zylinder liegen horizontal, je einer links und rechts.

Die im Zylinderkopf hängenden Ventile werden über Stößelstangen und

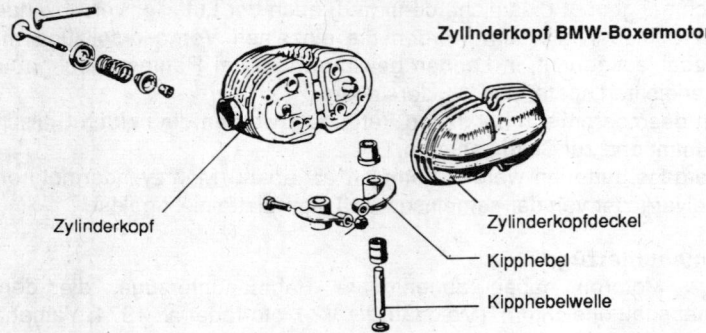

Zylinderkopf BMW-Boxermotor

Zylinderkopf

Zylinderkopfdeckel

Kipphebel

Kipphebelwelle

Kipphebel von der im Motorgehäuse liegenden Nockenwelle aus bedient. Ein angeblocktes, separates Hauptgetriebe leitet die Motorkraft über ein Hinterachsgetriebe mit Kardanantrieb zum Hinterrad. Die Nockenwelle liegt unter der Kurbelwelle und wird von ihr mittels einer Kette angetrieben. Die BMW ist luftgekühlt und hat eine Naßsumpfschmierung.

Platzprobleme zum Abnehmen der beiden Zylinderköpfe gibt es beim BMW-Boxermotor nicht. Zu Beginn stellen wir ein Ölauffangblech unter den Zylinder, an dem gearbeitet wird.

Zylinderkopfdeckel abschrauben

Die große zentrale Hutmutter wird abgeschraubt. Zwischen den Kühlrippen liegen zwei weitere Muttern (man übersieht sie gerne), die zu entfernen sind.

Der Zylinderkopfdeckel läßt sich jetzt leicht abnehmen. Die Deckeldichtung ist als Dauerdichtung ausgelegt und hält mehrmals, braucht also nicht abgenommen zu werden. Die Kipphebel und Ventilfedern liegen nun frei, und man kann die großen Muttern der Zylinderkopfbefestigung erkennen.

Hier beginnt der erste Ausflug zu einem anderen OHV-Motor, weil es dort eine andere Technik zu begutachten gibt.

Der große V2-Motor der Harley-Davidson, Insidern als "Shovelhead" bekannt, hat Kipphebel und Kipphebelwellen im Zylinderkopfdeckel und nicht wie die BMW in Lagerböcken auf dem Zylinderkopf festgeschraubt.

88

Dieses Kipphebelgehäuse heißt im Englischen "Rockerbox": Rocker ist der Kipphebel.

Um eine solche "Rockerbox" spannungsfrei zu lösen, muß man zuvor den betreffenden Zylinder auf den Zünd-OT stellen, dann sind alle Ventile geschlossen und die Stößelstangen üben keinen Druck mehr auf die Kipphebel aus.

Schraubverbindungen

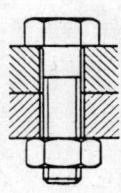 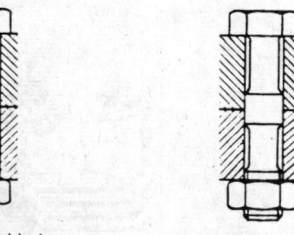

normale Schraubverbindung   Stehbolzenverbindung   Dehnschraubenverbindung

Stehbolzen, Zuganker und Dehnschrauben
Stehbolzen verwendet man an Stelle von Schrauben, wenn eine Verbindung häufiger gelöst werden soll. Dadurch wird das Gewinde im Motorgehäuse geschont, denn das eine Ende des Stehbolzens verbleibt immer im Gehäusematerial.
Die Länge der Stehbolzen richtet sich nach den zu verbindenden Teilen; im Motorenbau nennt man die lange Version oft Zuganker. Der Vorteil kurzer Stehbolzen liegt darin, daß die Abnahme von Zylinderkopf und Zylinder bei eingebautem Motor, mit wenig Platz zum Rahmen hin, leichter vonstatten geht als bei Motoren mit langen Zugankern. Diese aber sind aus konstruktionsmäßigen Gründen eingebaut. Es werden so z.B. Spannungen bei warmem Motor vermieden. Fast alle modernen Motoren sind in der Weise ausgerüstet. Dehnschrauben werden an Pleuelfüßen oder an wichtigen Teilen im Antrieb verwendet, weil infolge wechselweiser Belastungen normale Schrauben durch Materialermüdung alsbald brechen würden. Dehnschrauben sind aus Spezialstahl und verjüngen sich abseits der Verbindungsstellen, wodurch eine formelastische Wirkung entsteht. Sie werden mit dem Drehmomentschlüssel auf ihren Anzugswert elastisch vorgespannt.

Ähnlich gestaltet sich die Ventilbetätigung bei der englischen Triumph Bonneville, einem 750er Twin-Motor. Als Besonderheit gibt es aber hier je eine Rockerbox für Ein- und Auslaßventile. Ganz wie BMW verfahren Moto Guzzi mit ihren V2-OHV-Motoren und Honda bei der CX 500/650. Die Kipp-

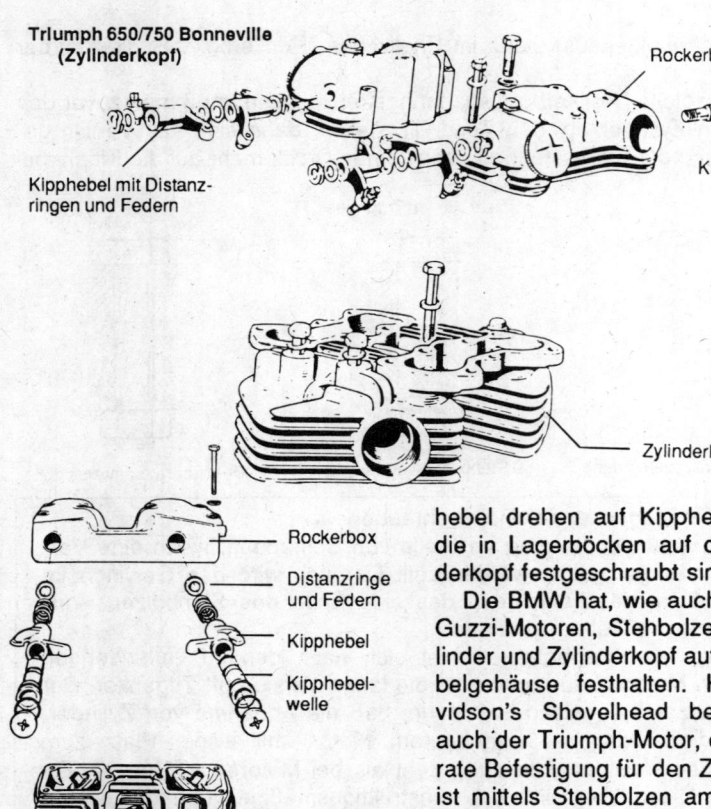

Triumph 650/750 Bonneville (Zylinderkopf)

Rockerbox

Kipphebelwelle

Kipphebel mit Distanz-ringen und Federn

Zylinderkopf

Rockerbox

Distanzringe und Federn

Kipphebel

Kipphebel-welle

Zylinderkopf

Zylinderkopf-Harley-Davidson (Shovelhead)

hebel drehen auf Kipphebelwellen, die in Lagerböcken auf dem Zylinderkopf festgeschraubt sind.

Die BMW hat, wie auch die Moto Guzzi-Motoren, Stehbolzen, die Zylinder und Zylinderkopf auf dem Kurbelgehäuse festhalten. Harley-Davidson's Shovelhead besitzt, wie auch der Triumph-Motor, eine separate Befestigung für den Zylinder. Er ist mittels Stehbolzen am Zylinderfuß festgeschraubt, während die Zylinderköpfe beider Motoren mit Schrauben an den Zylindern selbst befestigt werden.

Zylinderkopf abnehmen

An der BMW machen wir uns jetzt mit Hilfe eines Drehmomentschlüssels daran, die Zylinder zu lösen.

Die Muttern werden über kreuz gelöst und zwar in zwei Schritten, mit sinkenden Drehmomentwerten (ablesbar am Drehmomentschlüssel), um ein Verspannen von Zylinderkopf und Zylinder zu verhindern.

Verspannungen können zu Ölleckagen, Kühlwasserverlust an wassergekühlten Motoren oder zum Durchpfeifen der Zylinderkopfdichtung führen. Sind die Muttern vollständig gelöst, werden sie sorgfältig zur Seite gelegt (in

eine Dose gepackt). Die Kipphebel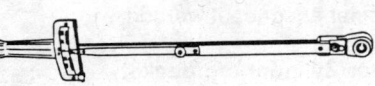
lassen sich zusammen mit den Wel-
len und den Lagerböcken als Blöcke
abbauen und werden, nach Ein- und
Auslaß getrennt, aufbewahrt. Kleintei-
le wie O-Ringe und kleine Hülsen gehören natürlich dazu.

Die Stößelstangen, zwei pro Zylinder, werden nun herausgezogen und mit
Klebeband markiert, um die Zugehörigkeit zum betreffenden Kipphebel si-
cherzustellen. Auch die Einbaurichtung muß markiert werden. Würfelt man
aus Versehen oder Unachtsamkeit alle Teile bei der späteren Montage
durcheinander, sind laute Motorgeräusche sowie hoher Verschleiß am Ventiltrieb vorprogrammiert.

Der Zylinderkopf, befreit vom Druck der Schrauben, klebt meist mit der
Zylinderkopfdichtung am Zylinder fest und wird mit leichten Plastikhammer-
schlägen gegen die Kühlrippen gelöst.

Zum Losschlagen sucht man sich möglichst dicke Rippen oder freie
Flächen. Auf Kühlrippen niemals schräg schlagen. Sie brechen dann leicht
ab. Man kann auch mittels eines Holzstückes zwischen die Kühlrippen schlagen, das ist am sichersten.

Die Zylinderkopfschrauben des Harley-Davidson Shovelhead-Motors,
sind, das ist ein Kuriosum, unterhalb des Zylinders eingeschraubt. Zu diesem
Zweck sind Aussparungen in den Kühlrippen des Zylinders vorgesehen.

Der Motor der Honda CX 500/650 hat pro Zylinder einen Halter für beide
Kipphebelpaare (Vierventiler), der aus einem Stück besteht und auch nicht
verspannt abgebaut werden darf, weshalb auch hier der Kolben auf dem
Zünd-OT stehen muß, bevor die Zylinderkopfschrauben gelöst werden. Auch
diese, es sind vier Stück pro Zylinder, kreuzweise mit Drehmomentschlüssel
lösen.

Zylinderkopf abbauen an OHC-Motoren

Der Motor der Yamaha SR 500 bzw. XT 500 ist ein OHC-Einzylinder, dessen
Kurbelwelle quer zur Fahrtrichtung verläuft. Der Zylinder steht leicht nach
vorne geneigt, Zylinder und Kolben sind als Flachhuber leicht unterquadratisch ausgelegt.

Die im Zylinderkopf hängenden Ventile werden über Kipphebel mittels einer
zentral im Zylinderkopf gelagerten Nockenwelle obenliegend gesteuert. Die
Nockenwelle wird durch eine Rollenkette von der Kurbelwelle aus angetrieben.

Die Motorkraft wird über ein im selben Gehäuse liegendes Getriebe, unter
Mitwirkung einer Sekundärrollenkette, auf das Hinterrad geleitet. Der Motor
ist luftgekühlt und besitzt eine Trockensumpfschmierung mit einem im
Rahmen integrierten Öltank.

Der Yamaha-Motor muß zum Zerlegen von Zylinderkopf und Zylinder leider ausgebaut werden.

Der Zylinderkopfdeckel

Der Zylinderkopfdeckel der SR 500/XT 500 enthält Kipphebel, Kipphebelwelle und Lagerung hierfür. Er unterliegt, infolge des Ventildruckes, ähnlichen Verspannungsproblemen wie OHV-Motoren mit Rockerboxen. Deshalb auch hier den Kolben auf Zünd-OT stellen (Zündkerze rausschrauben), bevor die Halteschrauben gelöst werden.

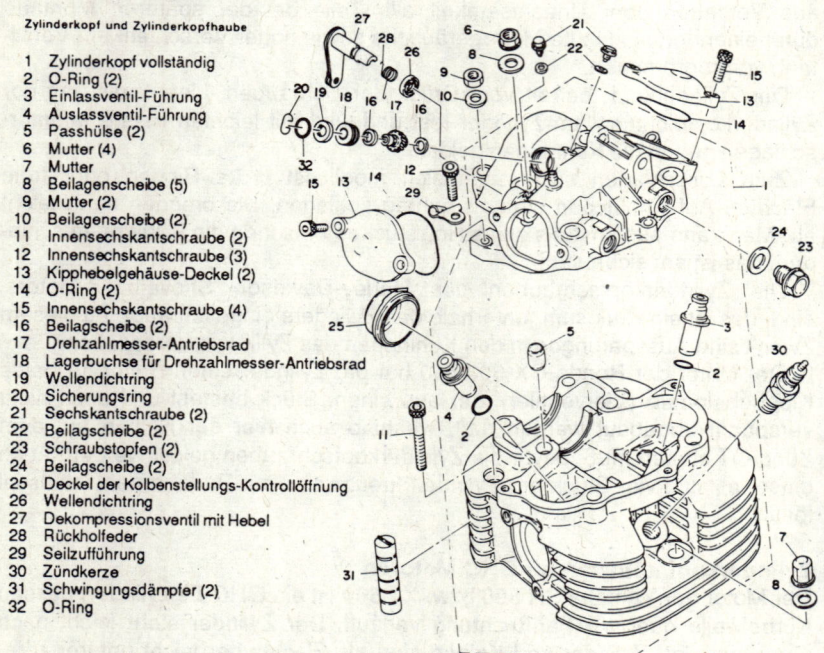

Zylinderkopf und Zylinderkopfhaube

1 Zylinderkopf vollständig
2 O-Ring (2)
3 Einlassventil-Führung
4 Auslassventil-Führung
5 Passhülse (2)
6 Mutter (4)
7 Mutter
8 Beilagenscheibe (5)
9 Mutter (2)
10 Beilagenscheibe (2)
11 Innensechskantschraube (2)
12 Innensechskantschraube (3)
13 Kipphebelgehäuse-Deckel (2)
14 O-Ring (2)
15 Innensechskantschraube (4)
16 Beilagscheibe (2)
17 Drehzahlmesser-Antriebsrad
18 Lagerbuchse für Drehzahlmesser-Antriebsrad
19 Wellendichtring
20 Sicherungsring
21 Sechskantschraube (2)
22 Beilagscheibe (2)
23 Schraubstopfen (2)
24 Beilagscheibe (2)
25 Deckel der Kolbenstellungs-Kontrollöffnung
26 Wellendichtring
27 Dekompressionsventil mit Hebel
28 Rückholfeder
29 Seilzuführung
30 Zündkerze
31 Schwingungsdämpfer (2)
32 O-Ring

Das Besondere am Zylinderkopf: Erstens halten die Zylinderkopfschrauben auch den Zylinderkopfdeckel und zweitens bildet der Deckel die andere Hälfte der Nockenwellenlagerung, weshalb Vorsicht geboten ist. Als weiterer Schritt wird die Ölzufuhrleitung des Kipphebelgehäuses durch Herausdrehen der beiden Hohlschrauben abgebaut. Schrauben, Dichtscheiben und Ölleitung werden sorgfältig weggepackt.

Jetzt werden die Zylinderkopf-/Zylinderkopfdeckelschrauben kreuzweise gelöst, wobei wieder ein Drehmomentschlüssel herhalten muß. Das Kipphebelgehäuse lösen wir mit einem Plastikhammer vorsichtig von der

Paßfläche. Vor dem Beschauer liegen nun die Nockenwelle mit Kette, Kettenritzel und Lagerstellen sowie Ventilfedern mit den Ventilschaftenden. Drehen wir das Kipphebelgehäuse um, können wir die Kipphebel nebst Lager sowie den Ventilmechanismus erkennen.

Um einen Zusammenhang zu anderen Konstruktionen der Ventilsteuerung von OHC-Motoren herzustellen, soll hier die Honda 125 T2 erwähnt werden, ein Zweizylindermotor, dessen obenliegende Nockenwelle pro Zylinder zwei Ventile bedient.

Im Unterschied zur SR 500/XT 500 läuft hierbei die Nockenwelle in zwei abnehmbaren Nockenwellenlagerböcken, gehalten von den selben Zugankern wie der Zylinderkopf. Diese Lagerböcke enthalten zusätzlich noch die Kipphebellager samt Wellen sowie die Kipphebel.

Der Zylinderkopfdeckel ist als Haube ausgeformt und hat nunmehr lediglich eine Schutzfunktion.

Nockenwellensteuerkette lösen
Zurück zur Yamaha. Am hinteren Ende des Zylinders nehmen wir den Deckel des Nockenwellenketten-spanners ab und lösen die Sicherungsmutter des Spannstößels.

Das Lösen des Kettenspanners ist notwendig, um die Nockenwelle auszubauen. Mittels eines geeigneten Schlüssels halten wir die Nockenwelle am großen Sechskant neben dem Drehzahlmesserzahnkranz fest und schrauben die Halteschraube für das Steuerritzel heraus. Die Steuerkette muß festgehalten werden, wenn das Kettenritzel samt Kolbenstandzeiger abgenommen ist. Am besten bindet man sie mit etwas Draht vorläufig fest, damit sie nicht in den Kettenschacht hineinfällt.

Der kleine Mitnehmerstift, der das

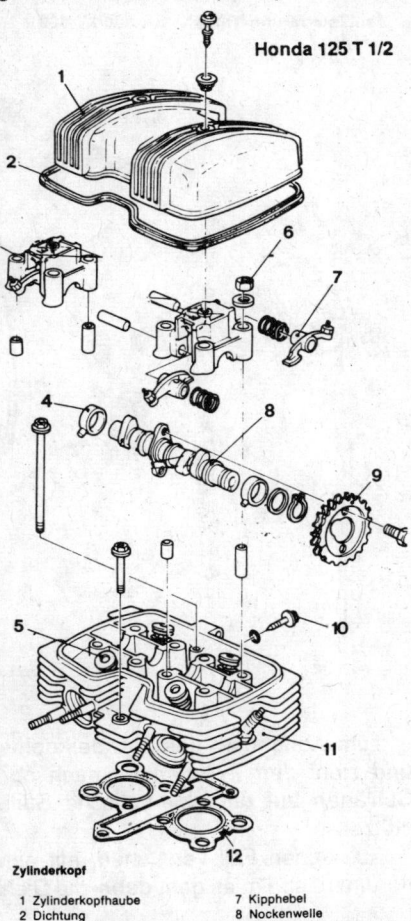

Honda 125 T 1/2

Zylinderkopf

1 Zylinderkopfhaube
2 Dichtung
3 Nockenwellen-Lagerbock
4 Nockenwellen-Lagerbuchse
5 Ventil
6 Mutter
7 Kipphebel
8 Nockenwelle
9 Nockenwellen-Kettenrad
10 Befestigungsschraube
11 Zylinderkopf
12 Zylinderkopfdichtung

Kettenritzel auf der Nockenwelle fixiert, kann leicht in den Motor hineinfallen und sollte, noch bevor die Nockenwelle herausgehoben wird, an der Stelle weggenommen und gut verwahrt werden.

Zylinderkopf abnehmen

Die übrigen Zylinderkopfschrauben können wir nun vollends lösen und zusammen mit den Hutmuttern der Zuganker abschrauben.

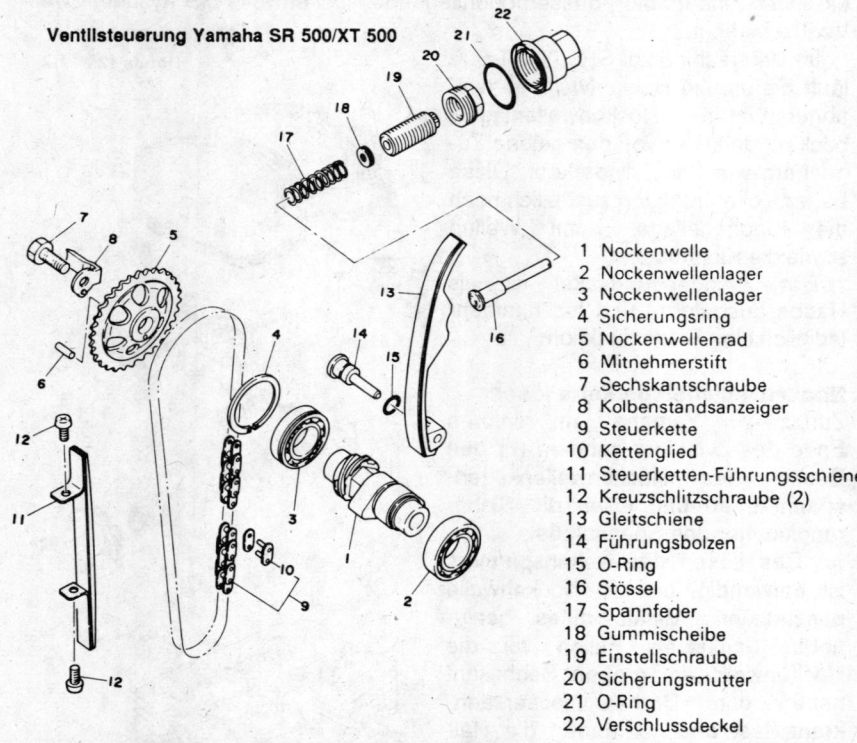

Ventilsteuerung Yamaha SR 500/XT 500

1 Nockenwelle
2 Nockenwellenlager
3 Nockenwellenlager
4 Sicherungsring
5 Nockenwellenrad
6 Mitnehmerstift
7 Sechskantschraube
8 Kolbenstandsanzeiger
9 Steuerkette
10 Kettenglied
11 Steuerketten-Führungsschiene
12 Kreuzschlitzschraube (2)
13 Gleitschiene
14 Führungsbolzen
15 O-Ring
16 Stössel
17 Spannfeder
18 Gummischeibe
19 Einstellschraube
20 Sicherungsmutter
21 O-Ring
22 Verschlussdeckel

Zum Abnehmen des Zylinderkopfes hebt ein Helfer die Steuerkette hoch und zieht den Zylinderkopf nach oben, während man selbst mit leichten Schlägen auf unproblematische Stellen versucht, den Vorgang zu unterstützen.

Auf keinen Fall versuchen, mit einem Schraubendreher oder ähnlichem herumzuhebeln, es geht dabei die Dichtfläche zum Teufel.

Zylinderkopf abbauen an DOHC-Motoren

Die Yamaha XJ 900 F besitzt einen DOHC-Motor. Das Triebwerk hat vier

94

Zylinder in Reihe. Die Zylinder sind stehend quer im Rahmen eingebaut. Quer zur Fahrtrichtung dreht demnach auch die Kurbelwelle.

Die im Zylinderkopf befindlichen zwei Ventile pro Brennraum werden über Tassenstößel direkt von den Nocken angetrieben. Die beiden Nockenwellen, je eine für Ein- und Auslaß, werden mit Hilfe einer Rollenkette von der Kurbelwelle aus gedreht.

Die Motorkraft gelangt über das im Motorgehäuse integrierte Getriebe zum Hinterachsgetriebe mit Kardanantrieb und von dort zum Hinterrad. Der Motor ist luftgekühlt und besitzt eine Naßsumpfschmierung. Platz genug zum Ausbau von Zylinderkopf, Zylinder und Kolben besteht auch, wenn der Motor im Rahmen verbleibt.

Zylinderkopfdeckel abbauen
Nachdem die in Kapitel 2.0. erwähnten Arbeiten wie Abbau der Auspuff- und Vergaseranlage sowie die vielen kleinen Handgriffe erledigt sind, lösen wir die Schrauben des Zylinderkopfdeckels und nehmen ihn mitsamt der Dauerdichtung ab.

Nockenwellensteuerkette
Nach dem Lösen von zwei Schrauben am hinteren Ende des Zylinderblockes, in der Mitte etwa, bauen wir den Steuerkettenspanner aus. Das ergibt das nötige Spiel in der Steuerkette, um die Nockenwellen locker ausbauen zu können.

Wir entfernen jetzt die Schrauben des linken Kurbelgehäusedeckels,

Yamaha XJ 900

1 Steuerkette
2 Steuerkettenräder
3 Auslass-Nockenwelle
4 Einlass-Nockenwelle
5 Steuerkettenspanner

Zündzeitpunkt

1 Zündzeitpunktplatte
2 Feststehender Zeiger

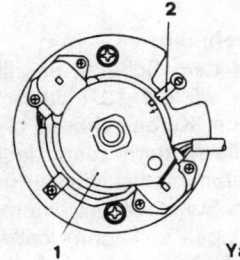

Yamaha XJ 900

95

setzen einen 19er Schlüssel an die Schlüsselfläche der Zündzeitpunktplatte auf dem Kurbelwellenstumpf und drehen an der Kurbelwelle im Gegenuhrzeigersinn. Es genügt, wenn die OT-Markierung, hier als "T" eingraviert, mit dem Zeiger am Gehäuse übereinstimmt.

Nun werden die vier Schrauben der beiden Nockenwellen-Kettenräder entfernt. Mit einem Schlüssel kann man am Sechskant einer jeden Nockenwelle, etwa in der Mitte liegend, gegenhalten, weil sich zum einen die Schrauben leichter lösen lassen und zum anderen durch Verdrehen der Nockenwellen und der Kurbelwelle die lockere Steuerkette in Gefahr kommt, im Motorinneren, zwischen Gehäuse und Kurbelwelle, zu verklemmen.

Nach Abnahme der Steuerkettenführung zwischen den Nockenwellen werden die beiden Ritzel aus der Kette gehoben und seitlich ein Stück verschoben. Es erleichtert uns das nachfolgende Herausnehmen der beiden Wellen. Zuvor aber müssen die acht Lagerdeckel entfernt werden.

Hierzu müssen wir die Schrauben alle in zwei Stufen lösen, um einem Verkanten der Nockenwellen und, daraus resultierend, einer Beschädigung der Lagerstellen vorzubeugen. Die Nockenwellen dürfen während dieser Vorgänge nicht mehr gedreht werden, weil die Ventile beschädigt werden könnten.

Die abgenommenen Lagerdeckel müssen sorgfältig gekennzeichnet werden. In einen Lageplan zeichnen wir auch die Einbaurichtung ein, Pfeile auf der Lagerdeckeloberseite sind dabei behilflich. Vertauschte Lagerdeckel, wenn sie zudem auch noch verkehrt herum aufgebaut wurden, führen mit ziemlicher Sicherheit zum baldigen Motorschaden. Also aufgepaßt!

An der Nockenwellensteuerkette wird ein Draht befestigt, damit die Kette nicht ins Kurbelgehäuse fallen kann. Sie wird dann etwas angehoben und beide Nockenwellen zusammen mit den Kettenritzeln können herausgenommen werden.

Sie werden sorgfältig gekennzeichnet und zusammen mit den Lagerdeckeln auf sauberen Lappen abgelegt. Die Führung der Steuerkette im Kettenschacht kann jetzt entfernt werden.

Zylinder abnehmen

Entsprechend dem Schema der Illustration (zum Losschrauben rückwärts zählen) lösen wir die 12 Muttern der Zylinderkopfbefestigung, lange Zuganker, die vom Kurbelgehäuse bis hinauf in den Zylinderkopf reichen. Dabei werden die Muttern zuerst lediglich um eine halbe Umdrehung gelöst (ideal mit Drehmomentschlüssel) und dann der Reihe nach herausgedreht. Unter leichten Schlägen mit einem Plastikhammer (in keinem Falle schräg auf die Kühlrippen schlagen) löst sich der Zylinderkopf vom Zylinderblock. Während ein Helfer die Steuerkette hält, wird der Kopf nach oben weggenommen.

Eine Variation des DOHC-Motors ist ein solcher mit Schlepphebeln, welche vor allem bei Vierventilmotoren den konstruktiven Aufwand erheblich mindern (Kawasaki GPZ 1000 RX). Wenn auch die Yamaha FZ 750 bzw. die neuere FZR 1000 mit fünf Ventilen pro Zylinder, über Tassenstößel mit entsprechend vielen Nocken gesteuert, diesem Trend entgegenarbeitet.

Unterschiede in Bezug auf das Zerlegen des Zylinderkopfes der Kawasaki beschränken sich auf Schlepphebel und Schlepphebelwellen im Gegensatz zu den Tassenstößeln der XJ 900 F. Die Mechanik der GPZ ist im Zylinderkopf gelagert, benötigt aber zum Zerlegen kaum besondere Umstände oder Werkzeuge. Ansonsten gibt es neben den zwei Nockenwellen mit ihren Kettenrädern, dem Kettenspanner und den Reihen der Ventilfedern, an deren oberem

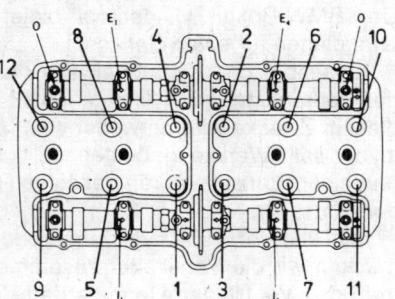

Zylinderkopf: Yamaha XJ 900

Nockenwellen

Oben = Auslass
Unten = Einlass

Anzugswerte Zylinderkopf in Newtonmeter
(Nm)

Die Ziffern bezeichnen die Reihenfolge des Anziehens der Muttern. 0; E_1; I_1 etc. bezeichnen die Position und Einbaulage der Nockenwellenlagerdeckel (E = Auslaß-; I = Einlaßnockenwelle).
Alle Schrauben mit 5 Nm, dann mit 10 Nm anziehen. Muttern 1 bis 12, Gewinde 10mm Ø O = 32 Nm. Die vier Muttern auf der Vorderseite des Zylinderkopfes und die auf der Rückseite sind mit 20 Nm anzuziehen.

Ende die Ventilschäfte hervorschauen, keine nennenswerten prinzipiellen Unterschiede zur Yamaha, wenn man vom Vierventiltrieb und der Flüssigkeitskühlung einmal absieht. Die Yamaha XJ 900 F hat dagegen nur zwei Ventile pro Zylinder, ist aber luftgekühlt.

Zerlegen des Zylinders

Bleiben wir, auch was das Zerlegen des Zylinderkopfes angeht, bei unseren drei Motoren.

Für alle Motoren gilt: vorsichtiges Ablösen der Zylinderkopfdichtung vom Zylinderkopf bzw. dem Zylinder. Dichtungsreste werden mit einer Teppichmesserklinge abgeschabt, die Flächen anschließend mit Azeton gereinigt. Es sollen keine Dichtungsreste in den Motor fallen. Kupferdichtungen von alten Motoren können nachher beim Wiederaufbau wieder eingesetzt werden, falls sie nicht schon zu breitgequetscht sind.

Vor dem weiteren Zerlegen des Zylinderkopfes entfernen wir die Ölkohle aus dem Brennraum. Schaben sie raus, polieren die Wandungen mit einer rotierenden Drahtbürste (Bohrmaschine).

Zerlegen des OHV-Zylinderkopfes

Der BMW-Boxer-Zylinderkopf bietet durch seine Einfachheit die besten Grundlagen für einen Service.

Kipphebel und Kipphebelwelle des OHV-Motors wurden schon während der Demontage des Zylinderkopfes entfernt. Was bleibt, sind die Ventile: Zu diesem Zwecke wird entweder eine Ventilfederzange gebraucht oder ein "do it your self"-Werkzeug, bestehend aus einer nicht zu kleinen Schraubzwinge und einem kurzen, schräg gesägten Rohr mit dem Durchmesser des Ventilfedertellers.

Mit Hilfe der Ventilfederzange oder des selbst hergestellten Werkzeuges drücken wir die Ventilfeder zusammen und holen aus dem konischen Zentrum des Ventilfedertellers die den Ventilschaft in zwei Nuten umschließenden Keile mittels einer Spitzzange oder einer Pinzette heraus.

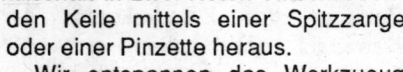

Ventilfederzange

Wir entspannen das Werkzeug wieder langsam, nehmen es ab und können Ventilfeder sowie den oberen und unteren Ventilfederteller abnehmen. Bevor man das Ventil aus der Führung herauszieht, entgratet man den Ventilschaft am hinteren Ende - da, wo der Kipphebel während des Motorlaufes zwangsläufig seine Spuren hinterlassen hat. Wir nehmen hierzu Schleifleinen feiner Körnung (800er), vergessen aber nicht, die Spuren unserer Bemühungen hinterher wieder sorgfältig zu beseitigen.

Während wir so ein Ventil nach dem anderen aus beiden Zylinderköpfen ziehen, markieren wir jedes Ventil mit einem kleinen Fähnchen, um sicher zu sein, daß beim Einbau wieder jedes in seine Führung gelangt, falls es nicht erneuert wird.

Betrachten wir uns den Zylinderkopf des augebauten Shovel-head-Motors von Harley-Davidson, so wird deutlich, daß auch hier nur wenig übrig geblieben ist von der OHV-Ventilsteuerung. Der ganze Kipphebelkram blieb sowieso im Zylinderkopfdeckel, der "Rockerbox", die wir vorab abgenommen hatten. Was bleibt, sind auch hier Ventile, Federn, Ventilfederteller und Keile, die in nun bekannter Art und Weise ausgebaut werden können. Falls der Gedanke aufkommt, in der "Rockerbox" einmal nach dem Rechten zu sehen, beginnt man damit, daß die Verschlußklappe auf der rechten Seite eines jeden Zylinderkopfdeckels abgeschraubt und entfernt wird, zusammen mit den Dichtringen dahinter (O-Ringe). Am gegenüberliegenden Ende des Deckels schrauben wir die Hutmuttern der Kipphebelbefestigung ab und drücken, notfalls mit einem Hammerstiel, die Kipphebelwelle aus ihrer Stel-

98

lung. Die Kipphebel können, wenn die Welle gänzlich heraus ist, rausgenommen werden, der Dichtring muß aber unbedingt an die gleiche Stelle zurück, also markieren und zusammen mit der Kipphebelwelle wegpacken.

Die Rockerboxen am Motor der Triumph Bonneville lassen sich in ganz ähnlicher Weise zerlegen. Auch hier ist der wichtigste Punkt, daß die Einzelteile der Rockerbox nicht durcheinandergeschmissen werden, falls es zum Zerlegen kommt.

Zerlegen des OHC-Zylinderkopfes

Der Zylinder des Yamaha SR 500/XT 500-OHC-Motors bietet in der Einfachheit des Zerlegens trotz obenliegender Nockenwelle keinen großen Gegensatz zum OHV-Motor. Er ähnelt ihm sogar in der Weise, daß Kipphebel und Kipphebelwelle im Zylinderkopfdeckel verankert sind. Ist die Nockenwelle erstmal raus, liegt der Zylinderkopf auf der Werkbank, bleibt auch hier als einziger Arbeitsgang (neben dem Reinigen des Brennraumes) der Ausbau der Ventile nach dem oben geschilderten Verfahren.

Es erscheint unwahrscheinlich, daß Kipphebel oder Kipphebelwellen rasch verschleißen, es sei denn, die Ölversorgung wäre nicht in Ordnung oder der Motor schon uralt. Ein klickendes Geräusch aus dem Bereich der Kipphebel deutet auf Verschleißerscheinungen hin und unterscheidet sich stark von dem normalen Ventilgeräusch mit etwas zu viel Spiel.

Der Ausbau sieht so aus: Jede Kipphebelachse hat außen am Gehäuse einen Stopfen, den wir zuerst rausdrehen müssen. Hinter diesem Stopfen erscheint die Stirnwand der Kipphebelwelle und in ihrer Mitte ein M6-Gewindeloch. Dort dreht man nun eine Schraube hinein und zieht die Welle raus. Auch hier darf es keine Verwechslungen der einzelnen Kipphebel und Wellen geben. Sie müssen markiert werden. Am besten läßt man Kipphebel und Welle zusammen, wenn man sie zur Seite packt.

An Motoren mit obenliegender Nockenwelle bietet sich für den Hersteller die Nockenwelle als wunderbar exakter Meßpunkt für den Drehzahlmesser an. So auch hier am Yamaha Zylinderkopf.

Eine kleine Sechskantschraube außen auf dem Zylinderkopfdeckel hält Lager und Drehzahlmesser-Antriebsrad im Gehäuse fest. Im aufgebauten Zustand des Zylinderkopfdeckels greift dieses Antriebsrad in entsprechende Zähne an der Nockenwelle ein.

Nach dem Lösen und Herausnehmen der Sechstkantschraube kann der Antrieb komplett nach oben herausgeschoben werden.

Die für einen großvolumigen Einzylindermotor mit Kickstarter unentbehrliche Ventil-Dekompressions-Vorrichtung (Ventilausheber) wirkt auf das Auslaßventil und ist deshalb im Zylinderdeckel, in der Nähe des Auslaßventilkipphebels installiert. Will man sie entfernen, muß zuerst eine oben in das Gehäuse eingeschraubte Sechskantschraube herausgedreht werden.

99

Der Dekompressionshebel kann dann mitsamt der Welle problemlos herausgezogen werden.

Natürlich haben nicht alle OHC-Motoren Kipphebel, die im Zylinderdeckel
gelagert sind, genausowenig wie das bei den OHV-Motoren der Fall ist. Bei
der kleinen Honda 125 T2 sind Kipphebel und Kipphebelwellen in Lagerböcken auf dem Zylinderkopf installiert, die mit den Zylinderkopfschraubver-
bindungen zusammen entfernt werden, noch bevor der Zylinderkopf selbst
abgenommen wird.

Bei diesem Motor beschränken sich die Demontagearbeiten am Zylinderkopf dann vor allem auf die Ventile selbst, nach bekannter Manier.

Zerlegen des DOHC-Zylinderkopfes

Die DOHC-Motoren sind, obwohl komplizierter aufgebaut, doch recht einfach
zu zerlegen. Das liegt daran, daß schon während der Zylinderkopfdemontage
alle möglichen Teile ausgebaut wurden, so daß tatsächlich bis auf die Ventile
fast alles raus ist. Eine kleine Unterscheidung gibt es allerdings, und die betrifft Motoren mit Tassenstößeln.

Am Zylinderkopf der Yamaha XJ 900 F mit seinen Tassenstößeln, durch
die via Nockenwellen die Ventile betätigt werden, geht das Zerlegen so vor
sich:

Mit einer Pinzette hebeln wir die Einstell-Distanzscheiben (Chips) für die
Ventilspieleinstellung heraus, kleben einen kleinen Aufkleber darauf, mit
einer Bezeichnung, die wir auf dem Aufkleber für den betreffenden Tassenstößel wiederholen. Auf einem Lageplan des Zylinderkopfes, grob skizziert,
wird die Bezeichnung dann zugeordnet.

Die Stößel selbst können wir mit den Fingern rausholen. Sie gleiten, gelagert direkt im Material des Zylinderkopfes, leicht heraus. Beim Wieder-
einführen, auch nur probehalber, muß es unbedingt vermieden werden, sie in
irgendeiner Weise zu verkanten. Sind sie erstmal verklemmt, ist es schwer,
sie herauszuholen. Außerdem besteht die Gefahr, die Lauffläche zu beschädigen.

Manche Tassenstößel haben die Einstelldistanzscheiben (Chips) unter
dem Stößel, in direktem Kontakt zum Ventilschaft liegend. Also nicht nervös
werden, wenn bei fremden DOHC-Motoren keine zu sehen sind.

Der nächste Arbeitsgang besteht darin, wie gewohnt die Ventile auszubauen. Ein bißchen problematischer ist das schon, weil wir dabei ein länge-
res Stück Rohr brauchen, die Laufflächen der Tassenstößel nicht beschädigen dürfen und zu guter letzt die Ventilkeile mit der Pinzette nicht ganz
so einfach rauszufischen sind.

Alle Ventile plus Zubehör werden gekennzeichnet wie oben schon beschrieben und erstmal weggepackt. Später beim Prüfen werden wir wieder ein
Auge auf sie werfen.

2.1.1. Zylinderkopf, Ventile, Nockenwellen und Ventilsteuerung, einfaches Prüfen der Einzelteile

Zylinderköpfe

Wir können den Zylinderkopf als Ganzes nur richtig prüfen, wenn Ventile, Federn und Ventilführungsdichtringe abgebaut sind. Dagegen sind die Ventilführungen erstmal nicht so wichtig, wir schauen sie uns zusammen mit den Ventilen später an. Vorerst interessiert der äußere Zustand des Zylinderkopfes.

1. Gibt es, vom Brennraum betrachtet, Rißverbindungen zwischen den einzelnen Ventilöffnungen? Wie tief sind die Risse (betrifft nicht den Zweitaktmotor)?
   Wenn die Risse nicht tief sind, kann der Zylinderkopf noch weiter verwandt werden. Anders sieht es aus, wenn die Risse breit und aufklaffend sind, dann ist das Teil schrottreif.

2. Ist das Zündkerzengewinde noch in Ordnung? Läßt sich die Zündkerze leicht rein- und rausschrauben? Sitzt sie fest im Kerzenloch, wenn sie eingeschraubt ist? Läßt sich die Kerze im Gewindeloch "endlos" drehen (überdreht = Gewinde kaputt)? Sind Metallspäne am Kerzengewinde?
   Schwergängige Kerzengewinde pudert man mit Graphitstaub ein und dreht die Kerzen ein paarmal rein und raus. Meist ist das dann in Ordnung.
   Lockere Zündkerzen, wenn sie eigentlich fest eingeschraubt sein sollen, besagen, zusammen mit dem "endlos" Drehen der Kerze: Das Gewinde ist zerstört. Darauf deuten auch Metallspäne am Gewinde der Kerze hin.
   Nun braucht deswegen keiner den Zylinderkopf wegzuwerfen. Auch empfiehlt es sich erstmal nicht, eine Kerzenlochbuchse einzusetzen. Was getan werden kann, erledigt nämlich die Werkstatt für ein paar Mark. Sogar dann, wenn der Motor zusammengebaut im Rahmen steckt. Das Wundermittel sind Gewindesätze, die mit speziellem Werkzeug von außen eingedreht werden. Das Werkzeug zu kaufen (Markenname: Heli Coil) lohnt sich für den Gelegenheitsschrauber kaum.

3. Sind alle Stehbolzen und Zuganker o.k.? Sitzen sie fest im Gehäuse, haben sie Risse oder angebrochene Stellen? Sind die Gewinde noch brauchbar?
   Lockere Stehbolzen deuten, wenn sie sich nicht mehr richtig festschrauben lassen, auf kaputte Gewinde im Motorgehäuse. Auch hier helfen dann Gewindeeinsätze nach der Methode: Heli Coil!
   Lose Stehbolzen werden befestigt, indem zwei Muttern auf dem freien Gewinde gegeneinandergeschraubt werden (Kontern). Dann mit der

oberen Mutter den Bolzen festschrauben. Anschließend die
Muttern wieder voneinander lösen
und abschrauben.

Beschädigte Stehbolzen soll man
wechseln. Achtung: Sie sind aus
Spezialstahl und können nicht
einfach durch eine Gewindestange
ersetzt werden! Will man neue
selber anfertigen, wird ein zähela-
stischer Stahl benötigt, den es im
Stahlgroßhandel als Meterware zu
kaufen gibt.

Helicoil-Gewindeneu
Speziell für Motorräder. Jedes Reparatur-Set
enthält einen Spezial-Bohrer/Gewindebohrer
bzw. Kombibohrer mit Führungsgewinde, Hand-
einbauwerkzeug und fünf Gewindeeinbausätze.
Als Nachfüllpackung mit je fünf Gewindeein-
sätzen erhältlich.

4. Sind Kühlrippen angebrochen, be-
schädigt oder gar abgeschlagen?
Abgeschlagene Kühlrippen sind,
wenn es nur eine oder zwei betrifft, nicht schön, aber relativ ungefährlich.
Sind es mehrere, empfiehlt es sich, den Zylinderkopf zu wechseln, weil
Überhitzungsgefahr durch verminderte Kühlung droht. Angebrochene
Kühlrippen, eingerissene Teile etc., dürfen nicht selbst geschweißt
werden, weil der Zylinderkopf sich mit Sicherheit verzieht. Empfehlung:
Eine Fachwerkstatt für Aluminiumschweißen aufsuchen; doch die ist
nicht billig.

Da die Zylinderköpfe von Zweitaktmotoren lediglich den halbkugeligen
Brennraum sowie die Kerzenöffnung, sonst aber keine besonderen Anbautei-
le besitzen, sind, bis auf die Materialprüfungen und die Kontrolle der Zündkerzenöffnung keine besonderen Prüfarbeiten nötig.

Ventile, Ventilführungen

1. Beträgt die Breite der tragenden
Fläche des Ventilsitzes (da wo der
Ventilteller aufliegt) mehr als 1,5
mm? Wenn ja, muß der Ventilsitz
gefräst werden. - Diesen Vorgang
schildern wir im nächsten Unterkapitel.

2. Macht die Ventiltellerauflagefläche
einen scheckigen und ungleich-
mäßigen Eindruck? Zuerst ver-

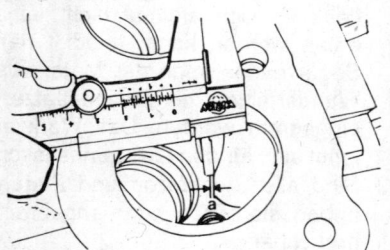

Messen der Ventilsitzbreite (a)

sucht man, den Ventilsitz einzuschleifen. Bleibt der Erfolg aus, weil der
Materialabrieb hinter den Erfordernissen zurückbleibt, muß gefräst
werden. (Siehe hierzu nächstes Unterkapitel)

102

3. Reicht der freie Raum zwischen Ventilteller und Ventilsitz noch aus? (Ventil zu diesem Zweck in die Ventilführung einführen und bis zum Ventilsitz runterdrücken). Falls nicht, muß der Ventilsitz freigefräst werden. (Siehe hierzu nächstes Unterkapitel)
4. Läßt sich das Ventil in der Ventilführung seitlich hin- und herbewegen, fühlt man eine deutliche Lose zwischen Ventilschaft und -führung? Hier gibt es drei Ursachen: Erstens, der Ventilschaft ist abgenutzt (was selten vorkommt) - dann reicht es aus, ein neues Ventil einzusetzen; oder zweitens, das Ventil, obwohl maßhaltig, hat Lose in der Führung, dann muß es ersetzt werden. Die Dritte: Wenn Ventilschaft und Ventilführung Verschleißerscheinungen zeigen, müssen beide Teile, also Ventil und Führung, ausgewechselt werden.
5. Steckt die Führung noch bis zu ihrem Anschlag im Zylinderkopf? Wenn wir einen Plastikhammer nehmen und schlagen vom Brennraum aus hart und senkrecht auf die Ventilführung ein, schiebt sich dann die Führung ein Stückchen heraus?

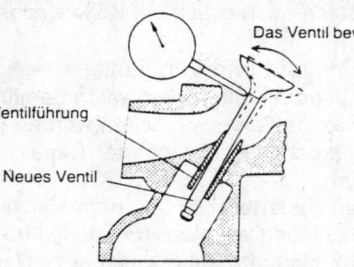

Das Ventil bewegen

Ventilführung

Neues Ventil

Prüfen der Ventilführung
(geht auch ohne Meßuhr)

Eine in ihrer Bohrung bewegliche Ventilführung muß durch eine Übergröße ersetzt werden, weil sie im ungünstigsten Falle zu Motorschäden oder Kompressionsverlusten führen kann.

Ventil

Ventile sind stark belastete Bauteile, weshalb folgende Details in Ordnung sein müssen:
1. Die Ventilauflagefläche am Ventilteller darf nicht abgenutzt, die Fläche nicht kuhlenförmig eingearbeitet erscheinen, der Tellerrand nicht spitz zulaufen. Wenn ja, ist alles zu spät, das Teil hoffnungslos verschlissen. Das Ventil muß ausgetauscht werden. Ist der Ventilteller weniger stark abgenutzt, besteht noch eine Chance, ihn aufarbeiten (schleifen) zu lassen.
2. Es darf keine Ölkohle auf dem Ventilteller oder dem Ventilschaft zu sehen sein. Mit Schleifleinen feinster Gradation, den Ventilschaft in die Bohrmaschine gespannt, läßt sich die Ölkohle restlos entfernen. Mit Polierleinen (beides in einem guten Werkzeugladen erhältlich) in gleicher Weise nachpolieren.
3. Das Ventil muß gerade, der Schaft darf nicht verzogen oder gelängt sein. Man kann den Ventilschaft zur provisorischen Prüfung auf einer Glas-

platte oder einer ebenen Stahlplatte rollen und beobachtet die Bewegungen des Ventiltellers wie die des Schaftes. Taumelt der Ventilteller oder eiert der Schaft auch nur ganz leicht, muß aus Sicherheitsgründen ein neues Ventil her. Andernfalls kann's den Motor kosten.

4. Am Ventilschaft dürfen keine starken Riefen oder Einschnürungen zu sehen oder zu erfühlen sein. Auch hier gilt im Falle des Falles: Es muß das Ventil getauscht werden.

5. Die Nut, manchmal sind es mehrere Ringnuten am Ventilschaftende, dürfen nicht ausgelutscht wirken. Die Sicherungskeile müssen satt und fest anliegen. Sicherungskeile können auch verschleißen. Ist ersichtlich, daß neue Keile keine Abhilfe brächten, müssen wir das Ventil und am besten auch gleich die Keile wechseln.

Ventilfedern und Ventilteller

Ventilfedern kontrollieren wir, indem die Höhe der Federn gemessen und mit den Orginaldaten verglichen werden (geht auch ohne Meßuhr)

Gebrochene, verzogene Federn müssen, ganz klar, ausgewechselt werden.

Ventilfederteller haben normalerweise eine lange Lebensdauer. Die konische Öffnung am oberen Federteller könnte allerdings nach einigen zehntausend Kilometern aufgeweitet sein. Das hieße, daß die Federkeile zusammen mit dem Ventilschaftende immer tiefer rutschen. Hierdurch verstellt sich erstens das Ventilspiel (es wird größer) und zweitens könnten irgendwann die Keile ganz durchrutschen. In der Folge lösen sich die Federn vom Ventil, das Ventil rutscht in den Brennraum und touchiert dann, das ist ziemlich sicher, den Kolbenboden. Ein fataler Motorschaden bahnt sich an.

Nockenwellen

Alle Motoren mit obenliegenden Nockenwellen lassen eine gründliche Prüfung zu, weil diese vor der Zylinderkopf-Demontage sowieso abgebaut werden müssen.

Motoren mit einer oder zwei Nockenwellen im Motorgehäuse fest eingebaut sind ungünstiger dran (OHV-Steuerung), weil die Gehäuse Nockenwellen und Lagerung größtenteils verdecken. Eine Prüfung ohne Demontage ist da schwierig bis unmöglich. Was bleibt, ist eine Sichtkontrolle der Nockenlauffläche durch die Stößelführungsöffnung, notfalls im Schein einer Taschenlampe. Für alle Nockenwellen gilt:

1. Die Nockenlauffläche muß glatt und ohne Riefen sein. Blanke, wie fein geschliffen wirkende Laufspuren sind noch o.k. Ausbrüche und Risse in der Härteschicht (Pitting) dürfen nicht auftreten. Allerdings sollen sie nicht verwechselt werden mit hin und wieder auftretenden kleinen schwarzen Vertiefungen mit weichen Rändern, die von Schmiedefehlern

herrühren. Sie sind, wenn nicht flächendeckend, ziemlich ungefährlich, wenn auch ärgerlich. Zur Sicherheit sollte man sie aber begutachten lassen.

2. Bläuliche Flecken auf dem blanken Metall der Nockenlauffläche deuten auf eine Überhitzung hin. Hier sollten wir versuchen, zu überprüfen:

   a. War die Ölmenge im Motor immer korrekt?

   b. Arbeitet die Ölpumpe einwandfrei, ist der Förderdruck groß genug?

   c. Öffnet das By-Passventil im Ölfilter, wenn der Filter verstopft oder das Öl im Winter zu dickflüssig ist und der Ölstrom am Filter vorbei direkt in den Ölkreislauf umgeleitet wird?

   d. Könnte es sein, daß Ölsteigleitungen oder Ölbohrungen in Kipphebeln, Kipphebelwellen, etc. verstopft sind?

   Die Fragen b. und c. können nur mit Hilfe einer Werkstatt beantwortet werden, weil uns normalerweise keine Meßgeräte hierfür zur Verfügung stehen. Die Nockenwelle aber kann trotzdem noch weiter verwendet werden.

3. (Dies ist leider nur an OHC- oder DOHC-Motoren ohne viel Aufwand nachprüfbar): Die Lagerstellen der Nockenwellen, soweit es Gleitlager sind, müssen eine ähnlich gute Beschaffenheit besitzen, wie es für die Nockenflächen beschrieben wurde. Schmiedefehler gibt es hierbei aber nicht, da das Lagermaterial weiches Aluminium ist, falls nicht sowieso Lagerschalen (selten) verwendet werden.

4. Wird die Nockenwelle in Kugellagern bewegt, prüft man diese nach der Reinigung in Waschbenzin auf freien Lauf; auf rauhen Rundlauf mit großem Lagerspiel sowie auf Rattermarken, die beim leichten Drehen mit den Fingern deutlich spürbar sind.

Vor diesen Prüfgängen sollen die Lager leicht geölt werden, weil trockener Lauf die Ergebnisse verfälscht.

Treten die oben geschilderten Symptome auf, müssen die Lager ausgetauscht werden.

Nockenwellenlager werden komplett, nicht einzeln ausgewechselt.

wälzgelagerte Nockenwelle

Yamaha SR 500 (1 Zyl.Motor)

1 Nockenwelle
2 Nockenwellenlager
3 Nockenwellenlager

gleitgelagerte Nockenwelle

Honda CB 125 T2 (2 Zyl.Motor)

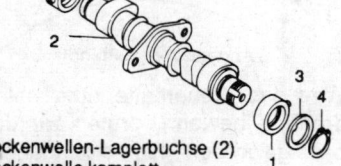

1 Nockenwellen-Lagerbuchse (2)
2 Nockenwelle komplett
3 Anlaufscheibe
4 Sicherungsring

Nockenwellensteuerkette, Steuerkettenritzel und Kettenführungsschienen (OHC bzw. DOHC-Motoren)
Die Steuerkette darf keine gerissenen oder gebrochenen Rollen haben, soweit es sich um eine Rollenkette handelt. Ein eventuelles Kettenschloß muß sorgfältig überprüft werden.

Das Ausmaß des natürlichen Verschleißes läßt sich an der Längung der Kette erkennen, egal ob Rollen- oder Zahnkette.

Ohne verfügbare Daten können wir das nur prüfen, indem wir die seitliche Durchbiegung der Kette messen. Zeigt sich hier eine ausgesprochen starke Biegung, im Neuzustand ist sie ganz leicht, muß sie leider ausgewechselt werden.

Eine andere Methode funktioniert nur, wenn ein Handbuch die Daten dafür liefert, wie z.B. jenes der Kawasaki GPZ 900R und GPZ 1000 RX. Hierbei wird die Länge der Steuerkette über 20 Glieder gemessen. Wird ein bestimmtes Maß überschritten, muß die Kette ausgewechselt werden.

Übersteigt die Länge der Kette das vorgegebene Maß, muß sie ausgewechselt werden.

Verschleißprüfung der Steuerkette

Übersteigt die Länge der Kette das vorgegebene Maß, muß sie ausgewechselt werden.

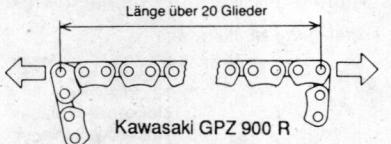

Länge über 20 Glieder

Kawasaki GPZ 900 R

Steuerkettenritzel begutachten wir nach Augenschein. (Siehe Illustration). Tritt an den einzelnen Ritzelzähnen eine sägezahnförmige Verformung auf, so beruht diese bei dem kaum belasteten Nockenwellenantrieb meist auf natürlichem Verschleiß, falls die Kette immer korrekt gespannt war, seltener auf Materialfehlern. Normalerweise hat dieser gut geschmierte Antrieb ein langes Leben.

Ist der Fall aber eingetreten, sind gar einzelne abgebrochene Zahnspitzen sichtbar, muß das Ritzel bzw. beide (DOHC-Motor) gewechselt werden. Fatal ist: Eigentlich ist auch die Steuerkette dann reif, weil diese durch den Zustand der Ritzel ohnehin hoffnungslos verschlissen ist. Das aber bedeutet in vielen Fällen bei geschlossenen Steuerketten: Motor zerlegen, Kurbelwelle raus.

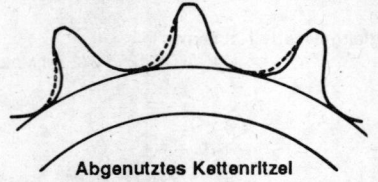

Abgenutztes Kettenritzel

Wird das Steuerkettenritzel mit einem kleinen Keil auf der Welle vor Verdrehung bewahrt, prüfen wir das Radialspiel und erneuern, falls es fühlbar geworden ist, die Flachkeile. Die Steuerkettenführung wird von Gleitschie nen übernommen. Diese Schienen sind mit einem Belag versehen, der langlebig das Gleiten der Steuerkette auf den federbelasteten

Schienen ermöglicht. Die Gleit- oder auch Führungsschienen können nach der Zylinderkopfabnahme geprüft werden. Manche sind erst nach Entfernen des Zylinderblockes zugänglich. Wie dem auch sei: Haben die Kettenglieder tiefe Spuren in den Gleitbelag eingegraben oder sind Stücke herausgerissen, muß die entsprechende Schiene, am besten alle, ausgewechselt werden.

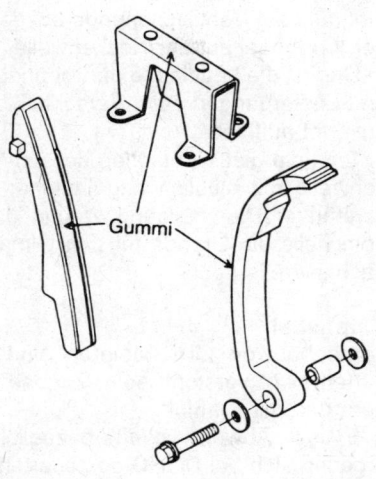

Kipphebel, Schlepphebel und Tassenstößel

Wir unterscheiden zwischen Kipphebeln für OHV- und solchen für OHC-Motoren. OHV-Kipphebel haben ihre neuralgischen Punkte:

Steuerketten-Gleitschienen der Kawasaki 900 R

1. An der Aufnahme für die Stößelstangen am Ventilspieleinsteller, die als Halbkugel wie auch als Kugelpfanne geformt sein kann. Diese Aufnahme muß gleichmäßig geformt sein, ohne Ausbrüche (Pitting) an der Härteschicht, ohne Riefen, Bruchstellen, Haarrisse oder starke Abnutzungserscheinungen.
Die Auflage für das Ventilschaftende am anderen Ende des Kipphebels darf ebenfalls kein Pitting und auch keine pilzförmige Gratbildung aufzeigen. Ist die Auflagefläche in Form einer drehbar gelagerten Halbkugel gestaltet, muß diese auf festen Sitz im Gehäuse, aber auch auf ausreichende Beweglichkeit sowie auf Verschleiß geprüft werden.
2. Kipphebel sollten ohne allzu großes Höhenspiel leicht auf ihren Wellen gleiten. Zu großes Spiel erhöht die Geräuschentwicklung und verändert auf Dauer die Motorsteuerzeiten, weil der Ventilhub abnimmt. Das kostet Leistung.
3. Kipphebelwellen müssen in ihren Lagern fast spielfrei laufen, sonst ergeben sich ähnliche Probleme, wie unter "2." geschildert.
4. Jeder Kipphebel muß ein gewisses seitliches Spiel aufweisen, welches durch Wellenscheiben oder Federn mit Distanzscheiben gewährleistet wird.
5. Ausgebaute Kipphebel werden mit Waschbenzin gereinigt und auf Haarrisse untersucht. Feststellbare Risse können nicht repariert werden. Ein neuer Kipphebel ist fällig.
Die OHC-Kipphebel unterscheiden sich nur an ihren Extremitäten von denen der OHV-gesteuerten Motoren. Der Ventilspieleinsteller eines OHC-Motors

ruht auf dem Ventilschaftende auf der einen Seite und auf der anderen gleitet der Kipphebel auf der Nockenwelle.

Hier ist die Lauffläche der Kipphebel zu prüfen. Sie muß glatt, ohne Riefen und Einkerbungen sein. Verschleiß äußert sich in den typischen Querrinnen auf der Lauffläche.

Sind die glatten Flächen der Schlepphebel an der Kontaktfläche zur Nockenwelle mit bläulich angelaufenen Flecken bedeckt, womöglich noch mit verstärkter Riefenbildung, deutet das eventuell auf Ölmangel hin. Bitte in dem Falle die Gründe für den Ölmangel in dem Absatz über Nockenwellen nachlesen.

Kipphebel

Kipphebel von OHC-Motoren sind oft mit Ölbohrungen versehen. Diese dürfen nicht verstopft sein. Zugesetzte Stellen reinigen wir mit Pfeifenreinigern und mit Preßluft.

Einige Abweichungen bezüglich der Baugruppen des Ventiltriebes ergeben sich bei DOHC-gesteuerten Ventilen. Wir können hierbei zwei Bauprinzipien auseinanderhalten, deren Baugruppen und Bauteile dann nachfolgend überprüft werden.

Die erste ist der Zylinderkopf mit zwei obenliegenden Nockenwellen und Schlepphebeln zu den Ventilen. Hierbei können beliebig zwei, drei oder vier Ventile pro Zylinder vorkommen.

Die zweite besteht aus Tassenstößeln, mit direktem Kontakt zur Nockenwelle, wobei der Tassenstößel zwischen Nocken und Ventilschaftende steht.

Die Ventilbetätigung der VFR 750 F erfolgt über in Kugelbolzen gelagerte Schwinghebel.

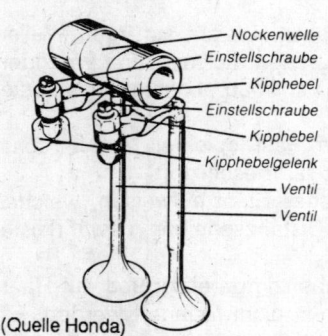

Nockenwelle
Einstellschraube
Kipphebel
Einstellschraube
Kipphebel
Kipphebelgelenk
Ventil
Ventil

(Quelle Honda)

Schlepphebel

Für die Schlepphebel gilt allgemein das, was auch über die Kipphebel beim OHC-Motor gesagt wurde. Auch der Schlepphebel hat eine Gleitfläche, auf der sich die Nockenwelle abrollt. Hierzu kommt statt der Kipphebelwelle ein Aufstützpunkt gegenüber dem Ende des Schlepphebels, der auf dem Ventilschaft aufliegt. Dort befindet sich auch der Ventilspieleinsteller.

Sind Hydrostößel als Aufstützpunkte eingesetzt, um die Ventileinstellerei wartungsfrei zu gestalten, können sie gleich mit überprüft werden. Bevor wir uns hinsetzen und die Hydrostößel auseinandernehmen, müssen wir uns klar darüber sein, unter

108

keinen Umständen die verschiedenen Teile durcheinander zu puzzlen. Die sehr geringen Laufspiele, die Paßgenauigkeit der Hydrostößelteile, in unzähligen, immer gleichen Bewegungsabläufen aufeinander eingespielt, würde darunter leiden.

Geräuschentwicklung, schneller Verschleiß und möglicherweise Störungen im Betrieb könnten sich daraus entwickeln.

Prüfen können wir Hydrostößel auf Verschleiß, Klemmen, Federbruch (Ausgleichsfeder) und Verschmutzung durch Ölschlamm oder Metallstaub aus anderen Regionen des Motors. Die Prüfung auf "Leckschwund", der ein Versagen des Hydrostößels auf Grund von Verschleiß mit sich bringt, kann wegen fehlenden Meßgerätes nur die Werkstatt vornehmen.

Ein Versagen der Hydrostößel kann auch Ursachen im Ölmangel allgemein (durch niedrigen Ölstand), Überdrehen des Motors oder in verstopften Ölleitungen haben.

Tassenstößel

Das zweite Bauprinzip, ebenfalls weit verbreitet bei DOHC-Zylinderköpfen, ist der Ventilantrieb über Tassenstößel.

Da hierbei die Nockenwelle direkt auf die Tassen der Ventile einwirkt, gibt es kaum Bauteile, und die Wartung ist entsprechend gering; bis, ja, bis auf die Ventileinstellerei, aber davon später mehr.

Sind die Nockenwellen abgebaut, kann man die Tassenstößel, die über Ventilschäfte und Ventilfedern gestülpt sind, gut betrachten. Sie lassen sich mit Hilfe der Finger recht einfach aus ihrer Lagerung im Zylinderkopf herausziehen. Oben auf dem Tassenstößel liegt das Chip, die Distanzscheibe. Wenn der Tassenstößel heraus ist,können wir recht einfach auf gewohnte Weise das darunterliegende Ventil entfernen.

Die Außenflächen der Tassenstößel sollte man auf Anzeichen von Riefenbildung oder Brüchen kontrollieren. Zeigen sich Beschädigungen, muß man den Stößel auswechseln. In dem Moment ist es auch notwendig, die Tassenstößellagerung im Zylinderblock zu kontrollieren. Zeigen sich hier ähnlich starke Schäden, ist von Rechts wegen der Zylinderkopf zu erneuern. Wenn man damit aber zu einem Motoreninstandsetzungsbetrieb geht, läßt sich vielleicht noch etwas retten.

Auch hier gilt: Jeder Stößel hat seine eigene Bohrung und darf nicht vertauscht werden.

Ein Maß für das Spiel, das ein Stößel in seiner Bohrung haben darf, wird oft nicht angegeben. Hier muß gelten: Leicht eingeölt soll er saugend in seiner Lagerbohrung gleiten.

Ein fühlbares Spiel darf er nicht haben. Leider stehen in vielen Werkstattbüchern keine Maßangaben, Normalwerte oder Grenzwerte über Tassenstößel. Daraus schließen wir eimal optimistisch, daß diese Werte nicht

notwendig sind, weil die Hersteller eine hohe Meinung von der Verschleiß-
festigkeit dieser Bauteile haben.

Stößelmechanismus (OHV-Motoren)
Beginnen wir mit der Prüfung der Ventilstößel, obwohl die meisten erst nach
Herunternahme des Zylinders zugänglich sind. Wir können sie herausnehmen und prüfen sie auf Verschleiß. Starke Riefen an den Seitenflächen
sowie einseitige Abnützung an der Unterseite der Stößel machen einen
schlechten Eindruck und lenken den Verdacht auf Ölmangel im Motor, zumindest aber auf ein hohes Alter der Bauteile. Neue Stößel prüfe man nach
dem Einsetzen auf Seitenspiel.
  Im Betrieb dreht sich der Stößel um die eigene Achse, um den Verschleiß
an der Kontaktfläche zur Nockenwelle klein zu halten.
  Besteht an einem Stößelboden eine einseitige Abnützung, läßt sich vermuten, daß der Stößel nicht mehr dreht. Es muß daraufhin die Lauffläche
des Stößels im Motorblock geprüft werden. Wir empfehlen ein sorgfältiges
Reinigen der Bohrung und die Verwendung eines neuen Ventilstößels.

Ventilstößel

 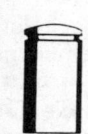

BMW-Boxer-Motor   Moto Guzzi V-2-Motor

Ist die Bohrung des Stößels zu groß, muß sie aufgerieben werden und es kann ein Übergrößenstößel (Moto Guzzi) eingesetzt werden. Dazu muß der Motor aber ganz zerlegt werden. Im Übrigen ist, von Ölmangel und
Materialfehlern abgesehen, kaum Verschleiß an dieser Mechanik zu erwar-
ten. Das betrifft auch die Stößelstangenaufnahme im Stößel bzw. die Stößelstangen selbst.
  Die Stößelstangenaufnahme muß dennoch geprüft werden, ob sie gleichmäßig rund, die Ölbohrung frei und die Stößelstange fest, aber leicht drehbar
sitzt.
  Die Stößelstangen prüfen wir auf Gradheit (auf einer Glas- oder Stahlplatte) und auf Verschleiß an den Enden. Die Stößelstangen können an den
Enden halbkugelig sein oder eine pfannenförmige Aufnahme haben. Gleiches gilt auch für die entsprechenden Widerparts an Stößel und Kipphebel.
Verbogene oder abgenutzte Stößelstangen müssen ersetzt werden.

2.1.2. Einschleifen und fräsen der Ventilsitze, aus-
wechseln der Ventilführungen

Ventile fräsen
Eigentlich ist das Werkstattarbeit. Um sie selber machen zu können, muß
man ca. 150,- DM für Spezialwerkzeuge ausgeben.

Fehlermöglichkeiten gibt es genug, aber wer es sich zutraut, hat einen wichtigen Schritt hin zum "Schrauber" geschafft, auf die Dauer spart es natürlich auch einen Batzen Geld.

Es ist Vorsicht angebracht, bevor das Werkzeug gekauft wird, weil einige Motorenhersteller unterschiedliche Fräswinkel für die Ventilsitze vorschreiben. Auch sollen die Durchmesser der Fräser denjenigen der Ventilsitze angepaßt sein. Also vorher bei der Werkstatt nachfragen oder im Werkstatthandbuch nachlesen. Die Standardgrößen sind: Ventilsitzwinkel 45° (Ventilauflagefläche); Freifräswinkel 15° (Ventilsitzaußendurchmesser); Fräser - Ventilsitzinnenkante 75° (Ventilsitzinnendurchmesser).

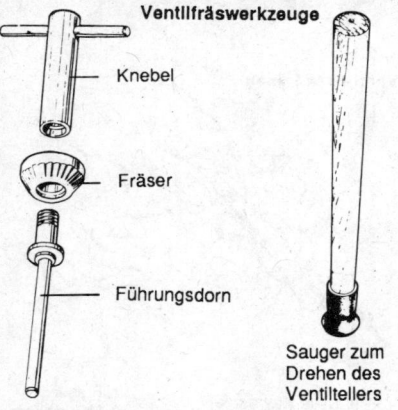

Ventilfräswerkzeuge

Knebel

Fräser

Führungsdorn

Sauger zum
Drehen des
Ventiltellers

Die Fräser werden durch einen kalibrierten Dorn, er entspricht dem Ventilschaftdurchmesser und muß passend hinzugekauft werden, in der Ventilführung gelagert. Mit einem Knebel wird das Werkzeug am anderen Ende gedreht.

Zunächst wird mit dem 45°-Fräser die Ventiltellerauflagefläche plangefräst. Der Vorgang ist beendet, wenn der Fräser überall gleichmäßig aufträgt und keine Flecken oder Unebenheiten mehr zu sehen sind. Nur ganz wenig und mit leichter Hand fräsen, nur soviel Material wie nötig abtragen, sonst verschwendet man unnötig kostbare Millimeter der eingesetzten Ventilsitzringe.

Sie müssen ersetzt werden, wenn:
a.) das Ventil soweit in den Zylinderkopf hineinragt, daß das Ventilspiel nicht mehr nachstellbar ist;
b.) das Material des Sitzringes nicht mehr zum Nachfräsen ausreicht.
Jetzt wird der Ventilsitz-Außendurchmesser mit einer Schieblehre gemessen. Die Ventiltellerauflagefläche soll mittig auf der tragenden Fläche des Ventilsitzes aufliegen. Es kann sich jetzt ergeben, daß der Außendurchmesser des Ventilsitzringes zu klein ist, der Ventilteller somit im Ventilsitz zu weit in den Brennraum hineinragt und die tragende Fläche zu weit oben am Ventilteller anliegt. Dann muß mit dem 45°-Fräser weitergearbeitet werden, bis der Außendurchmesser der Auflagefläche mit den Forderungen übereinstimmt (siehe Illustrationen).

Wenn der Außendurchmesser zu groß ist, muß die Außenkante des Ventilsitzes verkleinert werden, was vorsichtig mit einem 15°-Fräser geschehen soll.

Fräser

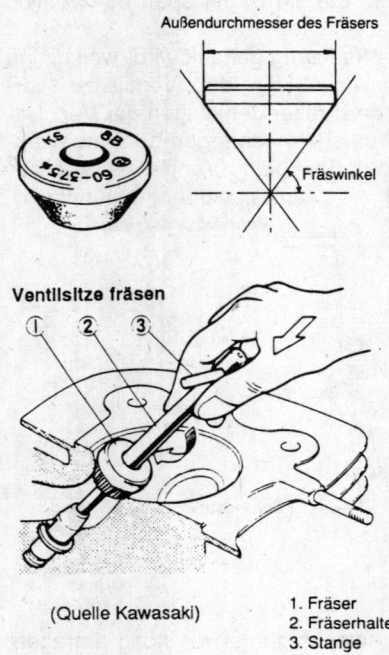

Außendurchmesser des Fräsers

Fräswinkel

Ventilsitze fräsen

① ② ③

(Quelle Kawasaki)

1. Fräser
2. Fräserhalter
3. Stange

Ventilsitzring-Breite

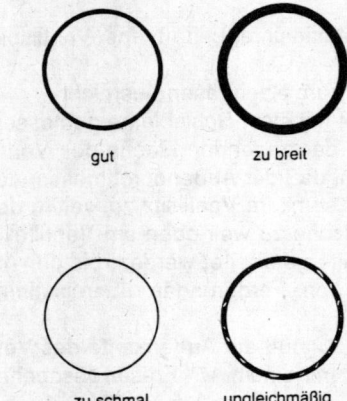

gut   zu breit

zu schmal   ungleichmäßig

112

Freigefräst werden muß auch, wenn die Ventiltellerkante bei vollständig geschlossenem Ventil nicht mindestens einen Millimeter in den Brennraum hineinragt. Mit der Schieblehre nun an mehreren Stellen der Ventiltellerauflagefläche des Ventilsitzes deren Breite messen. Diese ist korrekt zwischen 0,5 mm und 1,5 mm (Differiert bei manchen Motoren.)

Wenn sie zu schmal ausfällt, mit dem 45°-Fräser nacharbeiten. Ist sie hingegen zu breit ausgefallen, mit dem 75°-Fräser die Innenkante der Ventilsitzauflagefläche bearbeiten. Vorsicht! Das geht sehr flott! Nachgemessen werden soll deswegen nach jeder Fräserumdrehung.

Die Aufgabe besteht also darin, den Ventilsitz mit einer korrekten Breite durch Bearbeiten der Außenkante (15 Grad), der Innenkante (75°) sowie der Auflagefläche (45°) so zu positionieren, daß er mit dem Ventil übereinstimmt und sauber schließt.

Ventile einschleifen

Nun werden Ventilteller und Ventilsitz aufeinander eingeschliffen (auch Läppen genannt). Zu diesem Zweck wird ein Ventilhalter benötigt, der mit einem Gummisauger auf der Ventilfläche haftet. Er kostet etwa 5,- DM und ist in jedem Werkzeugladen erhältlich. Dort gibt es auch die Ventileinschleifpaste, grob und fein.

An verschiedenen Stellen des Ventiltellers wird grobe Schleifpaste aufgetragen. Das Ventil ist am Ventilteller mit dem Sauger (etwas Wasser verwenden) des Ventilhalters verbunden.

Das Ventil wird zum Schleifen in die Führung geschoben, bis der Ventilteller aufliegt.

Mit beiden Handflächen drehen wir mit einer reibenden Bewegung den Ventilhalter mal links, mal rechts, bis auf beiden Teilen eine glatte, mattgraue, leicht streifige und undurchbrochene Oberfläche entsteht. Jetzt wird der Vorgang mit feiner Schleifpaste wiederholt.

Die tragende Fläche am Ventilteller soll etwa in der Mitte der Ventilauflagefläche liegen, was im Groben bereits mittels der Fräsarbeiten geschah.

Die Schleifpaste ist wasserlöslich, so daß der Zylinderkopf unter warmem Wasser gut gereinigt werden kann. Anschließend mit Preßluft trocknen.

Auf Dichtheit testet man, indem das Ventil eingeschoben wird, dann drückt man mit dem Daumen auf den Teller und prüft, nach dem Einfüllen von Benzin in Ansaug- und Auslaßkanal, ob etwas von der Flüssigkeit zwi-

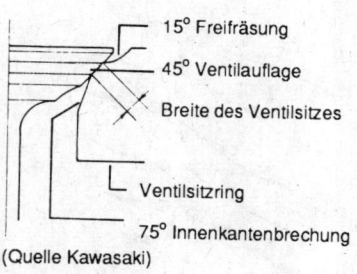

15° Freifräsung
45° Ventilauflage
Breite des Ventilsitzes
Ventilsitzring
75° Innenkantenbrechung
(Quelle Kawasaki)

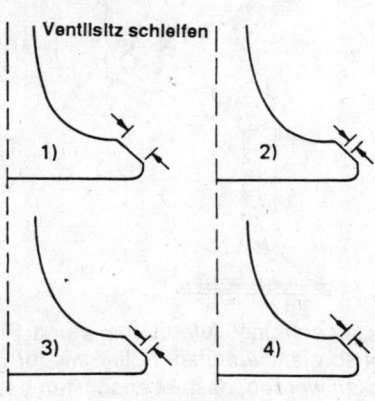

Ventilsitz schleifen

1) 2)

3) 4)

Ventilsitzauflage

1.) zu breit
2.) korrekt
3.) zu weit außen
4.) zu weit innen

(Quelle Yamaha)

schen Ventil und Ventilsitz durchsickert. Der Schleifprozeß muß gegebenenfalls wiederholt werden.

Ventile müssen gefräst werden:
a.) nach dem Einbau einer neuen Ventilführung
b.) nach dem Einbau eines neuen Ventilsitzringes
c.) wenn die Ventilsitzauflagefläche durch hohe Kilometerleistung des Motors zu breit geworden ist.

Ventile können (müssen nicht, wenn in Ordnung) gefräst werden:
a.) nach dem Einbau eines neuen Ventils

Ventile müssen eingeschliffen werden:
a.) nach jedem Ventilausbau
b.) wenn der Motor Leistungsverluste aufweist, Kompressionsverluste zeigt,

113

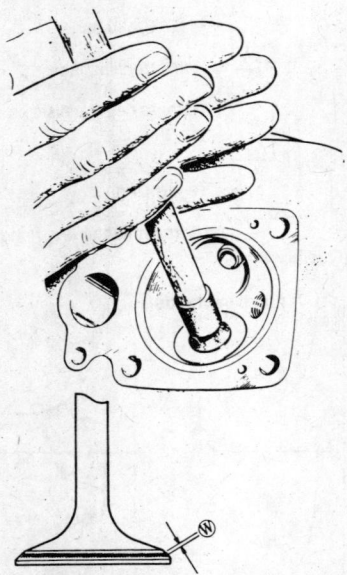

die nicht durch Undichtigkeiten am Motor erklärbar sind. (Prüfungsschleifen)

c.) jedesmal nach dem Fräsen.

Ventilführung wechseln

Eine Ventilführung, die ihre Verschleißgrenze erreicht hat oder nicht mehr fest steckt, muß gewechselt werden.

Zunächst müssen wir uns ein Werkzeug zum Einziehen der neuen Führung anfertigen, besorgen einen Dorn zum Austreiben und eine Holzauflage für den Zylinderkopf.

Das Einziehwerkzeug besteht aus einer langen Schraube, einigen verschieden starken und großen Unterlegscheiben sowie einer passenden Mutter. Im Backofen wird der Zylinderkopf auf ca. 180 ° C. erhitzt. Achtung! Alle Gummis und Plastikteile entfernen und den Zylinderkopf sorgfältig entölen. Sollen wieder Brötchen oder Kuchen in dem Ofen gebacken werden, besteht ansonsten Vergiftungsgefahr!

Austreiben der Ventilführung

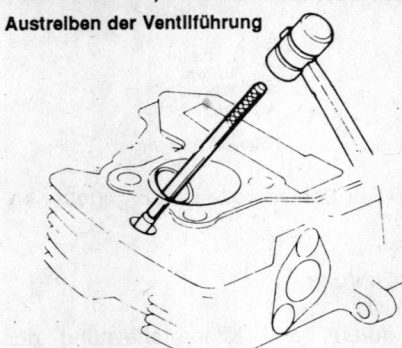

Liegt der Zylinderkopf erhitzt in der Rücklage auf den Holzklötzen, werden die Führungen nach unten, vom Brennraum weg, mit dem Dorn herausgeschlagen. Das geht ziemlich leicht, aber nicht mit dem Dorn die Führungssitzbohrung beschädigen!

Im gleichen Arbeitsgang (wenn's schnell ging, ohne erneut zu erhitzen), die neuen Ventilführungen einsetzen. Nicht verkanten! Hierzu wird die lange Schraube plus kleiner U-Scheibe in die Führung gesteckt und diese auf die Bohrung im Zylinderkopf angesetzt. Vom Brennraum her wird eine große Scheibe, die etwas größer als der Ventilsitz ist, auf das andere Ende der Schraube gesteckt. Eine Mutter wird aufgeschraubt und mit Hilfe einer Knarre plus passendem Steckschlüssel die Ventilführung langsam in ihren Sitz gezogen. Nachdem die

114

Führung an ihrem Anschlag angekommen ist, kann das Werkzeug entfernt werden.

Den Zylinderkopf langsam erkalten lassen. Auf keinen Fall mit Wasser abschrecken: Verspannungsgefahr!

Wenn die Führung abgekühlt und fest in ihrer Bohrung sitzt - hoffentlich auch gasdicht - muß sie jetzt auf den Ventilschaftdurchmesser aufgerieben werden.

Für diese Aufgabe wird eine Reibahle benötigt, die dem Maß des Ventilschaftes entspricht, am besten ist eine verstellbare.

Während des Aufreibvorganges muß die Reibahle genau mit dem Verlauf der Führungsöffnung fluchten, sonst geht's schief, was sich durch einen einseitig aufliegenden Ventilteller spätestens beim Einschleifen bemerkbar macht.

Die Führung ist o.k., wenn das Ventil, leicht eingeölt, von selbst wieder langsam aus der Führung flutscht; dreht man den Zylinderkopf um. Bevor die Ventilfedern aufgesetzt und die Ventilkeile eingelegt werden, müssen die zur Ventilschaftabdichtung verwendeten Käppchen, Ventilschaftdichtringe bzw. O-Ringe aufgesetzt werden. Sie sind recht empfindlich, rutschen aber, mit etwas Öl unterstützt, leicht in ihre Arbeitsposition. (Einbau, siehe Kapitel 2.3.)

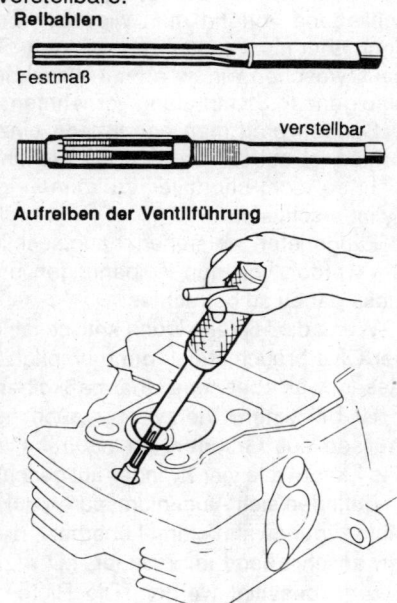

Reibahlen

Festmaß

verstellbar

Aufreiben der Ventilführung

2.2. Zylinder, Zylinderblock und Kolben, demontieren und kontrollieren

Die Demontage bietet keine typenspezifischen Besonderheiten. Für das Abbauen des Zylinders oder des Zylinderblockes gilt das gleiche, was schon vor der Demontage des Zylinderkopfes gesagt wurde: Der Motor muß sauber sein; kein Schmutz, Ölkohle oder Dichtungsreste (vom Zylinderkopf) dürfen in den Kurbelraum fallen!

Wenn der Motor über lange Zuganker verfügt, lösen wir den Zylinder oder den Zylinderblock durch leichtes Rütteln und ziehen das Teil langsam und vorsichtig nach oben. Die Hilfsperson hält die Nockenwellenkette fest (nur bei DOHC- und OHC-Motoren); sie muß vor dem Abnehmen aus dem Kettenschacht im Zylinderblock ausgefädelt werden.

Kurz vorm Abziehen des Zylinderblocks verlangsamen wir die Bewegung, damit die Kolben nicht plötzlich und auf einmal aus ihren Laufbuchsen rutschen, weil das die Kolben und Kolbenringe beschädigen könnte.

Hat der Zylinder Zylinderfußschrauben (wie der Harley-Davidson Shovelhead-V 2 oder der Triumph-Bonneville Twin-Motor), so löst man sie kreuzweise in mindestens zwei Turns, um Verspannungen zu vermeiden. Anschließend verfährt man wie oben beschrieben, braucht den Zylinderblock dann aber nicht so hoch zu nehmen. Sind Zylinder bzw. Zylinderblock ausgebaut, waschen wir sie ab mit Waschbenzin und können nach dem Trocknen eine genaue Sichtprüfung vornehmen.

Sodann prüft man genau jede einzelne Kolbenlauffläche im Zylinder. Zu achten ist auf Längsriefen mit Aluminiumspuren. Wer glaubt, Riefenbildung nicht so recht beurteilen zu können, geht am besten mit den Teilen in eine Zylinderschleiferei.

Längsriefen entstehen hauptsächlich durch kurzzeitige Kolbenklemmer. Sie werden von den Kolbenringen produziert, weshalb es sich lohnt, auch diese genau zu betrachten.

Wenn die Riefenbildung kritisch ist, die Kompression des Motors sinkt, und der Ölverbrauch steigt, dann empfiehlt es sich, den Zylinder ausschleifen zu lassen, was aber neue Übermaßkolben nötig macht.

Ist bei einem Vierzylinder auch nur eine Zylinderlauffläche beschädigt, müssen aus Gründen der Laufruhe und der gleichmäßigen Kraftentfaltung des Motors alle vier Zylinder ausgeschliffen werden.

Befinden sich Aluminiumspuren auf der Zylinderlauffläche, dann wurde der Motor irgendwann einmal überhitzt, die Kolben dehnten sich aus und klemmten anschließend im Zylinder. Mit Ätznatron oder Batteriesäure müssen die Spuren beseitigt werden. Die Riefen am betreffenden Kolben können mit Schleifleinen feinerer Körnung abgeschliffen werden.

Natürlich sollte man den Gründen der Überhitzung auf die Spur kommen. Der Vorfall könnte sich ja wiederholen (siehe hierzu Kapitel 1.4. und 1.5.). Es empfiehlt sich vor allem den Ölvorrat des Motors zu überprüfen, bei Flüssigkeitskühlung den Stand der Kühlflüssigkeit sowie den Thermostaten.

An luftgekühlten Motoren sehen wir nach, ob Kühlrippen fehlen, oder ob etwa der Motor zugedreckt ist. Nicht zuletzt überprüfen wir unseren Fahrstil! Ich denke da an Autobahnheizerei oder auch an brutale Kaltstarts mit hohen Drehzahlen.

Die Zylinder moderner Motorradmotoren sind mittlerweile zu einem guten Teil mit galvanisch hauchdünn beschichteten Zylinderlaufflächen versehen

116

(zwischen sechs und acht hundertstel Millimeter dick). Diese Schicht enthält Nickel, Karbid und Silizium zu einer äußerst harten Verbindung vereint.

Treten leichte Kolbenklemmer auf, passiert damit in der Regel gar nichts. Die Schicht, ob sie Nikasil, Elnisil oder Galnikal heißt, bleibt heil.

Bei größeren Schäden durch starke Kolbenklemmer, Kolbenring- oder Kolbenbrüche und abgerissene Ventile kann die Schicht stellenweise abplatzen. Das bedeutet in der Regel das Aus für den Zylinder, für einen Vierzylindermotor eine ziemlich kostspielige Angelegenheit.

Nun bietet aber die Firma Mahle-Kolben (Prager Straße 26-46, 7000 Stuttgart 50) als Alternative an, die Beschichtung zu erneuern. Die Kosten sind von der Größe der Zylinderbohrung abhängig und betragen zwischen 109,- DM (40 mm) und 177,- DM (70 mm) pro Zylinder. Ein neuer Zylinder bzw. Zylinderblock würde wohl wesentlich teurer sein. Die Motorteile müssen vor dem Versand von Stehbolzen befreit sein! Laufbuchsen aus Grauguß lassen solche Probleme nicht aufkommen. Sie können bis zu dreimal ausgeschliffen werden, bevor sie schrottreif sind. Selbst dann lassen sich an etlichen Motoren noch die Laufbuchsen austauschen.

Per Augenmaß können wir schon mal prüfen, ob die Zylinderlauffläche nicht schon zu stark abgenutzt ist und sich der Verschleißgrenze nähert.

Am oberen Ende im Zylinder entsteht nämlich an der Lauffläche ein Absatz, der umso stärker wird, je größer die Zylinderlaufleistung ist. Dies rührt daher, daß die Kompressionsringe (die beiden oberen Kolbenringe) während der Hubbewegung nicht bis ganz oben hin gelangen. Es bleibt immer ein Rand übrig, der dann dem Originalausschleifmaß entspricht.

Wenn dieser Absatz deutlich fühlbar ist, kann damit gerechnet werden, daß der Zylinder bald ausgeschliffen werden muß.

Im Fahrbetrieb macht sich ein ausgelutschter Zylinder durch hohen Ölverbrauch und Klappergeräusche bemerkbar.

Hoher Ölverbrauch kennzeichnet auch verschlissene Kolbenringe, was nicht notwendigerweise dann auch für den Zylinder zu gelten hat. Das kann nur durch Messungen nach der Demontage festgestellt werden. In der Rubrik "Kolben" kommen wir darauf zurück.

Eine einfache Methode der Verschleißmessung von Zylinderlaufflächen besteht darin, einen guten Kolben ohne Kolbenringe in den Zylinder einzuführen. Etwa zwei Zentimeter von der oberen Zylinderkante entfernt wird sodann eine Fühlerblattlehre zwischen Kolben

Messen der Zylinder-Verschleißgrenze

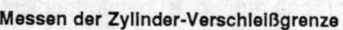
Maß mit Fühlerlehre ermitteln

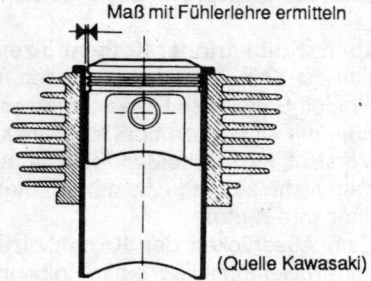
(Quelle Kawasaki)

117

und Zylinderwandung geschoben. Wenn es möglich ist, ein Blatt der Stärke 0,1 mm zwischenzuschieben, ist die Zylinderverschleißgrenze erreicht.

An Zweitaktmotoren muß geprüft werden, ob die Auslaßschlitze und die Abgasaustrittsöffnungen am Zylinder mit Ölkohle zugesetzt sind. Verkrustete Stellen können gut mit einem stumpfen Schaber, einem breiten Schraubenzieher oder ähnlichem gereinigt werden. Mit einer feinen Messingbürste werden die Stellen zum Schluß nachpoliert.

Steuerkettenspanner

An OHV- oder DOHC-Motoren werden in der Zylinderwandung, am Kettenschacht, die Steuerkettenspanner angebracht.

Es gibt automatische und halbautomatische Nockenwellenkettenspanner. Die automatischen brauchen keine Wartung, weil sie je nach Kettendurchhang die Kettenspannung mit Hilfe der Gleit- und Führungsschienen (teilweise mit Öldruck) stets straff halten.

Hier beschränken wir uns auf Verschleißprüfungen an den Gleitteilen der Schienen und der Druckfeder. Halbautomatische Kettenspanner müssen periodisch nachgestellt werden. Dies geschieht in der Position, wo die Nocken der Nockenwelle den geringsten Druck auf die Ventile ausüben (also auch auf die Steuerkette). Sie erreicht hier ihren stärksten Durchhang.

An diesem Punkt wird am Versteller die Kontermutter gelöst, etwas zurückgedreht, um Spielraum zu schaffen, und wieder festgezogen. Fertig!

Diese Kurbelwellenstellung muß auch gesucht werden, bevor die Kettenspanner, egal ob halb- oder vollautomatisch, wieder am Zylinder angebaut werden. Das nur der Vollständigkeit halber, es wird in Kapitel 2.3. näher darauf eingegangen.

Die Gleit- und Führungsschienen für die Steuerkette sind nach der Zylinderblockdemontage voll zugänglich und müssen auf Verschleiß geprüft werden.

Der Gleitbelag der Schienen darf nicht zu tiefe Spuren aufweisen oder gar Ausbrüche aus der Kunststoffschicht aufweisen. Sollte eine Schiene gewechselt werden müssen, empfiehlt es sich, alle Schienen zu wechseln!

Kolben, Kolbenringe, Kolbenbolzen

Sollen die Kolben abgebaut werden, müssen zu Beginn die Sicherungsclips zu beiden Seiten des Kolbenauges entfernt werden. Danach erhitzen wir den Kolben mit einer Lötlampe oder einer Heißluftpistole auf ca. 100°C.

Vorsicht, mit der heißen Flamme aus der Lötlampe dürfen wir den Kolbenringen nicht zu nahe kommen. Sie erhitzen sich blitzartig und verlieren sodann ihre Härte!

Zum Ausdrücken des Kolbenbolzens benutzt man, wenn er nicht durch Fingerdruck rausgleitet, einen Kolbenbolzenausdrücker.

118

Wenn keiner zur Hand ist, wird ein Stück Holz (mit einem Lappen umwickelt, damit keine Späne in den Motor fallen) zwischen Pleuel und Zuganker geschoben. Mit einem passenden Dorn läßt sich dann der Bolzen in der Regel ausdrücken. Keine harten Hammerschläge, das Pleuel könnte verbiegen!

Der ausgebaute Kolben wird durch vorsichtiges Unterschieben von Metallstreifen von den Kolbenringen befreit. Diese sind glashart und brechen leicht, also aufgepaßt!

Am Kolben selbst achte man auf Riefenbildung oder Klemmstreifen. Riefen können mit Schleifleinen beseitigt werden (feine Körnung). Danach den Kolbenboden von Ölkohle reinigen und mit einer Messingbürste polieren. Man benutzt am besten den oben schon erwähnten stumpfen Schaber, bzw. den breiten Schraubendreher für die groben Arbeiten.

Anschließend wird der Kolben in Waschbenzin gereinigt. Verunreinigungen, Schleifrückstände, etc. wirken sich andernfalls stark verschleißfördernd aus. Verschleiß tritt an Kolben auf:

a.) An den Kolbenringen, deren Stärke abnimmt.

b.) An den Nuten der Kolbenringe; sie werden breiter und die Ringe bekommen zuviel Seitenspiel.

c.) Die Kolben verschleißen vor allem am Kolbenhemd; dort nimmt ihr Durchmesser ab.

Daß die Kolbenringe an Stärke verlieren ist klar, sie haben den innigsten Kontakt zur Zylinderlauffläche und sind dem Verschleiß am extremsten ausgesetzt.

Sie werden geprüft, indem sie einzeln in den Zylinder von unten her hineingeschoben werden. Man benutzt die untere Hälfte der Zylinderlauffläche, weil die obere immer stärker verschlissen ist. Das nämlich ließe exakte Messungen nicht zu.

Zu weit untenbleiben soll man auch nicht. Da ist der Zylinder leicht konisch, um das Hineingleiten des Kolbens in den Zylinder beim Zusammenbau zu erleichtern.

Gemessen wird der Ringspalt zwischen den Kolbenringenden, das "Stoßspiel". Wird dabei ein bestimmtes Maß (Werkstatthandbuch) überschritten, sind die Ringe schrottreif.

Die Spannkraft ist ohne Spezialmeßgerät schwierig zu messen. Wir verlassen uns auf das Gefühl und prüfen, ob die Ringe fest in der Zylinderbohrung anliegen.

Ist die Ringspannung schwach, kann es trotz Maßhaltigkeit des Stoßspieles zum starken Ölverbrauch kommen.

119

Müssen Kolbenringe gewechselt werden, soll dies satzweise erfolgen. Keine einzelnen Ringe ersetzen! Bei Mehrzylindermotoren sind dann leider die Kolbenringe aller Kolben auszuwechseln. Alles andere würde zu Vibrationen und unrundem Motorlauf führen.

Die Ringnuten an den Kolben dürfen nur eine bestimmte Toleranz ihrer Breite (Werkstatthandbuch) aufweisen. Andernfalls können die Kolbenringe durch zu großes Seitenspiel verkanten und brechen leicht. Nuten außerhalb der Toleranz machen den Kolben reif zum Wegwerfen.

Nach der Kontrolle müssen die Ringnuten sorgfältig gereinigt werden. Kolben von Zweitaktmotoren haben in ihrer Ringnut zum Fixieren der Kolbenringe kleine Stifte. Diese Stifte müssen festsitzen und dürfen kein Seitenspiel haben. Lose Stifte bedeuten das Auswechseln des ganzen Kolbens.

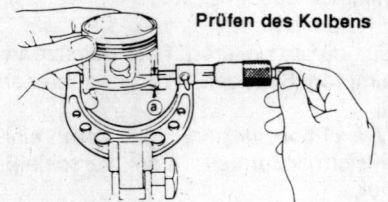

Prüfen des Kolbens

Messen am Kolbenhemd Abstand a = 10 mm (Hier mit einer Schraublehre, jedoch auch mit Schieblehre zufriedenstellend.)

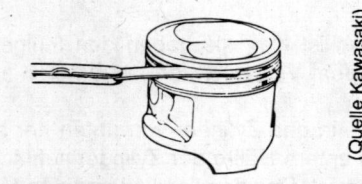

Messen der Kolbenringnut mit einer Fühlerlehre

(Quelle Kawasaki)

Messen des Kolbenbolzens (auch mit Schieblehre möglich)

(Quelle Honda)

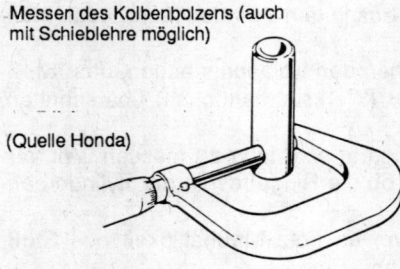

Verschleiß am Kolben mißt man einfach mit einer guten Schieblehre, die auf's Zehntel genau abzulesen ist. Gemessen wird am Kolbenhemd und oben zwischen den Kolbenringnuten. Werden die Handbuchwerte unterschritten, ist er schrottreif.

Der Kolbenbolzen nutzt sich im Pleuellager ab. Seine Stärke und die Fläche der Härteschicht müssen in diesem Bereich kontrolliert werden. Einfach prüfen kann man ihn durch Abtasten mit den Fingerspitzen, sehr genau mit einer Schraubenlehre. Einschnürungen, Absätze oder rauhe Unebenheiten deuten auf starken Verschleiß oder gar auf Lagerschaden hin. Vermutet man Lagerschaden, muß umgehend auch das Pleuellager begutachtet werden (in diesem Kapitel beschrieben). Bläuliche Flecken auf der Härteschicht deuten auf Überhitzung hin. Vielleicht war das Pleuellager zu eng aufgerieben im Neuzustand!? Sind die Flecken nur sporadisch, kann der Bolzen, wenn er sonst in Ordnung ist, wiederverwendet werden.

2.2.1. Kurbelwelle, Pleuel und Lager, einfach geprüft

Sind Zylinder bzw. Zylinderblock erstmal abgenommen, liegen Kolben und Pleuel frei vor den Augen des Betrachters.

Kurbelwelle

Ohne weitgehendes Zerlegen des Motorgehäuses können die Kurbelwelle und ihre Lagerstellen kaum geprüft werden.

Durch Drehen an der Welle kann man lediglich ein paar Symptome eventueller Lagerschäden feststellen. So z.B., wenn die Kurbelwelle schwer dreht oder, wenn rollengelagert, durch rumpeligen oder hakeligen Rundlauf. Auch macht ein dumpf rumpelndes Geräusch während des Motorlaufes auf eine defekte Kurbelwelle aufmerksam.

Dreht man die Welle dagegen glatt, leicht und geräuschlos durch, kann man erstmal davon ausgehen, daß alles noch in Ordnung ist.

Pleuel

Für das Pleuel gilt in Bezug auf leichten Freilauf das Gleiche. Da der Pleuelfuß am Hubzapfen der Kurbelwelle drehbar gelagert ist, jedoch vom Kurbelgehäuse verdeckt wird, kann man sich diese Stelle nur mangelhaft ansehen und es lassen sich nur zwei Tests durchführen.

Da wäre zunächst das Höhenspiel des unteren Pleuellagers zu prüfen. Hierzu dreht man die Kurbelwelle so, daß der Hubzapfen des zu prüfenden Pleuels senkrecht nach oben weist. Das Pleuel schaut also weitestgehend nach oben aus dem Kurbelgehäuse hinaus. Nun fasse man das Pleuel mit drei Fingern der linken und rechten Hand und versuche mittels einer leichten Auf- und Abbewegung ein spürbares Lagerspiel festzustellen.

Ist dies der Fall, liegt ein Lagerschaden vor. Ein verschlissenes, ausgelaufenes Lager ist diagnostiziert, das schon nach wenigen tausend Kilometern wohl endgültig seinen Geist aufgeben wird.

Im Fahrbetrieb würde sich ein solcher Schaden durch Klopfgeräusche aus der Region des Zylinderfußes bemerkbar machen.

Als nächstes testet man durch eine seitliche Bewegung des Schaftes das Seitenspiel, eine Kippbeweglichkeit des Pleuels. Es sollte schätzungsweise zwei Millimeter, von der Senkrechten aus nach links oder rechts gemessen, nicht überschreiten.

Ursache des Seitenspieles ist in den meisten Fällen ein der Verschleißgrenze recht nahes Pleuelfußlager. Wenn dazu auch noch ein Höhenspiel gemessen wird, muß das Lager ausgewechselt werden.

Daten über die Größe des Seitenspieles variieren manchmal von Motor zu Motor. Hier hilft ein Blick ins Werkstatthandbuch. Eine Variante des Seitenspieles ist die seitliche Verschiebbarkeit, das Axialspiel des Pleuels

121

auf dem Hubzapfen. Hier sollte man nach zerschlissenen Abstandsscheiben Ausschau halten.

Wird dieser seitliche Abstand zu groß (Yamaha empfiehlt ab maximal 0,7 mm bei der SR 500/ XT 500), sind die Pleuellager überlastet und verschleißen unnormal schnell. Wir empfehlen im Zweifel die Kurbelwelle auszubauen, um abgenutzte Abstandsscheiben zu ersetzen.

Am einfachsten ist das Lager im Pleuelauge zu testen. Zu diesem Zweck wird der Kolbenbolzen leicht eingeölt in das Pleuellager eingeführt. Der Bolzen sollte neuwertig und maßhaltig sein. Geprüft wird:

a.) Dreht sich der Bolzen leicht im Lager (wichtig!)?
b.) Wenn man ihn verkantet, weist er Lagerspiel auf (nicht zulässig)?
c.) Dreht sich das Pleuellager im Pleuelkopf, was nicht sein darf?

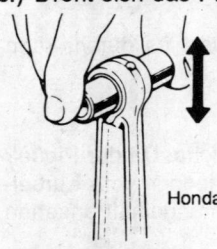

Honda

Spiel   Kolbenbolzen
zum Pleuelauge

Manche oberen Pleuellager, z.B. in einigen Zweitaktmotoren und Hochleistungsviertaktern, sind mit teuren Nadellagern bestückt. Sie vereinen hohe Druckbelastbarkeit mit geringem Rollwiderstand. Geprüft werden sie auf Spiel (wie oben beschrieben) sowie auf leichte Drehbarkeit des Nadelkäfigs. Sie dürfen weder haken (verschmutzt) noch rattern (Lauffläche bzw. Nadeln abgenutzt).

Leider gibt es noch immer Pleuel, deren Kolbenbolzen ohne Lagerung direkt im Material des Pleuelkopfes laufen. Dies bedeutet im Falle von Verschleiß den kompletten Austausch des Pleuels mit den unangenehmen Folgen einer vollständigen Motordemontage.

Das ist teuer und umständlich für Fahrzeugbesitzer, aber billig und einfach für den Hersteller.

Werden die oberen Pleuellager ersetzt, geschieht dies bei nadel- und buchsengelagerten Pleuellagern etwa gleich. Zu diesem Zweck müssen wir uns ein Werkzeug anfertigen, welches aus einem Rohr (siehe Illustration), einer langen Schraube, ein paar U-Scheiben sowie einer Mutter besteht.

Das Rohr ist so bemessen, daß es im Innendurchmesser das neue Pleuellager locker durchläßt. Es wird auf der einen Seite des Pleuelkopfes angelegt und muß so liegen, daß die Stirnseite des Rohres das Lager im Pleuelauge umschließt, ohne es mit dem Rand zu verdecken.

Zuvor werden die Körnerpunkte, deren Aufgabe darin besteht, das Pleuellager im Pleuelauge zu fixieren, so daß es nicht mitdreht und sich seitlich nicht verschieben kann, durch Anbohren oder mit Hilfe eines kleinen Meißels beseitigt.

Von der anderen Seite des Pleuelkopfes, gegenüber dem Rohr, wird die neue Pleuelbuchse bzw. das neue Nadellager angesetzt. Danach schiebt man die lange Schraube durch das neue und alte Pleuellager, sowie das

122

anschließende Rohr hindurch. Die kräftige U-Scheibe Werkzeug zum Auspressen der Pleuelaugenbuchse
(ca. 4 mm) am Schraubenkopf dient als Widerlager.
Ans Ende kommt eine weitere dicke U-Scheibe und (Quelle Triumph)
eine Mutter, die aufgeschraubt wird.

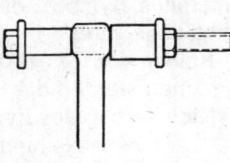

Falls Leichtmetallpleuel im Einsatz sind, erleichtert
es das Austauschen der Buchsen, wenn der Pleuelkopf auf ca. 180° erhitzt wird (Lötlampe, Heißluftpistole).

Die Mutter wird nun gleichmäßig angezogen, und
die ganze Vorrichtung zieht langsam das alte Lager
heraus und das neue hinein.

Auspressen mit gleichzeitigem Einpressen der Pleuelaugenbuchse.

Durch Schläge mit Hammer und Körner (mit einem
anderen dicken Hammer gegenhalten) in den Rand
des Pleuelauges, um das neu eingesetzte Lager
herum, werden einige Körnerpunkte gesetzt, um es zu
fixieren.

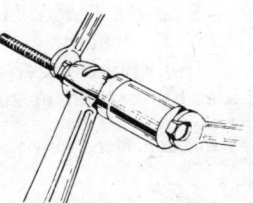

Anschließend wird die Bohrung für die Schmierölversorgung, oben auf dem Pleuelkopf, erneuert (nicht
bei Nadellagern). Zum Abschluß muß mit einer Reibahle (nicht bei Nadellagern) die Lagerbohrung auf den
Kolbenbolzen abgestimmt werden.

Am wirksamsten ist eine verstellbare Reibahle (sehr teuer, aber vielleicht
ausleihbar). Die Buchse wird so weit aufgerieben, bis der Kolbenbolzen,
dünn eingeölt, sich saugend im Lager hin- und herbewegen läßt, kein fühlbares Diagonalspiel aufweist und leicht runddreht.

Bitte beachten: Die Reibahle muß unbedingt mit der Buchsenlaufrichtung
fluchten. Zu diesem Zweck mit leichtem Druck und geringer Spanabnahme
(nur bei verstellbarer Ahle) das Werkzeug im Lager drehen.

2.3. Wiederaufbau: Kolben; Zylinder; Zylinderköpfe sowie Grundeinstellen von Nockenwellen und Steuerketten der OHC- und DOHC-Motoren

Kolben und Kolbenringe

Der gereinigte Kolben wird vor der Montage mit den Kolbenringen versehen.
Zum Einbau werden wieder die Metallstreifen benutzt, die verhindern, daß
die Kolbenringe zu weit gespreizt werden.

Die Ringe müssen in der richtigen Reihenfolge montiert werden. Der Ölabstreifring kommt immer zu unterst, aber die beiden Kompressionsringe,
wovon der eine als anpassungsfähiger Minutenring ausgebildet ist, können
in der Reihenfolge unterschiedlich angeordnet sein. Mal gehört der Minuten-

ring ganz oben hin, mal in die zweite Reihe. Falls man es sich nicht schon bei der Demontage gemerkt hat, es steht auch im Werkstatthandbuch.

Ein eingeätztes "Top" oder "Oben", manchmal auch schlecht zu definierende Symbole deuten an, daß diese Seite des Ringes nach oben gerichtet sein muß.

Kolben von Zweitaktmotoren haben in jeder Kolbennut einen kleinen Stift. An ihnen werden die Enden der Kolbenringe vor dem Wiederaufsetzen des Zylinders bzw. des Zylinderblockes angelegt. An den Kolbenringenden sind auf der Innenseite hierfür kleine Stufen eingelassen.

Die Fixierung der Zweitaktkolbenringe ist notwendig, um sie vor dem Abreißen der Ringenden zu bewahren. Sie würden sich sonst in den Schächten und Kanälen der Ein- und Auslaßsysteme entspannen, und infolge der Kolbenbewegungen herausgebrochen werden.

Sind die Ringe dann auf den Kolben aufgeschoben, wird dieser auf ca. 100° C. erwärmt.

Der Kolbenbolzen wurde schon vor ein paar Stunden in das Tiefkühlfach des Kühlschrankes zum "Kleinerwerden" gelegt.

Einbaurichtung von Kolben

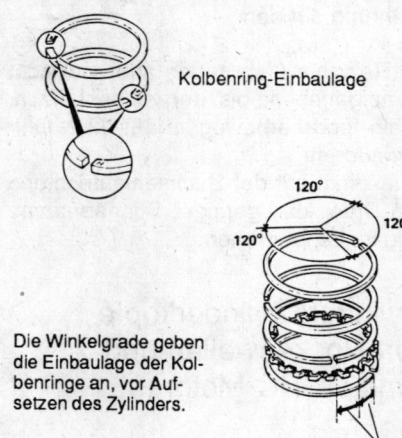

Kolbenring-Einbaulage

120°

120°

120°

20 – 30 mm

Die Winkelgrade geben die Einbaulage der Kolbenringe an, vor Aufsetzen des Zylinders.

Ventiltaschen auf dem Kolbenboden: Große Tasche = Einlaß— kleine Tasche = Auslaßventil. Dies als Kolbeneinbauorientierung.

Auf dem Kolbenboden beachten wir nun die Zeichen und Hinweise, meist ein Pfeil, die uns die Einbaurichtung angeben. Der Pfeil deutet immer in Richtung Auslaß. Sind keine Markierungen deutbar, gilt für Viertakter: Die größere Ventiltasche auf dem Kolbenboden zeigt immer in Richtung des Einlaßventiles im Zylinderkopf.

Bei Mehrzylindermotoren werden alle Kolben mit den dazugehörigen Kolbenbolzen ihrer jeweilig richtigen Zylinderöffnung zugeordnet. Es darf nicht vertauscht werden!

Kolbenbolzen, Pleuellager und Kolbenauge werden mit Motoröl gut eingeschmiert, der Kolben aufgesetzt und der Kolbenbolzen durchgeschoben. Da die Wärme den Kolben ausdehnt und somit auch das Kolbenauge geringfügig vergrößert hat, der Kolbenbolzen dagegen durch die Kälte etwas einschrumpfte, müßte der Zusammenbau ei-

124

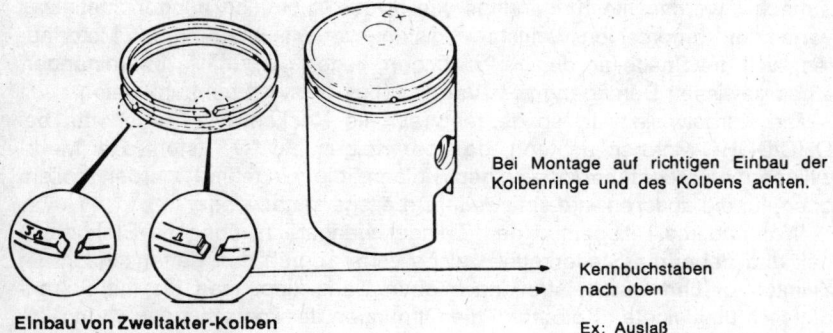

Bei Montage auf richtigen Einbau der Kolbenringe und des Kolbens achten.

Kennbuchstaben
nach oben

Einbau von Zweitakter-Kolben

Ex: Auslaß

(Quelle Honda)

gentlich mit leichtem Daumendruck vonstatten gehen. Neue Kolbenbolzensicherungsringe werden sorgfältig eingelegt. Löst sich auch nur einer dieser Ringe aus seiner Nut, so vermag er während des Motorlaufes, Zylinder, Kolben und, wenn es einen bösen Fresser gibt, auch den ganzen Motor zu zerstören.

Zylinder

Vor der Zylindermontage wird eine beidseitig gefettete neue Fußdichtung auf das Kurbelgehäuse gelegt. Das Fett dient der Feinabdichtung. Denselben Zweck haben O-Ringe, die an etlichen neuen Motoren um den Fuß der Zylinderlaufbuchsen, von Fall zu Fall auch um die Stehbolzen gelegt werden.

Der Lappen, der das Kurbelgehäuse schützen sollte, wird weggenommen. Der oder die Kolben werden gut eingeölt, besonders im Bereich der Kolbenringe.

Motoren mit OHV-Steuerung oder Königswellen (Ducati OHC-Motoren) haben separate Dichtungen für Stößelrohre oder Königswellenabdeckungen. Sie müssen ersetzt werden. Das wird leicht übersehen. Die Kolbenlaufflächen werden satt eingeölt.

Zylinder von OHC- bzw. DOHC-Motoren werden in diesem Stadium mit Teilen der Gleit- und Führungsschienen für die Nockenwellensteuerkette versehen. Bei manchen ist dafür auch eine Aufnahme im Kurbelgehäuse vorgesehen. Am besten ist es, sich für diese Arbeit mit den ganz speziellen Eigenschaften des betreffenden Motors, via Werkstatthandbuch, vertraut zu machen.

Vor dem Aufsetzen des Zylinders wäre es überdies zweckmäßig, eine Hilfsperson dabei zu haben, weil die Aufgabe nun etwas kniffliger wird.

Auch wären eine Spannklammer oder Spannbänder zum Bändigen der Kolbenringe eine hilfreiche Sache.

Zunächst werden die Kolbenringe wie in der Illustration ausgerichtet. Das vermeidet Kompressionsverluste = Leistungsverluste während des Motorlaufes, weil die Spalte an den Kolbenringen, liegen sie zufällig übereinander, einen gewissen Durchgang vom Verdichtungs- zum Kurbelraum bieten.

Die Kurbelwelle wird so gedreht (auf die Nockenwellensteuerkette bei OHC/DOHC-Motoren achten!), daß der Kolben auf "OT" steht. Bei Mehrzylindermotoren stehen diejenigen Kolben, die eingeführt werden sollen, oben, für die anderen wird ein zweiter Arbeitsgang notwendig.

Während die Hilfsperson den Zylinder waagerecht über die Stehbolzen hält und dabei die Steuerkette, welche vorher durch den Kettenschacht im Zylinder geführt wurde, straff nach oben zieht, kippt man die mit Spannbändern umkleideten Kolben an die Öffnungen der konisch zulaufenden Zylinderbohrungen heran.

Bei Vierzylindern, einigen Dreizylindern (abhängig von der Kröpfung der Kurbelwelle), und Zweizylinder Parallelmotoren (Twin) werden die Kolben paarweise, ansonsten einzeln eingeführt (Einzylinder, Zweizylinder mit 180° versetzter Kurbelwelle, V-Motoren).

Die Spannklammer preßt den einzelnen Kolbenring zusammen und erlaubt nur nach und nach die Einführung des Kolbens. Für Mehrzylindermotoren besser geeignet sind Kolbenring-Spannbänder. Sie können an alle Kolben gleichzeitig angelegt werden und lassen sogar eine gleichzeitige Einführung aller Kolben zu.

Die Hilfsperson läßt den Zylinder nach und nach ab. Hält dabei die Steuerkette, damit sie sich nicht verheddert, schön straff. Der Spanner der Spannklammer bzw. das dünne, im Querschnitt kreisförmig gebogene Blech des Spannbandes stößt oben am unteren Ende der Zylinderbohrung an. Senkt sich der Zylinderblock weiter ab, rutscht der Kolben wie aus einem engen Futeral oben heraus und in die Zylinderöffnung hinein.

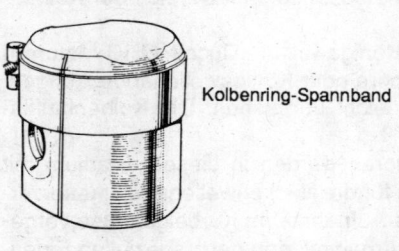

Kolbenring-Spannband

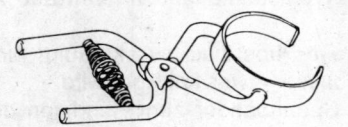

Kolbenring-Spannzange

Während nun die Spannklammer auf dem nächsten Kolbenring angebracht werden muß, kann der Vorgang bei den mit Spannbändern umhüllten Kolben fortgesetzt werden, bis alle Kolbenringe im Zylinder verschwunden sind. Sind alle Kolbenringe eingeführt, werden die Spannbänder gelöst, der Zylinder sorgsam, ohne zu verkanten endgültig aufgelegt. Er liegt jetzt auf dem Kurbelgehäuse auf.

126

An alten Motoren, deren Zylinder mit kurzen Stehbolzen am Kurbelgehäuse befestigt werden, schraubt man nun die Muttern auf und zieht sie kreuzweise mit dem vorgeschriebenen Drehmoment an. Auch dies stufenweise in zwei Turns, um Verspannungen zu vermeiden.

Danach drehen wir den Motor mit dem Kickstarter oder an der Kurbelwelle leicht durch und testen, ob die Kolben mühelos auf- und ablaufen.

Motoren mit langen Stehbolzen, deren Zylinder noch nicht befestigt werden können, müssen mit einem kräftigen Händedruck unten gehalten werden, sonst kommen die Zylinder mit hoch.

Stehen weder Spannklammer noch Spannbänder zur Verfügung, müssen die Kolbenringe mit den Fingern zusammengedrückt werden, während das Eigengewicht des Zylinders den Kolben langsam in die Bohrung schiebt.

Bei Mehrzylindermotoren kann versucht werden, mit Verkanten des Zylinderblockes in der Längsrichtung, begleitet von einem stetigen Wechsel von einen zum anderen Kolben, die Einfädelung trotz fehlenden Spezialwerkzeuges durchzuführen. Dabei muß die Kurbelwelle so gedreht werden, daß sich die Kolben, die gerade eingeführt werden sollen, möglichst noch herausheben, ohne daß die schon eingeschobenen wieder herausrutschen.

Aufbau des Zylinders

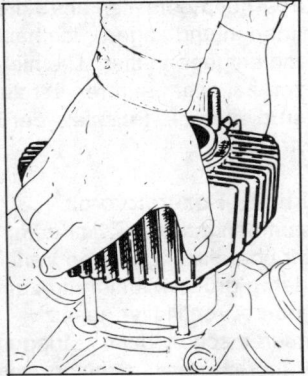

Ducati 900 SS

Aufschließen des Zylinders nach dem Einführen des Kolbens

Ducati 900 SS

Einführen des Kolbens ohne Hilfsmittel

Zylinderköpfe

Bevor der Zylinderkopf seinen Platz auf dem Zylinder wieder einnehmen kann, müssen die Ventile nebst Zubehör eingebaut werden.

Das Aufsetzen des Zylinderkopfes sowie die Montage der Ventilbetätigungsmechanik wollen wir uns wieder an Hand der drei unterschiedlichen

127

Motoren betrachten: Dem BMW-Boxer-Motor (OHV-), dem SR 500/XT 500-Motor (OHC-) und dem Yamaha XJ 900 F-Motor (DOHC). Gar mancher wird jetzt aufstöhnen und sagen: "Ich habe aber 'ne andere Marke!" Dem können wir tröstend entgegenhalten: Die hier aufgeführten Techniken sind im großen und ganzen bei allen anderen vergleichbaren Motoren ähnlich. Keine Panik! Im übrigen dienen die Beispiele der Darstellung komplizierter Vorgänge und sind übertragbar.

Beispiel BMW-Boxermotoren
Den Zusammenbau des Zylinderkopfes beginnt man damit, daß der untere Ventilteller über die zugehörige Ventilführung gestülpt wird. Ihm folgt die Ventilfeder, deren grüne Markierung zum Zylinderkopf weisen muß. Oben drauf wird der obere Ventilteller gesetzt.

Mit unserer schon beim Zerlegen des Zylinderkopfes benutzten Ventilfeder- Kompressionsvorrichtung wird die Ventilfeder zusammengedrückt. Die Keile werden eingelegt, wobei genau darauf zu achten ist, daß sie sicher und fest sitzen. Nachdem die Ventilfeder entspannt wurde, führt man mit einem Plastikhammer mehrere Schläge gegen das Ventilschaftende. Der Ventilmechanismus soll sich dadurch setzen. Die Ventilkeile, eng und stramm um den Ventilschaft gepreßt, rutschen so besser bis zum Anschlag in die konische Bohrung des oberen Ventiltellers und mit ihnen das Ventilschaftende mit dem späteren Auflagepunkt des Kipphebels (des Schlepphebels oder des Tassenstößels bei anderen Motoren). Diese Prozedur gilt für alle Ventiltriebe mit Ventilfedern.

Nachdem die beiden Zylinderköpfe mit all ihren Ventilen ausgestattet sind, führt man die neuen Zylinderkopfdichtungen über die Stehbolzen auf die Oberfläche der Zylinder. Öffnungen für die Stößel müssen richtigerum liegen. Einer der Zylinderköpfe wird nun aufgelegt.

Bevor die beiden seitlichen Bolzen, die den Kopf am Zylinder befestigen, erstmal nur leicht angezogen werden, überprüft man zum letzten Mal sorgfältig, ob die Kopfdichtung noch richtig liegt.

Nun werden die gut geölten Stößelstangen eingesetzt. Sie müssen satt in ihren halbkugeligen Aufnahmen in den Stößeln sitzen.

Unter die Distanzbuchsen der Kipphebellagerböcke werden neue O-Ringe eingelegt.

An den Kipphebeln werden die Ventilspielverstellschrauben weit herausgeschraubt, damit bei dem nachfolgenden Aufsetzen der Kipphebeleinheiten die Stößelstangen solange nicht belastet werden, wie der Zylinderkopf nicht festgeschraubt ist.

Die Kipphebel, drehbar in ihren Lagerböcken und genau nach Einlaß- und Auslaßventil sortiert, werden aufgesetzt und zuerst ebenfalls nur handfest angezogen. Sind alle Kipphebel aufgebaut, werden nach dem Schema der

128

Illustration und entsprechend der Reihenfolge die Muttern der Zylinder-kopfbefestigung angezogen. Dies geht in zwei oder drei Etappen vor sich. Al-so nicht gleich fest anziehen, sondern per Drehmomentschlüssel Zwischen-werte erreichen. Am Ende liegen Zylinder und Zylinderkopf zusammen und gemeinsam auf dem Motorgehäuse fest verschraubt.

Wenn im Anschluß die Einstellschrauben für das Ventilspiel an den Kipp-hebeln wieder an die Stößelstangenenden herangeschraubt werden, sollte ein letzter Blick prüfen, ob die Stangen auch zentrisch in ihrem Tunnel sitzen und sich durch die Aufbauprozedur nicht verschoben haben.

Wir können davon ausgehen, daß OHV-Motoren verschiedener Hersteller Variationen dieses Bauprinzips aufweisen. Mal sind die Stößelstangen kürzer, weil die Nockenwelle im Motorblock etwas höher liegt (Honda CX 500-V2-Zylinder), mal sind es zwei Nockenwellen im Motorgehäuse (Triumph Bonneville Zweizylinder).

Andere Motoren unterscheiden sich durch innenliegende, im Zylinder ver-laufende Stößelstangenkanäle (Moto Guzzi V"-Motoren), im Gegensatz zu jenen mit außenliegenden Stößelrohren (BMW-Boxer Zweizylinder, Harley-Davidson V2-Motoren).

Beispiel SR 500/XT 500-Motor
Den Zylinderkopf der OHC-gesteuerten SR 500/XT 500 setzen wir, was die Montage der Ventile angeht, in gleicher Weise zusammen wie den BMW-Zylinderkopf. Lediglich der Ventilschaftdichtring, der auf das obere Ende jeder Ventilführung gehört und bei der Demontage erneuert wird, darf nicht vergessen werden.

Die Zylinderkopfdichtung wird über die Zuganker gestülpt und auf den ge-reinigten Zylinder aufgelegt. Die beiden Paßhülsen kommen an ihre Plätze. Sie sorgen dafür, die Zylinderkopfdichtung an ihrem Ort zu halten, da sie während der Montagearbeiten gerne verrutschen würde.

Nun wird der Zylinderkopf aufgelegt. Dabei vorher die Steuerkette für die obenliegende Nockenwelle durch den Kettenschacht ziehen. Die Steuerkette muß danach wieder gesichert werden. Sie darf auf keinen Fall in den Ketten-schacht hineinfallen.

Es werden nun die beiden Inbusschrauben links und rechts vom Zylinder-kopfdeckel, deren Bohrungen durch die Kühlrippen geführt sind, einge-schraubt und handfest angedreht. Gleiches geschieht mit der dicken Hutmut-ter, die mit Unterlegscheibe auf den Bolzen geschraubt wird, der vor dem Kerzenloch herausschaut.

Keine Schraube oder Mutter darf in diesem Stadium fest angezogen werden. Sitzt der Zylinderkopf wieder auf dem Zylinder, beginnt die nicht ganz leichte und hohe Konzentration erfordernde Abstimmung des Ventiltrie-bes auf die Stellung der Kurbelwelle, um die Ventilbewegungen auf die ein-

129

Nockenwellenantrieb per Steuerkette
Yamaha SR 500/XT 500

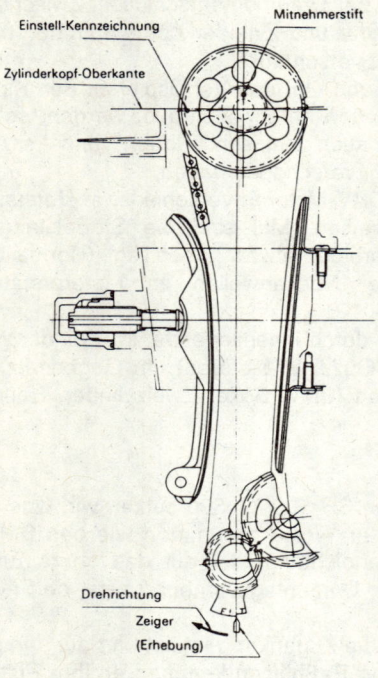

Einstell-Kennzeichnung
Zylinderkopf-Oberkante
Mitnehmerstift
Drehrichtung
Zeiger
(Erhebung)

zelnen Takte nach dem Viertaktprinzip einzurichten. Dies geschieht nach dem Einlegen der Nockenwelle(n) durch das Auflegen der Nockenwellensteuerkette, die eine Verbindung zur Kurbelwelle herstellt.

Damit dies leicht und problemlos von statten geht, bleibt der Steuerkettenspanner noch ausgebaut, die Gleit- und Führungsschienen hängen locker in ihren Halterungen.

Der erste Schritt, am SR 500/XT 500-Motor die Steuerung einzustellen, besteht darin, die Kurbelwelle zu drehen.

Hierzu öffnet man an der linken Gehäusehälfte des Motors den großen Lichtmaschinendeckel (es fließt etwas Motoröl heraus, deshalb ein Ölblech unterstellen) und dreht an der zentralen Mutter des Polrades, bis die Gehäusemarkierung mit dem Teilstrich "(O)T", für Totpunkt, übereinstimmt, der sich auf dem Polrad selbst befindet. Die XT hat ihre "T"-Markierung auf der Kurbelwelle rechts, erreichbar unter dem runden Schraubdeckel auf der entsprechenden Motorseite. Die "T"-Markierung auf dem Steuerwinkelanzeigeblech muß mit dem Gehäusezeiger übereinstimmen.

Mit der Kurbelwelle muß auch die Steuerkette des Motors mitgedreht werden, um ein Verklemmen im Kettenschacht zu vermeiden. Die folgenden Angaben gehen bewußt nicht ins Detail, dies wollen wir dem Werkstatthandbuch der Yamaha vorbehalten. Uns geht es um eine prinzipielle Darstellung der Vorgänge, die bei OHC-Motoren etwa gleich ablaufen, soweit sie Steuerketten benutzen.

Die Nockenwelle wird nun gedreht, bis das Steuerkettenritzel, nach Angaben des Werkstatthandbuches, eingesetzt und mit der Nockenwelle verschraubt werden kann. Zuvor wird noch die Steuerkette aufgelegt. Dabei ist auf die Strichmarkierung zu achten, die an der Vorderseite des Ritzels die Stellung der Nockenwelle im Verhältnis zur Zylinderkopfoberkante bestimmt.

Sie muß jetzt parallel zur Kante verlaufen. Die Steuerkette wird zum Auflegen vorne hochgezogen und gestrafft, dann über das Steuerkettenritzel gelegt. Dies, um eine falsche Kettenposition auszuschließen. Die lose hängende Kette wird wenig später durch den hinten am Zylinder angesetzten Kettenspanner gestrafft.

Die ganze Einstellung wird nochmals kontrolliert, dabei darf die Kurbelwelle nicht bewegt werden. Die "T"-Markierung muß ebenso stimmen wie die Strichmarkierung des Steuerkettenritzels auf dem Zylinderkopf.

2.3.1. Grundeinstellung des Nockenwellen-Kettenspanners

Der halbautomatische Kettenspanner wird zusammengesetzt und in den Kettenschacht am hinteren Ende des Zylinders wieder eingebaut. Mit der Methode: Kolbenstellung, "T"-Markierung und Beobachten des Einlaßventiles bringen wir den Motor auf "Zünd OT".

Hierzu beobachtet man unter gleichzeitigem Drehen der Kurbelwelle im Gegenuhrzeigersinn (vom Polrad aus), die Bewegungen des Einlaßventiles. Zuerst wird es geöffnet, dann wieder geschlossen. Jetzt ist klar, der Einlaßtakt ist beendet, der Kolben kommt zum Verdichtungstakt wieder nach oben. Also fühlt man mit einem Schraubendreher durch das Kerzenloch nach dem Kolbenboden und dreht die Kurbelwelle so lange, bis der Kolben in seinem Scheitelpunkt angelangt ist. Jetzt muß auch die OT-Markierung an der Kurbelwelle bzw. am Polrad mit der Gehäusemarkierung übereinstimmen.

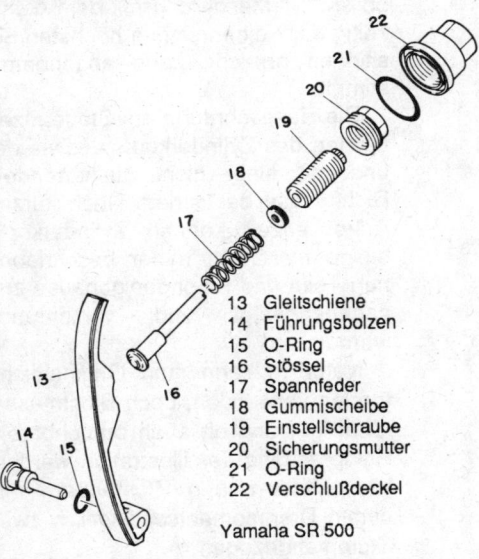

13 Gleitschiene
14 Führungsbolzen
15 O-Ring
16 Stössel
17 Spannfeder
18 Gummischeibe
19 Einstellschraube
20 Sicherungsmutter
21 O-Ring
22 Verschlußdeckel

Yamaha SR 500

Nun ist die Nockenwellenkette total entspannt, weil beide Ventile geschlossen sind.

Der kleine Sechskant der Nachstellschraube am Kettenspanner wird bewegbar, indem die große Sicherungsmutter gelöst wird. Durch Hinein- oder Herausschrauben der Nachstellschraube wird erreicht, daß der mit einem Halteschlitz versehene Stift im Zentrum der Sechskantschraube mit deren

Oberfläche eben abschließt. Danach fixiert die große Sechskantmutter diese Position.

Damit ist die Grundeinstellung beendet. Später, wenn der Motor im Leerlauf tuckert, so bei 800 1/min, bewegt sich dieser kleine Stift leicht hin und her. So soll es sein! Falls er aber keinerlei Bewegung zeigt, ist die Kettenspannung zu stramm eingestellt, dann muß die große Sechskantschraube wieder gelockert und der kleine Sechskant gedreht werden, wie oben beschrieben, bis nach einer erneuten Prüfung der gewünschte Effekt eintritt. Als Abschluß: Die Sicherungsmutter nachspannen und die Schutzkappe auf den Kettenspanner stülpen.

Eine sichere Methode, die Einstellung der ganzen Nockenwellensteuerung zu überprüfen, besteht darin, das Viertaktprinzip praktisch durchzuspielen. Hierzu drehen wir die Kurbelwelle ein paarmal vorsichtig durch. Ergibt sich kein mechanischer Widerstand, wird das Einlaßventil beobachtet, bis es wieder geschlossen ist. Durch das Kerzenloch wird geprüft, ob der Kolben oben steht. Ein Blick auf den Kurbelwellenstumpf soll uns nun zeigen, ob die "T"-Markierung mit dem Gehäusezeiger übereinstimmt, wenn gleichzeitig der Kolben seinen höchsten Scheitelpunkt erreicht hat. Sind beide Positionen erreicht, kann angenommen werden, daß die Ventilsteuerung stimmt.

Die Halteschraube am Steuerritzel wird auf 45 Nm angezogen. Die Dichtflächen des Zylinderkopfes sowie des Kipphebelgehäuses werden gereinigt und mit einer nicht aushärtenden Dichtmasse bestrichen. Nach kurzer Antrockenzeit können Zylinderkopf, einige hier nicht näher beschriebenen Teile und Kipphebelgehäuse zusammengefügt und verschraubt werden.

Natürlich kann man Originaldichtungen verwenden, doch Dichtmasse ist billiger und oft auch brauchbarer. Entsprechend der Illustration werden alle Muttern und Schrauben mit einem Drehmomentschlüssel in zwei Stufen angezogen.

Zum Abschluß der Arbeiten am Zylinderkopf werden die Kipphebel-Ölversorgungsleitungen wieder angeschlossen. Dabei sind die Hohlschraubenanschlüsse mit neuen

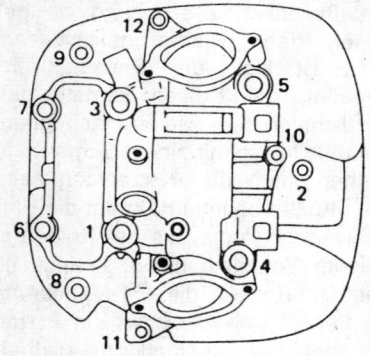

Zylinderkopf: Yamaha SR 500/XT 500
Die Ziffern bezeichnen die Schrauben und Muttern in der Reihenfolge des Anziehens.
Anzugswerte:
in Newtonmeter (Nm)
Muttern Nr. 1 bis 5 (10 mm Ø) = 35...40 Nm
Muttern Nr. 6;7;10 (8 mm Ø) = 18...22 Nm
Imbusschrauben Nr. 8;9;11;12 (6 mm Ø) = 8...12 Nm

132

Dichtscheiben zu versehen. Diese Schrauben dürfen nicht allzu stramm angezogen werden, weil sie leicht abreißen. Die Einstellung des Ventilspieles wird im Unterkapitel 2.4. behandelt.

Beispiel XJ 900 F-Motor
Der Zusammenbau der Ventile am DOHC-gesteuerten Motor ist im Prinzip derselbe wie beim Zylinderkopf der Yamaha SR 500/XT 500. Auch hier die Ventilschaftdichtringe nicht vergessen, die ein Ansaugen von Motoröl aus dem Zylinderkopf beim Einlaßtakt verhindern sollen. Sie müssen alle erneuert werden.

Das Besondere aber sind die Tassenstößel mit den Einstellscheiben (Chips) auf der Oberfläche.

Sind die Ventile eingebaut und wurden sie durch leichte Schläge auf das Ventilschaftende (Plastikdorn o.ä.) gesetzt, werden die Tassenstößel in ihre vorgesehenen Laufbahnen eingeschoben. Jetzt zahlt sich vorsichtige Handlungsweise beim Arbeiten an den Ventilen aus. Die Tassen flutschen, leicht eingeölt, wie von selbst in ihre Bohrungen. (Achtung! nicht verkanten und nicht mit Gewalt!)

Betont werden muß nochmals: Tassenstößel dürfen nicht vertauscht eingesetzt werden, weil neben dem erhöhten Verschleiß das Ventilspiel (bestimmt durch die Stärke der Einstellscheiben) verfälscht würde. Vor dem Aufbau des Zylinderkopfes wird eine neue Zylinderkopfdichtung aufgelegt. Hinzu kommen die vorgeschriebenen Paßstifte und O-Ringe.

Der Zylinderkopf wird nun aufgesetzt; dabei die Steuerkette durch den Kettenschacht nach oben gezogen und straff gehalten und dann befestigt. Die oberen Zylinderkopfmuttern nebst U-Scheiben werden handfest aufgeschraubt.

Prüfen, ob die Zylinderkopfdichtung überall gut sitzt. Dann die zwölf Zylinderkopfmuttern anziehen. Danach die vier Muttern auf der Rückseite, in der Mitte am Zylinderkopf und zum Schluß die beiden Muttern auf der Vorderseite.

Dies alles geschieht in zwei Schritten mit dem Drehmomentschlüssel. (Anzugsschema der Schrauben siehe 2.1.: "Zylinderkopf abbauen an DOHC-Motoren").

Die vordere Steuerkettengleitschiene wird nun eingebaut. Dabei muß darauf geachtet werden, daß das untere Ende der Gleitschiene sorgsam in dem Halter im Kurbelgehäuse verankert wird.

Zum Einbau der Motorsteuerung drehen wir die Kurbelwelle mit einem Schlüssel am linken Kurbelwellenstumpf im Gegenuhrzeigersinn, bis der Zeiger am Kurbelgehäuse und die "T"-Markierung auf der Zündzeitpunktplatte fluchten. Die Kolben der Zylinder 1 und 4 (man zählt in Fahrtrichtung von links nach rechts) sollen dabei auf "OT" stehen. Die Nockenwellen mit den Kettenrädern dran werden eingelegt. Einlaß- und Auslaßwelle nicht verwechseln!

Lagerstellen, Nockenwelle und Nockenwellenlagerdeckel werden gut geölt bereitgelegt.

Über die beiden Ritzel auf den Nockenwellen wird nun provisorisch die Steuerkette aufgelegt. Nockenwellenlagerdeckel werden dann auf die zugehörigen Lagerstellen gelegt, die Schrauben handfest angezogen. Bei der Montage achte man auf die Einbaurichtung, wie sie in der Illustration dargestellt wird.

Sind alle Lagerdeckel so befestigt, werden die Schrauben mit einem Drehmomentschlüssel angezogen (Anzugsschema wie oben).

Beide Nockenwellen haben an ihrem Ende eine punktförmige Vertiefung. Am zugehörigen Lagerdeckel ist eine Bohrung, durch die man diesen Punkt bei Verdrehen der Nockenwelle sehen kann.

Zur Grundeinstellung verdrehen wir vorsichtig beide Nockenwellen, bis die Punkte in der Lagerdeckelöffnung sichtbar geworden sind. Ein Sechskantansatz etwa in der Mitte erleichtert dies, weil ein Gabelschlüssel verwendet werden kann. Wenn beim Drehen ein unerwarteter Widerstand zu spüren ist, muß unbedingt die Kolbenstellung geprüft werden, weil eventuell die Kolben die Ventile verbiegen könnten. Stehen die Kolben gefährlich hoch, drehe man die Wellen in entgegengesetzter Richtung. Dann klappt es bestimmt.

Die Steuerkette wird nun behutsam vom Auslaßkettenritzel abgehoben und nach oben straff gezogen, um jegliche Lose zwischen Nockenwellenritzel und Kurbelwellenritzel aufzuheben. Die gespannte Kette wird dann gleich wieder auf das Auslaßkettenritzel zurückgepackt und über das Einlaßritzel nach hinten gelegt.

Beide Kettenräder werden jetzt festgehalten und während die Spannung der Kette beibehalten wird, passend zu den Schraubenlöchern leicht verdreht und mit je zwei Schrauben an den Bünden der Nockenwellen handfest angeschraubt.

Bei einigen DOHC-Motoren, wie der GPZ 900 R bzw. der GPZ 1000 RX von Kawasaki, muß in diesem Stadium der Einstellung die Anzahl der Kettenstifte gezählt werden. Siehe hierzu die Abbildung

An der XJ 900 F wird nun die mittlere Steuerkettenführungsschiene zwischen den Kettenritzeln liegend, eingebaut.

Grundeinstellung des Steuerkettenspanners

Die Kurbelwelle wird aus der "T"-Position im Gegenuhrzeigersinn (vom linken Kurbelwellenstumpf aus gesehen) gedreht, bis die Markierung "C" auf der Zündzeitpunktplatte zu sehen ist und sich mit dem Gehäusezeiger deckt. Der Steuerkettenspanner ist vollautomatisch und braucht nach der Grundein-

134

Einstellen der Steuerkette (von der linken Seite betrachtet)

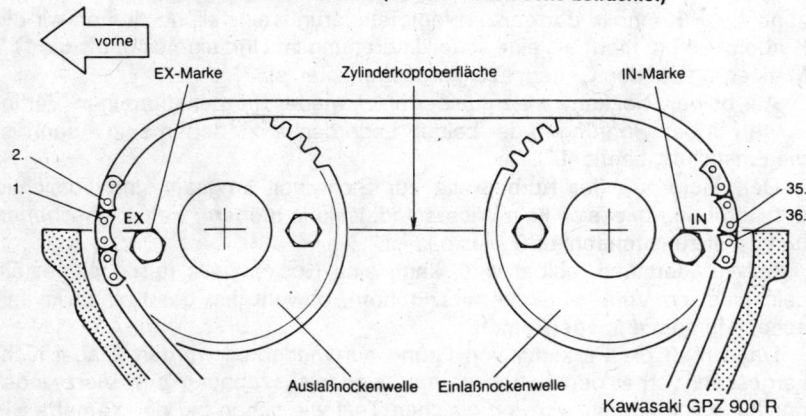

Kawasaki GPZ 900 R

stellung nicht mehr nachgestellt zu werden, bis entweder die Steuerkette oder die Führungs- und Gleitschienen gewechselt werden müssen.

Der Kettenspanner arbeitet nach dem Prinzip der Nachführung mittels Federdruck und einer Rückwärtsblockierung.

Wenn der Kettenspannerstößel (5), der in der rückwärtigen Gleit- und Führungsschiene im Kettenschacht angreift, von der Druckfeder (1) nach vorne geschoben wird , um eine gelängte Kette auszugleichen, verhindert eine Nocke (4) durch eine Feder (3) gestützt, ein Zurückgleiten des Stößels und fixiert so die neue Einstellung. Die Steuerkette ist dann stets straff und bedarf keiner Wartung.

Zum Einbau muß der Mechanismus aber zurückgestellt werden, damit die Automatik später Gelegenheit hat, selbst die optimale Einstellung zu finden.

Schnitt durch den Kettenspanner
1 Feder	4 Einwegnocke
2 Endverschluß	5 Kettenspannerstange
3 Feder	6 Kettenspanner

Yamaha XJ 900

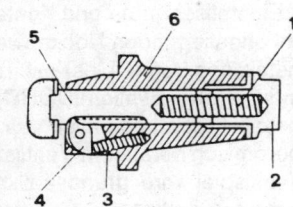

Hierzu wird der Endverschluß (2) am Einsteller abgeschraubt und die Druckfeder (1) herausgenommen. Danach schiebt man den Kettenspannerstößel bis zum Anschlag in den Kettenspanner hinein, das löst die Einwegnocke (4) und bringt den Stößel in seine Ausgangslage zurück.

Jetzt wird der Kettenspanner mit einer Dichtung am Zylinderblock eingesetzt und festgeschraubt (10 Nm). Danach wieder Druckfeder (1), Dichtung und Endverschluß anbringen. Der Endverschluß wird mit 15 Nm angezogen. Zur Kontrolle der ganzen Motorsteuerungseinstellung drehen wir die Kurbelwelle um mehr als eine volle Umdrehung im Uhrzeigersinn, bis die "T"-Markierung auf den Gehäusezeiger ausgerichtet ist.

Auf beiden Nockenwellen müssen jetzt wieder die punktförmigen Vertiefungen in den Bohrungen der beiden Lagerdeckel zu sehen sein - dann ist die Einstellung beendet.

Den Motor an der Kurbelwelle zur Sicherheit langsam und vorsichtig durchdrehen. Zeigt sich kein Widerstand, ist kein gröberer Fehler geschehen und es ist zu vermuten, daß alles o.k. ist.

Falls Widerstand fühlbar wird, kann eine Nockenwelle falsch eingestellt sein, und ein Ventil versucht auszufahren, obwohl ihm der Kolben im falschen Moment entgegenkommt.

Dann muß die Prozedur von Grund auf wiederholt werden. Dabei nicht vergessen, vorher den Kettenspanner wieder auszubauen! Am Vierzylinder der XJ 900 F können wir den gleichen Test wie schon bei der Yamaha SR 500 beschrieben, durchziehen, weil hier ein korrekt justierter 1. Zylinder (erster von links in Fahrtrichtung) für alle anderen gilt.

Zum Abschluß werden die vier Schrauben der Steuerkettenritzel mit 20 Nm angezogen. Danach können die Ventile eingestellt werden.

2.4. Ventileinstellung: "erhält Leistung und Gesundheit"

Wir unterscheiden vier Einstellmechanismen:
a.) mit Einstellschraube und Kontermutter, an Kipphebeln von Motoren mit Stößelstangen (OHV) und solchen mit einer obenliegenden Nockenwelle (OHC).
b.) mit Einstellschraube und Kontermutter an Schlepphebeln von Motoren mit zwei obenliegenden Nockenwellen (DOHC).
c.) Einstellscheiben (Chips) mit Tassenstößeln an Motoren mit zwei obenliegenden Nockenwellen (DOHC).
d. Einstellkappen und Hülsen für die Justierung des Ventilspieles einer desmodromisch betätigten Ventilsteuerung.

Das Ventilspiel wird grundsätzlich bei kaltem Motor eingestellt, was einer Temperatur von etwa 20° C. entspricht.

Die Einstellintervalle differieren zum Teil gewaltig und hängen von der Motorkonstruktion, Härte der Ventilsitze, Größe und Gewicht der verwendeten Ventile ab.

Yamaha z.B. empfiehlt für die SR 500/XT 500 3000 km; für die XJ 900 F 12000 km und für die neuen Fünfventiler in der FZ 750 bzw. FZR 1000 42000 km Abstände bis zum nächsten Einstelltermin.

136

Am glücklichsten sind die Besitzer von Motoren mit Hydrostößeln, die brauchen überhaupt nicht mehr eingestellt zu werden, wie die VN 750 Twin, ein Softchopper von Kawasaki, oder die VS 1400 Intruder von Suzuki. Aber auch die gute alte Harley hat serienmäßig Hydrostößel (die aber von vielen Fans wieder ausgebaut werden, weil ihnen der Motor leistungsmäßig zu behäbig reagiert).

Nach jeder Demontage des Zylinderkopfes, nach Arbeiten am Ventiltrieb, etc., soll die Ventilspieleinstellung überprüft werden. Spätestens 500 km nach den eben erwähnten Arbeiten, wenn die Zylinderkopfschrauben wegen der neuen Zylinderkopfdichtung nachgezogen werden müssen, ist die nächste Ventileinstellung fällig. Erst dann beginnt wieder der normale Einstellrhythmus.

Außerplanmäßig müssen die Ventile überprüft werden, wenn ein mehr oder weniger lautes Tickern aus dem Zylinderkopf ertönt. Gleiches sollte man tun, wenn die Motorleistung nachläßt, der Motor beim Gasgeben aus dem Vergaser knallt (Einlaßventile überprüfen) oder im Leerlauf unruhig läuft. Das Bordhandbuch sollte man stets mit sich führen, um über die wichtigsten Wartungstermine und -daten informiert zu sein.

Die vier Ventilspiel-Einstellmechanismen stellen wir an verschiedenen Motoren dar.

Die vierte Möglichkeit, sie bezieht sich exklusiv auf die Ducati V2-Motoren mit desmodromischer Ventilsteuerung, ist recht kompliziert. Da man dabei durch winzige Fehler große Schäden am Motor erreichen kann, empfehlen wir zum Zwecke der Einstellung eine Werkstatt aufzusuchen. (Für ganz Hartnäckige setzt sie außerdem den Besitz eines Schleifbockes mit unbedingt planer Schleifscheibe, einer Schraubenlehre (Mikrometerschraube), eines Werkstatthandbuches sowie viel Geduld und Geschick voraus.) Wir wollen diese Ventilspiel-Einstellvariante aber ausklammern, weil sie zu selten vorkommt.

2.4.1. Ventilspiel einstellen an der BMW R75/6, als Beispiel für OHV-Motoren

Unter die einzustellenden Zylinder am Boxermotor wird eine Ölschale gestellt, weil nach Öffnen des Ventildeckels sofort ein Schwall Motoröl herausläuft.

Der Lichtmaschinendeckel wird abgebaut; die Zündkerzen herausgeschraubt.

Anschließend wird am Anker der Lichtmaschine, die auf dem vorderen Kurbelzapfen sitzt, die Kurbelwelle gedreht. Die Drehrichtung entspricht der Motorlaufrichtung. Währenddessen beobachten wir den Kipphebel für das

Einlaßventil. Er sitzt von uns aus gesehen dem Vergaser am nächsten. Nachdem das Einlaßventil betätigt wurde und wieder hochkommt (also schließt), stecken wir vorsichtig einen Schweißdraht oder einen langen Schraubendreher in die Zündkerzenöffnung und ertasten den Kolbenboden. Dreht man nun weiter an der Kurbelwelle, ist zu spüren, wie der Kolben nach oben wandert.

Wenn der Kolben seinen höchsten Punkt erreicht hat, (Zünd-OT), können die Ventile dieses Zylinders geprüft und eingestellt werden.

Mit einer Fühlerlehre, die man in den Spalt zwischen Ventilschaftende und Kipphebel schiebt, ermittelt man das Ventilspiel. Die Lehre hierzu befindet sich bei einigen Motorrädern im Bordwerkzeug (BMW), ansonsten gibt es sie für wenig Geld im Werkzeugladen.

In unserem konkreten Falle beträgt das korrekte Ventilspiel: Einlaß 0,15 mm; Auslaß 0,20 mm. Unter den verschieden starken Fühlerblättern der Lehre wird das zum Ventil passende herausgesucht. Die Stärke des Blattes ist auf einer Seite eingeätzt.

Das Fühlerlehrenblatt wird in den Spalt hineingeschoben. Läßt sich das Blatt nicht hineinschieben oder fällt es fast durch, weil das Spiel zu groß ist, muß die Einstellung des Ventilspieles korrigiert werden. Dazu hält man den

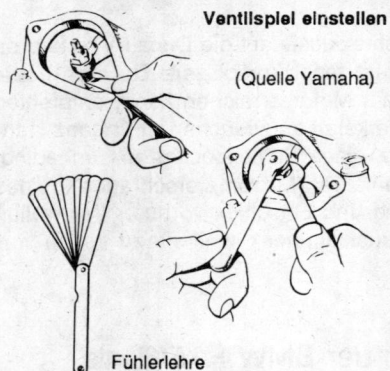

Ventilspiel einstellen

(Quelle Yamaha)

Fühlerlehre

Kopf der Einstellschraube fest; bei BMW gibt es einen Spezialschlüssel aus dem Bordwerkzeug, man kann aber auch einen kleinen Gabelschlüssel verwenden, und löst die Kontermutter.

Bei anderen Motorrädern ist häufig ein Schlitz für eine breite Schraubendreherklinge am Kopf der Einstellschraube vorgesehen.

Die Kontermutter wird nur wenige Umdrehungen gelöst, die Einstellschraube soweit, daß die Fühlerlehre gerade noch reinpaßt.

Nun schraubt man die Kontermutter fest, zieht das Fühlerlehrenblatt raus und schiebt es erneut durch den Spalt. Das Ventilspiel ist richtig justiert, wenn das Fühlerblatt eben noch "saugend" durchgezogen werden kann.

Da beim Kontern das eingestellte Spiel oft wieder verstellt wird, ist es eine gute Methode, die Kontermutter vor dem Einstellen nicht ganz zu lösen und die Spielverstellung nun mit der etwas schwerer gehenden Einstellschraube vorzunehmen.

Jetzt dreht man zur Kontrolle die Kurbelwelle zweimal durch, bis wieder der "Zünd-OT" erreicht ist. Dann prüft man das Ventilspiel erneut.

Der Grund für diese Maßnahme liegt darin, daß sich in den Übertragungsteilen (Kurbelwelle, Nockenwelle, Ventiltrieb) eine Differenz, bestehend aus der Summe aller Toleranzen, auf das Ventilspiel auswirken kann, die vorher nicht einkalkuliert wurde. Vielleicht hat man die Kurbelwelle statt immer nur in Drehrichtung, einmal ganz kurz nur zurückgedreht, weil der Kolben den Scheitelpunkt schon überschritten hatte, man ihn zur Ventileinstellung aber genau auf "OT" haben wollte und keine Lust vorhanden war, die Kurbelwelle wieder zweimal zu drehen.

Genau das aber war der Fehler, weil durch das kurze Zurückdrehen, im Laufspiel zwischen den Teilen wieder Lose entstand, was sich auch auf das Ventilspiel auswirken kann. Nun folgt die Ventilspieleinstellung des anderen Zylinders.

Hierzu wird wieder die Kurbelwelle gedreht. Wenn der "Zünd-OT" erreicht ist, wird der Ventilspielabstand beider Ventile geprüft. Die Abschlußkontrolle, wie oben geschildert, erfolgt auch bei diesem Zylinder.

Weisen beide Zylinder ein korrektes Ventilspiel auf, werden der Lichtmaschinendeckel sowie der Zylinderkopfdeckel montiert und die Zündkerzen eingeschraubt.

Wegen des geringfügigen Ölverlustes bei den Vorbereitungen prüfen wir nach kurzer Fahrt den Motorölstand und füllen bei Bedarf nach. Eine sichere Alternative zur Ventilspieleinstellung, wichtig bei total fremden Motoren (gilt übrigens für alle Viertaktmotoren) sieht folgendermaßen aus:

1. Die Kurbelwelle in Laufrichtung drehen (Anlasser oder Kickstarter als Richtungsweiser benutzen), bis sich Ein- und Auslaßventile des einzustellenden Zylinders überschneiden.

Das ist taktmäßig der: "Nicht-Zünd-OT", wenn der Kolben "OT" im Ausstoßtakt durchläuft und das Auslaßventil schließt, während das Einlaßventil öffnet (Überschneidung).

2. Da der Zylinder eines Viertaktmotors, unabhängig von Zylinderzahl und -stellung zueinander, alle zwei Kurbelwellenumdrehungen zündet, muß man jetzt nur noch in dieselbe Richtung weiterdrehen, um nach einer Kurbelwellenumdrehung den "Zünd-OT" des Zylinders zu erhalten. Dann sind alle Ventile geschlossen, der Ventiltrieb entlastet und die Prüf- und Einstellarbeiten können in gewohnter Weise durchgeführt werden.

2.4.2. Ventilspiel einstellen an der Yamaha SR 500/ XT500 als Beispiel für OHC- Motoren

Falls das Ventilspiel routinemäßig während des Betriebes überprüft werden soll, muß der Kraftstofftank entfernt werden, was leicht ist, außerdem die Zündkerze und ein Verschlußstopfen, letzter in Höhe der Kurbelwelle auf der rechten Motorseite. Hinter dem Verschlußstopfen wird das Steuerwinkelanzeigeblech sichtbar und der Gehäusezeiger. Beides kennen wir schon von der Montage und Einstellung der Steuerkette.

Am SR 500-Motor wird der linke Motordeckel, er verbirgt die Lichtmaschine, abgenommen. Am Polrad, oben, befindet sich die "(O)T"-Markierung. Sie muß mit einem Gehäusezeiger übereinstimmen, steht der Kolben im oberen Totpunkt.

Beide Kipphebelgehäusedeckel am Zylinderkopfdeckel werden abgenommen.

Der Motor wird nun mit dem Kickstarter durchgedreht, dabei beobachtet man das Einlaßventil (es liegt dem Vergaser am nächsten). Wenn es betätigt wird, schauen wir sofort nach unten zum Steuerwinkelanzeigeblech bzw. zum Polrad (SR 500) und drehen weiter, bis der Strich neben der "T"-Markierung mit dem Gehäusezeiger übereinstimmt. In dieser Stellung ist der "Zünd-OT" erreicht, beide Ventile sind geschlossen und können eingestellt werden.

Das Ventilspiel beträgt: Einlaß 0,10 mm; Auslaß 0,15 mm. Nach der Einstellung wird die Kurbelwelle zweimal gedreht, bis der "Zünd-OT" wieder erreicht ist. Wenn dann das Ventilspiel noch immer stimmt, kann alles wieder angebaut werden.

2.4.3. Ventilspiel einstellen an Motoren mit Schlepphebeln und zwei obenliegenden Nockenwellen (DOHC)

Als Beispiel wählen wir den Kawasaki GPZ 1000 RX bzw. GPZ 900 R, einen Reihenvierzylinder mit vier Ventilen pro Zylinder.

An der Kawasaki, die eine Vollverkleidung besitzt, müssen die entsprechenden Teile abgebaut werden; zusätzlich der Kraftstofftank und die Zündspule.

Das Motorrad soll auf dem Hauptständer stehen, wenn der Zylinderkopfdeckel abgeschraubt wird.

Unter den linken Teil des Motors wird eine Ölauffangschale gestellt. Dann wird der untere Seitendeckel abgeschraubt, der den Kurbelwellenstumpf mit der Zündverstellplatte und den Impulsgebern verbirgt.

Die vier Zündkerzen werden alle herausgeschraubt und mit einem Steckschlüssel der Motor an der Kurbelwellenmutter gedreht. Bei der Kawasaki werden die Zylinder in Fahrtrichtung von links (1. Zylinder) nach rechts gezählt, was für alle quer eingebauten Mehrzylindermotoren gilt. Das Ventilspiel wird wie bei allen Viertaktern eingestellt, wenn der Kolben im oberen

Totpunkt (OT) zu Beginn des Arbeitstaktes steht. Wir beginnen mit dem 1. Zylinder. Hierzu wird die Kurbelwelle im Gegenuhrzeigersinn gedreht, wobei man die beiden Einlaßventile des 1. Zylinders mit ihren Schlepphebeln beobachtet (Vierventil-Motor).

Nachdem beide Einlaßventile betätigt wurden und wieder hochkommen, soll sich unser Blick auf die Zündverstellplatte am linken Kurbelwellenstumpf richten. Auf der Plattennase, ist ein "T" für Totpunkt eingraviert, davor der Markierungsstrich. Er muß mit einem Gehäusezeiger, rechts über dem Impulsgeber, übereinstimmen. Jetzt steht der Kolben im Zünd-OT. Alle vier Ventile sind geschlossen. Die Nocken der Nockenwellen seitlich weggedreht, die Schlepphebel entlastet. Das ist der Ausgangspunkt für die Einstellung. Die wird, wie gehabt, mit der Fühlerlehre vorgenommen.

Die Sollwerte: Einlaßventile zwischen 0,13 und 0,18 mm. Auslaßventile 0,18 bis 0,23 mm. Die nachfolgenden Einstellungsarbeiten richten sich nach der Zündfolge des Motors: 1-2-4-3, wobei wichtig ist zu wissen, daß die "T"-Markierung am Kurbelwellenstumpf nur für den 1. Zylinder brauchbar ist, nicht die folgenden drei!

Vom 1. Zylinder, wenn wir ihn gecheckt haben, geht es dann weiter zum 2. Zylinder. Dazu drehen wir an der Kurbelwelle im Gegenuhrzeigersinn, etwa eine halbe Kurbelwellenumdrehung und beobachten dabei die Bewegung der beiden Einlaßventile und des Schlepphebels sowie die Stellung der Nocken.

Mit einem Schweißdraht wird, mangels einer zutreffenden Markierung, die Kolbenstellung ertastet. Er muß jetzt an seinem höchsten Punkt (im OT) stehen.

Sind alle Faktoren erfüllt, kann auch hier geprüft und eingestellt werden. Von Zylinder 2 geht es zu Zylinder 4, eine weitere halbe Kurbelwellenumdrehung. Wir erinnern uns: An einem Vierzylinder-Viertaktmotor erfolgt pro halbe Kurbelwellenumdrehung der Arbeitstakt eines der vier Zylinder. Es folgt Zylinder 3.

Wenn alle Ventile justiert sind, dreht man die Kurbelwelle wieder auf den 1. Zylinder (Zünd-OT) und prüft die Einstellung der vier Zylinder noch mal der Reihe nach durch (Zündfolge beachten), um sicher zu gehen.

Wenn alles o.k. ist, kann das Motorrad wieder fahrfertig hergerichtet werden. Zum Schluß überprüft man den Ölstand noch einmal, weil durch Abschrauben des linken Seitendeckels etwas Öl ausgelaufen ist.

2.4.4. Ventilspiel einstellen an Motoren mit Tassen- stößeln und zwei obenliegenden Nockenwellen (DOHC)

Der Motor der Yamaha XJ 900 F ist ein Reihenvierzylinder mit zwei Ventilen pro Zylinder. Abgebaut werden muß die Sitzbank sowie der Kraftstofftank. Weiterhin müssen Choke-Seilzug, Zündkabel und -kerzen entfernt, der Zylinderkopfdeckel und der linke Kurbelgehäusedeckel abgeschraubt werden.

Am linken Kurbelwellenstumpf befindet sich die Zündverstellplatte mit einem Vierkant in der Mitte, an dem die Kurbelwelle bewegt werden kann. Auf keinen Fall an der Inbusschraube im Zentrum des Vierkantes drehen, sie ist zu schwach dimensioniert und würde abreißen.

Das Prüfverfahren ist denkbar einfach, weil wir an der Stellung der einzelnen Nocken der Nockenwelle klar erkennen können, wann ein Ventiltassenstößel unbelastet, das Ventilspiel somit prüfbar ist.

Einstellscheibe (Chip)

Einbaulage
der Einstellscheibe

Suzuki GS 750

Werkzeug zum Niederpressen der Tassenstößel

Der Nocken des zu überprüfenden Ventils muß stets seitlich, um etwa 90°, nach links oder rechts gedreht sein. Dazu wird an der Kurbelwelle im Gegenuhrzeigersinn gedreht. Um nicht durcheinander zu kommen, empfiehlt es sich, die Ventile zylinderweise zu prüfen. Das Ergebnis wird in einen Plan eingetragen, in dem die Zuordnung der Ventiltassenstößel genau vermerkt sind.

Die Ventilspiel-Einstellwerte sind: Einlaßstößel 0,11 bis 0,15 mm; Auslaßstößel 0,16 bis 0,20 mm.

Die Fühlerlehre wird in den Spalt zwischen Nockenwelle und Tassenstößel geführt.

Korrekturen erfolgen durch Austausch der Einstellscheiben (Chips), die bei der Yamaha in die Oberfläche der Tassenstößel eingelassen sind. Sie sind in vielen verschiedenen Stärken beim Händler erhältlich. Sie tragen eine Nummer auf der Scheibenunterseite, die auf keinen Fall nach oben hin eingebaut werden dürfen, weil der Verschleiß sie dort unleserlich werden läßt.

Der Ausbau der Einstellscheiben sieht so aus:

a.) Die Schlitze am Rande der Tassenstößel bei unbelasteten Stößeln (Kurbelwelle drehen), zur Zylinderkopfmitte hin drehen. Mit ihrer Hilfe werden später die Einstellscheiben herausgehebelt.

b.) Die Kurbelwelle drehen, bis das Ventil vollständig geöffnet ist.

c.) Das Ventilspiel-Einstellwerkzeug, ein einfach gebogenes Blechteil, erhältlich im Zubehörhandel oder beim Händler, anbringen, um den Tassenstößel in dieser Position zu halten.

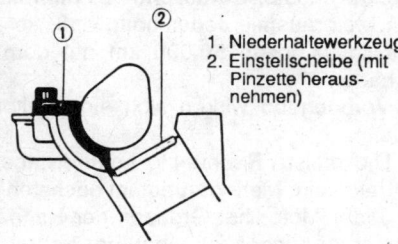

Austausch der Einstellscheiben an Tassenstößeln

1. Niederhaltewerkzeug
2. Einstellscheibe (mit Pinzette herausnehmen)

Dieses Teil wird mit einer Inbusschraube an den Gewindelöchern des Zylinderkopfdeckels befestigt (siehe Illustrationen).

Zu beachten ist, daß das Werkzeug mit seiner Haltespitze nur den Rand des Stößels berührt, aber auf keinen Fall den Chip mit einklemmen darf.

Niederhaltewerkzeug
(wird an den Löchern der Zylinderkopfdeckel-Schrauben befestigt.)

d.) Die Nockenwelle wird weitergedreht, bis die Einstellscheibe mit einer Pinzette aus dem Schlitz am Stößelrand herausgehebelt und dem Stößel entnommen werden kann.

Die entsprechende Illustration zeigt, wie herum die Nockenwellen gedreht werden müssen, damit die Nocken das Einstellwerkzeug nicht berühren.

e.) Die Nummer des herausgenommenen Chips wird an der entsprechenden Stelle in den Plan eingetragen wo auch schon das Ventilspiel steht, darauf basiert die Auswahl der neuen Einstellscheibe.

Mit dem Plan gehen wir zum Händler und lassen uns an Hand der Daten die passenden Einstellscheiben geben.

Ist man glücklicher Besitzer eines Werkstatthandbuches, können aus der Tabelle die Nummern der benötigten Chips herausgesucht und bezogen werden. Sind die neuen Scheiben eingebaut, ist die Einstellerei noch nicht am Ende, weil die Auswahl nur als Richtwert zu verstehen ist.

Nach erneuter Ventilspielmessung mit frisch eingelegten Einstellscheiben (vorher die Kurbelwelle mehrmals drehen, damit die Chips sich setzen), kann es durchaus nötig sein, weitere Chips zu besorgen und auszutau-

143

das Ventilspiel innerhalb der Toleranz liegt. Sind die Einstellarbeiten beendet, kann der Motor bzw. das ganze Fahrzeug wieder komplettiert werden.

2.5. "Was tun?" - Ein paar nicht alltägliche Fälle

Ärgerlich und unpassend sind die nicht alltäglichen Fälle: plötzliche Leistungsverluste, Geräusche aus dem Motor, verstärkter Ölverbrauch oder gar ein Motorausfall. Jeder hofft, daß sie ausbleiben und ist stolz, wenn seine Maschine schon 50.000 km auf dem Buckel hat ohne ernsthafte Motorschäden.

Vorbeugend wirken sich eingehaltene Wartungs- und Service-Intervalle aus.

Die meiste Bedeutung kommt dabei den Ölständen zu, sie sollen stets korrekt sein. Mehr darüber im nächsten Unterkapitel.

Jeder Motor hat Grenzen der Haltbarkeit, das bedeutet, daß jeder Motor kaputt zu kriegen ist, wenn der Fahrer es nur will. Wir haben einige Fallbeispiele nicht unbedingt alltäglicher Art herausgesucht.

2.5.1. Ausfall eines Zylinders von Mehrzylindermotoren

Die Ursache mag in einer defekten Zündkerze liegen. Der Kerzenstecker kann kaputt sein oder irgend etwas anderes in der Elektrik. (Siehe Kapitel 8). Ein Loch im Kolben, gerne bei Zweitaktmotoren; ein verbranntes Ventil, welches den Aufbau einer zündfähigen Mischung verhindert, weil alles in den Auspuff strömt, bevor es dazu kommt sowie ein defekter Vergaser (Mehrzylindermotoren), können Schuld haben.

Als Sofortmaßnahme bietet sich an, den betreffenden Zylinder still zu legen und mit den verbliebenen nach Hause zu fahren.

Ich selbst tuckerte einst mit einer Moto Guzzi V7 Spezial von Flensburg heim nach Kiel, weil der linke Zylinder nicht mehr lief. Als Grund stellte sich ein defekter Kerzenstecker heraus, der zwar einen Funken zuließ, der im eingebauten Zustand es aber vorzog, dem Zündfunken den leichteren Weg zur Masse über die Kühlrippen des Zylinderkopfes, statt der Elektrode der Zündkerze anzubieten. Was bei Tageslicht nur schwer zu erkennen war.

Nun wird mancher sagen: "Da gucke ich doch mal nach!" Recht hat er, doch gerade bei etwas kniffligeren Fehlern oder wenn man keine Zeit hat, vielleicht auch keine große Ahnung von Motorradtechnik, möchte man nicht gerne an der Straße basteln wollen.

Zum Stillegen muß der Vergaser von der Spritzufuhr abgeklemmt werden, weil der Kraftstoff das Motoröl von der Zylinderlaufbahn des inaktiven

Zylinders wäscht und der Motor in Gefahr gerät festzugehen. Ein Problem, weil an modernen Mehrzylindermotoren die Vergaser mit kurzen Kraftstoff-zuleitungen aus Metall verbunden sind, die man nicht auftrennen kann. Nebenbei gesagt, es würden, falls es doch klappt, die anderen Vergaser des Blockes gleich mit ausfallen.

Wenn der Platz am Motorblock reicht, kann die Schwimmerkammer abgebaut und die Hauptdüse verstopft werden, wodurch das Gemisch stark abmagert, was auch schon einiges hilft. Eine weitere Maßnahme wäre, die Gasschieber der Vergaser in der untersten Stellung zu blockieren. Zwar würde immer noch Kraftstoff über das Leerlaufsystem in den Zylinder gelangen, aber für etliche Kilometer wäre es vertretbar, wenn dazu vorsichtig am Gasgriff gedreht würde.

Leichter tut man sich an Zweizylinder-Motoren, deren Vergaser über je eine Leitung versorgt werden. Hier kann der Schlauch abgeklemmt, abgezogen oder aufgetrennt werden, wobei man in den vom Kraftstoffhahn kommenden, benzinführenden Schlauch eine Schraube oder zur Not ein Stück Holz zur Abdichtung hineinsteckt.

Die zweite Maßnahme ist einfacher: Man schraubt die Zündkerze heraus! Übrigens: Kurze Strecken kann man auch ohne die oben beschriebenen Maßnahmen zurücklegen, soweit dies der Defekt zuläßt. Allerdings muß das in ziemlich gemäßigter Fahrweise geschehen.

2.5.2. Motorschäden

Fangen wir mit einem verbrannten Ventil an. Wie in Kapitel 1.2. geschildert, liegt die Ursache oft in einem zu engen Ventilspiel.

Die Symptome zeigen sich im plötzlichen Leistungsverlust ohne irgendwelche alarmierenden mechanischen Geräusche. Bei Einzylindermotoren geht die Maschine einfach aus, weiter nichts. Schraubt man dann die Zündkerze heraus, ist sie weiß. Das deutet auf unnormal große Hitze (Zündkerzen-"Gesicht", siehe Kapitel 7). Da kommt dann schon eine Ahnung auf, die sich verstärkt, wenn die Daumenprobe gemacht wird. Hierzu wird mit dem Daumen die Kerzenöffnung im Zylinderkopf verschlossen und der Starter betätigt. Zeigt sich dabei anschließend nur eine schwache, bis gar keine Kompression, ist alles klar... Normalerweise gibt es bei der Druckprobe einen kräftigen Schnalzer, wenn der Daumen vom Kompressionsdruck zur Seite gedrückt wird und aus der Kerzenöffnung entweicht.

Eine Reparatur, wenn sich der Schaden später tatsächlich als Ventilschaden erweisen sollte, schlösse den Abbau des Zylinderkopfes, ein neues Ventil sowie Einfräs- und Schleifarbeiten mit ein. Eine neue Zylinderkopfdichtung sowie ein Dichtsatz allgemeiner Art gehören dazu.

145

Nach Hause gelangt man mit den restlichen Zylindern, falls vorhanden (siehe Punkt 1) oder auf einem Hänger!

Kolbenklemmer / Kolbenfresser

In Kapitel 1.2. ist ausführlich geschildert, wie ein Klemmer oder ein Kolbenfresser entsteht und wie er sich auswirkt.

Ein Klemmer macht sich vorwiegend bemerkbar, durch einen Widerstand während der Fahrt, der plötzlich, trotz gleichbleibender Gasstellung und Straßenneigung, wie mit unsichtbarer Hand die Fahrzeuggeschwindigkeit abbremst. Keine Geräusche sind zunächst zu vernehmen. Natürlich kann es auch ein Symptom für mangelnden Sprit sein. Also erstmal auf Reserve umschalten. Doch man sollte vorsichtshalber die Finger an den Kupplungshebel legen, falls der Verdacht sich verdichten sollte. In jedem Falle Gas weg. Wenn die Spritversorgung nicht in Frage kommt, hält man vorsichtshalber an und prüft mit der Hand die Motortemperatur. Erscheint der Motor unnatürlich heiß, wartet man eine halbe Stunde und fährt dann mit verminderter Geschwindigkeit weiter. Läßt sich der Widerstand nicht mehr spüren, ist es wahrscheinlich tatsächlich ein Klemmer gewesen. Dem muß dann auf den Grund gegangen werden.

Der Kolbenfresser ist die logische Fortsetzung eines Klemmers. Er kann sich durch ein schrilles Kreischen bemerkbar machen, aber auch plötzlich und ohne Vorwarnung erfolgen. Die Klemmphase kann also extrem kurz sein und direkt in einen Kolbenfresser ausarten.

Einen festgegangenen Kolben tritt man mit dem Kickstarter wieder los (wohl dem, der noch einen hat), wenn die Maschine sich abgekühlt hat.

Kolbenklemmer bzw. Kolbenfresser können normalerweise nicht an Ort und Stelle repariert werden. Bei vielen Motoren ist es heute nicht mehr möglich, sie am Straßenrand einfach zu zerlegen. Doch dafür gehört ein Klemmer oder ein Fresser auch nicht mehr zu den gewöhnlichen Vorfällen.

Doch wenn es geschehen ist, wie kann man den Schaden begrenzen, wie nach Hause kommen?

Bei Zweitaktmotoren ist dies noch einfach. Mancher hat an seiner Maico oder Yamaha kurzentschlossen den Zylinderkopf abgeschraubt, den Zylinder abgenommen, den Kolben dazu und ist mit Feile und Schmirgelleinen beigegangen (das hatte man alles dabei!), die Klemmspuren zu beseitigen. Und es funktionierte! Der Motor war anschließend wieder gebrauchsfähig.

Viertaktmotoren sind da komplizierter. Ein Klemmer deutet auf Ölmangel oder Überhitzung des Motors hin. Entsprechend muß sofort der Ölstand geprüft werden. Bei wassergekühlten Motoren die Kühlflüssigkeit oder der Thermostat.

Zur Kühlwasserkontrolle sieht man nach dem Ausgleichsbehälter. Der Thermostat kann nur aufwendig geprüft werden, siehe Kasten. Einfacher ist eine Prüfung der Kühlwasserschläuche und Leitungen. Dazu faßt man an die Zulaufleitung vom Motor zum Kühler hin und stellt fest, ob sie heiß ist. Der Thermostat macht nämlich nur auf, wenn die im Motor zirkulierende Kühlflüssigkeit eine Temperatur von mindestans 84° C. aufweist. Folglich müssen Zulauf- und Ablaufleitung heiß sein.

Bei Kolbenklemmern kann man meist noch mit verminderter Fahrt und Drehzahl nach Hause tuckern, nach vorheriger Abkühlphase, versteht sich!

Ein Kolbenfresser sieht schon schlechter aus. Macht sich jedoch nach dem Wiederanlassen keine große Geräuschentwicklung bemerkbar, vorausgesetzt man hat den Kolben wieder befreien können, kann man sich auch hier mit noch größerer Vorsicht auf den Weg machen.

Erkennbare Mängel, die zu Kolbenklemmern oder -fressern führen:

a. Ölmangel wegen zu niedrigem Motorölstand.
b. Kühlwassermangel
c. Stark verschmutzter Motor
d. Falsch eingestellte oder verstellte Zündung. Defekte Zündkerzen.
e. Fremdluft im Einlaßtrakt zwischen Motor und Vergaser.

Andere Ursachen, wie eine defekte Ölpumpe oder ein kaputter Thermostat, sind am Straßenrand mit Bordmitteln nicht zu beheben.

Prüfen des Thermostaten

Zum Prüfen muß der Thermostat ausgebaut werden. Zunächst testet man ihn bei Raumtemperatur (ca. 20° C.). Steht das Thermostatventil jetzt schon offen, ist es kaputt und muß ersetzt werden.

Allerdings wird ein Motor weniger durch ein offenes Ventil geschädigt als vielmehr durch ein geschlossenes. Bei einem offenen Ventil muß die gesamte Wassermenge im Motor auf einmal aufgeheizt werden. Das verlängert die Kaltstartphase ungemein und bringt ungesund hohen mechanischen Verschleiß. Dagegen ist ein geschlossenes Ventil gefährlich, weil der Motor dann einen Hitzekollaps erleidet, übersieht man das Warnsignal der Temperaturanzeige am Instrumentenbrett.

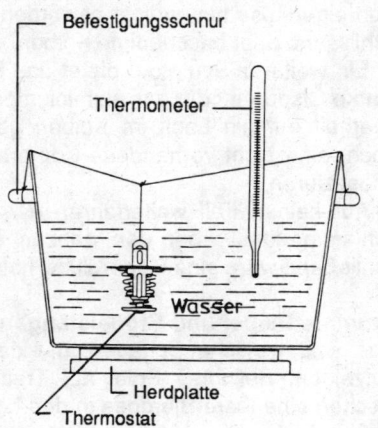

Prüfen der Thermostatfunktion

Befestigungsschnur

Thermometer

Wasser

Herdplatte

Thermostat

Zur Überprüfung der Ventilöffnungstemperatur wird der Thermostat zusammen mit einem genau anzeigenden Thermometer in einen Kochtopf mit Wasser gehängt und auf der Herdplatte erhitzt. Das Wasser rührt man stetig um, damit die Temperatur überall gleich ist. Sobald das Ventil öffnet, sieht man nach dem Thermometer. Zeigt es 80 bis 84° an, ist der Thermostat in Ordnung. Öffnet er später, muß man sich Herstellerdaten besorgen, weil manche Motoren kühlungsmäßig anders abgestimmt sind. Öffnet er gar nicht, ist das Ventil defekt.

In einem Notfall kann auch ohne Thermostat gefahren werden. Dann aber bitte der langen Kaltstartphase gerecht werden und die Maschine schonend warmfahren.

Loch im Kolben

Kommt bei Zweitaktmotoren gerne infolge von Fremdluft zwischen Zylinder und Vergaser vor oder bei verstellter Ölpumpe. An Viertaktern zumeist nur, wenn die Zündung auf zu spät verstellt war, und der Motor brutal überhitzt wurde. Ein anderer Fall ist die "Spardose", ein Loch, welches durch einen abgerissenen Ventilteller entsteht.

Bemerken kann man ein Loch vor allem am fettigen Qualm aus der Motorentlüftung, den auch Fahrer von Einzylindermotoren erkennen können, bevor die Maschine endgültig steht.

Endet die Motorentlüftung im Luftfiltergehäuse, muß man dort nachschauen ob ein starker Ölnebel den Luftfilter verunreinigt hat. Der weist dann in jedem Falle auf unnormal hohe Druckverhältnisse im Kurbelgehäuse hin. Das bedeutet fast immer, daß der Zylinderraum in irgend einer Weise zum Kurbelgehäuse hin undicht geworden ist. Seien es defekte Kolbenringe, verschlissene oder beschädigte Kolben.

Ein weiteres Symptom bietet das Kerzenbild (siehe auch Kapitel 7). Sind starke Ölspuren oder gar Aluminiumpartikel zu sehen, kann mit ziemlicher Sicherheit auf ein Loch im Kolben geschlossen werden. Dazu gehört aber noch, eine nicht vorhandene Kompression im betreffenden Zylinder zu diagnostizieren.

Auf keinen Fall weiterfahren (Mehrzylindermotoren), weil sich der Aluschlamm sonst über den ganzen Motor und das Getriebe verteilt. anschließend wäre eine Generalüberholung des Motors fällig.

Krumme Pleuel und Stößelstangen

Das sind typische Schäden, die das Resultat eines überdrehten Motors aufzeigen. Beliebtes Spiel auf Treffen oder Parties: Angetrunkene Kerle stecken eine leere Bierdose in den hochragenden Auspuff, der Motor tuckert im Leerlauf. - Dann Vollgas! Die Bierdose fliegt in hohem Bogen durch die

Luft. Gelächter! Wer am weitesten geschossen hat ist Sieger! Ganz klarer Verlierer ist in jedem Fall der Motor, so oder so. Typisch ist dann das verbogene Pleuel oder bei den alten OHV-Motoren die verbogenen Stößelstangen. Diese Schäden können aber auch im Normalbetrieb vorkommen, etwa, wenn bei Vollgas ein Gang rausspringt oder der Motor bergab haltlos überdreht. Da gibt's kein Weiterfahren mehr!

2.5.3. Ungewöhnliche mechanische Geräusche aus dem Motor

Kolbenklappern
Dieser Sound entsteht meist bei Motoren mit hoher Fahrtleistung, wenn der Kolben unter Last, beim Beschleunigen, infolge allzu großen Laufspieles im Zylinder, Kippbewegungen vollführt. Der Motor kann zwar noch weiterlaufen, doch gebietet die Betriebssicherheit, möglichst bald den Zylinder ausschleifen zu lassen (bei Mehrzylindermotoren alle), und neue Übermaßkolben einzubauen.

Klappernde Kolben können irgendwann mal ganz fürchterlich klemmen oder fressen. Merklich lauter werdende Geräusche im Motor. Hier ist Vorsicht angesagt! Gleich den Motor und bei separatem Getriebe auch dessen Ölstand überprüfen. Es klingt verdächtig nach zu wenig Öl in der Antriebseinheit.

Leise klickende Geräusche aus dem Zylinderkopf
Zu großes Ventilspiel. Bei nächster Gelegenheit überprüfen und wenn nötig einstellen.

Rattern aus dem Zylinderbereich
Das Kolbenbolzenlager könnte ausgeschlagen sein. Zum Auswechseln muß der Zylinderkopf, der Zylinderblock sowie der betreffende Kolben runter (siehe auch Kapitel 2.1. und 2.2.).

Das Lager sitzt im Pleuelauge und kann erneuert werden. Vorher sollte man sich aber den Kolbenbolzen und das Kolbenbolzenlager im Kolben anschauen und auf Spiel prüfen.

Klopfende Geräusche aus dem Zylinderbereich
Das Pleuelfußlager könnte der Übeltäter sein, es ist typisch, wenn ein solcher regelmäßig sich wiederholender Klang ertönt.

Hier sollte sicherheitshalber ein Fachmann/-frau ran, weil es teuer werden kann. Erweist sich der Verdacht als berechtigt, muß der Motor zerlegt werden. Mit dem einen Pleuelfußlager müssen auch alle anderen (Mehrzylindermotoren) ausgewechselt werden, und dann macht man am besten auch gleich alle Kurbelwellenlager und sonstige Kugel- oder Rollen- bzw. Nadellager neu, damit sich der Aufwand lohnt. Auf die Weise ist der Motorblock komplett neu gelagert, gut für ein zweites langes Leben.

Rumpeln aus dem Kurbelgehäuse

Die Kurbelwellenlager lassen grüßen! Sie sind abgenutzt und wollen erneuert werden! Der Motor wird zum Zwecke einer Reparatur wie im obigen Absatz behandelt.

Rasselnde Geräusche aus dem Zylinderblockbereich an OHC- bzw. DOHC-Motoren

Zunächst empfiehlt es sich, da wir es hier wahrscheinlich mit einer losen Nockenwelle zu tun haben, den Kettenspanner neu einzustellen (siehe Kapitel 2.3.). Bringt das keine Resultate, müssen der Zylinderkopfdeckel abgeschraubt und die Gleit- und Führungsschienen überprüft werden. Auch der Kettenspanner wird zerlegt und kontrolliert.

Die Gleit- und Führungsschienen sollten mühelos beweglich in ihren Halterungen ruhen. Falls diese Teile schlecht erreichbar sind, muß der Zylinderkopf abgenommen werden.

Am Kettenspanner müssen die Federn in Ordnung sein und der Kettenspannstößel soll sich leicht hin- und herbewegen lassen.

Auch muß die Rücklaufsperre funktionieren, weil erst dann die Nachspannautomatik (an vollautomatischen Kettenspannern) arbeitet. Zu guter letzt bleiben noch die Steuerkette sowie die Kettenritzel zu prüfen.

Die Steuerkette wird kontrolliert, wie in Kapitel 2.1. beschrieben. Ihr Auswechseln kann mitunter Probleme aufwerfen, weil dazu an manchen Motorrädern der Motor zerlegt werden muß. Bei einfachen Rollenketten kann aber mit einem Kettentrenner die Rollenkette geöffnet, die neue Kette angehängt, durchgezogen (Achtung! Nockenwelle ausbauen und die Kurbelwelle vorsichtig drehen, damit die Kolben keinen Kontakt mit den Ventiltellern bekommen) und schließlich mit einem Kettenschloß zusammengefügt werden.

Wenn die Nockenwellensteuerung an der Seite des Motors liegt, macht das keine Probleme, weil hier die Kette über den Seitendeckel erreichbar ist.

Abgenutzte Kettenritzel an OHC- bzw. DOHC-Motoren sind im Bereich des Zylinderkopfes leicht auszuwechseln, an der Kurbelwelle nur um den Preis, den Motor zu zerlegen.

Rasselndes Geräusch während des Fahrbetriebes, verbunden mit starken Lastwechselreaktionen

Aus den Motordaten im Bordbuch kann herausgelesen werden, ob der Motor über eine Primärkette verfügt. Diese mehrgliedrige Rollen- oder Zahnkette

150

nähert sich bei der beschriebenen Geräuschentwicklung dem Ende ihres Daseins, sie ist schrottreif (siehe auch Kapitel 6).

2.5.4. Nachlassen der Motorleistung

Es drängt sich der Verdacht auf, ein Ventil sei verbrannt oder die Ventilsitze undicht, weil ausgeschlagen. Hat man den Eindruck, die Kolben bzw. die Kolbenringe sind abgenutzt, weil der Ölverbrauch steigt, besteht der Verdacht auf einen Haarriß im Zylinderkopf, durch den ein Teil des Verdichtungsdruckes entweicht, was auch im Falle einer nach innen durchgeschlagenen Zylinderkopfdichtung geschieht, dann ist ein Kompressionstest durchzuführen (beschrieben im folgenden Unterkapitel 2.6.)

Unruhiger Motorlauf im Stand könnte auf eine Ventilspielveränderung oder veränderte Vergasereinstellung zurückzuführen sein.

2.5.5. Motor ist zu heiß

Dafür kann es vier wichtige Gründe geben:

a.) Die Motorschmierung ist ausgefallen.
Dann muß der Motor sofort gestoppt und der Ursache nachgegangen werden.

Den Ausfall der Schmierstoffversorgung kann man an der im Fahrbetrieb jäh aufleuchtenden Öldruckkontroll-Lampe erkennen. Sie leuchtet immer dann auf, wenn der Öldruck im Motor unter einen bestimmten Schwellenwert gefallen ist. Aus diesem Grunde brennt die Lampe immer, wenn die Zündung angeschaltet wird, der Motor aber noch nicht läuft.

Motoren mit Trockensumpfschmierung haben eine Rücklaufleitung aus dem Motorsumpf, durch die von der Ölpumpe Motoröl in den Öltank zurückgefördert wird. Öffnet man den Öltankverschluß, kann man sehen, manchmal mit Hilfe einer Taschenlampe, ob Motoröl tatsächlich zurückfließt.

Motoren mit Naßsumpfschmierung können wir kontrollieren, indem wir einen Inspektionsdeckel am Zylinderkopf oder dem Zylinderkopfdeckel abschrauben und nachschauen ob tatsächlich Motoröl gefördert wird. Das kann eine Weile dauern wenn der Motor vorher kalt war.

b.) Zündzeitpunkt auf Spätzündung verstellt
Abgesehen vom Leistungsverlust bei zu weit gehender Spätzündung wird der Motor auch ungesund heiß, was zu Klemmneigung, verbrannten Ventilen oder einem Loch im Kolben führen kann. Die Zündung erfolgt so spät, daß die brennenden Gase noch im Ausstoßtakt aktiv sind, wenn

das Auslaßventil öffnet. Das heizt den Zylinder, den Zylinderkopf,den Kolben und auch den Auslaßtrakt gefährlich auf. Bevor der Zündzeitpunkt nicht einwandfrei eingestellt wurde, darf nur mit reduzierter Drehzahl gefahren werden.

Informationen zur Zündeinstellung, siehe Kapitel 7!

c.) Falsche Zündkerzenwahl

Zündkerzen, die zu niedrige Wärmewerte aufweisen, werden durch die hohen Temperaturen im Zylinder zu stark erhitzt und neigen zum Glühzünden, was eine vorzeitige Entzündung der Kraftstoff-Luft-Gemisches zur Folge hat, mit einem starken Aufheizeffekt für den Motor.

Über Zündkerzen und Wärmewerte siehe Kapitel 7!

d.) Magere Vergasereinstellung

Das Problem tritt selten auf, es sei denn, die serienmäßige Düsenbestückung wurde geändert.

Ein mageres Gemisch ist zwar von der Leistungsentfaltung her gesehen optimal, weil es eine bessere Energieabgabe fördert, doch bedeutet dies auch eine höhere Hitzeentwicklung für den Motor. Aus Gründen der inneren Kühlung wird deshalb das Gemisch über den ganzen Drehzahlbereich immer etwas fetter gehalten, als eigentlich nötig wäre.

Mehr zu dem Thema Gemischabmagerung im Kapitel 3.1.: "Wartungsarbeiten und Reparaturen an Vergasern".

e.) Hoher Ölverbrauch

Blauer Qualm aus dem Auspuff, Zweitakter einmal ausgenommen, bedeutet: Es wird Motoröl verbrannt. Da gibt es mehrere Gründe:

— Die Kolbenringe haben ihre Verschleißgrenze erreicht.
— Die Kolben sind abgenutzt, die Zylinderwandung verschlissen und aufgeweitet.
— Defekte Ventilschaftdichtungen oder aufgeweitete Ventilführungen
— Um sicher zu sein, daß das Motoröl nicht duch einen Haarriß im Motorgehäuse oder einen defekten Simmerring (Wellendichtring) entweicht, soll unbedingt die Verdichtung im Zylinder gemessen werden. Siehe hierzu das folgende Unterkapitel: "Regelmäßige Wartungsarbeiten am Motor".

Hoher Ölverbrauch muß durch häufiges Nachfüllen und ebenso häufiges Kontrollieren des Motorölstandes ausgeglichen werden. Mit nichts ist ein Motor schneller zu ruinieren als mit einem unter Minimum liegendem Ölstand.

Wie mit Kolben, Kolbenringen, Zylindern, Ventilführungen oder Ventilschaftdichtungen zu verfahren ist, zeigen die Unterkapitel 2.1. sowie 2.2.!

2.5.6. Motoröl entweicht aus der Motorentlüftung oder überraschend entstandene Leckagen zwischen den Gehäusedichtflächen

Das könnte auf zu viel Motoröl im Ölsumpf schließen lassen. Der oberste Strich am Ölmeßstab darf nicht überschritten werden, andernfalls wird Öl von den sich bewegenden Motorinnereien nach außen verdrängt. Ölablassen tut dann not.

Eine andere Ursache liegt in der Verwendung von Motoröl mit zu niedrigem Viskositätsgrad, das für die Jahreszeit oder das Klima zu heiß und zu dünn wird. Der Ölwechsel sollte gleich stattfinden, weil Motorschäden zu befürchten sind.

2.6. Regelmäßige Wartungsarbeiten am Motor

Warten heißt: Die Funktion des Motors auf dem bestmöglichen Stand halten.

Man mißt die Zeit zwischen den Wartungsarbeiten in gefahrenen Kilometern, manchmal sind zusätzlich Wochen, Monate oder pro Saison angegeben.

Man unterscheidet regelmäßige Wartungsarbeiten und solche aus einem bestimmten Anlaß, z.B. wenn im Frühjahr das Motorrad wieder in Betrieb genommen wird, oder außerplanmäßig, vor einer größeren Urlaubsreise. Unsere Angaben sind gemittelte Werte, da jeder Motorradhersteller seine eigenen Wartungsintervalle empfiehlt, die zum Teil um einige tausend Kilometer auseinanderliegen. Außerdem gibt es Motorräder, deren Mechanik in einzelnen Bereichen weitgehend oder gar völlig wartungsfrei arbeiten. Als Beispiel mag die FC 750 G von Yamaha gelten, deren Ventilspiel nach der Einfahrzeit lediglich alle 42.000 km geprüft werden muß oder die Suzuki VS 1400 Intruder, deren mächtiger V2-Zylinder mit 1400 ccm wartungsfrei von Hydrostößeln bedient wird.

Wir haben übrigens auch darauf verzichtet, spezielle Maßnahmen für die Wartung von Oldtimer-Motorrädern aufzuzeigen, weil deren Besitzer ohnehin meist über alle Daten ihrer Maschine Bescheid wissen.

Alle 500 km (oder jede Woche einmal)
— Motorölstand kontrollieren; Peilstab oder Schauglas einiger Motoren haben Minimum- und Maximum-Markierungen. Der Ölstand sollte niemals unter Minimum fallen oder über Maximum ansteigen.
— Sichtprüfung auf Ölflecke, festsitzende Kerzenstecker und Zündkabel. Seilzüge der Vergaser auf Beschädigung und Festigkeit kontrollieren.

—War der Motor grundüberholt vor 500 km oder gar neu, müssen Motoröl und Ölfilter gewechselt werden, damit der Motor die Gelegenheit erhält, Verunreinigungen feinster Art durch Herstellung oder Reparatur loszuwerden.

Alle 2000 Kilometer
—Nur bei Motoren mit manueller Nachspannvorrichtung für die Primärkette, wie bei Harley-Davidson oder Triumph:
Primärkette prüfen und, wenn nötig, nachspannen. Auskunft erteilt das Bordbuch (siehe auch Kapitel 6).

Alle 5000 km (oder alle drei Monate)
—Motorölwechsel; immer bei warmem Motor (verbrauchtes Motoröl sammeln und zur Ölsammelstelle bringen!).
—Zündkerzen überprüfen und reinigen (siehe Kapitel 7).
—Falls vorhanden, Überprüfen der Unterbrecherkontaktabstände (siehe Kapitel 7), Unterbrechernocke etwas einfetten.
—Zündzeitpunkt überprüfen (siehe Kapitel 7).
—Vergasersynchronisation (Mehrzylinder) überprüfen, Leerlaufeinstellung kontrollieren (siehe Kapitel 3).
—Luftfilter reinigen (siehe Kapitel 4).
—Ventilspieleinstellung überprüfen (siehe Kapitel 2.4.).

Alle 10.000 km (oder alle sechs Monate)
—Die Kontroll- und Einstellarbeiten der 5000 km-Inspektion durchführen und zusätzlich die folgenden Punkte:
—Zündkerzen austauschen! Sie kosten verhältnismäßig wenig, bringen aber Kraftstoffeinsparung und Leistungserhaltung. Motoren, die ausschließlich bleifrei gefahren wurden, können Kerzen in der Regel noch weitere 5000 Kilometer nutzen, weil unverbleiter Kraftstoff nicht so aggressive Auswirkungen zeigt.
—Zusätzlich zum Ölwechsel auch den Ölfilter ersetzen. Sondermüll, nicht in die Mülltonne werfen!
—Falls der Motor vom OHC- oder DOHC-Typ ist und über einen nur halbautomatischen Kettenspanner verfügt, diesen jetzt einstellen. Informationen gibt das Bordbuch; sonst siehe Kapitel 2.3. in diesem Band!
—Kraftstoff-Filter im Tank, am Vergaser und am Kraftstoffhahn reinigen. Siehe auch Kapitel 3.3.

Alle 15.000 km (oder alle 12 Monate)
—Die Kontroll- und Einstellarbeiten der 5000 km-Inspektion durchführen und zusätzlich die folgenden Punkte:

— Schwimmerkammer des Vergasers abbauen und von Verunreinigungen befreien.
— Unterbrecherkontakte auswechseln (siehe hierzu Kapitel 7)
— Spiel des Kupplungsseilzuges überprüfen, Kupplung einem Verschleißtest unterziehen (siehe hierzu Kapitel 6).

3. Vergaser, Tankanlagen, Kraftstoffe

3.1. Vergaser und Frischgasaufbereitung oder wie ein brennbares Gemisch entsteht

Daß Motorräder Verbrennungsmotoren besitzen und demzufolge ein brennbares Kraftstoff-Luftgemisch benötigen, ist uns bei der Lektüre des ersten Kapitels deutlich geworden. Das hierzu notwendige Instrument, den Vergaser, kennen wir aber nur dem Namen nach. Um so interessanter wird es sein, die Methoden der Frischgasaufbereitung zu enthüllen.

Die Verbrennung des Gemisches im Motor, die Krafterzeugung, kann nur bei feiner Zerstäubung oder Vernebelung des Kraftstoffes erfolgen, bei gleichzeitiger Verwirbelung und Durchmischung mit der Luft (dem Sauerstoffträger), die im Saugrohr durch den Vergaser rauscht.

Von Vergasen zu sprechen ist physikalisch gesehen eigentlich falsch. Die feinen Kraftstofftröpfchen gehen ja keine Verbindung mit der zugeführten Luft ein, sie bilden nur ein Gemenge.

Für alle Betriebsbedingungen des Motors im gesamten Drehzahl- und Lastbereich die richtige Mischung herzustellen und zu liefern ist Aufgabe des Vergasers.

Die größte Power holt man aus dem Kraftstoff heraus, wenn das Mischungsverhältnis Kraftstoff-Luft genau stimmt. Ideal ist eine Mischung von 14,8 Gewichtsteilen Luft zu einen Gewichtsteil Kraftstoff. Die chemische Umwandlung durch die Verbrennung setzt dann die höchste Energiemenge frei.

An der Verbrennung tatsächlich beteiligt ist aus der Luft aber nur der dort enthaltene Sauerstoff. Er geht eine Verbindung mit den Kohlenstoffmolekülen im Kraftstoff ein.

Ein Beispiel: Wenn ein Motorrad auf 100 km Fahrtstrecke 5 Liter Benzin verbraucht, dann saugt der Motor in der Zeit 42.700 Liter Luft durch den Vergaser. Das entspricht 8.540 Litern Sauerstoff.

Das ideale Mischungsverhältnis wird aber in der Praxis nicht erreicht. Je nach Drehzahl, zur Verfügung stehende Luftmenge, Belastung des Motors und Güte der Motorenkonstruktion kann es Abweichungen geben. Deren Größenordnung schwankt dann zwischen 12:1 und 18:1. Die Dichte der Außenluft spielt eine weitere wichtige Rolle. Auf Meeresniveau ist sie am höchsten. Im Gebirge, auf den Paßstraßen, am niedrigsten. Je weniger Sauerstoff in der Luft enthalten ist (und das trifft auf die Regionen niedrigen Luftdruckes zu) desto weniger Kraftstoff kann er binden und desto fetter wird das Gemisch. Die Motorleistung nimmt entsprechend rasch ab. Fühlbar wird die Leistungsreduzierung aber erst ab etwa 1000 Meter Höhe aufwärts. Bis dahin arbeiten Verbrennungsmotoren noch weitgehend normal. Ab dann

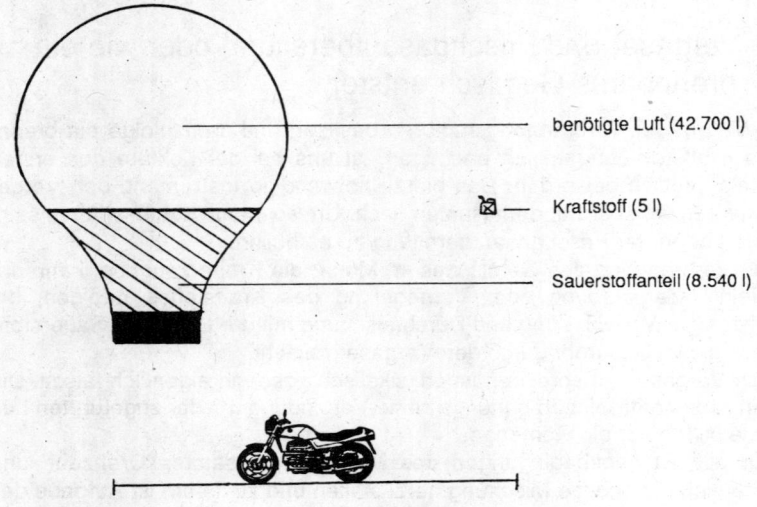

Luft und Kraftstoffverbrauch

benötigte Luft (42.700 l)

Kraftstoff (5 l)

Sauerstoffanteil (8.540 l)

Fahrstrecke = 100 km

sinkt die Motorleistung kontinuierlich. Nicht weiter schlimm für den Motor, doch man sollte es im Auge behalten.

Ein fettes Gemisch, damit meint man immer einen Kraftstoffüberschuß, läßt im Innern des Motors unverbrannte Überreste entstehen, die Ölkohle. In einigen extremen Fällen kondensiert der Kraftstoff an der Zylinderwandung, wäscht den Ölfilm ab und beeinträchtigt die Kolbenschmierung gefährlich. Die schlecht verbrannten Gase gelangen abschließend durch den Auspuff ins Freie. Da sie giftigere Bestandteile enthalten als bei einer guten Verbrennung, schädigen sie Mensch und Umwelt stärker. Natürlich verbraucht so ein Motor auch mehr Kraftstoff!

Anders herum leiden Motoren, die ein zu mageres Gemisch erhalten, an Kraftstoffmangel und Luftüberschuß. Die Auswirkungen für den Motor sind nicht minder schädlich, wenn auch in ihrem Charakter andersgeartet. Während der Verbrennung eines mageren Gemisches muß sich die Flammenfront mühsam von einem Kraftstoff-Luftteilchen zum nächsten hangeln. Das kostet Zeit. Es kann vorkommen, daß die Verbrennung im Motor immer noch anhält, obwohl der Kolben schon UT erreicht hat. Gefährlich, denn der Motor heizt sich unnötig auf. Das ist ein möglicher Anlaß für verbrannte Ventile beim Viertaktmotor und Löcher im Kolbenboden bei Zweitaktern. Gerade letztere reagieren sehr empfindlich auf eine Gemischabmagerung. Das in

158

den Zylinderraum einströmende Gemisch kühlt nämlich im Normalfalle auch den Zylinderraum, die Kolben und Ventile, weil das verdampfende Benzin in der Mischung der Umgebung Wärme entzieht.

Ein physikalischer Vorgang, den die Konstrukteure bei der Motoren-konstruktion gezielt ausnutzen und der bei zu magerer Vergasereinstellung wegfällt.

Nehmen wir aber einmal an, das vom Vergaser produzierte Gemisch sei in Ordnung und gelangt nun bei betriebswarmem Motor in den Zylinderraum. Dann passiert folgendes: Die im Gemisch enthaltenen Kraftstofftröpfchen ändern blitzschnell ihren Aggregatzustand, sie verdampfen. Jetzt kann man schon eher von einem Vergasen sprechen, weil Kraftstoff und Luft nun ähn-liche physikalische Zustände einnehmen, die einer maximalen Vermischung nichts mehr in den Weg stellen.

Das Gegenteil findet bei einem kalten Motor statt, nachts oder frühmor-gens, wenn die Außentemperatur besonders niedrig ist. Dann vergast der Kraftstoff während des Startvorganges nur sehr mangelhaft. Hinzu kommt, daß er bei niedriger Motordrehzahl nur schlecht zerstäubt in den Ansaugka-nal gelangt. Ein Teil des Kraftstoffes aus dem Gemisch schlägt sich nämlich im Innern des kalten Ansaugrohres oder an der Zylinderinnenwandung nieder. Resultat: Das Gemisch ist zu mager, es reicht nicht zum Starten der Maschine.

Um nun das Starten des Motors in jedem Falle zu gewährleisten, muß man den Vergaser dazu bringen, ein um so fetteres Gemisch zu produzieren, je kälter der Motor und je niedriger die Drehzahl ist. Deshalb wird das Gemisch im Vergaser während der Startphase mit dem dreifachen Gehalt an Kraftstoff angereichert (Choke, Startvergaser).

Im mittleren Teillastbereich und bei betriebswarmem Motor ist ein mage-res Gemisch, auch wegen der günstigeren Verbrauchswerte ausreichend. Das Mischungsverhältnis nähert sich dann dem Idealwert von 14,8:1. Im Leerlauf und im Vollastbereich wird das Gemisch wieder angereichert, um Motorschäden durch Gemischabmagerung (Überhitzung!) vorzubeugen.

Unter Vollast oder Vollgas versteht man die volle Ausnutzung der Ge-mischproduktion eines Vergasers. Der Öffnungsquerschnitt seines Saugrohres steht dem Motor uneingeschränkt zur Verfügung.
Teillast bedeutet: Den Fahrsituationen angepaßte Regulierung des Lufteintrittes in den Vergaser. Der Motor erhält seine Kraftstoff- Luft-mischung, wie es dem Fahrer paßt. Er reguliert auf dieses Weise die Motordrehzahl.

So langsam wird aus dem Zusammenhang klar, daß wir scheinbar mit einem einzigen Vergaser nicht auskommen. Denn es gibt verschiedene Betriebsbedingungen für unsere Motoren:

1. Kaltstart
2. Leerlauf
3. Teillast
4. Vollast

Vergaser besitzen heute aus diesem Grund zahllose, scheinbar völlig wirr im Gehäuse liegende Bohrungen und Düsensysteme, die untereinander nur teilweise verbunden sind.

Jeder Vergaser macht sich ein physikalisches Grundgesetz aus der Strömungslehre zunutze, das man mit Hilfe des Venturi-Rohres einleuchtend erklären kann

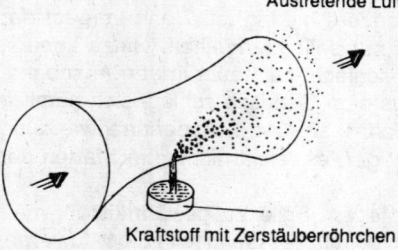

Venturi-Rohr

Austretende Luft

Kraftstoff mit Zerstäuberröhrchen

Einströmende Luft

Wir stellen fest, daß an der engsten Stelle des Venturi-Rohres die Luftgeschwindigkeit am höchsten und der Luftdruck gemessen an der gesamten Rohrlänge, am niedrigsten ist. Mit zunehmender Luftgeschwindigkeit nimmt also der Luftdruck im selben Maße ab. Man kann auch sagen: Der Unterdruck nimmt zu.

Wenn man an dieser Stelle in die Rohrwandung ein Röhrchen steckte, das mit einem Kraftstoffbehälter verbunden wäre, so würde durch das Druckgefälle zwischen Außenluft und Venturi-Rohr Druck auf den Kraftstoffspiegel im Tank ausgeübt. Der Unterdruck im Venturi-Rohr saugt am Röhrchen. Folglich würde an der Einmündung des Röhrchens im Venturi-Rohr Kraftstoff austreten.

Dieser Kraftstoff würde vom Luftstrom mitgerissen, verwirbelt und zerstäubt. Ein Kraftstoff-Luftgemisch wäre entstanden und wir hätten die Geburt eines Vergasers erlebt! Eine Klappe am Eingang des Venturi-Rohres ließe uns den Luftstrom regulieren und wir hätten mittels dieser Drosselwirkung die Aussicht, die Gesamtmenge des erzeugten Gemisches zu bestimmen

Doch halt! Wir haben es hier nur mit einem theoretischen Modellvergaser zu tun. In der Praxis ergeben sich höchst komplizierte Wechselbeziehungen, die eine so einfache Lösung nicht zulassen.

3.2. Verschiedene Vergasertypen und ihre grund sätzliche Arbeitsweise

Je nach Anordnung des Ansaugrohres am Motor und der Richtung des Saugstromes unterscheidet man Flachstrom-, Schrägstrom- und Fallstromvergaser. Für Motorradmotoren wird letzeres zur Zeit kaum verwendet, weil er die Bauhöhe des Motors unnötig vergrößert.

Baulich unterscheiden wir die Vergaser untereinander hauptsächlich nach der Weise, wie sie den Luftstrom durch die Mischkammer regulieren. Dies geschieht im:

1. Schiebervergaser anders, als im -
2. Gleichdruckvergaser
3. Eine seltene Variation ist der Drosselklappenvergaser, der kaum verwendet wird und den wir deshalb außen vorlassen.

Allen Vergasern gemeinsam ist die venturiartige Form der Mischkammer im Saugrohr des Vergasers, in der das Kraftstoff-Luftgemisch für den Fahrbetrieb entsteht.

Der Schiebervergaser gehört zu den Modellen, die den Venturieffekt im Saugrohr steuern. Eine am Schieber befestigte Nadel sorgt zusammen mit der entsprechenden Düse für eine brauchbare Kraftstoffversorgung. Über den Gasdrehgriff am Lenker steuert der Fahrer den Schieber. Im Ruhezustand sperrt der Schieber die Mischkammer von der Außenluft ab. Der Motor läuft nun über ein Leerlaufdüsensystem. Je weiter der Schieber geöffnet wird, desto größer ist das Gemischangebot des Vergasers an den Motor, und desto mehr Leistung kann er entwickeln. Doch gehen wir systematisch vor. Ein Schiebervergaser benötigt für seinen Aufbau:

a.) Eine Schwimmereinrichtung. Sie regelt den Kraftstoffzufluß aus dem Tank und hält das Flüssigkeitsniveau im Vergaser konstant. Sie besteht aus Schwimmergehäuse und Schwimmer, Schwimmernadel und Schwimmernadelventil.

b.) Die Starteinrichtung für den Kaltstart (Choke). Sie wird im nächsten Unterkapitel beschrieben.

c.) Das Leerlaufsystem mit Übergangseinrichtung zum Teillastbereich. Dazu gehören: Leerlaufdüse, Kanäle im Vergaser für die Luftversorgung, die Kratstoffzufuhr sowie die Reguliereinrichtung für Leerlaufveränderung und Gemischbildung. Die Übergangseinrichtung arbeitet mit einem Schieberausschnitt auf der dem Luftfilter zugewandten Seite. Hinzu kommt eine Bypassleitung (engl.: Umgehung).

d.) Das Hauptdüsensystem, deren Bestandteile Hauptdüse, Nadeldüse, Düsennadel und Gasschieber für den Übergang von der Teillast zur Vollast verantwortlich zeichnen und bei dem die Hauptdüse bei Vollast die alleinige Arbeit leistet.

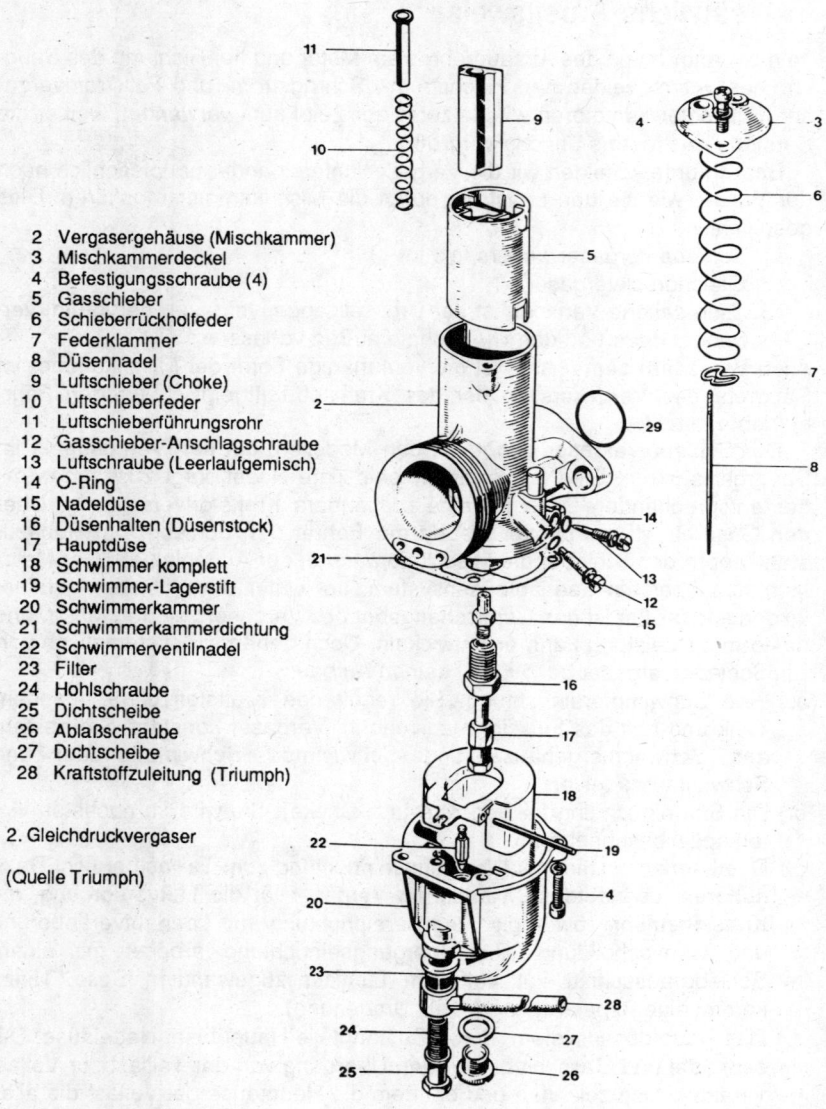

 2 Vergasergehäuse (Mischkammer)
 3 Mischkammerdeckel
 4 Befestigungsschraube (4)
 5 Gasschieber
 6 Schieberrückholfeder
 7 Federklammer
 8 Düsennadel
 9 Luftschieber (Choke)
10 Luftschieberfeder
11 Luftschieberführungsrohr
12 Gasschieber-Anschlagschraube
13 Luftschraube (Leerlaufgemisch)
14 O-Ring
15 Nadeldüse
16 Düsenhalten (Düsenstock)
17 Hauptdüse
18 Schwimmer komplett
19 Schwimmer-Lagerstift
20 Schwimmerkammer
21 Schwimmerkammerdichtung
22 Schwimmerventilnadel
23 Filter
24 Hohlschraube
25 Dichtscheibe
26 Ablaßschraube
27 Dichtscheibe
28 Kraftstoffzuleitung (Triumph)

2. Gleichdruckvergaser

(Quelle Triumph)

AMAL CARBURETOR

162

e.) Die Beschleunigungseinrichtung (Beschleunigerpumpe), die als Zusatzeinrichtung mittels Kraftstoffeinspritzung den Übergang vom Teil- zum Vollastbereich optimal und ruckfrei gestaltet. Wirklich nötig ist sie aber nur bei Motoren mit großen Einzelbrennräumen.

Die Höhe des Schwimmerstandes ist für den Vergaser ein sehr wichtiges Maß. Sie wird vom Hersteller festgelegt und sollte bei einer Vergaserüberholung stets mit überprüft werden.

Der Schwimmer reguliert über die Schwimmernadel den Flüssigkeitsstand im Schwimmergehäuse. Wird Kraftstoff verbraucht, fließt solange frischer aus dem Tank nach, bis der alte Stand wieder erreicht ist. Die Leerlaufdüse, die Kaltstartdüse und die Hauptdüse tauchen unterschiedlich tief in den Flüssigkeitsspiegel der Schwimmerkammer ein. Über sie werden, dosiert, die notwendigen Mengen Kraftstoff für die unterschiedlichen Bedürfnisse des Motors angesaugt.

Verändert sich infolge eines Fehlers im System der Flüssigkeitsstand im Schwimmergehäuse, verändert sich auch die Gemischzusammensetzung der den Vergaser durchstömenden Luft. Sinkt der Flüssigkeitsspiegel, steht weniger Kraftstoff für das Gemisch bereit. Es ist magerer geworden. Steigt er dagegen an, wird die Kraftstoff-Luftmischung überproportional fett. Das Überprüfen und Einstellen ist im Unterkapitel: "Wartungsarbeiten und

Membran-Gleichdruck-Vergaser

Gasschieber mit Membran

①

1. Düsennadel
2. Leerlaufregulierschraube
3. Stöpsel (nur für US-Modell)
4. Leerlaufdüse
5. Nadeldüse
6. Nadeldüsenhalterung
7. Hauptdüse
8. Kraftstoffstandsensor

Kawasaki GPZ 900 R

163

Reparaturen an Vergasern" dargestellt! *Das Leerlaufsystem* bereitet das notwendige Kraftstoff-Luftgemisch im Bereich der Leerlaufdrehzahl auf. Der Gasschieber bleibt derweil fast ganz geschlossen. Es sorgt auch, bis zu einem Achtel des Schieberweges, für ein Übergangsgemisch vom Leerlauf zur Teillast.

Typisches Leerlaufsystem
Bei Leerlaufdrehzahl und im niedrigen Drehzahlbereich ist der Schieber nur leicht geöffnet. An der dem Motor zugewandten Seite herrscht ein hoher Unterdruck. Die dem Luftfilter gegenüberliegende Seite, ist dem normalen Außendruck ausgesetzt. Kraftstoff wird über die Leerlaufdüse aus der Schwimmerkammer angesaugt. Die Düse begrenzt den Kraftstofffluß mengenmäßig.
Durch die Leerlauf-Luftdüse wird aus dem Eingangsbereich des Vergasers gleichzeitig Luft angesaugt, die sich mit dem Kraftstoff aus der Leerlaufdüse vermischt. Das fertige Gemisch teilt sich in zwei Ströme auf. Der eine fließt über die Bypass-Austrittsbohrung in die Mischkammer des Saugrohres und bildet den Grundstock für die Leerlaufmischung, außerdem fließt hier bei Bedarf das Gemisch für den Übergang zur Teillast aus der Bohrung. Der zweite Strom des Leerlauf-Gemisches fließt infolge des Unterdruckes aus einer Öffnung des Saugrohres hinter dem Schieber. Mittels einer Lufteinstellschraube im Gehäuse wird die Möglichkeit geboten, diesen zweiten Strom mengenmäßig (das Gemisch ist in seiner Zusammensetzung durch die Luft und die Leerlaufdüse fest eingestellt) zu regulieren. Das hat Auswirkungen auf die Gesamtmenge des Leerlaufgemisches und erlaubt es, die Drehzahl zu senken oder zu erhöhen.

Der Übergang zur Teillast wird durch die Höhe des Ausschnittes am Gasschieber beeinflußt.
Der Schieberausschnitt ist von einem Achtel bis zu einem Viertel des Schieberweges für die Teillastgemischaufbereitung verantwortlich. Je größer

Schieberausschnitt

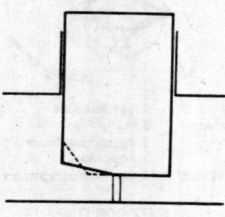

der Ausschnitt, desto stärker steigt der Luftanteil der Teillastmischung. Weil der Schieber aber im Moment des Überganges noch nicht so weit hochgezogen ist, als daß Haupt-, Nadeldüse und Düsennadel ihre Arbeit aufnehmen könnten, müssen Leerlauf-System und Schieberausschnitt zusammenarbeiten. Wie beim Staffellauf der Stab von Läufer zu Läufer weitergereicht wird, muß in der Folge eine Baugruppe des Vergasers nach der anderen die Produktion des Gemisches an die nächste weiter-

164

Funktionsprinzip des Schiebervergasers

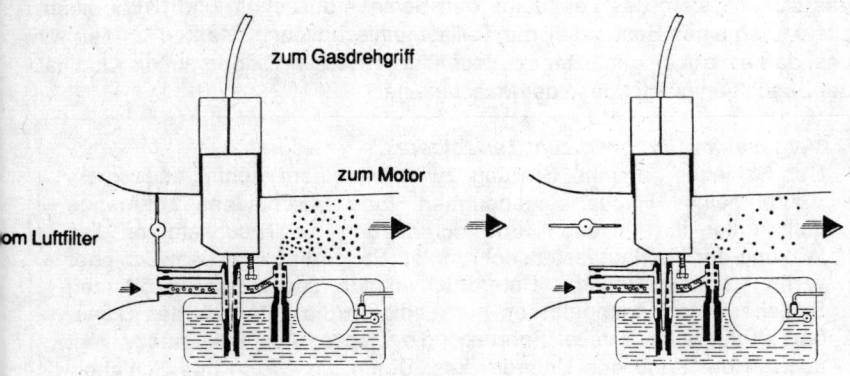

zum Gasdrehgriff

zum Motor

vom Luftfilter

Vergaser beim Kaltstart
Starterklappe geschlossen
(wenig Luft, viel Kraftstoff)

Vergaser im Leerlauf
(Leerlaufsystem in Funktion)

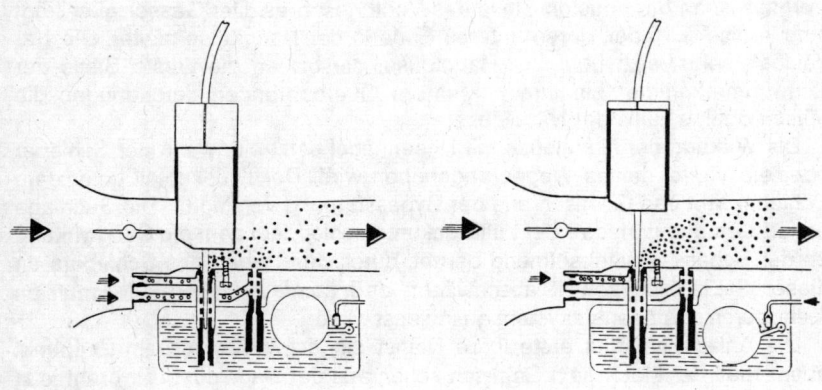

Vergaser im Übergang
zum Teillastbereich
(der Schieberausschnitt wirkt
sich aus)

Vergaser im Vollast-
(Vollgas)bereich.
Schwimmerkammer-Ventil
läßt Kraftstoff nachfließen

165

reichen. Allerdings überschneiden sich die Handreichungen bewußt, um keine Übergangsprobleme entstehen zu lassen. In unserem Fall unterstützt das Düsensystem des Leerlaufes den Schieberausschnitt und beide bilden zusammen einen Bestandteil der Teillastgemischbildung. Merken können wir uns, daß ein gut eingestellter Leerlauf fühlbare Auswirkungen auf die Qualität der Beschleunigungsphase der Maschine hat.

Vergaser im Übergang zum Teillastbereich
Der Schieber hat eine Stellung zwischen einem Achtel und einem Viertel seines Hubes eingenommen. Eine bescheidene Luftmenge quillt unter ihm hindurch und durchströmt die Mischkammer. Die Wirkung der Leerlaufaustrittsbohrung im Saugrohr hinter dem Schieber verringert sich, weil der Unterdruck infolge des stärker geöffneten Schiebers stark nachgelassen hat. Lediglich die unterhalb des Schiebers befindliche zweite Bohrung, die Bypass-Austrittsöffnung, liegt noch in der Zone des Unterdruckes. Durch die Größe des Schieberausschnittes bestimmt, veranlaßt dieser Unterdruck die Bypassöffnung zu einer verstärkten Kraftstofförderung, um der gestiegenen Luftmenge zu entsprechen. Es entsteht das wichtige Übergangsgemisch zur Teillast.

Das Hauptdüsensystem Die Nadeldüse mündet in die Mischkammer des Vergasers, an der engsten Stelle des Venturi-Rohres. Der Gasschieber trägt eine konische Nadel, deren unteres Ende in der Nadeldüse gleitet. Die Nadeldüse selbst sitzt über der Hauptdüse, die bis an die tiefste Stelle der Schwimmerkammer hineinragt. Mehrere Querbohrungen durchdringen die hülsenförmige Hülle der Nadeldüse.
Die Wirkung der Nadeldüse mit Düsennadel setzt ein, wenn der Schieber über ein Viertel seines Weges angehoben wird. Der Druckabfall unter dem Schieber läßt das Gemisch aus der Bypassöffnung versiegen. Die Sachlage erklärt sich dadurch, daß der Luftdruckunterschied, auf dem die Saugwirkung an der Bypass- Austrittsöffnung beruht, durch das Heben des Schiebers an dieser Stelle sich soweit abschwächt, daß keine Kraftstoff-Luft-Emulsion mehr durch das Leerlaufsystem geschleust wird.
Die Anlage hat fürs erste ihren Dienst eingestellt! Zu diesem Zeitpunkt aber erhält der Motor sein Gemisch schon aus der Nadeldüse. Er dreht jetzt voll im Teillastbereich.

Vergaser im Teillastbereich
Zwischen einem Viertel und drei Viertel seines Weges hebt der Schieber die Düsennadel soweit an, daß deren konische Spitze die durch Haupt- und Nadeldüse angesaugte Kraftstoffmenge, auf Grund des

166

zwischen beiden entstandenen Ringspaltes, bestimmt. Die Nadeldüse, durch die der Kraftstoff nach oben steigt, läßt durch ihre Querbohrungen Luft aus der Lufdüse (sie versorgt auch das Leerlaufsystem) eindringen, die den Kraftstoff in eine Kraftstoff-Luft-Emulsion verwandelt. Diese Technik fördert die Versprühung, erzeugt feinere Kraftstofftröpfchen in der Mischkammer und verbessert vor allem bei Viertaktmotoren die Gemischaufbereitung. Dieser Teil der Nadeldüse mit ihren Querbohrungen wird Mischrohr genannt.

Zweitaktvergaser besitzen kein Mischrohr. Da ihr Kraftstoff-Luftgemisch im Kurbelraum kräftig nachgemischt und vorverdichtet wird, ist dieser Aufwand unnötig.

Die Hauptdüse tritt in Aktion, wenn der Schieber drei Viertel seines Weges zurückgelegt hat. Bis dahin hat die Nadel kontinuierlich aus der Nadeldüse herausgehoben und damit den freien Spalt zwischen Nadel und Bohrung vergrößert. Da gleichzeitig der Schieber immer größeren Mengen Luft den Eintritt in die Mischkammer gestattete, wurde bei gleichbleibender Kraftstoff-Luftmischung das Volumen des in Richtung Zylinderraumes eilenden Gemisches vergrößert. Der Motor dreht nun im oberen Drehzahlbereich. Steht der Schieber endlich am oberen Anschlag, ist der Gasdrehgriff gänzlich aufgezogen, dann strömt die dem vollen Querschnitt des Vergasers entsprechende Luftmenge durch das Saugrohr. Der Motor dreht mit Vollgas und entfaltet seine maximale Kraft.

Hauptdüse und Schieber in Aktion
Von Dreiviertel bis Vollgas wird die Motordrehzahl und die Gemischzusammenstellung ausschließlich durch Schieberstellung und Hauptdüsengröße bestimmt. Ist der Schieber ganz oben, hat die Düsennadel keine regulierende Funktion mehr, obwohl ihre Spitze noch in der Nadeldüse steckt. Der Kraftstoffdurchfluß wird nur noch durch die Hauptdüsengröße bestimmt, die im Vollgasbereich ein etwas fetteres Gemisch produziert, um ein Überhitzen der Motorinnereien zu vermeiden.

Die Beschleunigungseinrichtung, beim Automobil eine Selbstverständlichkeit, hat sich für großvolumige Motorrad-Viertakter als nützliche Einrichtung erwiesen.

Schiebervergaser haben hier nämlich einen großen Mangel: Bei plötzlichem Vollgas aus niedrigen Motordrehzahlen heraus, bricht unter dem Schieber der Unterdruck soweit zusammen, daß nicht genügend Kraftstoff angesaugt werden kann. Die Bypass-Bohrung zusammen mit dem Schieberausschnitt ist total überfordert. Der Motor verschluckt sich. Eine Pumpe,

die Kraftstoff in diesem Moment einspritzt, könnte diesen Mangel überbrücken. Das führte zur Beschleunigerpumpe, die vorwiegend außen am
Vergaser angebaut, eine wohldosierte Menge Kraftstoff für solche Zwecke
bereithält.

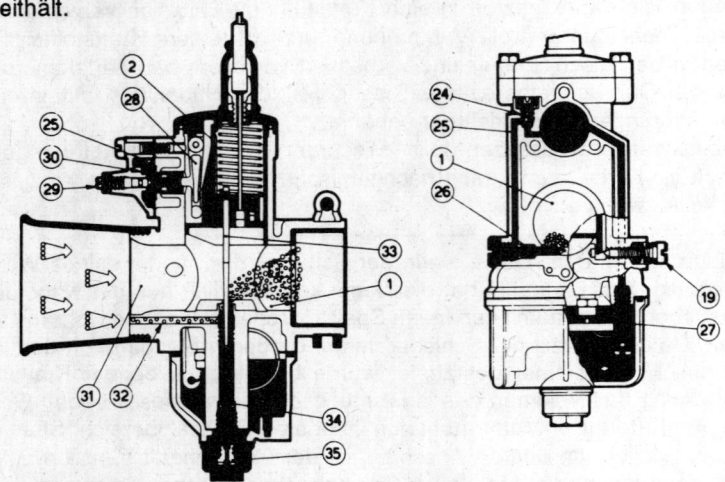

Die Funktionsweise der Dellorto-Beschleunigerpumpe

Beim Anheben des Gasschiebers (2) wird der Pumpenhebel (28) beiseite geschoben. Der Hebel wirkt auf die Pumpenmembrane (25) und
drückt diese nach aussen. Kraftstoff in der Membran-Kammer (30) gelangt über ein Rückschlagventil (24) zur Einspritzdüse (26), wo er ins
Saugrohr eingespritzt wird.
Beim Schliessen des Gasschiebers kehrt die Membrane unter Federdruck wieder in ihre Ausgangslage zurück. Das Rückschlagventil (24)
schliesst sich und das Einlassventil (27) öffnet sich, so dass sich die
Membran-Kammer mit frischem Kraftstoff füllen kann. Die Pumpe
kann durch Verdrehen der Einstellschraube (29) eingestellt werden.
Dies erlaubt eine stufenlose Verstellung der eingespritzten Kraftstoffmenge.

(Dell Orto)

Der *Gleichstrom-Gleichdruckvergaser* stellt eine Weiterentwicklung des
Schiebervergasers dar. Während der Fahrer beim Schiebervergaser dem
Motor seine Leistungsvorstellungen durch Drehen am Gasdrehgriff auf-
zwingt, obwohl der Motor auf Grund seiner momentanen Drehzahl womöglich nicht dazu in der Lage ist, liegt die Sache beim Gleichdruckvergaser
umgekehrt. Der Fahrer bestimmt mit Öffnen oder Schließen der Drosselklappe lediglich die totale Luftmenge, die in den Motor gelangen soll. Der
Motor holt sich die Dosis des benötigten Kraftstoff-Luftgemisches selbständig
und pegelt sich auf Grund der Luftmengenregulierung auf die gewünschte
Drehzahl ein. Da der Motor nur soviel Gemisch ansaugt, wie er gerade
braucht, arbeitet er in jedem Drehzahlbereich sparsam, glatt und ohne zu
stottern.

Er kann sogar auf die bei großvolumigen Motoren notwendige Beschleunigerpumpe verzichten. Doch was sind Vorteile des Gleichstromvergasers.

Membran-Gleichstrom-Vergaser

Vergaser (KZ250-D)

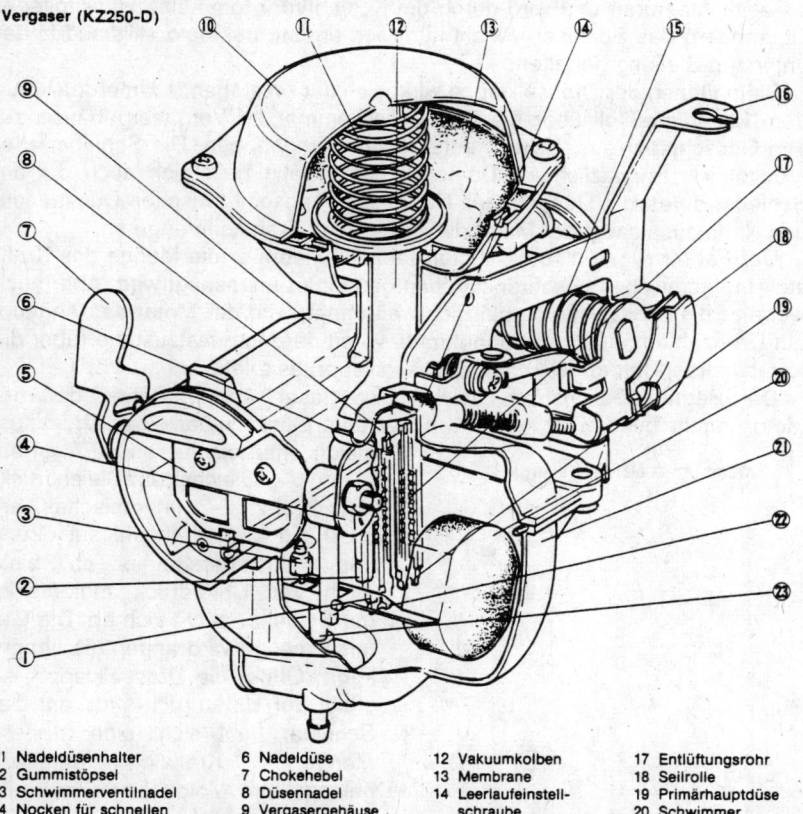

1 Nadeldüsenhalter	6 Nadeldüse	12 Vakuumkolben	17 Entlüftungsrohr
2 Gummistöpsel	7 Chokehebel	13 Membrane	18 Seilrolle
3 Schwimmerventilnadel	8 Düsennadel	14 Leerlaufeinstell-	19 Primärhauptdüse
4 Nocken für schnellen	9 Vergasergehäuse	schraube	20 Schwimmer
Leerlauf	10 Oberer Deckel	15 Rückholfeder	21 Schwimmerkammer
5 Startklappe	11 Feder	16 Gaszughalterung	22 Sekundärhauptdüse
(Kawasaki)			23 Überlaufschlauch

Hier ein membrangesteuerter Typ. Zwei auf den ersten Blick wichtige Unterschiede zum Schiebervergaser:

1. Der Gasschieber ist nicht mit dem Gasdrehgriff verbunden.
2. Auf der Motorseite ist im Saugrohr eine drehbare Drosselklappe eingebaut. Sie erlaubt dem Fahrer, die Luftmenge zu bestimmen, die der Motor verarbeiten soll.

Die Betätigung des Gasschiebers im Gleichstromvergaser erfolgt automatisch und allein über den Unterdruck im Saugrohr. Der Saugdruck des Motors bestimmt auch die Höhe des Schiebers. Er folgt somit dem Motor und nicht umgekehrt, wie beim reinen Schiebervergaser. Der Gasschieber hängt an einer Membran und wird durch die Kolbenfeder, die keine Rückholfeder ist, sondern das Schiebergewicht künstlich erhöht, bei Motorstillstand in der untersten Stellung gehalten.

Beim Öffnen der Drosselklappe wirkt sich der entstehende Unterdruck aus dem Motor maßvoll über die Unterdruckkammer im Vergasergehäuse auf den Gasschieber aus. Er wird entsprechend angehoben. Die Schieberfeder arbeitet jetzt zusätzlich als Dämpfer. Gleichzeitig hebt sich auch die am Schieber befestigte Düsennadel. Durch den Ringspalt zwischen Düsennadel und Nadeldüse saugt der Motor die notwendige Kraftstoffmenge an.

Der Fahrer regelt also die Motordrehzahl, indem er die Menge des Kraftstoff-Luftgemisches beschränkt, die in den Motor angesaugt wird. Aber auch wenn er die Drosselklappe plötzlich weit öffnet, wird der Motor das Angebot auf Drehzahlerhöhung erst annehmen, wenn der Motorlastzustand (über die Kombination: Unterdruckkammer/Gasschieber) es erlaubt.

Der Begriff "Gleichstrom-Gleichdruckvergaser" kommt daher, daß der Motor immer bemüht ist, vor und hinter dem Gasschieber einen Druckausgleich herbeizuführen. Er strebt einen "Gleichstrom/Gleichdruck" des Kraftstoff- Luftgemisches an. Sinkt die Motordrehzahl auf Grund des Fahrtwiderstandes ab, sinkt auch der Unterdruck motorseitig, der Schieber senkt sich ab. Die Gemischmenge wird angepaßt. Umgekehrt: Öffnet die Drosselklappe, so steigt der Unterdruck stark an. Der Schieber hebt sich, eine größere Menge Kraftstoff-Luftgemisch gelangt zum Motor. Der Druck ist wieder ausgeglichen.

Membran-Gleichdruckvergaser

Der Leerlauf funktioniert meistens mit einem Düsensystem àla Schiebervergaser. Wesentliche Unterschiede zum Schiebervergaser treten erst auf, wenn vom Leerlauf zur Teillast übergegangen wird. Gegenüber dem Rand der Drosselklappe liegt im Vergasergehäuse eine Bohrung, die über einen Kanal mit dem Leerlaufsystem gekoppelt ist; eine Nebenaustrittsöffnung, "Bypass"

1	Membrane	8	Leerlaufdüse
2	Kolbenventil	9	Nadeldüse
3	Düsennadel	10	Drosselventil
4	Hauptdüse	11	Umgehungs-Gasbohrung
5	Leerlauf-Luftdüse	12	Leerlaufauslaß
6	Schwimmerkammer	13	Leerlauf-Luftregulier-
7	Hauptdüse		schraube

(Kawasaki)

170

genannt. Bei geschlossener Drosselklappe tritt an dieser Stelle überhaupt
nichts aus. Bei geringfügig geöffneter
Klappe, reguliert mittels Gasschieber-
Anschlagschraube, bildet die Bypass-
Bohrung zusammen mit der Leerlauf-
öffnung im Ansaugrohr die Möglichkeit, Leerlaufgemisch in den Zylinder
zu saugen.

Wird die Drosselklappe über dem
Gasgriff etwas weiter geöffnet, entsteht ein stärkerer Sog. Die Kraft-
stoffproduktion aus der Bypassöffnung verstärkt sich. Öffnet sich die
Klappe jedoch noch weiter, versiegt
mangels Unterdruck die Kraftstoff-
quelle des Leerlaufsystems, weil der
verstärkte Sog des Motors den Schieber (über die Unterdruckkammer)
noch höher ansteigen läßt. Dies
bringt auch das Bypass-System zum
Schweigen.

Der Vergaser arbeitet jetzt nur
noch als Gleichdruckinstrument. Es
gibt prinzipiell zwei Sorten von
Gleichstromvergasern:
1. Membrangesteuerte Gleichstromvergaser
2. Kolbengesteuerte Gleichstromvergaser
Nun gibt es diverse Mischformen zwischen den verschiedenen Vergasertypen. Um sie hier alle unterzubringen, könnte man spielend ein

In der zylindrischen Unterdruckkammer, leicht
beweglich, aber sauber gearbeitet, läuft ein
runder, flacher Kolben, an dem der Schieber unterhalb angebracht ist. Eine Feder drückt den
Kolben in Ruhestellung nach unten. Sie hat
Dämpferfunktion wie diejenige des Membran-
Typs. Setzt der Unterdruck ein, hebt er den Kolben mit dem Schieber an. Das geschieht über
einen Verbindungskanal zwischen Unterdruckkammer und Ansaugkanal. Alle weiteren Vorgänge ähneln denen des Membran-Gleich-
stromvergasers.

Keihin-Kolben-Gleichdruckvergaser (SU-Typ)

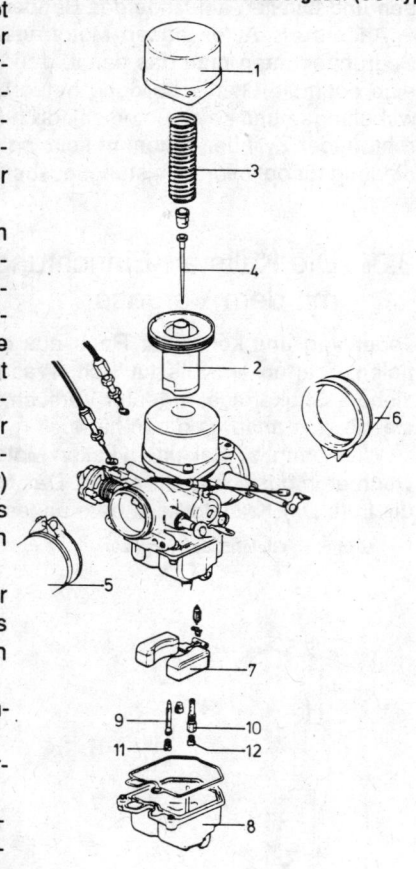

1 Unterdruckglocke
2 Unterdruckkolben mit Gasschieber
3 Kolbendämpfungsfeder
4 Düsennadel
5 Stutzen-Zylinderkopf
6 Stutzen-Luftfilterkammer
7 Schwimmer
8 Schwimmerkammer
9 Hauptdüsenstock
10 Nadeldüsenhalter
11 Primärhauptdüse
12 Sekundärhauptdüse

171

weiteres Buch verfassen. Wir verweisen deshalb lieber auf die Literaturanga- ben und Quellen am Ende des Bandes.

Anders als Autos haben Motorräder meist pro Zylinder einen Vergaser. Begründen kann man das damit, daß kurze, möglichst gerade Ansaugwege eine optimale Gemischbildung hervorbringen. Es gibt keine störenden Ver- wirbelungen und keine unterschiedlich langen Ansaugwege mehr im Ansaug- rohr. Jeder Zylinder bekommt sein individuelles Gemisch präsentiert, Vorbe- dingung für optimierte Leistungsausbeute.

3.3. Die Kaltstart-Einrichtung (Choke): Zusammenarbeit mit dem Vergaser

Jeder von uns kennt es: Raus aus dem Haus, Motorrad aus der Garage holen, Starten - nichts tut sich. Was nun? Oh! Vergessen, den Choke zu ziehen. Choke raus, erneuter Versuch, - brumm, die Schüssel läuft, als wenn sie nie was anderes getan hätte.

Wie kommt's? Bei einem kalten Motor vergast der Kraftstoff recht schlecht, wenn er in das Saugrohr eintritt. Das Metall des Rohres ist nämlich kälter als die Luft. Der Kraftstoff aus dem angesaugten Gemisch kondensiert und läuft innen die Rohrwand hinunter. Das Gemisch muß also mit Kraftstoff an- gereichert werden, damit trotz dieser Verluste dem Motor noch ein zündfähiges Gemisch angeboten werden kann.

Die einfachste Methode besteht darin, der Luft einen Widerstand entgegenzusetzen, um den Luftan- teil im Gemisch zu reduzieren. Das geschieht mit einem Schieber oder einer Klappe. Der Begriff Choke (englisch: würgen) hat sich als Be- zeichnung für alle Formen der Kaltstart - Gemischanreicherung durchgesetzt, obwohl er sich eigent- lich nur auf diese eine Methode be- zieht.

Die zweite Möglichkeit besteht darin, einen Vergaser im Vergaser zu installieren. Er wird lediglich für den Kaltstart zugeschaltet. Der

Membran Gleichdruckvergaser

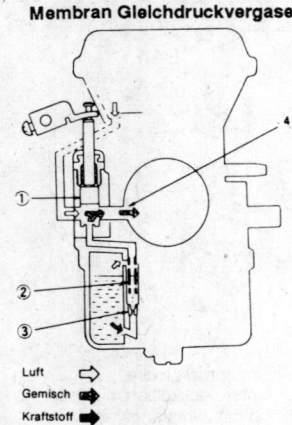

Luft ⇨
Gemisch ➡
Kraftstoff ➡

Eine typische Kaltstartvorrichtung zur Gemischanreicherung

Kraftstoff in der Schwimmerkammer wird durch die Starterdüse (3) ge- saugt und gelangt in ein Emulsionsrohr (2). Der dabei entstehende Kraftstoffschaum kommt mit dem Luftstrom in Kontakt, der durch die Kaltstart-Bohrung (4) ins Saugrohr fliesst. Dabei verdampft er und bil- det so das fette Gemisch. Die Vorrichtung wird durch einen einfachen Ein-Aus-Kolben betätigt (1).

(Kawasaki)

172

Startvergaser funktioniert mit Hilfe eines Kolbens, der eine Bohrung im Vergasergehäuse freigibt und über ein eigenes Düsensystem zusätzlich Kraftstoff und Luft in die Mischkammer leitet. Die Luft dient hierbei ausschließlich, eine Kraftstoffemulsion zu erzeugen, die eine bessere Vermischung beim Eintritt in die Mischkammer erbringt.

Der Betätigungsmechanismus für Choke wie Startvergaser befindet sich entweder am Lenker oder an der Vergaserbatterie selbst.

Erwärmt sich der Motor nach dem Kaltstart, was schon nach dreißig Sekunden der Fall sein kann, erwärmt sich auch das Ansaugsystem. Hierdurch kondensiert weniger Kraftstoff aus und das Gemisch reichert sich unliebsam an. Es wird fetter und fetter. Der Motor quittiert das mit einem immer unruhiger werdenden Lauf. Darum muß man den Choke etwas hineinschieben.

Der Motor beruhigt sich dann gleich wieder und brummt eine Weile gleichmäßig vor sich hin, bis das Ganze wieder von vorne losgeht. Am Ende ist der Choke abgestellt.

Vergißt man aber, den Choke abzustellen, beginnt der Motor wieder unrund zu laufen, bevor er am Ende stehenbleibt. Schiebt man den Choke während der Fahrt aus Versehen in seine Arbeitspositon, stirbt der Motor sofort ab. Er kollabiert auf Grund von Gemischverfettung und springt, wenn es nicht gleich bemerkt wird, auch erstmal nicht wieder an. Abgesoffen sagt man dazu.

3.4. Einstellarbeiten am Vergaser

Der Vergaser beeinflußt den Lauf eines Motors mindestens so einschneidend wie es die Zündanlage tut. Seine korrekte Justierung, seine Wartung und Instandhaltung sind deshalb außerordentlich wichtig.

Zur genauen Vergasereinstellung gehört, daß der Motor sich in einem mechanisch einwandfreien Zustand befindet.

Bevor man also Fehler in der Vergaseranlage sucht, sollte man sein Augenmerk zuerst auf eventuelle Defekte oder abgelaufene Wartungsintervalle am Motor richten (siehe hierzu Kapitel 2 und 7).

Ein Vergaser läßt sich darüber hinaus nur gut einstellen, wenn er selber in Ordnung ist. Seine Verschleißteile: Vergaserschieber, Düsennadel, Nadeldüse, Schwimmernadelventil und zusätzlich bei Gleichstromvergasern die Dämpferfeder, die Membran bzw. der Kolbenschieber, müssen einen abnutzungsfreien Eindruck machen.

Es ist oft versucht worden, alte oder ausgelutschte Vergaser einzustellen. Vergiß es! Ohne Neuteile geht da nichts mehr.

A. Einstellarbeiten an Schiebervergasern

1. Vorbemerkungen zu Einstellarbeiten an Schieber- und Gleichstrom-/Gleichdruckvergasern.
2. Prüfen und Einstellen des Seilzuges bei einem einzelnen Schiebervergaser mit Rückholfeder.
3. Synchronisation einer Zweierbatterie von Schiebervergasern mit Rückholfeder (Zweizylindermotor).
4. Die Synchronisation von drei und mehr Vergasern.
5. Prüfen und Einstellen der Seilzüge und das Synchronisieren der Gasschieber von "desmodromisch" betätigten Schiebervergasern ohne Rückholfeder (Gelenkhebelschiebervergaser; gestängebetätigte Schiebervergaser).
6. Prüfen und Einstellen des Schwimmerstandes.
7. Die Leerlaufeinstellung eines einzelnen Schiebervergasers.
8. Die Leerlaufeinstellung von (Schieber-) Zweivergaseranlagen.
9. Die Leerlaufeinstellung von mehr als zwei Schiebervergasern.

B. Einstellarbeiten an Gleichstromvergasern

1. Prüfen und Einstellen des Seilzuges und der Drosselklappen-Anschlagschraube.
2. Dynamische Synchronisation von mehreren Gleichstrom/Gleichdruckvergasern.
3. Die Leerlaufeinstellung eines einzelnen Gleichstromvergasers.
4. Die Leerlaufeinstellung einer (Gleichstrom-) Zweivergaseranlage.
5. Die Leerlaufeinstellung von mehr als zwei (Gleichstrom) Vergasern.

A. Einstellarbeiten an Schiebervergasern

A.1. Vorbemerkungen zu Einstellarbeiten an Schieber- und Gleichstrom/Gleichdruckvergasern.

Grundsätzlich muß ein Motor, dessen Vergaser dynamisch, das heißt während des Laufes eingestellt wird, *betriebswarm* sein!

Für rein statische Einstellarbeiten, z.B. das Synchronisieren der Gasschieber, ist dies nicht erforderlich.

Der *Luftfilter* sollte für die dynamische Einstellung unbedingt *montiert* bleiben. Das Filterelement muß sauber oder zumindest frisch gereinigt sein. Neu wäre natürlich super!

Läßt man den Luftfilter ganz weg, bekommt der Motor eine größere Luftmenge, als ihm gut tut. Außerdem stimmt die ganze Einstellerei nicht mehr, wenn am Ende der Luftfilter doch wieder anmontiert werden muß! Nicht zuletzt kann die Flamme einer Fehlzündung aus dem Saugrohr in den Vergaser zurückschlagen, was verheerende Folgen haben kann. Eine saubere, knickfreie Verlegung der Vergaserseilzüge hat sich als wichtig für eine einwandfreie Vergasersynchronisation erwiesen. Dies trifft in besonderem Maße zu für Mehrvergaseranlagen, deren einzelne Vergaser über jeweils einen einzigen Seilzug betätigt werden.

Zur Beurteilung der Vergasereinstellung kann auch das Kerzenbild der Zündkerzen herangezogen werden. Allerdings ist hierzu ein korrekter Zustand der Zündanlage Voraussetzung (siehe auch Kapitel 7).

Beispiel: Tritt beim Fahren das Gefühl auf, daß der Motor beim Hochdrehen ein Loch im unteren Drehzahlbereich hat, also recht unwillig Gas annimmt, dann braucht es nicht unbedingt am Vergaser zu liegen. In dem Fall empfiehlt es sich, den mechanischen Fliehkraftregler der Zündanlage zu überprüfen (siehe hierzu ebenfalls Kapitel 7). Hier würde ein Kerzenbild nichts über den Vergaser aussagen können, weil die Zündanlage der Übeltäter ist.

A.2. Prüfen und Einstellen des Seilzuges bei einem einzigen Schiebervergaser mit Rückholfeder.

Seilzüge, die unter anderem auch an Motorradvergasern benutzt werden, nennt man nach ihrem Erfinder oft auch "Bowdenzüge". Sie werden an Motorrädern in unterschiedlicher Ausführung, noch für die Bedienung der Kupplung, der Bremstätigkeit oder des Ventilaushebers (Starthilfe für großvolumige Einzylinder) verwendet. Bei neueren Motorrädern verschwinden sie nach und nach und werden, bis auf wenige Funktionen, durch hydraulische Systeme ersetzt.

Das Bowdenprinzip funktioniert folgendermaßen: In einer Hülle aus gedrehtem Federstahl, die zum Schutz gegen Staub, Schmutz und Wasser mit einem Kunststoffmantel umgeben ist, bewegt sich ein Drahtseil, die Seele, hin und her. Diese Seele besteht aus vielen, dünnen, flexiblen Einzelstahldrähten. Das macht das Seil insgesamt biegsam, bruchunanfällig und damit langlebiger. Beim Ziehen am Seil nun,

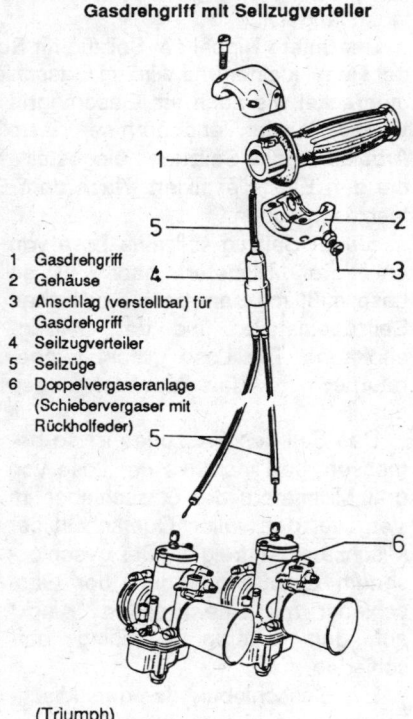

Gasdrehgriff mit Seilzugverteiler

1 Gasdrehgriff
2 Gehäuse
3 Anschlag (verstellbar) für Gasdrehgriff
4 Seilzugverteiler
5 Seilzüge
6 Doppelvergaseranlage (Schiebervergaser mit Rückholfeder)

(Triumph)

175

stützen sich die mit dem Drahtseil verbundenen Bedienungsorgane (z.B. Kupplungshandhebel am Lenker) gegen die entsprechende Hebelei am Motor, mit Hilfe der Seilhülle ab. Ganz einfach also: Die Hülle trägt, die Seele zieht. Das ganze System bleibt in sich flexibel und ist eine vernünftige Alternative zur starren Gestängesteuerung, die bei einem Motorrad in den meisten Fällen sowieso nicht zu gebrauchen wäre.

Vergaserseilzüge, die der Betätigung des Gasschiebers dienen, haben oben am Seilzug, zum Gasdrehgriff hin, einen angelöteten oder gepreßten Nippel. Dieser wird in die Trommel des Gasdrehgriffes eingehängt und das Seil daran wickelt sich auf, wenn man am Griff dreht. Meist ist die Vollgaseinstellung bereits nach einer Dreivierteldrehung des Gasgriffes erreicht.

Der BMW-Gasdrehgriff von Magura dokumentiert eine intelligente Lösung in der Führung des Seilzuges. Statt des Zuges selbst wickelt sich eine kleine Kette auf, die vom Gasdrehgriff über ein Umlenkgetriebe bewegt wird. Den Seilzug hängt man an den Anfang der Kette. - Großer Vorteil: Der Zug wird nur gradlinig bewegt, Nippel und Stahldrähte brechen nicht so leicht, sie leben länger.

Der untere Nippel am Seilzug für Schiebervergaser mit Rückholfeder ist in der Regel kleiner und wird im Gasschieber unten eingehängt. Am Mischkammerdeckel wie auch am Gasdrehgriff sind Seilzugeinsteller befestigt. Durch Verkürzen oder Verlängern der Einsteller (rein- oder rausschrauben) wird der Arbeitshub des Seilzuges eingestellt. Hierzu löst man erst die Kontermutter, die den Einsteller fixiert. Nach dem Einstellen nicht vergessen, sie wieder festzuschrauben.

Jeder Seilzug soll eine Lose von etwa drei Millimetern haben. Diese Lose mißt man am besten zwischen Seilzugeinsteller und der Seilzugendkappe. Die Lose gleicht temperaturbedingte Materialausdehnungen aus.

Das Seil des Gaszuges ist so bemessen, daß inclusive der Lose von drei Millimetern der Gasschieber im Vergaser den vollen Querschnitt der Mischkammer freigibt. Bei geschlossenem Gasdrehgriff muß der Gasschieber mit einem satten "Klack" auf den unteren Anschlag aufschlagen.

Ein Gasschieber, der den Mischkammerquerschnitt des Vergasers

Seilzugeinsteller am Gasdrehgriff

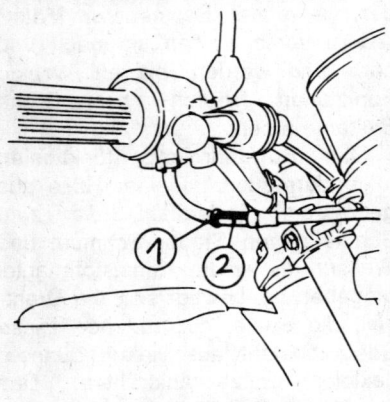

1 Kontermutter
2 Einstellschraube

(Honda)

176

nicht vollkommen freigibt, reduziert die Motorleistung. Liegt er am unteren Anschlag nicht auf, hat der Motor immer einen unruhigen, stets überhöhten Leerlauf, weil durch den Spalt unter dem freischwebend hängenden Schieber zusätzlich Luft eintritt.

A.3. Synchronisation einer Zweierbatterie von Schiebervergasern mit Rückholfeder (Zweizylindermotor)

Schiebervergaser mit Rückholfeder und Seilzugbetätigung werden, wenn es mehr als einen einzigen Vergaser betrifft, über ein Seilzugverteilersystem oder über einen Doppelgasgriff mit zwei Seilzügen bedient.

Bei der Verteilervariante gelangt ein einziger Seilzug vom Gasdrehgriff kommend, in einen Verteiler. Je nach Vergaseranzahl führen dann zwischen zwei und vier Seilzüge wieder hinaus.

Der Doppelgasgriff hingegen bedient zwei einzelne Seilzüge, die beide gemeinsam vom Gasgriff aus zu je einem Vergaser laufen.

Ein Beispiel für eine Viererverteileranlage bietet die RG 500 Gamma von Suzuki, ein Vierzylinder Zweitaktmotor. Einen Zweierverteiler besitzt die Ducati 900 SD. Die BMW R 80 ist wie alle Boxermodelle und auch die Moto-Guzzi 850 T5 mit einem Doppelgasgriff ausgerüstet.

Schreiten wir aber jetzt zur Synchronisation von Zweivergaseranlagen. Hier läßt sich die Einstellerei noch ohne Spezialwerkzeug recht effektiv vornehmen. Der Motor sollte hierzu abgestellt sein.

Zunächst drehen wir die Gasschieber-Anschlagschraube beider Vergaser so weit heraus, daß beide Gasschieber in ihrer untersten Stellung gerade noch von der Schraubenspitze berührt werden. Nun bringen wir die Lose zwischen Hülle und Seele, wie oben beschrieben, an jedem Seilzug auf drei Millimeter. Die Gasschieber beider Vergaser liegen am Anschlag unten auf.

Jetzt baut man den Luftfilter oder den Luftfilterkasten der Maschine ab. Manchmal genügt auch die Beseitigung der Gummiansaugstutzen zum Luftfilterkasten hin. In jedem Fall muß man in der Lage sein, die Gasschieber zu beachten.

Ein Helfer dreht den Gasgriff auf Vollgas. Während er den Drehgriff festhält, beobachtet man selber, ob die beiden Gasschieber den Mischkammerquerschnitt der Vergaser auch vollkommen freigeben. Tun sie dies nicht, so gibt es drei Möglichkeiten:

1. Der obere Anschlag ist falsch justiert; das macht sich bemerkbar durch ein zu großes Spiel in den Seilzügen.
2. Beide Züge sind zu lang. Trotz Aufdrehen der Einsteller bleibt eine zu große Lose des Seilzuges. Die Schieber geben daraufhin den Ansaugquerschnitt nicht frei.
3. Der eine oder andere Seilzug hat sich verklemmt oder ist geknickt, der Gasgriff kann nicht voll aufgedreht werden.

177

Nachdem die Gasschieber befriedigend arbeiten, schließt der Helfer den Gasgriff und beide Vergaserschieber müssen mit einem leisen Klicken auf den Gasschieberanschlag im Schiebergehäuse auftreffen. Ist das nicht so, kann bei einer Vergaseranlage mit Seilzugverteiler jeder einzelne Zug nochmal nachgestellt werden. Läßt sich der untere Anschlag unter gar keinen Umständen einstellen, ist mit ziemlicher Sicherheit der betreffende Seilzug zu kurz oder geknickt.

Nachdem nun die Grundeinstellung der beiden Gasschieber stimmt, kommen wir zur eigentlichen Synchronisation:

Aus der Leerlaufstellung heraus dreht der Helfer rhythmisch mit leichter Hand am Gasgriff. Nur wenig Ausschlag genügt. Man selbst beobachtet das Auf und Ab der Gasschieber. Da beide schwerlich zur gleichen Zeit zu sehen sind, benutzt man besser beide Fingerspitzen zum Erfühlen der möglicherweise unterschiedlichen Schieberbewegungen.

Es genügt auch, Papierschnitzel unter die Schieber zu klemmen und durch feines Anheben der Schieber über den Gasgriff zu ertasten, welcher sich zuerst rausziehen läßt. Die Justierung ist dann einfach. Man verlängert oder verkürzt am Seilzugeinsteller, bis beide Gasschieber gleichmäßig abheben.

A.4. Die Synchronisation von drei und mehr Vergasern

Die Synchronisation der Seilzüge und Gasschieber von mehr als zwei Schiebervergasern kann optimal nur mit sogenannten Unterdruckmessuhren (Manometer) erfolgen. Diese Instrumente sind nicht billig und auch nicht einfach zu bedienen.

Die eigentliche Einstellung erfolgt an den jeweiligen Seilzugeinstellern der Mischkammerdeckel und richtet sich nach den Werten der Unterdruckmessuhren.

A.5. Prüfen und Einstellen der Seilzüge und das Synchronisieren der Gasschieber von "desmodromisch" betätigten Schiebervergasern ohne Rückholfeder (Gelenk-Schiebervergaser).

Desmodromisch bedeutet in unserem Beispiel, daß mittels eines Gestänges das Öffnen und Schließen der Gasschieber über zwei sich ergänzende Seilzüge zwangsgesteuert vorgenommen

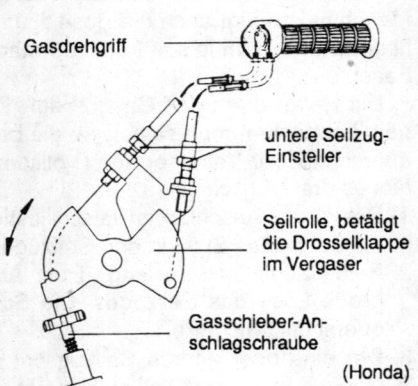

Desmodromische Vergaserbetätigung

Gasdrehgriff

untere Seilzug-Einsteller

Seilrolle, betätigt die Drosselklappe im Vergaser

Gasschieber-Anschlagschraube

(Honda)

178

wird. Damit kann auf die Rückholfedern in den Schiebervergasern verzichtet werden.

Das Verfahren ist verblüffend einfach, sicher und genau. Man spart Seilzüge, den passenden Ärger dazu und es erleichtert die routinemäßige Wartung der Vergaseranlage enorm.

Die Synchronisation der beiden einzigen Seilzüge ist einfach.

A.5.1.   Das Spiel der beiden Züge wird eingestellt. Hierzu prüft man den Durchhang der Drahtseile zwischen Seilrolle und Seilzugeinsteller (ca. 3 bis 5 mm. Siehe hierzu auch Punkt B.1.)

A.5.2.   Bei Betätigung des Gasdrehgriffes von Anschlag zu Anschlag muß der Schieber den Mischkammerquerschnitt vollkommen freigeben, bzw. auf dem Anschlag der gemeinsamen Leerlauf-Anschlagschraube aufliegen. Zur Einstellung dienen die beiden Seilzugeinsteller. Der im Bereich des Gasdrehgriffes befindliche Einsteller trägt manchmal einen Buchstaben eingeschlagen, zur Identifizierung des gesuchten Seilzuges. "R" bedeutet dann: "Return" und meint den Schließ- oder Rückholseilzug.

Die Mechanik der desmodromischen Vergaserbedienung besitzt eine Hilfsfeder, welche die Seilrolle mit dem daran befindlichen Schließer-Seilzug und dem Gasdrehgriff in die Vergaserleerlaufposition zieht. So ist beim Loslassen des Gasdrehgriffes im Unglücksfalle gewährleistet, daß die Maschine nicht mit Vollast weiterläuft.

Wir können hier nicht alle Gelenkschiebervergasermodelle besprechen und beschränken uns deshalb auf den gewöhnlich verwendeten Typ (siehe Illustration).

Der Gelenkschiebervergaser besitzt zur Schiebergrundeinstellung entweder eine Schraube mit Gegenmutter am Gelenkhebel, letztere verdeckt unter dem Mischkammerdeckel, oder einen außenliegenden Schieberanschlag mit Justierschraube.

Bei einer Aneinanderreihung der einzelnen Vergaser zu einer Vergaserbatterie dienen die Schrauben zur Schiebergrundeinstellung dann

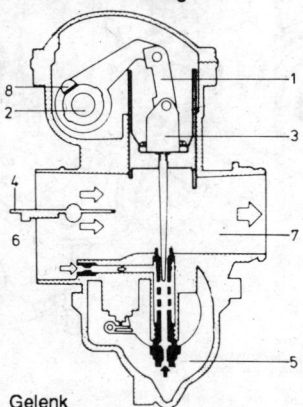

Gelenkschiebervergaser

1   Gelenk
2   Vergaserbetätigungswelle
3   Gasschieber
4   Starterklappe
5   Schwimmerkammer
6   vom Luftfilter
7   zum Motor
8   Klemmschraube zur Schiebereinstellung

(Suzuki)

179

zusätzlich auch noch der Synchronisation der Instrumente untereinander. Die Bedienung des Gelenkschiebers vom Gasdrehgriff aus wird durch die desmodromische Seilzugbetätigung erleichtert. Die Seilzugrolle am Vergaser ist mit dem Gelenkschieber über eine Welle gekoppelt. Jede Drehung am Gasgriff wird auf die Seilzugrolle weitergegeben und verändert die Stellung des Schiebers. Eine Gasschieber-Anschlagschraube dient als unterer Anschlag, wirkt auf die Stellung der Seilzugrolle und erlaubt mit ihrer großen Rändelschraube eine einfache Verstellung der Leerlaufdrehzahl.

Sind mehrere Vergaser zu einer Batterie zusammengebaut, so sitzt die Seil-

Typische Vierfach-(Gelenkschieber) Vergaserbatterie

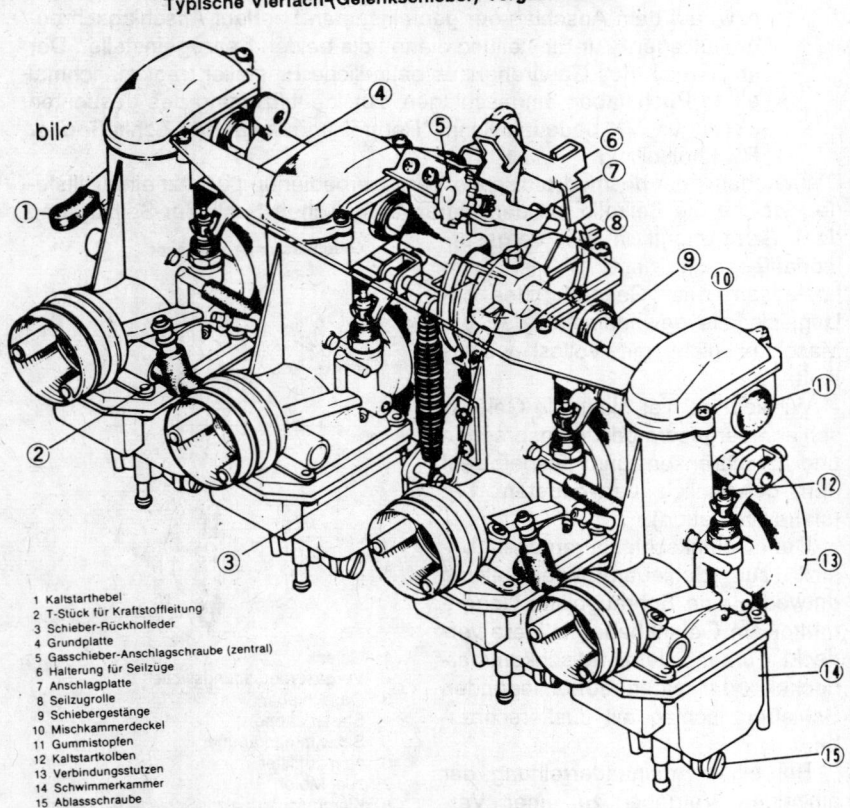

1 Kaltstarthebel
2 T-Stück für Kraftstoffleitung
3 Schieber-Rückholfeder
4 Grundplatte
5 Gasschieber-Anschlagschraube (zentral)
6 Halterung für Seilzüge
7 Anschlagplatte
8 Seilzugrolle
9 Schiebergestänge
10 Mischkammerdeckel
11 Gummistopfen
12 Kaltstartkolben
13 Verbindungsstutzen
14 Schwimmerkammer
15 Ablaßschraube

Kawasaki Z 900

180

rolle der Desmodromik auf der gemeinsamen Betätigungswelle, meist irgendwo in der Mitte zwischen den Vergasern. Auch hier dient eine Anschlagschraube als unterer Anschlag für alle Gasschieber und ist wie beim Einzelvergaser für die Leerlaufregulierung verantwortlich. Die große Rändelschraube zu ihrer Bedienung ist in der Regel von unten, zwischen den Vergasern liegend, erreichbar.
Die Synchronisation mehrerer Vergaser ist ein nächster Schritt. Er betrifft die
zu Vergaserbatterien zusammengebauten Gelenkschieber - und die ge-
stängegesteuerten Schiebervergaser.
Für am Motor fest angebaute Vergaser, benötigt dieser Arbeitsgang Unterdruckmeßuhren und ist zum Glück nicht sehr häufig notwendig. Bei unruhi-
gem Leerlauf, schlechter Motorleistung oder nach dem Ersetzen von Verga-
serinnereien etc., ist diese Neujustierung aber unumgänglich.

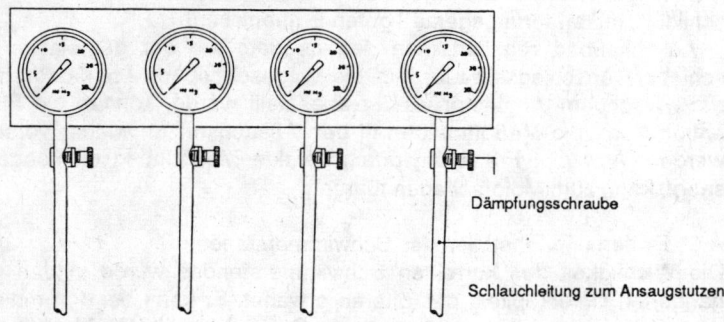

Unterdruckmeßuhren

Dämpfungsschraube

Schlauchleitung zum Ansaugstutzen

Bei angeschlossenen Unterdruckschläuchen an die dafür vorgesehenen
Öffnungen der Ansaugstutzen zwischen Motor und Vergasern wird der Motor
gestartet. Der zur Einstellung der Vergaser abgenommene Kraftstofftank wird
mittels einer kleinen Flasche oder eines Mopedtankes ersetzt.
Der Motor rumort nun im Leerlauf und erzeugt mit den Zeigern der Unter-
druckinstrumente auf den Skalen eine flattrig-pulsierende Anzeige. Die
Zahlen geben den erreichten Unterdruck in HG = Quecksilbersäule an. Die
Dämpfung der Meßuhren muß so eingestellt werden, daß die Zeiger eine
relativ ruhige Anzeige zustande bringen. Teure Meßuhren haben ein eingebautes Dämpfungsglied. Billiges Gerät wird mittels unterschiedlich starkem
Einklemmen der Schläuche gedämpft. Wichtig auch hier: Der Motor muß für
die Einstellerei Betriebstemperatur haben!
Nun wird die Drehzahl des Motors mittels der Gasschieber-Anschlagschraube auf etwa 1500 1/min erhöht. Zeigt es sich, daß die Manometer unterschiedliche Werte angeben, die an 40 HG heranreichen, müssen die Ver-

gaser neu synchronisiert werden. Wir nehmen dafür den Vergaser als Vergleichsmaßstab, der gegenüber den anderen einen eher mittleren Wert auf der Skala anzeigt. Wir synchronisieren alle anderen Vergaser danach. Die weiter oben aufgezeigten Gasschieberverstellmöglichkeiten nutzend, heben oder senken wir die Grundeinstellung der Gasschieber solange, bis alle Anzeigen einen etwa gleich großen Wert aufweisen. Wir sollen uns nicht verwirren lassen, eine schwankungsfreie Anzeige während der Einstellarbeiten ist schwierig, da die Unterdrücke in den Saugrohren stark pulsieren. Weil sich während der Justierarbeiten an einem Vergaser auch automatisch die Drehzahlen und somit auch die Unterdruckwerte für alle anderen Vergaser ändern, muß das Einstellen insgesamt solange wiederholt werden, bis alle Vergaser in etwa gleiche Werte aufweisen.

Die von den Herstellern angegebenen minimalen und maximalen HG-Werte sollte man beachten und die Einstellung darauf abstimmen. Oft aber gibt es gar keine Werte und dann verfährt man am besten wie oben geschildert, mit erfahrungsgemäß guten Ergebnissen!

Anschließend reguliert man den Leerlauf mit der gemeinsamen Gasschieber- Anschlagschraube auf die vorgeschriebene Leerlaufdrehzahl zurück. Nachdem der Motor wieder abgestellt wurde, können die Schläuche entfernt und die Meßöffnungen in den Ansaugstutzen wieder verschlossen werden. Achtung! Fremdluft, durch defekte Meßöffnungsdichtungen angesaugt, kann zum Motorschaden führen!

A.6. Prüfen und Einstellen des Schwimmerstandes
Die Wichtigkeit des korrekten Schwimmerstandes wurde in den vorangegangenen Unterkapiteln des öfteren erwähnt. Er kann bei den meisten modernen Vergasern eingestellt werden. Bei einigen älteren Modellen ist dies aber leider unmöglich. Dort werden zur Regulierung unterschiedlich schwere Schwimmer eingesetzt.

Es gibt zwei Methoden, den Schwimmerstand zu messen. Bei der einen bleibt der Vergaser eingebaut, bei der anderen muß man ihn ausbauen. Für Mehrzylindermotoren bedeutet das: Die ganze Vergaserbatterie abschrauben.
Die erste Methode:
Sie funktioniert nur, wenn die Schwimmerkammer des Vergasers unten einen Ablaufstutzen hat, auf den man einen Klarsichtschlauch aus Kunststoff aufschieben kann.

Dieser Schlauch wird an der Schwimmerkammer seitlich hochgehalten und mit Kraftstoff aus der Kammer geflutet.

Nach dem physikalischen Gesetz der kommunizierenden Röhren pegelt sich der Flüssigkeitsstand im Schlauch auf den in der Schwimmerkammer ein. Der Abstand zwischen dem Pegel der Flüssigkeit im Schlauch (gleich

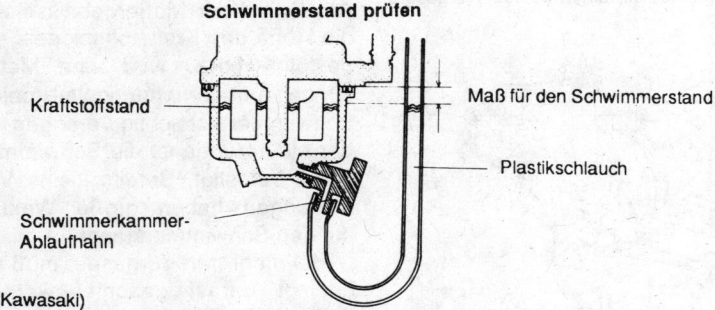

Schwimmerstand prüfen

Kraftstoffstand

Maß für den Schwimmerstand

Plastikschlauch

Schwimmerkammer-
Ablaufhahn

(Kawasaki)

demjenigen in der Schwimmerkammer) und der Oberkante der Schwimmerkammer, bildet einen Indikator für den Stand des Schwimmers. Der Abstand
ist im Werkstatthandbuch angegeben und man kann jetzt erkennen, ob er in
Ordnung ist.

Die zweite Methode:
Sie eignet sich nur für Vergaser, bei denen die Schwimmerkammer abbau-
bar ist; damit fallen einige alte Modelle raus.

Am besten nimmt man den Vergaser ab, bei Mehrfachvergasern den
ganzen Block.

Die Schwimmerkammer bauen wir ab und stellen den Vergaser auf den
Kopf.

Das Schwimmerventil besteht aus dem Ventilsitz, darin befindet sich die
Öffnung, aus der der Kraftstoff in den Vergaser hineinfließt, und der Ventilnadel, die diesen Weg versperrt.

Der Schwimmer des umgedrehten Vergasers drückt mit seinem Gewicht
auf die Ventilnadel und preßt sie in
den Ventilsitz. Das Ventil ist geschlossen.

Prüfen des Schwimmerstandes
(Vergaser auf dem Kopf stehend)

Wir messen jetzt den Abstand zwi-
schenSchwimmerunterkante und Gehäusedichtfläche.

Aufgepaßt! Das Ganze ist etwas
labil und es kann zu Fehlmessungen
kommen.

Für die Messung praktisch bewährt
hat sich eine Schieblehre mit Tiefenmaß.

Die Meßdaten für den Abstand
Schwimmer - Gehäusedichtfläche

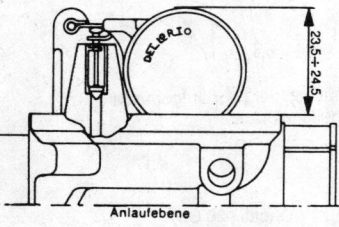

Abstand laut Werkstatthandbuch

(Ducati)

183

**Einstellen eines einzelnen Schiebervergasers
(Dell Orto)**

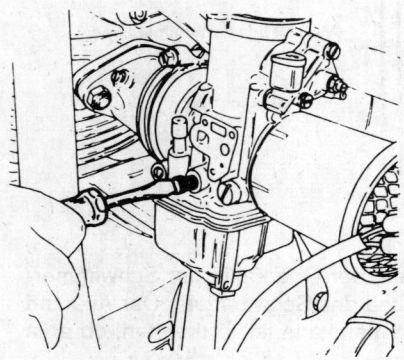

1 Einstellen der Gasschieber-Anschlagschraube

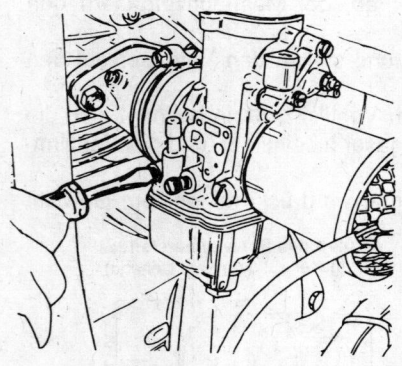

2 Einstellen der Leerlaufgemisch-
   Regulierschraube

(Ducati 900 SS)

184

finden wir im Werkstatthandbuch.
Auf Grund der Meßergebnisse wird
die Höhe des Kraftstoffspiegels eingestellt. Hierzu wird eine Metallzunge am Verbindungsteil beider
Schwimmer vorsichtig verbogen. An
der Metallzunge ist die Schwimmernadel befestigt. Bereits kleine Ver-
biegungen haben große Wirkung
auf den Schwimmerstand!

Bei mehreren Vergasern muß unbedingt darauf geachtet werden,
daß alle Meßabstände gleich sind.
Ungleiche Schwimmerstände lassen
später den Motor unregelmäßig
drehen. An alten Vergasern, bei
denen man die Schwimmerkammer
nicht abbauen kann, sollte man sein
Augenmerk auf das korrekte Schließen des Schwimmernadelventiles
richten. Passend gewichtete
Schwimmer zum Verändern des
Kraftstoffspiegels sind schwierig zu
besorgen, doch liegt der Fehler oft
auch am ganzen Vergaser.

A.7. Die Leerlaufeinstellung eines
      einzelnen Schiebervergasers
Bei laufendem Motor drehen wir die
Gasschieber-Anschlagschraube so-
weit hinein, bis der Motor mit er-
höhter Leerlaufdrehzahl läuft (auf
Seilzuglose achten).

Wenn der Motor mit einem Gelenkschiebervergaser ausgerüstet
ist, drehen wir zur Leerlauferhöhung
an der Rändelschraube der desmodromischen Vergaserbetätigung. Sie
befindet sich gleich neben dem Vergaser.

Im Anschluß daran stellen wir
den Motor erstmal ab.

Wir beginnen die Einstellung damit, daß wir die Leerlaufgemischschraube (bzw. die Luftschraube) des Vergasers vorsichtig bis zum Anschlag hinein- und anschließend, entsprechend den Daten des Bordbuches, wieder um die darin angegebenen Umdrehungen herausdrehen. Sind keine Daten vorhanden, drehen wir die Leerlaufgemischschraube eineinhalb Umdrehungen raus. Jetzt haben wir die Grundeinstellung erreicht.

Wir starten nun den Motor wieder. Nachdem der Leerlauf sich stabilisiert hat, drehen wir erneut an der Leerlaufgemischschraube und zwar viertel- umdrehungsweise. Zuerst drehen wir die Einstellschraube raus, bis der Motor zu holpern anfängt und an Drehzahl verliert. Dann drehen wir die Schraube wieder hinein, bis der Motor erneut unruhig läuft und die Drehzahl absinkt. Jetzt suchen wir den Punkt, an dem der Motor zwischen den beiden Extremen am schnellsten dreht. Nachdem wir ihn gefunden haben, senken wir die Leerlaufdrehzahl mit der Gasschieber-Anschlagschraube ein wenig ab und suchen, indem wir den Vorgang wiederholen, auf dem niedrigeren Drehzahlniveau wieder den Punkt, an dem die Leerlaufdrehzahl am höchsten ist.

Haben wir nach dreimal Justieren endlich die Motorumdrehung erreicht, die laut Bordbuch der Leerlaufdrehzahl entspricht, können wir die Einstellung als abgeschlossen betrachten.

Es gibt Motoren, bei denen ändert sich der Leerlauf nicht in der Weise wie oben geschildert, wenn man an der Luftschraube dreht (bzw. Leerlaufgemischschraube). Ab einer bestimmten Umdrehungszahl an der Abstimmschraube, verändert sich die Motordrehzahl nicht mehr. In dem Fall drehen wir die Luftschraube erstmal ganz hinein und nach Handbuchwerten wieder raus. In einem Bereich von einer halben Umdrehung suchen wir dann die maximale Leerlaufdrehzahl.

Die Einstellung des Leerlaufgemisches bei Zweitaktmotoren unterscheidet sich in keiner Weise von der bei Viertaktern üblichen. Mit Ausnahme der etwas höheren Leerlaufdrehzahl im Stand, die bei Zweitaktern notwendig ist, um ein Absterben des holprig laufenden Motors zu verhindern.

A.8. Die Leerlaufeinstellung von (Schieber-)Zweivergaseranlagen
Bei der Abstimmung von Zweizylindermotoren mit je einem Vergaser, welche wir uns jetzt vornehmen wollen, muß sehr genau vorgegangen werden. Schon geringe Abweichungen haben Leistungsverluste, gröbere Vibrationen, erhöhten Kraftstoffverbrauch und schlechten Leerlauf zur Folge.

Selbstverständliche Voraussetzungen sind auch hier das Justieren der Seilzüge sowie das Synchronisieren der Gasschieber (siehe hierzu: A.1.; A.2.; A.3 in diesem Kapitel).

Der Motor muß auch hier warmgefahren werden. Dann bockt man die Maschine auf den Hauptständer auf und erhöht zuerst einmal die Leerlaufdrehzahl beider Zylinder. Nun stellt man den Motor kurz ab, zieht den Stecker von der Zündkerze eines Zylinders, dreht die Kerze dann ganz heraus und steckt den Kerzenstecker auf einen Dorn. Dieser muß mit dem Metall des Motors zum Kerzenstecker eine Masseverbindung ermöglichen. Für eine elektronische Zündanlage hat das eine wichtige Funktion. Etliche Anlagen können es nicht ab, wenn die Zündhochspannung während der folgenden Einstellarbeiten nicht an Masse gelegt werden kann, weil der Kerzenstecker frei in der Luft hängt.

Wenn nun der Motor wieder angeworfen wird, läuft er auf einem Zylinder. Jetzt stellen wir mit einem Schraubenzieher an der Leerlaufgemischschraube bzw. der Luftschraube des betreffenden Vergasers den Leerlauf so ein, wie in Punkt A.7. beschrieben. Im Unterschied zu dem dort gesagten senken wir nach Abschluß der Einstellarbeiten die Leerlaufdrehzahl viertel-umdrehungsweise soweit ab, bis der Motor gerade abstirbt. Das tun wir, weil erfahrungsgemäß der Motor nach dem Ende der Einstellarbeiten, wenn beide Zylinder wieder laufen, im Leerlauf viel zu hoch drehen würde.

Die Ursache: Läuft nur ein Zylinder, so muß er den anderen mitschleppen. Dieser Widerstand vermindert die Drehzahl erheblich.

Wenn unser Motor zwei Gelenkschiebervergaser mit einer gemeinsamen Gasschieber- Anschlagschraube hat, haben wir es ein bißchen leichter. Wir können sie dann zur Leerlaufregulierung beider Zylinder benutzen.

Der eine Zylinder ist nun eingestellt und wir drehen die betreffende Zündkerze wieder rein, stecken den Kerzenstecker auf. Nun wiederholen wir mit dem anderen Zylinder die gleiche Prozedur.

Wenn beide Zylinder wieder laufen, kann es sein, daß die Leerlaufdrehzahl noch zu hoch ist. Wir müssen sie dann entsprechend nachregulieren. Bei Vergasern mit je einer Gasschieber-Anschlagschraube, sollten wir beide um den gleichen Betrag verändern, um die Synchronisation nicht zu gefährden.

Besonders Geübte stellen sich hinter die Maschine und können, bei einer Anlage mit Auspuffrohren und zwei Endschalldämpfern, nun mit den Händen dem Druck der Abgase entnehmen, welcher Zylinder zu niedrig und welcher zu hoch läuft. Die Einstellung ist korrekt, wenn beide Zylinder gleich laufen.

Kommt es vor, daß trotz wiederholter Einstellerei der eine Zylinder schlechter läuft als der andere, können verschlissene Kolbenringe, Kolben oder Zylinder die Ursache sein. Auch lohnt es sich, die Synchronisation noch einmal zu überprüfen.

A.9. Die Leerlaufeinstellung von mehr als zwei Schiebervergasern
Das ist eine einfache Aufgabe, solange die Vergaser nicht über Seilzüge einzeln gesteuert werden, sondern über eine gemeinsame Gasschieber-Anschlagschraube verfügen.

186

Schwierig wird es erst, wenn wir die Leerlaufgemischeinstellung korrigieren wollen.

Wir konzentrieren uns hierzu auf das meist verwendete System der Gelenkschiebervergaser.

Nehmen wir einen Vierzylindermotor. Seine Leerlaufgemischeinstellschrauben, pro Vergaser eine, bewirken so wenig Leistungsänderung pro eingestelltem Zylinder, daß sie sich kaum auf die Drehzahl des Motors auswirkt. Selbst angeschlossene Unterdruckmeßuhren versagen hier ihren Dienst. Warum? Einer von den vier Zylindern, der etwas besser läuft als die anderen, wird von diesen in seiner Vitalität stark gebremst, daß wir mit unseren Geräten nicht herausfinden können, welcher es ist. Die Zweizylinder-Methode schließt sich aus, weil ein Zylinder nicht drei weitere antreiben kann, der Schwung (Viertaktprinzip) reicht nicht aus.

Eine willkürliche Dreherei an den Einstellschrauben sollten wir tunlichst unterlassen. Es bleibt uns also nichts anderes übrig, als den im Bordbuch angegebenen Werten zu vertrauen und die Einstellschrauben entsprechend zu justieren.

Die kleine Plastikkappe, die über manchen Einstellschrauben sitzt, nehmen wir zur Grundeinstellung ab. Später setzen wir sie wieder auf. Ihre Aufgabe ist es, ein Verdrehen der Einstellschraube nur in minimalen Bereichen zu erlauben und grobes Verstellen unmöglich zu machen.

B. Einstellarbeiten an Gleichstromvergasern

Schieber- und Gleichstromvergaser sind sich beim Einstellen ähnlich. Zwar wird die Gemischaufbereitung oberhalb der Leerlaufdrehzahl automatisch vom Motor vorgenommen, doch ändert dies nicht viel.

Falls Zweifel am richtigen Stand des Schwimmers in der Schwimmerkammer aufkommen, sollte er überprüft werden. Hierzu siehe Unterkapitel: "Wartung und Instandsetzung", das sich unter anderem auch mit der Justage der Schwimmer auseinandersetzt.

B.1. Prüfen und Einstellen des Seilzuges und der Drosselklappen-Anschlagschraube.

Der Gleichstromvergaser, wir erinnern uns, besitzt eine Drosselklappe, die den Strom der Luft durch den Vergaser steuert.

Sie wird per desmodromischer Seilzugsteuerung vom Gasdrehgriff aus bedient.

Zur Desmodromik gehören zwei Seilzüge. Der eine, der "Return-Seilzug", läßt sich über eine Hilfsfeder an der Seilzugrolle unten am Vergaser immer auf Spannung halten (Unfallverhütung).

Die notwendige Lose in beiden Seilzügen macht sich im Durchhang an der Seilzugrolle bemerkbar. Er sollte zwischen drei und fünf Millimetern liegen.

Einstellen der Seilzüge und der Drossel-klappen-Anschlagschraube

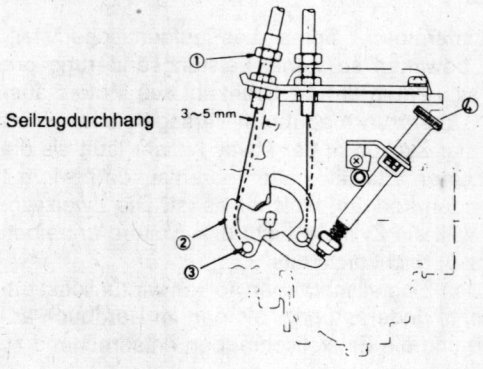

Seilzugdurchhang

3~5 mm

1 Seilzugeinsteller
2 Seilzugrolle
3 Seilzugnippel
4 Drosselklappen-Anschlag-schraube

Die Einsteller hierzu liegen an den unteren Enden der Seilzüge. Die Drossel-klappen-Anschlagschraube kontrolliert den Öffnungsspalt an der Drossel-klappe des Vergasers und reguliert die Höhe der Leerlaufdrehzahl. Wir be-dienen sie wie diejenige am Gelenkschiebervergaser.

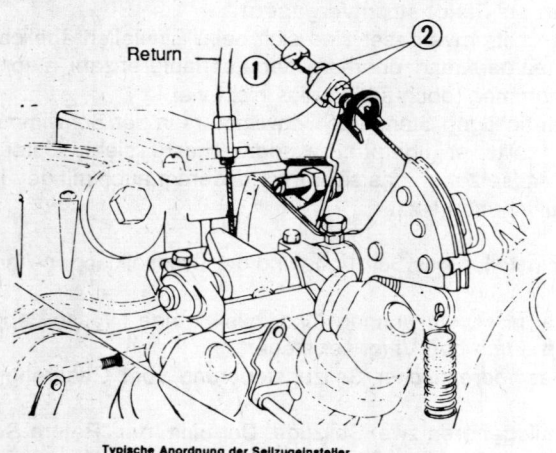

Return

Typische Anordnung der Seilzugeinsteller

1 Seilzugeinsteller
2 Gegenmuttern

(Honda CB 750 K4)

188

B.2. Dynamische Synchronisation von mehreren Gleichstrom- /Gleichdruckvergasern.

Sind mehrere Gleichstromvergaser zusammengekoppelt, müssen sie synchronisiert werden. Optimal kann diese Arbeit bei angebauten Vergasern nur mit Hilfe von Unterdruckmeßuhren erfolgen.

Zu einem Block verbundene Gleichstromvergaser, haben ein Gestänge oder Kupplungsklappen mit Synchronisierschrauben dran, um die Drosselklappen der einzelnen Vergaser untereinander zu verbinden. Schraubenfedern an den Enden des Gestänges sorgen zusätzlich für eine sichere Rückstellung der Drosselklappen.

Wir sollten bei so vielen Schrauben ungemein vorsichtig sein und uns die richtige aussuchen, bevor wir anfangen daran zu drehen. Ein falscher Dreher, und die Anlage ist verstellt.

Wir bauen erst einmal den Kraftstofftank ab und suchen dann die besagten Synchronisierschrauben. Eine Zweivergaseranlage hat eine, eine Dreivergaseranlage zwei, usw. Ist man unsicher, so gibt eine Drehung am Gasgriff Auskunft, welche Schrauben am Drosselklappengestänge die gesuchten sind.

Klar, daß wir zuerst den Motor starten, um ihn auf die zur Einstellung notwendige Betriebstemperatur zu bringen.

Danach stellen wir ihn wieder ab und bauen die Manometer an (siehe hierzu Punkt A.4.).

Jetzt starten wir wieder und achten bei geschlossenem Gasdrehgriff auf die Anzeige der Meßuhren.

Der im Leerlauf tuckernde Motor wird jetzt bei verstellten Vergasern unterschiedliche Werte auf die Skalen zaubern.

Als Bezugswert benutzen wir die Anzeige desjenigen Vergasers, dessen Gestänge Ausgangspunkt für die Synchronisation ist.

Das klingt alles kompliziert, ist aber relativ einfach, da man durch Bewegen des Drosselklappengestänges rasch herausfinden kann, welcher Vergaser in welcher Reihenfolge von wem mitgesteuert wird.

Mit Hilfe der Synchronisierschrauben verstellen wir die Position der Drosselklappen und beobachten, ob alle Meßuhren den gleichen Wert anzeigen. Geringfügige Toleranzen sind erlaubt.

Identische Werte zeigen uns an, daß die Luftmenge durch jeden Vergaser nahezu gleich ist. So soll es sein!

Im Anschluß regulieren wir den Leerlauf nach, entsprechend den Bordbuchangaben und mittels der Drosselklappen-Anschlagschraube.

Zu Testzwecken drehen wir ein paarmal schnell am Gasgriff, lassen den Motor kurz hochdrehen und beobachten, ob die Zeiger der Meßuhren gleichmäßig ausschlagen. Wenn das der Fall ist, haben wir die Synchronisation der Vergaser beendet.

B.3. Die Leerlaufeinstellung eines einzelnen Gleichstromvergasers

Die Gemischregulierschraube für die Leerlaufeinstellung sitzt meistens auf der Motorseite der Vergasermischkammer. Man kann sie von unten, vor dem Schwimmerkammergehäuse liegend, deutlich erkennen. Die Einstellschraube ist mit einer Kunststoffhaube abgedeckt.

Zur Überprüfung nehmen wir die Kappe ab und drehen die Schraube vorsichtig hinein bis zum Anschlag. Nach den Bordbuchangaben drehen wir sie anschließend wieder entspechend raus. Meist liegen die Angaben zwischen einer halben und eineinhalb Umdrehungen. Danach stecken wir die Kappe wieder drauf.

Nun starten wir die zuvor betriebswarm gefahrene Maschine und stellen den Leerlauf an der Drosselklappen-Anschlagschraube so niedrig wie möglich ein.

Die Leerlaufgemischschraube, deren Drehvermögen durch die Plastikkappe begrenzt ist, verstellen wir nun achtelumdrehungsweise solange nach beiden Richtungen, bis der Motor im Leerlauf regelmäßig und rund läuft. Besser geht es kaum!

Die Einstellung ist beendet, und wir drehen den Leerlauf wieder auf seinen normalen Wert.

B.4. Die Leerlaufeinstellung einer (Gleichstrom-)Zweivergaseranlage

Zu Beginn überprüfen wir wie üblich (siehe Punkt B.2.) die Synchronisation der beiden Vergaser.

Bei der anschließenden Leerlaufeinstellung können wir im Grunde so verfahren wie bei der Einstellung der Schiebervergaser.

Es gibt da allerdings ein paar wichtige Unterschiede: Haben wir den ersten Zylinder justiert (siehe Punkt B.3.), dürfen wir die Drosselklappen- Anschlagschraube nicht mehr verstellen. Stattdessen regeln wir den Leerlauf des anderen Zylinders mit der Synchronisierschraube am Gestänge zwischen beiden Vergasern.

Erst wenn die Schraube wieder fixiert ist und beide Zylinder laufen, kann die gemeinsame Drosselklappen-Anschlagschraube benutzt werden. Mit ihr regeln wir dann die Leerlaufdrehzahl auf normal zurück.

Übrigens können wir minimale Unterschiede zwischen dem Leerlauf der einzelnen Zylinder, die auf unterschiedlichem Verschleiß der beiden Vergaser beruhen, ebenfalls mit Hilfe der Synchronisierschraube ausgleichen, achten dabei aber darauf, die allgemeine Synchronisation nicht zu gefährden.

B.5. Die Leerlaufeinstellung von mehr als zwei (Gleichstrom-) Vergasern

Die Einstellung des Leerlaufgemisches von mehr als zwei Vergasern bringt auch bei Gleichdruckvergasern große Schwierigkeiten mit sich. Was auf die Gelenkschiebervergaser zutrifft, gilt auch hier. Falls man keine Verbin-

dungen zu einer wirklich guten Werkstatt hat, sollte man sich auf die Grundeinstellung der Leerlaufgemischschrauben beschränken. Die Daten stehen
im Bordbuch. Die Einstellung ist im Punkt A.9. beschrieben.

Vielleicht wird mancher Angaben über Veränderung von Teillast- und Voll-
lastbereich vermissen. Fragen wie: Welche Düsennadel soll wie hoch in
welchen Schieber eingefügt werden? Was für einen Schieberausschnitt
wähle ich? Doch das Thema ist einfach zu groß; wir müssen uns auf die
notwendigsten Arbeiten beschränken.

In diesem Zusammenhang verweisen wir auf unsere Quellenangaben sowie auf die Literaturliste am Ende des Buches.

3.5. Wartungsarbeiten und Reparaturen an Vergasern

Vergaser und ihre Betätigungsorgane sind zum Glück ziemlich wartungs -
und reparaturunanfällig.

Erst wenn Motorräder älter werden oder als Neufahrzeuge die ersten
10.000 km überschritten haben, werden Kontrollen notwendig. Das gilt auch
für Motorräder, die einige Monate ungenutzt in der Garage standen.

Wir sollten Wartungsarbeiten damit beginnen, mindestens einmal im Jahr,
am besten vor der Sommersaison, die Schwimmerkammer zu entleeren und
kräftig durchzuspülen. Dazu wird die Ablaßschraube unten an der Schwimmerkammer geöffnet, nachdem vorweg ein Gefäß unter den Ablauf gestellt
wurde. Bei offenem Benzinhahn lassen wir nun eine halbe Minute lang den
Sprit fließen. Danach verschließen wir die Ablaßöffnung wieder sorgfältig.

Günstiger wäre, wenn wir die Schwimmerkammer gleich abbauen würden.
So könnte sie sorgfältig vom feinen Schlamm gereinigt werden, den unvermeidlichen Sinkstoffen aus dem Kraftstoff.

In einem Arbeitsgang wäre dann auch der Kraftstoffilter zu säubern, der
bei einigen Vergasertypen im Kraftstoffzulauf eingebaut ist. Um das Maß voll
zu machen, wäre es praktisch, den Kraftstoffhahnfilter im Tank ebenfalls zu
säubern. Es wäre ein Aufwasch!

Am Ende der Saison ist es wichtig, bevor die Maschine in der Garage verschwindet, die Schwimmerkammer zu entleeren. Sonst hinterläßt das einge-
trocknete Benzin in der Schwimmerkammer und an den Düsen einen lack-
ähnlichen Film, der sich nur schwer beseitigen läßt. Er kann Düsen und
Kanäle im Vergaser verstopfen oder in ihrer Funkton einschränken.

Bleibt infolge eines kühlen und feuchten Unterstandes während der Standzeit ein Großteil der Spritmenge in der Schwimmerkammer unverdunstet, so
gerät mit Sicherheit Kondenswasser in diesen Kraftstofftümpel.

Kondenswasser entsteht in der Schwimmerkammer wie auch in einem
halbvollen Kraftstofftank, wenn nach kaltem Wetter plötzlich eine wärmere

Periode einsetzt. Am kalten Metall kondensiert innen dann das Wasser, das in der feuchten Luft enthalten ist. Ein Vorgang, der für unsere Maschinen folgenschwere Probleme mit sich bringen kann. Das Wasser vermengt sich mit dem eingedickten Sprit, in dem auch Ölanteile enthalten sind, zusammen mit dem Bodensatz zu einer schmierigen Emulsion.

Da Wasser schwerer ist als Benzin, liegt die Soße dann träge ganz unten in der Schwimmerkammer, direkt vor den Mündungen der Düsen und Kanäle.

Wer dann im Frühjahr die Maschine rausholt, den Benzinhahn aufmacht und den Motor anwerfen möchte, wird oft sein blaues Wunder erleben: Nach ein paarmal Husten steht nämlich das Triebwerk wieder und sagt dann gar nichts mehr. So lange jedenfalls nicht, bis die Schwimmerkammer gereinigt, die Düsen saubergeblasen sind.

Routinemäßig sollten wir auch einen Blick auf die Gummistutzen zwischen Vergaser und Zylinderkopf werfen sowie auf diejenigen, die zum Luftfilter hinführen. Sie alle müssen einen festen Sitz haben, die Schraub- oder Klemmverbindungen gut angezogen, und das Material der Stutzen frei von Rissen sein. Altersrisse in den Ansaugstutzen zwischen Motor und Vergaser sind richtiggehend gefährlich. Hier kann der Motor Fremdluft ansaugen und durch Gemischabmagerung schwere Schäden erleiden. Auch die Verschlußschrauben der Unterdruckprüföffnungen in den Ansaugrohren müssen wir auf festen Sitz und unbedingte Dichtigkeit hin kontrollieren.

Vor dem Fahrtantritt im Frühjahr sind folgende weitergehenden Wartungsschritte an der Vergaseranlage ratsam:

1. Alle drehenden oder gleitenden Teile am Vergasergestänge ölen oder fetten.
2. Die Beweglichkeit des Gas- und des Chokezuges prüfen. Auch der Gasgriff sollte sich leicht drehen lassen und muß federgetrieben nach dem Loslassen in die Ausgangsstellung zurückschnappen.
3. Die Leichtgängigkeit der Gasschieber oder der Drosselklappen sicherstellen.
4. Es kann auch nicht schaden nachzusehen, ob der Choke in Startstellung in vorgesehener Weise auch wirklich geschlossen ist und damit dem Vergaser ein ausreichendes Startgemisch liefert.

Wirkt der Choke dagegen in Form eines Startvergasers, muß die Verstellvorrichtung für den Absperrmechanismus ganz herausgeschoben sein, bis zum Anschlag, um dem Kraftstoff für den Startvorgang freie Passage zu gewähren.

Umgekehrt gilt: Soll der Startvergaser abgestellt sein, muß der Absperrmechanismus ganz hineingeschoben sein.

Für den Choke mit Starterklappe bedeutet es dann: Die Klappe muß waagerecht stehen, muß der anströmenden Luft den geringsten Widerstand entgegenstellen. Jede Abweichung reichert das Kraftstoff-Luft-gemisch unzulässig an und verursacht hohen Kraftstoffverbrauch, den sich keiner so recht erklären kann.

5. Vor allem bei älteren Maschinen mit mehr als einem Zylinder die Verga-sersynchronisation und den Leerlauf überprüfen und notfalls einstellen. Natürlich kann man auch die Maschine zur Vergaserkontrolle und zur Ein-stellung in eine gute Werkstatt geben.

6. Unbedingt die Seilzüge überprüfen! Schadhafte Züge machen sich be-merkbar, egal ob Gas-, Brems oder Kupplungszüge, durch gebrochene Drähte an den Enden der Seilzüge, zur Hebelei hin vor allem. Sie sind dann unbedingt auszuwechseln oder eventuell zu löten.

Schwergängige Seilzüge muß man ölen. Aber Vorsicht! Wenn nämlich der Seilzug ein Nyloninlet besitzt, wird er besser ausgewechselt, denn Nylon quillt durch Öl oder Fett auf und der beabsichtigte Effekt kehrt sich um. Nur Teflon, ein Kunststoff aus der "Bratpfannen-Weltraumforschung" entwickelt, kann als Ummantelung der Seilzüge solche Schmiermittel gut vertragen. Zwar tönen die Hersteller, sie bräuchten überhaupt nicht mehr geschmiert zu werden, doch ältere Züge, durch Staub und Schmutz rauh geworden, reagie-ren dankbar auf ein wenig Schmiermittel.

Wenn ein Vergaser abgebaut wird, muß er vor dem Zerlegen unbedingt außen von Staub, Schmutz und Öl befreit werden. Ein einziges Sandkorn genügt, um das empfindliche Instrument lahmzulegen.

Ist eine Mehrfachvergaseranlage vorhanden, ist es notwendig, die einzel-nen Vergaser von der Grundplatte und dem Betätigungsmechanismus zu trennen. Was wir aber nur machen, wenn sich nicht anders verfahren läßt. Wir markieren dann sorgfältig die Lage der einzelnen Vergaser auf ihrer Grundplatte und die Zugehörigkeit der Verbindungsteile.

Dabei müssen die Innereien eines jeden Vergasers sorgfältig voneinander separat gehalten werden, denn alle Teile sind aufeinander eingespielt. Komplizierte Zusammenhänge fotografiert man oder fertigt eine Skizze an. Wegen der Vielfalt der verschiedenen Vergaser verzichten wir auf die De-montageanleitung eines jeden Modelles und verweisen auf die hierfür unent-behrlichen Werkstatthandbücher.

Einige zusätzliche Tips:

Düsen sind aus Messing und relativ weich. Der Schraubendreher für die Schlitze an den kleinen Düsen muß genau passen. Verrutscht er, entsteht ein Grat an der Düse, der Kraftstoffdurchfluß kann gestört sein. Schrauben-schlüssel, die abrutschen, machen den Sechskant der Düse unbrauchbar.

Aufgeweitete, lädierte oder schlicht ausgelutschte Düsen müssen ebenso wie stark verschmutzte ausgewechselt werden. Andernfalls kann für eine genaue Durchflußmenge nicht mehr garantiert werden.

Einige Düsen lassen sich auch demontieren, wenn der Vergaser noch am

Motor angebaut ist. Das erleichtert natürlich die einfachen Prüf- und Reinigungsarbeiten ungemein.

Schwimmernadelventile alter Vergaser schleift man, wenn sie undicht geworden sind, mit feiner Ventilschleifpaste ein. Nadel und Ventilsitz sind aus Messing.

Neue Vergaser sind aus Dichtungsgründen mit Schwimmernadelspitzen aus Kunststoff ausgerüstet. Die sind nicht einschleifbar und müssen im Zweifelsfall als Ganzes getauscht werden.

Gleichdruckvergaser, die kolbengesteuert arbeiten, (SU-Typ) streichen wir auf der Kolbengleitfläche mit ATF-Öl (Automatique Transmission Fluid) ein, wenn wir diesen Teil des Vergasers zerlegen oder wir den Eindruck haben, die Lauffläche könnte ein wenig geschmiert werden. Das hält lange vor und vermindert die Korrosionsanfälligkeit.

Wenn ein Motor nicht korrekt läuft, Startschwierigkeiten hat, zuviel verbraucht oder unregelmäßig dreht, sollten wir darüber nachdenken, ob nicht auch andere Ursachen vorliegen. Es braucht nicht unbedingt am Vergaser zu liegen.

Bei ungleichmäßigem Leerlauf überprüfen wir die Ventilspieleinstellung sowie den Zündzeitpunkt des Motors.

Wenn ein Motor ungern anspringt könnten die Zündkerzen verbraucht sein.

Wenn ein Motor klopft und klingelt, ist die Oktanzahl des Kraftstoffes zu niedrig, es wird empfohlen, dann Super zu fahren.

Falls der Motor allmählich abstirbt und stehenbleibt, könnte die Tankentlüftung verstopft oder abgedeckt sein. Vielleicht ist auch kein Kraftstoff mehr im Tank!

Wird der Motor sehr heiß und dieselt nach, haben die Zündkerzen vielleicht einen falschen Wärmewert!

Bei Zweitaktmotoren mit Mischungsschmierung gibt es Probleme, wenn das Mischungsverhältnis Öl - Kraftstoff nicht eingehalten wird.

Bei Zweitaktern mit Getrenntschmierung empfiehlt sich, ölpumpenmäßig zu kontrollieren ob die Fördermenge noch in Ordnung ist. Wie das funktioniert, geht aus dem Werkstatthandbuch hervor.

Und wenn die Leistung von Zweitaktmotoren nachläßt, ist wahrscheinlich der Auspuff mit Ölkohle zugesetzt und muß ausgebrannt werden.

Wir können jetzt vielleicht klar erkennen, es gibt einige andere Ursachen als den Vergaser alleine. Doch ist in diesem Buch aus Platzgründen keine vollständige Übersicht, keine Fehlerdiagnosetabelle aufgestellt.

3.6. Ein paar Takte über Kraftstoff-Einspritzung

So ein Vergaser ist im Grunde genommen eine unbeholfene Blumenspritze. Ein komplizierter Aufbau, die Finessen seiner mechanischen und elektrischen Komponenten (vor allem im Automobilbau) täuschen nicht darüber hinweg.

Eine Auswahl dessen, was ein Vergaser alles nicht kann, zu einer optimalen Gemischbildung aber unbedingt gehört, sind die folgenden Punkte:

1. Im Übergang vom Leerlauf zum Teillastbereich und von der Teillast zur Vollast (Vollgas) kann der Vergaser die Bedürfnisse der Maschine nach dem rechten Gemisch nur befriedigend lösen.
2. Die richtige Kaltstartmischung, der Warmlaufvorgang, die Einwirkung unterschiedlich warmer Außenluft (mit entsprechend unterschiedlichem Sauerstoffgehalt) werden durch den Vergaser nur wenig effektiv bewältigt.
3. Er kalkuliert die Dichte der Luft nicht ein. Je dichter sie ist, z.B. in Meereshöhe, desto größer ist ihr Sauerstoffgehalt.
4. Der Vergaser ist ein Verursacher von Schadstoffen über fast den gesamten Drehzahlbereich. Ihm gelingt es fast nie, das richtige Mischungsverhältnis herzustellen. Für eine effektive Schadstoffbegrenzung ist er nicht geeignet.

Ganz anders die elektrische Kraftstoff-Einspritzung. Verbunden mit einem mikrocomputerbestückten Steuerteil, bildet sie den derzeitigen Höhepunkt der Entwicklung in der Gemischaufbereitung. Sie befördert den Vergaser mit einem Fußtritt ins technologische Abseits. Einzig die hohen Herstellungskosten der Einspritzanlagen schonen den einfachen, billigen Vergaser noch für ein paar Jährchen.

Die Technik der Kraftstoff-Einspritzung ist simpel in der Wartung, aber hochkompliziert in der Technik und soll hier nur angerissen werden.

Anders als beim Vergaser entsteht das Kraftstoff-Luftgemisch im Ansaugrohr, kurz vor dessen Eintritt in den Zylinderraum. Eine genau bemessene, auf den augenblicklichen Belastungszustand des Motors abgestimmte Kraftstoffmenge wird eingespritzt und vermischt sich mit der Luft. Die Einspritzung erfolgt bei der elektrischen Einspritzung mittels elektromechanischer Einspritzventile (mechanische Kraftstoff-Einspritzanlagen gibt es im Motorrad-Motorenbau nicht mehr). Den notwendigen Einspritzdruck erzeugt eine elektrische Kraftstoffpumpe.

Das folgende Schaubild zeigt die moderne Einspritzanlage der BMW K 100.

Die Einspritzanlage ist in die drei Bereiche: Kraftstoffweg, Luftweg sowie elektronische Messung und Steuerung gegliedert. Die Kraftstoffaufbereitung der K 100 wird von einer elektronisch gesteuerten Einspritzanlage, der LE-

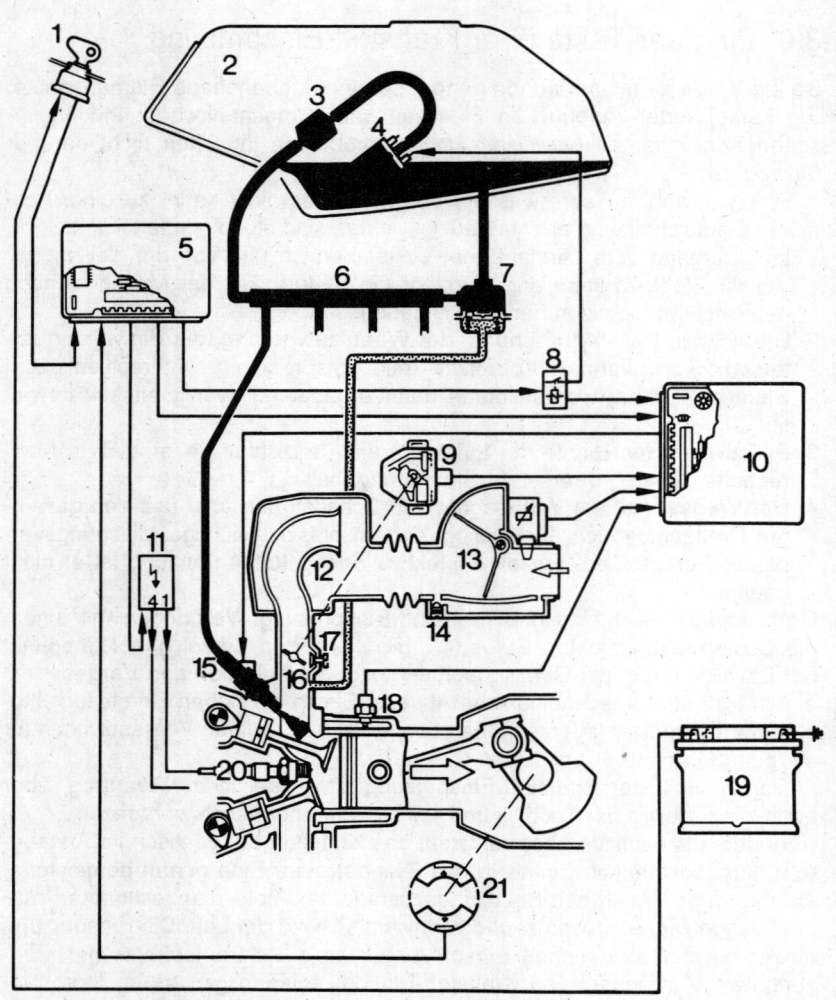

1 Zündschalter
2 Kraftstofftank
3 Kraftstoffilter
4 Kraftstoffpumpe
5 Zündungssteuergerät
6 Kraftstoffleiste
7 Druckregler
8 Pumpensteuerrelais
9 Drosselklappenschalter
10 Einspritzcomputer
11 Doppelzündspulen

12 Luftsammler
13 Luftmengenvergaser
14 By-Pass Luftschraube
15 Einspritzventil
16 Drosselklappe
17 Leerlaufeinstellschraube
18 Kühlmitteltemperaturfühler
19 Batterie
20 Zündkerze
21 Hall-Geber

Jetronik (Bosch) übernommen.

Das "L" in LE-Jetronik bedeutet "Luftmengenmessung", das "E" steht für "Europa- Ausführung" und Jetronik für "elektronisch gesteuerte Einspritzanlage". Die zur Gemischbildung benötigte Luft wird vom Motor selbst angesaugt und über die Stellung der vier Drosselklappen geregelt. Die Einspritzanlage sorgt für den angemessenen Kraftstoffanteil.

Sie tut dies über die vier Einspritzventile, deren Düsen durch eingebaute Elektromagnete geöffnet und geschlossen werden. Die Ventile sind parallel geschaltet und werden gleichzeitig einmal pro Kurbelwellenumdrehung geöffnet. Sie lassen den unter einem Druck von 2.5 bar stehenden Kraftstoff solange in die vier Ansaugrohre passieren, wie die Stromversorgung anhält (übliche Einspritzdauer ca. 1.5 Meter pro Sekunde). Die vom Steuergerät, einem Mikrocomputer errechnete Einspritzdauer, hängt hauptsächlich von der Motordrehzahl und von der Ansaugluftmenge ab. Die in die vier Ansaugkanäle gleichzeitig gespritzten Kraftstoffmengen bilden mit der dort befindlichen Luft einen Vorrat, der vom Motor während der mit großer Geschwindigkeit ablaufenden Motorroutine über das Einlaßsystem abgerufen wird.

3.7. Tankanlagen und Kraftstoffzuleitung

Stellen wir erstmal fest, was so alles dazugehört:
1. Tank
2. Tankverschluß und Tankentlüftung
3. Ein oder zwei Kraftstoffhähne
4. Kraftstoffilter
5. Eventuell eine Benzinpumpe
6. Kraftstoffzuleitungen

Der Benzintank entscheidet über die Reichweite des Zweirades. Es gibt ihn mit kleinem, z.B. 9 Litern oder großem Inhalt, z.B. 22 Litern. Ein wesentlicher Faktor, das ist logisch, ist auch der spezifische Kraftstoffverbrauch der Maschine.

Ein großer Tank vergrößert zwar die Reichweite, aber er trägt mit seinem Gewicht auch zu einem erhöhten Leergewicht der Maschine bei. Weshalb

| Leergewicht | = | Trockengewicht des Fahrzeuges, plus aller einzufüllenden Öle, plus vollem Tank und Bordwerkzeug. |

geländegängige Motorräder, also Enduros oder Moto-Cross-Maschinen, meist kleine Tanks besitzen.

197

Der Kraftstofftank besteht aus Stahlblech, Aluminium oder aus besonders verstärktem Kunststoff.

Er muß natürlich dicht sein und bei Sonneneinstrahlung dem Druck der verdunstenden Kraftstoffgase standhalten, die nur langsam durch die Entlüftung entweichen können. Auch muß die Stabilität so groß sein, daß er auch bei einem Aufprall möglichst lange dicht bleibt, um die Feuergefahr zu mindern.

Aus dem Grund sind alle Kraftstofftanks als fester Bestandteil der Maschine mit dieser zugelassen, unterliegen der ABE (Allgemeine Betriebs-Erlaubnis) und dürfen nicht einfach ausgewechselt werden. Tanks aus dem Zubehörhandel müssen demnach eine ABE besitzen, ohne ein entspechendes Papier sollte man keinen kaufen.

Der Tankdeckel verschließt die Einfüllöffnung. Er ist in der Regel abschließbar ausgeführt, um Diebstahl von Kraftstoff sowie provozierte Verunreinigungen zu verhindern.

Dreiwege-Hahn mit Wasserabscheider

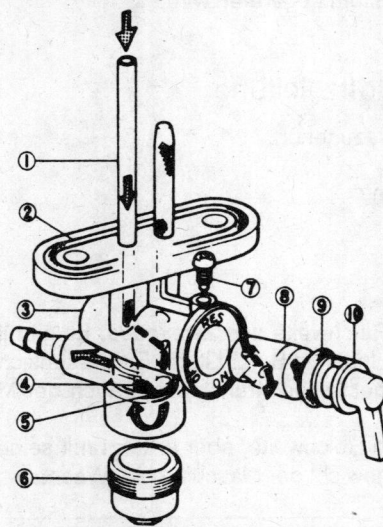

Im Tankdeckel integriert sitzt meist die Tankentlüftung für den Druckausgleich. Notwendig, weil der Tankinhalt, wie eine auf den Kopf gestellte Flasche, bei gänzlich luftdicht abgeschlossenem Tank sich nur unvollkommen und zögernd Richtung Vergaser bewegen würde. Deshalb bei der Verwendung von Tankrucksäcken darauf achten, den Tankdeckel nicht luftdicht abzudecken!

Kraftstoffhähne sind verschieden, teilweise raffiniert ausgeführt:

1. Normaler Dreiwege-Hahn: Hebel quer bedeutet, kein Kraftstoff gelangt zum Vergaser. Der Hebel nach unten gibt den Sprit frei. Hebel nach oben bedeutet Reserve.

2. Normaler Dreiwege-Hahn mit angebautem Filter. Der Filter siebt, zusätzlich zum groben Filtersieb im Tank, die feineren Partikel aus und scheidet Wasser ab.

3. Unterdruck-Dreiwege-Hahn: Nun wird's kompliziert! Der Benzinfluß

Funktionsprinzip des Kraftstoffhahnes

1 Hauptleitung
2 O-Ring
3 Gehäuse
4 Filter
5 Dichtung
6 Wassersack
7 Schraube
8 Walzenschieber-Ventil
9 Dichtung
10 Hebel

Yamaha SR 500

198

wird von einer Membran gesteuert. Sie zieht an, wenn der Motor läuft. Sie wird über einen Schlauch vom Unterdruck des ansaugenden Motors gesteuert. Wird der Motor abgestellt, setzt der Unterdruck aus und die Membran verschließt mit Federhilfe wieder den Durchgang zum Tank. Kein Tröpfchen Sprit gelangt nun mehr zum Verbraucher.

Drelwege-Kraftstoffhahn

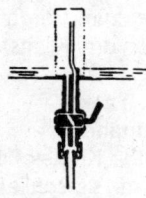 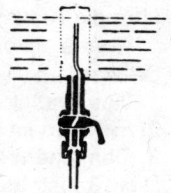

Reservestellung   ON-Stellung (Normalstellung)

Der Unterdruck-Dreiwege-Hahn hat vier Hebelstellungen: "ON", das ist die normale Betriebsstellung. "OFF", hier sperrt der Hahn mechanisch den Durchgang. Bei "RES" wird die Reservekraftstoffmenge im Tank angezapft. Die Stellung "PRI" (Priming), erlaubt eine Umgehung (Bypass) der Membran. Dies gilt für den Fall, wenn Kraftstoff aus der Schwimmerkammer verdunstet, die Membran defekt oder der Kraftstofftank leer ist. Dann erlaubt die PRI-Stellung den direkten Durchfluß von Kraftstoff zum Vergaser.

Drelwege-Kraftstoffhahn,unterdruckgesteuert mlt Wasserabscheider

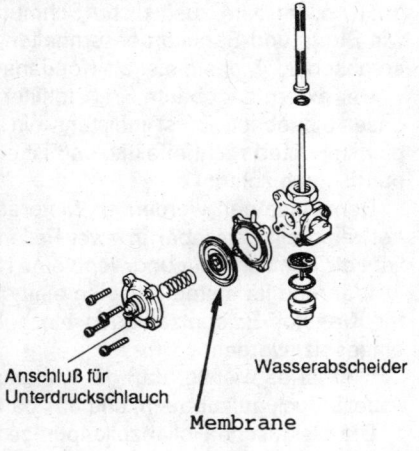

Die ganze Show mit den Kraftstoffhähnen hat nämlich nur den einen Zweck: Ein Überlaufen des Vergasers und ein damit verbundenes Leerlaufen des Krafstofftankes zu verhindern - was alles kein Problem wäre, hinge der Vergaser nicht unter

Anschluß für Unterdruckschlauch

Wasserabscheider

Membrane

(Honda)

dem Tank. Es ist auch nicht ausgeschlossen, daß einmal das Schwimmernadelventil klemmt oder der Schwimmer selbst. In beiden Fällen fließt der Sprit dann ungeniert.

Die Reservemenge im Kraftstofftank wird sichergestellt durch ein dünnes Röhrchen, das vom Hahn ausgehend senkrecht im Tank emporragt. Verbunden mit der "ON"-Stellung, fließt nur solange Kraftstoff zum Vergaser, wie der Kraftstoffspiegel im Tank höher als die Einmündung des Röhrchens ist. Das bewahrt eine bestimmte Menge Kraftstoff als Reserve im Tank. In der Regel sind etwa drei Liter dafür vorgesehen.

Wird auf Reserve geschaltet, gelangt der Kraftstoff durch eine Öffnung am Fuße des Röhrchens in den Reservekanal des Hahngehäuses und dann über die Kraftstoffleitung zum Vergaser.

Normalerweise sind es drei Kraftstofffilterarten, die an Motorrädern verwendet werden:

1. Das Kraftstoffsieb im Tank
2. Ein Sieb im Kraftstoffhahn
3. Den extern angebauten Kraftstofffilter

Das Kraftstoffsieb im Tank umschließt den oberen, in den Tank hineinragenden Teil des Kraftstoffhahnes. Es verhindert das Eindringen von Lacksplittern, Rostpartikeln und anderen gröberen Fremdkörpern in die Kraftstoffzuleitungen.

Das Sieb im Kraftstoffhahn, außerhalb des Tankes am Hahnkörper integriert, bildet eine zusätzliche Schmutzsperre, die vor allem feinere Partikel wie Staub und Sandkörner fernhalten soll. Seine Becherform dient als Wasserabscheider, das meist als Kondenswasser in den Kraftstoff gelangt.

Der extern angebaute Kraftstofffilter wird zwischen Kraftstoffhahn und Vergaser eingebaut. Er ist meistens ein Zukaufteil, hat einen eingesetzten Papierfilter, filtert recht effektiv, und ist ein Ex & Hopp-Produkt. Auf richtige Einbaurichtung achten!

Benzinpumpen werden an Motorädern recht selten verwandt. Unbedingt notwenig sind sie aber in zwei Fällen: Wenn der Kraftstoffspiegel niedriger liegt als der Vergaser und wenn eine Kraftstoff-Einspritzanlage angebaut ist.

Während im ersten Fall eine einfache Membranpumpe völlig genügt, muß für Kraftstoff-Einspritzanlagen ein höhers Maß an technischem Know-How eingesetzt werden.

Hier ist es wichtig, daß die Kraftstoffpumpe imstande ist, einen gewissen Arbeitsdruck aufzubauen, und das dauerhaft.

Die elektrische Rollenzellenpumpe der BMW K 100 und K 75 soll uns als Beispiel dienen. Sie ist zusammen mit einem Kraftstofffilter in den Tank integriert und besitzt eine Förderleistung von 45 Litern pro Stunde. Sie wird bei gefülltem Tank vollkommen vom Kraftstoff umspült und dadurch auch gekühlt.

Den Pumpendruck reguliert ein separater Druckregler. Sobald die Zündung eingeschaltet wird, kündet ein leises Summen von der Arbeitsaufnahme der Pumpe.

Die Kraftstoffleitung am Motorrad besteht aus einem gummiartigen Kunststoff und ist manchmal zusätzlich gewebearmiert. Man sollte die Anschlüsse der Kraftstoffschläuche an Vergaser und Kraftstoffhahn hin und wieder mal auf Rißbildung kontrollieren.

Klarsichtschläuche aus Kunststoff, mit denen man den Kraftstoffdurchfluß gut kontrollieren kann, müssen unbedingt aus benzinfestem Kunststoff sein.

200

3.7.1. Wartung und Instandsetzung

Wartungsaufgaben beschränken sich im Wesentlichen auf:
1. Prüfen des Kraftstoff-Tankes auf Dichtigkeit. Reinigen von Lacksplittern, Rost und Fremdkörpern, Überprüfung der Tankentlüftung.
2. Prüfen des Tankverschlusses auf gute Schließbarkeit. Falls die Tankentlüftung im Tankverschluß liegt, dreht man den Tank um. Fließt Kraftstoff aus, nicht zu viel, funktioniert die Entlüftung noch.
   Alte Tankdeckeldichtungen, die abgenutzt und undicht geworden sind, müssen durch gleichgroße Dichtungen ersetzt werden, die Tankentlüftung könnte sonst verdeckt werden. Tankentlüftungsschläuche von Enduros auf Durchgängigkeit prüfen.
3. Etwa einmal im Jahr den Kraftstoff-Hahn abbauen und das Tanksieb reinigen. Besitzt der Hahn einen zusätzlichen Filter, diesen ebenfalls sorgfältig säubern. Anschließend mit einer neuen Dichtung wieder anbauen.
4. Besitzt der Kraftstofftank eine Mengenmeßeinrichtung, man sieht's an der Benzinuhr oder der Kontrolleuchte auf dem Instrumentenbrett, soll man vor Tankreinigungsarbeiten die meist im Tankboden befindliche Anlage (von unten) abschrauben. Sie ist empfindlich und könnte beschädigt werden.

5. Kontrollieren der Kraftstoff-Zuleitungen auf festen Sitz und Dichtigkeit. Die Schläuche dürfen auf keinen Fall rissig oder hart geworden sein. Andernfalls auswechseln! Die Schlauchklemmschellen sollen in einem guten Zustand sein. Billige Drahtklemmer ersetze man durch gute Schlauchschellen (billig in jeder Eisenwarenhandlung), die sind um einiges zuverlässiger.

Kraftstoffschläuche müssen an beiden Enden gekürzt werden, wenn diese rissig und ausgefranst wirken. Das beseitigt Quellen zukünftiger Leckagen.

Schlauchschellen nicht zu brutal anziehen, das Schlauchmaterial leidet darunter und später auch die Dichtigkeit.

Kraftstofftank

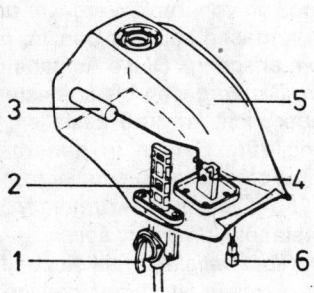

3
2
1
5
4
6

1 Kraftstoffhahn
2 Kraftstoffhahnfilter
3 Schwimmer
4 Anzeigegeber für Tankuhr
5 Kraftstofftank
6 Elekt. Anschluß

Kawasaki GPZ 900 R

Einige Instandsetzungsarbeiten:
1. Schweißen von Kraftstoff-Tanks nur, wenn der Tank zuvor mit Wasser ausgespült und sorgfältig getrocknet wurde. Explosionsgefahr durch Kraftstoffdämpfe!
2. Große, nicht scharfkantige Beulen im Tank, lassen sich gut durch "Ausblasen" mit Preßluft beseitigen (Schlauch an den Kraftstoffhahn, Tankdeckel dicht). Aber nicht zu doll, sonst wird's ein Ballon! Beulen, die nicht rausgehen, spachtelt man zu oder zieht sie warm raus.
3. Quellende Dichtungen an Kraftstoff-Hähnen bilden ein Hindernis für den Kraftstoffdurchfluß und sollten ausgewechselt werden. Schon manch unerklärliches Motorstottern im Hochgeschwindigkeitsbereich fand so eine recht irdische Erklärung.

3.8. Benzin und seine Eigenschaften

Erdöl ist die Gundlage für unsere Kraftstoffe. Durch schrittweises Destillieren in den Raffinerien wird es in seine Bestandteile zerlegt: Heizgas, Schweröle und Kraftstoffe verschiedener Siedepunkte.

Am Ende zahlreicher komplizierter Arbeitsgänge entsteht das uns vertraute Normal- und Superbenzin.
1. Es muß leicht und vollständig vergasen.
2. Es soll eine hohe Klopffestigkeit besitzen.
3. Korrosion von Tank, Vergaser und Einspritzanlage verhindern.
Leicht vergasen soll das Benzin, damit der Motor auch beim Kaltstart noch bequem anspringt. Diese Aufgabe übernehmen bestimmte Kraftstoff-Komponenten. Sie vergasen bis spätestens 70 Grad Celsius vollständig. Ihr Anteil darf aber nicht zu groß ausfallen, um bei betriebswarmem Motor nicht die Neigung zum Sieden in den Kraftstoffzuleitungen (Dampfblasenbildung), oder im Vergaser zu provozieren.

Ab 180° Celsius bei warmem Motor im Zylinderraum sollten 90% der Kraftstoffbestandteile vergast sein.

Die Klopffestigkeit ist ein bedeutendes Kriterium für die Qualität von Benzin. Klopfen ist eine vorzeitige Selbstentzündung. Dabei entflammt das Gemisch schon während des Verdichtungstaktes. Die Kraft des explosionsartig verbrennenden Gemisches übt einen harten Schlag auf den Kolbenboden aus, während der Kolben noch in der Aufwärtsbewegung ist. Nach außen klingt das Ereignis im Zylinder wie das leise Klopfen eines Hammers auf eine Stahlplatte. Für den Fahrer sollte es ein Alarmzeichen sein.

Bekämpfen läßt sich das Klopfen nur auf zwei Arten: Entweder steigt man sofort um auf höheroktanisches Benzin oder man setzt die Verdichtung des Motors drastisch herunter und akzeptiert die daraus entstehende Leistungsreduzierung. Mit dem Problem des Klopfens werden wir in Europa wohl nicht mehr konfrontiert. Die Oktanzahlen des handelsüblichen Benzins liegen hierfür schon zu hoch.

Sollte man dennoch einmal niederoktaniges Benzin tanken müssen, ist es angebracht, die Motorverdichtung zu verringern, indem man eine stärkere Zylinderfußdichtung oder eine dickere Zylinderkopfdichtung verwendet. So etwas lohnt sich natürlich nur, wenn niederoktaniges Benzin über längere Zeit gefahren werden soll.

Klingeln ist etwas weniger schädlich als das Klopfen. Es klingt wie leises Klingeln oder Zirpen aus dem Zylinderkopf. Das Geräusch entsteht, wenn als Folge der Zündung des Kraftstoff-Luftgemisches im Arbeitstakt der Druck im Zylinder plötzlich gewaltig ansteigt, und dadurch in einer anderen Ecke des Verdichtungsraumes ein Teil der hochverdichteten Gase von selbst zu brennen beginnt. Diese beiden Zündungen, die eine gewollt, die andere von selbst (initial) entstanden, verursachen Druck und Schallwellen, die als Klingeln nach draußen dringen.

Das Klingeln im niedertourigen Bereich ist relativ harmlos, das Hochgeschwindigkeitsklingeln gefährdet den Motor.

Klopfen und Klingeln lassen im Motor einen hohen Druck entstehen und die Motortemperatur ansteigen. Leistungsabfall und Überhitzung drohen. Kolben, Ventile und Zylinderkopfdichtung sind gefährdet, die Lager der Kurbelwelle hoch belastet.

Während der beim Klopfen empfohlene höheroktanige Sprit sich auch beim Klingeln anbietet, ist dort ein Umbau nicht nötig. Jedoch auch in der BRD kann es passieren, daß ein für Normalbenzin ausgelegter Motor plötzlich klingelt und Superbenzin braucht, das kann z.B. durch Änderungen in der Zusammensetzung des Kraftstoffes zustandekommen. Auslöser ist dann eine Empfehlung der Kraftfahrzeug-Hersteller oder gesetzliche Maßnahmen zur Schadstoffminimierung. Während die Fahrzeughersteller solche Vorgaben recht bald in die Serie einfließen lassen, steht der gelackmeierte Altteilbesitzer vor einem Problem.Wenn seine Maschine, die vorher mit Normalbenzin auskam, sich dann mit Super zufrieden gibt, ist er fein raus. Bei ohnehin schon superabhängigen Motoren ist guter Rat aber teuer. Gute Tips sind: Die Zündung auf etwas früher verstellen und eine Zündkerze mit einem niedrigeren Wärmewert wählen.

Die Oktanzahlen für Normal und Super sind ein Maß für deren Klopffestigkeit.

Wie entsteht die Oktanzahl? In einem Prüfmotor werden zwei in ihren Eigenschaften entgegengesetzte Kraftstoffe verbrannt. Es sind "Oktan" und "Heptan".

Oktan ist ein besonders klopffester Kraftstoff und wird mit 100 gleichgesetzt. Heptan hat die Klopffestigkeit Null. Als Meßkraftstoff werden beide zusammengemischt. Im Prüfmotor werden dann beide Kraftstoffe solange in unterschiedlicher Mischung gefahren, bis diese in ihrer Zusammensetzung die gleichen Klopfeigenschaften besitzen wie das zu prüfende Benzin. OZ 60 bedeutet dann, daß für das betreffende Benzin eine Klopffestigkeit ermittelt wurde, die dem einer Mischung von 60% Oktan und 40% Heptan entspricht.

Die Abkürzungen ROZ und MOZ bedeuten: Research-Oktanzahl und Motor-Oktanzahl. Sie geben lediglich an, welche Oktanzahl bei welchem standardisiertem Prüfmotor ermittelt wurde. Für den MOZ-Wert sind die Prüfverfahren besonders scharf.

Dem an jeder Tankstelle erhältlichen Benzin werden als Klopfbremse Alkohol, Benzol und Bleialkyle beigemischt.

Wegen ihrer schon in geringen Mengen giftigen Wirkung werden Bleialkyle und Benzol nach und nach aus dem Verkehr gezogen.

Darum ist es wichtig, daß man seinen Mund sorgfältig ausspült, falls auch nur geringe Spuren Kraftstoff ihren Weg dahin gefunden haben. Egal, ob beim Vergaserdüsenausblasen oder bei der Ansaugmethode.

Zum Problem des bleifreien Benzins läßt sich sagen: schädlich ist es im Motor für Ventilteller und Ventilsitze nur, wenn beide in ihrem Material nicht aufeinander abgestimmt sind. Das Blei dient nämlich, neben seiner wichtigen Aufgabe als Klopfbremse, noch als Schmiermittel zwischen Ventilsitz und Ventilteller. Was geschieht nun in Motoren die nicht für "Bleifrei" ausgelegt sind?

Wenn der Motor läuft, verschweißen ohne Bleizusatz Ventilteller und Ventilsitzmaterial punktuell und kurzzeitig miteinander. Das geschieht in dem Moment, wo das Ventil geschlossen ist. Öffnet es wieder, werden die Teile wieder auseinandergerissen. Das hat einen starken Materialverschleiß zur Folge.

Die Bleiabhängigkeit eines Motors ist um so größer, je weicher die Sitzringe und je höher die Nenndrehzahl des Motors ist (Nenndrehzahl = Drehzahl der maximalen Motorleistung).

Für viele Motoren genügt es, wenn jede dritte Tankfüllung verbleites Benzin enthält. Motorräder ab 1977 sind fast alle bleifrei zu fahren. Im Zweifel nachfragen!

4. Luftfilter und Anssauggeräusch- dämpfung

4.1. Warum Luft gefiltert werden sollte

Offene Lufttrichter sind ästhetisch etwas Schönes, zugegeben. Die trompe- tenförmig geschwungene Einlaßöffnung vor dem Vergasereinlaß wirkt beste- chend sportlich. Der hechelnde Ton der Ansauggeräusche vermittelt etwas von der Dynamik eines Renntriebwerkes. Der Sound suggeriert Leistung. Ein offener Motor - das klingt nach der Freiheit des Motorradfahrens - und doch ist es meist ein schmerzlicher Irrtum. Schmerzlich, weil es auf Dauer an den Geldbeutel geht. Ganz abgesehen davon ist es bei modernen Motorrädern unnötig und oft sogar schädlich, den Luftfilter abzubauen oder ihn gar durch einen Ansaugtrichter zu ersetzen.

Wie wir weiter oben schon gesehen haben, sind Motoren leistungsmäßig abgestimmt vom Luftfilter bis zum Endschalldämpfer. Man muß schon eine Menge Ahnung haben, um sich Eingriffe in dieses Regelungssystem erlau- ben zu können.

Meist endet der Versuch in der Vertragswerkstatt; in besonders schlimmen Fällen kann ein Motorschaden entstehen durch Gemischabmagerung.

Aber ganz abgesehen von solchen drastischen Vorgängen: bei offenen Ansaugwegen verschleißt ein Motor recht schnell infolge der angesaugten Schmutzteilchen: Staub, Sand, Insekten, Blätter, aber auch Wasser. Die festen Partikel wirken im Luftstrom auf Vergaserteile und Motorinnereien wie ein Sandstrahlgebläse.

Die Geräuschdämpfung ist eine andere Aufgabe des Luftfilters. Sie ist nicht nur vom Gesetzgeber vorge- schrieben, sondern hat auch eine um- weltschützende Funktion. Die all- gemeine Lärmbelästigung hat in un- serer Industriegesellschaft in einem

Luftfilter

Ölabscheider

Ansauggeräusch- dämpfer

Luftfilter- gehäuse

Honda CBR 1000 F   **Ansauggeräusch und Luftfiltersystem** erschreckenden Grade zugenommen. Auch wir trauern den Zeiten offener Ansaugtrichter und Auspuffendrohre nach - dem kernigen Sound alter Zweizylinder, dem Poltern der Ein- und dem Röhren der Vierzylindermotoren...

4.1.1. Die Arten der Luftfilter und auf was es ankommt

Für Motorradmotoren werden vier Filterarten verwendet.
1. Trockenluftfilter mit Filtereinsätzen (Patronen) aus gefaltetem Papier.

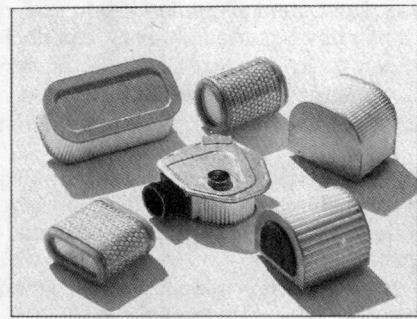

Luftfiltereinsätze (Papier)

(Quelle Hein Gericke, 87)

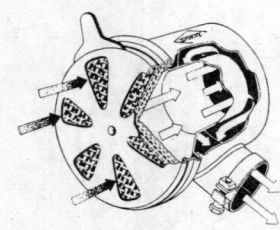

Naßluftfilter mit Drahtgeflecht und Ansauggeräuschdämpfer

2. Trockenluftfilter mit Draht-Stoffgebilden.
3. Naßluftfilter mit Schaumstoffeinsätzen.
4. Naßluftfilter mit Drahtgeflecht.

Zur Ansauggeräuschdämpfung ist das Volumen des Luftfilterkastens je nach Hubraum unterschiedlich groß. Um eine große Standzeit (Nutzdauer) des Filtereinsatzes zu erreichen, werden die Filter mit einer möglichst großen Oberfläche und ausreichendem Staubspeichervermögen ausgestattet.

Der Trockenluftfilter mit Papierpatrone hat ein eng gefaltetes Papierelement mit einer errechneten Luftdurchlässigkeit. Der Staub sammelt sich an der Außenseite in den Poren des Filterelementes. Ist der Filtereinsatz zugesetzt, muß er ausgewechselt werden.

Der Trockenluftfilter mit Draht-Stoffgebilde ist dagegen ein Permanentfilter, er kann gereinigt werden.

Naßluftfilter mit Schaumstoffeinsätzen haben ein Filterelement aus Polyurethan, das um ein grobes Sieb herum befestigt ist. Das grobe Sieb ist der Außenluft zugewandt. Der Schaumstoff ist mit dünnem Einbereichsöl SAE 30 getränkt. Die einströmende Luft läßt alle groben Teilchen am Sieb hängen. Die kleineren Partikel bleiben an den Öltröpfchen in den Poren des Schaumstoffes kleben. Natürlich kann für das Filterelement nicht

206

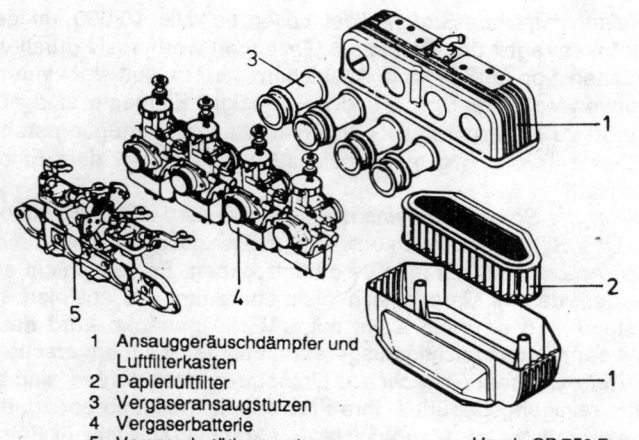

1 Ansauggeräuschdämpfer und
  Luftfilterkasten
2 Papierluftfilter
3 Vergaseransaugstutzen
4 Vergaserbatterie
5 Vergaserbetätigungsplatte

Honda CB 750 Four

jeder X-beliebige Schaumstoff verwendet werden. Er muß öl- und benzinfest und luftdurchlässig sein.

Der Naßluftfilter mit Drahtgeflecht ist die älteste Version überhaupt. Eine kleine runde oder viereckige Dose, mit einem Schieber zur Luftabsperrung für den Kaltstart, ist am Vergaser befestigt. Die anströmende Außenluft passiert ein Geflecht aus Metallstreifen oder Draht, das mit Motorenöl (siehe oben) getränkt ist. Im Labyrinth des Metallgeflechtes fangen sich grobe und feine Partikel gleichermaßen. Die Filterung ist gleichwohl nicht sehr effektiv.

Sind Luftfiltereinsätze zugesetzt, kann nicht mehr genügend Luft zum Vergaser gelangen. Das Gemisch wird zu fett, der Motor läuft schlecht und verbraucht erheblich mehr Kraftstoff als zuvor. Es wird dann höchste Zeit, das Filterelement zu ersetzen oder, soweit möglich, zu reinigen.

4.1.2. Wartung und Pflege von Luftfiltern

Trockenluftfilter mit Papierpatrone haben eine Lebensdauer von 10.000 bis 20.000 km. Das hängt aber stark davon ab, wie staubig die Region ist. Bei einer Saharadurchquerung muß ein Filter täglich gereinigt werden. Reinigen kann man Luftfiltereinsätze aus Papier nur begrenzt.

Die beste Möglichkeit. Einsatz ausklopfen und anschließend vorsichtig von innen nach außen mit Preßluft ausblasen. Keine mechanische Reinigung mit Bürste oder Schraubendreher! Ist das Filterelement durch Öldämpfe verklebt oder durch mechanische Einflüsse beschädigt, muß es unbedingt ersetzt werden.

Trockenluftfilter mit Draht-Stoffgebilde sollen ca. alle 10.000 km gereinigt werden. Näheres regelt das Bordbuch. Gesäubert werden sie durch vorsichtiges Abbürsten von außen und Ausblasen mit Preßluft von innen. Kein Wasser verwenden! Ölgetränkte und beschädigte Elemente sind auch bei dieser Filterart zu ersetzen. Falls kein Ersatzfilter zur Verfügung steht, kann man das Element vorsichtig mit Benzin auswaschen. Vor dem Einbau gut trocknen lassen!

Naßluftfilter mit Schaumstoffeinsätzen sind in der Regel alle 5000 km zu wechseln. Das Schaumstoffelement wird in Benzin gewaschen und leicht ausgepreßt. An der Luft läßt man es dann trocknen. Es sollte nicht ausgewrungen werden, da das Material sich leicht überdehnt und ausleiert. Im trockenen Zustand wird es dann leicht mit SAE 30 getränkt. Wird das Filterelement mit der Hand vorsichtig ausgepreßt, darf kein Öl mehr erscheinen.

Naßluftfilter mit einem Geflecht aus Draht oder Blechstreifen sind alle 500 bis 1000 km reinigungsbedürftig. Ihre Filteroberfläche ist so gering, daß ihre Standzeit extrem kurz ist. Man wäscht den kompletten Filter in Benzin aus und trocknet ihn mit Preßluft. Zehn Minuten in der Sonne tun es auch. Anschließend benetzt man ihn mit SAE 30. Abtropfen lassen - fertig!

5. Auspuffsysteme und Schalldämpfung

Am Anfang stand das Rohr schön weit offen! Wäre man in der Lage gewesen, um die Ecke zu gucken, hätte einem wohl das Auslaßventil aus der Abgasöffnung im Zylinderkopf entgegengeblinzelt.

Motorräder in jener Zeit knatterten und ballerten mit entsprechender Lautstärke über Straßen, die, wenn es hochkam, mit Kopfsteinen gepflastert waren, ansonsten aber aus Schotter bestanden.

Erst als der Krach den Leuten zuviel wurde, wurden Schalldämpfer angebaut. Das war ein Extrateil, welches hinten auf das Auspuffrohr aufgesteckt wurde, von einer Klemmschelle gehalten. Damals herrschten noch die Einzylindermotoren, von einigen teuren Maschinen und sehr teuren Exoten einmal abgesehen.

Die Maßnahmen zur Lärmbekämpfung wurden zunächst nur unwillig geschluckt, weil die Motorleistung natürlich entsprechend abnahm. Doch glichen dies die Hersteller durch stärkere Motoren wieder aus. Schließlich blieb die Entwicklung ja nicht stehen!

Aber sobald irgendwo eine Motorsportveranstaltung lief, wurden zuallererst die Dämpfer entfernt; was auf die Schnelle garantiert einen Leistungszuwachs erbrachte. Soweit es Zweitaktmotoren nicht betraf. Die waren nämlich auch damals schon auf den Rückstau der Abgase angewiesen, weil sonst Teilmengen des schönen, frischen Kraftstoff-Öl-Luftgemisches im Verdichtungsraum hinter den verbrannten Abgasen her durch den Auslaßschlitz verschwinden wollten.

Im Laufe der Jahre kamen die Techniker allmählich auf die Weisheit, daß ein Hochleistungsmotor eher wie eine Strömungsmaschine funktioniert. Der Gasdurchsatz von Einlaß zu Auslaß soll, so ist es heute technischer Standard, möglichst ungestört, ausgenommen das kurze Intermezzo des Verbrennungsvorganges, vonstatten gehen (siehe Kapitel 1.2.).

Wenn man demnach heute von "Abstimmung" einer Auspuffanlage spricht, hat man neben der Lärmdämmung besonders die Motorleistung im Auge. Denn um eine bestimmte Motorleistung zu erbringen, müssen die Ansaug- und Abgaswiderstände genau in Einklang gebracht werden. Erst das richtige Zusammenwirken beider Schwingungsvorgänge bringt den gewünschten Erfolg.

Wer somit die Auspuffanlage eigenmächtig verändert, stört die oben beschriebenen Einlaß-Auslaßzyklen empfindlich. Das führt immer zu Leistungsverlusten, auch wenn es nur die Endtüte ist, die abgeschraubt oder gegen eine andere aus dem Zubehörladen ausgetauscht wird.

Nur ein Experte oder erfahrener Bastler kann gezielt Leistungssteigerung oder -reduzierung erwirken. Mit z.B. größeren Vergaserquerschnitten, entsprechenden Düsen; abgestimmten Nockenformen; veränderten Ventildurchmessern oder anderen Kanalquerschnitten und zuletzt die genau berechnete und durch Versuche unterstützte, maßgeschneiderte Auspuffanlage.

Das Auspuffgeräusch entsteht durch den hohen Druck der Abgase, die, nach Öffnen des Auslaßventils bzw. des Auslaßschlitzes (Zweitaktmotor), den Zylinder explosionsartig mit etlichen bar Druck verlassen und sich dann entspannen. Dabei schieben sie eine Luftsäule vor sich her, die Schallwelle, die das Auspuffgeräusch erzeugt und eine große Energie enthält.

Die Aufgabe der Dämpfung besteht im Lärmschutz und gezielten Durchströmwiderstand. Ohne Schalldämpfung werden im Auspuffkrümmer über 100 dB (A) je nach Motordrehzahl, erzeugt.

Die Abgase sollen ihr schlagartiges An- und Abschwellen (Schallfrequenz) verlieren, sich abschwächen, sich mittels sinnvoller Anordnung von Prallblechen, Röhren und Absorptionsmaterial entspannen und am Auspuffende deutlich leiser austreten.

Der Schallpegel wird in Dezibel gemessen (dB(A)).

Der Mensch empfindet mit dem Ohr Schallwellen, die gleichen Schalldruck aber unterschiedliche Frequenz aufweisen, unterschiedlich laut. Frequenz bedeutet in diesem Zusammenhang: Die Häufigkeit der Abgasdruckstöße pro Sekunde.

Niedrige Frequenzen (tiefe Töne) wirken angenehmer als hohe Frequenzen (hohe Töne). Die menschliche Hörschwelle liegt bei 0 Dezibel (A). Die Schmerzgrenze liegt bei 130 dB(A). Anhaltender Krach mit mehr als 130 db(A) führt zu schweren körperlichen Schäden!

Grenzwerte (EG-Richtlinien) von Auspuff- und Fahrgeräuschen:
a. PKW und Kombi - 80 dB(A) bis 84 dB(A)
b. LKW, Omnibus und Zugmaschinen - 84 dB(A) bis 91 dB(A)
c. Motorräder - 84 dB(A) d. Kleinkrafträder - 73 dB(A) bis 79 dB(A)
e. Mopeds, Mofas und Mokicks - 70 dB(A) bis 73 dB(A)

Diese Werte werden einheitlich mit einem bestimmten seitlichen Abstand zur Geräuschquelle gemessen.

Im Vergleich dazu:
a. D-Zug (5 m Abstand) etwa 110 dB(A)
b. Preßluftbohrer (5 m Abstand) etwa 90 dB(A)
c. Lautes Rufen (1 m Abstand) etwa 80 dB(A)
d. Normale Unterhaltung etwa 50 dB(A)
e. Taschenuhrticken (keine Quarzuhr) etwa 10 dB(A)

Ein Zweitaktmotor hat eine andere Ausstoßfrequenz als ein Viertakter. Ein großvolumiger Motor entwickelt einen anderen Sound, viel dumpfer, grollender als ein kleinvolumiger; besonders dann, wenn er "auf Drehzahl" geht. Ein Vierzylinder klingt ganz anders als ein Ein- oder ein Zweizylinder.

Der Auspuffkrümmer soll stromlinienförmig sein, um ein rasches Abführen der Abgase zu bewerkstelligen. Dies hat auch den Nebeneffekt, ein Aufheizen des Zylinderkopfes in Grenzen zu halten.

In den Endschalldämpfern, mehr aber noch in den bei vielen Motorrädern vorhandenen Vorschalldämpfern, findet die Anpassung der Abgasfrequenz sowie die Dämpfung der Geräusche statt.

Die Dämpfung der Schallwellen sowie die Anpassung der Abgasfrequenzen wird durch eine Kombination einzelner Dämpfungssysteme im Innern der Vor- und Endschalldämpfer bewirkt. Der Vorschalldämpfer hat die Aufgabe der Leistungsabstimmung des Motors. Der Endschalldämpfer, "die Tüte", dient ausschließlich der Schalldämpfung, als Anpassung der Druckwellen an die Außenluft. Ist kein Vorschalldämpfer vorgesehen, spielen sich alle diese Vorgänge in Krümmer und Endschalldämpfer ab.

Es gibt unterschiedliche Dämpfungssysteme, die je nach Bedarf auch in einer einzigen Auspuffanlage kombiniert werden können:

1. Reflexionsdämpfer: Als Hochpaß- oder Tiefpaßdämpfer in geschickter Kombination miteinander vereint.

— Im Tiefpaßdämpfer müssen die Abgase mehrere hintereinander liegende Kammern durcheilen. In jeder Kammer erfolgt eine Entspannung, eine Ausdehnung der Gase, und das ergibt eine Verminderung der Ausstoßenergie. "Tiefpaß" heißt er, weil er die tiefen Frequenzen durchläßt und nur die hohen bekämpft. Er ist vor allem für Zweitaktmotoren sowie für kleinvolumige, hochdrehende Viertakter geeignet.

— Im Hochpaßdämpfer befindet sich, umschlossen vom Auspufftopf, ein Rohr mit vielen Öffnun-

Schalldämpfersysteme

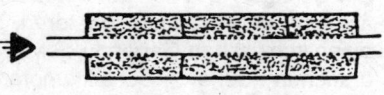

1 Absorptionsschalldämpfer

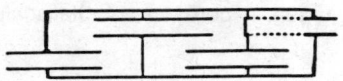

2 Reflektionsschalldämpfer

3 Absorptionsschalldämpfer kombiniert mit Reflexionsdämpfer

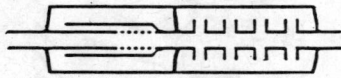

4 Schalldämpfer mit Abzweigresonatoren

211

gen. Durch die hindurch treten die Abgase in einen einzigen großen Raum und von da aus ins Freie.

Durch diese Anlage lassen sich tiefe Frequenzen dämpfen, hohe jedoch nur schwach.

Der Hochpaßdämpfer ist für Viertaktmotoren mit großem Hubraum geeignet, welche nicht zu hoch drehen.

2. *Interferenzschalldämpfer*

Hier wird ein Rohr, in der Mitte des Schalldämpfers gelegen, aufgeteilt in eine große Anzahl von Abzweigungen, die sich anschließend wieder vereinen. Hohe Schalldrücke sollen in niedrige umgewandelt werden.

Das Interferenzprinzip wird meist mit dem Reflexionsverfahren verknüpft.

3. *Schalldämpfer mit Abzweigresonatoren*

Dieser Aufbau kann besonders laute Töne ohne nennenswerte Strömungswiderstände dämpfen.

Geringe Strömungswiderstände sind bei hohem Gasdurchsatz bei entsprechend hohen Drehzahlen notwendig, weil sich nur auf diese Weise (siehe Kapitel 1.2.) Spitzenleistung einstellen kann.

4. *Absorptionsschalldämpfer*

Ein geringer Strömungswiderstand zeichnet diese Bauart aus. Sie wird, ähnlich den Abzweigresonatoren, bei Auspuffanlagen eingesetzt, die nur einen schwachen Gegendruck ver- ursachen dürfen. Schalldämpfer dieser Art besitzen mehrere Kam- mern, mit einem hitzebestän- digen, porösen Schallschluck-

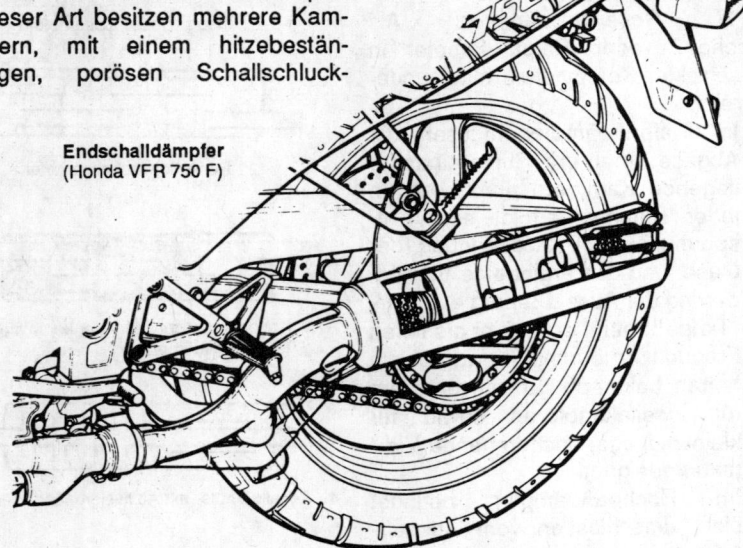

Endschalldämpfer
(Honda VFR 750 F)

stoff auf Siliziumbasis gefüllt. Darin läuft in der Längsrichtung ein Rohr. Durch die kräftige Lochung darin dringen die Auspuffgase in die Kammern. Hier verlieren sie durch Reibung am schallschluckenden Material an Schwingungsenergie. Sie verlassen deutlich geschwächt, fast stoßfrei, den Dämpfer.

Absorptionsschalldämpfer werden gerne mit Reflexionsschalldämpfern verbunden.

Für eine wirksame Schalldämpfung wird ein bestimmtes, möglichst großes Volumen benötigt. Das Material der Schalldämpfer, von einer Füllung mal abgesehen, muß kräftig und gut verarbeitet sein, weil dünne Bleche und lose Teile ein Eigenleben entwickeln und selbst Geräusche hervorbringen, die nicht wegzudämpfen sind (Eigenresonanz).

Die Kunst der Geräuschdämpfung hat es heute mit sich gebracht, daß Motorräder flüsternd durch die Lande ziehen und dennoch traumhafte Motorleistungen anbieten können. Wer hätte das gedacht, damals im Zeitalter der ersten Motorräder!

5.1. Die Auspuffanlage des Viertaktmotors

Es wird angestrebt, daß am Ende des Schalldämpfers ein Schwingungsunterdruck herrscht, der die Arbeit des Motors günstig beeinflußt.

Hinzu kommen die Umweltschutzvorgaben.

Viertaktmotorradmotoren liegen da vorteilhaft im Rennen, weil ihr Schadstoffausstoß viel geringer ist als bei vergleichbaren Automobilmotoren.

Katalysatoren für Motorräder kommen gerade auf den Markt. Die Firma Sebering bietet für die Yamaha FZR 1000 einen Nachrüstkatalysator an, der die ohnehin niedrigen Abgaswerte noch weiter vermindert und erstaunlicherweise die Leistungskurve optimiert, lediglich die Endgeschwindigkeit ist geringfügig niedriger.

Es ist zu erwarten, daß das Sortiment an Nachrüstkatalysatoren auch auf andere Modelle ausgeweitet wird.

Unsere Motoren besitzen grundsätzlich pro Zylinder einen Auspuffkrümmer. Einige Einzylinder-Viertaktmotoren (z.B. Honda XL 600 R oder Suzuki DR 600 S) führen zwei Krümmer aus dem Zylinderkopf. Diese Motoren haben große Einzelbrennräume (jeder ca. 600 ccm) mit je zwei Anlaßventilen. Die beiden Auspuffkrümmer haben einen positiven Effekt auf das Schwingen der Abgassäule und halten die Zylinderkopftemperatur auf einem erträglichen Maß.

Zwischen Auspuffkrümmer und Endschalldämpfer wird zunehmend ein Vorschalldämpfer eingesetzt. "Sammler" werden Auspuffteile genannt, in denen die Krümmer von Mehrzylindermotoren münden. Ihre Aufgabe ist es, die Abgase auf die vorhandene Anzahl Endschalldämpfer zu verteilen. Sammler werden auch als Vorschalldämpfer konstruiert.

Einen Überblick über die Vielfalt der Auspuffanlagen, speziell ihre Anordnung, veranschaulichen beispielhaft die folgenden Illustrationen.

Einrohranlage mit Expansionskammer als Zwischenschalldämpfer

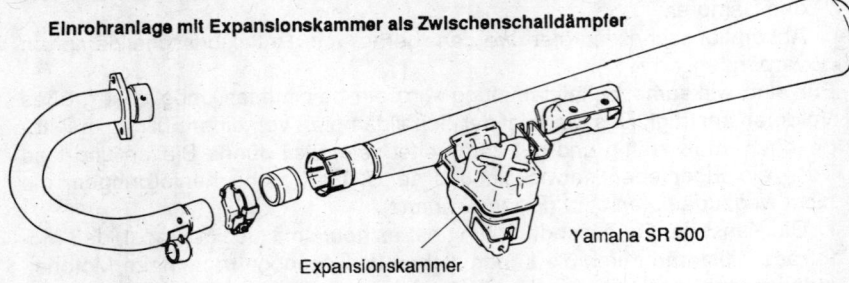

Expansionskammer

Yamaha SR 500

"Zwei in Ein"- Schalldämpferanlage eines Einzylindermotors

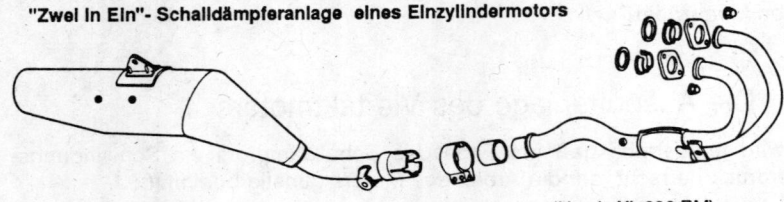

(Honda XL 600 RM)

"Vier in Zwei"- Schalldämpferanlage
mit gemeinsamer Expansionskammer

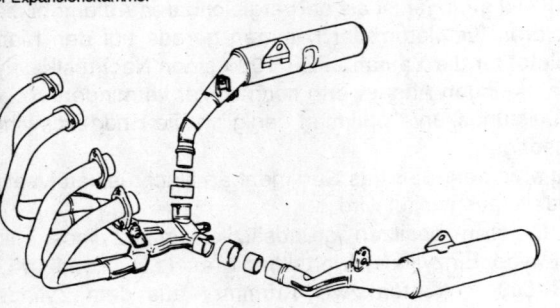

(Honda CBR 1000 F)

Mehrzylindermotoren führen zwischen den Auspuffkrümmern ein Verbindungsrohr (Interferenzrohr), das die Abgasschwingungen beeinflußt und sich drehmoment- und leistungssteigernd auswirkt. Diese Aufgabe wird auch vorzüglich vom Sammler ausgeführt, der das Verbindungsrohr ersetzt. End-

214

"Vier In Eins"- Schalldämpferanlage

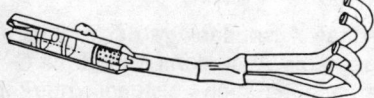

(Honda CBR 600 F)

4-IN-2-IN-2-AUSPUFFANLAGE

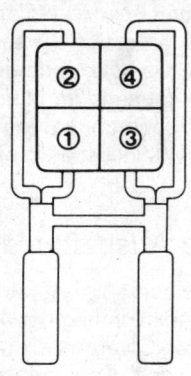

schalldämpfer von Viertaktmotoren sind in der Regel nicht zerlegbar, was bei Zweitaktmotoren wegen der Ölkohlebeseitigung notwendig ist (siehe Kapitel 5.2.).

Die Trennstellen der Auspuffanlagen sind sorgfältig abgedichtete, um Nebenluft (beim Gaswegnehmen) oder Druckverluste (während des Gasgebens) zu vermeiden. Nebenluft zwischen Zylinderkopf und Krümmer erzeugt das lästige Auspuffknallen, welches auf die Dauer durch die Explo-

"Vier In Zwei"- Auspuffanlage
mit Interferenzrohr

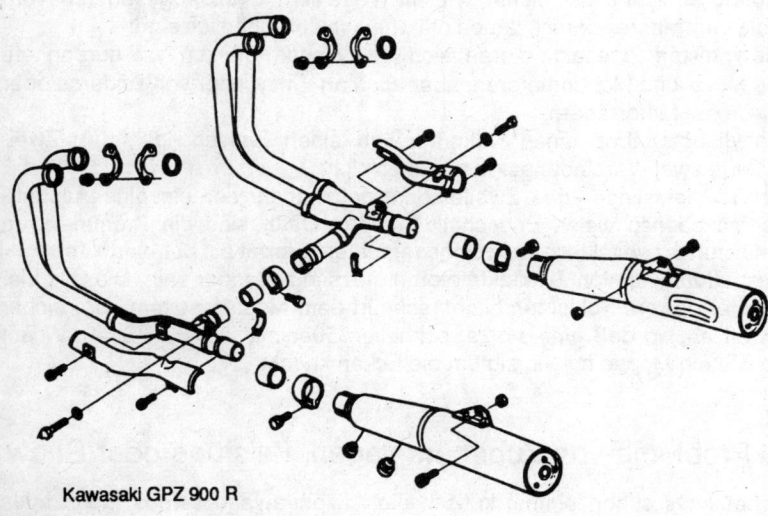

Kawasaki GPZ 900 R

215

sionswirkung den Endschalldämpfer zerstört. Undichtigkeiten führen während des Betriebes zu erhöhter Geräuschbelästigung oder Leistungseinbußen, vor allem bei den unteren Motordrehzahlen.

Im Übrigen steigt bei einer stark undichten Auspuffanlage der Kraftstoffverbrauch, weil die Veränderung der Abgassäule Auswirkungen auf die Gesamtschwingungen im Motor haben. Das bedeutet auch Leistungseinbußen in der Größenordnung von einigen PS bzw. kW und eine Verlagerung des Drehmomenteinflusses in den höheren Drehzahlbereich.

5.2. Die Auspuffanlage des Zweitaktmotors

Schwingungsmäßig ist der Zweitakter noch wesentlich stärker auf eine gesunde Abstimmung der Auspuffanlage angewiesen als der Viertakter. Sein spezifischer Ölverbrauch hat sich durch Fortschritte in der Motorentechnik stark verringert, wohingegen die Motorleistung stetig stieg. Große Erfolge im Sport haben diese Linie bestätigt. Doch immer noch ist es der Ölbedarf, durch den das ganze Zweitaktprinzip ökologisch in Mißkredit gerät. Denn gänzlich ohne Öl funktioniert kein Zweitaktmotor.

Fast jede Technik der Abgasentgiftung, sei es der Katalysator, die Magermotortechnik oder die thermische Nachverbrennung, reagiert auf Ölreste allergisch. Dies, weil die Ölkohle sich überall breit macht und als immer dicker werdende Schicht alles zuklebt, was im Wege liegt. Ganz abgesehen davon, daß die verbrannten Ölrückstände ohnehin umweltschädlich sind.

Die meisten Zweitaktmotoren sind Einzylinder, denken wir nur an die vielen Mofa- und Mopedmotoren, aber auch an Einzylinder von Enduros oder Moto-Cross- Motorrädern.

Einzylinder haben einen Krümmer und einen Endschalldämpfer; Zweizylinder je zwei. Verbindungsrohre gibt es nicht.

Selbst Vierzylinder des Zweitaktprinzipes haben vier einzelne Auspuffrohre mit ebenso vielen Endschalldämpfern. Dafür sind die Krümmer von Hochleistungszweitaktern strömungsgerechter geformt als bei Viertaktern.

Auspuffanlagen von Zweitaktmotoren müssen zerlegbar sein. Die Ölkohle, die immer dickere Schichten bildet, schnürt dem Motor langsam aber sicher die Kraft ab, so daß eine stolze, schnelle 350er mit fast 60 PS/44 kW am Ende wie ein Moped mit vierzig um die Ecken kriecht.

5.3. Probleme von Zubehöranlagen, Leistung oder Show

Wer hat nicht schon einmal kritisch die Auspuffanlage seines Motorrades betrachtet und festgestellt: "Na, schön ist sie ja nicht!" Und da gibt es an-

216

dere, die sich ein Sportgerät bauen wollen, mit Lenkerstummeln, Einmann-höcker und: "Tja, die alte Anlage, serienmäßig, muß geändert werden, und die Leistung soll sich auch erhöhen!" Doch weil in den Entwicklungslabors der Motorradfirmen ausgebuffte Spezialisten arbeiten und Motorradmotoren sowieso Hochleistungsantriebe sind, haben die nämlich schon eine Menge versucht, um optimale Leistung aus den Triebwerken zu kitzeln. Und mit welchem Aufwand! Davon kann ein Fabrikant von Zubehöranlagen nur träumen.

Chancen hat der eigentlich nur da, wo es ums Design oder (und) um gedrosselte Motoren geht, die vom Hersteller aus vielen möglichen Gründen nicht mit maximaler Leistungsausbeute ausgeliefert werden.

Tuningfirmen nehmen sich gerne Serienmotoren und verwandeln sie mit allen Tricks in Renntriebwerke mit entsprechend abgestimmten Auspuffanlagen dran. Da sind dann allerdings nur noch das Gehäuse und ein paar Innereien original. Der Rest - Sonderanfertigung, und der Motor kostet alleine 50.000,- DM, wenn das mal reicht!

Da sind wir am Punkt angelangt, wo es interessant wird. Eine Auspuffanlage zur Leistungsmaximierung verlangt, wenn dabei mehr als 5 PS/3,7 kW herauskommen sollen, eine gründliche Änderung der Motorabstimmung mit neuen Vergasern, anderen Nockenwellen, größeren Ventilen und einer zusätzlichen Ölkühlung.

Jetzt haben wir das Pferd vom Schwanz her aufgezäumt, doch sollte klar sein, daß eine Hochleistungsauspuffanlage Bestandteil eines Gesamtkonzeptes sein muß. Außerdem ist es wichtig, daß die neue Auspuffanlage eine ABE (Allgemeine-Betriebs-Erlaubnis) besitzt (Typenabnahme durch den TÜV). Die Typennummer im Schein muß dann auf den Auspuffteilen eingeschlagen sein.

Wer ohne ABE und Eintragung in die Fahrzeugpapiere auf der Straße herumfährt, gerät in Schwierigkeiten:
1. Das Fahrzeug verliert seine Straßenverkehrszulassung;
2. Nach einem Unfall kann die Versicherung eine Teilsumme, wenn nicht gar die ganze Schadensumme vom Fahrzeughalter zurückfordern.
Es sind eine Unmenge zugelassene und nicht zugelassene Zubehör-, Anbau- und Ersatzteile auf dem Markt, so daß es selbst dem Experten schwerfällt, herauszufinden, ob manches Teil nun eine ABE hat oder nicht. Auch Lenker oder Sitzbänke, Lampen und selbst Bremsbeläge unterliegen der Zulassungspflicht.

Wenn keine besonders auffälligen Teile angebaut sind - laute Endrohre oder riesige Lenker; besonders verzierte Chopper-Lenker; winzige Hauptscheinwerfer oder ungewöhnlich aussehende Verkleidungsteile - ist auch bei einer Verkehrskontrolle die Gefahr klein, einen Mängelbericht zu bekommen. An sicherheitsrelevanten Stellen, insbesondere Rädern, Bremsen,

Beleuchtung etc., sollte man sowieso nur zugelassenes Zubehör verwenden. Besser, als etliche Jahre früher als gedacht die Augen dicht zu machen oder als Invalide kein Motorrad mehr benutzen zu können.

5.4. Wartung und Pflege der Auspuffanlage

Sie reduziert sich auf:
1. Reinigen von Zweitaktauspuffanlagen
2. Bekämpfung von Korrosion
3. Prüfen auf Dichtigkeit und festen Sitz der Anlage
4. Austausch defekter Teile

Zu 1.
Die Reinigung von Ölkohleablagerungen hängt von der Kilometerleistung der Maschine und vom Prozentsatz des Ölanteiles im Kraftstoff ab. Je niedriger, desto größer sind die Reinigungsintervalle.

Eine Überprüfung erscheint schon nach 10.000 km empfehlenswert. Nach 20.000 km spätestens sind Leistungseinbußen zu erwarten. Gereinigt wird die Auspuffanlage, indem Krümmer und Enddämpfer abgenommen werden. Danach zerlegt man den Endschalldämpfer. Meist werden hierzu eine oder ein paar Schrauben herausgedreht und der Einsatz kann herausgezogen werden.

Für die Reinigung selbst, eine ziemlich schmierige Angelegenheit, wird eine Petroleum-Benzinmischung 1:1 empfohlen.

Festsitzende Ölkohle wird mit einem Schaber oder einer Bohrmaschine mit Drahtaufsatz bekämpft.

Wenn das nicht hilft, muß eine Lötlampe her, mit der die Ölkohle abgebrannt wird. Vorsicht! Nicht zu heiß werden lassen, weil die Chrombeschichtung darunter leiden könnte.

Zu diesen Reinigungsarbeiten gehört auch die Bearbeitung der Auslaßöffnungen im Zylinder. Notfalls muß er dazu abgebaut werden.

Zu 2.
Verrostete Auspuffanlagen sind nicht selten. Während man gegen den inneren Säureangriff schlecht was machen kann, höchstens unverbleites Benzin fahren, wenn möglich, gibt es von außen einige Schutzmaßnahmen.

Rostpickel auf verchromten Flächen, an Krümmern oder Endschalldämpfern, sind vor allem einer Sparmaßnahme der Hersteller zu verdanken. Ausgleichen kann man nichts, nur immer wieder dünn einölen, sobald die Maschine länger steht.

Blättert der Chrom in größeren Placken ab, bringt man die Teile zur nächsten Oberflächenveredelungsfirma. Das kostet einiges und muß, wenn es lange vorhalten soll, ordentlich gemacht werden. Dazu sagt man am besten,

218

wie man es haben will: mit einer Kupferschicht zu Beginn, dann eine Nickel- und zum Schluß eine satte Chromschicht.

Die zweite Möglichkeit ist das Aluminium-Flammspritzverfahren, bei der nach dem Sandstrahlen eine beliebig eingefärbte Aluminiumschicht auf die Anlage gespritzt wird. - Sehr effektiv, aber glanzlos - matt und eben nicht billig.

Bei Fahrern von Enduros mit schwarz lackierten Auspuffteilen hat sich, weil der Lack schon nach kuzer Dauer abbrennt, herumgesprochen, daß Leinöl, auf die gereinigten, lacklosen Flächen gestrichen und anschließend mit der Lötlampe schwarz eingebrannt, die billigste Lösung ist. Sie kann beliebig oft wiederholt werden und gibt einen gewissen Rostschutz, der auch einige Zeit anhält.

Zu 3.

Die Dichtheit der Anlage sollte alle 10.000 km eingehend geprüft werden.

Der feste Sitz der Auspuffkrümmer, besonders aber der Endschalldämfer, sollte vor jeder größeren Tour, vor Autobahnfahrten, aber auch mindestens einmal im Monat, kontrolliert werden. Je vibrationsreicher der Motor, desto öfter!

Zu 4.

Verrostete Schellen, alte Dichtungen, unsichere Schrauben und Muttern, löchrige Endschalldämpfer müssen ersetzt werden. Die Auspuffhalter sollten vor allem auf Fehler am Material geprüft werden. Endschalldämpfer machen sich gerne selbständig, nachdem die Halterungen abvibriert sind.

Ersatzteile müssen auf guten Sitz geprüft werden. Keine Teile mit Gewalt hinbiegen, weil Motorvibrationen, auch die feinen, das nach einer Weile mit unangenehmen Konsequenzen wieder korrigieren.

Über die Behandlung festsitzender Schrauben und Muttern kann in Kapitel 2.0. nachgelesen werden.

Schraubengewinde an den heißen Zonen des Motors oder der Auspuffanlage streicht man mit Kupferpaste ein (in jedem guten Werkzeugladen erhältlich). Sie ist hitzefest und macht das spätere Lösen nicht zu einem Problem.

6. Die Kraftübertragung

Die Motorradmotoren haben den Nachteil aller Verbrennungsmaschinen: sie können nicht unter Last anlaufen. Erst wenn solch ein Motor eine gewisse Drehzahl erreicht hat, läßt sich das Fahrzeug in Bewegung setzen.

Kraftübertragung von der Kurbelwelle bis zum Hinterrad (BMW-Boxer-Motor)

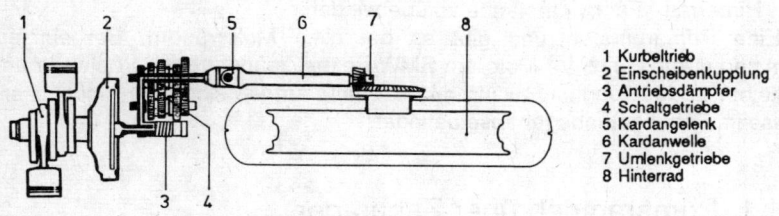

1 Kurbeltrieb
2 Einscheibenkupplung
3 Antriebsdämpfer
4 Schaltgetriebe
5 Kardangelenk
6 Kardanwelle
7 Umlenkgetriebe
8 Hinterrad

Zwischen Motor und Antriebsrad wird also ein Bindeglied, die Kupplung, gebraucht, die es dem Motor ermöglicht, seine Leistung auf den Antrieb zu übertragen.

Dies muß zudem allmählich geschehen, weil der Widerstand des Hinterrades die Drehzahlen des Motors in den Keller zwingen würde.

Die Kupplung ermöglicht die Leistungsübertragung in einer sanften, materialschonenden Weise. Wird ausgekuppelt, sind Motor und Antrieb getrennt. Der Motor kann gestartet und auf Drehzahl gebracht werden. Kuppelt man wieder ein, verbinden sich Motor und Antriebsteil wieder. Die Stahl- und Reibscheiben der Kupplung übertragen dabei mit fließendem Übergang die anfallenden Kräfte. Das Fahrzeug setzt sich in Bewegung.

Erhöht sich der Fahrwiderstand, z.B. durch eine Steigung, muß die Umdrehungszahl der Kurbelwelle stabil gehalten werden, will man die Leistungsfähigkeit des Motors erhalten.

Die Koordination dieser Aufgabe übernimmt beim Motorrad das Schaltgetriebe.

6.1. Der Primärantrieb, Kraftweg von der Kurbelwelle zur Kupplung

Unter "Motor" versteht der Techniker eigentlich nur das nackte Antriebsaggregat bis zum Kurbelwellenstumpf, doch langläufig zählt man noch Primärantrieb und Kupplung hinzu. Die Art des Primärantriebes und sein Übersetzungsverhältnis hat einen nicht unwesentlichen Anteil am Charakter eines

221

Motors. Die Primäruntersetzung der Yamaha SRX 600 beispielsweise, beträgt 2,387:1. Hier bietet der Motor die erste Gelegenheit, durch Verwendung unterschiedlich großer Zahnkränze, die Drehzahl und Drehmomentverhältnisse in Richtung Hinterrad zu beeinflussen.

Das Verhältnis 2,387:1 bedeutet: Die Kurbelwelle macht 2,387 Umdrehungen, während die Kupplung, die auf der Getriebeeingangswelle sitzt, nur eine einzige tätigt. So dreht die Kupplung zwar jetzt langsamer, verfügt aber über wesentlich mehr Kraft, um kommende Hindernisse in Form von Getriebe - Hinterrad - Fahrwiderstände zu überwinden.

Eine Primäruntersetzung gibt es bei allen Motorrädern. Bei einigen wenigen (Moto Guzzi V2-Motoren; BMW-Boxer), mündet die Kurbelwelle unmittelbar in der Kupplung, während der Primärantrieb sich dann unüblicherweise im Schaltgetriebegehäuse befindet.

6.1.1. Primärantrieb über Zahnräder

Zahnräder zwischen Kurbelwelle und Kupplung sind die optimale Verbindung. Sie arbeiten nahezu spielfrei, benötigen keine Wartung und laufen ideal geschmiert im Motoröl.

Primärantrieb mit Zahnrädern

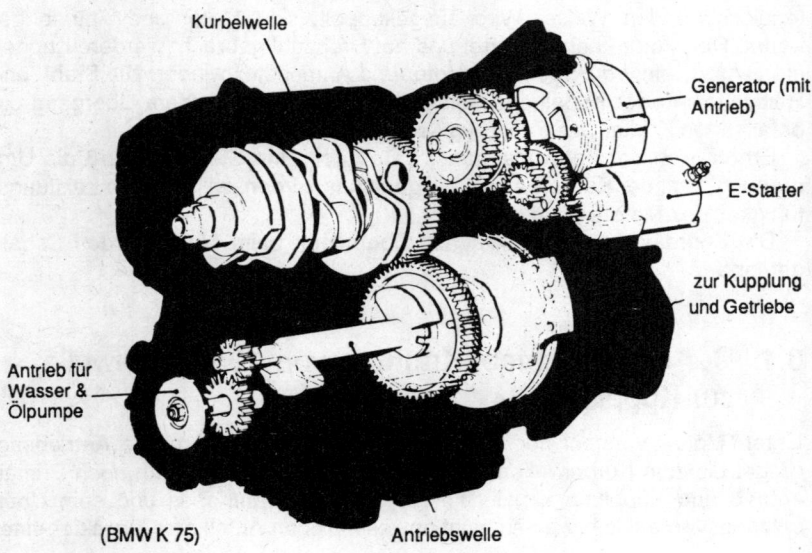

Kurbelwelle

Generator (mit Antrieb)

E-Starter

zur Kupplung und Getriebe

Antrieb für Wasser & Ölpumpe

(BMW K 75)   Antriebswelle

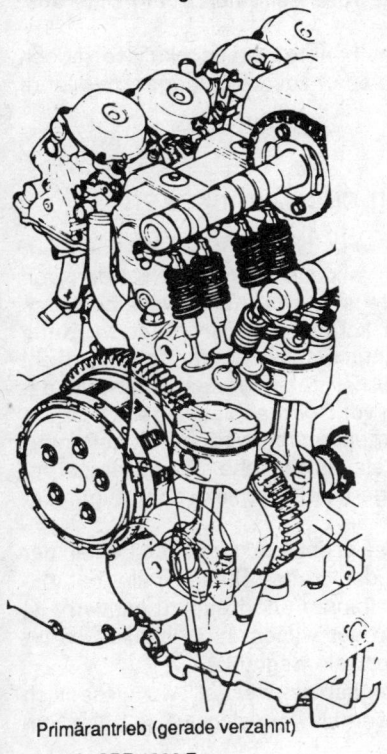

Primärantrieb (gerade verzahnt)
Honda CBR 1000 F

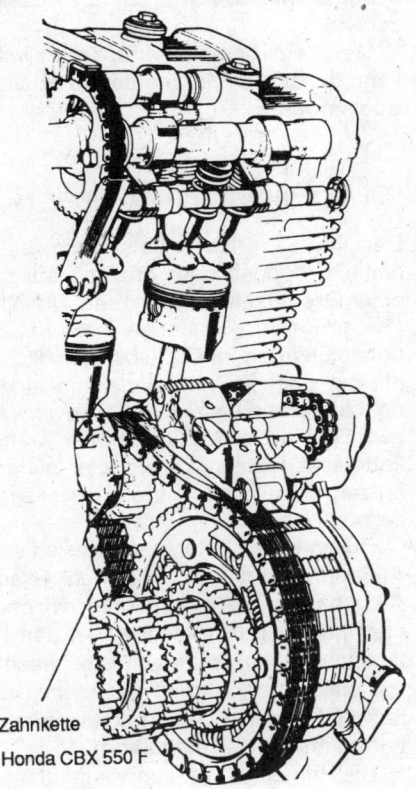

Zahnkette
Honda CBX 550 F

Primärantrieb mit Duplexhülsenkette

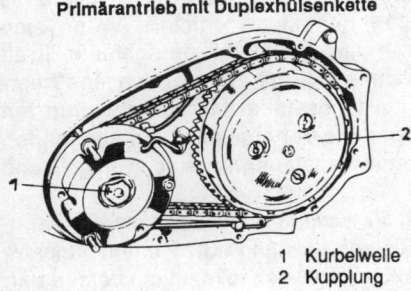

1 Kurbelwelle
2 Kupplung

(Triumph 650/750 Twin)

Die Zahnräder werden aus hoch-
legiertem, gehärtetem Stahl hergestellt.

Man unterscheidet Primärantrie-
be mit schräg verzahnten Zahnrädern und solche mit gerade verzahnten. Erstere sind zwar deutlich
leiser, aber sie erzeugen auch einen
axialen Druck auf die Kurbelwellen-
bzw. Getriebelager. Deswegen müssen sie seitlich geführt werden. Kur-
belwellen- und Getriebelager nor-

223

maler Bauweise sind nicht dazu geeignet, große seitliche Lagerdrücke auszuhalten.

Gerade Zahnräder verursachen wohl eine höhere Geräuschkulisse, jedoch
kann die axiale Führung unterbleiben. Man spart zusätzlich Lager bzw. teure
Speziallager.

6.1.2. Primärantrieb über Hülsen oder Zahnketten

Der Primärantrieb mittels Kette ist billig und flexibel. Zwei Kettenräder,
einfach, doppelt oder dreifach ausgelegt, je nach Bauweise, werden von
einer Gliederkette angetrieben. Das kleinere ist auf der Kurbelwelle befestigt,
das größere ist Bestandteil des Kupplungskorbes. Die Flexibilität der Kette
unterstützt den im Getriebe befindlichen Antriebsruckdämpfer, falls der nicht
mit auf dem Kurbelwellenstumpf angebaut ist. Seine Aufgabe besteht darin, Motor- und Getriebelager sowie Wellen vor Spitzenbelastungen zu schützen. Da die Übertragung großer Kräfte vorgenommen wird, muß die Primärkette solide dimensioniert sein. Wenn sie als Hülsenkette gearbeitet ist, benutzen die Konstrukteure mehrreihige, sogenannte Duplex- oder sogar Tri-
plexketten.

Hülsenketten unterscheiden sich von der Rollenkette durch das Fehlen der
Außenrolle auf den einzelnen Gliedern der Kette. Diese Rolle hat die
Aufgabe, den Reibwiderstand zwischen Kettenrad und Kette zu mindern, ist
aber höchst bruchgefährdet an den Ketten der wesentlich schneller, härter
laufenden Primärkettenantriebe, weshalb man sie wegläßt.

Rollenketten werden kaum im Primärantrieb verwendet, wo wesentlich
höhere Drehzahlen verkraftet werden müssen als vergleichsweise beim Hinterradantrieb (Sekundärkette).

Die Primärkette ist überwiegend als Endloskette gefertigt (Ausnahmen gibt
es, wie z.B. einige alte Harley-Davidson-Motoren), weil ein Kettenschloß als
schwächstes Glied eine Gefährdung für den Motor darstellt. Wenn eine
solche Kette zerreißt, dann garantiert an dieser Stelle. Die ungeheure Kraft
läßt den Motorblock im Primärbereich dann wie mit einer Kettensäge bearbeitet aussehen. Zahnketten sind für leistungsstarke Motorradmotoren am
besten geeignet. Sie werden in beliebiger Breite hergestellt und sind neben
dem Primärantrieb auch für die Nockenwellensteuerung eine wohlgelittene
Erscheinung.

Eine Primärkette ist einem größeren Verschleiß ausgesetzt als ein Zahn-
radpaar. Das macht sich nach hoher Kilometerleistung trotz Kettenspanneinrichtung als Kettenrasseln und verstärkte Lastwechselreaktion bemerkbar.
Sie sollte dann gewechselt werden, auch, weil die Bruchgefahr rapide angestiegen ist.

224

6.1.3. Primärantrieb über Zahnriemen

Den Zahnriemen gibt es zwar schon eine Reihe von Jahren, er setzt sich im Motorradbau aber nur zögernd durch.

Im Grunde ist er die Kunststoffversion der Zahnkette, ungleich flexibler, langlebig und geräuscharm. Motoröl oder Fett mag er gar nicht. Hitze und hermetisch verschlossene Gehäuse sind dem Zahnriemen unangenehm. Er beginnt dann, sich unter Last aufzulösen. Besser, wenn er gut belüftet und gekühlt arbeiten kann.

Zahnriemen bestehen aus einem komplizierten Gewebe unterschiedlicher Materialien. Vorherrschend sind Kohlefaser und hochelastische Öl- und weitgehend hitzefeste Kunststoffe. Eine serielle Verwendung als Primärantrieb in Serienmotorrädern ist uns nicht bekannt. Doch als Zubehörteil bei Harley-

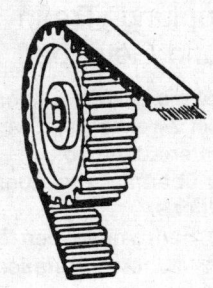

Bikern und Engländer-Fahrern eine gerne genutzte Variante, wegen seiner Geräuscharmut, der Wartungsfreiheit und der Gewichtsreduzierung. Der Zahnriemen wird allerdings serienmäßig zum Antrieb der Nockenwelle (Ducati Pantah und Replica F1-Motoren z.B.) verwendet, aber auch als Hinterradantrieb (Kawasaki Z 450 LTD; Harley-Davidson, diverse Modelle). Siehe Kapitel 1.2. respektive 6.4.

6.1.4. Hinweise zur Wartung, Pflege und Reparatur

Zahnkettenantrieb
Die Zahnkette läuft wartungsfrei, bis Geräuschbildung und starke Lastwechseländerungen daran erinnern, daß sie sich gelängt hat. Doch die Laufleistung ist hoch, die Stahllamellen ihrer Glieder sind gehärtet und von gutem Material.

Zahnketten haben in keinem Fall ein Kettenschloß, sie sind stets als Endloskette eingefügt. Sie ist nur noch selten als Primärkette in Betrieb. Der Zahnradantrieb hat sich da als das bessere Prinzip durchgesetzt.

Hülsenkettenantrieb
Vor allem ältere Motorräder oder solche, die im alten Stil gebaut werden, sind mit Hülsenketten in der Duplex- oder Triplexversion ausgerüstet. Diese Ketten dehnen sich im Vergleich zur Zahnkette sehr stark, weshalb eigentlich immer ein Kettenspanner eingebaut ist.

225

Wartung bedeutet vor allem, die Ölstandskontrolle des Primärkettenkastens vorzunehmen. In der Regel alle drei- bis fünftausend Kilometer, muß die Kettenspannung überprüft und gegebenfalls nachgespannt werden.

Zahnriemen
Wer eine Maschine mit Zahnriemen-Primärantrieb besitzt wird die Geräuscharmut und die elastische aber feste Kraftübertragung, die Wartungsarmut und Haltbarkeit zu schätzen wissen. Schädlich ist nur Öl, durch das der Zahnriemen durchrutscht. Dabei werden die Kanten der Zähne beschädigt, was übrigens auch als Alterserscheinung eines Zahnriemens auftritt.

Austauschen läßt sich jeder Zahnriemen problemlos. Wir finden ihn unter einem Seitendeckel des Motors, traditionell links.

6.2. Die Kupplung, Trenn- und Bindeglied zwischen Motor und Getriebe

Die Kupplung hat die nachfolgenden Aufgaben:
1. Sie trennt, zum Zwecke des Startens, den Motor vom Schaltgetriebe und damit vom Hinterradantrieb.
2. Die Kupplung überträgt das zum Anfahren notwendige Drehmoment auf das Schaltgetriebe.
3. Sie trennt im Fahrbetrieb den Kraftfluß zwischen Motor und Schaltgetriebe, um ein sauberes, geräuschloses Wechseln der Gänge zu ermöglichen.

In Motorrädern werden vorwiegend Reibkupplungen verwendet. Hydrodynamische Kupplungen (Drehmomentwandler) werden nicht mehr gebaut. Der letzte Versuch war der von Moto Guzzi, mit der V 1000 I-Convert, die einen Wandler mit einem Zweiganggetriebe kombinierte.

Die Kupplung überträgt das Motor-Drehmoment beim Einkuppeln mittels der Gleitreibung der Kupplungsbeläge auf die Eingangswelle des Schaltgetriebes. Die schleifende Kupplung, über den Handhebel kontrolliert, wirkt dabei abbremsend auf den Motor und antreibend auf das Getriebe und damit auf das Hinterrad. Das Absinken der Motordrehzahl korrigiert der Fahrer mit dem Gasdrehgriff am Lenker.

Übertragen wird auch der umgekehrte Weg, wenn etwa nach dem Gaswegnehmen die ganze Maschine, nach dem Gesetz der Massenträgheit, weiter vorwärts stürmt und der Hinterradantrieb dann über das Schaltgetriebe und die Kupplung den Motor antreibt.

Die Kupplung wirkt als Sicherheitseinrichtung, wenn der Motor einmal blockieren sollte. Beispiel: Ein Motorrad bewegt sich mit relativ hoher Geschwindigkeit, sagen wir 180 km/h. Plötzlich blockiert die Kurbelwelle, weil ein Pleuellager sich aufgelöst hat. Der Motor steht abrupt.

Die Geschwindigkeit des Fahrzeuges, seine Masse, wirken nun umgekehrt. Hatte vorher der Motor das Fahrzeug angetrieben, treibt nun das Motorrad den Motor an!

Die Kupplung reagiert blitzschnell und dreht durch, weil die Haftreibung ihrer Beläge überschritten wurde. Das Hinterrad blockiert somit in den ersten wichtigen Sekunden nicht. Es schmiert nicht weg, was zur Katastrophe geführt hätte.

Das gibt dem Fahrer die Gelegenheit, rasch die Kupplung zu ziehen, um die Verbindung Motor - Getriebe dauerhaft zu unterbinden.

Zum Schalten der Getriebegänge wird ebenfalls die Kupplung benötigt, weil die Getriebezahnräder bzw. die Schaltgabeln während des Schaltvorganges nicht belastet werden dürfen.

6.2.1. Einscheiben- oder Mehrscheibenkupplung und deren Wirkungsweise

Die Größe der Flächen bestimmt die Fähigkeit der Reibkupplung, Motorkräfte zu übertragen. Je größer die Reibfläche einer Kupplung bei einem bestimmten Anpreßdruck, desto größer kann die Kraft sein, die übertragen werden soll.

Anhand der *Einscheibenkupplung* wollen wir einmal die generelle Funktionsweise der Reibkupplung aufzeigen.

Die Einscheibenkupplung ist im Schwungrad untergebracht, zwischen Motorblock und Getriebeeingangswelle gelegen. Eine zwischen Druckplatte und Druckring, auf der Getriebeeingangswelle axial frei beweglichen Kupplungsbelagscheibe, wird von Schraubenfedern mittels der Druckplatte auf den Druckring gepreßt. Letztere sind mit dem Schwungrad verbunden und so mit

Funktionsweise einer Kupplung (Einscheiben-Trockenkupplung)

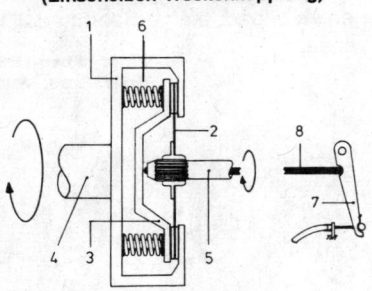

Kupplung eingekuppelt (Motor-Getriebe verbunden)

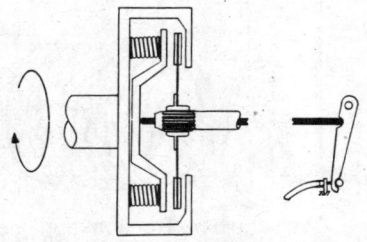

Kupplung ausgekuppelt (Motor-Getriebe getrennt)

1 Schwungscheibe
2 Kupplungsreibscheibe
3 Druckplatte
4 Kurbelwellenstumpf
5 Getriebewelle
6 Kupplungsdruckfedern
7 Kupplungsausrückhebel
8 Kupplungsausrück-Druckstange

227

dem Motor, die Belagscheibe mit dem Schaltgetriebe. Es ist eingekuppelt. Zum Auskuppeln wird über eine Druckstange, die mit einem Hebel verbunden ist, die Druckplatte belastet, welche daraufhin die Schraubenfedern zusammenpreßt. Motor und Schaltgetriebe sind getrennt. Damit die Druckstange nicht so rasch verschleißt, endet sie am Kupplungsausrückhebel im Kupplungsausrücklager.

Nach den Bedingungen, unter denen sie arbeiten, unterscheidet man Trocken- oder Naßkupplungen (Ölbad). Die in heutigen Motorrädern verwendeten Einscheiben- oder Zweischeibenkupplungen arbeiten als Trockenkupplung (BMW-Boxermotoren z.B. haben Einscheibentrockenkupplungen; die Moto Guzzi V2 Modelle, in der Regel Zweischeiben-Trockenkupplungen). Die meisten Motorräder jedoch benutzen Mehrscheibennaßkupplungen im Ölbad, einige Sportmodelle Trockenkupplungen in Mehrscheibenbauweise.

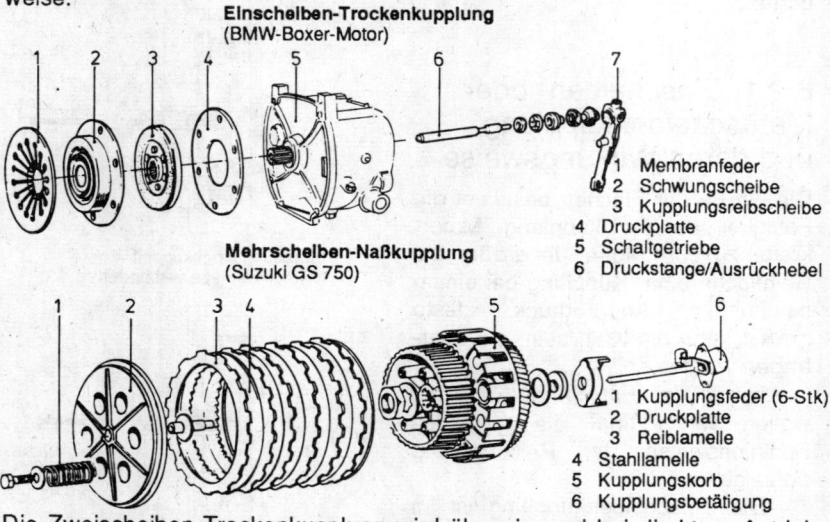

Einscheiben-Trockenkupplung
(BMW-Boxer-Motor)

1 Membranfeder
2 Schwungscheibe
3 Kupplungsreibscheibe
4 Druckplatte
5 Schaltgetriebe
6 Druckstange/Ausrückhebel

Mehrscheiben-Naßkupplung
(Suzuki GS 750)

1 Kupplungsfeder (6-Stk)
2 Druckplatte
3 Reiblamelle
4 Stahllamelle
5 Kupplungskorb
6 Kupplungsbetätigung

Die Zweischeiben-Trockenkupplung wird überwiegend bei direktem Antrieb von der Kurbelwelle zum Getriebe verwendet und sitzt dann als Trenn- und Bindeglied unmittelbar auf der Schwungscheibe.

Eine Mehrscheibenkupplung wird dort eingesetzt, wo entweder eine Einscheibenversion nicht ausreicht, weil ein starkes Drehmoment die Kupplung überfordert, sie neigt dann zum Rutschen, oder weil die Baugröße für eine Einscheibenkupplung, die einen größeren Durchmesser besitzt, nicht vorhanden ist.

Die Zweischeibenkupplung hat zusätzlich noch eine Treibscheibe und eine zweite Belagscheibe. Die Mehrscheibenkupplung macht eine Bauweise mit kleinem Durchmesser möglich, dies bei gleicher Leistungsfähigkeit. Dafür braucht sie eine größere Einbautiefe.

Die Mehrscheibentrockenkupplung und die Mehrscheibennaßkupplung im Ölbad

Die Trockenkupplung wird vorwiegend für Rennsportzwecke eingebaut. Im Gegensatz zur Ölbadkupplung, hat sie eine höhere Reibkraftübertragungsfähigkeit. Mit verringertem Kupplungsfederdruck läßt sich eine höhere Haftreibung erzeugen. Damit kann die gewaltige Leistung von Renntriebwerken trotz relativ kleiner Kupplungsbaugrößen sicher auf die Straße gebracht werden.

Wirkungsweise der Mehrscheibenkupplung:
Die Kurbelwelle ist über den Primärantrieb (siehe Kapitel 6.1.) mit dem Kupplungskorb verbunden, das Schaltgetriebe und damit der ganze Antriebsstrang über die innenliegende Kupplungsnabe. Die Kupplungsdruckplatte drückt mit Hilfe der an der Nabe befestigten Kupplungsfedern, sie sind kreisförmig auf der Kupplungsdruckplatte formiert, auf das Paket der Kupplungsreib- und Stahllamellen. Während die Stahllamellen über eine Innenverzahnung mit der Kupplungsnabe, der Getriebeeingangswelle und damit dem Hinterradantrieb verbunden sind, greifen die Belaglamellen mit einer Außenverzahnung im Kupplungskorb ein und sind darüber mit dem Motor verbunden.

Ausgekuppelt wird über einen Druckbolzen, der durch die Nabe an der Innenseite der Druckplatte zentrisch angreift. Die Druckplatte hebt sich und zieht dabei die Kupplungsfedern zurück. Die Reib- und Stahllamellen erhalten ein leichtes axiales Spiel und können sich daraufhin unabhängig voneinander bewegen. Motor und Antrieb sind getrennt.

Der Druckbolzen wird von einem Ausrückhebel betätigt, dieser über den Handhebel am Lenker. Die Lamellen der Naßkupplung sind mit Nute versehen, die den Reibbelag in Felder aufteilt. Dies soll den Ölaustausch fördern und ermöglicht ein sanfteres Greifen der Kupplung. Die Mehrzahl der Hersteller verwendet Ölbadkupplungen, weil das Motoröl dämpfend wirkt. Der Vorgang läuft elastischer ab, die Kupplung reagiert nicht so giftig wie eine Trockenkupplung. Hinzu kommt, daß Kupplungsbeläge für Trockenkupplungen teurer sind als solche für Naßkupplungen, müssen sie doch mehr Wärme aushalten, die im anderen Falle vom Motoröl abtransportiert wird.

6.2.2. Wie arbeitet eine mechanische und wie eine hydraulische Kupplungsbetätigung

Es gibt die Kupplungsbetätigung mit der Hand und seltener, die mit dem Fuß. Dazu unterscheiden wir die Seilzug- und die hydraulische Betätigung.

Die seilzugbetätigte Handkupplung
Sie arbeitet mit einem Bowdenzug, der einerseits am Lenker, andererseits am Getriebegehäuse endet. Ein Seilzug, mit einer Rolle im Handhebel gelagert, zieht sich durch die Hülle bis zum Ausrückhebel, wo er eingehakt wird.

Betätigt man den Handhebel, stützt sich der Seilzug auf der Hülle ab und vermag so, trotz etlicher Biegungen zwischen Lenker und Motorblock, den Ausrückhebel der Kupplung zu bedienen.

Die hydraulische Handkupplung
Sie arbeitet mit einem Geberzylinder, einer Rohrleitung mit flexiblen Schläuchen an den Enden sowie einem Nehmerzylinder.

Die Betätigung des Handhebels aktiviert einen Kolben im Geberzylinder, der Hydraulikflüssigkeit aus einem kleinen Tank (in diesem Falle identisch mit der Bremsflüssigkeit; siehe hierzu Kapitel 8.8.) durch die Leitung drückt. Diese motiviert einen zweiten Kolben im Nehmerzylinder, sich synchron zum Geberkolben zu bewegen. Die dadurch übertragene Kraft und Wegstrecke betätigen den vom Nehmerzylinder bewegten Kupplungsausrückhebel.

Im Gegensatz zur Seilzugbetätigung, wo die Länge des Kupplungsausrückhebels die Handkraft zur Kupplungsbedienung bestimmt, bestimmen die Größe und die Oberfläche der Druckkolben von Geber- und Nehmerzylinder die aufzuwendende Handkraft. Als Standard nimmt man heute ca. 75 Newton in Kauf.

Die Fußkupplung
Dieses Relikt aus den Anfängen der Motorradfahrerei erfreut sich bei Chopperfahrern wieder einer wachsenden Beliebtheit. Es verleiht ein uriges Gefühl. Die Funktion ist dieselbe wie bei der Seilzug- oder hydraulischen Kupplung. Zusätzlich gestattet sie das Feststellen des Kupplungspedales im ausgekuppelten Zustand, um Stand- oder Gangwechselprobleme zu verhindern. Archaisch und ungewohnt, wie sie ist, verlangt die Fußkupplung einiges an Eingewöhnungszeit.

Das Kupplungsspiel
Das Kupplungsspiel sollte periodisch überprüft werden. Wichtige Faktoren sind temperaturbedingte Längenänderungen sowie die Abnutzung der Belagscheiben bzw. der Kupplungsreiblamellen.

Die Belagscheiben bekommen Spiel und beginnen durchzurutschen. Bemerkbar macht sich dieser Effekt besonders am Berg oder bei Beschleunigungsmanövern, wenn trotz gleichbleibender Drehzahl der Tachometer beginnt, nach unten zu wandern.

Das Kupplungsspiel wird über einen Seilzugeinsteller kontrolliert. Er befindet sich am Handhebel. Dort soll der Spalt zwischen Handhebel und Widerlager etwa drei Millimeter ausmachen. Bei etlichen Maschinen befindet sich ein zweiter Einsteller am Widerlager des Bowdenzuges, am Ausrückhebel der Kupplung, unten am Motorblock. Wo eingestellt wird, ist nicht so wichtig, doch sollte ein Kupplungseinsteller nicht so weit herausgedreht sein, daß er aus dem Gewinde des Widerlagers herausbrechen könnte.

An einem System zur hydraulischen Kupplungsbetätigung braucht nicht nachgestellt zu werden. Das Kupplungsspiel wird automatisch ausgeglichen.

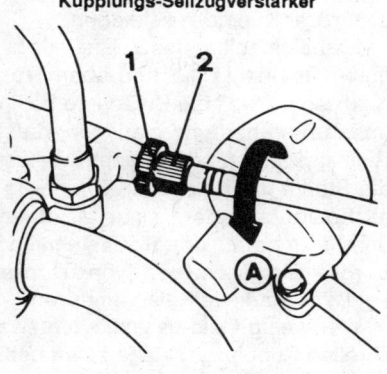

Kupplungs-Seilzugverstärker

1 Konterrändelmutter
2 Seilzugverstellschraube

6.2.3. Wann eine Kupplung verschlissen ist, wie man sie prüft und was man auswechselt

Verschlissen ist eine Kupplung, wenn das Kupplungsspiel am Seilzug stimmt, aber der Motor dennoch Schlupf aufweist.

Ein ähnliches Symptom bietet eine verölte Trockenkupplung, doch rupft sie zusätzlich gehörig und auch an Hand der Ölspuren aus der Kupplungsregion kann man sich dann einen passenden Reim daraus machen.

In beiden Fällen müssen die Belagscheiben ausgewechselt werden.

Eine etwas brutale Methode, um einer halbseidenen Kupplung, bei der man sich nicht sicher ist, auf den Zahn zu fühlen, ist die Abbremsmethode.

Hierzu stellt man die Maschine mit dem Vorderrad gegen die Garagenwand, legt den ersten Gang ein und gibt Gas. Gleichzeitig läßt man die Kupplung kommen. Würgt man nun trotz kräftigen Gasgebens den Motor ab, oder dreht der Hinterrreifen durch (PS/kW-starke Maschinen), hat die Kupplung den Test bestanden. Im anderen Fall, wenn die Belagstärke schwach oder die Scheiben verölt (Trockenkupplung) wären, würde der Motor auf Drehzahl

231

kommen, obwohl der Hinterradreifen steht, und das ließe auf ein Durchrutschen der Kupplung schließen.

Natürlich sollte dieser Test nur kurz durchgeführt werden, um einen noch guten Reibbelag nicht zu überhitzen. Eine überhitzte Kupplung nennt man: "verbrannt", weil die Beläge so heiß geworden sind, daß sie verglast wurden und nun so hart und glatt sind, daß die Kupplung nicht mehr arbeiten kann. Richtig prüfen (und mit einem Werkstatthandbuch vergleichen) kann man nur die Stärke der Belagscheiben sowie die Länge der Kupplungsfedern, soweit es Schraubenfedern sind. Membranfedern werden flach aufgelegt und mit dem Tiefenmaß der Schieblehre oder einem Bandmaß auf Höhe geprüft. Verölte Belagscheiben von Trockenkupplungen müssen ersetzt werden, egal, wie stark die Beläge messen.

Wer wenig Geld besitzt, kann zwar versuchen, die Reibeigenschaften der verölten Kupplungsbeläge zu verbessern, indem er das Öl mit einem "Bremsbelagreiniger" oder einem Lösungsmittel, wie "Tri" auflöst, um es auf dem Belag zu vertreiben. Doch werden seine Bemühungen nur kurzfristig Erfolg haben.

Eine rupfende Kupplung beim Anfahren sowie schlechtes Trennen beim Gangwechsel (Schaltgeräusche!) stellen sich ein, wenn die Führungsschlitze für die Außenverzahnung der Kupplungsreiblamellen am Kupplungskorb eingeschlagen sind - wenn statt einer glatten eine zersägte Schlitzkante zu sehen ist. Das Rupfen entsteht dabei, wenn die zahnförmigen Enden der Belaglamellen beim Kupplungsvorgang in den Führungsschlitzen rauf- und runterwandern, wobei sie an den Unebenheiten ruckeln.

Nun können zwar die Kanten in den Führungsschlitzen wieder geglättet werden (im ausgebauten Zustand mit der Feile arbeiten), doch wegen der Materialabnahme haben sich die Schlitze verbreitert. Das sind möglicherweise nur Millimeter, aber das vergrößerte Spiel führt dennoch zu einer verstärkten Lastwechselreaktion. Deshalb den Kupplungskorb dann am besten auswechseln. Ähnliche Probleme kann es am Gegenstück, der Kupplungsnabe geben, wenn die Stahllamellen hier ihre Spuren in den Längsnuten hinterlassen haben.

An den Stahllamellen selbst dürfen sich keine Unebenheiten durch Überhitzung zeigen (blau angelaufene Stellen). Herausfinden können wir dies, indem die Lamellen auf eine Glasplatte gelegt werden. Kann eine Fühlerlehre von 0,06 mm dazwischen gezwängt werden, muß die Lamelle ausgewechselt werden.

Etliche Kupplungen, an leistungsstarken Motoren vor allem, haben Ruckdämpfer, die zwar recht lange halten und wartungsfrei arbeiten, doch sollte man sie im Auge behalten und bei unklarem Lastwechsel oder Anfahrreaktionen dort einmal nachschauen.

232

6.2.4. Wartung von Kupplungsseilzügen, Entlüften der Kupplungshydraulik

Kupplungsseilzüge werden, wenn sie kein Nyloninlet haben, geölt. Dazu wickelt man einen Trichter aus Plastik oder Papier um die Einmündung des Seilzuges, gießt ihn mit dünnem Öl voll und wartet, bis es unten am Zug wieder austritt. Beschädigte Hüllen oder Seelen werden ersetzt.

Eine abgebaute hydraulische Kupplungsbetätigung muß nach der Montage wieder entlüftet werden. Dessen Ablauf ist vergleichbar dem Entlüften der hydraulischen Bremsanlage (Kapitel 8).

6.3. Das Schaltgetriebe, Anpassung der Motorkraft an Fahrwiderstände von Straße und Wind

Das "Schaltgetriebe", auch "Wechselgetriebe" genannt, versucht die Fahrgeschwindigkeit den Bedingungen des Fahrbetriebes anzupassen. Dazu gehören die Motorleistung und die Motordrehzahl. Das Getriebe nutzt dabei vier bis sechs Untersetzungen (je nach Motortyp), die Gänge, um die zur Motorleistung notwendige Drehzahl trotz Ansteigen der Fahrwiderstände zu erhalten.

Auf eine Formel gebracht: Die zur Fortbewegung des Motorrades ausnutzbare Kraft ist um so größer, je größer die Motorleistung und je kleiner die Fahrgeschwindigkeit ist.

$$\text{Kraft} = \frac{\text{Motorleistung}}{\text{Fahrzeuggeschwindigkeit}}$$

Möchte man also bei gleichbleibender Motorleistung eine höhere Durchzugskraft (z.B. für beschleunigtes Anfahren oder an Steigungen) entwickeln, so muß die Geschwindigkeit des Fahrzeuges, die Drehzahl des angetriebenen Hinterrades, herabgesetzt werden.

Umgekehrt: Die gegebene Leistung in PS ermöglicht dem Fahrzeug eine Geschwindigkeit, die um so höher liegt, je geringer die zu überwindenden Fahrwiderstände sind.

Beispielsweise eine gut ausgebaute Schnellstraße in der Ebene.

$$\text{Fahrzeuggeschwindigkeit} = \frac{\text{Motorleistung}}{\text{Kraft}}$$

Die Aufgabe des Schaltgetriebes ist es, die Motorleistung, je nach den Fahrwiderständen, entweder in mehr Durchzugskraft oder in höhere Geschwindigkeit umzusetzen. Je mehr Gänge ein Schaltgetriebe aufweist, desto günstiger kann die Leistung ausgenutzt und auf die Straße gebracht werden. Besonders notwendig haben das Motoren mit einer relativ geringen Leistung oder aber einer spitzen Drehmomentkurve. Das bedeutet, daß die Motorcharakteristik die Anordnung der Getriebeabstufungen, die Größe der Zahnräder sowie die Anzahl der Gänge bestimmt.

Als Schaltgetriebe werden Zahnradgetriebe eingesetzt. Während noch vor fünfzehn Jahren Vierganggetriebe gang und gäbe waren, sind es heute die Fünfganggetriebe. Sechsganggetriebe bilden aber auch keine Ausnahme mehr und werden in hochdrehende Seriensportmaschinen eingebaut, deren Leistungscharakteristik im oberen Drehzahlbereich am stärksten ausgeprägt ist. Entsprechend schmal ist auch dann das nutzbare Drehzahlband.

Man spricht von einem eng gestuften Getriebe, wenn die Schaltstufen so nahe beieinander liegen in ihrer Untersetzung, daß die Nadel des Drehzahlmessers, beim Wechsel einer Schaltstufe zur nächsten, nur einen kleinen Sprung auf dem Zifferblatt macht, was etwa 500 bis 1000 1/min (Umdrehungen pro Minute) entsprechen kann.

Schaltgetriebe können auch unten "enger" und oben "weiter" gestuft sein, wie dies bei Enduro-Motorrädern seltener, bei Trial-Maschinen immer der Fall ist.

Vollautomatische Getriebe sind rare Erscheinungen im Motorradbau. Es gab da mal irgendwann eine Honda, um die viel Theater gemacht wurde. Doch das war zu der Zeit, als Motorräder von der Fachpresse noch unter Nutzfahrzeugen geführt wurden und eine Harley-Davidson als veraltetes Unikum mitleidig belächelt wurde.

Eine Husqvarna wurde vor Jahren als Militärmodell mit Automatik eingeführt, doch blieb der Erfolg auf die schwedische Armee beschränkt.

Die Moto Guzzi Convert 1000 hat man als Zweigang-Automatik bald wieder eingestellt, weil kaum jemand sie haben wollte. Ein Motorrad mit Automatik verliert viel von seinem Fahrspaß und darauf kommt es bei unseren Freizeit-Abenteuer-Gefährten an.

6.3.1. Wie ein Schaltgetriebe funktioniert

Schaltgetriebe mit Zahnrädern besitzen einen hohen Wirkungsgrad und sind in Punkto Betriebssicherheit bestens bewährt.

Die erste Untersetzung findet im Primärantrieb statt. Nehmen wir als Beispiel die Yamaha XJ 900 F mit Fünfganggetriebe und Hinterradantrieb über Kardanwelle.

Die Primäruntersetzung Kurbelwelle-Kupplung beträgt bei dieser Maschine das 1,672-fache, erkennbar auch optisch anhand der Zähnezahl der beiden Zahnräder. Das dritte Zahnrad sitzt auf der Kurbelwelle, zwischen dem dritten und vierten Zylinder. Es kämmt gerade verzahnt im Zahnkreuz des größeren, welches Bestandteil des Kupplungskorbes ist. Das kleinere Zahnrad muß sich fast zweimal drehen, bevor der Kupplungskorb sich auch nur einmal um seine Achse bewegt hat.

Der Kupplungskorb ist mit der Getriebeeingangswelle verbunden und das nachfolgende Getrieberäderwerk untersetzt im ersten Gang nochmals um das 2,187- fache; im zweiten Gang um das 1,500-fache; im dritten Gang 1,153-fach; im vierten Gang 0,933-fach, eine leichte Übersetzung, schonend ausgelegt für Motor und Getriebe; im fünften Gang 0,812-fach, nochmals übersetzt, als Schutz gedacht und doch ausreichend für über 200 km/h.

Im 4. und 5. Gang dreht die Getriebeausgangswelle demnach langsamer als die Geriebeeingangswelle. Dennoch bleibt eine Untersetzung vom Primärbetrieb her bestehen. Den letzten Gang bezeichnet man oft auch als den direkten Gang, womit fälschlicherweise manchmal gemeint ist, daß Kurbelwelle und Getriebeausgangswelle mit gleicher Drehzahl laufen.

Selbst die BMW-Boxer- Motoren oder die Moto Guzzi-V2-Triebwerk bilden da keine Ausnahme, weil deren Primäruntersetzung ins Schaltgetriebe verpflanzt wurde.

In der anschließenden Endantriebsuntersetzung der Yamaha von 3,98-fach wird die Drehzahl der Getriebeausgangswelle nochmal untersetzt. Sie dreht damit fast viermal so schnell wie das Hinterrad.

Das bei der XJ 900 F notwendige Umlenkgetriebe (Zwischengetriebe) zwischen Getriebeausgangswelle und Kardanantrieb, die Kurbelwelle läuft quer zur Fahrtrichtung, die Kardanwelle aber längs, übersetzt 1:1 im Winkel von 90°. Das bedeutet, die ineinandergreifenden Kegelzahnräder haben beide die gleiche Zähnezahl. Man spricht von einer Gesamtübersetzung,

Antriebseinheit
Motor - Getriebe - Hinterradantrieb

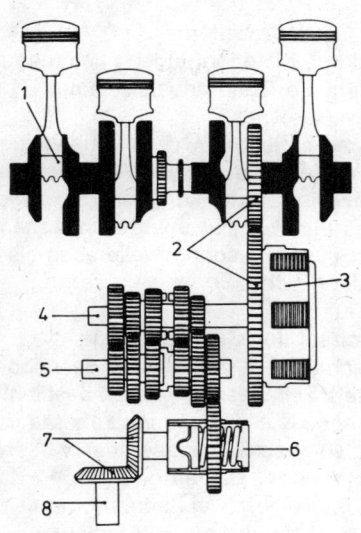

1 Kurbeltrieb
2 Primärantrieb über Zahnräder (gerade verzahnt)
3 Kupplung
4 Getriebeantriebswelle
5 Getriebeabtriebswelle
6 Ruckdämpfer
7 Umlenkgetriebe (90°)
8 Getriebeausgang zum Hinterrad (Kardanwelle)

wenn alle Unter- bzw. Übersetzungsverhältnisse von der Kurbelwelle bis zum Hinterrad multipliziert werden.

Die Getriebewellen

Moderne Motorradgetriebe kommen mit zwei, höchsten drei Wellen aus, auf denen die Zahnradpaare laufen und die zum Gangwechsel seitlich verschiebbar sind.

Man spricht von der Getriebeeingangswelle und der Getriebeausgangswelle. Kommt eine dritte Welle hinzu, dient sie als Hilfswelle und heißt Vorlegewelle. Etliche kompakte Schaltgetriebe benutzen die Getriebeeingangswelle mittels einer übergeschobenen Hohlwelle als Ausgangswelle, so daß die Getriebeausgangswelle auch als Nebenwelle läuft. Eine dritte Welle gibt es dann nicht.

Wechsel der Getriebegänge

Geschaltet, besser gesagt geschoben, werden die Zahnräder im Getriebe mittels Schaltgabeln, die an bestimmten Zahnrädern mit ihren Klauen in umlaufende Nute fassen und Zahnradgruppen bewegen. Diese Zahnradgruppen sind so geschickt angeordnet, versehen mit Zapfen, Anlaufscheiben, Begrenzungsringen, kleinen und großen Zahnrädern unterschiedlicher Breite, daß sie immer nur zwei Zahnrädern gestatten, Kraft zu untersetzen, während die anderen derweil nur leer mitlaufen.

Sichtbar wird dies in der Illustration eines Viergangschaltgetriebes, zweiwellig mit Vorlegewelle, der BMW R 75/5.

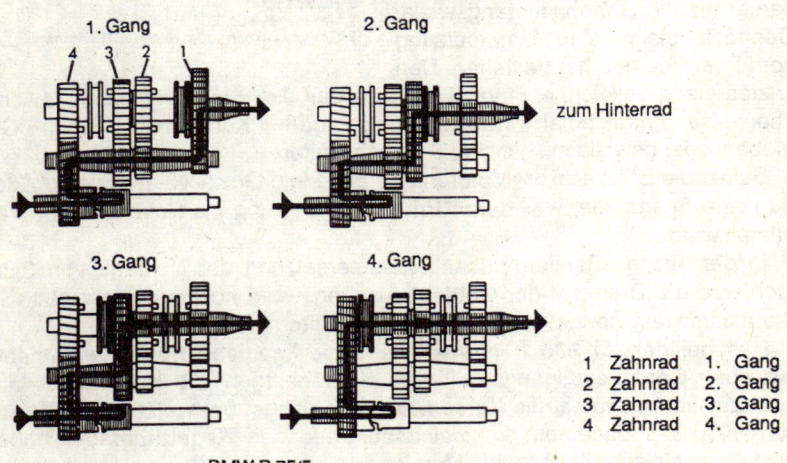

Kraftfluß in einem Vierganggetriebe

1. Gang

2. Gang

zum Hinterrad

3. Gang

4. Gang

1	Zahnrad	1.	Gang
2	Zahnrad	2.	Gang
3	Zahnrad	3.	Gang
4	Zahnrad	4.	Gang

BMW R 75/5

236

Getriebe komplett (5-Gang-Getriebe)

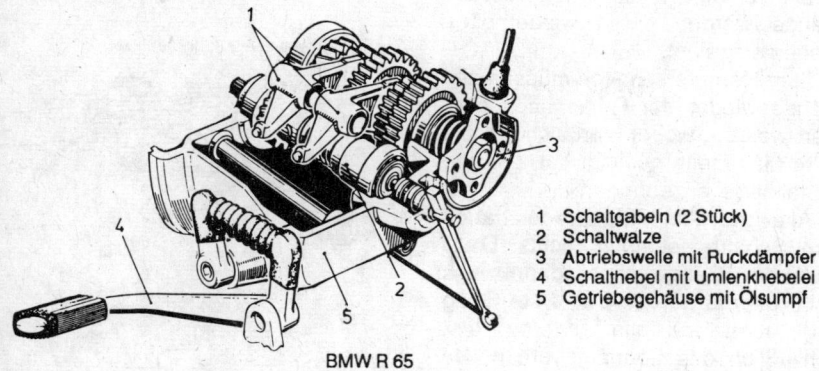

1 Schaltgabeln (2 Stück)
2 Schaltwalze
3 Abtriebswelle mit Ruckdämpfer
4 Schalthebel mit Umlenkhebelei
5 Getriebegehäuse mit Ölsumpf

BMW R 65

Die Schaltgabeln

Die Schaltgabeln, auch Schaltklauen genannt, werden über Schaltkulissen geführt oder durch eine modernere weil platzsparendere Vorrichtung, die Schaltwalzen.

Die Schaltkulisse führt die Zapfen der Schaltgabeln, in der Regel zwei, seltener drei, die entsprechend dieser einfachen "Programmsteuerung", die Zahnradpaare passend dem jeweiligen Gang zusammenschiebt.

Die Schaltkulisse wird in Drehung versetzt vom Schaltautomaten und dieser vom Schalthebel.

Die Schaltwalze dreht sich um ihre eigene Achse und kann auf Grund ihrer schlanken Form nahe an den Getriebewellen untergebracht werden. Sie besitzt nutförmige Gräben auf ihrer Oberfläche. Die Zapfen der Schaltgabeln laufen in ihnen und werden während der Walzendrehung entsprechend verschoben. Daraus ergibt sich die Zähnepaarung des jeweiligen Ganges. Die Drehung der Schaltwalze wird vom Schaltautomaten vorgenommen.

Der Schaltautomat (Schaltquadrant)

Der Schaltautomat, mit dem Schalthebel über eine Welle unmittelbar verbunden, greift an der Schaltkulisse bzw. in die Schaltwalze ein und bestimmt den Gangwechsel.

Die Gänge von Motorradgetrieben können nur durchlaufend, der Reihe nach geschaltet werden.

Mit dem Fuß tritt man zu diesem Zweck auf den Schalthebel und legt den ersten Gang ein. Mit der Fußspitze zieht man hoch und somit den Leerlauf rein. Will man in den zweiten Gang, muß weitergezogen werden bis der

237

Leerlauf übersprungen und der zweite eingelegt ist. Alle weiteren Gänge werden durch wiederholtes Ziehen eingelegt.

Zum Herunterschalten müssen alle Gänge wieder der Reihe nach passiert werden, wobei man sich auf die linke Motorseite geeinigt hat, um den Schalthebel anzubringen.

Alte und ältere Motorräder haben den Schalthebel noch rechts. Dazu läuft der Gangwechsel dann auch noch anders herum. Der erste Gang liegt oben und alle anderen, einschließlich des Leerlaufs unten. Da die Fußbremse links liegt, kann so manches Malheur geschehen, wenn man dies nicht gewöhnt ist.

1 Schalthebel
2 Schaltautomat
3 Schaltwalze
4 Schaltklauen
5 Schaltwelle
6 Schaltfeder
7 Führungsnut der Schaltgabel

A Schaltarm
B Schaltwalzen-Stiftplatte
C Schaltstifte
D Schaltfeder-Wideranlage

(Kawasaki)

Funktion der Schaltwalze und der Schaltautomaten

Getriebewellen mit Zahnradsätzen

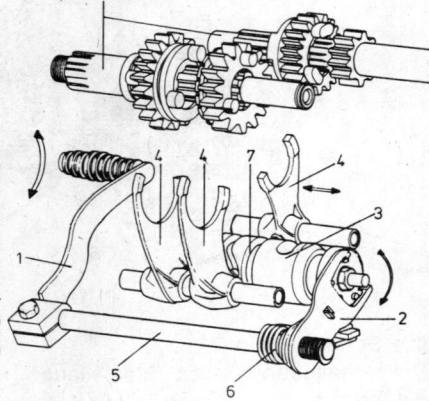

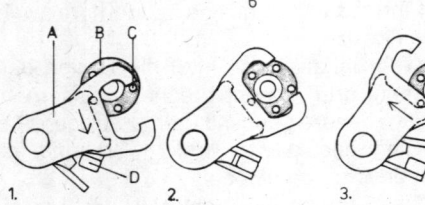

Funktion:
Durch das Drehen der Schaltwalze (3) werden mit dem Schaltgabeln (4) die Zahnradpaare gegeneinander verschoben und so durch unterschiedliche Paarungen verschiedene Gänge geschaltet.

Der Schaltplan (A) des Schaltautomaten drückt beim Herunterschalten mit seiner Klaue (Abb. 1) auf einen der Stifte am Kopfende der Schaltwalze und dreht ihn, wodurch ein niedriger Gang eingelegt wird. Die Abbildung 2 zeigt die Mittelstellung (Ruheposition).

Zum Heraufschalten (Abb. 3) der Gänge drückt der Schaltarm (A) über die Schaltwalzen-Stiftplatte (B) die Schaltwalze in die entgegengesetzte Richtung, wodurch ein höherer Gang eingelegt wird. Beim wiederholten Herauf- und Herunterschalten wird die Schaltwalze über die Stiftplatte weitergedreht. Doch muß der Schaltarm stets in die Mittelstellung zurück.

238

6.3.2. Schmierölversorgung von Motorradgetrieben und Hinterachsantrieben

Getriebe werden vorwiegend vom Motorschmiersystem mitversorgt. Dabei übernimmt das Motoröl, zumeist ein Mehrbereichsöl, die schwierige Aufgabe, Getriebezahnräder, Gleitflächen und Lager zu schmieren. Seine Aufgaben:
1. Zu verhindern, daß die Flanken der Zahnräder einander berühren. Es muß jederzeit schmier- und druckstabil sein.
2. Getriebeöl dient als Kühlmittel. Es nimmt Wärme auf und transportiert sie in kühlere Regionen. Wärme entsteht durch den Zahnflankendruck, durch Gleit- und Lagerreibung. Getriebeöl muß hochtemperatur- und kältebeständig sein.

Mehrbereichsöl, zur gemeinsamen Schmierung von Motor-Getriebeeinheiten verwendet, wird besonders stark auf Druck und Abscherung belastet. Abscherung: Das ist das Bestreben der ineinanderkämmenden Zahnräder, die Molekülketten des Mehrbereichöles zu zerschnipseln und zerschneiden.

Gelingt dies, wird Einbereichsöl daraus, was den Verlust vieler nützlicher Eigenschaften bedeutet. Genau das ist der Grund, weshalb auch heute noch etliche Motorradhersteller den häufigen Motorölwechsel empfehlen, wenn ihre Motoren vermehrt Zahnräder und Kugellager enthalten (Ducati V 2-Königswellen- Motoren).

Die heutigen HD-Mehrbereichsöle der API-Klasse SE und SF werden mit der Schmierung von Zahnrädern aber recht gut fertig, was sich positiv auf die Wechselintervalle des Motoröles auswirkt. Dennoch kommen sie bei weitem nicht an die Lebensdauer reiner Getriebeöle heran. Motorräder mit separaten Schaltgetrieben oder Hinterachsgetrieben, manchmal beides (Moto Guzzi V2 - BMW- Boxer-Motoren) verwenden deshalb spezielle Getriebeöle.

Man unterscheidet:
a. Mehrzweckgetriebeöle in Wechselgetrieben und Achsantrieben
b. Hypoidöle in speziellen Getrieben und Achsantrieben. Sie haben Hochdruckzusätze im Öl und finden in Motorrädern vornehmlich in Hinterachsantrieben Verwendung. Vorsicht! Hypoidgetriebe düfen nur mit Hypoidgetriebeöl befüllt und dieses auf keinen Fall in normalen Getrieben verwendet werden.

Die Viskosität (siehe hierzu auch Kapitel 1.5.) von Getriebeölen wird wie diejenige der Motorenöle bestimmt und ist ebenfalls in SAE-Klassen eingeteilt.

Getriebeöle der SAE-Klassen 80 sollten unter 5° C Außentemperatur verwendet werden, SAE 90 über 5° C! Mehrbereichsöle z.B. SAE 80 W 90 verbinden zwei Klimaregionen miteinander.

239

6.3.3. Wartungs- und Reparaturmöglichkeiten an Schaltgetrieben

Getriebe sind langlebige, wartungsarme Baugruppen. Es wird dabei unterschieden zwischen Motoren mit integrierten und mit getrennten Motor-Getriebeeinheiten. Während letztere je einen eigenen Ölkreislauf besitzen mit unterschiedlichen Ölen, verfügen Motor- Getriebeeinheiten über einen gemeinsamen Ölhaushalt.

Bei separaten Schaltgetrieben dürfen die Ölwechselperioden, die wesentlich länger sind als diejenigen für das Motoröl, nicht übergangen werden.

Im allgemeinen liegen die Getriebeölwechselintervalle zwischen 10.000 und 12.000 km oder einmal im Jahr.

Das Getriebeöl prüfen sollte man alle 5000 km, etwa, wenn das Motoröl gewechselt wird.

Reparaturarbeiten an Getrieben können wir aus Platzgründen hier nicht besprechen, wohl aber kleinere Probleme.

Da ist in erster Linie das ärgerliche Schalthebelspiel. Es entsteht durch Verschleiß in den Übertragungsteilen und betrifft ausschließlich Schalthebel, die durch Umlenkung mittels Kugelgelenkgestänge oder einfachen Gelenkstangen die Schaltwelle zum Schaltautomaten bedienen. Dieses Spiel kann aber am Betätigungsgestänge nachgestellt werden, sobald es fühlbar geworden ist. Für diesen Zweck sind dort Verstellschrauben mit Kontermuttern vorgesehen. Ausgeschlagene Gestängeköpfe zwingen zum Erneuern der verschlissenen Teile.

Entsteht ein Spiel an einem Schalthebel, der unmittelbar am Getriebe (separate Getriebe) oder am Motorblock auf der Schaltwelle sitzt, ist mit Sicherheit die Lagerbuchse ausgeschlagen. Falls sich dann der Schaltautomat nicht direkt hinter dem zugehörigen Motorseitendeckel verbirgt, von wo aus das Lager bequem zu ersetzen wäre, ist eine größere Reparatur fällig, die man solange verschieben kann, wie der Zustand noch erträglich ist und nicht zuviel Motoröl herausfließt. Doch wäre es gut, mit Hilfe eines Werkstatthandbuches im Winter den Motor zu öffnen, um dann den Schaden zu beseitigen.

Ein schwer zu schaltendes Getriebe deutet auf verbogene Schaltgabeln hin und muß zerlegt werden.

Herausspringende Gänge zeigen abgenutzte, gerundete Schaltgabeln oder Schaltmuffen an. Hier hilft nach eingehender Diagnose am zerlegten Getriebe nur das Auswechseln der Teile.

Kehrt der Schalthebel nicht in seine Ausgangsposition zurück, muß man mit der Hand oder dem Fuß nachhelfen, so ist mit Sicherheit nur die Rückholfeder gebrochen. Ein Fünf-Mark-Teil, was einigen Ärger macht, wenn zum Zweck des Austauschens der halbe Motor zerlegt werden muß.

Leichter läßt sich ein defekter Dichtring (Simmerring) im Bereich der Schaltwelle auswechseln. Meist ist er von außen eingesetzt und kann nach abgenommenem Schalthebel mit einem Schraubendreher vorsichtig herausgehebelt werden.

Den neuen Dichtring, leicht eingeölt innen wie außen, drückt man gleichmäßig und ohne ihn zu verkanten in seinen Sitz. Ein passendes Rohr sowie ein Hammer geben unter leichten Schlägen dankbare Hilfestellung. Vorsicht, wenn der Wellendichtring über die Verzahnung der Schaltwelle geschoben wird. Die Dichtlippen könnten verletzt werden!

Eine Reparatur, die hin und wieder bei kettengetriebenen Motorrädern anfällt, ist das Auswechseln des Simmerringes der Getriebeausgangswelle, auf der das Kettenritzel des Sekundärantriebes befestigt ist. Normalerweise kann er problemlos von außen, nach Abnahme des Seitendeckels, der Kupplungsbetätigung (bei manchen Motorrädern) sowie Demontage des Ritzels ausgebaut werden. Man hebelt ihn mit einem Schraubendreher raus und setzt den neuen, wie beim Schalthebeldichtring geschildert, wieder ein.

Welldendichtringe! Wenn man eine Nummer auf dem Ring lesen kann, lohnt es sich, zum Händler zu gehen. Der Dichtring kann dort 50% billiger sein als das Originalersatzteil. Dazu sollte man sicherheitshalber aber das Altteil mitnehmen, um Irrtümer auszuschließen.

Die gleiche Methode ist anwendbar für alle genormten Lager.

"Singende", separat geschmierte Getriebe vermelden auf diese Art womöglich den Mangel an Getriebeöl, es muß nicht unbedingt Karies an den Zähnen der Zahnräder sein oder ausgelaufene Getriebelager. Einfach mal nach dem Getriebeölstand sehen, vielleicht fehlt ja tatsächlich etwas.

6.4. Der Hinterradantrieb (Sekundärantrieb)

Die Aufgabe: Er soll die Motorkraft zum Hinterrad transportieren, und in ihm findet abschließende Untersetzung statt: die Sekundäruntersetzung! Die verschiedenen Arten des Sekundärantriebes werden im folgenden erklärt.

6.4.1. Rollenkette, Kettenräder und Ritzel

Die Kette verbindet den Getriebeausgang mit dem Hinterrad. Diese direkte Verbindung besteht über das Sekundärritzel (Getriebeausgangsritzel), die Kettenglieder und schließt mit dem Kettenrad am Hinterrad ab. Beide Ritzel sind einfach austauschbar und bilden mit ihrem Zähneverhältnis zueinander die Sekundäruntersetzung.

Möchte man ein Motorrad mit Kettenantrieb schneller machen, so baut

241

man ein Getriebeausgangsritzel mit einem Zahn mehr ein. Umgekehrt bewirken ein oder zwei Zähne zusätzlich auf dem Kettenrad am Hinterrad eine Verlangsamung der Endgeschwindigkeit. Dafür wird das Motorrad aber durchzugskräftiger.

Vergleichen wir eine Enduro-Maschine mit einem normalen Straßenmotorrad. Das große Kettenrad der Enduro signalisiert: "Ich bin für große Kraft am Hinterrad bei vergleichsweise geringer Fahrgeschwindigkeit verantwortlich!" Das kleinere der Straßenmaschine meint dazu: "Meine Aufgabe besteht darin, die Drehzahl des Motors möglichst direkt übersetzt auf das Hinterrad zu bringen, um die höchstmögliche Fahrgeschwindigkeit in jedem Gang zu erreichen!"

Wer nun aber meint, er bräuchte nur noch Ritzel und Kettenrad zu tauschen, um aus seiner Enduro eine Rennmaschine zu machen, der täuscht sich. Die Untersetzung der einzelnen Gänge im Wechselgetriebe, ja sogar die des Primärantriebes haben da noch ein gewichtiges Wort mitzureden.

Ein Beispiel: Meine Maschine bekam ein neues Geriebeausgangsritzel mit einem Zahn mehr. Der Erfolg: Zwar lief das Motorrad jetzt insgesamt schneller, jedoch konnte ich im Stadtverkehr, im ersten Gang, nur noch mit schleifender Kupplung fahren, weil die Maschine selbst mit Leerlaufdrehzahl noch zu schnell war für den täglichen Stau.

Der Kettenantrieb kann auf der linken oder der rechten Motorradseite liegen. Es gibt hierzu keine Vorschriften.

In der Regel unterliegt das Kettenritzel (Getriebeausgang) einem stärkeren Verschleiß als das Kettenrad (Hinterrad). Der Grund hierfür ist die Größe. Ein Kettenrad mit großem Umfang hat entsprechend viele Zähne, was die Belastung durch den Fahrbetrieb günstig verteilt und die Zähne weniger belastet. Doch auch für die Lebensdauer der Rollenkette gilt: Je größer die Kettenräder, um so dauerhafter läuft die Kette!

Kettenrad und Kettenritzel sind aus gehärtetem Stahl. Einige Zubehörhersteller bieten Kettenräder aus einer Aluminiumlegierung an. Diese sind leichter und, wie wir vernommen haben, auch recht gut, selbst an PS/kW-starken Motoren.

Die Rollenkette besitzt, im Gegensatz zur Hülsenkette, eine zusätzlich aufgeschobene Rolle auf die Hülsen der einzelnen Kettenglieder. Diese lose Rolle verursacht gegenüber der eingenieteten Hülse eine geringere Reibung.

Die Rollenkette wird in ihren Dimensionen von der Motorleistung bestimmt sowie Breite und Zahnabstand der Kettenräder.

Die Abmessungen der Kette ergeben sich aus der Kettenteilung, aus der Kettenbreite und dem Rollendurchmesser, die in Zoll angegeben werden.

Als Kettenteilung gilt der Mittenabstand zwischen zwei Nietbolzen. Als Breite, das Innenmaß zwischen den Laschen. Die Länge der Kette wird nicht in Metern, sondern in der Zahl der Glieder gezählt. Am einfachsten zählt man die Anzahl der Rollen kompletter Glieder. Ein Beispiel für Kettenbemaßung: 5/8 x 3/8 x 90. Der erste Bruch gibt die Kettenteilung an; der zweite die Kettenbreite; der dritte die Anzahl der Kettenglieder.

Motorradketten werden als Endloskette oder als offene Kette geliefert. Fertigverpackt, zugeschnitten auf eine bestimmte Maschine oder lose von der Rolle. Letzteres ist aber seltener geworden und heute nur noch im Großhandel gebräuchlich, wenn überhaupt.

Die Endlosrollenkette hat den großen Vorteil, kein sprichwörtlich "schlechtes" Glied zu besitzen. Wenn es irgend geht, sollte man Ketten dieser Art verwenden, auch wenn hierzu die Hinterradschwinge ausgebaut werden muß. Eine Endloskette kann immer noch, später einmal, aufgetrennt werden, falls es erforderlich sein sollte.

Die offene Rollenkette wird mit einem Kettenschloß versehen, das man als Ersatzteil, auch bei Endlosketten, mit sich führen sollte. Dieses Kettenschloß erleichtert das Aufziehen der Kette natürlich enorm, ist aber auch ein Schwachpunkt. Wir empfehlen sie deshalb nur bis maximal 50 PS/37 kW.

Das Wichtigste an der Kettenschloßmontage ist die Lage der Verschlußfeder. Sie soll an der Kettenaußenseite liegen. Die geschlossene Seite der Feder muß in die Laufrichtung der Kette zeigen, die Feder satt

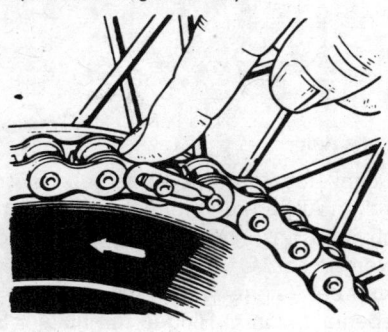

Schließen der Kettenschloßfeder
(Einbaurichtung beachten!)

(Honda)

anliegen. Wäre die Verschlußfeder anders herum eingelegt, könnte sie sich durch die hohen Fliehkräfte bei großen Umdrehungsgeschwindigkeiten wieder öffnen. Eine sich während der Fahrt öffnende Rollenkette, wirkt wie eine Peitsche. Sie zerschlägt Motorgehäuse und kann enorme Verletzungen an den Füßen verursachen. Ein Grund mehr, kräftige Motorradstiefel zu tragen.

Eine Rollenkette muß mit einer gewissen Spannung laufen. Man prüft sie am Kettendurchhang. Er wird gemessen etwa in der Mitte zwischen den beiden Kettenrädern und beträgt für alle Ketten zwei- bis zweieinhalb Zentimeter.

Zur *Kettenschmierung* hat sich am praktischsten die Verwendung von Kettenspray herausgestellt. Die Dose hierzu ist leicht unterzubringen, der Umgang mit ihr problemlos. Doch sollte man aus Umweltschutzgründen darauf achten, kein Spray zu kaufen, welches als Treibmittel Chlor-Flour-Kohlenwasserstoffe enthält (CFK).

243

6.4.2. O-Ringkette, Kettenschutz und gekapselter Ketten-antrieb

Die O-Ringkette

Sie begann ihren Siegeszug vor etwa 10 Jahren und hat das Wartungs-problem der Rollenkette, vor allem für starke Motoren sowie im Gespann-betrieb, entscheidend verändert. Statt bisher beispielsweise alle 500 km die Kette nachzuspannen, konnte dies dank der O-Ringkette, auf nunmehr das Doppelte und mehr der Fahrtstrecke ausgeweitet werden.

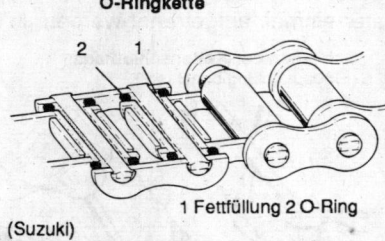

O-Ringkette

2   1

1 Fettfüllung 2 O-Ring

(Suzuki)

Schmierung: Genau das ist der Punkt! Selbst wenn eine Kette lau-fend geschmiert wird, waschen der Regen und die Fliehkräfte das Öl rasch wieder ab.

Die O-Ringkette nun besitzt zwi-schen Nietbolzen und Hülse eine Fettfüllung, die nach außen hin durch zwei O-Ringe geschützt ist. Sie verhindern das Abfliegen des Schmierstoffes im Fahrbetrieb. Die O-Ringe werden an den Gliedern zwi-schen Außen- und Innenlasche festgehalten. Sie sind empfindlich gegen be-stimmte Lösungsmittel, weshalb nur Kettenspray für O-Ringketten benutzt werden soll. O- Ringe können auch keine Hitze ab, weshalb das "Kette aus-kochen" (siehe weiter unten) nicht in Frage kommt. Kraftstoff sollte man ebenfalls von O-Ringen fernhalten. Sind die O-Ringe einmal aufgelöst oder zerbröselt, fliegt die Fettfüllung raus, Schmutz gelangt hinein und die Kette ist recht bald gestorben.

Es gibt Kettenschlösser für O-Ringketten, doch sind Endlosketten am allerbesten.

O-Ring-Kettenschlösser sind nicht einfach zu montieren. Bevor die Ver-schlußfeder eingeschoben werden kann, müssen die Laschen gegen den Wi-derstand der O-Ringe zusammengepreßt werden.

Aus diesem Grund gibt es schraubbare Schlösser mit Sollbruchstellen für die überstehenden Gewinde, welche nach fertiger Montage abgebrochen und vernietet werden. Es gibt auch nietbare Kettenschlösser, doch dafür braucht man Spezialwerkzeuge.

Kettenschutz

Das, was heute so wohlklingend als Kettenschutz bezeichnet wird, ist nichts weiter als ein Schmutzfänger, der Reifen und Fahrerbeine vor dem Dreck der Straße und dem Schmiermittel der Kette schützt. Kettenschutz fängt bei ei-ner Vollkapselung an, einem simplen Kettenkasten aus Blech z.B., der den

244

Straßendreck von der Kette fernhält und ihre Lebensdauer verlängert. Perfekter Kettenschutz ist eine abgedichtete Kapselung, in der Öl oder Fett der Antriebskette ein langes Leben bescheren. Diese Kettenkästen sind wegen der einfachen und billigen O-Ringkette nur noch selten in Gebrauch. So ein Kettenkasten ist nicht einfach zu installieren. Das Prüfen der Kettenspannung und das Nachstellen bereiten weitere Probleme. Ein guter Kettenkasten kostet 600,- DM, eine gute O-Ringkette, je nach Länge und Dimension, zwischen 95,- und 180,- DM (Stand 1986). eine O-Ringkette hält etwa 20.000 km bei guter Pflege und stetiger Kontrolle der Kettenspannung. Denn auch O-Ringketten müssen geschmiert und nachgespannt werden.

In Ölbad- oder Fettkettenkästen dürfen übrigens keine O-Ringketten laufen. Statt dessen besorge man sich eine Hochleistungskette ohne O-Ringe.

6.4.3. Wichtig! Die Kettenspannung

Nachspannen heißt: Der Kettendurchhang muß auf einen bestimmten Wert (2,0 bis 2,5 cm) gegenüber einer gedachten Geraden gebracht werden. Man mißt ihn in der Mitte zwischen den beiden Kettenrädern bzw. dort, wo der Kettendurchhang am größten ist.

Kettenspannung

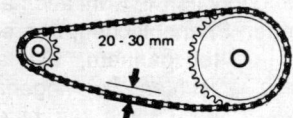

Prüfen des Kettendurchhangs

Die Längung der Antriebskette darf auf 21 Gliedern ein bestimmtes Maß nicht überschreiten.

(Suzuki)

Die Kettenspannung sollte bei belasteter Maschine gemessen werden, mit einer Person etwa, mindestens jedoch abgebockt auf dem Seitenständer stehend. Das, weil der Drehpunkt der Hinterradschwinge nicht mit dem Drehpunkt der Kette am Getriebeausgangsritzel übereinstimmt. Federt die Schwinge stark ein, wird die Kette gespannt. Federt sie stark aus, wird der Kettendurchhang größer. Hat man demzufolge die Antriebskette justiert, während die Maschine auf dem Hauptständer stand, kann es gut sein, daß die Kette zu stramm ist.

Einzelne Motorräder müssen allerdings tatsächlich auf dem Hauptständer stehend justiert werden. Hier hat der Hersteller die Drehpunktlage so verändert, daß der Kettendurchhang in dieser Stellung eingestellt werden kann.

Eine zu stramm eingestellte Antriebskette kann im Extremfall nicht nur reißen, sondern sie verursacht erhöhten Verschleiß. Eine zu lose Antriebskette verursacht Schwingungen: Zum einen auf und ab, zum anderen längs der Laufrichtung. Das ergibt zusammen brandungswellenartige Bewegungen. Die Kette versucht dabei, am Kettenritzel hochzusteigen. Ein Überspringen der Kette auf dem Ritzel ist auch möglich. Allerdings ist dann auch schon das Endstadium der Dehnung erreicht. Die Kette ist dann nur noch schrott und wohl leider auch beide Kettenräder.

Wer demnach an seiner Maschine einen großen Durchhang der Antriebskette diagnostiziert und gleichzeitig an anderen Stellen eine starke Spannung, der hat nicht rechtzeitig nachgespannt und muß die Kette nun ersetzen.

Fahrwerksunruhen erklären sich manchmal auch aus einer zu stark gespannten Antriebskette. Beim Einfedern infolge von Bodenwellen strafft sich die Kette und zieht unmerklich den Motor und Teile des Rahmens nach hinten.

Kettenspanner

Es gibt zwei Arten: Die erste ist am populärsten, wohl auch am billigsten und besteht aus zwei u-förmig gebogenen Spannblechen, den eigentlichen Kettenspannern, die am linken und rechten Schwingenarmende sitzen und durch die hindurch die Radachse führt. Diese kann sich in den Schwingenholmen in einem Langloch vor und zurück bewegen. Zum Festmachen und Justieren werden Spannschrauben mit Kontermuttern in die Enden der Kettenspanner geschraubt. Diese stützen sich ihrerseits auf den Schwingenenden ab und gestalten, je nach Einstellung, eine Vorwärts- oder Rückwärtsfixierung der Radachse. Da die Kette auf dem Hinterrad befestigten Ket-

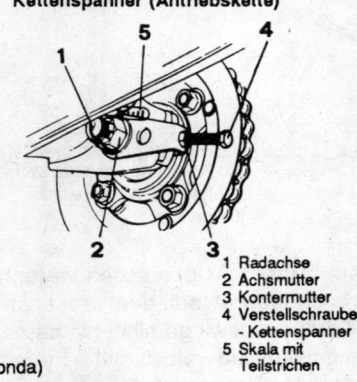

Kettenspanner (Antriebskette)

1 Radachse
2 Achsmutter
3 Kontermutter
4 Verstellschraube
  - Kettenspanner
5 Skala mit
  Teilstrichen

(Honda)

tenrad liegt, lockert sich die Kette, wenn die Hinterradachse im Langloch der Schwinge nach vorne in Fahrtrichtung geschoben wird und sie strafft sich bei der entgegengesetzten Bewegung. Die beiden Spannschrauben justieren auf diese Weise durch Hinein- oder Herausdrehen den Kettendurchhang und werden durch die Kontermuttern gesperrt. Am Ende der Einstellung wird die Hinterachse verschraubt und gesichert.

Ein Nachteil besteht in einer möglichen fehlerhaften Spureinstellung des Hinterrades, wenn die Kettenspanner nicht vollkommen gleichgerichtet justiert werden. Markierungen an der Schwinge sollen dem abhelfen und die Einstellung erleichtern. Trotzdem empfehlen wir, mit einem kurzen Stahlbandmaß (im Bordwerzeug mitführen) genau nachzumessen.

Die zweite Bauweise sind Exzenter im Schwingendrehpunkt am Rahmen oder, als eine weitere Möglichkeit, eine exzentrische Lagerung der Hinterachse.

Die Funktionsweise dieser beiden Exzenterspielarten kombiniert einfache Kettenspannung mit unbedingter Spurtreue des Hinterrades. Zwei Aluminiumscheiben werden dabei im Schwingendrehpunkt oder am Ende der Hinterradschwinge zu beiden Seiten eingesetzt.

Sie sind drehbar gelagert und können mit Klemmschrauben in beliebiger Position fixiert werden. Am Rande der Scheiben sind exzentrisch Löcher gebohrt, durch die eine Schwingenachse führt, so daß die Schwinge in den beiden Alu-Scheiben drehbar gelagert ist.

Bewegt man jetzt, zum Zwecke der Kettenspannung, mit einem speziellen Schlüssel eine der Alu-Scheiben der Schwingenlagerung, bewegt sich die gegenüberliegende mit.

Schwingenachse und Hinterachse werden dadurch mitbewegt; die Kette gespannt oder gelöst. Ähnlich geht es zu, befinden sich die Exzenter an den Enden der Hinterradschwinge. Hierbei wird beim Drehen der beiden Alu-

Kettenspanner mit kolbenförmigem Einsatz zur präzisen Führung der Hinterradachse

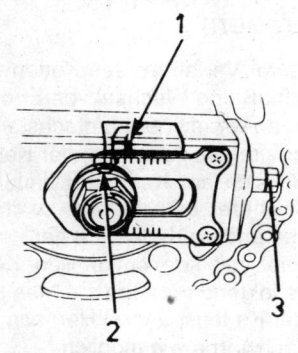

1 Markierung am Kolben. Im Fenster sichtbar.
2 Meßskala für gleichmäßige Einstellung auf beiden Schwingenholmen.
3 Spannschraube mit Kontermutter

Kawasaki GPZ 900 R

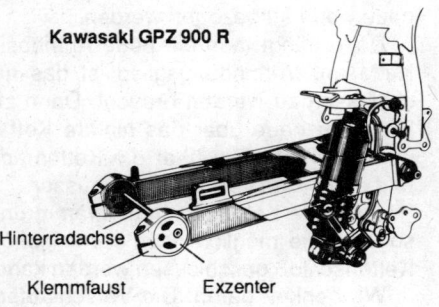

Hinterradachse
Klemmfaust   Exzenter

Hinterradschwinge mit Exzenterverstellung der Antriebskette an der Hinterachse

Scheiben die Hinterradachse bewegt. Die Schwingenlagerung ist konventionell im Rahmen festgelegt.

6.4.4. Aus- und Einbau von Antriebskette und Kettenrädern

Es gibt zwei Verfahren des Kettenwechsels: Tausch von Antriebsketten mit Kettenschloß und Wechsel von Endlosketten.

Beginnen wir mit dem Einfachsten! Eine Antriebskette ist verschlissen: Die Einsteller sind am Anschlag, der Kettendurchhang aber immer noch zu groß. Auch läßt sich am Kettenrad hinten die Antriebskette etwas hochnehmen, was ein sicheres Indiz für eine zu starke Dehnung der Kettenglieder darstellt. Fazit: Eine andere Kette muß her.

An einer mit konventionellen Kettenspannern ausgerüsteten Schwinge geht dies folgendermaßen zu: Man beginnt mit dem Lösen der Hinterradachse und der Kettenspanner. Hernach schiebt man das Hinterrad auf der Achse soweit nach vorne wie möglich.

Nun löst man das Kettenschloß an der Verschlußfeder und entfernt es vollständig von der Kette. Vorausgesetzt, beide Kettenräder sind noch in Ordnung, d.h. sie zeigen keine sägezahnförmigen Ausformungen an den Zähnen und diese sind nicht spitz wie in einem Haifischgebiß, kann jetzt die neue Kette aufgezogen werden.

Dazu hängt man die neue Antriebskette mit dem einen Ende an die alte Kette an, Verbindungsglied ist das neue Kettenschloß, welches nicht geschlossen zu werden braucht. Dann zieht man am anderen Ende der alten Kette die neue über das hintere Kettenrad. Praktisch schleppt man so die neue mit der alten über die Kettenräder, ohne den Seitendeckel zu öffnen und ohne etwas abbauen zu müssen.

Die neue Kette ist schön stramm und kurz, weshalb das Hinterrad wieder so weit wie möglich nach vorne geschoben werden muß, damit das neue Kettenschloß geschlossen werden kann.

Wir denken daran: Die Verschlußfeder muß mit der geschlossenen Seite in Zugrichtung der Kette liegen!

Motorräder mit exzentrischer Kettenspannvorrichtung: Hier den Exzenter so drehen, daß ein größtmöglicher Kettendurchhang gewährleistet wird. Wurde die neue Kette aufgezogen, wird sie korrekt gespannt.

Der Austausch von Endlosketten ist eine etwas langwierige Sache, weil hierzu meistens die Hinterradschwinge abgebaut werden muß. Hinzu kommt notwendigerweise das Lösen der Hinterradfederung.

Bei PS-kW-starken Motoren sollte man dennoch auf keinen Fall eine offene Kette mit Kettenschloß benutzen. Bei einigen Motorrädern ist es möglich, ohne große Demontagearbeiten eine Endloskette aufzuziehen. Die Harley-Davidson Sportster 883 bzw. 1100 führen ihre Schwingen in so eng gefaßten Lagern, daß die Rollenkette bequem außen vorbeipaßt. Somit muß lediglich neben dem Hinterrad das rechte Federbein abgeschraubt werden.

Die Kawasaki GPZ 1000 RX gestattet einen relativ raschen Kettenwechsel. Sie hat ein zentrales Federbeinsystem im mittleren Bereich des Rahmens. Hinten stört also nichts. Des weiteren läßt sich die Fußrastenanlage mit wenigen Schrauben abmontieren, der linke Seitendeckel der Ritzelabdeckung ebenso und schließlich muß nur noch das Hinterrad ausgebaut werden. Kawasaki bestimmt allerdings auch, daß nur Endlos-O-Ringketten verwendet werden dürfen.

Für den Austausch von Kettenritzel und Kettenrad gibt es eine Faustformel: "Wechselst Du Deine O-Ringkette, so tausche auch den Rädersatz mit aus!" Das ist wörtlich zu nehmen, weil diese eine hohe Kilometerleistung erreichen kann und am Ende der langen Reise meist nicht nur die Kette verschlissen ist. Eine normale Antriebskette aber könnte zweimal verbraucht werden, bis auch ein neuer Kettenrädersatz dran ist. Doch wie bei vielen Verschleißteilen kommt es auch hier auf die Fahrweise an.

Verschlissenes Antriebsritzel

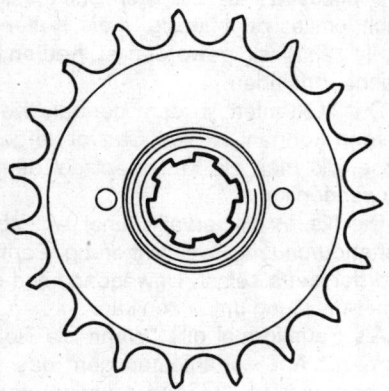

Ein prüfender Blick: Sägezähne statt geometrisch gleichseitig aufgebauter Zahnsegmente sowie abgeschliffene Flanken der Kettenräder sind Anzeichen des Endstadiums.

Würde man auf solche abgenutzten Antriebsteile noch einmal eine neue Kette aufziehen, wäre ihr gar bald der Garaus gemacht, zerstört nach wenigen tausend Kilometern.

Zu Beginn der Demontagearbeiten reinigt man nach Abnahme des Seitendeckels, unter dem das Antriebsritzel auf der Getriebeausgangswelle zu sehen ist, das Motorgehäuse in diesem Bereich, um sauber arbeiten zu können.

Die Befestigung der Ritzel kann vielfältig sein, seien es zwei Schrauben mit Sicherungsblech, eine Zentralmutter oder ein zusätzlicher Konussitz, so daß man in letzterem Falle einen Abzieher braucht.

In der Regel notwendig sind große Schlüssel oder gar Spezialwerkzeug, so daß ein Blick unter den Seitendeckel vor der Arbeitsaufnahme immer lohnt. Zuerst löst man das Sicherungsblech. Falls festgeschraubt, steigt man

249

auf die Hinterradbremse, bei eingelegtem 1. Gang, wodurch das Getriebe-ausgangsritzel festgelegt wird und dreht die Schrauben auf. Ist eine Zentral-mutter vorhanden, muß ebenfalls auf die Hinterradbremse getreten werden. Jetzt wird die Kettenspannung verringert; sodann nach Abnahme der Be-festigung, das Ritzel samt Kette von der Getriebeausgangswelle abgezogen.

Bevor ein neues Ritzel montiert wird, muß die Ausgangswelle sorgfältig gereinigt und anschließend mit etwas Graphitfett dünn bestrichen werden.

Das hintere Kettenrad ist einfacher zu demontieren, dazu braucht in der Regel nur das Hinterrad abgebaut zu werden, wenn zuvor die Antriebskette nach Lockerung der Kettenspanner heruntergenommen wurde.

6.4.5. Pflege und Wartung des Kettenantriebes

Wenn man O-Ringketten reinigen will, sollten sie dampfgestrahlt werden, weiter nichts! Geschmiert werden sie nur mit dafür zugelassenen Mitteln, da sich die O-Ringe andernfalls auflösen oder zerbröckeln.

Für Normalketten hat sich ein industrielles Kettengleitmittel mit hohem Graphitzusatz, als billigstes und bestes Fett herausgestellt. Es haftet gut, nachdem es dünnflüssig in die Kettenglieder eingedrungen und nach einer Weile zähflüssig geworden ist. Kaufen kann man es in Handwerks- und Indu-striebedarfsläden.

Das Kettenfett, in dem normale Ketten erhitzt, gereinigt und geschmiert werden können, ist von Castrol hergestellt. Es ist lieferbar in einer runden Dose, die man als Kettentopf auf dem Ofen, unmittelbar zum Heißmachen verwenden kann.

Die Nachstellintervalle einer Antriebskette richten sich immer nach dem Kettendurchhang, weil Witterung, Fahrweise und Zustand von Kettenrädern und der Kette selbst, Unwägbarkeiten darstellen, die man nur schlecht in Ki-lometerleistung umsetzen kann.

Als Faustformel gilt: "Wenn die Rollen blank sind, muß nachgeschmiert werden!" Am elegantesten geht das so: Maschine auf den Hauptständer; Motor anwerfen; 1. Gang einlegen; darauf achten, daß das Hinterrad keinen Grund berührt und Kupplung loslassen.

Es dreht nun das Hinterrad mit geringer Leerlaufzahl und die Kette kann leicht, sauber und gründlich mit Kettenspray besprüht werden.

6.4.6. Der Zahnriemen als Hinterradantrieb

Durch den Einsatz in den kleinen Kawasaki-Modellen GPZ 305 Belt Drive so-wie dem Softshopper Z 440 LTD Belt Drive, zur Zeit auch in allen großen

Harley-Maschinen, wurde der Zahnriemen, englisch "Belt Drive", bekannt und fand rasch eine kleine Gemeinde von Liebhabern dieser geräusch- und wartungsarmen Antriebseinrichtung.

Sekundärantrleb mlt Zahnrlemen
(Hinterradantrieb)

Ritzel
Zahnriemen
Kettenrad

Obwohl sein einziger ernst zu nehmender Nachteil seine Unförmigkeit ist, hängt ihm der Ruch des unschönen Gummiband - Antriebes nach. Äußerlich ähnlich einem Zahnrad, das Antriebsritzel sitzt auf der Getriebeausgangswelle, am Hinterrad das mächtige Gegenstück. Die Verbindung stellt der Zahnriemen her, den wir von der Nockenwellensteuerung her kennen (siehe Kapitel 6.1.).

Er besteht aus einem Geflecht starker Kunststoffgewebe, mit Kohlefasern verstärkt. Die Verzahnung auf der Innenseite wurde hochbelastbar ausgelegt. Der Zahnriemenantrieb hat den großen Vorteil, eine geringe Masse zu besitzen. Er läuft geräuschärmer, muß nicht geschmiert werden und hat geringe Herstellungs-, aber was noch wichtiger ist, Wartungs- und Reparaturkosten.

Er muß fett- und ölfrei gehalten werden, wobei ein Ölspritzer ihn nicht gleich umbringt, und er sollte nicht geknickt werden. Außerdem kann er keine große Hitze ab, weshalb er am besten offen seine Arbeit verrichtet.

Eine Längung wie bei der Rollenkette kommt beim Zahnriemen ungleich langfristiger vor. Sein Nachspannen wird der Kettenspanneinrichtung entsprechend an den Enden der Hinterradschwinge vorgenommen.

Unbrauchbar wird er erst nach Ablauf vieler Kilometer, abhängig von Staub, Sand, Ölverschmutzung und Steinschlag sowie von gewaltigen Kräften, die an seiner Verzahnung nagen und sie allmählich mürbe machen.

Daß er etwas ab kann, zeigt sein serienmäßiger Einsatz in den drehmomentstarken V2-Motoren von Harley-Davidson!

6.4.7. Die Alternative: Hinterradantrieb mit Kardanwelle, pflegeleicht und solide

Der Gelenkwellen- oder Kardanantrieb ist eine Kraftübertragung vom Ausgang des Schaltgetriebes bis zum Hinterrad. In einem zweiten, kleineren Getriebe, dem Hinterachsgetriebe, wird dann die Kraft von der Kardanwelle auf das Hinterrad umgelenkt.

Der Kardanantrieb hat den großen Vorteil, gänzlich gekapselt und somit keinerlei ungünstigen Umwelteinflüssen ausgesetzt zu sein.

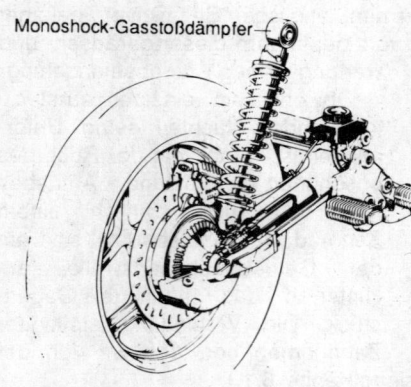

Monoshock-Gasstoßdämpfer

BMW K 100 - Monoleverschwinge
mit Hinterachsantrieb über Kardanwelle
und Hinterachsgetriebe

Umlenkgetriebe (Schaltgetriebe - Kardanwelle)

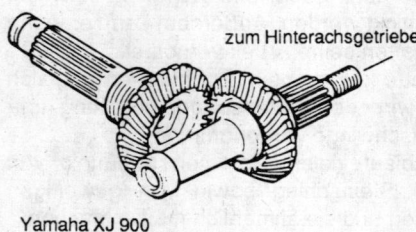

zum Hinterachsgetriebe

Yamaha XJ 900

Seine Gelenkwelle garantiert bei unterschiedlicher Einfederungstiefe der Hinterradfederung, völlig einwandfreie Bewegungsverhältnisse. Dennoch ist der Kardanantrieb nicht ohne Einfluß auf das Fahrverhalten, doch davon später.

Seine weitgehende Wartungsfreiheit, abgesehen von Ölwechseln sowie der problemlose Hinterradwechsel machen den Kardanantrieb zu einem praktischen Hinterradantrieb.

Seine Nachteile verschwinden vor diesem Hintergrund zu einem undeutlichen Gemurmel, das nur von Finanzierungsfachleuten der Herstellerfirmen und von sportlich ambitionierten Fahrern verstanden wird. Der Kardanantrieb ist nämlich teuer und zu schwer für den Leichtbau, der sportliche Motorräder nun mal kennzeichnet.

So sieht man Kardanantriebe vorwiegend an Tourenmotorrädern (Moto Guzzi California II; Kawasaki GTR 1000) oder an sportlich angehauchten Maschinen (BMW K 100 RS; Yamaha XJ 900 F). Auch bei Softshoppern, diesen betulichen Fortbewegungsmitteln, wurde der Kardanantrieb Mode.

Erstes Antriebsteil ist das Umlenkgetriebe am Ausgang des Schaltgetriebes. Dieses Winkelgetriebe sparen sich die Hersteller von Motorrädern, deren Kurbelwellen längs zur Fahrtrichtung drehen.

Zweitens, die mit einem Kreuzgelenk versehene Kardanwelle (Gelenkwelle). Das Kreuzgelenk wird unmittelbar, nachdem die Welle den Getriebeausgang verlassen hat, benötigt. Es liegt im Schwingendrehpunkt und gleicht die Auf- und Abbewegungen der Hinterradfederung aus. Die Längsunterschiede geringfügiger Art, bedingt durch die Bewegungen der Schwinge, werden an der Kardanwelle durch eine Längsnute und eine Schiebemuffe ausgeglichen. Die dritte Baugruppe ist das Hinterachsgetriebe. Es lenkt als Winkelgetriebe die Kraft um 90° um und enthält den Antriebskranz und die Befestigungsvorrichtung für das Hinterrad. Es bildet eine selbständige Einheit mit eigenem Gehäuse und eigener Ölfüllung. Die Gelenkwelle dazwischen läuft sinnvollerweise im vergrößerten linken oder rechten Gabelholm der Schwinge. Dieser ist mit Öl gefüllt, um Gelenke und Wellenzapfen zu schmieren, oder er hat zumindest einen Schmiernippel. In den meisten Fällen verfügen die Kreuzgelenke über eine Dauerfettfüllung und sind gekapselt, brauchen also nicht gewartet zu werden.

Der Hinterachsantrieb besteht aus dem Tellerrad, welches in der gleichen Ebene läuft wie das Hinterrad, mit dem es auch über einen Zahnkranz verschraubt ist. Auf das Tellerrad wirkt ein Antriebskegelrad, das mit der Kardanwelle verbunden ist.

Antriebskegelrad und Tellerrad treffen sich mittig und rechtwinklig, wobei das Antriebskegelrad seine Geschäfte auf dem spiralig verzahnten Tellerrad abwickelt.

Das Ganze nennt sich ein "nichtversetzter Antrieb", der wegen der großen Zahndrücke mit Hypoidöl gefahren werden soll.

6.4.8. Wartung von Gelenkwellenantrieben

Die Wartung beschränkt sich im Wesentlichen auf den Getriebeölwechsel etwa alle 10.000 bis 12.000 Kilometer. Eingefüllt werden muß ein Hypoidöl SAE 90 bei über 5° C Außentemperatur und SAE 80 unter 4° C. Getriebemehrbereichsöle auf Hypoidbasis sind ebenfalls zulässig.

Manche Hinterachsgetriebe haben einen Schmiernippel zur Versorgung des Antriebswellengelenkes (CX 500/CX 650 Honda), während das obere Kreuzgelenk entweder wartungsfrei ausgeführt oder von einer Ölfüllung, die hauptsächlich das untere Antriebswellenlager sowie die Schiebemuffe schmiert, mitversorgt wird (BMW-Boxer-Modelle mit Zweiarmschwinge).

Ein Ölwechsel des Hinterachsantriebes erfolgt am günstigsten nachdem die Maschine warmgefahren wurde.

Die Manschette zwischen Hinterradschwingenholm und Getriebeausgang sollte jeden Monat einmal kontrolliert werden. Eindringender Straßenstaub und Sand sind Gift für Kardanwelle, Lager und Gelenke.

Die Reparatur von Hinterachsgetrieben gehört mit zu den Schwierigsten, was ein Motorrad zu bieten hat. Deshalb steht in Werkstatthandbüchern oft lapidar: "Geben Sie das Hinterachsgetriebe beim Auftreten von Problemen bei Ihrem Händler ab." Das muß aber nicht sein, denn etliche Hinterachsgetriebe sind recht reparaturfreundlich. Die Krux liegt jedoch im Einstellen des Arbeitsspieles zwischen Antriebskegelrad und dem Tellerrad.

Das ist eine Arbeit für erfahrene Schrauber. Da wird mit hauchdünnen Einstellscheiben jongliert, mit "Plastigage" gearbeitet, ein Kunststoffstreifen, der

253

an mehreren Stellen zwischen die Zahnräder gelegt, breitgequetscht und an Hand einer Tabelle daraufhin verglichen wird, wieviel Tragspiel beide Zahnräder noch zueinander haben. Danach orientiert sich die Stärke der Zwischenscheiben. Ob die Plackerei sich gelohnt hat und die Positionierung beider Zahnräder korrekt ist, zeigt sich erst nach ein paar tausend Kilometern Testfahrt, durch das Prüfen des Getriebesumpfes auf Metallabrieb oder durch Geräusche, die ein zu großes Einbauspiel signalisieren.

Ein paar Tips zur Fehlersuche:

— Abnutzung oder beschädigte Zähne am Hinterachsgetriebe machen sich durch einen Heulton bemerkbar.

— Beschädigte Lager durch rollendes Rumpeln bei niedrigen Geschwindigkeiten.

— Ausgeprägte Lastwechselreaktionen deuten auf übermäßiges Zahnflankenspiel durch Verschleiß.

— Ruckweise Bewegungen unter Last machen auf Schäden an der Spiralverzahnung aufmerksam, man muß mit abgebrochenen Zähnen rechnen. Eine andere Möglichkeit sind defekte Kreuzgelenke.

— Geht gar nichts mehr, ist die Antriebswelle gebrochen, die Längsverzahnung an der Kardanwelle überdreht oder ein Kreuzgelenk komplett zum Teufel gegangen.

In jedem einzelnen Beispiel sollte man den Rat eines erfahrenen Schraubers suchen, zwecks Fehleranalyse, bevor man in einer Werkstatt auftauchen muß.

Wie berechne ich die theoretische Endgeschwindigkeit meines Motorrades bzw. eine x-beliebige Fahrzeuggeschwindigkeit bei einer vorgegebenen Motordrehzahl?

Hierzu benötigen wir die folgenden Daten:

a.) Die gewünschte Drehzahl des Motors (n=1/min).
b.) die Primärübersetzung im Motor (i_{PN}),
c.) die Getriebeübersetzung im gewünschten Gang (i_{GET}),
d.) die Sekundärübersetzung im Hinterrad (i_{SEK}),
e.) den Abrollumfang des Hinterradreifens in Metern (m),
f.) Faktor=0,06.

Den Abrollumfang des Reifens kann man bestimmen: Erstens durch eine Kreidestrichmarkierung auf Reifen und Fahrbahn, wonach man die Maschine weiterschiebt, bis der Strich am Reifen wieder auf die Straßenoberfläche zeigt. Markiert man nun diese Stelle, besteht der Reifenumfang aus der Strecke vom ersten bis zum zweiten Kreidestrich.

Zweitens besteht die Möglichkeit, im Reifenhandbuch nachzulesen. Ein Anruf beim Reifenhändler genügt meist auch. Als Rechenbeispiel für die Geschwindigkeitsberechnung nehmen wir die Yamaha XJ 900 F. Deren Daten lauten: Motordrehzahl = 9000 1/min (Höchstdrehzahl); Primärübersetzung = 1,672; Getriebeübersetzung = 0,812 (5. Gang); Sekundärübersetzung = 3,98 (Hinterachsgetriebe, die Maschine hat Kardanantrieb); Reifenabrollumfang = 2,03 (120/90V 18TL, ME 99B Metzeler).

Formel:

$$\text{Geschwindigkeit} = \frac{\text{Drehzahl x Reifenumfang x Faktor}}{\text{Primärantriebsübersetzung x Getriebeübersetzung x Sekundärübersetzung}}$$

$$V_{max} = \frac{n \cdot m \cdot 0,6}{i_{PN} \cdot i_{GET} \cdot i_{SEK}} = \frac{9000 \times 2,030 \times 0,06}{1,672 \times 0,812 \times 3,98} = 202,87 \text{ km/h}$$

Die Yamaha besitzt also eine theoretische Endgeschwindigkeit, bei 9000 1/min im letzten Gang, von 202,87 km/h.
Wer über eine kettengetriebene Maschine verfügt und das Übersetzungsverhältnis nicht weiß, kann das durch Abzählen der Zähne von Kettenrad und Ritzel herausfinden. Und das geht so:

$$\frac{\text{Zähnezahl des Kettenrades (hinten)}}{\text{Zähnezahl des Kettenritzels (vorne)}} = \text{Verhältniszahl}$$

z.B.: $\frac{36}{19} = 1,895 : 1$

Der Sinn der ganzen Rechnerei liegt darin, Änderungen in der Geschwindigkeit eines Motorrades infolge von Getriebeumbauten, anderen Reifen, Kettenradaustausch und vieles mehr, errechnen zu können, um Ergebnisse dieser Umbauten zu beurteilen.
Die dazu benötigten Daten stehen im Bordbuch oder sind beim Händler zu erfragen. Diese Untersuchungen bleiben theoretisch, weil Luftwiderstand und Fahrwiderstände nicht mit einbezogen werden. So etwas läßt sich nur mit einem Computer und vielen Meßdaten ermitteln oder eben praktisch.

6.5. Startvorrichtungen

Verbrennungsmotoren können aus eigener Kraft nicht starten. Es sind hierfür besondere Starteinrichtungen notwendig, die bei Motorrädern mit Kickstarter über das Getriebe oder den Primärantrieb einwirken. Elektro-Starter (E-Starter) sind über eine Kette oder Zahnräder und Freilauf mittel- oder unmittelbar mit der Kurbelwelle verbunden.

Der Verbrennungsmotor braucht zum Starten eine Mindestdrehzahl, um anspringen zu können, worauf besonders beim Kickstarten zu achten ist.

6.5.1. Der Kickstarter

Kickstarter (veraltet: Fußhebelanlasser) sind selten geworden. Wo ein E-Starter vorhanden ist, hat sich deshalb seine Funktion auf die einer Notstarteinrichtung reduziert. Kickstarter kommen meist nur noch zum Tragen, wenn die Batterie fast leer ist. Freunde der traditionellen Motorräder halten den Kickstarter jedoch in Ehren, bauen ihn gar wieder ein, wenn der Hersteller in uneinsichtiger Weise es wagte, Maschinen ohne ihn auszuliefern.

Kickstarterantrieb im Motor
(Suzuki GS 750)

Der äußere Aufbau ist einfach. Er besteht aus einem Hebel mit einer ausklappbaren Fußraste.

In einigen Fällen läßt sich der ganze Hebel umklappen, um im Fahrbetrieb kein Hindernis zu bilden.

Die Länge eines Kickstarterhebels und auch seine Übersetzung hängen stark von dem Motor ab.

Die Kompression von großvolumigen Einzylindermotoren leistet dabei den größten Widerstand; wie jeder bemerken kann, der einmal eine XT 500 von Yamaha angetreten hat. Ventilaushebe-Einrichtungen, seien sie automatisch oder von Hand zu bedienen, gehören deshalb zum Bestandteil einer jeden Maschine, die noch hauptsächlich mit dem Fuß angelassen wird.

Der Kickstarter wirkt mit seinem Fußhebel auf die Welle eines Zahnsegmentes ein. Dieses ähnelt einem Zahnrad und greift bevorzugt an der Hauptwelle des Getriebes an oder zumindest an der Vorlegewelle. Das ist nicht zufällig, weil dem Motorradfahrer die volle Kompression des Motors nicht zugemutet werden kann. Das Getriebe bietet dabei die beste Möglichkeit ohne zusätzliche Zahnräder eine passable Übersetzung zu finden. Mittels

256

der richtigen Zahnräderpaarung gelingt es, die Kurbelwelle durch einen kräftigen Fußtritt zweimal durchdrehen zu lassen, was für einen Viertaktmotor zum Startvorgang normalerweise ausreicht.

Dabei soll die Umdrehungsgeschwindigkeit der Kurbelwelle möglichst hoch sein.

Die weitverbreitete Angst vor dem Zurückschlagen des Motors und des Kickstarters mit den damit verbundenen möglichen Verletzungen ist berechtigt, wenn zwei Voraussetzungen eingetreten sind:

1. Der Motor liegt in seinem Zündzeitpunkt zu früh. Das ist vermutlich der Fall, wenn der Kickstarter trotz zügiger Betätigung zurückschlägt. Dann muß unbedingt die Zündeinstellung überprüft werden.
2. Der Kickstarter wird zu zaghaft und zu langsam durchgetreten. Besonders alte Motorräder reagieren darauf recht allergisch.

6.5.2. Der Elektrostarter (E-Starter)

E-Starter-Antrieb

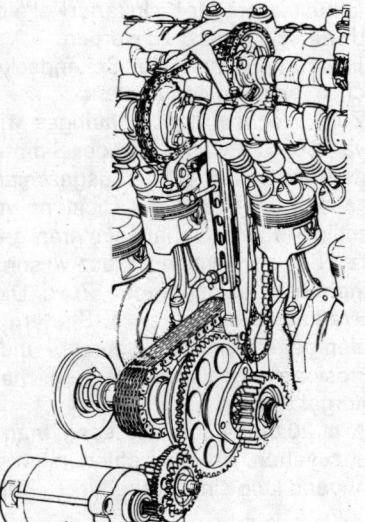

Er hat eine Miniaturisierungs- und Zuverlässigkeitsstufe erreicht, die vor 25 Jahren noch für unwahrscheinlich gehalten wurde.

Hinzu kommen moderne Fertigungstechniken, die den Preis der Anlagen bei gleich guter Qualität, auf einem ökonomisch vertretbaren Niveau halten.

Herausragend ist der geringe Stromverbrauch der heutigen E-Starter, der es gestattet, selbst große Motorräder mit einer relativ kleinen Batterie auszurüsten.

Natürlich kommt hinzu: Der verringerte Startwiderstand, den moderne, großvolumige Motoren dem E-Starter entgegensetzen.

Der Aufwand des E-Starters ist ungleich kompliziert und aufwendiger, wenn auch kaum wartungsintensiver, als ein Kickstarter. Nur, wenn er kaputt geht, wird's teuer.

Ein Starterknopf am Lenker aktiviert den Magnetschalter, der den

E-Startermotor

Untersetzungsgetriebe mit integriertem Freilauf

(Honda CBX 1000)

257

dicken Starterstrom direkt von der Batterie auf den Anlasser lenkt. Wie das genau funktioniert, zeigen wir in Kapitel 7.

6.5.3. Wartung und Reparatur an Startvorrichtungen

Erfreulich ist die geringe Reparaturanfälligkeit der Starter. Die Drehgelenke des Kickstarters sollten periodisch geölt werden und das Fußhebel-Gummi ist rechtzeitig zu erneuern. An abgenutzten Gummis kann der Fuß abrutschen. Hängt der Kickstarter schlapp auf seiner Welle, kommt er nach dem Kicken nicht mehr hoch, ist mit Sicherheit die Rückholfeder gebrochen. Sie ist unter dem Seitendeckel relativ leicht zu erreichen.

Wurde der Kickstarthebel einmal von seiner Welle abgebaut, sollte man die Längsverzahnung beim Wiederanbauen einfetten und sorgfältig vermeiden, sie beim Einbau zu schädigen. Bei Schwergängigkeit lieber die Klemmfaust unten am Hebel mit einer breiten Schraubendreherklinge vorsichtig etwas aufbiegen, dann geht es gleich leichter.

Ölaustritt an der Kickstarterwelle bedeutet: der Wellendichtring ist undicht und wünscht ersetzt zu werden.

Hierzu muß meist der Seitendeckel abgebaut werden. Manchmal geht es auch im eingebauten Zustand.

Zum Wechsel des Dichtringes wird dieser bei ausgebautem Deckel auf etwa 180° C erwärmt und der Simmering vorsichtig von innen her mit einem feinen Durchschlag herausgeschlagen. Der Einbau erfolgt im gleichen Atemzug, dabei wird der Dichtring von vorne eingesetzt. (Die Ringfeder der Dichtlippen zum Gehäuseinneren gerichtet.) Mit einem passenden Rohraufsatz oder vorsichtigen kreuzweisen Kunststoffhammerschlägen wird er in seinen Sitz hineingetrieben. Zuvor Dichtlippen und Außenring gut einölen.

Wartungsarbeiten an E-Startern beschränken sich auf gelegentliches Prüfen der elektrischen Schraub- und Steckverbindungen, auf festen Sitz und Korrosionsfreiheit sowie auf mögliche Leckagen zwischen Anlassermotor und Motorgehäuse.

Alle 20.000 Kilometer kann man sich auch einmal die Mühe machen, nachzusehen, ob die Kohlebürsten am Kollektor des Anlassermotors noch genügend lang sind. Siehe hierzu Kapitel 7: "Die elektrische Anlage".

258

7. Die elektrische Anlage

7.1. Über die bordeigene Stromversorgung von Motorrädern

Warum hat meine Maschine eigentlich kein 220V (Volt) Wechselstrom? Man würde 'ne gute 100-Watt-Birne aus der Schreibtischlampe schrauben und könnte auch den Kassettenrecorder mit auf's Motorrad nehmen, ein paar ordentliche Kopfhörer dabei.

Wechselstrom verwendet man an Bord von Fahrzeugen aus einem einzigen Grund nicht: Es gibt keine Einrichtung, um Wechselstrom zu speichern! Eine Batterie = Akkumulator = Sammler kann nur Gleichstrom speichern - und der wird für den Startvorgang von Verbrennungsmotoren und viele Verbraucher am Motorrad nun mal gebraucht.

Nun wird der eine oder andere einwerfen: "Aber es gibt doch Wechselstrom- bzw. Drehstromlichtmaschinen in Motorrädern, die erzeugen keinen Gleichstrom!" - Da hat er natürlich recht! Aber ins Bordnetz gelangt dennoch kein Wechselstrom, weil dieser noch vor dem Regler (er reguliert den Stromhaushalt im Fahrzeug) in Gleichstrom umgeformt wird. Das Leben des Wechselstroms währt also nur kurz, denn der Gleichrichter wandelt ihn bald mittels einiger Dioden in Gleichstrom um.

Warum hat denn der Schlaumeier, der die Wechselstromlichtmaschine erfunden hat, nicht gleich eine Gleichstromlichtmaschine geschaffen? Die Wechselstrom- insbesondere die Drehstromlichtmaschine, korrekt Generator genannt, wird bevorzugt, weil sie einen wesentlich größeren Wirkungsgrad besitzt, als eine vergleichbare Gleichstromlichtmaschine, die es tatsächlich gibt. Gab - muß man sagen, weil sie schon seit Jahren aus allen Motorrädern verschwunden ist.

Wechselstromgeneratoren haben weniger Leistung als Drehstrom-Lichtmaschinen, dafür aber auch keine Verschleißteile.

Kommen wir auf die 220 Volt (V) Spannung zurück: Sie ist für den Menschen im Bordnetz eines Fahrzeuges viel zu hoch und damit zu gefährlich. In Zusammenarbeit mit einer bestimmten Strommenge kann sie tödlich sein. Sicherheitsvorschriften des VDE (Verein Deutscher Elektroingenieure) besagen in diesem Punkt: Ab einer Spannung von 60 Volt aufwärts und einem Strom von 0,050 A (Ampere) kann im ungünstigsten Falle Strom gefährliche körperliche Schäden verursachen.

Aus Sicherheitsgründen grenzt man bei Motorrädern die Bodennetzspannung auf 12 V ein.

Diese Spannung bezieht sich auf den "Sammler", die Batterie. Dieser Akkumulator hat einzelne Zellen, in denen zwischen Bleiplatten, die in einer

Schwefelsäurelösung hängen, eine Spannung entsteht, welche bei geladener Batterie eine Spannung von etwa 2 V ausmachen. Unsere Motorradbatterie besitzt sechs Zellen, die in Reihe geschaltet 12 V ergeben.

Zwar gibt es im Motorrad wie auch im Auto Hochspannungsanlagen größer als 12 V, doch die betreffen die Zündanlage und sind im allgemeinen ungefährlich, obwohl eine hohe Spannung von 10.000 Volt anliegt. Dies aber nur für kurze Zeit und mit einem minimalen Strom ausgestattet. Doch davon später mehr. Wer also von einem Zündkabel mal eine gewischt bekommt, braucht keine Angst zu haben. Es passiert nicht viel mehr als bei einem elektrisch geladenen Weidezaun.

Vorsicht ist lediglich bei Hochleistungszündanlagen mit Kondensatorentladung (HKZ = Hochspannungs-Kondensator-Zündanlagen sowie CDI-Zündanlagen = Capacitor-Discharge-Ignition, eine ähnliche Anlage) angesagt, deren verlängerter Zündstrom schon recht gefährlich werden kann.

7.1.1. Stromfluß im Bordnetz der Maschine

Schaut sich ein Laie den Schaltplan eines Motorrades an, meist auf der letzten Seite des Bordbuches, so tut sich ihm ein wahrer Irrgarten auf.

Gleiches gilt für den Drahtverhau am Motorrad, Kabelbaum genannt.

Zur Beruhigung können wir sagen: Auch bei uns hat es so angefangen. Doch mit der Zeit und so allmählich bekommt man die wichtigsten Sachen in den Griff und die Feinheiten erschließen sich einem später, wenn man mittels einer geeigneten Lektüre tiefer in die Materie eingestiegen ist.

Bordnetzschaltung

1.)

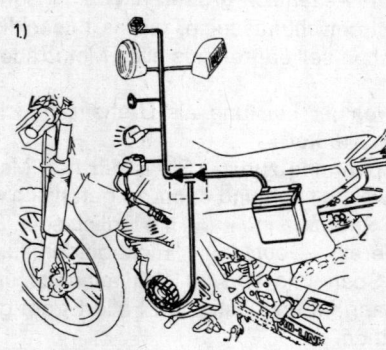

Zündung auf "ON", Motor steht (Batterie versorgt das Stromnetz)

(Honda XL 600 RM)

Prinzip der elektrischen Anlage an Bord eines Motorrades
Strom entsteht durch die Umwandlung einer Energieform in eine andere. Mechanische Energie vom laufenden Motor treibt die Lichtmaschine an, die elektrische Energie hervorbringt Die beiden Hauptzustände im Bordnetz der Stromversorgung sind:
1. Laden der Batterie und Versorgen aller im Bordnetz angeschlossenen und angeschalteten Verbraucher, wenn der Motor läuft und die mit ihm fest verbun-

dene Lichtmaschine (LIMA) antreibt. Technisch bedeutet dies: Den Strom, den die LIMA erzeugt, verteilt der Regler auf die Batterie und auf das Bordnetz.

2. Steht der Motor und mit ihm die Lichtmaschine, sperrt der Regler den Strompfad zur Lichtmaschine und öffnet ihn für die angeschlossenen Verbraucher im Bordnetz zur Batterie.

Der Techniker spricht dabei von "Zuschalten", wenn eine Verbindung hergestellt, und von "Abschalten", wenn sie aufgetrennt wird.

Die überaus wichtigen Funktionen der Batterie im Bordnetz bestehen demnach, bei Motorstillstand, aus der Tätigkeit als Stromquelle. Läuft der Motor und damit die Lichtmaschine, dann speichert sie Strom und dient darüberhinaus als Puffer gegenüber Leistungsspitzen auf den Versorgungsleitungen.

Zündung auf "ON", Motor läuft (LIMA versorgt Stromnetz und Batterie)

(Honda XL 600 RM)

Gleich- und Wechselstrom

Von den zwei Stromarten ist der Wechselstrom der nervösere. Aus der Steckdose zu Hause hastet er fünzigmal in der Sekunde zwischen Verbraucher und Kraftwerk hin und her.

Diese schweißtreibenden Arbeiten ersparen sich die Ladungen der Elektronen, wenn sie sich in einer Gleichstromanlage immer nur in einer Richtung bewegen, von "Plus" nach "Minus". Wie beim Wechselstrom auch, mit Lichtgeschwindigkeit (praktisch ausgedrückt: In einer Sekunde siebeneinhalbmal um die Erde).

In Motorradepochen, als man noch keine Gleichrichterdioden hatte, die den Wechselstrom in Gleichstrom verwandelten, mußte man sich eine mechanisch trickreiche Konstruktion überlegen. Dies war die Gleichstrom-Lichtmaschine, mit Kollektor und Kohlebürsten zur Stromab-

Wechsel- und Gleichstrom

261

nahme. Sie verwandelte den Wechselstrom in ihrem Inneren in Gleichstrom. Etwas, was unsere Dioden im Gleichrichter erledigen.

Strom, Spannung, Widerstand

Wer kennt sie nicht, die berühmten Schulversuche mit ihrem Vergleich zwischen Wasser und Strom. Steht in jedem Elektro-Lehrbuch am Anfang, warum sollen wir's also nicht auch machen.

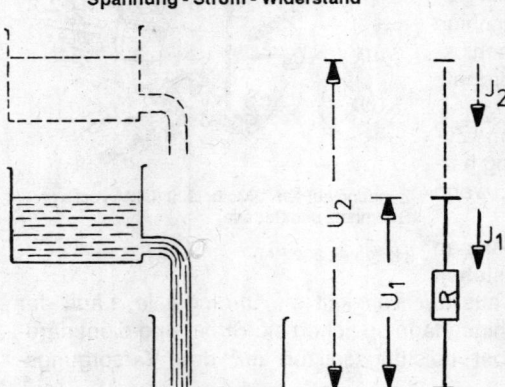

Spannung - Strom - Widerstand

Durch den Widerstand R fließt ein Strom I_1 mit der Spannung U_1. Legt man aber die höhere Spannung U_2 an, fließt auch der höhere Strom I_2.

Die eine Schüssel mit Wasser steht höher als die andere. Durch ein Rohr gelangt das Wasser in die untere Schüssel.

Wie bei einem Wasserfall in der Natur, fließt es dabei zwischen den beiden Schalen um so schneller, je größer der Höhenunterschied der Schalen untereinander ist.

Diese Geschwindigkeit entspricht der Kraft, die das Wasser entwickelt und ist um so größer, je schneller es fließt.

Die obere Schale leert sich nun, weil bedingt durch die größere Abflußmenge ihr Pegel rasch sinkt.

Zu unserem Vergleich:

a.) Der Höhenunterschied entspricht der Spannung des elektrischen Stromes. Je größer er ist, um so mehr Wasser pro Sekunde fließt hinab und um so kräftiger ist der Wasserstrahl. Auf den Strom bezogen: Je größer die Spannung, desto größer ist die Strommenge pro Zeiteinheit und desto stärker seine Kraft.

b.) Die Durchflußmenge des Wassers im Rohr entspricht dem elektrischen Strom. Den Strom bezeichnen wir mit Ampere, Kurzform "A".

c.) Der Querschnitt des Rohres zwischen den Schüsseln stellt einen Widerstand dar, ohne den das Wasser mit einem Rutsch in die untere Schale gelangen könnte.

Je größer dieser Widerstand (je kleiner der Rohrdurchmesser) desto geringer ist die Wassermenge. Will man also die Durchflußmenge des Wassers in diesem Beispiel erhöhen, müßte man den Rohrdurchmesser vergrößern, also den Widerstand verkleinern.

262

In einem anderen Fall könnte man aber bei gleichbleibendem Rohrdurchmesser (Widerstand) den Höhenunterschied so weit vergrößern, bis die gleiche Menge Wasser, allerdings nunmehr mit wesentlich höherer Geschwindigkeit in die untere Schüssel braust.

Auf den elektrischen Strom bezogen, gilt das Gleiche: Besteht ein Widerstand im Stromfluß und soll hinter dem Widerstand eine bestimmte Menge Strom weiterfließen, so kann man nur zweierlei tun; Entweder den Widerstand so klein machen, bis der gewünschte Strom in der Leitung weiterfließen kann. Oder aber die Spannung kräftig erhöhen, wonach hinter dem Widerstand der Stromfluß dann dem erwarteten Wert entspricht.

Das Ohmsche Gesetz
Mit dem Ohmschen Gesetz will man die Abhängigkeit der Faktoren Spannung, Strom und Widerstand untereinander bzw. deren Einflußnahme aufeinander berechenbar machen.
So stellt es sich dann in der Formel dar:

U = Spannung in Volt (V)
I = Strom in Ampere (A)
R = Der Widerstand in Ohm (Ω)

Die Formel selbst kann man nach seinen Wünschen umbauen, je nachdem was man gerade wissen will. Jedoch muß man stets zwei Faktoren zur Hand haben.

1. Formel: $U = I \times R$; Spannung = Strom mal Widerstand

2. Formel: $I = \dfrac{U}{R}$; Strom $= \dfrac{\text{Spannung geteilt durch}}{\text{den Widerstand}}$

3. Formel: $R = \dfrac{U}{I}$; Widerstand $= \dfrac{\text{Spannung geteilt durch}}{\text{den Strom}}$

Ein Beispiel: Wir wissen aus den technischen Unterlagen, daß durch die Zündspule eines bestimmten Motorrades ein Strom von 2,5 A fließt. Weiterhin kennen wir die Betriebsspannung an Bord. Sie beträgt 12 V. Nun können wir herausbekommen, wie groß der Widerstand ist, den die Zündspule dem elektrischen Strom entgegensetzt. Dies nach der Formel:

$$R = \frac{U}{I}$$

In unserem Falle: 12 V : 2,5 A = 4,8 Ω (Ohm)

Der Stromkreis

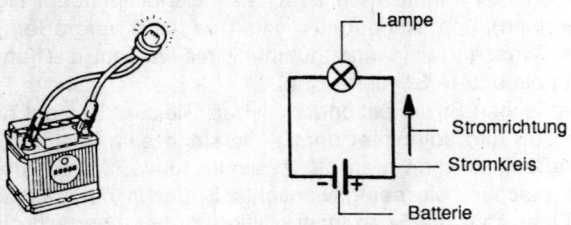

An einer Motorradbatterie wird eine Glühlampe angeschlossen. Entsprechend dem stetigen Wandern des Stromes von Plus nach Minus, muß die Glühlampe zwei Anschlüsse besitzen. Dies sind meist der Metallkörper des Sockels sowie ein isolierter Bleitupfer auf dessen Boden.

Wir packen die Glühlampe einfach in eine Fassung und schließen diese zwischen Plus und Minus der Batterie an.

Die Batteriespannung "U" von 12 V, entspricht in unserem Wasserschüssel- Beispiel dem Höhenunterschied.

Der Strom I, gleich 1 A; in demselben Beispiel, der Wasserdurchflußmenge. Der Widerstand des Glühfadens in der Glühlampe "R", gleich 12Ω (Ohm), ist der Rohrquerschnitt.

Durch die Spannung und den Widerstand der Lampe ergibt sich somit nach unserer Formel der Strom:

$$I = \frac{U}{R} = \frac{12V}{12\Omega} = 1\ A$$

Hätte man die Spannung und den Strom gemessen, wäre der Widerstand zu errechnen, gemäß der Regel, daß man aus zwei Größen die dritte ermitteln kann.

$$R = \frac{U}{I} = \frac{12V}{1A} = 12\ \Omega$$

Die Leistung
Setzt man eine bestimmte Arbeit in ein Verhältnis zur Zeit, so spricht man von "Leistung".

Die elektrische Leistung ergibt sich aus der Stärke des Stroms "I" (in Ampere) mal der Spannung "U" (in Volt).

Das Produkt heißt dann "Watt" (W), wobei 1000 Watt 1 Kilowatt (KW) ergeben. Übrigens ist dies auch die Einheit für die mechanische Leistung, wie wir sie vom Motorradmotor her kennen (1kW = 1,36 PS). Beide Maßeinheiten sind identisch.

264

Als Beispiel nehmen wir unsere Glühlampe von eben. Sie hat folgende Werte: Spannung = 12 V; Strom = 1 A.
So ergibt sich nach der Leistungsformel "P" = Leistung:
$$P = U \times I$$
Die Leitungsfähigkeit der Glühlampe:
$$P = 12 \, V \times 1 \, A = 12 \, W \, (Watt).$$
Wenn wir uns die technischen Daten der Lichtanlage anschauen, werden wir bemerken, daß Watt-Angaben häufiger auftauchen.

Wobei die großen Halogenglühlampen für den Hauptscheinwerfer wesentlich höhere Watt-Zahlen besitzen, also auch mehr Leistung, als Blinkerlampen. Z.B. Halogenlampe 60/55 W H4 (ein Glühfaden Aufblend-, der, andere Abblendlicht); Blinkerlampe 21 W.

Das Vielfachmeßinstrument (Multimeter)
Wie wir bei unseren Betrachtungen über das Ohmsche Gesetz bemerken konnten, sind nicht immer alle Fakten vorhanden, die man für die Lösung des gesuchten Problems benötigt.

Manchmal fehlt die genaue Spannung, manchmal der Strom, oder ein Widerstand ist zu bestimmen.

Für die Fehlersuche im Bordnetz wäre ein Meßgerät jedenfalls gerade richtig, wenn genaue Werte gesucht werden.

Es geht um das Vielfachmeßinstrument in analoger oder digitaler Ausführung.

Das klassische Analogmultimeter erkennt man an seinem Zeiger, der bei der Messung ausschlägt und uns auf dem Ziffernblatt anzeigt, was Sache ist.

Das Multimeter hat eine Skala für die Spannungsmessung. Außerdem einen Schalter, mit dem man den passenden Meßbereich einstellen kann. Zum Beispiel wird kein Schrau-

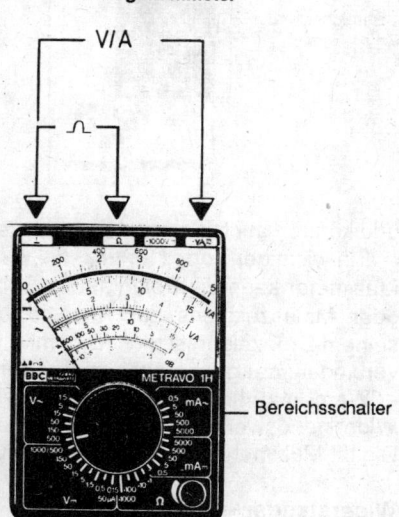

Analog-Multimeter

Bereichsschalter

ber auf die Idee kommen, seine zu erwartenden 12 Volt im 5000 Volt-Meßbereich zu suchen. Der würde bei 12 V nur minimal ausschlagen. Ähnliches gilt für die anderen Funktionen. Da ist die Strommessung und die Widerstandsmessung. Ein Zusatzschalter oder ein spezieller Meßbereich unterscheidet Wechselstrom von Gleichstrom. Wer also aus Versehen den

265

Wechselstrombereich einschaltet und Gleichstrom messen will, wird zu seiner Verwunderung nichts messen! Umgekehrt ist auf dem Gleichstrombereich der halbe Wechselstrom abzulesen, weil in diesem Bereich nur der halbe Wechselstrom für die Anzeige akzeptiert wird. Nicht gefährlich für das Gerät, aber eine Falschmessung.

Digitalmultimeter

Die Welt der Elektronik hat uns neben dem computergesteuerten Mikrowellenherd die integrierten Schaltkreise und die LCD-Anzeige beschert. Letztere vermittelt auf ihrem Display (=Anzeigenfläche) die Ergebnisse und auch Symbole unserer Messungen.

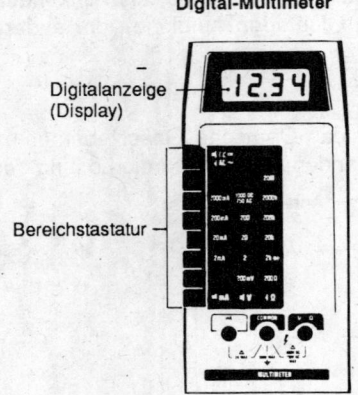

Digital-Multimeter

Digitalanzeige (Display)

Bereichstastatur

Im Gegensatz zu den Analog-Multimetern werden dort alle aufgenommen Meßwerte digitalisiert und in Zahlenwerk und Symbolen angezeigt.

So ist es möglich, sehr genaue Anzeigen zu erhalten, die zudem leichter ablesbar sind als bei einem analogen Zeigerinstrument.

Handhaben soll man Digital-Multimeter in gleicher Weise wie Analoggeräte. Sie sind noch empfindlicher in der Aufnahme von Meßwerten und können auch kleinste Werte aufzeigen.

Ein wichtiger Vorteil für uns, die wir mit Gleichstrom operieren: Das Digital-Multimeter kann die Polarität des Stromes erkennen und in Form eines Plus oder Minuszeichens zur Anzeige bringen. Einem Analog-Multimeter mit seinem Drehzeiger ist dies nicht möglich. Der Zeiger kann im Gegenteil sogar verbiegen, der ganze Anzeigenteil zerstört werden.

Werden zu hohe Ströme gemessen, zumal im falschen Meßbereich, oder Widerstandswerte in stromführenden Baugruppen geprüft, reagiert ein Digital-Multimeter ebenso allergisch wie ein analoges.

Widerstandsmessung

Widerstandsmessungen dürfen nur an von der Energieversorgung abgeklemmten Bauelementen und Kabeln durchgeführt werden. Der Ohmbereich des Instrumentes hat hierzu eine kleine Stromquelle, mit der er in der Lage ist, Bauteile, Kabel, etc. durchzuforschen und die Ergebnisse auf einer Anzeige darzustellen. Auf dieser Grundlage kann man wichtige Schlüsse über den Zustand dieser Teile ziehen. Zum Beispiel der Kerzenstecker, der den

266

Zündfunken von der Zündspule auf die Zündkerze überträgt. Normal mißt man zwischen den beiden Anschlüssen einen Widerstand zwischen 1000 und 5000 Ω . Plötzlich zeigt das Meßgerät aber einen wesentlich höheren Wert an, meinetwegen 100.000 Ω, was 100 Kiloohm (KΩ) entspricht. Das ist natürlich viel zu hoch und bedeutet, daß der Kerzenstecker unbrauchbar geworden ist.

Im Ohmbereich, wie in allen Meßbereichen, sollte man immer zuerst überlegen, welchen Meßwert man in etwa erwarten kann und dreht danach den Meßbereichsschalter auf den vermuteten Bereich, bevor die Messerei losgeht. Am sichersten ist in jedem Fall zunächst den allerhöchsten Meßbereich zu schalten, und nach Anlegen der Meßstrippen langsam runterzuschalten, bis das Instrument aussagekräftige Anzeigen liefert.

Schlecht sieht es aus, wenn man im Ohmbereich des Multimeters mit den Steckern der Meßstrippen an eine stromführende Leitung herangeht. Das kann für die kleine Stromquelle im Gerät den schnellen Tod bedeuten.

Widerstandsmessung

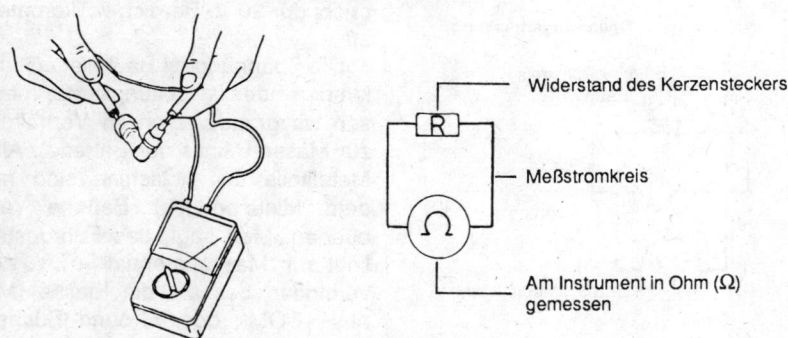

Widerstand des Kerzensteckers

Meßstromkreis

Am Instrument in Ohm (Ω) gemessen

Strommessung
Hier sollte man zuerst nachschauen, für welchen Maximalwert das Gerät geeignet ist. Die meisten können nur von einem bis zehn Ampere anzeigen.

Wollen wir uns ein Multimeter zulegen, mit dem wir an der Motorradelektrik arbeiten können, so sollte der Strombereich mindestens diese 10 Ampere haben. Zwar können wir damit den Anlasserstrom nicht messen und bei entleerter Batterie kann es bei leistungsstarken Lichtmaschinen auch vorkommen, daß mehr als zehn Ampere fließen. Doch für alle anderen Verbraucher am Motorrad reicht es.

Steht aber z.B. der maximale Meßbereich von 2 A fest und setzen wir dem Gerät einen Strom von etwa 8 A aus, so kann der Strommeßbereich zerstört werden, sichert keine flinke Sicherung das rechtzeitige Trennen des

267

Stromkreises. Bei digitalen Multimetern können wir den richtigen Anschluß der Meßstrippen vernachlässigen. Zeigt uns doch eine kleine Anzeige, in Form eines Plus- oder Minuszeichens, die Richtung des Stromflusses an. Das ist wichtig, um zu erkennen, ob beispielsweise eine Batterie Strom ins Bordnetz entläßt oder selber geladen wird.

Bei der Strommessung muß man sich generell immer vergegenwärtigen, daß der Strom durch das Instrument fließt. Entsprechend muß man seine Meßleistungen anlegen. Will man z.B. den Strombedarf einer Lampe messen, muß man das Stromzuführungskabel an geeigneter Stelle auftrennen und das Meßgerät dazwischen hängen. Da der Strom immer von Plus zur Masse (= Minus) fließt, ist es zweckmäßig zu sehen, welches Kabel der Lampe gegen Masse führt. Danach kann man dann seine Meßkabel anschließen.

Spannungsmessung

Auch zum Spannungsmessen schaltet man den größten Meßbereich ein und geht dann tiefer, bis sich der Meßwert stabilisiert hat. Für Motorräder reicht der 20 V- Bereich vollkommen aus.

Spannungsmessung

— Batteriestromkreis
— Batterie
— Lampe
— Meßinstrument

Die Spannung an Bauteilen, Glühlampen oder im Leitungsnetz, messen wir grundsätzlich im Verhältnis zur Masse (Minus der Batterie). Alle Metallteile der Maschine sind mit dem Minuspol der Batterie verbunden. Man sagt, das Fahrgestell liegt auf "Massepotential" = 0V. Wir verbinden deshalb die Masse (Minus-, COM-, oder Ground-)Buchse am Meßgerät mit der Fahrzeugmasse, wenn wir die Spannung messen.

Die andere Strippe gehört in die Volt-Buchse. Mit der Meßspitze dieser Strippe gehen wir dann in die Anlage und prüfen die jeweils vorhandenen Spannungswerte.

Ein paar Tips zum Kauf eines Vielfachinstrumentes

Kaufen sollte man sich am besten ein Digitalmultimeter. Das kostet etwa 120,- DM (Stand 87).

Der Ohmbereich sollte so aufgeteilt sein, daß im Meßbereich unter 200 Ω bis etwa 1Ω noch Werte einwandfrei gemessen werden können. Wir benötigen diesen Bereich zur Prüfung des Durchgangswiderstandes von Leitungen, der etwa um die 10 Ω liegen kann, oder um den Widerstand einer Zündspule zu prüfen.

Der Strombereich muß mindestens 10 A betragen und sollte über eine Sicherung verfügen.

Der Spannungsteil sollte für den 12 V Meßbereich einen großen Anzeigenbereich reservieren, um bis auf 1 V genau messen zu können. Bei Digitalgeräten bedeutet dies günstigerweise einen 20 V-Meßbereich.

Zu erwartende Meßwerte am Motorrad

Spannungen:

a.) An der Batterie ca. 12,8 Volt, wenn der Motor steht.

b.) Bei laufendem Motor bis zu 14,5 Volt (beide Messungen im Gleichspannungsbereich messen!)

c.) Alle am Bordnetz angeschlossenen Bauteile, Kabel und Aggregate haben stets den gleichen Spannungswert! Ausnahme: die Sekundärwicklung der Zündspulen, deren Kabel zu den Zündkerzen führen.

Ströme:

a.) Generator am Ausgang des Reglers: 5 A bis 30 A je nach Typ, Motordrehzahl und eingeschalteten Verbrauchern

b.) Der Ladestrom der Batterie ist abhängig davon, wie leer sie ist. Je höher die Batterieladung, desto weniger Ladestrom fließt. Es können, je nach Größe der Batterie, im Normalfall zwischen 0,5 A und 3 A Ladestrom fließen. Bei leerer Batterie kann ein Wert von 10 A schon mal überschritten werden. Für die Batterie eine ungesunde Angelegenheit.

c.) Die Hupe: 2,5 A bis 3 A.

d.) Anlasser: Etwa 150 A Nennstromstärke! In der Realität etwas weniger. Das können wir nicht messen. Zum Glück hört man es deutlich, ob ein Anlasser arbeitet oder nicht.

e.) Halogen H4-Hauptscheinwerfer: ca. 4,8 A (Aufblendlicht 60 W).

f.) Schlußbeleuchtung: Eine Glühlampe 5 W, etwa 0,4 A.

Widerstandsmeßwerte:

a.) Primärwicklung der Zündspule: von 2 Ω bis 4 Ω.

b.) Im Kabelbaum der Maschine, bei guter Kontaktierung der Kabelanschlüsse: 0,1 bis 0,5 Ω, je nach Länge des Kabels. Kurze Stücke, etwa 1 Meter, sind mit normalen Multimetern nicht mehr ohmmäßig zu erfassen, weil der Meßbereich nach unten hin nicht mehr ausreicht. Je höher der Ohmwert eines Kabelstranges, um so schlechter ist die Verbindung. Das bedeutet Spannungsverluste und damit weniger Strom für die Verbraucher.

c.) Signalhorn: 4,8 Ω ca.

d.) Kerzenstecker: zwischen 1000 Ω (KΩ) und 5000 Ω , je nach eingebautem Entstörwiderstand. Der genaue Wert steht meist auf dem Steckerkörper.

7.2. Stromerzeuger und Regler

Motorräder benötigen für die Versorgung von Zündung, Starter, Beleuchtung usw. eine zuverlässige und leistungsfähige Energiequelle. Man nennt sie Stromerzeuger, Lichtmaschine, Generator oder Dynamo.

Das Bordnetz

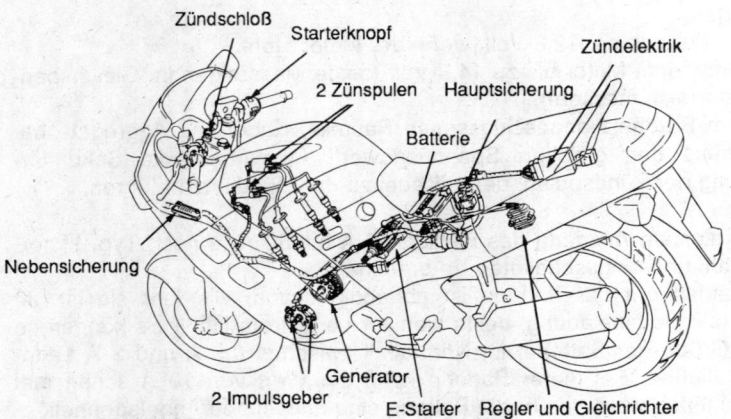

Zündschloß

Starterknopf

Zündelektrik

2 Zünspulen   Hauptsicherung

Batterie

Nebensicherung

Generator

2 Impulsgeber   E-Starter   Regler und Gleichrichter

(Honda CBR 1000 F)

Die Generatorleistung, die Batteriekapazität (Kapazität = Fassungs- oder Speicherfähigkeit) und der Strombedarf des Bordnetzes mit allen Verbrauchern müssen optimal aufeinander abgestimmt sein.

Dem Regler kommt dabei eine besondere Bedeutung zu. Seine Aufgabe ist die Regelung der vom Generator erzeugten Spannung über den gesamten Drehzahlbereich des Fahrzeugmotors. Unabhängig von der Belastung des Generators durch das Bordnetz oder seiner Drehzahl soll er die Netzspannung konstant halten.

7.2.1. Die Lichtmaschine (Generator)

Die Wirkungsweise der Lichtmaschine beruht auf der Wechselwirkung von Magnetismus und Elektrizität. Hierbei läßt sich mit Hilfe von elektrischer Energie ein Magnetfeld aufbauen und mit seiner Hilfe elektrische Energie erzeugen.

Die Grundlage für die Stromerzeugung bildet die elektrische "Induktion" (Induktion = das Hineinführen), der die folgenden Vorgänge zugrunde liegen: Schneidet ein elektrischer Leiter (ein Stück Draht oder eine Draht-

270

Die Stromerzeugung mittels Generator

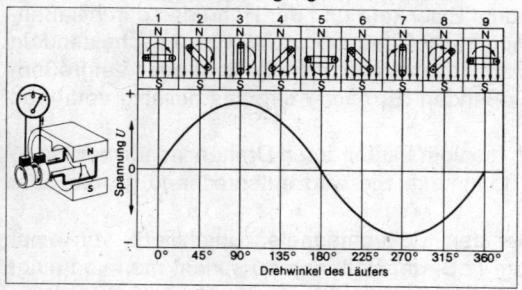

Spannungsverlauf (Polaritäts-
wechsel) bei einer sich im
Magnetfeld drehenden Drahtschleife, während einer Umdrehung!

(Bosch)

schleife) die Kraftlinien eines Magnetfeldes, so wird in diesem Leiter eine
elektrische Spannung induziert. Dabei ist es gleichgültig, ob die Drahtschleife
im Magnetfeld bewegt wird oder ob sie unbeweglich bleibt und das Magnetfeld wird bewegt.

Werden die Enden einer zwischen dem Nord- und dem Südpol eines Magneten sich drehenden Leiterschleife über Schleifringe und Kohlebürsten an
ein Spannungsmeßgerät angeschlossen, so läßt sich durch das Drehen des
Leiters im Magnetfeld und den stetigen Wechsel zwischen Nord- und Südpol
des Magneten eine wechselnde Spannung ablesen.

Dreht die Drahtschleife gleichförmig im Magnetfeld, dann ist der Spannungsverlauf sinusförmig. Wobei die Maximalwerte der Spannung nach je
einer halben Drahtschleifenumdrehung auftreten. Mal im Plus, mal im Minus.
Schließt man die Enden der Schleife zusammen, entsteht ein Stromkreis und
es fließt ein "Wechselstrom".

Den Wechselstrom bzw. die Wechselspannung machen aus: Der perma-
nente Wechsel des Ansteigens der Spannung bzw. des Stromes zum höchst-
möglichen Wert im Plusbereich, ausgehend von Null. Dann der anschließende Abstieg, erneutes Berühren des Nullpunktes und weiterer Abstieg bis
auch im Minusbereich der höchstmögliche Wert erreicht wird.

Das Ganze wiederholt sich stetig mit der Bewegung der Drahtschleife im
Magnetfeld. Die Drahtschleife nennt man auch "Läufer" oder "Rotor".

Das Magnetfeld kann von fest eingebauten Dauermagneten ausgehen,
welche den Vorteil haben, durch ihre einfache Ausführung keinen großen
technischen Aufwand zu fordern.

Es können aber auch "künstliche" Magnetfelder durch Elektromagneten
erzeugt werden. Diese erbringen die höheren Leistungen.

Der Elektromagnet besteht einfach ausgedrückt aus einem Eisenkern und
einer Rolle aufgewickeltem Draht. Als Elektromagnetismus bezeichnet man
die Eigenschaft des stromdurchflossenen Leiters von einem Magnetfeld um-

271

geben zu sein. Die Stärke des Magnetfeldes ergibt sich aus der Anzahl der Windungen des Drahtes auf dem Eisenkern und der Höhe des durchfließenden Stromes. Bei der Anwendung im Generator ist es von entscheidendem Vorteil, daß die Stärke des Magnetfeldes durch Verkleinern oder Vergrößern des die Erregerspule durchfließenden (Erreger-) Stromes beliebig verändert werden kann.

Dadurch wandelt sich auch die vom Läufer durch Drehen im nun veränderbaren Magnetfeld erzeugte Spannung. Sie wird entsprechend größer oder kleiner.

Wird der Erregerstrom, der den Elektromagneten durchfließt, von einer fremden Energiequelle erzeugt (z.B. der Batterie), so spricht man von einer "Fremderregung". Wird der Erregerstrom aber vom eigenen Stromkreis (dem selbst erzeugten Strom) abgezweigt, so nennt man es: "Selbsterregung".

Wichtig für die Höhe der induzierten Spannung ist also die Stärke des Magnetfeldes. Je stärker es ist (je dichter die Kraftlinien) und je höher die Geschwindigkeit, mit der der Läufer die Kraftlinien des Feldes durchschneidet, desto höher sind die erzeugte Spannung und der Strom.

Man unterscheidet drei Arten von Lichtmaschinen: den Gleichstromgenerator, den Wechselstromgenerator, den Drehstromgenerator.

Den Gleichstromgenerator lassen wir weg, weil in allen neueren Motorrädern Wechselstrom bzw. Drehstrom-Lichtmaschinen eingesetzt werden.

Der Wechselstromgenerator

Wechselstrom-Lichtmaschinen arbeiten mit einem rotierenden Magnetläufer. Auf diesem Läufer sind die Magnete mit Nord- und Südpol kreisförmig angebracht, so daß die Pole stets um 180° in die entgegengesetzte Richtung schauen. Der Magnetläufer sitzt auf dem Kurbelwellenstumpf. Um ihn herum sind feststehende Spulen sternförmig angeordnet.

In diesen Spulen wird, sobald der Läufer zu drehen beginnt, elektrischer Strom induziert. Je schneller dabei der Rotor dreht und je kräftiger der Permanentmagnet ist, um so höher wird die Spannung.

Theoretisch würde sie bis zu ihrem Maximalwert wachsen, welcher weit über der geforderten 12 V Bordspannung läge. Schließt man aber Verbraucher an, die als Widerstände wirken, geht die Spannung drastisch zurück, was für einige Elektrobauteile und Glühlampen auch unbedingt notwendig ist, da sie bei zu hoher Spannung zerstört würden.

Es ist aber recht unpraktisch, stets irgendeinen elektrischen Verbraucher eingeschaltet zu haben, mit Ausnahme der Zündstromversorgung, die immer arbeitet, nur um die Bordnetzspannung einigermaßen in Grenzen zu halten. Deshalb setzt man Wechselstromregler ein, die den anfallenden Strom verteilen und regulieren.

272

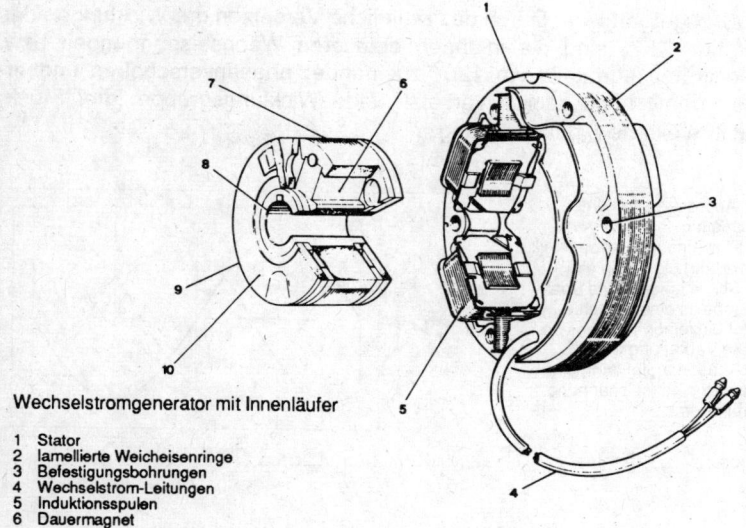

Wechselstromgenerator mit Innenläufer

1 Stator
2 lamellierte Weicheisenringe
3 Befestigungsbohrungen
4 Wechselstrom-Leitungen
5 Induktionsspulen
6 Dauermagnet

(Triumph)

Im Wechselstromgenerator sind alle stromführenden Spulen in der Weise zusammengeschlossen, daß der Strom- und Spannungsverlauf "einphasig" verläuft. Einphasig bedeutet: Die Spannung steigt und fällt sinusförmig, entsprechend der Läuferbewegung im Magnetfeld des Generators, im Gegensatz zum Drehstromgenerator.

Der Drehstromgenerator
Wie beim Einphasen-Wechselstrom erfolgt auch die Erzeugung von Drehstrom (Dreiphasen-Wechselstrom) durch eine Drehbewegung.

Ein Vorteil des Drehstromes ist es, daß er bei gleicher Drehzahl wesentlich mehr elektrische Energie produziert.

Der Aufbau des Drehstromgenerators ähnelt in gewisser Weise dem des Wechselstromgenerators. Ein rotierender Läufer (Rotor), der nun allerdings meist kein Permanentmagnet mehr ist, sondern ein Elektromagnet, dreht an einer Reihe feststehender Spulen vorbei. Diese Spulen, man nennt sie Statorwicklungen, sind entweder sternförmig oder dreiecksförmig miteinander verbunden. Der rotierende Elektromagnet ist als Klauenpolanker ausgebildet. Seine Spule erzeugt bei Stromdurchgang ein magnetisches Feld. Dieses wird über die Klauen des Rotors, die abwechselnd als Süd- bzw. Nordpole ausgebildet sind, polarisiert. Das an den Statorspulen vorbeidrehende Magnetfeld des Rotors, erzeugt dann den Drehstrom, der dem

Bordnetz zugeführt wird. Durch das räumliche Versetzen der Wicklungen des Stators um 120°, sind die in ihnen erzeugten Wechselspannungen bzw. Wechselströme ebenfalls um 120° zueinander phasenverschoben und erscheinen damit auch zeitlich versetzt. Jede Wicklungsgruppe (drei Stück) erzeugt ihre eigene Sinusspannung.

Bei der Anordnung von drei Drahtschleifen, in einem Winkel von 120° zueinander angeordnet, erfährt die in den einzelnen Schleifen erzeugte Spannung ebenfalls eine Verschiebung der einzelnen Phasen von 120°. Die Verkettung der einzelnen Phasen ergibt dann eine dreiphasige Wechselspannung: Den Drehstrom!

(Bosch)

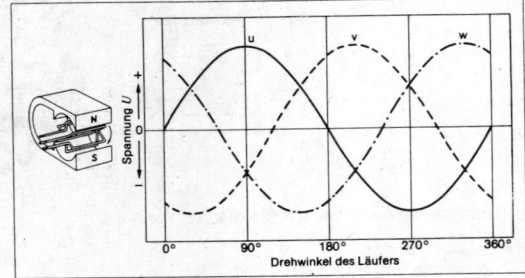

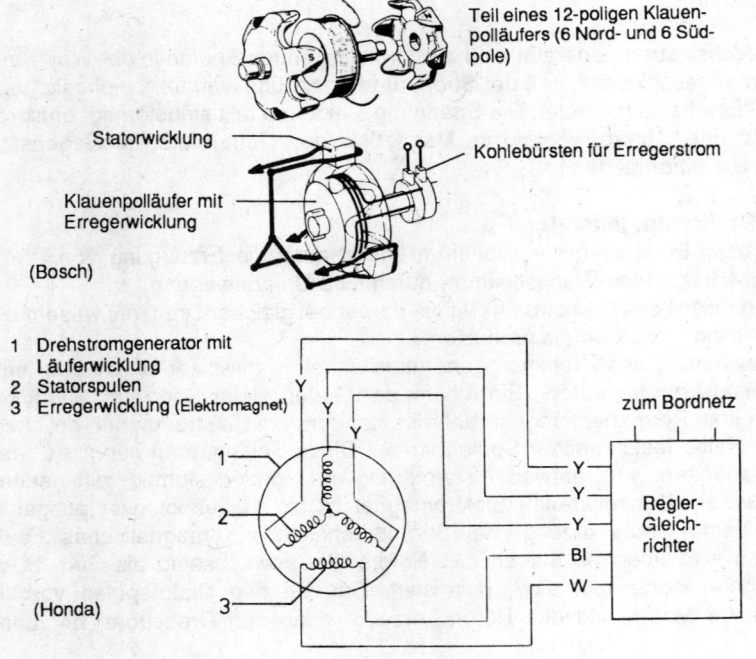

Teil eines 12-poligen Klauenpolläufers (6 Nord- und 6 Südpole)

Statorwicklung

Kohlebürsten für Erregerstrom

Klauenpolläufer mit Erregerwicklung

(Bosch)

1 Drehstromgenerator mit Läuferwicklung
2 Statorspulen
3 Erregerwicklung (Elektromagnet)

zum Bordnetz

Regler-Gleich-richter

(Honda)

274

In der Praxis ist die Anzahl der Spulen auf dem Stator von Drehstromgeneratoren bei weitem größer. Jedoch sind sie untereinander so geschickt angeordnet und verbunden, daß die Dreieranordnung und damit die Phasenverschiebung der erzeugten Spannung von 120° zueinander immer bestehen bleibt.

7.2.2. Über Regler und Gleichrichter

Regler und Gleichrichter werden oft als Einheit zusammengefaßt. Sie bilden dann ein einziges Bauteil. Ältere Motorräder mit Wechselstromgeneratoren verfügen noch über getrennte Gleichrichter-Regler-Funktionen.

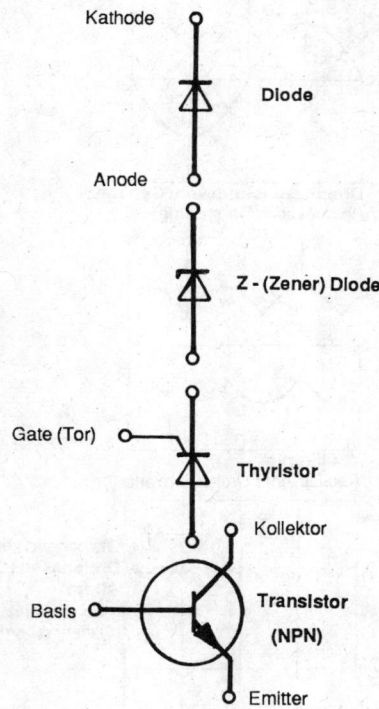

Diese Umwandlung besorgen Brückengleichrichter mit Hilfe von Gleichrichterdioden.

Letztere haben die Eigenschaft, in einem Stromkreis den Strom nur in eine Richtung durchzulassen (Pfeilrichtung des Schaltzeichens ist die Durchlaßrichtung), vergleichbar einem Rückschlagventil im Ölkreislauf. Zur Gleichrichtung des Einphasenstromes eines Wechselspannungsgenerators setzt man einen Brückengleichrichter ein, der über vier Gleichrichterdioden verfügt.

Gleichrichter von Drehstromlichtmaschinen benötigen entsprechend mehr Dioden. So hat ein Drehstrombrückengleichrichter mindestens sechs Dioden, bei Selbsterregung des Läufers aber neun.

Gleichrichterdioden erwärmen sich im Betrieb, weshalb sie gekühlt werden müssen. Die Kühlkörper sind dem Luftstrom frei zugänglich und dürfen nicht abgedeckt sein.

Gleichrichterdioden werden durch Spannungsspitzen der Lichtmaschine zerstört, wenn der Batterieanschluß abgenommen wird, obwohl der Motor und damit der Generator noch läuft. Das gilt für das Plus- wie für das Minuskabel.

275

Gleichrichterfunktion

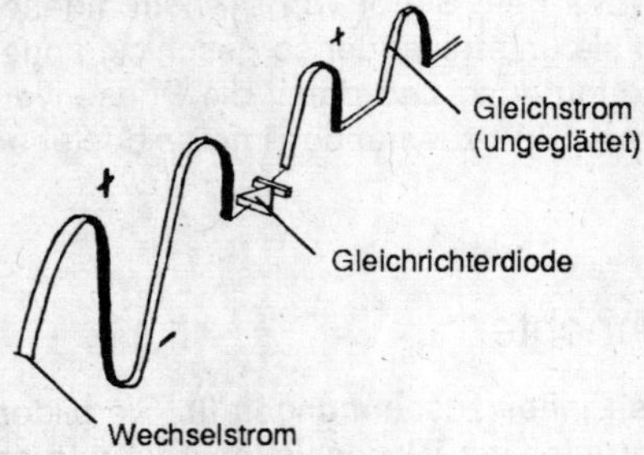

Gleichstrom
(ungeglättet)

Gleichrichterdiode

Wechselstrom

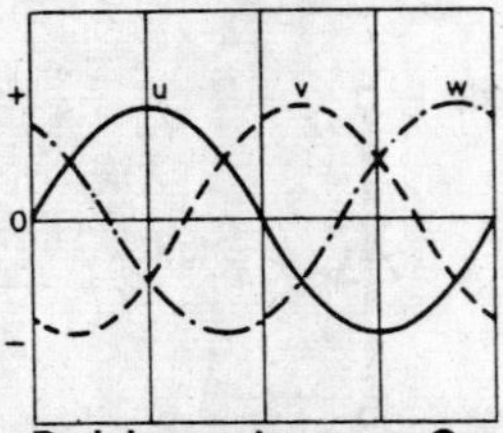

Dreiphasenstrom vom Generator
(theoretische Darstellung)

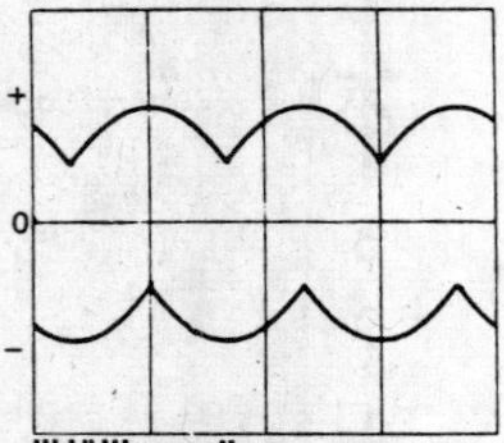

"Hüllkurve"
(realistischer Drehstromverlauf)

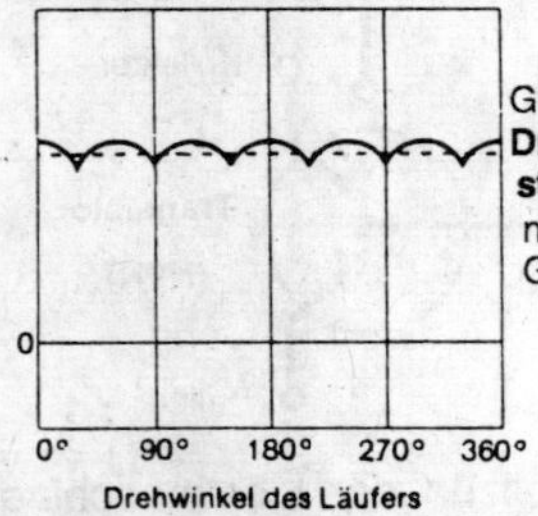

Gleichgerichteter
**Dreiphasen (Dreh-)
strom**
nach Durchlauf der
Gleichrichterdioden

0°   90°   180°   270°   360°
Drehwinkel des Läufers

Bei Drehstromgeneratoren werden die Dioden bei Ausfall des Reglers zerstört, weil dann die Spannung im Bordnetz ungeregelt ansteigt. Auch Kabelbrüche im Reglerbereich bzw. in der Verbindung Gleichrichter - Bordnetz können zum Versagen der Gleichrichterdioden führen.

Wechselstromregelung
Der Wechselstromregler sieht sich dem Problem ausgesetzt, 'daß die Lichtmaschine aufgrund ihres nicht regelbaren Magnetläufers ungehemmt elektrische Energie produziert.

Die Hersteller wenden oft folgenden Trick an: Mit dem Lichtschalter werden bei "Licht aus" zwei oder mehr Spulen des Stators für die Tagesfahrt abgeschaltet, wodurch die Generatorleistung gewaltig sinkt, aber genug für Zündspule, Bremslicht, Hupe und Batterie leistet. Eine geschickte Abwägung von Verbraucher und Stromerzeuger kann hierbei den Regler ganz überflüssig machen.

Doch darf man dann keine Zusatzscheinwerfer, Verbraucher oder etwa eine stärkere Glühlampe einbauen, weil sonst das Gleichgewicht gestört ist und die Batterie langsam leerer wird. Deshalb bleibt uns in der Regel der Regler erhalten. Für Bordnetze mit höherem Strombedarf ist er sowieso unabdingbar. Zur Nachtfahrt werden die abgeschalteten Statorspulen über den Lichtschalter wieder reaktiviert, die volle Leistung des Generators steht zur Verfügung.

Eine Wechselstromlichtanlage ohne Abschaltung von Statorspulen kommt,

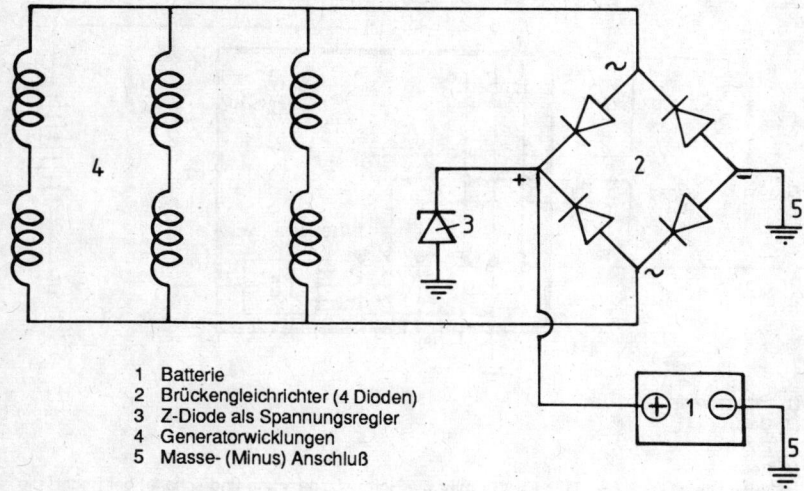

Wechselstromgenerator mit Regelung über Z-Diode

1 Batterie
2 Brückengleichrichter (4 Dioden)
3 Z-Diode als Spannungsregler
4 Generatorwicklungen
5 Masse- (Minus) Anschluß

wie bei englischen Motorrädern, mit einer sogenannten Z-Diode aus. Sie sitzt mit einem Bein am Ausgang des Brückengleichrichters und mit dem anderen auf Masse. Sie wird in Gegenrichtung einer normalen Diode betrieben und läßt Strom ab einem bestimmten Spannungswert im Bordnetz bzw. am Brückengleichrichter passieren. Die für die Batterieladung beste Netzspannung beträgt zwischen 14 V und 14,4 V, darauf ist auch die Diode abgestimmt.

Ein Beispiel: Sind fast alle Verbraucher abgeschaltet und die Batterie voll, so erzeugt der Generator während der Fahrt große Mengen überflüssigen Stroms. Dann wird die Z-Diode aktiv und stellt automatisch einen Kurzschluß her, zwischen ihrem Plusanschluß im Bordnetz und der Fahrzeugmasse, wenn die 14 V bzw. 14,4 V überschritten werden. Während Überspannung vorhanden ist, regelt sie somit den Stromhaushalt.

Z-Dioden verbraten viel Strom. Sie müssen deshalb gut gekühlt auf einem Kühlblech im Luftstrom untergebracht werden. Andere Spannungsregler für Wechselstromgeneratoren und Drehstromgeneratoren mit Permanentmagnet arbeiten mit Hilfe von Thyristoren. Diese Art der Regelung wird auch für Drehstromgeneratoren mit Magnetläufer gerne verwendet. Dabei werden die Statorspulengruppen gegen Masse kurzgeschlossen oder auch nur eine Spulengruppe. Der Thyristor ist im Bereich der positiven, andere Regler auch zusätzlich bei negativen Halbwellen der sinusförmigen Spannung tätig, noch bevor der Wechselstrom bzw. Drehstrom zum Brückengleichrichter

Drehstromgenerator mit Thyristorregelung

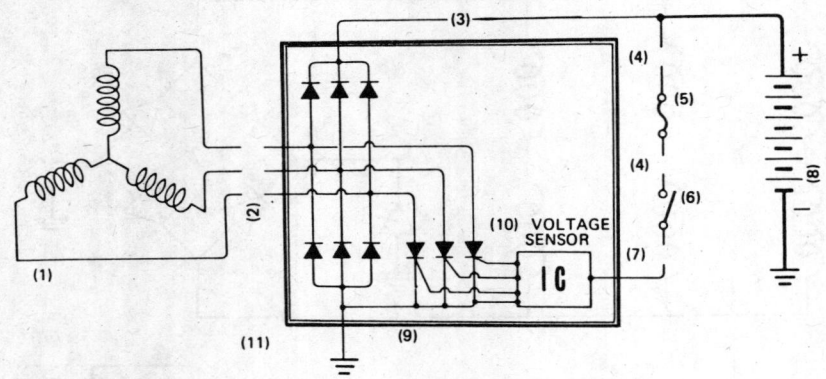

(1) Lichtmaschine
(2) Gelb
(3) Rot/Weiß
(4) Rot
(5) Sicherung 20 A
(6) Hauptschalter
(7) Schwarz
(8) Batterie
(9) Regler/Gleichrichter
(10) Spannungsfühler
(11) Grün

Funktion:
Das IC (10) mißt die Bordnetzspannung und schaltet bei Bedarf die einzelnen Thyristoren, welche die Statorspulen kurzschließen. So kann die Strommenge zum Bordnetz reguliert werden. Werden keine der Thyristoren aktiviert, fließt die volle elektrische Energie des Generators ins Bordnetz.

gelangt. Ein Thyristor ist eine Diode, die in Durchlaßrichtung (der Pfeilrichtung des Schaltzeichens entsprechend) tätig wird. Sie läßt aber Strom nur durch, wenn über einen dritten Anschluß ein Spannungsimpuls einer bestimmten Höhe eintrifft.

Im Regler nun erhält der Thyristor immer dann diesen Befehl, wenn die Bordnetzspannung über 14,4 V angestiegen ist. Der überschüssige Strom wird auf diese Weise schon als Wechselstrom gegen Masse kurzgeschlossen. Die entsprechenden Statorspulen sind für diese Zeit mithin ebenfalls kurzgeschlossen.

Drehstromregelung

Im Gegensatz zu Wechselstromgeneratoren können Drehstromgeneratoren über geregelte Elektromagnet-Läufer Strom nach Bedarf produzieren. Natürlich gibt es nach wie vor auch Drehstromgeneratoren mit Dauermagnet-Läufern. Doch die immer leistungsfähigeren Modelle, die auch bei großen Motorrädern schon den Einbau von relativ kleinen Batterien zulassen, weil der Generator bei Leerlaufdrehzahl des Motors bereits Mengen von Strom zur

278

Drehstromregelung

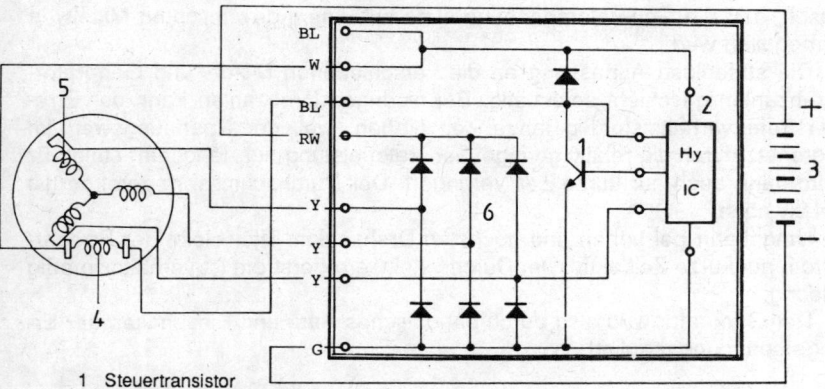

1 Steuertransistor
2 Hybrid-IC (Integrierter Schaltkreis) zur Erregerstromsteuerung
3 Batterie
4 Erregerwicklung (im Klauenpolanker)
5 Statorwicklung
6 Brückengleichrichter (6 Dioden für Drehstromgleichrichtung)

Funktion:
Das Hybrid-IC (2) mißt die Bordspannung und schaltet über den Steuertransistor (1) den Strom für die Erregerwicklung. Wird der Strom komplett gesperrt, ist der Läufer unmagnetisch und in den Statorspulen wird kein Strom erzeugt. Umgekehrt fließt Generatorstrom ins Bordnetz.

Verfügung stellen kann, benötigen den geregelten Elektromagneten im Läufer.

Das Prinzip der Spanunngsregelung besteht hier darin, den Erregerstrom (Strom für den Elektromagneten im Läufer, der das Erregermagnetfeld erzeugt) in Abhängigkeit von der erzeugten Spannung zu regeln. Sie wird bei wechselnden Drehzahlen und Belastungen bis zu ihrem Maximalstrom stets konstant gehalten.

Das Motorradbordnetz wird dabei im 14 V-Toleranzfeld (zwischen 14 V und 14,7 V) eingeregelt. Solange die vom Generator erzeugte Spannung unter dem Maximalwert bleibt, arbeitet der Regler nicht.

Überschreitet sie die Regeltoleranz, also etwa von 14,7 V (den Sollwert) auf 15 V, so bewirkt der Regler je nach der Belastung des Generators eine Verminderung der Ausgangsspannung durch Unterbrechung des Erregerstromes. Die Erregung der Läuferspule (auch Ankerspule oder Klauenankerspule genannt) nimmt daraufhin ab. Durch die Verminderung des Magnetismus des Ankers, aber auch die vom Generator erzeugte Ausgangsspannung. — Im Bordnetz sinkt die Betriebsspannung in den Toleranzbereich zurück. Unterschreitet in der Folge die erzeugte Spannung den Toleranzbereich nach unten, etwa 13,8 V, so steigert der Regler den Erregerstrom wieder.

Diese Vorgänge spielen sich in der Größenordnung von Millisekunden ab. So rasch, daß die Generatorspannung stets auf einem gewünschten Mittelwert einreguliert wird.

Die stufenlose Anpassung an die verschiedenen Motor- und Generator-Drehzahlen geschieht selbsttätig. Bei niedrigen Drehzahlen kann der Erregerstrom verhältnismäßig lange Zeit fließen, weil der Spannungswert im Bordnetz durch die relativ geringe Generatorleistung nur "langsam" steigt. Er wird dann auch nur kurze Zeit verringert. Der Durchschnittserregerstrom ist relativ hoch.

Umgekehrt bei hohen und höchsten Drehzahlen. Hier bleibt der Erregerstrom nur kurze Zeit aktiv. Der Durchschnittserregerstrom ist verhältnismäßig niedrig.

Der Generator wird also durch periodisches Aus- und Einschalten der Erregerspannung reguliert.

7.3. Die Batterie: "Als Stromsammler unentbehrlich!"

Reicht die Leistung des Generators im unteren Drehzahlbereich nicht mehr aus, muß die Batterie einspringen. Zu diesem Zweck schaltet der Regler (es gibt auch andere elektronische Regelungen) bei Erreichen einer Mindestbordnetzspannung auf die Batterie um. Sie arbeitet auch, wenn der Motor steht und Horn, Standlicht oder irgend ein anderer Verbraucher eingeschaltet werden.

Beim Startvorgang wird sie am härtesten gefordert. Der Anlasser ist der größte Stromverbraucher.

Motorradbatterien gibt es als 12 V oder 6 V Version. Zunehmend ist der Anteil von 12 V-Bordnetzanlagen auch bei kleineren Motorrädern, der höheren Leistung wegen.

Das Speichervermögen einer Batterie wird als: "Kapazitiät" bezeichnet.

Gemessen wird die Kapazität in Ampere pro Stunde (Ah). Das bedeutet, daß eine Batterie von 10 Ah zwanzig Stunden lang einen Strom von 0,5 A abgeben können muß.

Ältere oder schlecht gepflegte Batterien machen das nicht mehr. Die Prüftemperatur ist dabei +27° C.

Eine entladene Batterie darf pro Zelle nur eine minimale Spannung von 1,75 V aufweisen. Das ergibt bei einer 12 V-Batterie eine Gesamtspannung von 10,5 V. Wird sie unterschritten, ist die Batterie tiefentladen und erleidet auf Dauer bleibende Schäden.

Je wärmer die Umgebungstemperatur, desto größer ist die Lade- und Entladekapazität einer Batterie (bis ca. +50° C). Das hängt damit zusammen, daß Bleiakkumulatoren Elektrolyt beinhalten, dessen Reaktion sich bei

280

Temperaturunterschieden ändert. Entsprechend hat man ein Kälteprüfverfahren für Batterien festgelegt, an dem man ihre Leistung bei niedrigen Temperaturen vergleichen und testen kann.

So muß die auf dem Typenschild aufgeführte hohe Entladestromstärke (z.B. 175 A), der Kälteprüfstrom, bei einer voll geladenen Batterie bei -18° C noch abgegeben werden, ohne daß die Zellspannung nach 30 Sekunden Entladezeit 1,4 V (= 8,4 V bei einer 12 V-Batterie) bzw. nach 180 Sekunden 1,0 V unterschreitet.

Je wärmer eine Batterie ist, um so leichter gibt sie Leistung ab. So sollte man beim Kaltstart im Winter den Starterknopf nur zehn Sekunden betätigen und dann zwei Minuten warten, falls das Motorrad nicht sofort angesprungen ist, weil sich dann die Batterie durch ihren Innenwiderstand so weit erwärmt hat, daß sie mehr Leistung abgibt. Dann springt die Maschine auch besser an.

Den Ladezustand einer Batterie kann man am sichersten mit einem Säureheber prüfen. Die Batterie ist voll geladen, wenn die Säuredichte 1,28g/cm^3 aufweist (Meßtemperatur +27° C, notfalls auch Umgebungstemperatur oberhalb 20° C).

Eine Batterie entlädt sich mit der Zeit selbst. Bei +15° C ist eine vollgeladene Batterie nach etwa 4 Monaten vollständig entladen, bei +40° C nach etwa zwei Wochen (also nicht im Heizungskeller überwintern lassen, aber dennoch unbedingt frostfrei lagern!)!

12 V Batterie (6 Zellen)
(Bleiakkumulator)

6 V Batterie (3 Zellen)
(Bleiakkumulator)

1 Einfüllöffnung
2 Anschlußklemmen
3 Säurestand

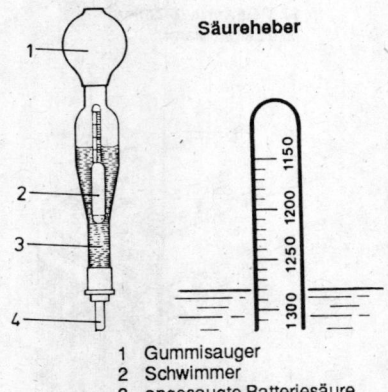

Säureheber

1150
1200
1250
1300

1 Gummisauger
2 Schwimmer
3 angesaugte Batteriesäure
4 Saugspitze

Der Aufbau von Bleiakkumulatoren

In den einzelnen Zellen, die lediglich elektrisch miteinander verbunden sind, stehen sich abwechselnd positive und negative Platten (Elektroden) gegenüber. Sie bestehen aus Hartblei, darin ist die sogenannte aktive Masse eingebettet. Zwischen den Platten befinden sich isolierende, Separatoren genannte Trennwände, die für die Säure durchlässig sind und auch für die Wanderung der elektrisch geladenen Teilchen.

Je mehr Platten gleicher Polarität in einer Zelle zusammengeschaltet sind, um so höher ist der kurzfristig zu entnehmende Strom (Starterbatterien). Zum Einfüllen der Säure sind die Zellen mit einer Öffnung und einem Drehdeckel versehen. Bei Motorradbatterien besteht eine gemeinsame Entlüftung aller Zellen durch einen seitlichen Stutzen, der über einen Schlauch die während des Betriebes anfallenden Knallgase ins Freie entläßt. Diese Öffnung nicht fest verschließen, sonst knallt die Batterie auseinander!

Um eine Verwechselung der Anschlußklemmen der Batterie zu vermeiden (bei falschem Anschluß können die an Bord befindlichen elektronischen Bauelemente zerstört werden), sind die Pole mit Plus (+) und Minus (-) gekennzeichnet.

Die Säure, als Elektrolyt bezeichnet, besteht aus Schwefelsäure H_2SO_4, verdünnt mit destilliertem Wasser H_2O.

7.3.1. Wie man mit Batterien richtig umgeht!

Eine neue Batterie ist vorgeladen. Das heißt, nach dem Einfüllen der fertig gekauften Batteriesäure und einer Einwirkzeit von ca. 1/2 Stunde steht eine geladene Batterie zur Verfügung. Beim Einfüllen die Einfüllmarkierung beachten!

Sollte im Laufe der Zeit der Säurestand abgesunken sein, so liegt es daran, daß Wasser aus der Schwefelsäuremischung verdunstet ist. Aus diesem Grund soll man mindestens alle 2 Monate, in heißen Regionen alle vierzehn Tage nach dem Flüssigkeitsstand sehen. Nachfüllen darf man nur mit destilliertem Wasser (H_2O), weil keine Minerale und Schwefelstoffe in die Batterie gelangen sollen, wie diese in normalem Leitungswasser enthalten sind. Die Pole der Batterie sowie die Anschlußklemmen werden mit Batterie-

282

fett (Tube 3,50 DM in jedem Kaufhaus) eingeschmiert. Gerade der Pluspol bildet im Betrieb gerne Ablagerungen, Oxyde, die den Stromfluß stark hemmen können - besonders, wenn sie fettfrei angeschlossen und nicht von Zeit zu Zeit gereinigt werden.

Laden der Batterie
Wir unterscheiden: Normalladung, Erhaltungsladung und Schnelladung.

Die Normalladung findet an einem handelsüblichen Ladegerät statt. Man kaufe sich die 3-Ampere-Version, weil die kleinen Motorradbatterien nur mit niedrigen Ladeströmen aufgeladen werden dürfen (man rechnet den 20. Teil der Nennkapazität des Akkumulators).

Beispiel: Ein 14 Ah-Akku darf mit einem maximalen Ladestrom von 0,7 Ampere über einen Zeitraum von 20 Stunden geladen werden. Jeder Wert, der darüber geht, schädigt die Batterie. Gerade noch vertretbar ist eine 10-stündige Ladung mit 1,4 A.

Je langsamer eine Batterie aufgeladen wird, mit entsprechend niedrigen Stromwerten, um so intensiver erfolgt die Ladung und um so länger hält die Batterie.

Eine normale Batterie ist nach zwei bis drei Jahren fällig, gut gepflegt und gewartet nach fünf Jahren.

Einen kleinen Akku von 6 A an einem 3-Ampere-Ladegerät aufladen zu wollen ist Mord! Er wird überbeansprucht, weil der relativ hohe Ladestrom vor allem bei leerer Batterie die Gasungsspannung der Batterie rasch überschreitet und die Platten im Innern Schaden erleiden. Die Gasungsspannung liegt bei 14,4 V (12 V- Akku).

Glühlampe als Vorwiderstand

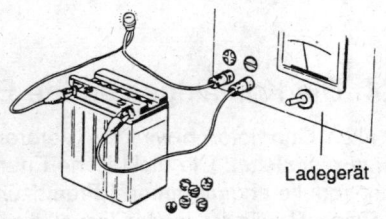

Ladegerät

Hat man kein regelbares Ladegerät zur Hand, klemmt man eine Glühlampe in Reihe zwischen Pluspol der Batterie und Plus-Anschluß des Ladegerätes. Je kleiner der Akkumulator, desto kleiner auch die Glühlampe (z.B. eine Glühlampe von 12 V 3 W für einen 6 Ah-Akku). Am Amperemeter des Ladegerätes kann man nur ungefähr abschätzen (ein Fall für unser Multimeter), ob man auf der sicheren Seite liegt. In unserem Beispiel fließt ein Strom von 0,3 A, was ziemlich genau dem Ladestrom für den kleinen Akku entspricht (angenommene Ladespannung = 14 V).

Die Erhaltungsladung: Man schließt ein spezielles kleines Ladegerät an, das einen Strom von 0,1% der Kapazität in die Batterie entsendet. (1/1000-stel der Batteriekapazität).

Beispiel: Eine Batterie mit 10 Ah wird mit einem Erhaltungsstrom von 0,1% von 10 Ah (= 0,01 Ampere) permanent geladen. Dieser Ladestrom gleicht die Verluste durch Selbstentladung aus. Nach der Lagerung kann die Batterie sofort wieder eingesetzt werden. Während der Lagerung prüfe man gelegentlich den Säurezustand der Batterie. Kaufen kann man diese Geräte für ca. 20,- DM (Stand 87) in allen Motorradläden und Elektronik-Shops.

Für manche Batterien muß eine Anpassung vorgenommen werden, falls das Erhaltungsladegerät keine Regelelektronik besitzt. Man wende sich in dem Fall an einen Elektroniker oder an den sprichwörtlichen Schrauber. Da muß dann meist nur ein passender Widerstand in Reihe zu einem der Anschlüsse gelegt werden, um den richtigen Erhaltungsstrom fließen zu lassen.

Über die Schnelladung gibt es nur wenig zu sagen. Die Batterie wird geschädigt und ihre Lebensdauer verkürzt. So etwas ist nur für den Notfall gedacht.

7.3.2. Überwintern und Langzeitlagern von Batterien

Batterien sollten trocken und eben über dem Nullpunkt gelagert werden. Zuvor sollte man sie reinigen, um Kriechströme zu unterbinden. Die Pole einfetten, den Säurestand überprüfen und mit destilliertem Wasser gegebenenfalls auffüllen. Falls man keine Erhaltungsladung durchführen kann, muß die Batterie alle zwei Monate langsam über eine kleine Glühlampe bis auf 10,5 V entladen werden. Danach lädt man sie wieder, bis der Säureheber die Vollladung bestätigt.

7.4. Die Kontaktgesteuerte Batterie - Spulenzündung

In allen Ottomotoren wird die Verbrennung durch den Funken einer Zündkerze eingeleitet. Die elektrische Energie hierfür wird von einer Fremdspannungsquelle abgenommen ("Fremdzündung").

Diese Quelle ist in der Regel die Batterie (Magnetzündanlagen werden wegen ihrer geringen Häufigkeit in der Anwendung bei Serienmotorrädern hier nicht besprochen).

Die Bordspannung von 12 V reicht für die Erzeugung des Zündfunkens bei weitem nicht aus. Die Batterie-Zündanlage gibt diese Aufgabe deshalb weiter an die Zündspule, welche die Bordspannung enorm erhöht und über eine Steuerungseinrichtung (dem Unterbrecherkontakt) zum richtigen Zeitpunkt (dem Zündzeitpunkt) den Funken an der Zündkerze überspringen läßt. Die erforderliche Zündspannung beträgt je nach Anlage zwischen 10.000 V und 20.000 V. Die Zündspannung macht die Funkenstrecke an der Zündkerze elektrisch leitend (Ionisierung). Die Temperatur des Zündfunkens beträgt mehrere tausend Grad Celsius. Sie reicht aus, das Gemisch im Verdichtungsraum zu entzünden.

Voraussetzung für eine sichere Zündung:

a.) Das Gemisch muß "zündfähig" sein.

b.) Die Zündkerze muß eine günstige Position im Zylinderkopf haben.

c.) Der Zündfunken muß eine bestimmte Mindestenergie ("Zündenergie") haben, damit das Gemisch zündet.

Die Höhe der Zündenergie ist abhängig vom Zustand der Fahrzeugbatterie während des Startvorganges. Des weiteren von der Pflege, der Wartung und dem Materialzustand aller beteiligten Komponenten.

Besonders groß ist der Energiebedarf beim Kaltstart, weil das Gemisch dann am ungünstigsten und die Zündkerze noch kalt ist. Hier beweist sich stets aufs Neue die Qualität einer Zündanlage.

Kontaktgesteuerte Batterie-Zündanlage

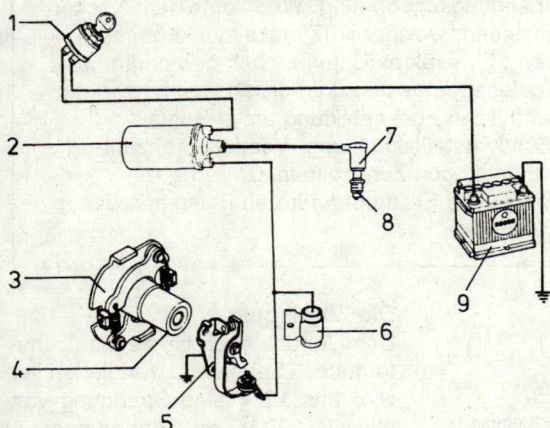

1 Zündschalter
2 Zündspule
3 Fliehkraft-Zündversteller
4 Unterbrechernocke
5 Unterbrecherkontakt
6 Funkenlöschkondensator
7 Zündkerzenstecker
8 Zündkerze
9 Batterie

Der Zündschalter (Zündschloß)

Der Stromkreis der Zündanlage führt vom Pluspol der Batterie zum Zündschalter. Hier kann der Fahrer mittels des Zündschlüssels den Stromkreis ein- bzw. ausschalten und auch in "Aus-Stellung" ("Off-Stellung") abschließen.

Vom Zündschloß fließt der Strom im Zündkreis weiter zur Zündspule. Dort durcheilt er die Primärwicklung und fließt bei geschlossenem Unterbrecherkontakt an Masse ab, die mit dem Minuspol der Batterie verbunden ist.

285

Batterie-Spulenzündanlagen setzen sich aus den nachfolgenden Einzelbauteilen zusammen, deren Konstruktion und leistungsmäßige Auslegung wesentlich vom einzelnen Motorrad abhängt.

Bauteile:	Funktion:
Zündschalter:	Schalter im primären Stromkreis der Zündspule, am Amaturenbrett gelegen und meist noch mit anderen Aufgaben betraut. Betätigt wird er mit dem Zündschlüssel.
Zündspule:	Speichert die Zündenergie und gibt sie in Form eines Hochspannungsstromstoßes über Zündkabel wieder ab.
Zündunterbrecher:	Unterbrecherkontakte (U-Kontakte) genannt. Schließt und unterbricht den Primärstromkreis der Zündspule zur Energiespeicherung und Spannungsumformung. Wird von einem Nocken gesteuert, welcher im Zündzeitpunkt öffnet.
Zündkondensator:	Sorgt für exaktes Unterbrechen des primären Spulenstromes und unterdrückt weitgehend die schädliche Funkenbildung am U-Kontakt.
Fliehkraftversteller:	(Zündverstelleinrichtung) Verstellt drehzahlabhängig den Zündzeitpunkt.
Zündkerze:	Enthält die Elektroden für das Entstehen des Zündfunkens.

Zündspule
Klemme 4
(zur Zündkerze)
Klemme 15
(vom Zündschalter)
Klemme 1
(zum Kontakt)
gemeinsamer Anschluß
Primärwicklung
Sekundärwicklung
Lamellierter Eisenkern

Die Zündspule
Dem Aufbau nach ist sie ein Transformator (Spannungswandler). Hier wird aus 12 V eine Spannung von etwa 10.000 V und mehr gemacht.

Die Zündspule besitzt in ihrem Zentrum einen stabförmigen, aus einzelnen Lamellen zusammengesetzten Kern aus Dynamoeisenblech. Um ihn herum liegt eine isolierte Hochspannungswicklung (Sekundärwicklung) aus dünnem Kupferdraht mit 15.000 bis 30.000 Windungen (!). Darumherum ist die

Primärwicklung aufgezogen mit einigen hundert Windungen aus wesentlich dickerem Kupferdraht. Auf eine Windung der 12 V-Primärwicklung kommen 60 - 150 Windungen der Hochspannungssekundärwicklung.

Zwei Drahtenden von Primär- und Sekundärwicklung sind miteinander verbunden und führen gemeinsam an Klemme 1. Diese führt im Zündstromkreis dann später über den U-Kontakt an Masse (Minuspol der Batterie). Das entgegengesetzte Ende der Primärwicklung gelangt zur Klemme 15, die über das Zündschloß mit Strom von der Batterie aus versorgt wird (Primärzündstrom). Das andere Ende der Sekundärwicklung führt an den Hochspannungs-Anschluß 4 von dort aus per Zündkabel zum Kerzenstecker und der Zündkerze.

An Motorrädern haben wir Hochleistungszündspulen für hohe Zündspannungen sowie sogenannte Doppelzündspulen, die gleichzeitig zwei Zündfunken liefern (bei Vierzylindermotoren, aber auch als Einzelexemplar an manchem Zweizylinder wie BMW-Boxer-Motoren).

Der Zündunterbrecher (Unterbrecherkontakte)

Er wirkt als Schalter und wird über eine Nocke vom Motor aus gesteuert. Er schließt und öffnet den Primärkreis der Zündspule im Takt der Motordrehzahl und des jeweiligen Zündzeitpunktes. Da jede Unterbrechung des Primärstroms im Sekundärkreis den Zündimpuls auslöst, öffnet der Unterbrecher die Kontakte und ruft den Zündfunken an den Elektroden der Kerze hervor.

Unterbrecherkontakt

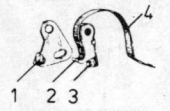

1 Festkontakt
2 Gleitstück
3 beweglicher Kontakt
4 Kontaktfeder

1 2 3

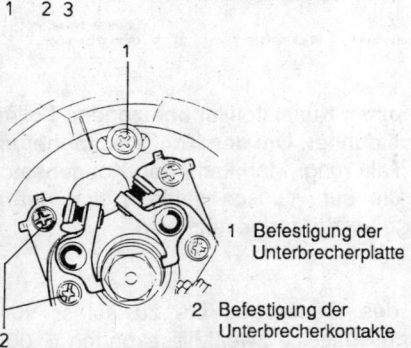

1 Befestigung der Unterbrecherplatte

2 Befestigung der Unterbrecherkontakte

Zwei Unterbrecherkontakte gleiten auf einem gemeinsamen Nocken

Bedient der U-Kontakt eine Doppelzündspule, werden zwei Funken erzeugt. Ansonsten gilt: ein U-Kontakt pro Zündspule und Zündkerze, was man dann als einen Primär-Zündkreis bezeichnet.

Für Einzylindermotoren mit kontaktgesteuerter Batterie-Spulenzündung wird die Unterbrecherplatte mit einem einzigen Unterbrecher belegt, der wie alle Kontakte, über einen beweglichen Hebelkontakt und einen festen Kontakt verfügt.

Zwei- und Vierzylinder haben zwei, Dreizylinder drei Kontakte. Dennoch besitzt der Zündnocken bei kontaktgesteuerter Zündung nur einen einzigen Nockenhöcker, der einen U-Kontakt nach dem anderen öffnet und schließt.

Der Unterbrecher ist mechanisch und elektrisch außerordentlich stark beansprucht. Die beiden Kontaktstellen von Hebel und Amboß bestehen deshalb meist aus Wolfram (einem wegen seiner Härte und dem hohen Schmelzpunkt bestens geeignetem Material) und müssen pro Minute bis 18.000 Schaltungen vollführen, wobei ein Strom von 5 Ampere mit einer Schaltspannung von 500 Volt zu schalten ist (Circawerte). Der Stromfluß, durch die Sekundärwicklung verbunden mit einer relativ hohen induktiven Spannung, erzeugt trotz Unterdrückung durch den Kondensator einen Funken, der den allmählichen Abbrand des Kontaktes hervorruft. Dies führt zum periodischen Wechsel des Bauteils (U-Kontakte sind Verschleißteile) etwa alle 15.000 Kilometer.

Der Zündkondensator
Das Prinzip ist verhältnismäßig einfach wie bei jedem Wickelkondensator: Zwei hauchdünne Metallfolien, durch einen Isolator getrennt, liegen aufeinander. Die Isolationsschicht besteht aus einer extrem dünnen Oxydschicht

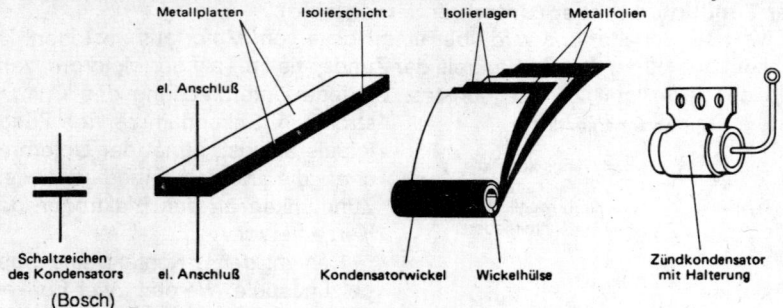

Metallplatten   Isolierschicht   Isolierlagen   Metallfolien

el. Anschluß

Schaltzeichen
des Kondensators   el. Anschluß   Kondensatorwickel   Wickelhülse   Zündkondensator
mit Halterung
(Bosch)

auf den Folien. Neuartige, mit einem feinen Kunststoffilm überzogene Folien (meist Aluminium) sind noch wesentlich dünner. Um den Kondensator herum liegt zum Schutz eine Metallhülle mit Halterung. Man kann den Kondensator mit einer Mini-Batterie vergleichen, die auf Wunsch geladen und deren Ladung nach Maßgabe der Zündanlage wieder freigesetzt wird.

Die Zündverstelleinrichtung
Vom Augenblick der Entflammung des Gemisches bis zu seiner vollständigen Verbrennung vergehen durchschnittlich zwei Millisekunden (0,002 sek.). Der Funken muß daher so frühzeitig überspringen, daß der Verbrennungsdruck seinen idealen Höchstwert kurz hinter dem oberen Totpunkt (OT) des Kolbens erreicht.

Entsteht der Zündfunken zu früh, so wird der nach oben gehende Kolben stark gebremst. Ein Schrauber sagt dazu: "Der Kolben kriegt eins auf'n

288

Kopp!". Entsteht er zu spät, setzt die Verbrennung erst ein, wenn der Kolben wieder nach unten geht. In beiden Fällen ist die Kraftstoffausnützung schlecht und bei Frühzündung besteht die Gefahr mechanischer Defekte durch Überhitzung (Loch im Kolben, verbrannte Ventile).

Der Zeitpunkt des Überspringens muß für den Zündfunken deshalb exakt festgelegt sein. Solange das Gemisch sich nicht ändert, bleibt die Zeitdauer zwischen Entzündung und Verbrennung annähernd gleich.

Ein mageres Gemisch braucht allerdings etwas mehr Zeit zum Verbrennen, was man im Teillastbereich durch Verschieben des Zündzeitpunktes nach "Früh" hin kompensiert.

Nun dreht die Kurbelwelle aber unterschiedlich schnell. Mit steigender Drehzahl verschiebt sich der Zeitpunkt der Verbrennung und damit auch der höchste Verbrennungsdruck immer weiter nach hinten in den Verbrennungshub (Arbeitstakt) hinein, weil die Kurbelwelle in der Zeit zwischen Zündung und Verbrennung immer schneller dreht.

Man begegnet diesem Phänomen, das sich physikalisch dadurch erklären läßt, daß die Verbrennungszeit stets gleich bleibt, die Geschwindigkeit der Taktabläufe aber mit der Drehzahl des Motors steigt, indem der Beginn der Zündung vorverlegt wird.

Somit wird bei hoher Drehzahl der angestrebte höchste Verbrennungsdruck nach wie vor kurz hinter OT erreicht.

In der technischen Literatur ist es üblich, den Zündzeitpunkt auf die Stellung der Kurbelwelle im oberen Totpunkt zu beziehen. Dieser Winkel heißt "Zündverstellwinkel" oder kurz "Zündwinkel". Man spricht von Frühzündung, wenn der Funken das Gemisch in einem größeren Zündwinkel entzündet und von Spätzündung in einem kleinen Winkel. Beide jedoch finden immer *vor OT* statt!

Beispielsweise befindet sich der Spät-Zündzeitpunkt der Kawasaki GPZ 900 R, 10° vor OT. Dies bei einer Drehzahl von 1000 1/min (OT ist gleich 0° bzw. 360° Winkelgrad). Der Frühzündzeitpunkt ist bei dieser Maschine 35° vor OT, bei 3500 1/min.

Der Zündversteller eines jeden Motors leistet diese Verstellarbeit und sorgt dafür, daß die Zündung immer im günstigsten Zeitpunkt erfolgt. Günstig in Bezug auf Motorleistung, Kraftstoffeinsparung und Entgiftung der Abgase!

Der Zündversteller rangiert von der Spätzündung (Zündwinkel für Start- und Leerlauf) bis hin zur Frühzündung, die bei einer bestimmten Höchstdrehzahl endet. Seine Funktionen wurden für den betreffenden Motor berechnet und erprobt. Baut man einen anderen Versteller ein, ändert sich die Charakteristik des Motors teilweise beträchtlich.

Zündversteller sind als Fliehkraftregler mechanisch, zunehmend aber auch elektronisch ausgeführt.

Der Fliehkraftregler (mechanische Zündverstelleinrichtung)

Die Verstellmechanik arbeitet mit Fliehgewichten, die sich durch die Motordrehzahl (auf dem Nockenwellenstumpf) nach außen bewegen. Kontrolliert wird diese Bewegung durch genau abgestimmte Rückstellfedern. Die Fliehgewichte wirken auf den umlaufenden Nocken, der auf der Unterbrecherkontaktplatte die Zündkontakte betätigt. Dadurch können sie den Zündzeitpunkt beeinflussen. Der Nocken sitzt beweglich auf dem Nockenwellenende, und die Fliehgewichte verdrehen ihn entgegen der allgemeinen Drehrichtung, wodurch der Nockenhöcker die Kontakte entsprechend früher öffnen kann.

Die Verstellung ist festgelegt durch die Größe der Fliehgewichte, die Form der Abwälzbahn und den Mitnehmer sowie durch die Rückstellzugfedern. Der fliehkraftgesteuerte Nocken hat einen unteren Anschlag als Ruhe- und Startstellung und einen oberen zur Begrenzung der größtmöglichen Vollastverstellung (absolute Frühzündung).

Fliehkraftregler im Stand oder unterhalb seiner Aktivierungsdrehzahl

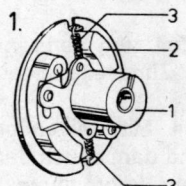

1.

1 Unterbrechernocke
2 Fliehgewichte
3 Rückholfeder

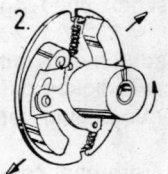

2.

Fliehkraftregler aktiviert. Nocke verdreht sich entgegengesetzt zur allgemeinen Drehrichtung und öffnet die U-Kontakte früher (Frühzündung).

Beschreibung eines Zündzyklus (Einzylindermotor)

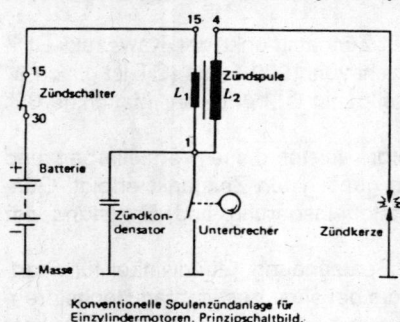

Konventionelle Spulenzündanlage für Einzylindermotoren. Prinzipschaltbild.

(Bosch).

Nachdem der Zündschlüssel in Startstellung gedreht worden ist, wird die Zündanlage unter Strom gesetzt.

Angenommen, der Unterbrecherkontakt befindet sich in geschlossener Stellung, laufen dann folgende Vorgänge ab: Der Strom fließt durch die Primärwicklung der Zündspule (Klemme 15) und schließt den Kreis, wenn er über den geschlossenen Unterbrecher an Masse gelangt.

Der Primärstrom, der bei geschlossenem Unterbrecher beginnt durch die Primärwicklung der Zündspule zu fließen, steigt verzögert auf seine volle Stärke, den Ruhestrom an, weil die Entwicklung des Magnetfeldes einen elektrischen Widerstand erzeugt, der aber nach dessen vollständigem Aufbau verschwunden ist. Der eintretende Ruhestrom wird dann nur noch durch den Ohmschen Widerstand der Primärwicklung bzw. eventueller Vorwiderstände begrenzt. Deshalb nie die Zündung unnötig eingeschaltet lassen, wenn der Motor steht! Diese Verzögerung dauert etwa 10 bis 15 Millisekunden. Im Moment des Startvorganges, wenn die Kurbelwelle dreht und der Kolben seinen Zündzeitpunkt erreicht hat, öffnet die Nocke den Unterbrecherkontakt.

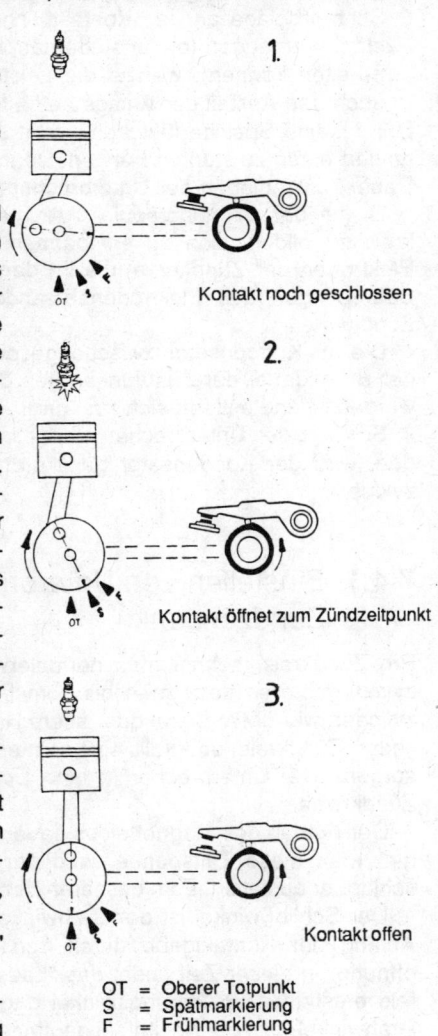

1.

Kontakt noch geschlossen

2.

Kontakt öffnet zum Zündzeitpunkt

3.

Kontakt offen

Wenn so der Primärstrom unterbrochen wird, bricht das Magnetfeld zusammen und erzeugt (induziert) sowohl in der Primärwicklung als auch in der Sekundärwicklung der Zündspule eine Spannung. Beide Spannungen sind um so höher, je schneller das Magnetfeld zusammenbricht. Genau das wird mit Hilfe des Kondensators erreicht, der dem Unterbrecher parallel geschaltet ist. Er nimmt im Augenblick der Stromunterbrechung einen guten Teil der Spannung auf, die in der Primärstufe entstanden ist. Das läßt das Magnetfeld schneller zusammenbrechen, was die induktive Spannung, vor allem in der Sekundär-(Hochspannungs-)wicklung weiter erhöht.

Diese hat gegenüber der Primärwicklung etwa 150 mal mehr Windungen. Sie ist in diesem Moment auch hundertmal größer und kann 20.000 Volt erreichen. Sie produziert den eigentlichen Zündstrom, weshalb man den Sekundärstromkreis auch als "Sekundär-Zündkreis" bezeichnet.

Der Kondensator hat außer der Erhöhung der induktiven Spannung

OT = Oberer Totpunkt
S = Spätmarkierung
F = Frühmarkierung

noch weitere wichtige Aufgaben. So würde nach dem Abheben des Unterbrechers ein starker Funken entstehen aufgrund des hohen Primärstromes. Nachteile:

1. Energieverbrauch auf Kosten der Zündenergie.
2. Starker Kontaktabbrand, vorzeitiger Kontaktverschleiß.
3. Schmorbeläge an den Kontaktflächen, die sogenannte Übergangswiderstände erzeugen (die uns überhaupt in der ganzen Bordelektrik Probleme bereiten können), welche die Leistung der Zündspule herabsetzen und auch den Ausfall der Anlage herbeiführen können.

Durch seine Speicherfähigkeit nimmt der Kondensator Energie auf und verhindert einen zu starken Funken. Dennoch bleibt ein kleiner Funken, der auf Dauer zum Ableben der Unterbrecherkontakte führt (nach ca. 15.000 km).

Die in der Sekundärspule erzeugte Hochspannung sucht einen Stromkreis zu bilden, sich zu entspannen und findet als günstigste Stelle die Elektroden der Zündkerze, die ihr den geringsten Widerstand bieten. Beim Überspringen des Elektrodenabstandes entsteht so der benötigte starke Zündfunken.

Die im Kondensator zwischengespeicherte Energie unterstützt während der Brenndauer der Zündfunken den Sekundärkreis, der zum Zündkreis geworden ist und entleert sich zum großen Teil.

Schließt der Unterbrecher wieder im Verlauf der Kurbelwellenumdrehungen, wird der Kondensator ganz entladen, bereit für den nächsten Zündzyklus.

7.4.1. Einstellen von Unterbrecher-Kontaktabstand und Zündzeitpunkt

Pro Zündkreis rechnet man normalerweise einen Unterbrecher. Bei Mehrzylindermotoren setzt man bis zum Dreizylinder (Ausnahme: einige Zweizylinder, wie BMW-Boxer oder ältere Harley-Davidson-Motoren) für jeden Zylinder (Zündkreis) ebenfalls einen Unterbrecher. Ab vier Zylindern jedoch versorgen zwei Unterbrecher je eine Doppelzündspule. Das sind dann zwei Zündkreise.

Der Aufbau des Magnetfeldes dauert etwa 10 bis 15 Millisekunden. Verringert man diese Zeitspanne, wird der etwas später anfallende Zündfunke schlapper ausfallen. Zum besseren Verständnis müssen wir weiter ausholen.

Der Schließwinkel ist der Drehwinkel der Unterbrecher-Nockenwelle vom Anfang der Kontaktgabe durch den Unterbrecherhebel bis zur Kontaktöffnung. In dieser Zeit findet das "Laden" der Zündspule statt. Das Magnetfeld entsteht. Der Öffnungswinkel dagegen ist kleiner und bezeichnet den Drehwinkel, den die Nocke bei geöffnetem Kontakt zurücklegt.

292

Schließwinkel Öffnungswinkel

 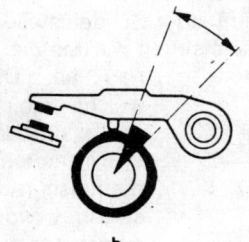 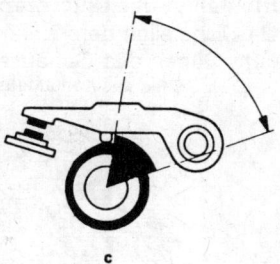

a   b   c

(Bosch)

Unterbrecherkontakt. Schematische Darstellung.

a   Kontakt geschlossen
b   großer Kontaktabstand — kleiner Schließwinkel
c   kleiner Kontaktabstand — großer Schließwinkel

Den U-Kontakt einstellen bedeutet demnach, die Zündspule zu steuern. Ihr Zeit zuzuweisen, in der sie das Magnetfeld aufbauen kann (Schließwinkel = Kontakte geschlossen) und durch die Öffnungszeit ihr die Gelegenheit geben, über die Sekundärspule den Zündfunken zu erzeugen (Öffnungswinkel = Kontakte geöffnet).

Der Schließwinkel wird um so größer, je kleiner man den Kontaktabstand justiert und umgekehrt.

—Zu großer Kontaktabstand begünstigt das Zündverhalten bei niedrigen Drehzahlen: Große Abhebgeschwindigkeit des Unterbrecherhebels schont die Kontakte und verkürzt den Kontaktfunken. Schränken so den Kontaktabbrand ein.

Die Zeit für den Aufbau des Magnetfeldes in der Spule ist geringer, diejenige für Entwicklung des Zündfunkens um so größer. Das ergibt einen kräftigen Funken für Start- und Leerlauf. Im höheren und hohen Drehzahlbereich aber einen schwächeren Zündfunken.

—Zu kleiner Kontaktabstand, also großer Schließwinkel, begünstigt das Zündverhalten bei hohen Drehzahlen: Das ergibt lange Schließzeiten und läßt dem Aufbau des Magnetfeldes mehr Zeit. Die Energie des Zündfunkens ist dann aber im unteren Drehzahlbereich schwächer, · was schlechtere Startbedingungen bedeutet.

Zudem wird der Kontakthebel nicht ganz so schnell abgehoben. Der Kontaktfunke steht dadurch länger zwischen den Kontakten und läßt deren Abbrand steigen.

—Der richtige Kontaktabstand ist demnach ein Kompromiß. Bei kontaktgesteuerten Batterie-Spulenzündanlagen hat sich ein Kontaktabstand von 0,35 mm bis 0,4 mm als technisch vertretbar gezeigt.

293

Einstellen der Unterbrecherkontakte

Das Einstellen der Kontakte muß jeder Zündeinstellung vorausgehen. Nach dem Öffnen des Gehäusedeckels sehen wir uns die Unterbrecherplatte genau an. Diejenigen Schrauben, welche die ganze Platte fixieren (sie ist drehbar), lassen wir in Ruhe. Uns interessieren lediglich die Klemmschrauben der Kontakte selbst, wovon es manchmal eine, manchmal zwei Stück pro Kontakt gibt.

1. Prüfen des Kontaktabstands

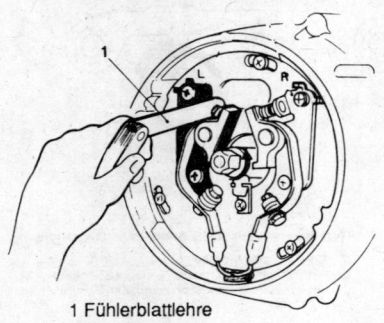

1 Fühlerblattlehre

Die Kurbelwelle wird soweit verdreht, z.B. per Kickstarter, bis das Unterbrecherkontaktpaar voll geöffnet ist.

Mit einer Fühlerlehre von 0.35 bis 0.40 mm prüfen wir den Abstand der Kontakte. Er läßt sich verändern, indem die Befestigungsschraube gelöst und mit einem Schraubendreher der feste Kontakt verschoben wird. Wenn alle Schrauben wieder festgezogen sind, muß erneut geprüft werden. Vorsicht! Man verkantet sehr leicht die Lehre und erhält entsprechend falsche Angaben. Die Fühlerlehre soll leicht saugend durch den Spalt zwischen den Kontakten durchgezogen werden können,

2. Verstellen des Kontaktabstands

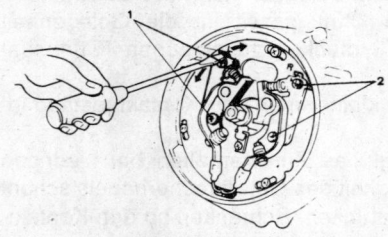

1 U-Kontakt-Schrauben (linker Zylinder)
2 U-Kontakt-Schrauben (rechter Zylinder)
(Honda)

nen, ohne daß der bewegliche Unterbrecherarm sich bewegt. Auf diese Art werden alle Unterbrecherkontakte auf demselben Abstand eingestellt. Welcher zuerst, spielt keine Rolle.

Nach dem Einstellen fettet man den Unterbrechernocken etwas ein (hitzebeständiges Fett). Nicht zu viel! Wenn es zwischen die Kontakte gerät, gibt es Fehlzündungen und schlechten Motorlauf.

Beim Einbau von Kontakten ist zu beachten:

Die Kontaktflächen müssen plan aufeinanderliegen, sonst haben sie eine verkürzte Lebensdauer. Die Kontaktflächen sollen mit einem sauberen Tuch nachpoliert werden. Die Einstellung der Kontakte mit der Hilfe eines Schließwinkelmeßgerätes haben wir hier nicht beschrieben. Wir sind der Meinung, daß eine gute manuelle Kontakteinstellung die dynamische Schließwinkelmessung überflüssig machen kann.

294

Einstellen des Zündzeitpunktes

Dafür gibt es zwei Möglichkeiten:
1. Die statische Methode mit Prüflampe und bei Motorstillstand;
2. die dynamische Methode mit Stroboskoplampe, bei laufendem Motor.

Die dynamische Methode ist die genauere. Jedoch ist hierfür die statische Einstellung Vorbedingung.

Die dynamische Zündeinstellung hat allerdings den großen Vorteil, die Funktion der Frühverstellung des Zündzeitpunktes sichtbar und nachweisbar zu machen. Dadurch kann das sichere Funktionieren der Zündanlage über weite Drehzahlbereiche kontrolliert werden.

1. Die statische Methode

Beschrieben an einem Zweizylindermotor mit zwei Unterbrechern. Die Einstellung seiner beiden Zündkreise kann auf Einzylinder, wie auch auf Drei- bzw. Vierzylinder übertragen werden.

Bei Mehrzylindermotoren muß man, um richtig einzustellen, die Zündfolge beachten. Für Zweizylinder ist sie klar: Nach Zylinder Eins kommt Zwei. Doch welcher Zylinder ist der erste. Bei quer zur Fahrtrichtung eingebauten Motoren wird der in Fahrtrichtung ganz links liegende als 1. Zylinder bezeichnet. Das gilt für alle Mehrzylinder. Sind aber mehr als zwei Zylinder vorhanden, muß noch die Zündfolge aufgezeigt werden, weil durch die Kröpfung der Kurbelwelle die einzelnen Zylinder zu unterschiedlich aufeinanderfolgenden Zeiten zünden.

Während bei einem Dreizylindermotor (Yamaha XS 750/850) mit 120° Kröpfung der Hubzapfen zueinander, die Zündfolge der natürlichen Reihenfolge der Zylinder (Zylinder 1 links, die nachfolgenden 2 und 3 schließen nach rechts an) entspricht, gibt für Vierzylinder in der Regel die Zündfolge 1 - 2 - 4 - 3.

Das bedeutet: Nach dem Zylinder 1 zündet Zylinder 2, dann Zylinder 4 und zuletzt 3. Bei Sechszylindern findet man am häufigsten die Zündfolge: 1- 5 - 3 - 6 - 2 - 4. Zum Einstellen des Zündzeitpunktes nehmen wir die Honda 125 T2, einen Zweizylindermotor mit um 180° versetzter Kurbelwelle.

Nachdem der Unterbrecherkontaktabstand justiert wurde, drehen wir den Motor am Lichtmaschinenrotor im Gegenuhrzeigersinn, also in Motordrehrichtung. Zur Erleichterung wurden vorher beide Zündkerzen herausgeschraubt.

In einem Fenster in der Unterbrecherplatte dreht sich das Skalenfeld der auf dem Fliehkraftregler eingravierten Zeichen. Wir warten, bis das Zeichen "F1" auftaucht, dessen Markierungsstrich wir mit dem Zeiger am Unterbrecherplattenfenster in Deckung bringen (F1 = Fire = Zündzeitpunkt von Zylinder Nr. 1).

Jedes Motorrad verwendet verschiedene Markierungen für Früh-, Spätzündung und OT. Oft werden nur Striche zu sehen sein, deren Sinn sich erst

Linken Zylinder einstellen

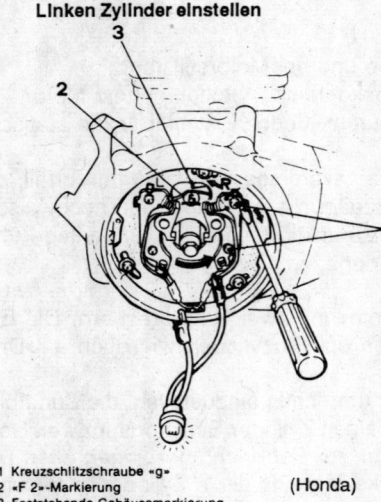

1 Kreuzschlitzschraube «g»
2 «F 2»-Markierung
3 Feststehende Gehäusemarkierung

(Honda)

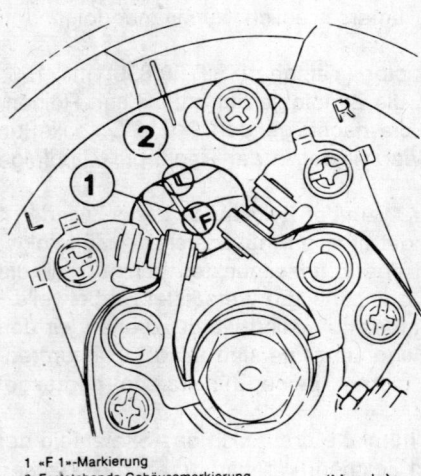

1 «F 1»-Markierung
2 Feststehende Gehäusemarkierung

(Honda)

nach einer Weile entschlüsseln läßt. Auch sind diese Markierungen unterschiedlich angebracht. So gibt es sie auf dem Schwungrad (BMW-Boxer); auf dem Blech an der Kurbelwelle (XT 500 von Yamaha); andere sind auf dem Fliehkraftregler (viele japanische Motorräder) oder der Schwungscheibe an der Kurbelwelle (Harley-Davidson-Shovelheadmotor) angebracht. Beobachten kann man diese Markierungen durch Schaulöcher, mit einem Schraubstopfen verschlossen, oder durch leicht abbaubare Gehäuse bzw. Gehäusedeckel zu erreichen (siehe Bordbuch).

Jetzt klemmen wir eine Prüflampe bzw. den Spannungsbereich (Volt) des Multimeters mit einer Leitung an die Feder des beweglichen Kontaktes, der auf der Platte mit "L" (links) überschrieben ist. Die andere Leitung befestigen wir an Masse, irgendwo am Metall der Maschine.

Am Zündschloß stellen wir die Zündung auf "ON". Die Zündung für den betreffenden Zylinder ist in Ordnung, wenn am Unterbrecher der Kontakt gerade öffnet und dadurch die Prüflampe aufleuchtet. Korrekturen können vorgenommen werden, wenn die drei Schrauben der großen Unterbrecherplatte gelöst werden und man die ganze Platte so weit dreht, bis die Prüflampe gerade aufleuchtet. In dieser Stellung dann wieder festschrauben.

Zum Einstellen des zweiten Zylinders drehen wir die Kurbelwelle um 180°, bis "F2" im Fenster der Unterbrecherplatte zu sehen ist. Dann befestigen wir bei eingeschalteter Zündung die Prüflampe an der Feder des mit "R" (rechts) überschriebenen Kontaktes. Auch hier muß die Lampe eben aufleuchten.

Das geschieht, indem der Unter-brecherhebel von der Nocke ange-hoben wird. Beginnt der Kontakt zu öffnen, wird der Zündstrom unter-brochen, die Prüflampe leuchtet auf und in der Zündspule entsteht die Zündenergie, welche mit Lichtge-schwindigkeit an die Zündkerze gelangt, wo der Zündfunke entsteht. Bei falscher Einstellung müssen die zwei Schrauben der Unter-brecherkontaktbefestigung gelöst werden, die den Unterbrecher für den rechten Zylinder auf der gro-ßen Unterbrecherplatte festhalten. Der Unterbrecherabstand wird nun vorsichtig durch Verschieben des Festkontaktes verstellt, bis die Prüf-lampe beginnt, gerade aufzuleuch-ten. — Fertig!

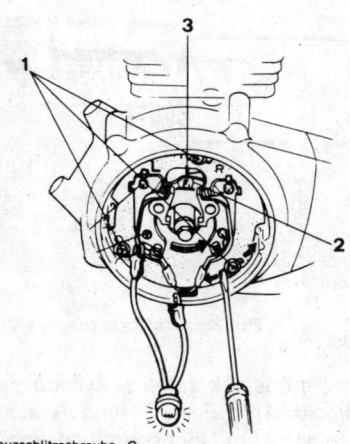

1 Kreuzschlitzschraube «G»
2 «F 1»-Markierung
3 Feststehende Gehäusemarkierung

(Honda)

Abschließend alle Schrauben vor-sichtig nachziehen, die Kurbelwelle mehrmals durchdrehen, die Kontakt-abstände der Unterbrecher erneut prüfen/nachstellen. Das beeinflußt den Zündzeitpunkt, weshalb auch dieser nochmal überprüft werden muß. Anzu-streben ist in diesem Hin und Her ein gleichgroßer Abstand beider Unterbre-cherkontakte.

Eine andere Methode, die Prüflampe zu benutzen: Mit dem Kabel an Bat-terie-Plus anschließen und mit der Prüfspitze an die Feder des beweglichen Unterbrechers gehen.

Im Gegensatz zur zuerst beschriebenen Art geht die Lampe jetzt aus, wenn der Kontakt öffnet. Damit nun keiner durcheinander kommt, sei ge-sagt: Der korrekte Zündzeitpunkt ist stets dann erreicht, wenn der Kontakt öffnet und die Prüflampe reagiert. Egal, ob sie beginnt zu leuchten oder ausgeht.

2. Die dynamische Methode

Sie ist genauer als die statische und kann angewendet werden, wenn der Motor schon läuft und der Zündzeitpunkt sowie die überaus wichtige Zünd-Frühverstellung überprüft werden soll, z.B. in der normalen Wartungsroutine.

Werden dagegen neue Unterbrecherkontakte eingesetzt (beide Kontakte immer gemeinsam austauschen!), muß zuerst statisch eingestellt werden.

Die dynamische Einstellung erfolgt mittels einer Stroboskop-Lampe. Die leuchtet nur dann im gleißenden Schein ihrer Xenon-Leuchte auf, wenn der

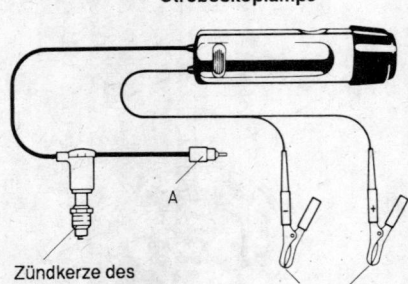

Stroboskoplampe

Zündkerze des
1. Zylinders

A

Batterie

A Zum Kerzenstecker des 1. Zylinders
(Bosch)

Zündstrom zur Zündkerze unterwegs ist. Das heißt, sie muß in den Zündkreislauf eingegliedert sein. Ihre Energie bezieht die Strobo-Lampe praktischerweise durch die Fahrzeugbatterie, über zwei separate Anschlußkabel: Ein Anschluß an den Minuspol der Batterie (= Fahrzeugmasse), der andere an den Pluspol. Den Kerzenstecker am Hochspannungskabel der Lampe befestigt man an der Zündkerze des 1. Zylinders, notfalls mit Hilfe einer Verlängerung. Parallel hierzu wird der Kerzenstecker des 1. Zylinders am Hochspannungskabel der Lampe aufgesteckt. Trifft der Zündimpuls ein, gelangt er über den Kerzenstecker der Maschine zum Hochspannungskabel der Lampe, zündet über den Lampen-kerzenstecker die daran hängende Zündkerze im Zylinderkopf und gelangt abschließend auch als Impuls in die Elektronik der Strobo-Lampe hinein, wo er den Lichtblitz auslöst.

Während der Motor läuft, verursacht jede Zündung im 1. Zylinder einen Lichtblitz.

Mit diesem Blitz beleuchten wir den Fensterausschnitt in der Unterbrecherplatte bzw. da, wo die Zündmarkierungen vorhanden sind. Da der Blitz synchron zum Zündfunken aufleuchtet, muß entsprechend unserer statischen Einstellung jedesmal das Zeichen F1 auftauchen (Zündzeitpunkt des 1. Zylinder). Stimmt im Lichtschein der Strobo-Lampe der Strich des F1-Zeichens mit der Markierung am Fenster oben überein, stimmt auch die Zündung. Befindet sich beim Aufleuchten das F-Zeichen an anderer Stelle, trifft der Zündstrom, der die Strobo-Lampe steuert (man sagt "triggern" dazu), zum falschen Zeitpunkt ein. Der Zündzeitpunkt muß eingestellt werden. Die Arbeiten hierzu sind bei der statischen Einstellung beschrieben.

Wichtig: Die Strobo-Lampe muß mit ihrem Kerzenstecker natürlich auf der Zündkerze stecken, deren Zündkreis wir gerade prüfen wollen! Zum anderen müssen Einstellarbeiten für den Zündzeitpunkt (nicht Frühverstellung) stets bei Leerlaufdrehzahlen des Motors stattfinden.

Also Zylinder 1 mit Symbol "F1", Zylinder 2 mit "F2". Bei Vierzylindermotoren betreut ein einziger Unterbrecherkontakt einen Doppelzündkreis von zwei Zylindern, so daß das Zeichen, welches wir beleuchten, auch angibt, welche Zylinder nun gerade zünden. Z.B. F1/4 oder F2/3. Was heißt, daß der eine Funke immer im Auslaßtakt verschwindet, wenn der andere im Arbeitstakt steht.

298

Das besondere an der Strobo-Lampeneinstellung ist aber, daß wir zusätzlich die Frühverstellung der Zündung überprüfen können. Hierzu müssen wir die Drehzahl auf einen bestimmten Wert (Bordbuch!) einpegeln (bei Honda 3000 1/min). Dann richten wir die Strobo-Lampe auf den Fensterausschnitt der Unterbrechergrundplatte und stellen fest, ob der Frühverstellungsteilstrich auf dem sich drehenden Fliehkraftregler, der nur jetzt im Lampenlicht sichtbar wird, mit der Frühverstell-Markierung am Fensterausschnitt übereinstimmt. Dieser Teilstrich wird durch die kontinuierliche Zündverstellung, durch den Fliehkraftregler Richtung "Früh" erreicht und zeigt maximale Frühzündung an. Wird diese Bewegung, die man im Fenster genau beobachten kann, nicht vorgenommen, so wird die maximale Frühzündung zu spät oder überhaupt nicht erreicht und der Fliehkraftregler muß überprüft werden.

Er kann ausgeleiert sein oder seine Rückholfedern sind schlapp geworden. Wird ein leichtes Ruckeln der Teilstrichmarkierung sichtbar, kann der Unterbrecherhebel auf der Unterbrechernocke springen. Dann sollte man die Nocke umgehend schmieren und zusätzlich die Unterbrecherfedern überprüfen.

Vielleicht sind sie schlaff geworden? Wenn man keinen neuen Fliehkraftregler zur Hand hat, kann man tricksen. Hierzu verstellt man die Zündung erst ab der maximalen Frühverstelldrehzahl, bei der Honda beispielsweise ab 3000 1/min, und justiert den Zündzeitpunkt beider Zylinder auf die Frühverstellmarke ein. Das bedeutet, die Fliehgewichte sind voll ausgefahren und stören uns nicht mehr. Damit ist zumindest gewährleistet, daß die Maschine ab dieser Drehzahl sauber arbeitet. Der Motor dreht nun vielleicht nicht mehr so gut im Leerlauf, dafür jedoch um so besser unterwegs, und darauf kommt es ja schließlich an.

7.5. Die kontaktlose Transistorzündanlage

Die Leistung einer kontaktgesteuerten Batterie-Spulenzündung ist durch die elektrische und mechanische Schaltleistung des Unterbrecherkontaktes begrenzt.

Darunter versteht man die Geschwindigkeit des Schaltvorganges, auf der die Qualität der Zündenergie beruht. Je größer die Kontaktöffnungsgeschwindigkeit, desto stärker ist am Ende der Zündfunken.

Hinzu kommt der trotz Kondensators noch vorhandene Abbrand durch den Kontaktfunken sowie das Prellen der aufeinandertreffenden Kontakte bei hohen Drehzahlen (Prellen = wie ein Ball auf den Boden, so springen die Kontakte bei schnellem Schließen voneinander und zusammen, bis der Kontakt endlich hergestellt ist), das den Ladevorgang der Zündspule beeinträchtigt. Transistorspulenzündungen dagegen haben auch bei höchsten

Drehzahlen eine gute Zündspannung, weil die elektronischen Bauteile sehr schnell und trägheitslos (prellfrei) arbeiten und wartungsfrei sind.

Kontaktlose Transistorzündanlage

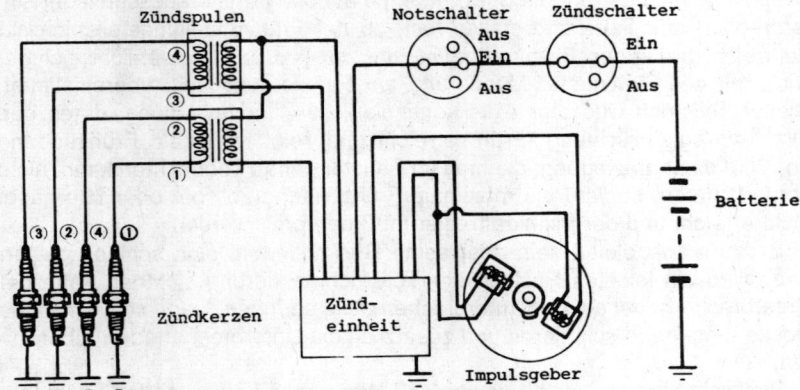

Die Zahlen 1...4 geben die Zugehörigkeit der Zündkreise an. Pro Zündspule zwei Zündkreise (Doppelzündspulen) vorgesehen.

(Honda CBX 550 F)

Die konkaktlos gesteuerte Transistorspulenzündung wirkt darüber hinaus ganz ohne mechanische Kontakte und verwendet statt dessen einen Zündimpulsgeber pro Zündkreis, darin dem Unterbrecherkontakt ähnlich.

Vorteile:

a.) Der Zündzeitpunkt läßt sich bei allen Drehzahlen und Belastungszuständen exakt kontrollieren.

b.) Es treten keine Veränderungen des Zündzeitpunktes durch Verschleiß ein.

Die Aufgabe des Zündimpulsgebers ist es, kontaktlos den Steuerimpuls für die Transistorelektronik zu geben. Diese steuert die Zündspule, den Zündzeitpunkt.

Man unterscheidet Induktionsgeber und Hallgeber. Ersterer wird heute bevorzugt.

Die Yamaha XS 1100 ist mit einer TCI-Zündeinheit ausgerüstet. Eine Transistorzündanlage mit zwei Zündkreisen und zwei Induktivgebern, die auch als Suchspulen bezeichnet werden. Jeder Zündkreis versorgt eine Doppelzündspule mit zwei Zündkerzen. Die Yamaha ist eine Vierzylinder-Maschine.

Die TCI-Zündeinheit arbeitet wie eine Batteriespulenzündanlage — mit dem Unterschied, daß anstelle der Unterbrecherkontakte zwei Suchspulen und die Elektronik verwendet werden. Die Zündspulen sind Hochleistungs-

300

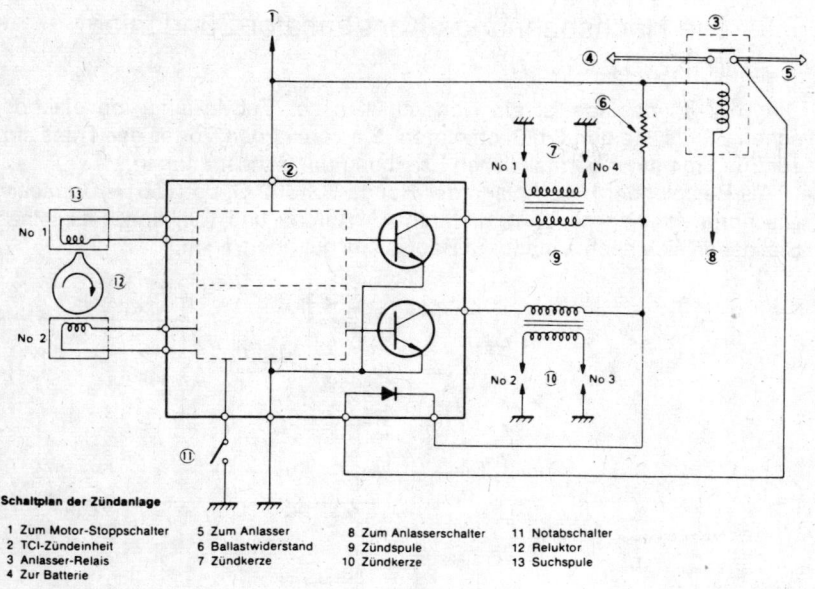

Schaltplan der Zündanlage

1 Zum Motor-Stoppschalter	5 Zum Anlasser	8 Zum Anlasserschalter	11 Notabschalter
2 TCI-Zündeinheit	6 Ballastwiderstand	9 Zündspule	12 Reluktor
3 Anlasser-Relais	7 Zündkerze	10 Zündkerze	13 Suchspule
4 Zur Batterie			

(Yamaha)

bauteile mit einem Vorwiderstand zur Strombegrenzung ausgerüstet, der beim Start zwecks höherer Startspannung umgangen (überbrückt) wird. Der Zündkreis Nr. 1, der die Doppelzündspule für Zylinder 1 und 4 bedient, wird aktiviert, wenn der Reluktor, ein mit dem Kurbelwellenstumpf verbundener Rotor, mit seiner zeigerförmigen Nase an der Induktionsspule (Suchspule Nr. 1) vorbeistreicht. In der Spule wird dabei ein geringer Strom induziert und als Signal, über Kabel zur Transistorzündeinheit gesandt. Dort wird das Signal verstärkt. Der Endtransistor, der wie ein Schalter funktioniert und im Zündkreis den Unterbrecher ersetzt, unterbricht daraufhin blitzartig den Stromfluß durch die Primärspule der Doppelzündspule. Ein Strom wird in der Sekundärspule induziert und der Funke springt an den beiden Zündkerzen über.

Die Nase des Reluktors dreht sich weiter und aktiviert den Zündkreis Nr. 2, der die Doppelzündspule für die Zylinder 2 und 3 bedient. Diesmal arbeitet der andere Endtransistor.

Obwohl beide Zündkerzen eines jeden Kreises zur gleichen Zeit zünden, befindet sich nur jeweils ein Kolben in Zündposition. Der andere bewegt sich im Auslaßtrakt, weshalb der Funke der betreffenden Kerze verpufft, genau wie bei Vierzylindermotoren mit Unterbrecherkontakten und zwei Zündkreisen.

7.6. Die Hochspannungs-Kondensator-Zündanlage (HKZ bzw. CDI)

Die HKZ-Zündanlage ist ein Höhepunkt in der Entwicklung von elektronischen Zündsystemen für Ottomotoren. Sie vereint den Vorteil der Transistorzündung mit einer beträchtlichen Erhöhung der Zündspannung.

Als Beispiel der HKZ-Anlage der Honda CX 500 C, dort CDI = Capacitive Discharge Ignition genannt, erklären wir Aufbau und Funktion beispielhaft. Sie lassen sich auch auf andere Bauweisen gut übertragen.

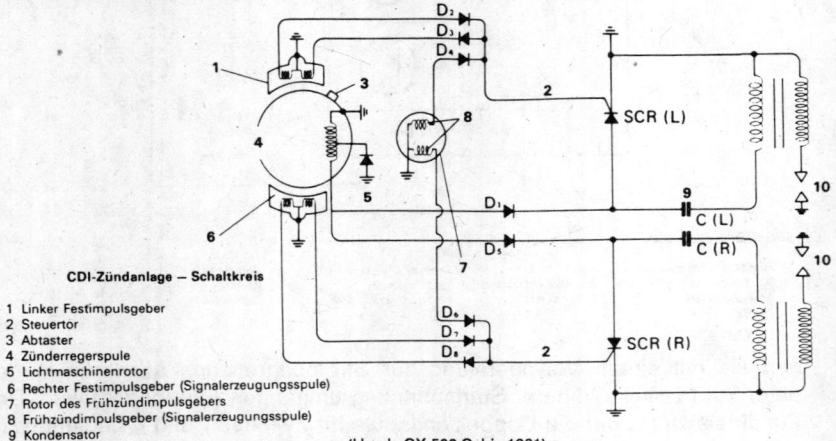

CDI-Zündanlage — Schaltkreis

1 Linker Festimpulsgeber
2 Steuertor
3 Abtaster
4 Zünderregerspule
5 Lichtmaschinenrotor
6 Rechter Festimpulsgeber (Signalerzeugungsspule)
7 Rotor des Frühzündimpulsgebers
8 Frühzündimpulsgeber (Signalerzeugungsspule)
9 Kondensator
10 Zündkerze

(Honda CX 500 C, bis 1981)

Die Anlage der Zweizylindermaschine besteht aus der CDI-Einheit (der elektronischen Black Box); zwei Signalerzeugerspulen als Festimpulsgeber (= Suchspulen = Induktivimpulsgeber) für die Steuerung der Zündfunken; einer Zünderregerspule, die zwischen den Statorspulen der Lichtmaschine untergebracht ist und die Zündanlage von Bordnetz und Batterie unabhängig macht; zwei Signalerzeugungsspulen als Frühimpulsgeber mit eigenem Rotor, welche den Zündzeitpunkt verstellen sowie zwei Zündspulen.

Die Zündanlage arbeitet folgendermaßen: Beim Drehen des Lichtmaschinenrotors durch den Anlasser, wird in der Zünderregerspule Strom erzeugt. Dieser Strom steht unter einer hohen Spannung, von mehreren hundert Volt, die ein wichtiges Merkmal der Zündanlagen darstellt.

Dieser Strom fließt zur Diode D 1, wo er gleichgerichtet wird. Danach zum Kondensator C (L = links) wo er bis zum Zündzeitpunkt gespeichert wird. Das Bauteil SCR (L = links) stellt einen Thyristor dar, eine Diode, die auf Kommando in einer Richtung stromdurchlässig wird. Dieses Öffnungssignal geht über das seitliche Gate oder Tor des Thyristors ein und besteht aus

302

einem Spannungsimpuls bestimmter Größe. Doch vorerst bleibt das Tor des Thyristors noch geschlossen.

Gelangt die Kurbelwelle nun beim Starten zum Zündzeitpunkt des linken Zylinders (wir beschreiben hier dessen Zündzyklus), so streicht der Abtaster auf dem Lichtmaschinenrotor (der Läufer) an der linken Festimpulsgeberspule vorbei, wodurch ein Spannungsimpuls entsteht. Dieser wird über die Diode D 2 gleichgerichtet (das Tor des Thyristors reagiert nur auf Gleichspannung) und auf das Steuertor des SCR (L) Thyristors geleitet. Das Tor gibt den Hauptstrompfad frei und die im Kondensator gespeicherte Zündenergie entlädt sich sehr schnell über die Primärwicklung der Zündspule des linken Zylinders, welcher im gleichen Moment über die im Sekundärkreis befindliche Zündkerze mit einem Zündfunken versorgt wird.

Die Kondensatoren beider Zündkreise speichern ein Höchstmaß an elektrischer Energie und erzeugen mit Hilfe der enorm schnellen Thyristoren eine starke Spannung in den Sekundärwicklungen der Zündspulen. Es drängt sich hierbei das Bild eines großen Staudammes auf, dessen Wassermassen sich mit Urgewalt ins Tal ergießen, wenn die Schleusen geöffnet werden. Die Testimpulsgeber an der Lichtmaschine steuern ähnlich der Transistorzündanlage Zündzeitpunkt für Start und Leerlauf des Motors.

Steigt die Drehzahl des Motors aber über einen bestimmten Wert an, werden die Steuersignale der Festimpulsgeber überlagert von denen der Frühimpulsgeber.

Die Frühimpulsgebereinheit, welche die Funktion des Fliehkraftreglers übernommen hat, besitzt ebenfalls zwei Induktivimpulsgeber sowie einen eigenen Rotor, der synchron mit der Kurbelwelle dreht. Die so erzeugten Impulse werden über die Diode D 4 bzw. die Diode D 6 im Zündzeitpunkt abgegeben.

Nun kommt der Clou! Bei relativ geringer Drehzahl reicht die Spannung nicht aus, das eine oder andere Tor der Thyristoren zu öffnen. Diese werden von den Testimpulsgebern bedient. Steigt die Drehzahl des Motors aber an, wird eine immer höhere Spannung in der Frühimpulsgebereinheit produziert, während diejenige der Festimpulsgeber nur vergleichsweise geringfügig wächst.

Dadurch kommt die Spannung der Frühimpulsgeber in die Lage, den Zündzeitpunkt durch Öffnen der Thyristortore zu bestimmen. Die Frühimpulsgeberspannung steigt nämlich mit der Drehzahl weiter an, so daß durch die Flanke der ansteigenden Spannung, die sich an der Basis immer stärker verbreitet, auch der Zündimpuls immer früher entsteht, weil natürlich die Durchlaßspannung für das Thyristorgate stets auf dem gleichen Spannungsniveau verbleibt.

So wird der Zündzeitpunkt proportional zur Motordrehzahl automatisch in Richtung -Früh- verschoben. Die maximale Frühzündung wird begrenzt

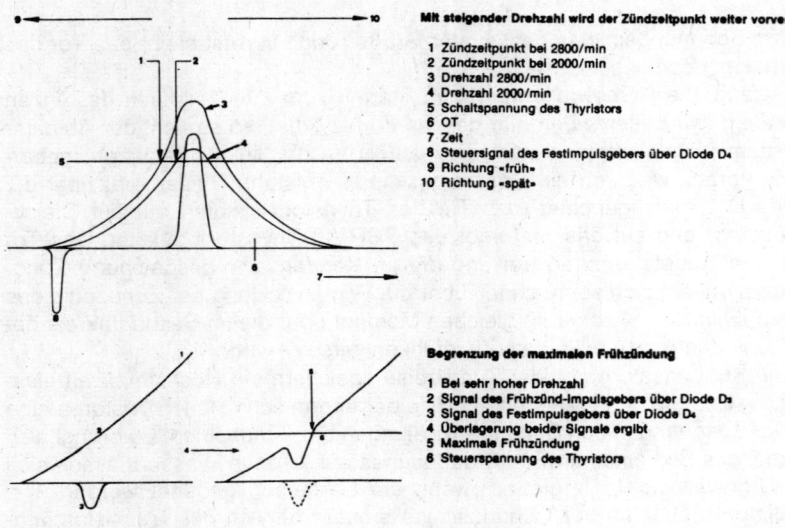

(Honda CX 500 C, bis 1981)

durch den negativen Impuls der Festimpulsgeber über die Diode D 3 (linker Zylinder) und D 7 (rechter Zylinder). Dieser Spannungsabfall senkt die Frühimpulsgeberspannung unter die für die Thyristorgates notwendigen Werte. Die Frühwanderung ist gestoppt. Selbst bei steigender Drehzahl zündet die CDI-Anlage maximal an diesem Punkt und nicht früher.

7.7. Mikrocomputergesteuerte Zündanlagen

Sie unterscheiden sich nur im Steuerungsteil von herkömmlichen Transistoranlagen, da aber gründlich. Die Endstufe wird jedoch auch bei ihnen von den dicken Leistungstransistoren beherrscht, die den Primärstrom durch die Zündspulen regulieren.

Die Fliehkraftverstellung kann, ebenso wie die induktive elektronische Frühverstellung, nur einen linearen Verlauf haben. Der hohe und höchste Drehzahlbereich bleibt dabei ebensowenig berücksichtigt wie die Belastung des Motors im Teillastbereich.

Die neuen mikroprozessorgesteuerten Zündanlagen verarbeiten hingegen zusätzliche Informationen für die lastabhängige Frühverstellung. Das Besondere an der Computersteuerung des Zündzeitpunktes: Es können sowohl aktuelle Daten, z.B. über Motordrehzahl und Unterdruck im Ansaugsystem, als auch fest eingespeicherte Informationen abgerufen werden. Der

Mikroprozessor koordiniert als "Chef vom Dienst" alle Mitteilungen und erteilt den Endtransistoren nach Lage der Dinge den Zündbefehl für jeden einzelnen Zündkreis.

Vorteile der digitalen, mikrocomputergesteuerten Zündanlagen:

1. Kraftstoffeinsparung durch Anpassung des Zündzeitpunktes an die Betriebszustände des Motors in allen Drehzahlbereichen (Zündwinkelanpassung).
2. Sicheres (Kalt-)Startverhalten (der Zündzeitpunkt wird beim Startvorgang in der Spätstellung nochmal extra abgesenkt).
3. Sichere Leerlaufstabilisierung.
4. Günstiger Drehmomentverlauf bei niedrigen Drehzahlen fördert infolge eines der Gemischaufbereitung (Teillastbereich der Vergaser) angepaßten Zündzeitpunktes die Motorelastizität. Daraus resultieren gerade bei Sportmotorrädern mit vordem relativ spitzen Drehmomentkurven deutliche Verbesserungen der Leistungen im unteren Drehzahlbereich. Das ermöglicht günstigere Beschleunigungswerte und verbessert die Tauglichkeit im Stadtverkehr erheblich.
5. Der Zündzeitpunkt im Vollastbereich kann einem optimierten Kraftstoff-Luftgemisch angepaßt werden. Dadurch kann die Vollgasanfettung im Vergaser eingeschränkt werden. Eine kleinere Hauptdüse spart Kraftstoff, ohne daß die Leistung des Motors absinkt.
6. Der Schadstoffausstoß kann durch günstige Verbrennung infolge bestmöglicher Anpassung des Zündzeitpunktes herabgesetzt werden.
7. Die Anlage ist wartungsfrei. Während der Betriebszeit des Motors tritt keine Veränderung der Motorcharakteristik auf.

Beispiel einer vollelektronischen, mikrocomputergesteuerten Transistorzündanlage, an Hand der Honda CBR 1000 F.

Die Elektronik der Honda steuert den Zündfunken für ihre Zylinder digital. In ihrer Zündbox befindet sich eine Steuereinheit mit dem Mikroprozessor nebst Peripherie sowie die Steuerstufe mit den Leistungstransistoren für die Kontrolle des Primär-Zündstroms. Zwei Impulsgeber, die um 15 Grad versetzt ihre Signale an den Prozessor reichen, werden von einem vielarmigen Rotor angesteuert. Dieser sitzt auf dem Kurbelwellenstumpf und dreht mit Motordrehzahl.

Arbeitsprinzip der Zündanlage: Die beiden Impulsgeber liefern dem Mikroprozessor folgende Daten für seine Entscheidungen:

1. Die Motordrehzahl, aufgeteilt in sieben Signale pro Kurbelwellenumdrehung.
2. Exakte Angaben über den Kurbelwinkel im Verhältnis zum oberen Totpunkt (OT).

Aus seinem internen Festwertspeicher entnimmt der Mikroprozessor auf dem Prüfstand ermittelte Optimalwerte für Drehzahl und Zündwinkelverstellung.

305

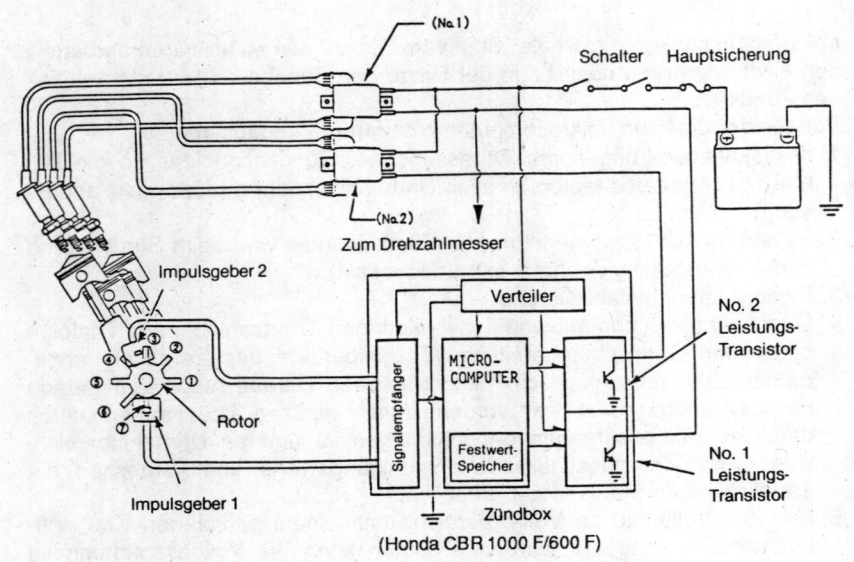

Zum Drehzahlmesser

(Honda CBR 1000 F/600 F)

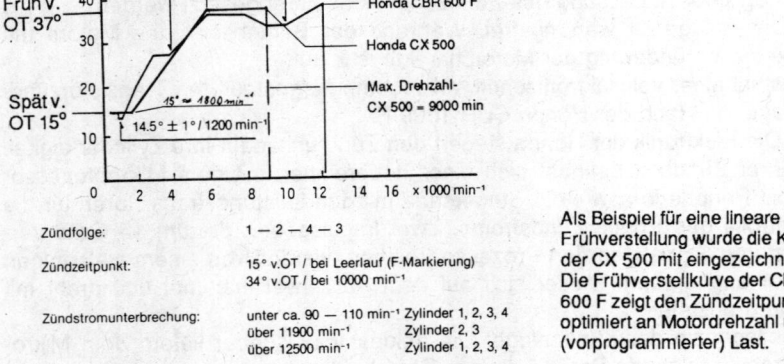

Zündfolge:	1 — 2 — 4 — 3
Zündzeitpunkt:	15° v.OT / bei Leerlauf (F-Markierung) 34° v.OT / bei 10000 min⁻¹
Zündstromunterbrechung:	unter ca. 90 — 110 min⁻¹ Zylinder 1, 2, 3, 4 über 11900 min⁻¹ Zylinder 2, 3 über 12500 min⁻¹ Zylinder 1, 2, 3, 4

Als Beispiel für eine lineare Frühverstellung wurde die Kurve der CX 500 mit eingezeichnet. Die Frühverstellkurve der CBR 600 F zeigt den Zündzeitpunkt, optimiert an Motordrehzahl und (vorprogrammierter) Last.

Im Folgenden vergleicht der Prozessor die gemessenen Werte mit den Festspeicherdaten und errechnet daraus den jeweiligen Zündzeitpunkt. Über die Endstufen-Leistungstransitoren steuert er dann die jeweilige Doppelzündspule an. Zum Schutz des Motors dient eine Zwei-Stufen-Drehzahlbegrenzung. Der Mikroprozessor unterbricht mit der ersten Stufe den

306

Zündstrom zu den Zylindern 2 und 3, bei einer Drehzahl von 10900 1/min; die zweite Stufe zusätzlich den Zündstrom zu den Zylindern 1 und 4, bei 11600 1/min.

Um ein Durchbrennen der Zündspulen bei abgestelltem Motor, aber eingeschalteter Zündung zu vermeiden, wird unter einer Drehzahl von ca. 90 1/min der Strom zu den beiden Doppelzündspulen über den Prozessor gesperrt.

7.8. Die Zündkerze

Zum Zündzeitpunkt steigt die Spannung an den Elektroden sehr schnell an, bis die Zündspannung (Überschlagsspannung) erreicht ist. Sobald der Funke gezündet hat, sinkt die Spannung an der Zündkerze auf die Brennspannung ab. Gleichzeitig fließt in der leitfähig gewordenen Funkenstrecke zwischen den Elektroden ein Strom. Das Gemisch wird während der Brenndauer des Funkens entflammt. Sobald sich die Brennspannung durch Nachlassen des Zündstromes verringert, erlischt der Funke. Die restliche Spannung schwingt gedämpft aus.

Höhere Strömungsgeschwindigkeiten im Motor bei hohen Drehzahlen führen zu deutlich anderem Funkenverlauf. Deshalb enthalten sowohl Zündspulen als auch Zündkerzen große Leistungsreserven, welche diesem Manko begegnen.

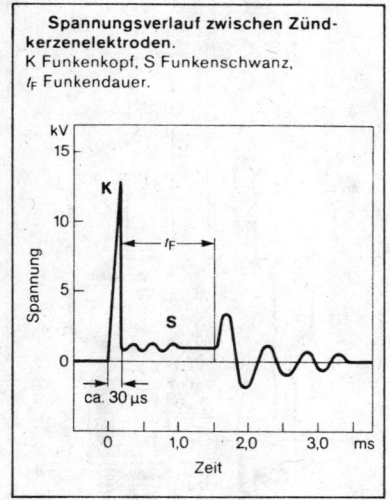

Spannungsverlauf zwischen Zündkerzenelektroden.
K Funkenkopf, S Funkenschwanz, t_F Funkendauer.

Anforderungen an die Zündkerze

Die Zündkerzen gehören zu den am meisten belasteten Teilen. Sie sind den wechselnden Vorgängen im Zylinderraum ebenso ausgesetzt wie den Witterungseinflüssen außerhalb des Motors.

Die Zündkerze muß folgende Aufgaben lösen:

a.) Sie muß einen sicheren Kaltstart ermöglichen, mittels starker und heißer Funken zwischen den Elektroden.

b.) Während der Beschleunigung des Motorrades darf sie keine Zündaussetzer provozieren.

307

Aufbau der Zündkerze.
1 Anschlußmutter,
2 Anschlußgewinde,
3 Kriechstrombarriere,
4 Isolator (Al_2O_3),
5 elektrisch leitende Glasschmelze,
6 Anschlußbolzen,
7 Stauch- und Warm-Schrumpfzone,
8 unverlierbarer äußerer Dichtring
  (bei Flachdichtsitz),
9 Isolatorfußspitze,
10 Mittelelektrode,
11 Masseelektrode.

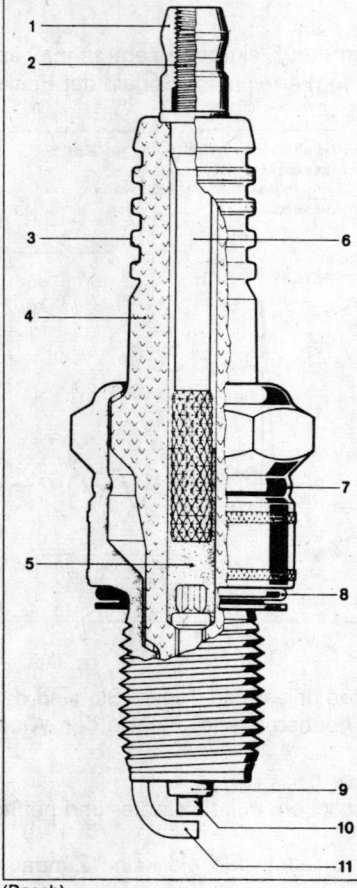

(Bosch)

c.) Auch bei stundenlangen Hochgeschwindigkeitsfahrten muß sie stets gleichbleibend gut durchhalten, insgesamt 10.000 bis 20.000 km, je nach Kerzentyp.

d.) Bei ausreichender Zündspannung soll sie trotz zunehmendem Elektrodenabbrand, magerem Gemisch sowie Verschmutzung des Isolators nicht aussetzen und bis Erreichen ihrer Verschleißgrenze funktionieren.

e.) Den hohen Drücken im Zylinderraum (etwa 50 bar) muß sie widerstehen, ohne an Gasdichtheit einzubüßen. Der Isolator muß den Belastungen durch Kerzenstecker und Zündkabel mechanisch widerstehen. Das Kerzengehäuse darf sich bei der Montage nicht verformen.

Der Elektrodenabstand

Das ist die kürzeste Entfernung zwischen Mittelelektrode und Masseelektrode und somit ein Maß für die Länge der Funkenstrecke.

Je kleiner der Abstand, desto geringer der Bedarf an Zündspannung. Ein Mindestmaß muß sein, weil das Gemisch sonst schlecht zur Funkenstrecke gelangen kann oder nur ein zu kleines Volumen davon erfaßt wird, was zu Zündaussetzern oder Kerzenversagen führen würde.

Ein zu großer Elektrodenabstand erfordert demgegenüber eine gehörige Zündspannung, was die Energiereserven herabsetzen und besonders bei hohen Drehzahlen, beim Kaltstart sowie bei ungünstiger

Gemischzusammensetzung zu Zündaussetzern oder Kerzenversagen führen kann.

Die Elektrodenabstände reichen von ca. 0,6 bis 0,9 mm; abgestimmt auf den jeweiligen Motortyp. Diese Maße sind genau einzuhalten bzw. nachzustellen. Gute Zündkerzen und genaue Elektrodenabstände sparen Kraftstoff; sie fördern und erhalten die Leistungsfähigkeit des Motors!

Die Selbstreinigung der Kerze
Der Wärmewert einer Zündkerze ist ein Maßstab für ihre thermische Belastbarkeit und muß der Motorcharakteristik angepaßt sein. Außerdem sollen die rußenden Verbrennungsrückstände in einem Selbstreinigungseffekt verbrannt werden. Hierzu muß sich der untere Teil der Zündkerze sowie der Isolatorfuß auf über 400° C erwärmen können. Ab dieser Temperatur erst verbrennen die kohlenstoffhaltigen Rückstände. Schließlich entstehen durch mangelhafte Verbrennung der Rückstände elektrisch leitende Flächen auf dem Isolatorfuß, welche zu Kurzschlüssen führen können und die Kerze unbrauchbar machen.

Überhitzung und Glühzündung
Schraubt man eine Zündkerze für einen kalten Motor in einen heißen, erwärmt sich die Kerze zwar schnell. Doch im Laufe des Betriebes beginnt die Kerze zu überhitzen. Ab einem bestimmten Temperaturwert fängt das untere Ende der Kerze im Brennraum sogar zu glühen an. An diesem nachglühenden Ende entzündet sich das Gemisch in jedem nachfolgenden Verdichtungstakt, somit vor dem eigentlichen Zündzeitpunkt. Die jedesmal einsetzende Frühzündung heizt den Motor weiter auf und führt letztendlich zu Hitzeschäden im Brennraum (Loch im Kolben, Kolbenklemmer z.B.).

Die neue Boschnorm der Wärmewertabstufungen
Eine niedrige Wärmewert-Kennzahl bezeichnet eine kalte Kerze, deren kurzer Isolatorfuß den Wärmefluß nicht weit ins Innere des Kerzengehäuses einläßt. Niedrige Wärmekennzahlen deuten an, daß die Kerzen für "heißere" Motoren mit höherer Literleistung Verwendung finden.

Eine heiße Kerze garantiert durch ihren langen Isolatorfuß, der weit in das Kerzengehäuse hineinragt, eine günstige Wärmeaufnahme. Kerzen dieser Art finden Verwendung in "kalten" Motoren. Eine vielfältige Abstufung von kalt bis warm ermöglicht individuelle Anpassung an den Fahrbetrieb.
Die Wärmewert-Kennzahl ist im übrigen Teil der Zündkerzen-Typenformel.

Zur Handhabung von Zündkerzen
Ausbauen ist unproblematisch. Der Einbau sieht da schon anders aus. Eine dem heißen Zylinderkopf nicht angepaßte Zündkerze, vor allem eine neue

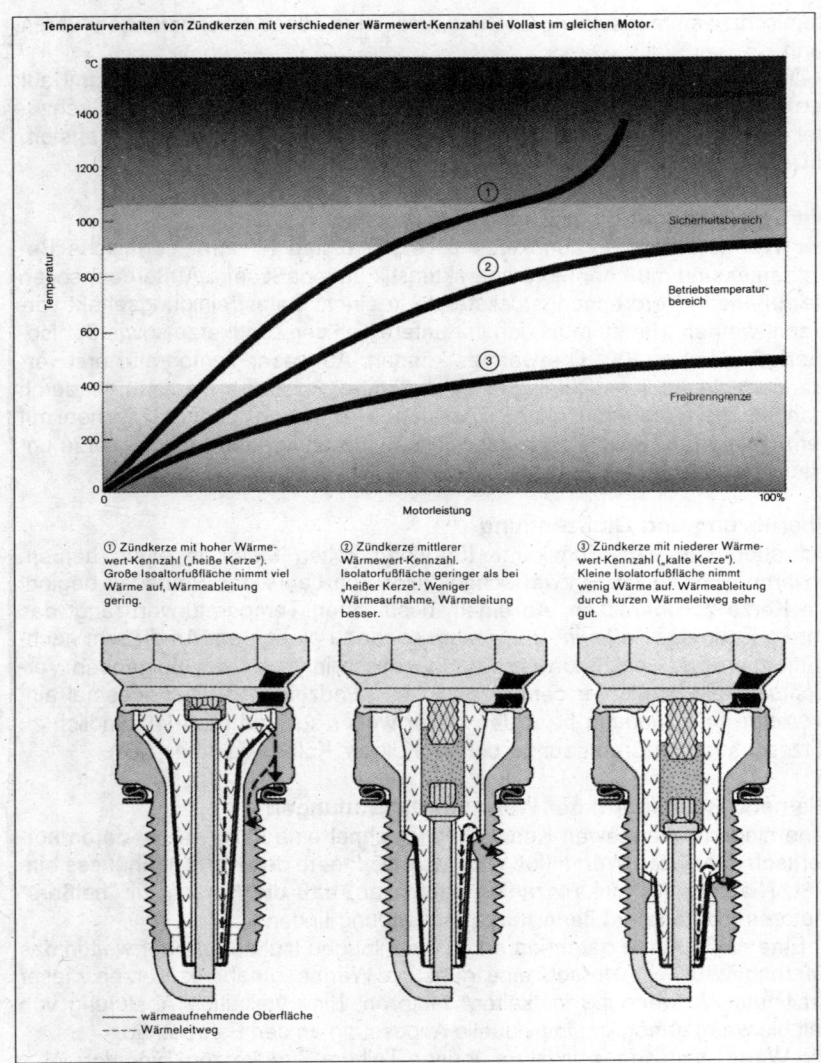

Temperaturverhalten von Zündkerzen mit verschiedener Wärmewert-Kennzahl bei Vollast im gleichen Motor.

① Zündkerze mit hoher Wärme-wert-Kennzahl („heiße Kerze"). Große Isolatorfußfläche nimmt viel Wärme auf, Wärmeableitung gering.

② Zündkerze mittlerer Wärmewert-Kennzahl. Isolatorfußfläche geringer als bei „heißer Kerze". Weniger Wärmeaufnahme, Wärmeleitung besser.

③ Zündkerze mit niederer Wärme-wert-Kennzahl („kalte Kerze"). Kleine Isolatorfußfläche nimmt wenig Wärme auf. Wärmeableitung durch kurzen Wärmeleitweg sehr gut.

——— wärmeaufnehmende Oberfläche
- - - - Wärmeleitweg

310

Kerze, darf nicht sehr fest eingeschraubt werden, weil die Gefahr besteht, daß durch das Schrumpfen des Zylinderkopfes (Aluminiumguß) nach dem Abkühlen die Kerze bombenfest sitzt und nur durch die Zerstörung des Kerzengewindes herausschraubbar ist.

Die Auflageflächen von Zündkerze und Kerzenloch müssen sauber sein. Am besten wischt man sie mit einem Lappen ab, bevor die Kerze hineingeschraubt wird. Zündkerzen sollen handfest angezogen werden oder möglichst mit einem Drehmomentschlüssel. (M14=20 ...40 Nm; M12=15 ...25 Nm; M10=10 ...15 Nm).

Die Wärmewert-Kennzahl

Die Wärmewert-Kennzahl muß unbedingt mit derjenigen in der Betriebsanleitung angegebenen übereinstimmen. Ein falscher Wärmewert, wir wiederholen dies noch einmal, führt bei einer zu "warmen" Kerze zu Glühzündungen. Bei zu "kalter" Kerze zum Verrußen und Ersticken.

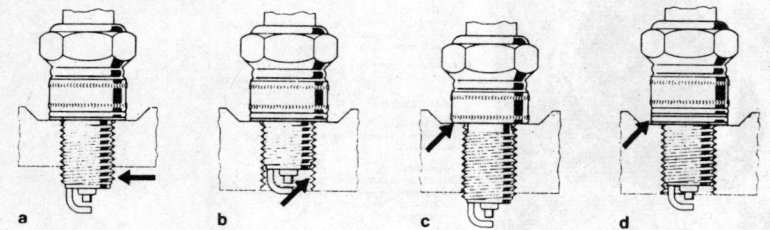

Einbaufehler bei Zündkerzen mit Flachdichtsatz
a Gewinde zu lang, b Gewinde zu kurz, c Dichtring entfernt, d zwei Dichtringe. Auch bei Zündkerzen mit Kegeldichtsitz kann es trotz fehlendem Dichtring zu ähnlichen Fehlern kommen.

(Bosch)

Falsche Gewindelänge

Ist das Gewinde zu lang, ragt die Kerze in den Brennraum hinein. Sie kann dabei vom Kolbenboden breitgeschlagen werden und läßt sich dann nicht mehr herausschrauben.

Ist das Gewinde zu kurz, ragt sie nicht weit genug in den Brennraum. Die Zündkerze erreicht ihre Arbeitstemperatur nicht, schlechte Gemischentflammung und Verrußen der Kerze sind die Folgen. Ein Totalausfall vorprogrammiert.

Einstellen und Reinigen der Zündkerze

Beim Einbau einer jeden Zündkerze ist auf den exakten Elektrodenabstand zu achten! Gegebenenfalls muß nachgestellt werden, was man natürlich am besten mit einer Zündkerzenlehre tut. Eingestellt wird dabei immer nur die

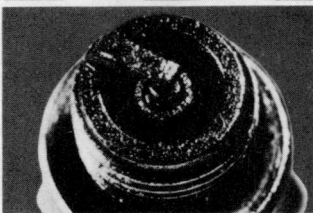

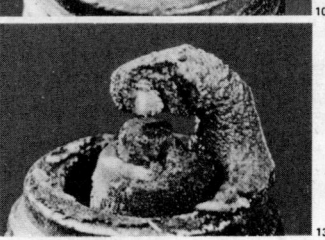

Bild 1: Normal

Isolatorfuß von grauweiß–graugelb bis rehbraun.
Motor ist in Ordnung. Wärmewert richtig gewählt.

Bild 2: Verrußt

Isolatorfuß, Elektroden und Zündkerzengehäuse mit
samtartigem, stumpfschwarzem Ruß bedeckt.

Ursache
Vergasereinstellung, Gemisch zu fett
Luftfilter stark verschmutzt
Startautomatik nicht in Ordnung
Starterzug (Choke) zu lange gezogen
Stadtverkehr mit vielen Leerlaufphasen durch
Ampelstop
Niedertourige Fahrweise
Wärmewert der Zündkerze kann zu hoch sein

Auswirkung
Nebenschlußgefahr* (Kaltnebenschluß) insbesondere
bei Kaltstart durch Kraftstoffanreicherung.

Abhilfe
Vergaser, Startautomatik richtig einstellen, Luftfilter
reinigen; Motor gemäßigt auf Vollast beschleunigen.
Bringen diese Maßnahmen keine Abhilfe, versuchsweise
Zündkerzen mit nächst niedrigerem Wärmewert
verwenden.

Bitte beachten:
Zu lange Leerlaufphase vor Zündkerzenausbau kann
zu verrußtem Kerzengesicht führen (besonders bei
nicht warmem Motor).

Bild 3: Verölt

Isolatorfuß, Elektroden und Zündkerzengehäuse mit
fettem ölglänzendem Ruß bedeckt. Ölkohlebildung.

Ursache
Zu viel Öl im Verbrennungsraum, bei 2-Taktmotoren
zu viel Öl im Gemisch. Stark verschlissene Kolbenringe, Zylinder und Ventilführungen.

Abhilfe
Richtiges Gemisch, Motor überholen, neue Zündkerzen.

Bild 9: Starker Elektrodenabbrand (Erosion)

Ursache
Natürlicher Verschleiß, Zündkerzenwechsel nicht
beachtet.

Auswirkung
Ruckeln durch Zündaussetzer (besonders bei
Fahrzeugbeschleunigung), da Zündspannungsbedarf
durch großen Elektrodenabstand zu hoch.
Schlechter Motorstart.

Abhilfe
Neue Zündkerzen.

Bilder 10
Thermisch überlastete Zündkerzen

Bild 10: Mittelelektrode angeschmolzen, blasige,
schwammartige, weiche Steinfußspitze.

Ursache
Glühzündungen**, z.B. Wärmewert zu niedrig.

Auswirkung
Zündaussetzer, Leistungsverlust.

Abhilfe
Motor überprüfen, insbesondere Zündanlage und
Gemischaufbereitung.
Neue Zündkerzen mit richtigem Wärmewert.

Bild 13: Asche — aus Öl- und Kraftstoffzusätzen

Starker Aschebelag auf dem Isolatorfuß, im
Atmungsraum und auf der Masseelektrode. Lockerer
bis schlackenähnlicher Aufbau.

Ursache
Legierungsbestandteile aus Ölen und Kraftstoffen
können diese nicht brennbare Asche im Brennraum
(Kolbenboden, Ventile, Zylinderkopf) und auf dem
Kerzengesicht hinterlassen.

Auswirkung
Kann zu Glühzündungen** mit Leistungsverlust und
damit zu Motorschäden führen.

Abhilfe
Motor in Ordnung bringen. Neue Zündkerzen.

** **Glühzündungen**
sind, unabhängig von der Zündanlage, unkontrollierte
Verbrennungseinleitungen vor dem geregelten
Zündzeitpunkt.

* **Nebenschluß**
Die Zündspannung fließt über elektrisch leitende
Beläge auf dem Steinfuß ab und führt zu
Zündaussetzern.

Kaltnebenschluß
Ursache: Verrußter, verölter oder nasser
Steinfuß.
Auswirkung: Kaltstartschwierigkeiten, unrunder
Motorlauf in der Warmlaufphase, Beschleunigungs-
aussetzer im unteren Drehzahlbereich.

Warmnebenschluß
Ursache: Zusätze im Kraftstoff (Bleigehalt) und im
Öl, die sich als leitender Belag auf der Steinfußspitze
niederschlagen.
Auswirkung: Zündaussetzer im mittleren und oberen
Drehzahlbereich.

Masseelektrode. Reinigen läßt sich eine Zündkerze auf folgende Weise:
a.) Verölte Kerzen - Reinigen mit Waschbenzin und Trocknen auf der Herdplatte oder an der Luft.
b.) Verrußte oder verkrustete Kerzen - Abbürsten mit einer Messingbürste
und Ausblasen mit Druckluft oder Luftpumpe.
c.) Abgesoffene Kerzen - Trocknen (Lappen, Herdplatte, Papiertaschen-
tuch) oder Preßluft bzw. Luftpumpe.

Kerzengesichter lesen
Zündkerzen geben Aufschluß über das Verhalten des Motors. Eine verläß-
liche Aussage läßt sich allerdings erst treffen, wenn das Fahrzeug etwa 10
Kilometer auf offener Landstraße bei wechselnden Drehzahlen im mittleren
Leistungsbereich gefahren wurde.
Das Lesen des Kerzengesichtes sollte unmittelbar nach dem Abstellen
des Motors - ohne längeren Leerlauf - erfolgen!

7.9. Der Elektrostarter (E-Starter)

Im Elektrostarter wird der elektrische Strom dazu benutzt, eine Drehbewegung hervorzurufen. Dabei wird elektrische Energie in mechanische
Energie umgewandelt, also umgekehrt wie bei der Lichtmaschine.
In Motorrädern werden Gleichstromelektromotoren als Starter eingesetzt,
weil die Batterie als Kraftquelle nur mit Gleichstrom funktioniert.
Die Leistung eines E-Starters beruht wesentlich auf der Kapazität der Motorradbatterie, weshalb beide immer aufeinander abgestimmt sind. Abgestimmt ist auch die Leistungsfähigkeit des E-Starters auf den Motorradmotor
und dort speziell auf den Drehwiderstand der beweglichen Teile im Motorgehäuse.
Hinzu kommt der Widerstand, den der Motor durch seine Kompression
bietet; der Viskosität des Öles; der Bauart und der Zahl der Zylinder sowie
durch den Klimaeinfluß von Außen, der im Winter das Motoröl beispielsweise
dick und träge werden läßt.
Ein Motorradmotor benötigt etwa 60 bis 90 1/min Umdrehungen an der
Kurbelwelle, um sicher starten zu können. Man spricht dabei von der Min-
deststartdrehzahl. Entsprechend liegen die Leistungserwartungen, die an E-
Starter im unteren Drehzahlbereich gestellt werden.
Die wichtigsten Bestandteile des E-Starters sind:
1. die Ankerwelle
2. die Ankerwicklung
3. das Ankerpaket (Eisenkern des Ankers)
4. der Kollektor, auch Kommutator (Stromwender) genannt.

5. Der Stator, welcher aus mehreren (in der Regel vier) Polschuhen besteht, um die die Erregerwicklungen gelegt sind.
6. Die Kohlebürste mit Bürstenhalter, welche den Starterstrom übertragen.

Funktion des Elektromotors für E-Starter
Antriebseinheit ist ein Gleichstrom-Reihenschlußelektromotor.

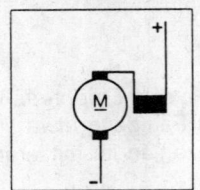

Schaltbild eines Reihenschluß-Gleichstrommotors

Er ist ähnlich aufgebaut wie ein Gleichstromgenerator und hat bestimmte Übereinstimmungen mit dem Wechselstrom- bzw. Drehstromgenerator.

Schemabild Elektromotor.

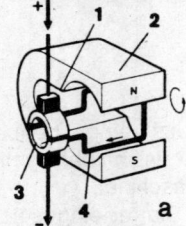

1 Kohlebürsten, 2 Magnet, 3 Kommutator, 4 Leiterschleife

(Bosch)

Beim Reihenschlußmotor sind Erregerwicklung (Starter bzw. Feldwicklung) und Ankerwicklung in Reihe hintereinander geschaltet.

Wird im Startvorgang der E-Starter mit Strom versorgt, so fließt dieser durch die Erregerwicklung, baut dort ein Magnetfeld auf, fließt weiter zur Ankerwicklung und errichtet das Ankermagnetfeld.

Die Leiterschleife (Anker) im Magnetfeld, die vom Strom durchflossen wird, baut ihr eigenes kleines Magnetfeld auf und wird vom Magnetfeld der Erregerwicklung, in dem sie steht, durch deren anders

geartete Polung abgestoßen und in Drehung versetzt. Da eine einzige Leiterschleife nicht genügend Drehkraft aufbringen kann, setzt man viele Schleifen zu einer Ankerwicklung zusammen.

Die beiden Wicklungen in einem Startermotor sind wegen ihrer großen Stromaufnahme, die für die relativ hohe Starterleistung auch erforderlich ist, aus dicken Kupferdrähten gefertigt.

Die Stromstärke und das Losbrechmoment des E-Starter-Motors sind beim Start am stärksten (Losbrechmoment = Kraft, die produziert wird beim Drehbeginn eines Elektromotors).

Reihenschlußelektrostarter entwickeln deshalb ein hohes Anlaufdrehmoment, das mit steigender Drehzahl, wenn die Stromstärke abnimmt, rasch kleiner wird, was den Startenergiebedarf senkt und die gefährliche Erwärmung des Startermotors mildert. Durch die angeführten Eigenschaften ist der Reihenschlußmotor besonders gut geeignet.

314

Arten von Startermotoren

Bestimmend im heutigen Motorradbau ist der E-Starter mit permanent im Eingriff befindlichem Antrieb. Damit ist nicht gesagt, daß er immer mitläuft wenn der Verbrennungsmotor dreht. Ein Freilauf trennt Elektromotor und Antriebsteil, wobei letzterer Bestandteil des Verbrennungs- motors ist. Um den für den Reihen-schluß-(Hauptschluß-)motor günsti-gen Drehzahlbereich zu nutzen, sind zuweilen Planetengetriebe in die Stirnwand des Elektromotors einge-baut, welche die höhere Starter-drehzahl auf die geforderten niede-ren Werte für den Motor runterset-zen. Sehr oft wird diese Drehzahl-reduzierung schon im Motorradmo-tor selbst durch eine entsprechende Starteruntersetzung vorgenommen, so daß das Planetengetriebe entfal-len kann.

Der Freilauf

Wichtiges Bindeglied zwischen E-Starter und Starterantrieb im Motor ist der Freilauf. Es gibt mehrere Arten; wir zeigen nur den viel verwendeten Rollenfreilauf:

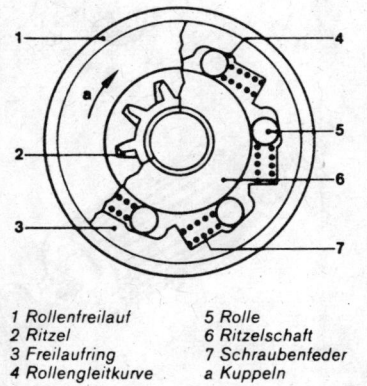

Rollenfreilauf.
Bei antreibender Ankerwelle werden die Rollen in dem sich verengenden Raum fest-geklemmt und stellen dadurch eine kraft-schlüssige Verbindung her. Bei Kraftrich-tungswechsel durch den schneller werden-den Verbrennungsmotor lösen sich die Rol-len und werden – entgegen der Federkraft – in den sich erweiternden Raum gescho-ben. Damit ist die kraftschlüssige Verbin-dung zwischen Anker und Starterritzel auf-gehoben.

1 Rollenfreilauf	5 Rolle
2 Ritzel	6 Ritzelschaft
3 Freilaufring	7 Schraubenfeder
4 Rollengleitkurve	a Kuppeln

(Bosch)

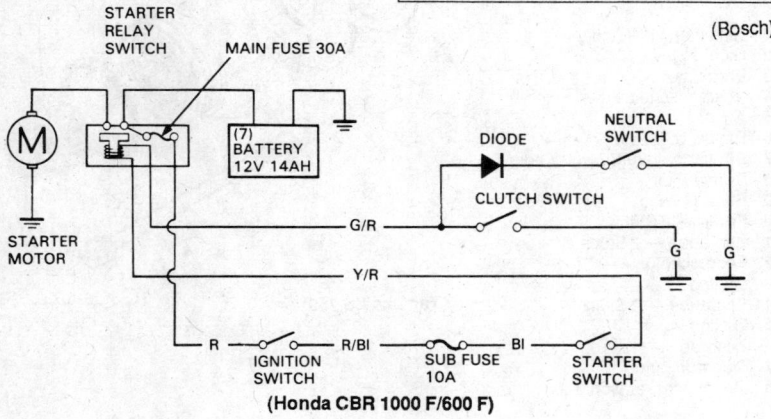

(Honda CBR 1000 F/600 F)

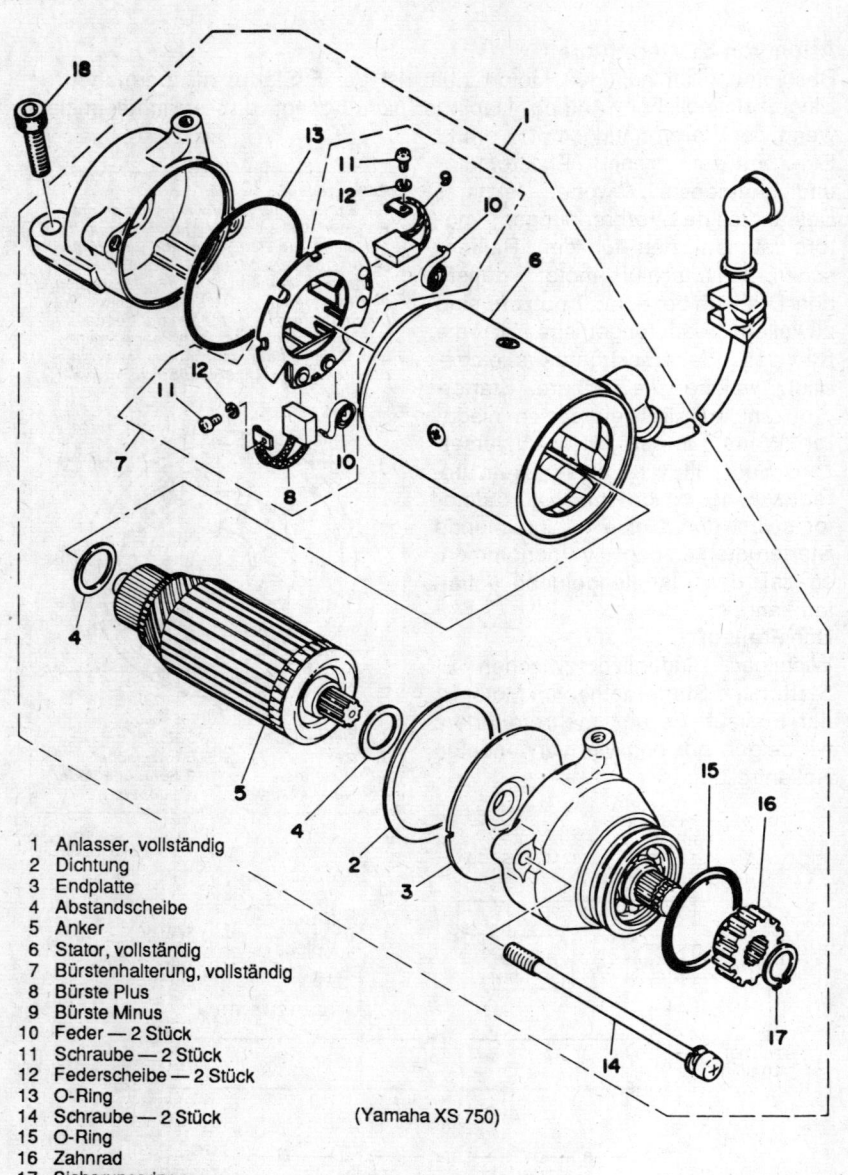

1 Anlasser, vollständig
2 Dichtung
3 Endplatte
4 Abstandscheibe
5 Anker
6 Stator, vollständig
7 Bürstenhalterung, vollständig
8 Bürste Plus
9 Bürste Minus
10 Feder — 2 Stück
11 Schraube — 2 Stück
12 Federscheibe — 2 Stück
13 O-Ring
14 Schraube — 2 Stück
15 O-Ring
16 Zahnrad
17 Sicherungsring
18 Innensechskantschraube

(Yamaha XS 750)

Arbeitsweise des E-Starters mit Permanentantrieb

Der Schalter (Ignition Switch = Zündschalter) wird eingangs durch den Zündschlüssel aktiviert. Die Sicherung schützt den Starterstromkreis. Nach dem Druck auf den Starterknopf schaltet der Magnetschalter den Starterstrom aus der Batterie, direkt auf den Starter-Motor. Der Anlasser beginnt unvermittelt zu drehen.

Die Hauptsicherung unterbricht dabei den Stromfluß, wenn der Starterstrom zu groß wird, sei es wegen eines Defektes im Anlasser oder einem Kurzschluß in der Zuleitung.

Der Schalter Neutral läßt den Steuerstrom vom Starterknopf zum Magnetschalter nur zu, wenn kein Gang eingelegt ist. Dies kann über den Schalter (Clutch Switch = Kupplungsschalter) überbrückt werden, wenn der Fahrer die Kupplung betätigt.

Nach dem Anlaufen des E-Starters wird das Drehmoment über den Freilauf und eine Untersetzung im Motor auf die Kurbelwelle gebracht, die sich zu drehen beginnt.

Nach dem Anspringen unterbricht der Freilauf den Kraftschluß zur Kurbelwelle (siehe auch Kapitel 6.5.: "Der Elektrostarter"). Der Startermotor dreht frei weiter, bis der Daumen vom Starterknopf genommen wurde. Danach trennt der Magnetschalter wieder die Stromversorgung zwischen Batterie-Pluspol und Starter-Motor.

Die Diode (Freilaufdiode) hat die Aufgabe, die durch Abschalten der Magnetspule im Magnetschalter entstandenen negativen Spannungsspitzen zu sperren, um Schäden an einzelnen Bauteilen der elektrischen oder elektronischen Einrichtung zu verhindern.

Die zweite Bauart von E-Startern ist der Schub-Schraubtrieb-Starter. Er stellt eine komplette Starteranlage dar, wie sie sonst nur in Automobilen vorkommt. In der Einheit zusammengefügt sind Startermotor, Einrückrelais (welches zusätzlich die Funktion des später beschriebenen Magnetschalters ausfüllt), Rollenfreilauf und Einspurgetriebe.

Arbeitsweise des Schub-Schraubtrieb-Starters

Beim Drücken des Starterknopfes wird das Einrückrelais betätigt. Es zieht gegen die Federkraft einer Rückstellfeder den Einrückhebel an. Dieser schiebt selbst wieder über Führungsringe und Einspurfeder den Mitnehmer mit dem Ritzel gegen den Zahnkranz des Motorschwungrades. (Verwendet bei BMW-Boxer- Motorrädern ab 5er Baureihe sowie in den Moto Guzzi V2-Motorrädern). Das Ritzel steigt am Schraubensteilgewinde empor und erleichtert sich so das Einspuren in die Schwungscheibe.

Der Anker des Startermotors dreht in dieser Phase nicht, da der Erreger- und Ankerstrom noch nicht eingeschaltet wurde. Bei einer günstigen Zahnstellung von Ritzel und Zahnkranz spurt dieses voll ein und die Kon-

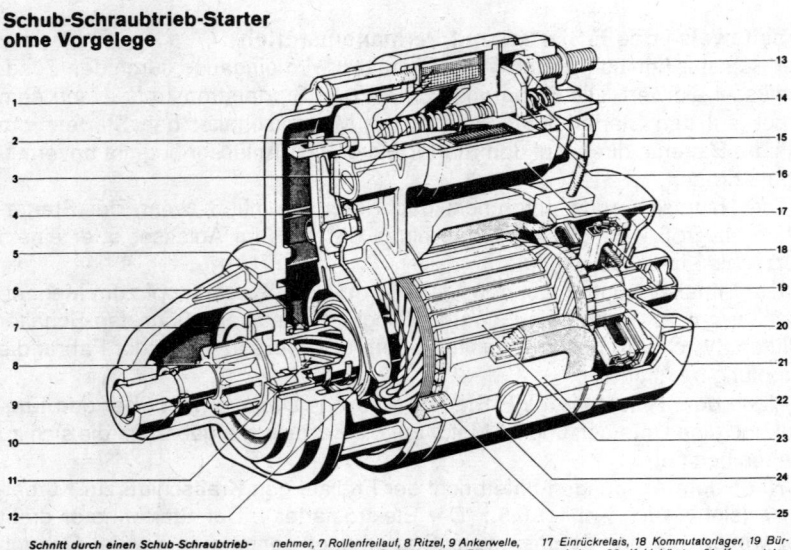

**Schub-Schraubtrieb-Starter
ohne Vorgelege**

1
2
3
4
5
6
7
8
9
10
11
12

13
14
15
16
17
18
19
20
21
22
23
24
25

*Schnitt durch einen Schub-Schraubtrieb-
Starter Typ EF.
1 Haltewicklung, 2 Einzugswicklung, 3 Rückstellfeder, 4 Einrückhebel, 5 Einspurfeder, 6 Mit-*

*nehmer, 7 Rollenfreilauf, 8 Ritzel, 9 Ankerwelle,
10 Anschlagring, 11 Steilgewinde, 12 Führungs-
ring, 13 Elektrischer Anschluß, 14 Kontakt,
15 Kontaktabschaltfeder, 16 Kontaktbrücke,*

*17 Einrückrelais, 18 Kommutatorlager, 19 Bür-
stenhalter, 20 Kohlebürste, 21 Kommutator,
22 Polschuh, 23 Anker, 24 Polgehäuse, 25 Erregerwicklung.*

takte im Innern des Einrückrelais werden geschlossen. Der Startermotor ist jetzt eingeschaltet und beginnt zu drehen.

Nachdem beim Anlaufen des Fahrzeugmotors die Drehzahl des Schwungrades größer geworden ist als die des Startermotors, löst der Rollenfreilauf die kraftschlüssige Verbindung zwischen Ritzel und Ankerwelle auf. So wird der Startermotor vor zu großen Drehzahlen geschützt. Das Ritzel bleibt solange im Eingriff, wie der Starterknopf am Lenker betätigt wird, dreht aber frei am Schwungrad mit. Erst nach dem Abstellen des Starterstromes gehen Einrückhebel, Mitnehmer und Ritzel durch die Wirkung der Rückstellfeder in die Ruhestellung zurück.

Bei einer ungünstigen Zahnstellung spurt das Ritzel zwar nicht in den Zahnkranz der Schwungscheibe ein. Dennoch werden die Kontakte geschlossen, das Ritzel dreht und sucht sich, unterstützt durch den Preßdruck der Einspurfeder, bei nächster Gelegenheit selbsttätig eine Zahnlücke, worauf der Startvorgang fortgesetzt werden kann.

Wartungsarbeiten an Elektrostartern

Neben der Korrosionskontrolle aller Kabelanschlüsse, müssen die Kohlebürsten des Startermotors sowie der Kollektor des Ankers überprüft werden.

Den Wartungszeitraum kann man aber großzügig bemessen, weil der E-Starter glücklicherweise zu den langlebigen Baugruppen gehört. Jede Kohlebürste hat eine bestimmte Mindestlänge, die nicht unterschritten werden

318

darf, wenn der Starter-Motor sicher und zuverlässig laufen soll. Ebenso müssen die Federklammern, welche die Kohlebürsten auf den Kollektor drücken, auf Verschleiß (Dünnerwerden des Federstahls) sowie Risse oder Brüche kontrolliert werden. Die Verschleißgrenze der Kohlebürsten ist im Werkstatthandbuch angegeben. Im Zweifelsfall spätestens dann, wenn sie trotz Federdruck den Kollektor nur unzureichend kontaktieren.

Vor dem Einsetzen der Kohlebürsten vergewissere man sich, daß der Kollektor (Stromwender) sauber ist und frei von starken Riefen. Er soll fettfrei sein und die Glimmerplättchen zwischen den Kollektorsegmenten dürfen nicht vorstehen. Riefige Kollektoren kann man mit Glaspapier reinigen und mit Preßluft ausblasen. Eine Politur mit einem Metallputzmittel bringt Hochglanz und die zum Schutz vor schneller Kohlebürstenabnutzung notwedige Glättung. Eine Reinigung mit reichlich Spiritus schließt die Arbeiten ab. Es dürfen keine Schleifmittelspuren zurückbleiben, sie würden die Kohlebürsten schneller verschleißen lassen.

Die Kohlebürsten müssen sich in ihrer Halterung frei bewegen lassen, andernfalls reagiert der Elektromotor mit Aussetzern infolge verklemmter Kohlebürsten oder verweigert sich ganz.

7.9.1. Der Magnetschalter

Nach dem Drücken des Starterknopfes fließt Strom durch die Magnetwicklung des Schalters. Die erzeugte magnetische Kraft schiebt den Anker des Schalters nach hinten, wodurch zwei Kontakte mittels der an der Schaltachse des Ankers befestigten Kontaktbrücke geschlossen werden. Diese verbindet den Pluspol der Batterie mit dem Starter-Motor. Einige Argumente für den Magnetschalter:

1. Der Anlasser wird nur mit Strom beliefert, solange der Starterknopf betätigt wird.
2. Der hohe Strombedarf des E-Starters verlangt relativ große Kontakte und niederohmige, also dicke und kurze Verbindungskabel. So etwas läßt sich nicht am Lenkerende eines Motorrades anbringen, wo sich normalerweise der Starterknopf befindet.
3. Falls die Batterie zu schwach ist, schließt der Magnetschalter nicht, wodurch der Batterie der Kurzschluß und damit Tiefentladung und Schädigung der Platten im Inneren erspart bleiben.
4. Schaltvorgänge mit hohen Stromstärken sollen schnell ablaufen, weil sonst starke Funken zwischen den Kontaktstellen entstehen, die einen kräftigen Abbrand und Verschleiß des Schalters mit sich bringen.

Darüber hinaus verbrät jeder Funke eine gehörige Menge kostbaren Batteriestromes, der, besonders beim Kaltstart, dringend benötigt wird.

319

Das Einrückrelais

Das im Schub-Schraub-Starter eingebaute Einrückrelais ist eine Kombination von Einrückmagnet und Magnetschalter. Es erfüllt eine doppelte Funktion:
1. Vorschieben des Ritzels zum Einspuren in den Zahnkranz der Schwungscheibe am Motorradmotor.
2. Schließen der Kontaktbrücke zum Schalten des Hauptstromes, von der Batterie zum E-Starter (Magnetschalterfunktion).

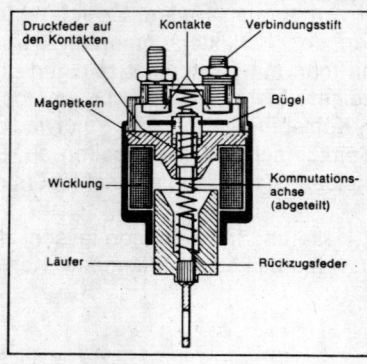

(Bosch)

Die Wicklung des Einrückrelais besteht aus einer Einzugs- und einer Haltewicklung. Diese Anordnung kombiniert den Vorteil eines starken Einzuges des Ritzels mit dem sparsamen Stromverbrauch einer Haltespule. Einer möglichen Überhitzung wird damit außerdem noch Rechnung getragen. Die starke Einzugswicklung überwindet Einspulwiderstände und wird während des eigentlichen Startvorgangs durch die Haltespule ersetzt, deren geringe Magnetkraft vollkommen ausreicht, das Ritzel im Eingriff zu halten. Die Einzugsspule ist dabei kurzgeschlossen und wirkungslos. Unter dem Einfluß der Einzugsspule wird der Anker nach innen gedrückt, wobei die Kontaktbrücke die Verbindung Starter - Batterie herstellt. Der Haltestrom hält auch diese Verbindung aufrecht, bis der Startervorgang abgeschlossen ist.

Nach Loslassen des Starterknopfes drücken die Rückstellfeder sowie die Kontaktfeder das Einrückrelais in die Ausgangsposition zurück. Das Ritzel fällt ab, und die Kontaktbrücke unterbricht den Starterhauptstrom.

7.10. Beleuchtungsanlage, Blinker und Verkabelung

Die Beleuchtung besteht aus Hauptscheinwerfer, Standlicht, Rücklicht und Zusatzscheinwerfer. Als Warnsignal kommt das Bremslicht hinzu.

Der Hauptscheinwerfer
Er verfügt über einen Reflektor, der von hinten mit einer Lampenfassung für die Hauptscheinwerfer-Glühlampe sowie die Standlichtglühlampe ausgerüstet ist.

Der Reflektor sammelt das Licht, bündelt es und strahlt es nach vorne ab. Ihn bedeckt die Streuscheibe, die das gebündelte Licht gezielt streut, so daß

320

bei Abblendlicht ein flacher und breiter Lichtfächer entsteht, der wenig Licht nach oben entläßt (Blendgefahr für entgegenkommende Fahrzeuge). Bei Aufblendlicht ordnet sie das Licht kegelförmig und bündelt es über die ganze Sphäre der Streuscheibe zu einem weitreichenden Lichtstrahl, ohne dabei Zwischenräume zu vernachlässigen.

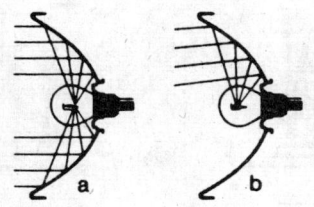

Fernlicht und Abblendlicht (BOSCH-Bild)

a) Fernlicht

b) Abblendlicht

Der Reflektor ist hochempfindlich und besteht aus einer aufgedampften Chromschicht. Man sollte ihn nicht mit den Fingern anfassen. Wenn er gereinigt werden muß, tut man dies in einer Schüssel mit warmem Seifenwasser. Mit einem weichen Schwamm wird die empfindliche Fläche gereinigt. Anschließend abtropfen und trocknen lassen. Auf keinen Fall nachpolieren, selbst wenn der eine oder andere Wasserfleck übrigbleibt. Blind oder rostig gewordene Reflektoren muß man auswechseln. Da Streuscheibe und Re-

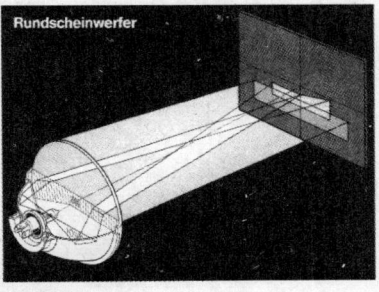

(Bosch)

flektor meist aus einem Stück zusammengesetzt sind, betrifft es leider beide. Eine für die BRD zugelassene Streuscheibe (Scheinwerfer) muß entweder das nationale Prüfzeichen K 15819 oder die internationale Kennung (E1) 6002 (die Nummern dienen nur als Beispiel) tragen.

Die Glühlampe

Glühlampen sind Temperaturstrahler. Sie wandeln mit Hilfe eines Wolframfadens, den sie zum Glühen bringen, elektrischen Strom in Licht und Wärme um. Je höher die Temperatur des Wolframfadens, desto größer ist die Lichtleistung der Glühlampe.

Leider wird nur ein Bruchteil des Stromes in Licht umgewandelt. Etwa 5%! Der Rest ist Wärme.

Der Glühfaden im Innern der Lampe verdampft im Laufe der Zeit, die Drahtstärke der Wendel nimmt ab. Das Wolfram schlägt sich als schwärzliches Kondensat innen am Glaskolben der Lampe nieder und kündigt ihr baldiges Ende an.

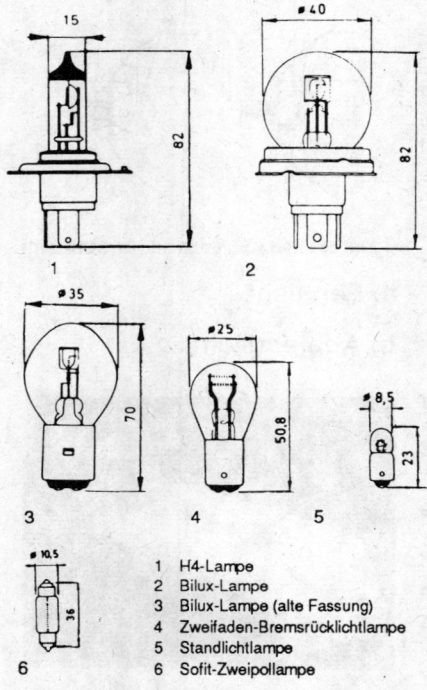

1 H4-Lampe
2 Bilux-Lampe
3 Bilux-Lampe (alte Fassung)
4 Zweifaden-Bremsrücklichtlampe
5 Standlichtlampe
6 Sofit-Zweipollampe

Die Bilux-Lampe

Sie wird heute nur noch als Billigausführung oder wegen Leistungsmangel der Lichtanlage für Hauptscheinwerfer eingesetzt. Ihre Lichtausbeute, die bis vor 20 Jahren als nahezu unübertroffen galt, beträgt i.d.R. 12 V und 45/40 W.

Die erste Watt-Zahl gibt die Leistung des Hauptlichtfadens, die zweite diejenige des Abblendfadens an. Die Bilux-Lampe besitzt also zwei Fäden. Der Abblendfaden führt einen kleinen Reflektor an seiner Halterung, der das Licht auf den oberen Teil des Hauptscheinwerfer-Reflektors wirft. Das optimiert bei Abblendlicht den nach unten gerichteten Lichtfächer.

Die Halogen H4-Lampe

Eine Lampe, deren Gasfüllung (Halogen, Jod und Bromverbindungen als Zusätze) einen Kreislauf produziert. Ein Recyclingprozeß führt die verdampfenden Wolframbestandteile stets wieder zum Glühfaden (Glühwendel) zurück, wodurch dieser eine hohe Lebensdauer erhält.

Halogen H4-Lampen für den Hauptscheinwerfer besitzen ebenfalls zwei Glühfäden. Sie führen jedoch einen schmalen Glaskolben aus extrem hitzefestem Quarz- oder Hartglas statt der gerundeten Glaskugel der Bilux. Ihre Leistung beträgt stolze 60/55 W, weshalb sie in Motorradscheinwerfern immer stärker vertreten sind. Die Wattzahl läßt schon erkennen, um was für eine Lampe es sich in der Lichtanlage handelt. Sogar die Größe des Glaskolbens läßt sich daraus erraten.

Beispiele: Eine Lampe mit 12 V und 21 W ist garantiert eine Blinkerlampe. Der Glaskolben ist mittelgroß (ca. 20 mm). Eine Zweifadenlampe mit 12 V und 5 W/21 W stellt eine kombinierte Rücklicht-Bremslichteinheit dar, wobei der kleine Wattbetrag auf die Rücklichtbeleuchtung gemünzt ist. Logischerweise ist demnach eine Glühlampe mit 12 V und 5 W eine Rücklichtlampe (Durchmesser des Glaskolbens ca. 17 mm). Leerlauf-, Fernlicht-, Zünd- und Ölkontrollampen sowie Instrumentenbeleuchtung haben 3,4 W (Durchmesser des Glaskolbens ca. 6 mm).

Zerstört werden Glühlampen am häufigsten durch Erschütterungen (der glühende Faden ist sehr empfindlich und bricht leicht) oder durch häufiges An- und Abschalten der Lampe (der Ein- und Abschaltstrom erreicht schädlich hohe Werte). Richtig alt werden Lampen, die erschütterungsfrei und beschaulich ihr Dasein fristen, wie Instrumentenlampen oder Kontrollampen. Alle Halogenlampen leben mindestens das Doppelte einer normalen Glühlampe.

Rück- und Bremslicht
Vermehrt werden zwei Rücklichtlampen bzw. zwei Doppelfadenlampen in einem Rücklichtgehäuse (zwei Rücklicht- und zwei Bremslichtwendeln) ein-

Strompfade von Horn, Leerlaufkontrolle und Bremslicht

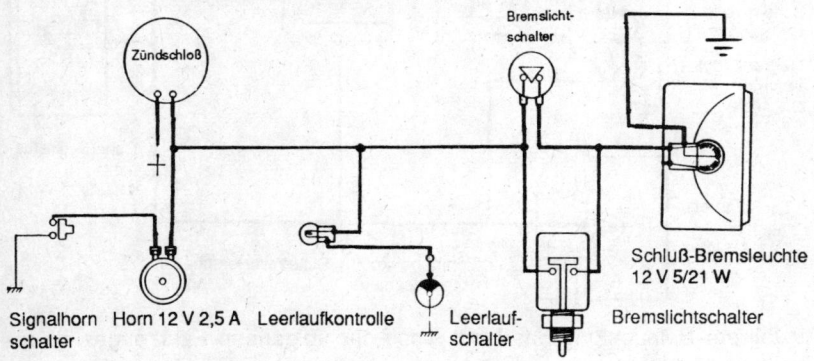

Zündschloß — Bremslichtschalter — Schluß-Bremsleuchte 12 V 5/21 W

Signalhornschalter   Horn 12 V 2,5 A   Leerlaufkontrolle   Leerlaufschalter   Bremslichtschalter

gesetzt, so daß bei Ausfall eines Glühfaden noch ein anderer die Rückendeckung übernehmen kann. Besitzt eine Maschine nur eine Doppelfadenlampe im Rücklicht, kann man durch Umstecken der Leitungsanschlüsse aus einer Bremsbeleuchtung notfalls eine Rückbeleuchtung machen. Wir kennen schauderhafte Auffahrunfälle, die des Nachts geschehen sind. Motorradfahrer sind dabei besonders gefährdet.

Das Bremslicht wird in der Regel durch zwei Schalter betätigt. Der eine sitzt an der Hand-, der anderen an der Fußbremse. Leichtes Antippen schließt den Kontakt.

Bremslichtschalter für die Fußbremse sind einstellbar, so daß man mit dem Einstellen des Fußbremshebels auch den Druckpunkt des Bremsschalters anpassen kann.

Das Lampenglas von Brems- und Rücklichtbeleuchtung besteht aus farbigem Kunststoff, welches einen eingesetzten Rückstrahler aufweist. Dieser Rückstrahler, Katzenauge genannt, hat die überaus wichtige Aufgabe, bei

Strompfad der Motorradbeleuchtung

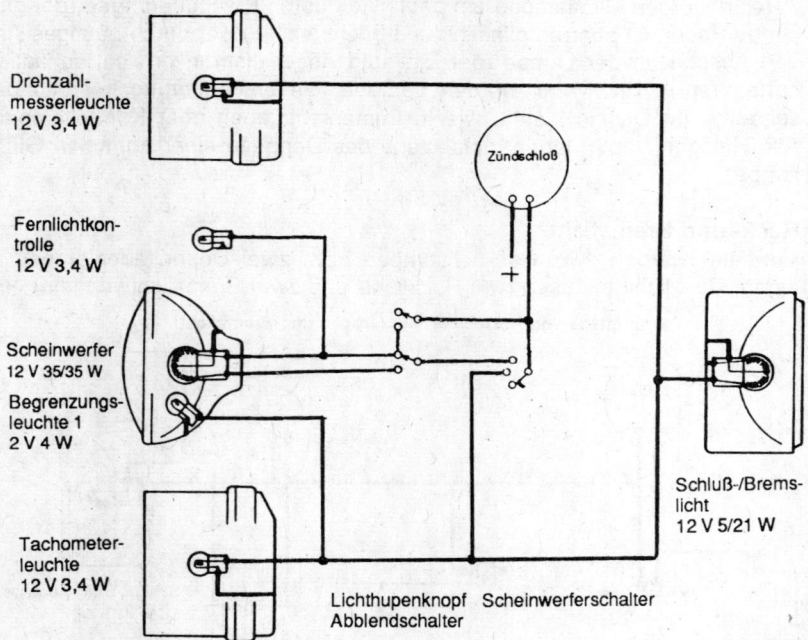

Drehzahl-
messerleuchte
12 V 3,4 W

Zündschloß

Fernlichtkon-
trolle
12 V 3,4 W

Scheinwerfer
12 V 35/35 W

Begrenzungs-
leuchte 1
2 V 4 W

Schluß-/Brems-
licht
12 V 5/21 W

Tachometer-
leuchte
12 V 3,4 W

Lichthupenknopf   Scheinwerferschalter
Abblendschalter

Ausfall der Beleuchtung das Licht eines nachfolgenden Fahrzeuges zu re-
flektieren und zu warnen, daß hier ein Fahrzeug ohne Rückbeleuchtung unterwegs ist.

Rückstrahler können als Einzelstrahler hinten auch separat aufgeführt
sein. Zunehmend sieht man sie als Seitenreflektoren in gelber Farbe. Rückstrahler, Bremslicht und Rücklicht strahlen in rotem Licht, Blinker in gelb,
Haupt- und Zusatzscheinwerfer in weiß (Vorschrift der Straßenverkehrszu-
lassungsordung).

Blinkeranlage

Eine Blinkeranlage (Behördendeutsch: Fahrtrichtungsanzeiger) besteht aus
vier Blinkerlampen mit den entsprechenden Gehäusen und gelben Ver-
glasungen, der Verkabelung sowie dem Blinkgeber als Steuerteil. Ein Blink-
schalter am Lenker bedient die Anlage. Es leuchten jeweils zwei Blinkerlampen gemeinsam auf, im Rhythmus von etwa 90 Blinkimpulsen pro Minute
(Vorschrift der StVZO). Zwischen den Leuchtphasen der Impulse soll die
Dunkelphase geringfügig länger andauern, um, wie Versuche ergeben
haben, die Signale tiefer ins Bewußtsein der Menschen eindringen zu lassen.

Strompfad der Blinkeranlage

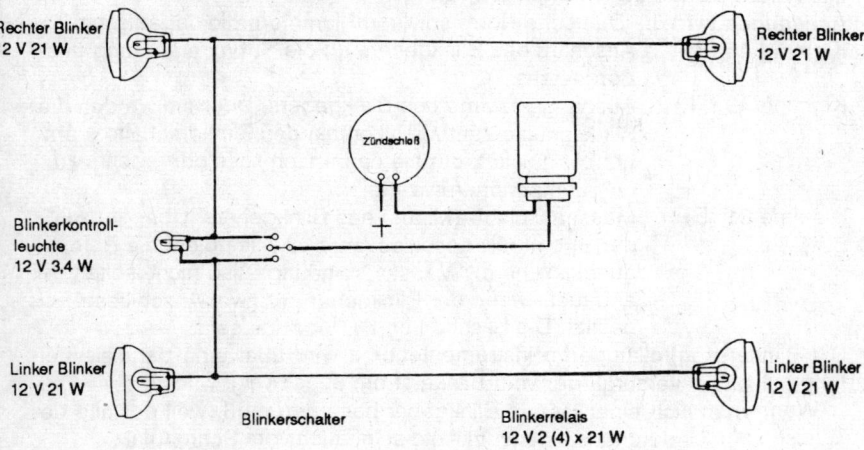

Rechter Blinker
12 V 21 W

Rechter Blinker
12 V 21 W

Zündschloß

Blinkerkontroll-
leuchte
12 V 3,4 W

Linker Blinker
12 V 21 W

Linker Blinker
12 V 21 W

Blinkerschalter

Blinkerrelais
12 V 2 (4) x 21 W

Anders ausgedrückt: Auch im Halbschlaf sollte man die Signale noch zur Kenntnis nehmen. Es werden Glühlampen mit 12 V - 18 W bzw. 21 W eingesetzt. 6 V-Anlagen nutzen 18 W- Lampen.

Fällt eine Blinkerlampe aus, ändert sich der Blinkrhythmus. Er wechselt schneller, was ein Gefahrensignal für den Fahrer darstellt, der nun weiß, daß er möglichst bald eine neue einbauen muß. Der Blinkgeber wird in unterschiedlichen Bau- und Funktionsweisen hergestellt. Es gibt:

1. Bimetall- Blinkgeber
2. Kondensatorgesteuerte Blinkgeber
3. Elektronisch gesteuerte Blinkgeber

... und einige Arten mehr, doch die oben erwähnten sind am häufigsten.

Der Bimetall-Blinkgeber ist der empfindlichste, weshalb man ihn nicht fallenlassen sollte. Er hängt an einer Gummilasche oder an einer Drahtwendel.

Auf keinen Fall fest anbauen. Er muß freischwebend in seiner Halterung montiert sein.

Bimetall-Blinkgeber erkennt man an ihrem geringen Gewicht, welches den Eindruck erweckt, es sei gar nichts drinnen in der Dose. Wenn man ihn vorsichtig schüttelt, klimpert es ein wenig. Dieser Blinkgeber ist rein mechanisch aufgebaut und funktioniert mit Hilfe eines Metallstreifens, der sich unter Strom erwärmt, verbiegt und dabei Kontakte schließt. Kräftig im Vormarsch sind die elektronisch gesteuerten Blinkgeber, weil sie sehr zuverlässig arbeiten. Zudem haben sie praktisch keine Anlaufzeit (im Gegensatz zum Bimetallgeber).

325

Die Anschlüsse des Blinkgebers

Angegeben wird die Deutsche Norm sowie in Klammern die Japanische:

Klemme 45 (B)   - Anschluß des Blinkgebers an die Stromversorgung des Bordnetzes.

Klemme 49a (L)   - Ausgangsklemme des Blinkgebers. Über sie werden die Blinkimpulse zum Mittelkontakt des Blinkerschalters am Lenker geleitet, der sie dann nach links oder rechts zu den Lampenpaaren verteilt.

Klemme 31 (E)   - Masseanschluß (Minus) des Blinkgebers. Über ihn wird der Stromkreis geschlossen. Teilweise dient die Befestigungslasche als Masseverbindung. Also nicht isoliert anbauen, wenn der Blinkgeber nur zwei Anschlüsse besitzt. Die Lasche könnte der dritte sein.

Die Blinker-Kontrollampe im Instrumentenbrett wird über eine parallele Leitung mit Strom versorgt, der vom Blinkerstrom abgezweigt wird.

Wenn man sich einen neuen Blinkgeber besorgen muß, weil der alte defekt ist, kann es durchaus einer vom Auto sein, auch vom Schrottplatz.

Neue sind aus unverständlichen Gründen oft teuer. Wichtig ist nur, daß die Angaben auf dem Blinkgeber übereinstimmen. 12 V 2(4) x 21 W; das heißt: Der Blinkgeber ist für vier Blinkerlampen je 21 W ausgelegt, die jeweils zu zweit brennen dürfen.Die überflüssigen Anschlüsse auf dem Auto-Blinkgeber läßt man offen.

Die Verkabelung

Die elektrischen Leitungen übertragen den für den Betrieb notwendigen Strom, stellen über die Masseleitungen und Masseanschlüsse den Stromkreis her, übertragen Steuerbefehle und Informationen. Weil sie immer Strom transportieren, müssen sie gut isoliert sein.

Je dicker ein Kabel, desto größere Strombelastungen kann es ab. Das Starterkabel ist deshalb so dick, weil sich unter den vielleicht 150 A-Nennstrom aus der Batterie ein dünnes Kabel in Rauch auflösen würde.

Die Verbindungsstellen von Kabeln untereinander sind eine kritische Stelle. Nach einiger Zeit, je stärker sie der Witterung ausgesetzt sind, desto früher beginnen die Kabelschuhe der Steckverbindungen innen durch Feuchtigkeitseinfluß zu korrodieren. Diese Korrosionsschicht hat eine elektrisch isolierende Wirkung. Wenn also beispielsweise zwei Blinkerlampen immer schwächer leuchten und die Blinkimpulse immer langsamer werden, obwohl die Batterie gut geladen ist, sollte man einmal bei den Steckverbindern nachschauen. Die Korrosionsschicht schiebt sich allmählich zwischen die kontaktgebenden Flächen und schnürt quasi den Strom ab. Man sagt: Die Übergangswiderstände nehmen zu! Abhilfe bringt Aufpolieren und Einfetten mit Batteriefett. Ähnliches gilt für die Fassungen der Glühlampen und deren

Gehäuse. Kabel oder Kabelstränge sollen niemals stramm verlegt werden, weil durch Zug, Vibrationen und Biegemomente die Gefahr von Kabelbrüchen ganz groß ist.

An- oder durchgescheuerte Kabelisolationen müssen mit Isolierband umwunden werden, weil sie Kurzschlüsse oder Fehler in der Elektrik verursachen können. Darauf sollte man unbedingt überall da achten, wo Kabel um Ecken verlegt sind oder häufig hin- und herbewegt werden (Lenkkopf).

Angescheuerte Stellen sollte man auch daraufhin prüfen, ob neben der Isolation auch einzelne Drähte der Kabellitze beschädigt sind. Dann muß diese Leitung ersetzt werden. Entweder komplett getauscht oder indem mittels Kabelverbinder fachlich sauber, ein neues Teilstück eingefügt wird.

Zündkabel dürfen nicht verschmutzt sein. Das führt infolge der Hochspannung leicht zu Kriechströmen mit nachfolgendem Kerzenausfall.

Die verschiedenen Kabel im Bordnetz sind durch Farben gekennzeichnet, so daß eine Verwechslung nicht so leicht möglich ist. Dennoch sollte man bei Demontagen Aufzeichnungen herstellen, weil häufig gleiche Kabelfarben auch von anderen Bauteilen im selben Strompfad geführt werden.

Strommessung im Kabelbaum

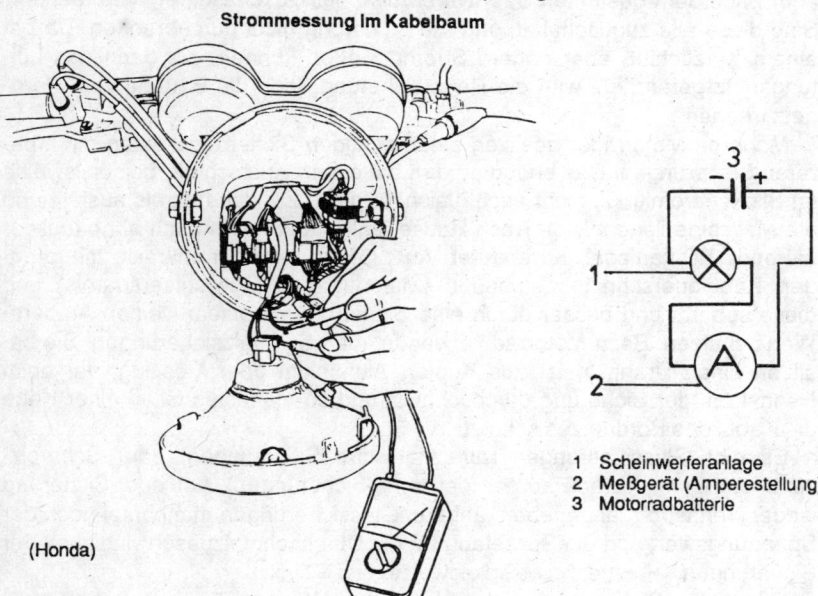

1 Scheinwerferanlage
2 Meßgerät (Amperestellung)
3 Motorradbatterie

(Honda)

Sicherungen
Sie zeigen mit ihrem Durchbrennen an, daß das betreffende Kabel überlastet wurde. Ohne Sicherungen würden bei Kurzschluß die Leitungen ver-

327

schmoren und ein Kabelbrand, gut erkennbar an der Rauchwolke und dem ätzenden Gestank, könnte die Maschine in Brand setzen.
Sicherungen werden in ihrer Stärke auf den Leitungsquerschnitt abgestimmt. Beispiel: Kupferlitzenkabel (VDE 0100/12.65)

Querschnitt der Leitung	Strombelastung des Kabels	Nennstrom der Sicherung
0,75 mm	13 A	10 A
1,00 mm	16 A	16 A
1,50 mm	20 A	20 A
2,50 mm	27 A	25 A

Ausländische Normen weichen manchmal von der deutschen ab.
Motorradbordnetze mit nur einer Sicherung setzen diese in die Hauptversorgungsleitung ein, die vom Pluspol der Batterie zum Zünd- und Hauptschalter reicht. Sie wird gerne als 20 A-Sicherung ausgelegt, richtet sich aber nach dem gesamten Stromverbrauch aller zuschaltbaren Verbraucher. Sind diese alle zugeschaltet, darf die Sicherung nicht durchbrennen. Da bei einem Kurzschluß aber höhere Ströme fließen können, die dann das Leitungsnetz gefährden, wird die Hauptsicherung dann die Batterie vom Bordnetz trennen.
Moderne Motorräder besitzen einen richtigen Sicherungskasten mit mehreren Sicherungen. Das bedeutet, daß bei einem Kurzschluß, beispielsweise im Blinkerstromkreis, nicht auch gleichzeitig der Zündstromkreis ausfällt und die Maschine liegenbleibt. Nach Hause fahren kann man auch ohne funktionierende Blinkanlage. Ein anderer Vorteil: Man kann Stromkreise mit geringen Kabelquerschnitten einbauen (Material- und Gewichtsersparnis) und diese separat und besser durch eine Sicherung mit einem kleinen Ampere-Wert schützen. Beim Motorrad verwendet man Schmelzsicherungen. Sie besitzen einen Draht, meist aus Kupfer, Aluminium oder Messing, der beim Nennstrom der Sicherung durchschmilzt und so als festes Glied einer Kette die Kabel des Bordnetzes schützt.
Es gibt Glassicherungen (amerikanische Sicherungen) oder Schmelzsicherungen mit Keramikkörper (deutsche Sicherungen). Auf jeder Sicherung ist der Nennstrom angegeben, auf den Glassicherungen manchmal noch der Spannungswert und ein Buchstabe für die Durchschmelzgeschwindigkeit der Sicherungen. "F" ist dann beispielsweise: fast = flink.
Man sollte Sicherungen unterschiedlicher Werte nicht vertauschen, weil sich sonst Stromkreise verabschieden (die falsche Sicherung brennt zu schnell durch), obwohl deren Stromfluß normal ist. Während umgekehrt die starke Sicherung trotz Kurzschluß bzw. Überlastung nicht schmilzt.

7.11. Fehlersuche in der Bordelektrik von Motorrädern

Fehlersuche im Bordnetz kann eine verteufelte Angelegenheit werden. Wir unterscheiden Fehler, an elektrischen Aggregaten sowie an der Batterie, an Lampen, Schaltern, Hupe und Instrumenten etc. und solche, die im Kabelnetz selber liegen.

Zur Übersicht teilen wir Lichtmaschine, Regler, Anlasser, Hupe, Lampen, Batterie und alle anderen auch in ihre Stromkreise auf. Das bedeutet also beispielsweise den Stromkreis des Anlassers vom Batterie-Pluspol bis zum Anschluß am Magnetschalter. Vom zweiten Magnetschalteranschluß bis zum Anlasser selbst. Dazu gehört natürlich noch der Stromkreis des Magnetschalters mit seinen Zwischenschaltern und dem Zündschloß.

Das klingt kompliziert und wahrlich es ist nicht einfach, sondern nur Schritt für Schritt zu erarbeiten.

Grundlage sollte der Schaltplan im Bordbuch sein. Der Schaltplan ist ein schematisches Abbild des Bordnetzes und auf ihm können wir die einzelnen Stromkreise mit dem Finger abfahren. Ein guter Trick ist, die wichtigen Stromkreise mit verschiedenfarbigen Filzern nachzuschreiben, um sie vom Gewusel der übrigen abzuheben. Sich vertraut machen mit der Bedeutung der Schaltzeichen und der kleinen Zeichnungen ist eine wichtige Voraussetzung.

Auch sollte man sich nicht irre machen lassen, wenn Zuleitungen auf dem Plan in Schaltereinheiten verschwinden. Gewiß ist weiter unten dann in einem Extrakasten erklärt, wie die Verbindungen untereinander verlaufen und bei welcher Schalterstellung welche Zuleitungen wie geschaltet sind.

Manches Lämpchen und mancher Schalter bezieht seinen Strom von einem Nachbarschaltkreis. Nicht jede Stromleitung läßt sich bis zum Pluspol der Batterie zurückverfolgen. Viele Massekabel sind zusammengeschaltet und werden irgendwo auf Fahrzeugmasse gelegt, verschraubt über eine Lasche.

Doch sollte man sich immer vor Augen halten: Jeder Stromkreis ist stets geschlossen. Direkt oder indirekt mit dem Batterie-Pluspol verbunden, führt er meist über eine Sicherung über einen Schalter zum Verbraucher und von dort an Fahrzeugmasse, welche den Strom zum Batterie-Minuspol zurückleitet.

Am Beispiel des schön einfach und übersichtlich gehaltenen Schaltplans der Kawasaki KE 175 D1 (eine Enduro) wollen wir den Stromkreis des Hinterradbremslichtes verfolgen und uns Gedanken machen, was da so alles kaputt gehen kann.

Wir beginnen an den herausragenden Bauteilen, weil dies am einfachsten ist. Diese sind das Rücklicht, der Hinterrad-Bremslichtschalter, der Vorderrad-Bremslichtschalter sowie das Zündschloß.

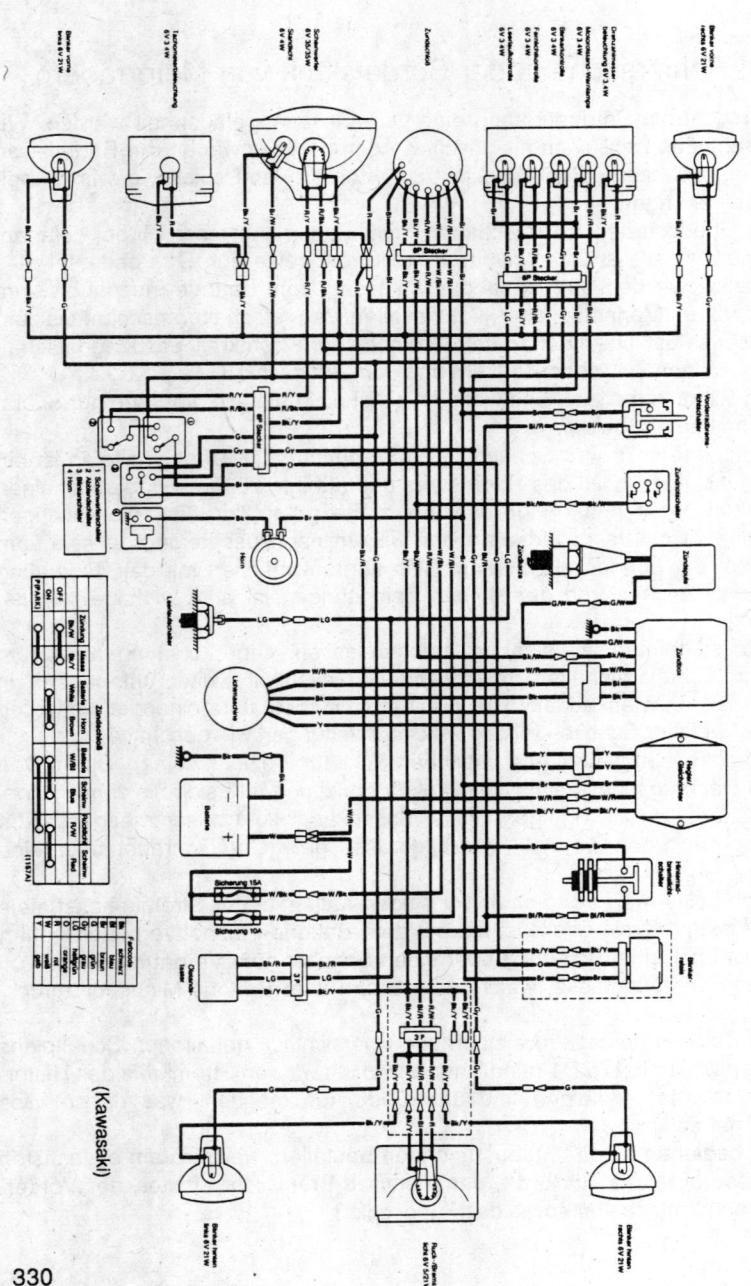

KE175-D1 Schaltplan

(Kawasaki)

330

Zuerst versuchen wir, die Strompfade zu entwirren und die Verbindungen zwischen den genannten Teilen herzustellen. Dabei geht es darum, den Fluß des Stromes zu finden. Wir beginnen mit dem Vorderrad-Bremslichtschalter, dessen Kabel (Br) wir verfolgen. Die Farbcodierung entschlüsseln wir an Hand des Farbcode-Kästchens im Schaltplan. Das braune Kabel gelangt über einen Steckverbinder von einem Hauptstromkabel, welches ebenfalls die Farbe Braun führt. Dieses Hauptkabel kommt vom Zündschloß, das, wie wir wissen, nicht nur den Zündstrom schaltet, sondern auch als Hauptstromschalter insgesamt fungiert.

Das Kästchen: Zündschloß zeigt uns dann, von links nach rechts gelesen, daß der Anschluß "Br" (Brown=Braun) in der "ON"-Stellung mit der Batterie (Anschluß White=Weiß) verbunden ist. Der entsprechende Zündschloßkontakt trägt das Zeichen "W". Wir wissen nun, daß das Kabel "Br" in dieser Zündschloßstellung Strom führt. Das Kabel Bl/R (Blau/Rot) führt vom anderen Anschluß des Vorderrad-Bremslichtschalters geradewegs über den Dreifachstecker "3P" zum Steckverbinder der Brems-/Rücklichteinheit. Von dort aus reicht das Kabel Bl (Blau) bis zum Lampensockel der kombinierten Bremslicht-Rücklichtlampe. Da jede Lampe über einen Masseanschluß verfügt, können wir leicht das Kabel BK/Y (Black/Yellow=Schwarz/Gelb) hierfür identifizieren. Es ist an der Lampe seitlich angeschlossen, was im Schaltplan eine Darstellung des Masse-(Minus-)anschlusses aufzeigt, da in Realität eine Lampe keinen seitlichen Stromkontakt führt. Wohl aber das blanke Gehäuse des Sockels, welches traditionsgemäß immer mit Masse verbunden wird. Dieses Kabel verfolgen wir über einen Steckverbinder sowie den bekannten Dreifachsteckverbinder "3P" in gerader Linie zum "6P"-Stecker und von dort zum Zündschloßanschluß BK/Y, der uns durch einen Blick ins Zündschloßkästchen verrät, daß er den Massepunkt darstellt.

Mit einem prüfenden Blick können wir rasch feststellen, daß der Hinterrad-Bremslichtschalter dem Vorderen parallelgeschaltet ist. Er stellt somit eine zusätzliche Schaltstelle für das Bremslicht dar.

Der Stromfluß würde also folgenden Weg nehmen: Zündschloß auf "ON", Strom fließt über die Sicherung von der Batterie kommend an den Anschluß "W" des Zündschalters und bei geschlossenem Bremslichtschalter, egal welcher, über die Brücke (siehe Zündschloßkästchen) Withe (w) nach Brown (Br). Vom Zündschloßkontakt "Br" ins Hauptstromkabel und von dort aus zum jeweils geschlossenen Schalter, oder auch beide, die den Strom im Kabel Bl/R (Blau/Rot) zum Glühfaden der Bremslichtlampe leiten. Von dort fließt er über das Lampengehäuse ins Kabel BK/Y (Schwarz/Gelb) und da zum Zündschloßkontakt BK/Y, der mit dem Minuspol der Batterie über die Fahrzeugmasse verbunden ist. Der Stromkreis ist hergestellt.

Zur besseren Verdeutlichung wurde der Stromkreis des Bremslichtes im Schaltplan fettgedruckt dargestellt.

Fehlersuche nach dem Schaltplan

Nachdem sich ein Fehler in der elektrischen Anlage bemerkbar gemacht hat, versuchen wir zuerst einmal, ihn im Bordnetz einwandfrei zu lokalisieren.

Das geschieht so: Geht die Hupe nicht, denken wir an den Hupenstromkreis; funktioniert eine Instrumentenbeleuchtung nicht, denken wir an den Stromkreis der Instrumentenbeleuchtung. Komplizierter wird es, wenn mehrere Stromkreise betroffen sind, also mehrere Baugruppen ausgefahren sind.

In allen Fällen jedoch ist es empfehlenswert nun den Schaltplan hervorzuziehen, um sich die Kabelverbindungen und den Stromlauf sowie die miteinander verbundenen Baugruppen einmal zu betrachten.

Sagen wir einmal: Das Bremslicht leuchtet nicht auf, wenn wir den Fußbremshebel benutzen. Wir nehmen den Schaltplan vor und überlegen: Der Strom kommt vom Zündschloß und fließt zum braunen (Br) Anschluß des vorderen - aber auch des hinteren Bremslichtschalters. Die anderen Anschlüsse der beiden Schalter vereinigen sich als blau/rotes (Bl/R) Kabel und dieses führt direkt zum Rücklicht und von dort an den Kontakt der Lampe für den Bremslichtfaden. Vom Masseanschluß des Lampensockels gelangt ein schwarz/gelbes Kabel (BK/Y) dann an den des Zündschlosses und das schließt den Kreis.

Wo kann der Fehler liegen? Und wie finden wir ihn?

Nach Betätigen der Vorderradbremse leuchtet das Bremslicht auf und es ist klar, die Lampe kann es nicht sein.

Unsere Studien im Schaltplan aber haben gezeigt, daß der vordere und der hintere Bremslichtschalter dasselbe Kabel zur Bremslichtlampe hin als Strompfad benutzen und daß sie weiterhin auch ihren gemeinsamen Strom aus dem Braunen Kabel (Br) zapfen, welches auch die Hupe, die Motorölstands-Warnlampe und das Blinkerrelais versorgen.

Diese Strompfade sind in Ordnung. Die Kabel haben Durchgang und auch die Masseverbindung der Bremslichtlampe ist o.k.

Nun nehmen wir uns als letzte Möglichkeit den hinteren Bremslichtschalter vor. Holen unsere Prüflampe mit den Meßspitzen und klemmen die Krokodilklemme irgendwo an Fahrzeugmasse an. Bei eingeschalteter Zündung stechen wir mit der Prüfspitze in das Metall des Steckverbinders für das Braune Kabel (Br). Vom Schaltplan her wissen wir, daß dies das stromführende Kabel vom Zündschloß her ist, und die Lampe aufleuchten muß! - Siehe an, sie tut es auch. "Also bis hierher gelangt der Strom!" Nun stecken wir die Prüfspitze in den Steckverbinder des anderen Anschlußkabels, welches zur Bremslichtlampe führt (Bl/R).

Die Prüflampe bleibt dunkel - noch in Ordnung so. Jetzt noch einmal die Fußbremse betätigt: "Siehe da, sie bleibt immer noch dunkel!" Laut Schaltplan aber sollte der Kontakt geschlossen sein, der Strom zur Bremslichtlampe fließen, demnach auch unsere Prüflampe brennen. Nun ist es heraus:

332

Der Bremslichtschalter ist der Übeltäter. Schnell bauen wir ihn aus, nehmen ihn auseinander.

Eine braun-grüne, rostige Staubwolke kommt uns entgegen. Die Kontaktflächen des Schalters sind dick korrodiert: "Das konnte ja nicht mehr funktionieren!" Der Durchflußwiderstand für den Strom ist viel zu groß. Alle Teile gut abbürsten, die Kontaktflächen mit Schmirgel- und Polierleinen säubern. Mit Batteriefett gut einschmieren und alles wieder zusammenbauen. Mittels Widerstandsmeßbereich unseres Multimeters (Ohmbereich) prüfen wir den Durchgang bei betätigtem Schalter: "Null Ohm!" - Ausgezeichnet! Schnell einbauen und probieren: Das Bremslicht leuchtet auf! Wir haben es geschafft, die Fehlersuche ist beendet.

Ein paar Fehlerquellen in der Zündanlage

Wenn ein Motor einmal nicht starten will, so gibt es mehrere Möglichkeiten:

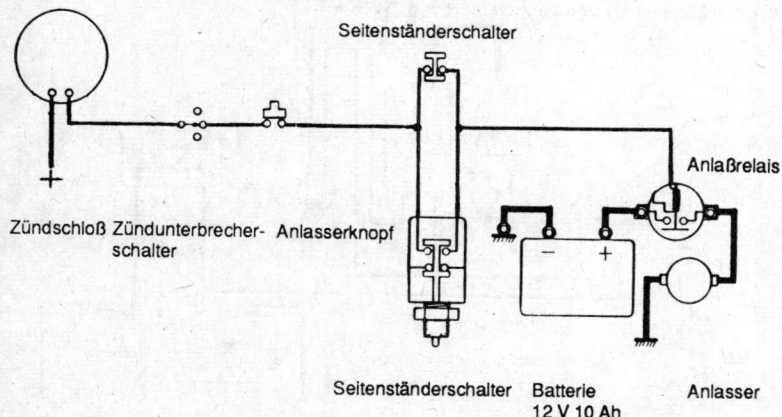

Strompfad Elektrostarter

Seitenständerschalter

Anlaßrelais

Zündschloß Zündunterbrecher- Anlasserknopf
schalter

Seitenständerschalter   Batterie   Anlasser
                        12 V 10 Ah

1. Es tut sich gar nichts, nicht einmal der Anlasser dreht oder der Magnetschalter klackt.
   —Dann kann das Zündschloß schadhaft sein und wir versuchen durch hin- und herschalten und wackeln, dem Schalter irgendwelche Anzeichen eines Funktionierens zu entlocken..
   —Die Sicherung im Schaltkreis: Starterknopf - Magnetschalter ist durchgebrannt. Die Sicherung erneuern.
   —Die Hauptstromleitung zwischen Batterie - Pluspol und Zündkreis ist unterbrochen, vielleicht das Anschlußkabel zur Batterie abgegangen.
   —Das Kabel von der Batterie zum E-Starter ist abgegangen oder unterbrochen.

2. Der Magnetschalter klackt, aber der Anlasser dreht nicht.
— Die Batterie ist fast leer und müßte geladen werden.
— Die Kontakte des Magnetschalters sind korrodiert und vermögen den Starterstrom zum Anlasser nicht zu schalten. In dem Falle durch Kurzschließen der beiden großen Anschlüsse am Magnetschalter prüfen, ob der Anlasser dreht oder ob er selbst defekt ist (einen älteren Schraubendreher zum Kurzschließen benutzen). Dreht der Anlasser durch, ist der Magnetschalter defekt und muß ausgewechselt werden.

Dreht der Anlasser nicht und ist genügend Strom in der Batterie, sollte man nach den Kohlenbürsten des E-Starters sehen bzw. ihn generell prüfen.

3. Strom ist da, der Anlasser dreht, aber die Maschine springt nicht an!
— Kabelbruch im Zündstromkreis. Zündkerze raus, Kerzenstecker drauf und das Kerzengehäuse an Masse halten. Motor starten. Springt kein Funke über, liegt das Übel im Zündstromkreis.

Strompfad Zündanlage und Stromversorgung

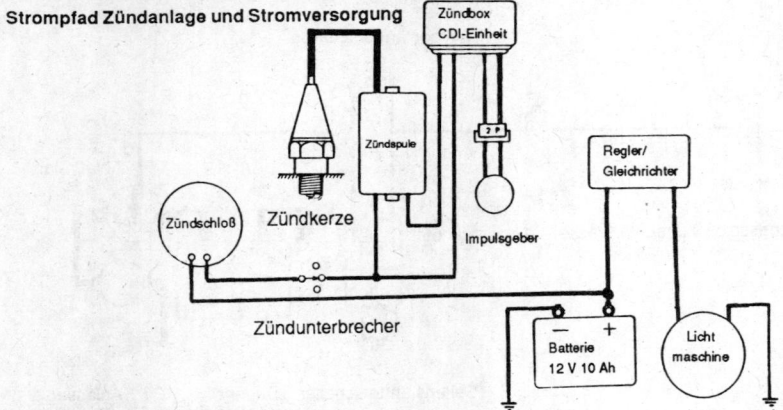

— Gleiches Phänomen, wenn der Unterbrecherkontakt sich verschoben hat und den Zündstromkreis zur Zündspule nicht mehr schließen oder öffnen kann. Unterbrecherkontakte überprüfen!

Dasselbe Ereignis führt bei Mehrzylindermotoren zum permanenten Ausfall eines oder zweier Zylinder.

— Zündkerze durchgeknallt (kurzgeschlossen). Kommt in den besten Familien vor. - Kerzen wechseln! Man sollte zum Prüfen stets ein paar Reservekerzen zur Hand haben.

— Bei Elektronikzündanlagen können die Kabel vom Impulsgeber am Motor zur Elektronik im Rahmen unterbrochen oder abgegangen sein. Anschlüsse kontrollieren, Impulsgeber nach dem Werkstatthandbuch durchmessen.

334

— Impulsgeber defekt! - Laut Werkstatthandbuch durchmessen und notfalls auswechseln.

Es liegt oft an Kleinigkeiten, wenn die Zündanlage bzw. die Starteranlage den Dienst einstellt:

— Hohe Übergangswiderstände an korrodierten oder verschmutzten Steck- oder Schraubkontakten.
— Gebrochene oder durch aufgescheuerte Isolation kurzgeschlossene Kabel.
— Defekte Kerzenstecker und Zündkerzen.
— Sicherungen defekt oder korrodiert.
— Den Kurzschluß-Notschalter vor dem Starten nicht auf "ON" geschaltet.
— Unterbrecherkontakt verschmutzt oder defekt.

Ein paar Fehlerquellen in der elektrischen Anlage

1. Der vollständige Ausfall aller elektrischen Verbraucher kann bedeuten:
— Hauptsicherung durchgebrannt. Ersetzen und nach dem Grund fahnden! Eventuell aufsteigende Rauchsignale weisen den Weg.
— Die Nase tut dies auch, wenn Isolation ätzend verschwelt.
— Batterieanschlüsse können abgefallen oder stark korrodiert sein.
— Hauptstromkabel zum Zündschloß ist abgegangen.

2. Batterie-Ladekontrollampe leuchtet während der Fahrt:
— Der Regler ist defekt und schickt keinen Strom mehr zur Batterie. - Regler austauschen!
— Der Gleichrichter ist defekt und koppelt die Lichtmaschine vom Bordnetz ab.
— Gleichrichter erneuern. Falls er im Regler integriert ist, muß dieser als Einheit gewechselt werden!
— Lichtmaschine ist defekt. Statorspulen und Läuferwicklung laut Werkstatthandbuch durchmessen (Ohmbereich des Meßgerätes) und entsprechend auswechseln. Wer einen Permanentmagneten als Läufer besitzt, nur den Stator prüfen. Im Zweifelsfalle läßt man den Generator von einem erfahrenen Schrauber oder einer Autoelektrikwerkstatt durchmessen.

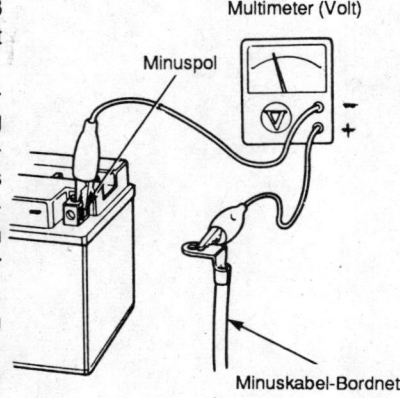

Prüfen auf Stromleck

Multimeter (Volt)

Minuspol

Minuskabel-Bordnetz

335

3. Lampen leuchten alle zu hell und brennen reihenweise durch!
   — Regler schaltet zu spät. Im Bordnetz steigt die Spannung auf einen un-
   zulässigen Wert (über 14,5V). Der Regler muß eingestellt oder, falls
   vollelektronisch, gewechselt werden.
4. Batterie kocht beständig vor sich hin (Aufsteigen von Gasperlen im
   Batteriegehäuse), das Batteriewasser muß ungewöhnlich oft aufgefüllt
   werden:
   — Regler verstellt oder defekt. Er schickt einen zu hohen Ladestrom in
   die Batterie. - Regler einstellen oder auswechseln.
   — Zu kleine Batterie eingebaut! - Batteriedaten laut Bordbuch überprüfen.
5. Blinker-, Instrumenten-, Bremslicht- und Rücklichtlampen, Standlichtlampe etc. leuchten nicht, obwohl die Glühfäden in Ordnung sind!
   — Masseanschlüsse mit dem Ohmmeter überprüfen! Sollten Null-Ohm betragen. Lampensockel, Lampenfassung, Steckverbinder und an-
   schraubbare Masseleitungen auf Kontakt überprüfen. Vorsichtshalber
   sorgfältig abbürsten, und einfetten.

336

8. Das Fahrwerk

8.1. Fahrgestell und Straßenlage

Ihren Urahn: das Fahrrad, können Motorräder in keiner Weise verleugnen. Schon das Bauprinzip läßt die Erbmerkmale hervortreten: zwei Räder, eines vorne, das andere hinten; dazwischen ein Rahmen und zum Steuern, eine drehbare Vordergabel mit Lenker. Das Hinterrad an einem gabelförmigen Fortsatz gelagert.

Nur dort, wo beim Fahrrad die Tretkurbel sitzt, befindet sich beim Motorrad das Antriebsaggregat; der Verbrennungsmotor. Aber selbst der Antrieb zum Hinterrad läuft vielfach noch gleich, nämlich über eine Rollenkette.

Was muß ein Fahrgestell, das sind der Rahmen, die Hinterradschwinge, Vordergabel und Räder, in Bezug auf die Straßenlage eines Motorrades eigentlich können? Als erstes bietet sich an, dem Fahrer die aufrechte Position und eine ausgeglichene Gleichgewichtslage auf seinem Einspurfahrzeug zu sichern.

Damit ist natürlich der Fahrzeugstand gemeint. Denn als labiles Gefährt braucht das Motorrad Geschwindigkeit, um sich selbst zu stabilisieren, das geht im Stand nicht; darin ähnlich einem Spielzeugkreisel. — Ohne Fahrtgeschwindigkeit muß die Maschine gestützt werden, wobei sich die Fahrerbeine wie von selbst hierzu anbieten.

Setzt man ein Zweirad in Bewegung, soll das Fahrgestell in der Lage sein, die Gleichgewichtslage mit möglichst wenig Fahrerhilfe automatisch einzunehmen. Das ist auch notwendig, weil der Mensch viel zu langsam auf plötzliche Destabilisierungsaktionen seitens der Maschine reagieren würde, täte dies einmal nötig. Ebenso wichtig ist eine gutwillige Reaktion des Fahrgestells auf Lenkausschläge des Fahrers zur Richtungsänderung.

Eine gute Lenkeigenschaft ist somit neben dem stabilen Geradeauslauf die zweite gewünschte Eigenschaft. Gute Lenkeigenschaften bestehen, wenn durch Gewichtsverlagerung oder leichtes Ziehen am Lenker eine kontrollierte Kurvenfahrt eingeleitet werden kann. Wenn die Maschine in der Kurvenlage die gleiche Stabilität aufweist, wie bei einer Geradeausfahrt, ohne große Hilfen und Korrekturen zu verlangen, wie eben dort.

Ferner muß bei einem Verreißen der Lenkung, beim Wackeln auf dem Fahrersitz, beim willkürlichen Pendeln zu den Seiten; die Maschine nach Abklingen der Schaukel- und Schwingbewegungen wieder selbsttätig ihre Fahrstabilität erreichen. Das Vorderrad seine Mittellage finden, die Maschine insgesamt wieder unbeirrt geradeaus laufen.

Die Lenkung endlich muß den menschlichen Kräften entsprechend bedienbar sein. Ist die notwendige Lenkkraft zu groß, bringen die körperlichen

Anstrengungen Schwingungen auf, die sich destabilisierend auf das ganze Fahrgestell auswirken können. Sind die aufzuwendenden Kräfte zu klein, bringen winzige Bewegungen und unmerkliche Haltungsänderungen über den Lenker ebenfalls Unruhe ins Motorrad. Sie verursachen Pendel- oder Schaukelbewegungen, die besonders beim Kurvenfahren gefährliche Auswirkungen haben können.

Instabile Zustände sind:
1. Lenkungsflattern
2. Pendeln

1. Lenkungsflattern

Die Flatterschwingungen der Vordergabel um die Lenkachse treten zwischen 40 und 90 km/h auf. Dabei muß der Lenker mit eisernem Griff festgehalten werden! Die Frequenz der Schwingungen wechselt. Sie kann von zwei bis zu zehn, elf Schwingungen pro Sekunde reichen. Diese Flatterneigung wird bei den meisten Motorrädern durch entsprechende Fahrwerk- respektive Fahrgestellauslegungen unter Kontrolle gehalten. Nur noch selten wird serienmäßig ein Schwingungsdämpfer (Lenkungsdämpfer) angebaut.

Lenkungsflattern kann bei Fahrzeugen auftreten, die unsachgemäß umgebaut werden; deren Reifendruck zu niedrig liegt. Ferner bei ungünstiger Lastverteilung nach hinten (Schwerpunktverlagerung). Normal auftretendes Lenkungsflattern, ausgelöst durch Ziehen am Lenker oder Schlaglöcher sollte in zwei bis drei Sekunden abgeklungen sein, wenn das Fahrwerk in Ordnung ist. Andernfalls ist etwas faul (siehe auch nächstes Unterkapitel).

2. Pendeln

Das Pendeln (auch Hochgeschwindigkeitspendeln genannt, weil es erst ab etwa 100 km/h auftritt), ist ein Schwingvorgang, der sich zwei- bis dreimal pro Sekunde wiederholt. Dabei bewegt das Motorrad sich um die Hochachse, wackelt in der Längsachse leicht von einer Seite auf die andere und macht zusätzlich eine der Flatterbewegung ähnliche Drehung um die Lenkachse. Mehrere Schwingungsebenen überlagern sich und können das Motorrad zum Stürzen bringen, wie einige spektakuläre Fälle bewiesen haben.

Hervorgerufen wird das Pendeln, das auch bei modernen Motorrädern nicht eliminiert werden kann, nicht nur durch die Maschine. Auch der Fahrer hat entscheidenden Anteil daran, wenn:
a.) er flatternde Kleidung trägt,
b.) er Windschutzscheiben, Halbschalenverkleidungen etc. anbaut, für die es keine ABE gibt und die er nicht vorsichtig erprobt hat;
c.) der Reifendruck nicht stimmt oder die Reifen abgefahren sind. Vielleicht sind sie auch nicht ausgewuchtet?

d.) er falsche Reifensorten oder -kombinationen benutzt;

e.) er mit Packtaschen schneller als zugelassen fährt;

f.) er Feder- und Dämpfungselemente einseitig bzw. falsch einstellt;

g.) er ausgeschlagene oder zu fest angezogene Lenkkopflager bzw. eine nach der Radmontage verspannte Vordergabel zuläßt;

h.) er Verluste von Dämpferflüssigkeit der Vorder- und Hinterradfederung oder eine ungleichmäßige Befüllung mit Dämpferöl nicht bemerkt;

i.) er die Lagerung der Hinterradschwinge nicht spielfrei eingestellt hat;

j.) die Speichenräder nicht rund laufen.

Ein Pendeln, durch Straße oder Fahrer hervorgerufen, klingt normalerweise nach drei bis fünf Sekunden ab. Ein Lenkungsdämpfer nützt gegen Pendeln überhaupt nichts. Er ist auf die Dämpfung großer Ausschläge hin konstruiert, die beim Pendeln so nicht vorkommen. Außerdem ist die Drehbewegung um die Lenkachse nur eine von mehreren Pendelschwingungen.

Die in den Punkten "a" bis "j" angesprochenen Fakten werden in diesem Kapitel noch weiter unten behandelt.

8.1.1. Einfluß der Fahrwerksgeometrie, der Federung und der Reifen

Jedes Einspurfahrzeug besteht aus zwei, um eine gemeinsame Achse drehenden, Systemen. Das eine ist die Vordergabel mit Vorderrad, Bremseinheit, Schutzblech, Lampe, Lenker und zwei Gabelbrücken. Das andere besteht aus Rahmen, Motor-Getriebeeinheit, Hinterradschwinge, Hinterrad, Fahrersitz und hinterem Schutzblech.

Gemeinsame Drehachse ist der Lenkkopf mit der Lenkachse und den Lenkkopflagern.

Beide Systeme besitzen ihr eigenes Schwingverhalten, wobei die Kunst der Fahrwerkstechnik unter anderem darin besteht, sie niemals gleich schnell zusammen schwingen zu lassen. Das nämlich führt zum gefährlichen Hochgeschwindigkeitspendeln.

Statt der Geometrie des Motorrad-Fahrwerks werden wir die in jeder technischen Beschreibung angegebenen Fahrwerksdaten besprechen und erklären. Dennoch bleiben uns einige Grundzüge der Lenk- und Fahrwerksgeometrie nicht erspart.

Die dynamischen Zusammenhänge von Zentrifugalkraft der Räder, Schwerpunktveränderung bei Schräglage sowie bestimmte Effekte beim Lenkeinschlag kennt jeder, der einmal bewußt Fahrrad gefahren ist. Die Kreiselkräfte der Räder wirken auch bei Motorrädern stabilisierend ab ca. 20 bis 40 km/h, ohne Ausgleichsbewegungen vom Fahrer her. Diese Kreisel- und Zentrifugalkräfte der Räder werden beeinflußt, wenn der Fahrer eine Lenk-

Fahrwerksgeometrie

a   Lenkwinkel
b   Aufstandspunkt
c   Durchstichpunkt
d   Nachlauf
e   Radstand
f   Längenschwerpunkt
g1 Radlastverteilung (vorn)
g2 Radlastverteilung (hinten)

(Suzuki LS 650)

bewegung einleitet. Die Verrücktheit des Systems will es, daß man, um eine Linkskurve einzuleiten, den Lenker kurz nach rechts drehen muß, um ihn, folgt das Fahrzeug in der gewünschten, entgegengesetzten Richtung, wieder geradeaus in Längsrichtung des Motorrades zurückzunehmen. Diese Vorgänge geschehen ab etwa 40 bis 60 km/h. Darunter läßt sich das Motorrad lenken wie ein Auto!

Kehren wir zu den Grundabmessungen des Motorrades zurück und streifen das Thema der Fahrwerkstechnik.

Lenkwinkel

Die Größe des Lenkwinkels bestimmt den fahrwerklichen Charakter eines Motorrades. Das wird deutlich, wenn wir uns so unterschiedliche Motorräder anschauen, wie Chopper, Moto-Cross-Maschinen, Tourenmotorräder, Super-Sport-Motorräder, Enduros und Trialmotorräder.

Ein flacher Fahrwinkel verbessert den Geradeauslauf bei höheren und hohen Geschwindigkeiten erheblich, muß aber in direktem Zusammenhang mit dem Nachlauf gesehen werden, um einer verstärkten Flatterneigung zu begegenen. Außerdem macht er die Lenkung im niedrigen Geschwindigkeitsbereich unhandlich und kippelig. Wer einmal einen richtigen Chopper gefahren hat, weiß, wovon wir reden.

Flach ist ein Lenkkopfwinkel von 57°, wie ihn die Harley-Davidson Softtail besitzt, ein Motorrad, das viele schon als Chopper bezeichnen möchten, obwohl ein solcher Lenkkopfwinkel zwischen 45° und 52° aufweist.

Allgemein sind 55 bis 65° bei Serienmaschinen üblich. Ein steiler Lenkkopfwinkel von beispielsweise 63° (KTM-Enduro 400) verspricht Wendigkeit in Kurven und Gelände. Selbst schwere Gewichte sind dann leichter zu handhaben, wie die Harley-Davidson Elektra Glide Classic mit 64° beweist. Dennoch wird es dem einen oder anderen Leser auffallen, daß Super-Sport-

Motorräder oft einen steileren Lenkwinkel besitzen als manche Enduros, obwohl diese im höheren Geschwindigkeitsbereich mit einem flachen Lenkwinkel eigentlich besser bedient wären. Dem Rätsel auf die Spur kommen wir, wenn Lenkkopfwinkel und Nachlauf einer Motorradspezies mit den Daten einer anderen verglichen werden.

So hat manche Enduro einen doppelt so großen Nachlauf wie eine Super-Sport- Maschine!

Beispiel: KTM-Enduro 400, Lenkkopfwinkel 63°, Nachlauf 240 mm. Suzuki RG 500 Gamma (Super-Sport-Motorrad), Lenkkopfwinkel 64,3°, Nachlauf 111 mm.

Aufstandspunkt und Durchstichpunkt

Der Aufstandspunkt wird auf der Fahrbahndecke gebildet. Er ist die lotgerechte Verlängerung von der Vorderachse nach unten. Der Durchstichpunkt bezeichnet den Kreuzpunkt der nach unten verlängerten Lenkachse mit der Fahrbahndecke.

Kreuzpunkt und Aufstandspunkt stellen die Begrenzung der Nachlaufstrecke dar.

Nachlauf

Der Nachlauf steilt die auf der Straße liegende Seite eines gedachten Dreiecks dar, dessen Länge vom Durchstichpunkt sowie dem Aufstandspunkt begrenzt wird.

Ein langer Nachlauf mit flachem Lenkkopfwinkel verbessert die Stabilität bei hohen Geschwindigkeiten nur, wenn dieser verschoben wurde, was mit an der Gabel versetzt angebrachter Radachsenaufnahme durchgeführt werden kann, wie auch eine Änderung der Lenkachsenlage in der Gabelbrücke (siehe Abb.).

Verbunden mit einer relativ kleinen Vorderachsbelastung, verbessert er die Stabilität bei niedrigen Geschwindigkeiten erheblich. Andererseits steigt die Flatterneigung des Vorderrades mit zunehmender Belastung, wobei ein kürzerer Nachlauf das Lenkungsflattern geschwindigkeitmäßig wieder stark einschränkt.

Die Konstrukteure versuchen, durch geschickte Manipulation aller Größen, ein bestimmtes Fahrverhalten ihrer Produkte herzustellen. Wie schwer dies ist, zeigt die Tatsache, daß selbst kleine Firmen, wie Bimota in Italien oder Seeley in England den großen Konzernen in Japan nicht nur das Wasser reichen können, sondern auch noch besser sind.

Jedoch muß man die Probleme in der Massenfertigung bedenken. Die kleinen Serien von Bimota oder Seeley sind übersichtlicher, können präziser gearbeitet werden, sind deshalb auch teurer als die Fahrgestellherstellung großer Firmen.

341

Der Radstand

Ein großer Radstand (Abstand zwischen Vorder- und Hinterachse) verbessert die Führung des Fahrwerks und verschiebt die gefährliche Gleichschwingung (Resonanz) der beiden Systeme Vorderrad, Vordergabel mit Motor und Hinterteil in höhere Geschwindigkeitsbereiche. Dadurch vermindert sich aber die Handlichkeit in engen Kurven. Die Maschine muß hineingewuchtet werden. Durch ein Verkürzen des Nachlaufes versucht man, dies wieder auszugleichen.

Einen relativ langen Radstand (1625 mm) hat die VS 1400 Intruder von Suzuki, ein Softchopper. Im Gegensatz hierzu hat die Benelli (Italien) 304, ein flotter, wendiger Vierzylinder mit 250 ccm, einen kurzen Radstand von nur 1270 mm. Ein alter Spruch lautet: "Länge läuft!"

Schwerpunkt

Eigentlich gibt es zwei, einen für das vordere System der Vordergabel, den anderen für den Rest der Maschine. Der gemeinsame Schwerpunkt, auf die Länge des Fahrzeuges bezogen, liegt in der Nähe der Tankregion.

Verschiebt er sich nach vorne, führt dies zu einer verminderten Handlichkeit der Maschine, läßt aber Flatterneigungen verschwinden und verschiebt das Pendeln in höhere Geschwindigkeitsbereiche.

Eine Wanderung des Schwerpunktes nach hinten erleichtert die Vorderhand des Motorrades. Die Handlichkeit nimmt zu, was besonders gerne Enduro-Fahrer mit ihren Masachinen im Straßenverkehr demonstrieren, wenn sie mit hochragendem Vorderteil auf dem Hinterrad (Wheeling) einherfahren.

Eine erleichterte Vorderpartie steigert aber die Flatterneigung. Besonders, wenn der Besitzer noch eine Windschutzscheibe anbringt.

Der Schwerpunkt ist eigentlich konstruktiv festgelegt. Dennoch hat der Fahrzeugbesitzer reichlich Möglichkeiten, ihn zu verändern. Deswegen auch der Hinweis auf die Windschutzscheibe. Ein Topcase, auf dem Gepäckträger hinten angebracht, desgleichen schwere Gepäckstücke, gehören dazu.

Grundsätzlich sollte die Hauptlast des Gepäcks zur Fahrzeugmitte hin sortiert werden. Zwischen den beiden Achsen liegend, sozusagen. Ein Rucksack auf den Schultern tut es auch, wenn er auch nicht zu groß und schwer sein darf. In seitlich liegende Packtaschen darf höchstens je 10 kg Ladung gepackt werden. Besonders bei sehr schnellen Motorrädern bringen falsche oder sehr einseitige Gewichtsverlagerungen in hohen Geschwindigkeitsbereichen Pendelbewegungen ins Fahrwerk. Ein hohes Giermoment um die Hochachse kommt hinzu und vermindert die Stabilität empfindlich. (Gieren = Neigung der Lenkung nach links oder rechts in die Kurve zu fallen).

Radlastverteilung
Die Verteilung der Radlast - z.B. Yamaha FZ 750: vorne 115 kg, hinten 117 kg - hat einen wichtigen Einfluß auf die Stabilisierung bei hohen Geschwindigkeiten. Die Radlastverteilung steht meist in den technischen Daten von Motorrädern. Sie ist ein guter Anhaltspunkt, wenn man seine Maschine beladen oder mit Zubehör ausrüsten möchte und dabei die besprochenen Nachteile vermeiden will. Mit Fußwaage überprüfen.

Federung und Dämpfung
Fahrbahnunebenheiten, mehr oder weniger stark, sowie auf das Fahrwerk übertragenen Beschleunigungs- und Bremskräfte, regen Motorräder zu Schwingungen an, die eine Kombination von Hebe- und Senkbewegungen sind, welche in ihren Auswirkungen dem Wiegen eines Schiffes nahekommen.
Die Aufgaben der Federung und der Dämpfung:
1. Die Fahrsicherheit soll durch eine gute Bodenhaftung des gefederten Rades gesichert werden, wobei die Einwirkungen von Fahrbahnstößen weitgehend geschluckt werden sollen.
2. Die Fahrbequemlichkeit soll auf jedem Fahrbahnbelag erhalten bleiben, weil sie Ermüdungen vorbeugt und körperliche Schäden (Nieren, Rücken) verhindert.
Diese beiden Grundforderungen überschneiden sich dort, wo eine härtere Federung und Dämpfung zwar die Fahrsicherheit erhöhen, aber den Komfort sinken lassen.

Federn
Basiselement der Federung ist die Schraubenfeder. Ihrer Form nach bezeichnet als:
a.) zylindrische Schraubenfeder
b.) progressiv (zunehmende) zylindrische Schraubenfeder
Die zylindrische Schraubenfeder hat eine "gerade Kennung" (= Federungseigenschaft). Mit zunehmender Belastung wird sie einen gleichmäßig ansteigenden Gegendruck entwickeln, den man deshalb als linear (geradlinig) bezeichnet. Anders gesagt: Die Feder verändert ihren Widerstand von weich bis hart proportional der auferlegten Last.
"Progressive Kennung" bedeutet, daß die Federn unter Belastung erst weich ansprechen, um dann überproportional schnell hart zu werden (progressiv zylindrische Schraubenfedern).
Die zylindrische Schraubenfeder mit linearer Kennung zeigt eine gleichförmige Steigung ihrer Drahtwindungen.
Die progressive, zylindrische Schraubenfeder zeigt eine ungleichförmige, abnehmende Steigung der Drahtwindungen.

343

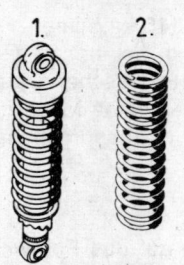

1.   2.

1 lineare Kennung
2 progressive Kennung

Interessant mag in diesem Zusammenhang noch sein, daß bei zwei parallel arbeitenden Federn die Kennung (Federungseigenschaft) bei Belastung härter wird, bei hintereinander, in Reihe arbeitenden Federn aber weicher.

Dämpfung

Federn ohne Dämpfung schwingen lange hin und her, bevor sie wieder zur Ruhe kommen. Wer einmal auf einem Trampolin auf- und abgesprungen ist, kann sich gut vorstellen, was ein Motorrad tun würde, wenn es nur Federn, aber keine Dämpfung hätte.

In der Federung des Fahrwerks werden Flüssigkeitsdämpfer mit oder ohne Luftunterstützung sowie Gasdruckdämpfer mit Dauerfüllung eingesetzt.

Die Aufgabe der Dämpfer ist es, den schwingenden Federn Energie zu entziehen und ihr Schwingen zu begrenzen. Die Luftunterstützung hat dabei die wichtige Aufgabe, die Dämpfung zu unterstützen.

Die Dämpfungseigenschaften veränderbarer Dämpfer erhöhen sich mit dem Ansteigen der Luftdruckwerte.

Da die Räder auf Fahrbahnunebenheiten rasch reagieren sollen, ohne zu stark hochzuschnellen, legt man die Dämpfung beim Einfedern als Druckstufendämpfung aus. Beim Ausfedern erfolgt eine Zugstufendämpfung. Die mit dem Stoßdämpfer verbundene Schraubenfeder wird im letztgenannten Vorgang am Entspannen gehindert. Das Ausfedern erfolgt dadurch zeitlich verschoben, was den Dämpfungseffekt bewirkt.

Im Dämpferelement kann beim Einfedern das Dämpferöl durch große Bohrungen fließen, wobei der Umpumpeffekt von einer Kammer zur nächsten rasch vonstatten geht. Die Dämpfung setzt dem Einfedervorgang dann entsprechend wenig Widerstand entgegen.

Zum Ausfedern hingegen werden die großen Bohrungen durch federbelastete Ventile fast gänzlich geschlossen. Der Dämpfer fährt stärker verzögert aus und mit ihm die Feder.

Luftunterstützte Dämpfer verfügen über ein Luftpolster, welches im Dämpfergehäuse auf den Ölspiegel einwirken kann. Dämpfer mit Ausgleichsbehälter besitzen eine Kunststoffmembran, die den unmittelbaren Kontakt zum Öl unterbindet, aber dennoch Druck auf das Dämpferöl ausübt. Die Luft wirkt als Volumenausgleich für die Kolbenstange während des Einfederungsvorganges. Die Ansprechgeschwindigkeit kann so erhöht (großer Luftdruck) oder herabgesetzt werden (kleiner Luftdruck) je nach den Erfordernissen.

Es gibt eine Unzahl von konstruktiven Variationen dieses Themas. Man kann die Dämpfung der Hinterradfederung an einigen Motorrädern einstellen, bei luftunterstützten Stoßdämpfern zusätzlich über ein Ventil den Innen-

344

druck verändern. Zusammen mit einer variablen Federvorspannung kann so die Hinterradfederung und Dämpfung den Einsatzbedingungen (mit oder ohne Sozius, Gepäck etc.) angepaßt werden.

Die Dämpfung von Teleskopvordergabeln arbeitet nach dem gleichen Prinzip. Einzig das geschlossene Gasdruckprinzip wird nicht verwendet, es sei denn in einer Vorderschwinge (siehe 8.2.).

Allgemein wird die Dämpfung von Telegabeln, durch Einfüllen eines Dämpferöles mit anderem Viskositätsgrad verändert, wenn keine Luftfüllung vorgesehen ist.

Federung
Reine Luftfederung ohne Federn werden vorwiegend als Zubehör angeboten (BMW- Niveau-Regulierung).

Sie sind teuer in der Herstellung, bieten aber neben guten Federungs- und Dämpfungseigenschaften eine Niveauregulierung, um das Fahrzeugheck stets auf gleicher Höhe zu belassen ohne Rücksicht auf den Beladungszustand.

Federwege
Man unterscheidet lange und kurze Federwege. Der Federweg ist der Differenzbetrag zwischen maximaler Einfederung und gänzlicher Entlastung (gemessen am Standrohr und angegeben in Millimetern).

In den Fahrwerksdaten liest sich dies dann so: "Fahrwerksfederung vorne 140 mm; hinten 120 mm!".

Voll ausfahren kann die Federung zu dieser Messung allerdings nur, wenn beide Räder entlastet sind.

Sportliche Fahrwerke bevorzugten lange Zeit kurze, straffe Federwege. Lange Federwege wirkten sich bei Rahmenverwindungen, in Verbindung mit hohen Fahrwerksbelastungen viel stärker negativ aus und führten zum Pendeln.

Erkenntnisse aus dem Renn- und Straßensport brachten jedoch die Einsicht, daß lange Federwege, bis dato vor allem für Tourenmotorräder, wegen guter Federungseigenschaften bevorzugt, die Bodenhaftung besser erhalten als kurze, wenn die Dämpfungseigenschaften entsprechend gut sind! Infolge der Verwendung progressiver Federn sowie der Luftunterstützung, wird damit heute auch ein besseres Ansprechverhalten gegenüber leichten Fahrbahnunebenheiten bewirkt, was insgesamt eine Überlegenheit langer Federwege sicherstellt.

Die benötigte Kraft, um ein Durchschlagen der Federung zu vereiteln, läßt sich mit einem langen Federhub erreichen. Profitiert hiervon haben vor allem die Fahrwerke mit Zentralfederbeinen und Hebelsystemen zwischen Schwinge und Rahmen.

Im folgenden einige Beispiele für Maschinen mit langen Federwegen, jedoch unterschiedlicher Kategorie sowie exemplarisch ein Fahrzeug mit hinten extrem kurzen Federwegen:

a.) Supersportmaschine, Honda CBR 1000 F: vorne 150 mm;
    hinten 130 mm

b.) Tourenmotorrad, Kawasaki 1000 GTR: vorne 140 mm;
    hinten 140 mm

c.) Chopper (lieben es hart), AME HT 900 HD 13: vorne 175 mm;
    hinten 50 mm

d.) Enduros, Gilera 350 Dakota: vorne 240 mm;
    hinten 220 mm

e.) Moto-Cross-Maschine, Maico GP 400 E: vorne 305 mm;
    hinten 350 mm

Einfluß der Schrägstellung von Federungselementen am Fahrwerk
Die Belastung der Federung erfolgt nicht nur von oben nach unten wie bei den Sprungfedern im Bett. Es kommt ein dynamisches Element hinzu, das sich vorwiegend aus der Vorwärtsbewegung des Motorrades ergibt.

Dem wurde nicht immer Rechnung getragen, wie man an der Geradewegfederung vergangener Zeiten ersehen kann.

Die Stoßrichtung der Fahrbahneinflüsse ist ein Resultat aus einer senkrechten Last. Man nennt sie statisch.

Dazu kommen die auf die Reifen einwirkenden horizontalen Fahrwiderstände, welche abhängig sind von der Motorradgeschwindigkeit, Art der Hindernisse und der Plötzlichkeit ihrers Auftretens. Hinzu kommt die Masse der Laufräder, die ein Trägheitsmoment bilden. Aus diesem Grund versucht man, das Gewicht der Räder zu verringern. Ihre "ungefederten Massen" verstärken die Wirkung der Fahrwiderstände auf die Federung wesentlich.

Dem wird Rechnung getragen, indem die Federungselemente schräg gestellt werden. Während die Vordergabel schon geneigt steht (in den Winkel kann man die Federung praktischerweise gleich integrieren, gilt das nicht für die Hinterradfederung.

Die Hinterradschwinge beschreibt während des Einfederungsvorganges einen kreisförmigen Bogen um ihren Drehpunkt im Rahmen. Um wirksam arbeiten zu können, müssen die Federungselemente der auftretenden Bewegungsrichtung angepaßt werden. Das heißt, die Federbeine werden schräg gestellt!

Reifen
Der Reifen läßt sich als Federungselement nahtlos einfügen. Trifft das Rad während der Fahrt auf ein Hindernis, entsteht ein unmittelbarer Bodendruck, der zunächst nicht die Federung, sondern den Reifen auf dem Rad zusam-

mendrückt. Dies ergibt einen Dämpfungseffekt. Überdies übernimmt der Reifen einen Teil des Federweges. Zudem kann er in jeder Richtung einfedern, ist also unabhängig von der Stoßrichtung der Fahrbahneinflüsse.

Der beim Überfahren von kleinen Hindernissen entstehende Bodendruck wird weitgehend vom Reifen geschluckt und entlastet so die Federung von zusätzlichen vertikalen Radbeschleunigungen. "Springen" des Rades braucht von der Federung deshalb nur bei größeren Hindernissen unter Kontrolle gebracht zu werden.

Der Rundlauf eines Reifens, seine gleichförmige Massenverteilung auf den Umfang, seine Fähigkeit den Geradeauslauf des Rades zu stabilisieren, sind von entscheidender Bedeutung. In dem Zusammenhang kommt dem Luftdruck eine wichtige Funktion zu. Er hält stabil, bügelt Verformungen aus und bestimmt die Intensität des Eigenfederverhaltens.

In diesen Zusammenhang gehören auch Reifengröße, Profil und Hersteller (siehe Kapitel 8.7.).

Die Wahl der Reifengröße sind Ergebnissen entsprungen, die vom Rennsport stammen. Auch modische Einflüsse wurden berücksichtigt, wie die dikkeren Hinterradreifen der Chopper und Softchopper bekunden.

Das Umsetzen aus dem sportlichen Bereich in die Serie bildet nicht immer eine tragfähige Grundlage. Das zeigt das Auftauchen der Sechzehn-Zoll-Vorderräder und ihr Verschwinden selbst.

8.2. Der Rahmen und seine verschiedenen Bauarten

Der Rahmen trägt den Motor; er führt im Lenkkopf die Vordergabel und im hinteren Teil die Hinterradschwinge. Auf seiner Oberseite sitzt meist der Tank und hinten schließt die Sitzbank an.
Er ist der Kern der Fahrstabilität. Die wichtigsten Rahmenkonzepte:
1. Einrohrrahmen
2. Preßstahlrahmen
3. Brückenrohrrahmen
4. Doppelschleifenrohrrahmen
5. Doppelrohrrahmen
6. Gitterrohrrahmen
7. Rückgradrohrrahmen
Abgesehen vom Preßstahlrahmen, der aus einzelnen Teilen zusammen-

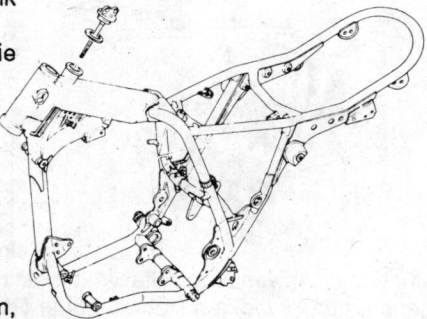

Brückenrohrrahmen

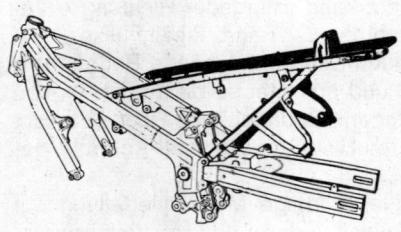

Honda VFR 750 F

Doppelschleifenrohrrahmen
mit rundem Rohrquerschnitt

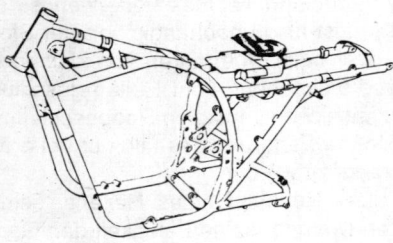

Suzuki GS 750

Doppelschleifenrahmen mit Vierkantrohren

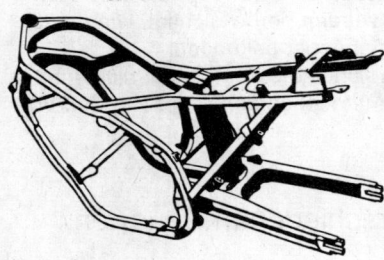

(Honda)

Deltabox-Rahmen
(Doppelschleifenrohrrahmen mit abnehmbaren Unterzügen)

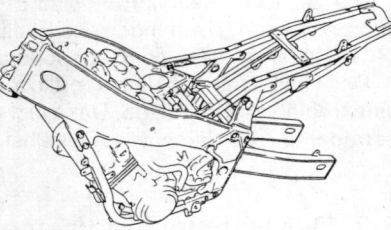

Yamaha FZR 1000

Gitterrohrrahmen

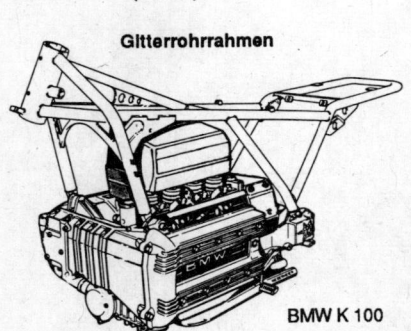

BMW K 100

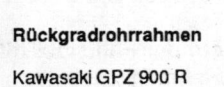

Rückgradrohrrahmen

Kawasaki GPZ 900 R

geschweißt wird, bestehen die meisten Motorradrahmen aus Stahlrohrkonstruktionen mit einem runden Rohrdurchmesser. In neuerer Zeit kommen auch Vierkantrohre verstärkt zur Anwendung. Stahlkonstruktionen bestehen aus nahtlos gezogenen, dünnwandigen Rohren hoher Güte. In letzter Zeit tauchen an High-Tech-Motorrädern verstärkt Aluminiumrahmen bzw. Alu-Elemente auf. Ihr

348

Vorteil soll das verringerte Gewicht sein. Der Rahmen der Honda VFR 750, ein Brückenrohrrahmen, besteht ganz aus Aluminium und wiegt ca. 14 kg. Der Rahmen der Kawasaki GPZ 1000 RX dagegen noch 20 kg, obwohl er schon ein angeschraubtes Alu-Heckteil an seinem Brückenrahmen besitzt.

Das es auch ohne Aluminium leichter geht, zeigt die BMW K 100, mit ihrem Gitterrohr-Stahlrahmen (11,3 kg). Allerdings hat die kompakte Triebwerkseinheit der BMW dabei eine mittragende Funktion.

Der Nachteil von Alu-Rahmen liegt in ihrer teuren Herstellung, eine Kombination von Guß- und Schmiedeteilen, die zusammengeschweißt und geschraubt werden sowie in ihrer nur bedingten Reparierbarkeit. Hinzu kommen Steifigkeits- und Elastizitätsprobleme.

Verbogene Alu-Rahmen können zwar gerichtet werden, doch besitzt Aluminium (gemeint sind hochfeste Aluminiumlegierungen, reines Aluminium wird selten verwandt) nur eine geringe Elastizität. Die Metallstruktur lockert sich nach einer Überdehnung so stark, daß Bruchgefahr entsteht. So wird man verbogene Rahmen lieber auswechseln, was entsprechend zu Buche schlägt. Während ein Stahlrahmen mit ca. 1400,- DM gehandelt wird, kostet ein nacktes Alu-Gegenstück mehr als das Doppelte.

Die Konstrukteure von Leichtmetallrahmen sind jedoch noch lange nicht am Ende, weil Verbundwerkstoffe sowie die zukunftsweisende Kohlefasertechnik immer stärker Eingang in die Renntechnik und damit über kurz oder lang auch in den Serienbau finden.

8.2.1. Reparaturarbeiten am Rahmen

Rahmenbrüche, bei alten Motorrädern infolge von Vibrationen nicht ungewöhnlich, kommen heute recht selten vor, meistens infolge eines Unfalles.

Der TÜV sagt allgemein: "Schweißen an Rahmen ist nicht erlaubt. Auch Schweißspezialisten werden bestätigen, daß Schweißnähte Strukturänderungen erzeugen. Das kann sich erneut in Rahmenbrüchen äußern.

Es gibt Grenzbereiche, z.B. eine abgebrochene Hauptständerhalterung, wo Schweißen nicht viel schaden kann. Trotzdem sollte man grundsätzlich das Gebot achten. Jetzt wird mancher Edel-Schrauber empört reagieren. Mag sein, daß auf Grund fachmännisch durchgeführter Arbeit die erwähnten Probleme auszuschließen sind. Doch für die Mehrheit der Fälle gilt: "Vorsicht mit Reparaturschweißen!"

Offensichtliche Reparaturscheißnähte wird der TÜV sowieso nicht durchgehen lassen. Im Übrigen sind für viele Motorräder gebrauchte Rahmen mit Brief erhältlich. Genaueres zu diesem Thema bekommt man aber bei jeder TÜV-Stelle mündlich und kostenfrei zu hören, oftmals auch als Broschüre.

An hartgelöteten Rahmen kann man beschädigte Rohre durch Erhitzen der Verbindungsstellen wieder lösen und gegen neue ersetzen. Der Haken: Es gibt fast keine gelöteten Rahmen mehr.

Das Richten verbogener Rahmen ist eine Arbeit für die Richtwerkstatt. Auf einer Richtbank wird dabei zuallererst der Rahmen vermessen, was in vielen Fällen noch an der kompletten Maschine kostengünstig gemacht werden kann. Manches sieht schlimmer aus, als es ist, und der Rahmen wurde vielleicht gar nicht beschädigt. Die Zerlegearbeit jedoch ist teuer. Stellt sich die Notwendigkeit von Richtarbeiten heraus, wird das Motorrad u.U. bis auf den blanken Rahmen gestrippt und anschließend mit Hilfe von Schweißbrenner und Werkzeug in Form gebracht. Kleinere Verwindungen werden durch Kaltverformung zurechtgebogen.

Eine erneute Vermessung zwischendurch zeigt dabei den Stand der Dinge. Gerichtet werden muß bis auf den Milimeter genau.

Oberflächenbehandlung von Rahmen

Ärgerlich, aber immer wieder feststellbar: Stahlrahmen sind ab Werk oft schlecht lackiert und beginnen schon nach wenigen Monaten zu rosten.
Abhilfen, gerne auch für in die Jahre gekommene Motorräder:
a.) Rahmen schleifen und neu lackieren,
b.) Rahmen sand- oder glasstrahlen lassen (Glas ist feiner), danach grundieren und fertig lackieren.
c.) Spritzverzinken, nachdem der Rahmen sandgestrahlt wurde.
Es genügt, den Rahmen mit der Rolle zu bearbeiten, weil beim Spritzen so viel daneben geht (teuer) und das Streichen bei sorgfältig verdünnter Farbe und entsprechendem Auftragen (bei mindestens 20° Raumtemperatur trocknen) hervorragende Ergebnisse erzielt.

Sand- oder Glasstrahlen soll man einen Rahmen, wenn er schon mehrmals gestrichen wurde. Die Farbschichten sind sonst schlecht runter zu bekommen.

Grobe Roststellen mit tieferen Poren sind ebenfalls ein Grund zu Strahlarbeiten. Im Branchenverzeichnis läßt sich in der Nähe bestimmt eine Firma ausfindig machen, die diese Arbeit für wenig Geld vornimmt!

Die Korngröße des Strahlsandes darf nicht zu groß sein, sonst entsteht eine zu große Rauheit der Oberfläche, die nur mit dick aufgetragenem Füller (Grundierung) zu beseitigen ist.

Gewinde und Lagerstellen klebt man zum Schutz mit Papierklebeband ab. Spritzverzinken macht nicht jede Firma, doch Herumhören lohnt auch hier.

Im Gegensatz zum Feuerverzinken, wird der Rahmen bei diesem Verfahren nur handwarm, was ein Verziehen ausschließt. Die Qualität der Zinkschicht ist dennoch recht hoch. Sie verbindet sich hervorragend mit dem sandgestrahlten, rauhen Rahmen. Auf dem Zink kann nach Auftragen einer speziellen Grundierung ganz normal lackiert oder gerollt werden. Das Verchromen von Rahmen oder Rahmenteilen verursacht ernste Probleme mit dem TÜV. Der galvanische Vorgang kann, so die Argumentation, die Festigkeit des Rahmens beeinträchtigen, wo er nicht vom Hersteller selbst vorgenommen wurde. Also vor dem Verchromen Informationen einholen. Für Nickelarbeiten wie überhaupt für alle galvanischen Oberflächenveredelungen gilt das Gleiche.

8.3. Vordergabel und Lenkung

Die Vordergabel vereint die Abfederung des Vorderrades mit der Lenkung des Fahrzeuges.

Die Einarmschwinge wird zur Zeit nur für die Hinterradführung einiger Motorräder (BMW K 100) verwendet.

Die Lenkung

Zur Lenkung ist die Vordergabel drehbar im Lenkkopf gelagert. Man spricht von einer positiven Stellung der Gabel, weil sie nach vorne geneigt ist. Interessant ist der Einfluß von Radstand, Lenkkopfwinkel und Nachlauf auf die Wendigkeit und Federungseigenschaften der Motorräder.

Der Radstand bestimmt den Lenkkopfwinkel in hohem Maße, so daß sich ein Bereich von 56° bis 65° für normale Maschinen herausgebildet hat. Der Nachlauf variiert in dem Zusammenhang, je nach Konstruktion, zwischen 86 mm und 156 mm.

Der Zusammenhang zwischen Radstand und Lenkkopfwinkel leuchtet ein, wenn man bedenkt, daß ein kurzer Radstand bei bestimmten Lenkereinschlag einen engen Kurvenradius mit sich bringt, ein langer Radstand aber guten Geradeauslauf und bessere Effektivität der Federung.

Das Fahrverhalten der Motorräder wird auch von den Massen um die Lenkachse beeinflußt. Eine von allem überflüssigen Kram befreite Vordergabel verbessert sich erheblich, besonders wenn in ihrem Lenk- und Fahrverhalten, die Massen von Gabel und Vorderrad so gering wie möglich gehalten werden.

Konkret bedeutet dies: Rahmenfeste Verkleidung statt Lenkerverkleidung. Erleichterte Räder und Bremsscheiben statt schwerer Gußteile. Instrumente und Anzeigen am Rahmen statt an der Gabelbrücke befestigen usw.

Dieses Wissen kann Fahrwerkschwächen identifizieren, wie diejenigen der ersten Yamaha XJ 900 - (Vierzylinder) mit lenkerfester Verkleidung, die bei hohen Geschwindigkeiten jämmerlich zu pendeln anfing, bis ein rahmenfester Anbau den Fehler korrigierte.

Kegelrollengelagerter Lenkkopf

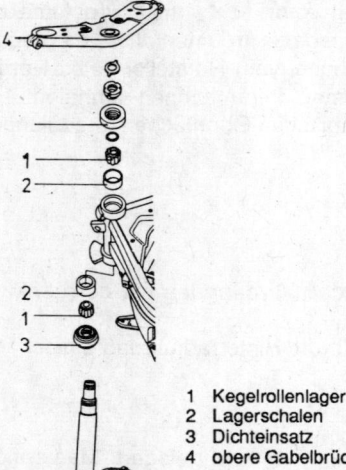

1 Kegelrollenlager
2 Lagerschalen
3 Dichteinsatz
4 obere Gabelbrücke

(Kawasaki)

Kugelgelagerter Lenkkopf

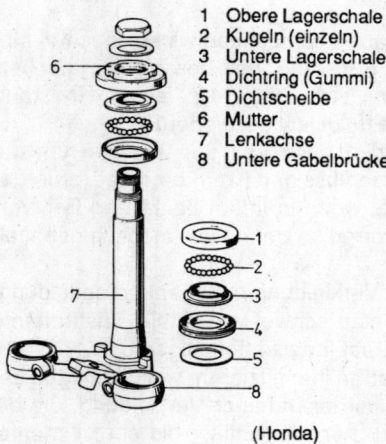

1 Obere Lagerschale
2 Kugeln (einzeln)
3 Untere Lagerschale
4 Dichtring (Gummi)
5 Dichtscheibe
6 Mutter
7 Lenkachse
8 Untere Gabelbrücke

(Honda)

Überbreite Lenker gehören ebenfalls zu den Anbauteilen, die Probleme bereiten können, weil unmerkliche Ausschläge des riesigen Lenkers, vom Fahrer ausgelöst, gerade in Kurven Unruhen ins Fahrwerk bringen.

Lenkkopflager

Gelagert wird die Vordergabel im Lenkkopf mittels zweier Kegelrollenlager oder durch Kugellager mit einzelnen Kugeln ohne Käfig.

Die Lenkkopflager sind kritische Punkte. Zu fest angespannte Lager lassen Fahrwerksunruhen aufkommen, weil sie eine Gleichschwingung (Resonanz) der beiden ansonsten eigenständig schwingenden Systemen produzieren.

Zu lose dürfen sie ebenfalls nicht sein, weil die Lenkung dann unpräzise wird und Eigenbewegungen vollführt, die gleichfalls Fahrwerksunruhen erzeugen.

Lenkkopflager sollen möglichst staubdicht sein und gut gefettet.

Kegelrollenlager sind grundsätzlich nicht besser als Kugellager. Zwar gelten sie als robuster und langlebiger, reagieren aber auch empfindlich auf Einstellungs- und Montagefehler. Hinzu kommt die größere Einbaugröße gegenüber dem Kugellager, welches aus zwei Lagerschalen mit präzise kalibrierten Kugeln besteht.

Nicht jede Maschine sollte auf Kegelrollenlager umgebaut werden, wenn die Einbaumaße im Lenkkopf, für normale Kugellenkkopflager gedacht, so klein sind, daß dünnwandige Lagerschalen erforderlich wären. Die leiden unter mangelnder Stabilität, können zudem verziehen, wenn sie mit Gewalt eingeschlagen werden.

Gut eingestellte und unverbrauchte Kugellager sind also nicht unbedingt schlecht. Man sollte sie, wenn Probleme auftauchen, zwar genau prüfen und einstellen, aber ansonsten Fahrwerksschwächen erstmal woanders suchen.

Lenkungsdämpfer

Lenkungsdämpfer bei manchen Motorrädern dienen dem Dämpfen von Flatterneigungen des Vorderrades im Geschwindigkeitsbereich unter 100 km/h. Als Zubehörteil wird er oft angeboten und für mit Verkleidungen hochgerüstete Motorräder ist er bei Flatterneigung auch eine gute Geldanlage. Doch er kann keine Pendelneigung dämpfen! Im Gegenteil, er kann als Resonanzbrücke dienen und Pendelneigungen erst recht verstärken.

Ansonsten gilt: Erst vorsichtig ausprobieren, dann entscheiden ob ein Lenkungsdämpfer unbedingt notwendig ist.

Er sollte nur so stark eingestellt werden, daß er Fahrwerksunruhen gerade noch bedämpft. Eine zu starke Bedämpfung kann nämlich das Gegenteil des Beabsichtigten bewirken.

Gabelstabilisator

Er wird zunehmend eingebaut, weil er Flatterneigungen sowie Eigenbewegungen der Vordergabel, die das Pendeln auslösen können, begrenzt.

Hierzu wird in Höhe des vorderen Schutzbleches eine feste Brücke zwischen den beiden Gabelholmen geschlagen, die oft auch schon im Schutzblech selbst integriert ist.

Als Nachrüstteil ist sie im Handel für fast jede Maschine erhältlich.

Der Gabelstabilisator soll außerdem ein Verdrehen der Gabel verhindern, was bei Bremsvorgängen von Einscheibenbremsanlagen im Vorderrad sowie bei Spurrillenwechsel auf schlechten Straßen- oder Feldwegen geschehen kann.

Daraus resultierende Spurveränderungen haben Einbußen in der Straßenlage zur Folge.

8.3.1. Die Teleskopgabel (Tauchgabel)

Heute am meisten verbreitet, vereint die Radführung mit den geforderten Federungseigenschaften. Lediglich für den Gespannbetrieb ist sie zu schwach und muß durch eine Vorderschwinggabel ersetzt werden.

Die Telegabel besteht aus den beiden Gabelstandrohren, die in der unteren und oberen Gabelbrücke befestigt sind. Auf den Standrohren bewegen sich die Gleitrohre auf und ab. In jedem Standrohr befinden sich die Schrau-

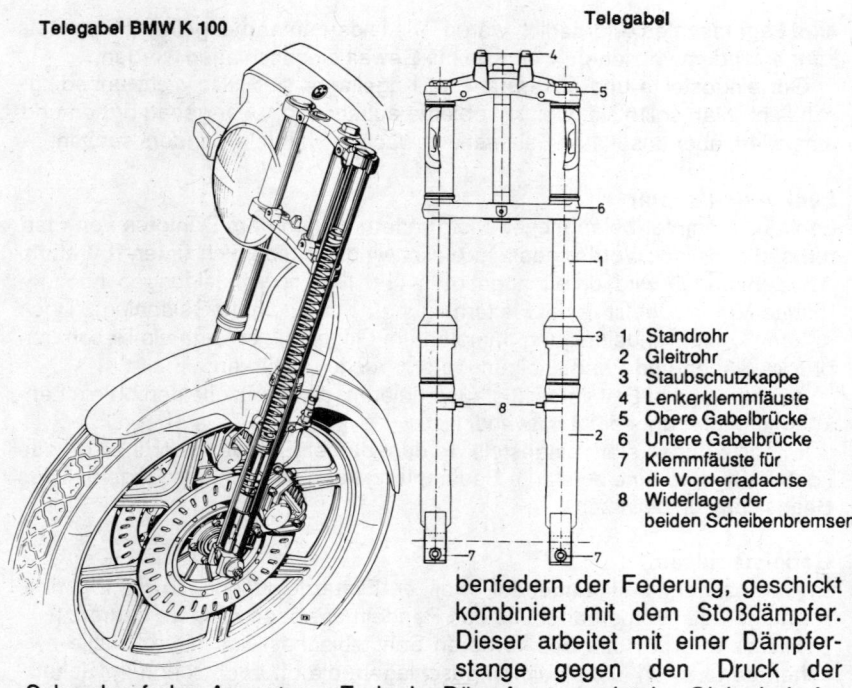

Telegabel BMW K 100

Telegabel

1 Standrohr
2 Gleitrohr
3 Staubschutzkappe
4 Lenkerklemmfäuste
5 Obere Gabelbrücke
6 Untere Gabelbrücke
7 Klemmfäuste für
  die Vorderradachse
8 Widerlager der
  beiden Scheibenbremsen

benfedern der Federung, geschickt kombiniert mit dem Stoßdämpfer. Dieser arbeitet mit einer Dämpferstange gegen den Druck der Schraubenfeder. Am unteren Ende der Dämpferstange ist das Gleitrohr befestigt. Es macht alle ihre Bewegungen mit. Die Dämpferstange besitzt außen einen Dichtring und im Inneren Ventilbohrungen. Das im unteren Teil des Gleitrohres sich sammelnde Dämpferöl wird durch die teleskopartigen Bewegungen der Vordergabel zwischen Gleitrohr und Standrohrinnenraum hin und her gepumpt. Dabei wird eine Verzögerung erreicht, die auf die spontan reagierenden Schraubenfedern dämpfend wirkt. Das Einfedern der Telegabel wird weniger gedämpft als das Ausfedern, weil das Ansprechen der Gabel (Losbrechmoment) für ein schnelles und präzises Einsetzen der Federung unabdingbar ist.

Die beiden Gleitrohre der Telegabel werden nach oben von speziellen doppellippigen Gabeldichtringen umschlossen, deren Dichtlippen das Dämpferöl in den Gleitrohren zurückhalten, wenn diese sich an den Standrohren auf und ab bewegen.

Die Gleitrohre haben unten meist je eine Ablaßschraube für verbrauchtes Dämpferöl. Die Einfüllschrauben, durch die auch die Schraubenfedern eingezogen werden können, befinden sich am oberen Ende der Standrohre. Wenn die Gabeldämpfung luftunterstützt arbeitet, liegen in den Verschluß-

354

schrauben der Standrohre auch die dazu notwendigen Luftventile.

Die Vorteile der Telegabel bestehen aus einer Kapselung aller wichtigen Bauteile, die zudem hervorragend geschmiert werden. Die Seitensteifigkeit wird durch passgenaue Auslegung von Gleit- und Standrohren erreicht. Die Federwege sind durch die Teleskopbauweise erfreulich lang. Die Telegabel ist weitgehend wartungsfrei, schadenunanfällig und langlebig.

Ihr wirklich gravierender Nachteil ist das starke Eintauchen beim Bremsen, weil sich dann der Schwerpunkt des Fahrzeuges nach vorne verlagert.

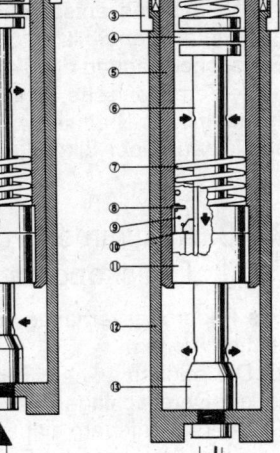

Teleskopkabel

Einfedern   Ausfedern

8.3.2. Anti-Dive, was es bedeutet, wozu es gut ist

Das Anti-Dive = "Anti-Eintauchsystem", soll das starke Einfedern der Vordergabel verhindern. Dies versucht man durch:

1. Das mechanische System, mit einem Hebelwerk vom unteren Ende der Gleitrohre bis zur Gabel-

Funktion der Dämpfung
Beim Einfedern wird das Einwegventil geöffnet (10). Das Gabelöl fließt vom unteren Raum im Gleitrohr (12) in denjenigen des Standrohres (5). Die Verzögerung ist gering.
Beim Ausfedern ist das Einwegventil (10) geschlossen. Beim Ausfahren des Gleitrohres, drücken die am Gleitrohr befestigten Zylinder und Kolbeneinheiten (4,6) das Gabelöl durch die Bohrungen in den unteren Raum zurück. Die Verzögerung ist stärker.

brücke hoch, wobei die Bremssättel mit einbezogen sind. Wenn die Gabel versucht, beim Bremsen einzutauchen, drückt das Bremsmoment auf das Gestänge des Hebelwerkes und zwingt die Gabel dem Eintauchvorgang Widerstand entgegenzusetzen.

Das System ist recht aufwendig und bringt unerwünscht hohe Massen mit sich, die das Lenk- und Federsystem beeinträchtigen. Überdies wird die Dämpfung der Vordergabel übermäßig verhärtet. Das Vorderrad kann in solchen Momenten springen, falls Bodenwellen auf der Bremsstrecke liegen.

2. Das hydraulische System. Hierbei wird die Dämpfung in der Telegabel beeinflußt. Sie verhärtet sich um so mehr, je stärker der Eintauchvorgang ist. Eine Kombination mit der Hydraulik der vorderen Scheibenbremsen

war ein Reinfall, weil das Eintauchen der Gabel fast unvermindert weiterhin stattfand und der Druckpunkt des Handbremshebels am Lenker verwässert wurde, was zu unpräzisen Bremsmanövern führte.

Zur Zeit versucht man es mit einem elektrisch angesteuerten Anti-Dive, welcher die Eintauchbewegung mißt und über elektrisch betätigte Ventile die Ventilöffnungen entsprechend anpaßt. Dadurch verändert sich im Moment des Eintauchens blitzartig die Dämpfung. Sie verhärtet sich und bremst die Eintauchbewegung der Telegabel.

Der mechanische Anti-Dive wird in Serie nicht verwendet, der hydraulische, mit der Bremse verbunden, nicht mehr. Lediglich der elektrische findet an einigen Super-Bikes Anwendung (Suzuki GSX-R 750/1100).

8.3.3. Abstimmen von Federung und Dämpfung an der Teleskopgabel

Das Federungsverhalten von Teleskopgabeln kann auf folgende Weise bestimmt werden:

a.) Die serienmäßigen Schraubenfedern gegen stärkere auswechseln, um ein Durchschlagen der Federung zu verhindern. Oder aber progressive Schraubenfedern einbauen.

Alternativ kann die Federwirkung durch zusätzliche Distanzhülsen verstärkt werden: Einfach, passend zurechtgesägte Rohre gleicher Länge. Zwischen Abschlußschraube und oberem Federende eingepreßt, stellen sie eine billige Alternative zu neuen Federn dar. Zu beachten ist nur, daß die Hülsen nicht zu lang sind, um die Federwege in ihrer Länge insgesamt nicht zu begrenzen.

b.) Bei luftdruckunterstützten Telegabeln kann durch Anheben des Luftdruckes die Progression der Federn erhöht werden.

Das Dämpfverhalten kann auf folgende Weise beeinflußt werden:

a.) Bei einstellbaren Dämpfern wird am Einstellelement, durch Verringerung oder Erweiterung der Durchflußquerschnitte im Dämpfersystem die passende Dämpferwirkung erzielt.

b.) Austausch der Originalflüssigkeit gegen diejenige einer anderen Viskosität. Je dichter das Öl, um so stärker die Dämpfung. Über maximal SAE 30 sollte aber nicht hinausgegangen werden, weil die Dämpfung dann nur noch hart ist.

Grundsätzlich soll die Federung so weich wie möglich eingestellt werden, ohne daß sie durchschlägt. Die Dämpfung so schwach, daß der Bodenkontakt des Rades auf holpriger Straße gerade noch erhalten bleibt.

Der Luftdruck beider Reifen spielt für alle Abstimmarbeiten eine wichtige Rolle und muß den Angaben der Reifenhersteller entsprechen.

356

8.3.4. Die Schwinghebelgabel

Wir erwähnen sie nur, weil sie für einige Motorräder noch hergestellt wird, und da vor allem für den Gespannbetrieb.

Man unterscheidet lange, kurze und mittellange Schwingenarme. Moderne Schwingenfahrwerke bevorzugen die geschobene Schwinge.

Bei der Vordergabelschwinge findet im Gegensatz zur Telegabel eine Aufteilung der Funktion statt.

1. Die »Federung« wird von zwei Federbeinen getragen, welche auch die Dämpfungselemente beinhalten.
2. Die »Führung« des Vorderrades übernimmt der Schwingenarm.

Die Feder- und Dämpfungselemente können optimal dem Einsatzzweck der Maschine angepaßt werden. Es entfällt gegenüber der Telegabel die Behinderung der Dämpfung durch die Rad-Führungsaufgaben der Gabelholme.

Das Eintauchen wird durch eine entsprechende Schwingenlänge und den günstigen Anstellwinkel der Schwinge stark eingedämmt.

Die Führung des Vorderrades durch die einstellbaren Lager der Vorderradschwinge ist hervorragend und sichert einen optimalen Geradeauslauf, auch unter erschwerten Bedingungen wie im Gespannbetrieb.

Die Schwäche der Schwingengabel liegt in der Begrenztheit ihrer Federwege, die wiederum wesentlich durch die Schwingenlänge bestimmt sind. Obendrein ist sie in der Serie teuer. Überdies baut eine Schwinge schwer, so daß ihre Masse um die Lenkachse recht groß wird, was sich ungünstig auf die Lenkelastizität auswirkt.

8.3.5. Demontage-Montagearbeiten an der Vordergabel; Einstellen der Lenkkopflager

Prüfen der Lenkkopflager
Die komplette Vordergabel muß nur ausgebaut werden, wenn die Lenkkopflager ausgetauscht werden müssen.

Zum Prüfen auf Verschleiß stellt man die Maschine auf den Hauptständer und unterstützt den Motor, bis das Vorderrad frei drehen kann. Wer keinen Hauptständer besitzt, stellt die Mühle mit Hilfe zweier Freunde auf eine Kiste.

Zum Prüfen dreht man leicht und langsam am Lenker, von Anschlag zu Anschlag. Läßt sich der Lenker in der Mittelstellung deutlich fühlbar "einrasten" oder tritt beim Drehen ein rubbeliges Gefühl auf, so ist das Lenkkopflager verschlissen. Die Kugeln bzw. Rollen haben sich Kuhlen gegraben.

Als nächstes stellt man sich vor die Maschine und faßt die unteren Enden der Gleitrohre dort an, wo die Radachse beide Gabelholme verbindet. So bewegt man die Gabel leicht vor und zurück. Wird auf diese Weise kein fühl-

357

bares Spiel festgestellt, hat die Gabel diesen Test bestanden. Nun läßt man den Lenker von der Mitte aus mit einem kleinen Schubs selbständig zum Lenkanschlag drehen. Die Gabel muß sich dabei leicht und ohne Nachhilfe bis zum Anschlag bewegen. Eventuell störende Seilzüge sollte man abbauen oder festbinden.

Geht die Lenkung zu schwer oder stellt man beim Bewegen der Gabel an den Gabelholmen ein fühlbares Spiel fest, müssen die Lenkkopflager eingestellt werden.

Demontage der Vordergabel

1.) Maschine wie gehabt auf Holzklötze oder Hauptständer stellen. Das Vorderrad muß frei drehbar sein.
2.) Vorderrad ausbauen. Meist müssen zuvor die Bremssättel (bei Scheibenbremsen) abgebaut werden. Dies ist aber einfach, weil die Hydraulikleitungen dabei nicht abgeschraubt werden müssen.
3.) Kraftstofftank abbauen oder, wenn die Gabel frei zugänglich ist, mit einer Decke verhüllen.
4.) Verkleidung oder Scheibe abbauen.
5.) Die zu den Instrumenten führenden Kabel abklemmen, ebenso Drehzahlmesser oder Tachowellen.
6.) Lenkerarmaturen, Kupplungs- und Handbremshebelei sowie Lenker abschrauben. Hydraulikschläuche samt Handhebel und Hauptbremszylinder unterhalb der Gabelbrücke um die Holme legen und festbinden, für hydraulische Kupplungen gilt das gleiche. Somit erspart man sich das Abschrauben der Leitungen und das langwierige Entlüften nach dem Zusammenbau.
7.) Instrumententräger und Lenkschloß abschrauben.
8.) Klemmschrauben der oberen Gabelbrücke sowie diejenige am Lenkkopf, meist eine Überwurfmutter, lösen; Gabelbrücke mittels leichter Schläge abnehmen und beiseitelegen.
9.) Kontermuttern der Lenkkopflager mit einem Hakenschlüssel lösen. Achtung! Vor dem Lösen muß die Gabel unten unterstützt werden, sonst donnert sie aus dem Lenkkopf zu Boden.
10.) Falls das Kugellager wieder verwendet werden soll, spannt man jetzt besser einen Lappen unter den Gabelkopf, weil etliche Kugeln, sofort nach dem Herausziehen der Gabel, rauskullern und meist irgendwohin verschwinden.
11.) Vordergabel herausziehen und abstellen.
12.) Sollen die Lenkkopflager ersetzt werden, müssen jetzt die Lagerschalen im Lenkkopf mit Hilfe von Durchschlag und Hammer herausgeschlagen werden.

13.) Die untere Lagerschale an der Führungsachse der unteren Gabelbrücke zur Vordergabel ist schwierig zu entfernen. Mit einem flachen
Meißel kann man versuchen, durch wechselseitiges Eintreiben den
Spalt zwischen Lagerschale und Gabelbrücke zu vergrößern. Wenn das
geklappt hat, durch vorsichtiges, wechselseitiges Schlagen die Lagerschale von ihrem Paßsitz heruntertreiben.
Falls die Lenkkopflager nur geprüft und neu gefettet werden sollen, weil sie
sonst noch in Ordnung sind, fallen die oben beschriebenen Arbeiten weg.
Stattdessen werden Lagerschalen und Kugeln eingelegt und die Vordergabel
wieder eingesetzt. Für den Wiedereinbau der Vordergabel wird erneut ein
Helfer benötigt.

Montage neuer Lager und Wiedereinbau der Vordergabel
Vor Einbau der neuen Lager die Lagersitze sorgfältig reinigen. Eventuelle
Schabestellen, Riefen oder Späne mit Schleifleinen glätten; Späne entfer-
nen.
Lagersitze und Lagerschalen dünn einfetten. Die Lagerschalen in den
Lenkkopf ohne Verkanten eintreiben. Hierzu passende Rohrstücke besorgen.
Auf die Führungsachse der unteren Gabelbrücke, die Lagerschale (Kugellager) oder das satt gefettete Kegelrollenlager (Einbaurichtung des Kegelrol-
lenlagers beachten!) aufsetzen und mit einem Rohr auftreiben. Bei Kegelrollenlager darauf achten, den Lagerkäfig nicht zu beschädigen!
Alle Lagerschalen sowie das Lagerteil auf der Führungsachse müssen bis
zum Anschlag eingetrieben sein, erkennbar während des Einschlagens am
plötzlich heller werdenden Schlaggeräusch. Nicht fest eingetriebene Teile
lassen später im Betrieb ein unerwünschtes Lagerspiel entstehen, weil sich
die Lager im Laufe der Zeit gesetzt haben.

Einstellen der Lenkkopflager
Nach dem Einführen der Führungsachse der Gabel in den Rahmenlenkkopf,
die untere Gabelbrücke mit den Gabelholmen dran fest an den Lenkkopf
pressen. Das obere Lager einlegen und das Abschlußblech aufsetzen. Die
Kontermuttern aufdrehen und das Lenkkopflager erstmal anknallen. Nicht zu
hart, aber doch fest. Danach wieder lösen und die Gabel so einstellen, daß
sie geringfügig Spiel aufweist. Man prüft, indem die Gabel an den Holmen
hin- und herbewegt wird (siehe: "Prüfen der Lenkkopflager"). Nach dem
Kontern setzt man die Gabelbrücke auf und zieht die zentrale Überwurfmutter fest an.
Danach wird das Lagerspiel nochmals überprüft und so eingestellt, daß
der Lenker spielfrei durch leichtes Antippen von Lenkanschlag zu Lenkanschlag fällt. Die Gabelbrücke auch an den Gabelholmen festschrauben und
das ganze Zubehör wieder anbauen.

Auswechseln der Gabeldichtringe an den Gleitrohren

Es kommt bei Telegabeln oft vor, daß die Dichtringe verschlissen sind und erneuert werden müssen.

Gleitrohr
Staubkappe
Feder
Dichtring

(Honda)

Das ist kein Beinbruch und meist relativ schnell zu erledigen. Man bemerkt es am austretenden Gabelöl an der Staubschutzkappe sowie dem Feuchterwerden der Standrohre.

Natürlich nützt das Auswechseln nur, wenn die Laufbahnen der Standrohre riefenfrei und ohne Roststellen sind. Andernfalls braucht man eine neue.

Gabeldichtringe wechselt man an beiden Gleitrohren gleichzeitig aus, um das Losbrechmoment der Gabel nicht einseitig zu verändern.

Die Maschine wird aufgebockt, das Vorderrad entlastet. Man entfernt das Vorderrad, die Bremssättel sowie das Schutzblech und löst die Klemmschrauben beider Gabelbrücken.

Die Gabelholme können nun nach unten herausgezogen werden.

Das Gleitrohr trennt man vom Standrohr, indem die Befestigungsschraube, meist eine Innensechskantschraube, vom Boden des Gleitrohres her herausgeschraubt wird. Achtung! Die U-Scheibe darunter hat Gummilippen und dient zur Abdichtung! Manchmal ist es praktischer, die Schraubenfedern vor der Demontage der Gabelholme zu entfernen. Dazu dienen die beiden großen Schrauben oben auf den Standrohren, die wir vom Befüllen der Telegabelholme mit Dämpferöl her kennen.

Bevor es nun weitergeht, gießt man das alte Gabelöl aus den einzelnen Gleitrohren heraus.

Von den Gleitrohren werden dann die Dichtringe nach oben herausgehebelt, ohne den Rand der empfindlichen Aluminiumteile zu beschädigen. Dies geschieht mit Schraubendrehern, wobei die Dichtringe verletzt werden, so daß sie nicht mehr zu gebrauchen sind. Zuvor allerdings muß ein Federring oder ein Segerring entfernt werden, der den Gabeldichtring festhält. Das macht man mit einer speziellen Segerringzange oder einer schlichten Spitzzange.

Neue Dichtringe werden eingeölt und in die heißgemachten (Lötlampe) Gleitrohre eingepreßt. Heißes (180°) Aluminium dehnt sich aus, so daß die Dichtringe fast mit den Fingern eingepreßt werden können. Ansonsten helfen wechselseitige Schläge mit einem Kunststoffhammer nach.

Sind alle Teile der Reihe nach wieder zusammengebaut worden, füllt man frisches Gabelöl ein, gleiche Mengen für beide Seiten!

Bei luftunterstützten Telegabeln muß man unbedingt darauf achten, die Luft vor der Demontage abzulassen!

360

8.4. Hinterradschwinge und Federbeine

Die Hinterradschwinge sorgt wie die Vorderradschwinggabel für gute Führung des Rades, für einen optimalen Geradeauslauf.

Federung und Dämpfungselemente können hochwirksam, in Form von Federbeinen, der Maschine angepaßt werden. Und die Lagerung der Schwinge kann spielfrei eingestellt werden, was eine wichtige Voraussetzung für sichere Seitenführung bei Kurvenfahrten darstellt.

Die heute üblichen Langschwingen ermöglichen zufriedenstellende Federwege, wenn auch die besseren Ergebnisse von den neuen Monoschocksystemen mit Gelenkhebelschwinge und langen, progressiven Federwegen erbracht werden.

Schwingenlagerung

Eine Schwingenachse, in anderen Fällen zwei Lagerbolzen, um die sich die Schwinge dreht, bilden den Angelpunkt des Systems am unteren Teil des Rahmens.

Als Schwingenlager werden Bronzebuchsen verwendet oder Nadellager. Während hochbelastbare und nachstellbare Kegelrollenlager nur bei großen, teuren Maschinen oder besonders soliden Tourenmotorrädern eingebaut werden, haben die alten Kunststoffbuchsen ausgedient. Sie waren zu verschleißanfällig.

Verschiedenen Arten von Schwingen und Schwingensystemen

Man unterscheidet:
1. Die konventionelle Zweiarm-Langschwinge.
2. Die Einarmschwinge (Monolever).
3. Die Cantilever-Federung
4. Schwingensysteme mit Hebelmechanik und einem zentralen Federungs-Dämpfungs-Element.

Die konventionelle Zweiarmschwinge

Sie ist noch am weitesten verbreitet. Schräg angestellte Federbeine stützen sich am Rahmenheck ab.

Motorräder mit Kardanantrieb benutzen den einen Schwingenarm als Schutz- und Führungsrohr (Honda VT 500 E z.B.). Am Abschluß des Armes wird das Hinterachsgetriebe angeflanscht. Am anderen Ende liegt das Kardangelenk im Schwingendrehpunkt etwa zwischen Schwingenholm und Motorblock, mit einer Staubschutzmanschette zwischen Schwinge und Getriebe versehen.

Motorräder mit Kettenantrieb benötigen eine Verstelleinrichtung an der Schwinge, um die Längung ihrer Antriebskette auszugleichen (s. Kapitel 6.4.).

Zwelarm-Rohrschwinge (Suzuki GS 750)

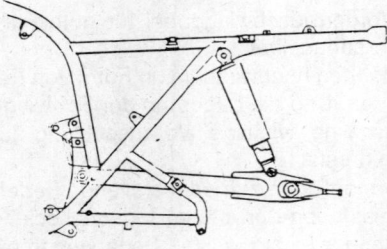

Mono Lever (System BMW)

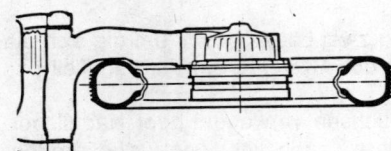

Die Einarmschwinge

Die Einarmschwinge (Monolever) wird von BMW konsequent zur Hinterradführung eingesetzt. Ihrer Statik nach muß sie kräftig ausgelegt sein, um verwindungssteif zu bleiben. Sie stützt sich über ein einziges Federbein am Rahmenheck ab.

Ihr Vorteil ist, neben der effektvollen Gewichtsreduzierung der ungefederten Massen (Radaufhängung erleichtert; fehlender zweiter Schwingenholm; nur ein Federbein), der einfache Ein- und Ausbau des Hinterrades.

Die Einarmschwinge hat sich trotz ihrer labil ausschauenden Dreipunktaufhängung bestens bewährt.

Cantilever-Schwinge

Cantilever wird eine Stahlrohrkonstruktion genannt, bei der eine Schwinge mit zweiarmiger Radaufhängung sich in ihrem oberen Teil, einer verschobenen Pyramidenform nicht unähnlich, über ein einziges Federbein (Monoschock) gegenüber dem Rahmen abstützt. Die ganze Konstruktion bewegt sich um den Schwingendrehpunkt am unteren Rahmenteil. Das Federbein liegt annähernd waagerecht.

Vorteile ergeben sich durch längere Federwege. Spurfehler des Hinterrades durch einseitig wirkende Federbeine werden vermieden. Der Dreiecksverband der Stahlrohrkonstruktion ist sehr stabil und verwindungssteif. Nachteile ergeben sich aus dem Platzbedarf für die besonders kräftigen Schwingenlagerungen und das Federbein im oberen Rahmenteil. Yamaha verwendet die Cantileverfederung noch in der Serienfertigung (z.B. XT 250), auch Laverda bei der neuen 600 SFC.

Schwinge mit Zentralfederbein und Hebelsystem

Der kompliziert erscheinende Hebelmechanismus entstand in den letzten Jahren und breitete sich vom Rennsport (Straße und Gelände) bis in die Serienfertigung aus. Hier speziell in den Sparten: Enduro; Geländesport; sportlich-schnelle Tourenmaschinen sowie serienmäßige Super-Sport- Straßenmaschinen.

Je nach Hersteller gibt es Variationen, abhängig von unterschiedlichen Glaubensbekenntnissen. Die Werbefachleute erfanden nach "High Tech" klingende Namen, die uns als Unterscheidungsmerkmale nützlich sind:

1. "Uni Trak", das Kawasaki-System, bei dem von der Schwinge aus über eine, der Kipphebelbetätigung von OHV-Motoren ähnliche Hebelübertragung, das zentrale Federbein auf Druck belastet wird. Das Federbein steht hierfür nahezu aufrecht im Rahmenunterteil.

2. "Pro Link" von Honda. Ein komplexes System von zwei Hebeln betätigt ein im Mittelteil des Rahmens schräg nach hinten stehendes Federbein. Das Hebelsystem arbeitet progressiv, weil es bei zunehmender Einfederung die Federwege vergrößert.

3. "Mono Cross" von Yamaha. Ein zwischen den Schwingenholmen stehendes Federbein wird über eine hebelförmige Halterung am unteren Teil der Schwinge getragen. Die obere Halterung sitzt gleichermaßen beweglich an einem Querträger des Rahmenunterteils. Eine Variante läßt das Federbein, ähnlich wie bei Honda, fast aufrecht im Rahmenmittelteil stehen.

4. "Full Floater", das Suzuki Schwingensysstem arbeitet mit einer Hebelei mit eigenständigem Design.

5. "Mono/Power-Drive", ein System der berühmten italienischen Firma Gilera, ebenfalls ein Hebelwerk mit zentralem Federbein. In seinem Aufbau und der Wirkungsweise den japanischen vergleichbar.

Uni Trak (System Kawasaki)

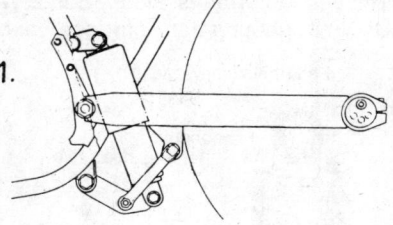

1.

Pro Link (System Honda)

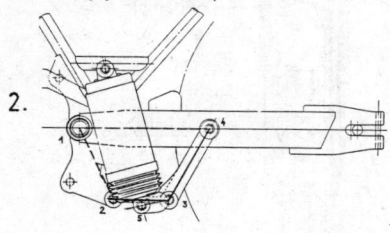

2.

Mono Cross (System Yamaha)

3.

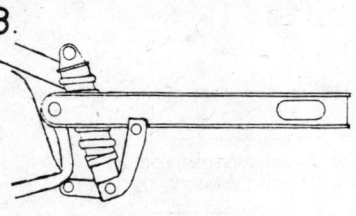

Full Floater (System Suzuki)

4.

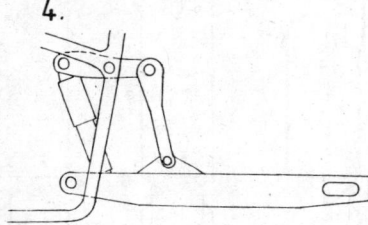

Die Problemzonen der Hebelsysteme sind deren Lager und die der Schwinge, weil beide starken Drücken ausgesetzt sind. Hinzu kommt das Verschmutzungsproblem trotz sorgfältiger Abdichtung, da die Hebelei im unteren Teil des Motorrades Staub, Sand, Wasser und Steinen ausgesetzt ist.

Die Formgebung der Schwinge bei Motorrädern hoher Leistung änderte sich im Laufe der Jahre. Reichten noch vor sieben Jahren runde Stahlrohre aus, um den Gewalten im Fahrbetrieb einigermaßen Herr zu werden, sind es heute großformatige Kastenprofile (Kastenschwinge).

Die Schwinge als Ganzes ist nun überdies breiter gebaut, um die Seitenführung des Hinterrades zu verbessern.

In der Draufsicht variieren die Schwingen. Entsprechend bezeichnet man sie als "Rechteck-" bzw. "Trapezschwinge". Der Begriff Kastenschwinge leitet sich vom Querschnitt der Schwingenarme ab.

Federbeine

Als Federbeine bezeichnet man die Federungselemente an den Schwingen, seien sie nun vorne oder hinten angebracht, ein- oder zweibeinig ausgelegt.

Das Federbein integriert den Dämpfer sowie die Schraubenfeder und stellt die Verbindung her zwischen Rahmen und Schwinge.

Die Feder

Die Feder am Federbein kann gleichmäßig, linear gewickelt sein oder zunehmend mit enger werdender Drahtwicklung, also progressiv (siehe 8.1.).

Die Drahtstärke ist abhängig von der Belastung, weshalb man nur die geeigneten und zugelassenen Federn verwenden sollte. Zur Veränderung der Federvorspannung kann

Federbein (konventionell)

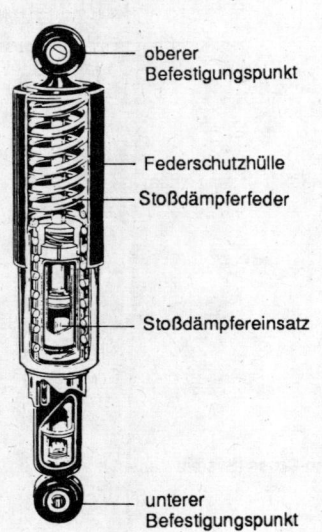

oberer Befestigungspunkt

Federschutzhülle

Stoßdämpferfeder

Stoßdämpfereinsatz

unterer Befestigungspunkt

Federbein mit dreifacher Federvorspannmöglichkeit

1. Ausgangsstellung
2. Mittlere Vorspannung
3. Höchste Vorspannung

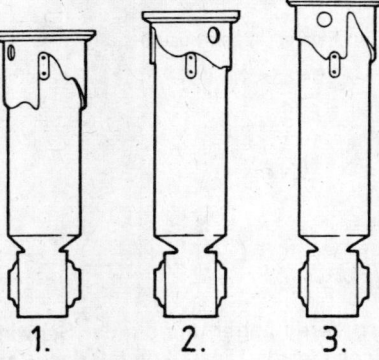

1.   2.   3.

die Federauflage einer Seite über einen Nutenring in der Höhe verstellt werden. Dies geschieht mit einem Hakenschlüssel. Der Sinn dieser Vorrichtung liegt in einer stufenweisen Verhärtung der Federn, um ein Durchschlagen bei großer Zuladung zu vermeiden. Eine durchgeschlagene Federung bringt das Hinterrad zum Springen und verschlechtert die Straßenlage wesentlich. Die Einstellung muß stets auf beiden Seiten gleich sein, weil sie sonst grobe Fahrwerksunruhen erzeugt.

Aus dem gleichen Grund dürfen Federn oder Dämpfer nur paarweise ausgewechselt werden.

Das Dämpferelement

Der Dämpfer beruhigt die Federschwingungen beim Ein- und Ausfedern und stellt mit der Kolbenstange die Verbindung zwischen Rahmen und Schwinge her. Beim Zentralfederbein liegen noch, je nach Konstruktion, mehr oder weniger viele Hebel dazwischen.

Dämpfung erfolgt, ähnlich wie bei der Telegabel, durch eine Anordnung von Ventilen mit einem Kolben, die entsprechend der Hubbewegung des Federbeines auf Einfederungsgeschwindigkeit und Belastung reagieren.
Man unterscheidet:

a.) Hydraulische Dämpfer mit oder ohne Verstellmöglichkeit.

b.) Hydraulische Dämpfer mit Öl-Ausgleichsreservoir zum Abkühlen und Beruhigen hochbeanspruchter Dämpferflüssigkeiten (Geländesport).

c.) Hydraulische Dämpfer mit Öl-Ausgleichsreservoir und Luftunterstützung zur Verbesserung von Dämpfereigenschaften.

d.) Gasdruckdämpfer mit oder ohne Ausgleichsreservoir, bei denen das Gaspolster die Dämpfung wirkungsvoll unterstützt und eine Progression der Federwege herbeiführt, je stärker das Federbein belastet wird.

e.) Gasdruckdämpfer mit Niveausteuerung, bei denen trotz Zuladung die Einfederung automatisch nachreguliert wird. Das Fahrzeugheck bleibt immer auf gleicher Höhe.

Der Niveaumat arbeitet ohne Hauptfeder, ist aber von einem Kompressor, der Außenluft zuführt, abhängig.

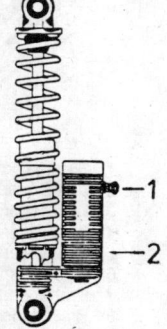

Federbein mit Ausgleichsbehälter und Luftunterstüzung

1 Luftventil
2 Ausgleichsbehälter

Anschlagfederung

Jeder Dämpfer trägt auf der Kolbenstange einen Gummipuffer, damit nach einem Durchschlagen der Federung ein letzter Rest von Federungseigenschaft erhalten bleibt; nicht Metall auf Metall schlägt und den Dämpfer beschädigt.

Einbaulage und Austausch
Die Einbaulage der Federbeine darf nicht willkürlich verändert werden, wie man hin und wieder sieht.

Laut StVZO müssen außerserienmäßige Federbeine in die Fahrzeugpapiere eingetragen werden. Wenn dagegen lediglich die Stoßdämpfer ausgetauscht werden, ein Fremdfabrikat also, ist keine Bestimmung dagegen. Ob sie jedoch auch passen, muß man versuchen vorher herauszubekommen.

8.4.1. Einstellarbeiten an Hinterradschwingen und Federbeinen

Die Einstellarbeiten an der Hinterradschwinge beziehen sich auf zwei Punkte:
1. Prüfen der Schwingenlagerung
2. Prüfen und Einstellen der Ketten bzw. Zahnriemen (siehe Kapitel 6.4.)

Hinterradschwinge für Kettenantrieb

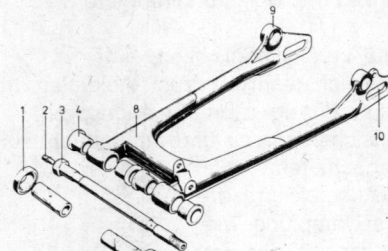

1 Staubschutzkappen (2)
2 Abschmiernippel (2)
3 Schwingenachse
4 Schwingenlagerbuchse (insgesamt 4)
5 Schwingenlagerbolzen (2)
6 Unterlagscheibe
7 Kronenmutter
8 Hinterradschwinge
9 Untere Federbeinhalterung
10 Langloch der Hinterachsführung
(Kawasaki)

Prüfen und Nachstellen der Schwingenlager
Zwar kann man bei aufgebockter Maschine mit einem kräftigen Ziehen und Drücken am Schwingholm prüfen, ob ein Lagerspiel vorhanden ist. Genaueres zeigt sich erst, wenn Hinterrad sowie Federbeine ausgebaut sind und die Hinterradschwinge frei beweglich geworden ist.

Ein Lagerspiel an Schwingen mit Nadellagern oder Bronzebuchsen bedeutet in der Regel den Ausbau der Schwingen mit anschließendem Austausch dieser Lager, die sich nicht nachstellen lassen. Anders Kegelrollenlager mit Lagerbolzen und Kontermuttern, die ein Nachstellen fast zu einem Kinderspiel machen.

Anschaulich läßt sich dies an der Yamaha XS 750 mit Kardanantrieb darstellen. Dieses Motorrad besitzt zum Fixieren der Schwinge zwei Lagerbolzen, die von beiden Rahmenseiten her durch die Schwingenhalterung geschraubt werden und in die Schwinge selbst hineinragen. Die zylindrischen Bolzen-

366

spitzen halten dort die Kegelrollenlager in ihren Lagersitzen fest und
ermöglichen das Drehen der Schwinge.

Bei Kardanantrieb ist eine durch-
gehende Schwingenachse nicht gut
möglich, wie dies bei Kettenma-
schinen ganz normal ist. Wegen der
im Schwingenholm laufenden Kardanwelle werden kurze Achsen eingesetzt (Lagerbolzen), welche die
Schwinge führen.

Zum Nachstellen der Schwinge
müssen Hinterrad und Federbeine
ausgebaut sein.

Die Maschine wird aufgebockt.
Das Hinterrad ausbauen und die Federbeine am unteren Ende von der

Hinterradschwinge für Kardanantrieb

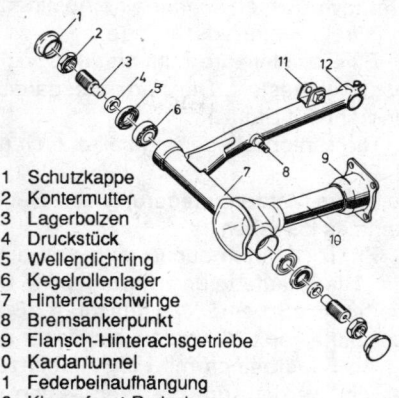

1 Schutzkappe
2 Kontermutter
3 Lagerbolzen
4 Druckstück
5 Wellendichtring
6 Kegelrollenlager
7 Hinterradschwinge
8 Bremsankerpunkt
9 Flansch-Hinterachsgetriebe
10 Kardantunnel
11 Federbeinaufhängung
12 Klemmfaust-Radachse

(Yamaha XS 750)

Schwinge lösen und nach hinten klappen. Die Schwinge wird nun auf Lagerspiel geprüft. Dabei zusätzlich die Schwinge so weit wie möglich auf- und ab-
schwingen, um schadhafte Lager zu erkennen, die sich durch rubbeligen
oder rauhen Lauf bemerkbar machen. Zeigt sich Lagerspiel, entfernt man die
Schutzkappen außen an den Lagerbolzen und löst die Kontermuttern auf
beiden Seiten. Mit dem Tiefenmaß einer Schieblehre oder mit Hilfe eines
guten Stahlbandmaßes werden beide Lagerbolzen vermessen. Dazu prüft
man, wie weit sie aus der Lagerstelle nach außen ragen. Bei Unterschieden
größer als 1,5 mm müssen die Bolzen zentriert werden, bis das Maß auf
beiden Seiten annähernd gleich ist. Dann die Kontermutter des einen Bol-
zens festschrauben und den gegenüberliegenden Bolzen mit fünf bis sechs
Newtonmeter anziehen. Zeigt sich kein Lagerspiel mehr und stehen beide
Bolzen gleich weit heraus, sind die Schwingenlager befriedigend eingestellt.
Beide Kontermuttern gut anziehen ohne die Lagerbolzen zu verdrehen.

Hinterrad und Federbeine in umgekehrter Folge des Ausbaues wieder
montieren, Abdeckkappen anbringen.

Federbein-Verstellmöglichkeiten sind:
a.) Federvorspannung verändern, in der Regel 3 bis 5 Stufen.
b.) Veränderung der Dämpfereinstellung mittels Einstellschraube.
c.) Veränderbarer Luftdruck an Federbeinen mit Reservoir (Marzocchi).

Die Abstimmung der Hinterradfederung
Eine falsche Einstellung der Hinterradfederung hat fatale Folgen: Das Hinterrad springt auf welliger Piste und schmiert in Schräglage gerne weg oder es

entstehen Fahrwerkunruhen in langgezogenen, schnell gefahrenen Kurven. Grundvoraussetzung für eine Abstimmung ist der korrekte Luftdruck und eine spielfreie Hinterradschwinge.

Eine einstellbare Luftunterstützung wird auf den niedrigsten Wert (Handbuch) eingestellt. Die Federvorspannung der Federbeine wird ganz zurückgedreht auf Stufe 1.

Die Hinterradfederung sollte auch gleich eingestellt werden (siehe Kapitel 8.3.).

Wenn Vorderradfederung und Dämpfung ebenfalls grundeingestellt sind, kann es losgehen.

Zu Testfahrten suche man sich eine stark wellige Landstraße aus. Neigt die Hinterradfederung darauf zum Durchschlagen, was sich durch einen harten Stoß bemerkbar macht, muß die Federvorspannung so lange Stufe um Stufe verstellt werden, bis dieser Zustand nicht mehr eintritt.

An Federbeinen mit Luftunterstützung kann jetzt der Luftdruck vorsichtig erhöht werden, um die Progression der Federung zu unterstützen. Hierzu benutzt man eine Handluftpumpe, auf keinen Fall Preßluft von der Tankstelle. Die hat zu viel Druck und zerstört die empfindlichen Luftkammern. Die Druckerhöhung von Mal zu Mal bewegt sich um 0,1 bis 0,2 bar. Man muß einen Spezialdruckmesser benutzen, der keine Luft aus dem Federbein "verbraucht", weil schon geringe Druckverluste Auswirkungen zeigen. Bei zwei Federbeinen an einer Schwinge bringt so etwas immer Unruhe ins Fahrwerk.

Daten über Druckerhöhungen kann man aus dem Bordbuch der Maschine oder dem Informationsblatt des Stoßdämpferherstellers ersehen.

Das Abstimmen der Federungseigenschaften sollte man übrigens vor dem Urlaub mit Gepäck und Sozius wiederholen (wärmste Empfehlung).

Jetzt wird es schwierig, weil viele Stoßdämpfer nicht oder nur unter großem Aufwand einstellbar sind, was die Druckstufen- bzw. Zugstufendämpfung angeht.

Die Dämpfung muß so justiert sein und auf der Buckelpiste erprobt werden, daß das Hinterrad stets Bodenkontakt hat und auch in welligen Kurven nicht wegschmiert. Auch ein Nachschwingen mit springendem Hinterrad zwingt zum Verändern der Dämpfereigenschaften. In solchen Fällen ist eine Verhärtung der Dämpfung angebracht.

Die verstellbaren Dämpfer tun dies, wenn man an der Einstellschraube dreht, durch eine Verengung der Durchflußventile. Bei einigen Stoßdämpfern muß die Schraubenfeder abgebaut werden, bevor man einstellen kann, bei anderen gar der Dämpfer zerlegt und die Dämpferflüssigkeit durch eine mit höherer Viskosität ersetzt werden.

Die Marzocchi-Stoßdämpfer mit Ausgleichsbehälter und vergleichbare Federbeine können über ein Luftventil am Ausgleichsbehälter verändert werden.

368

8.5. Die Räder

Anforderungen:
a.) Niedriges Eigengewicht!
b.) Hohe Formfestigkeit bei guter Elastizität (gute Rundlaufeigenschaften)!
c.) Einfaches Abbauen!

8.5.1. Speichenräder

Sie glänzen durch niedriges Gewicht, eine gewisse Einfederung, hohe Elastizität und eine geringe Seitenwindempfindlichkeit. Ästhetisch wirken sie durch ihre Zierlichkeit und Schönheit. Nabe und Felge sind mittels der Speichen elastisch, aber fest miteinander verbunden.

Die Radnabe
Im Zentrum der Radnabe sind Aufnahmen für die Radlager vorgesehen. Jede Nabe ist verrippt, zum einen wegen der besseren Stabiltät, zum anderen, um die Reibungswärme der Radlager besser abgeben zu können.

Kleine Naben finden wir an Rädern mit Scheibenbremsen. Die Naben von Speichenrädern haben zu beiden Seiten hochgezogene Ränder mit kleinen Bohrungen darin. Diese dienen zur Aufnahme der Speichen.

An der Hinterradnabe von Motorrädern mit Kettenantrieb wird bei vielen Modellen der Zahnkranz des hinteren Kettenrades unmittelbar aufgeschraubt.

Leistungsstärkere Maschinen haben dort eine Antriebsplatte mit zwischengelegten Gummidämpfungselementen zur Nabe hin, die als Ruckdämpfung funktionieren. Auf der Antriebsplatte ist dann das Kettenrad aufgeschraubt. Durch die Mitte der Nabe und der Radlager führt die Steckachse.

Speichenrad

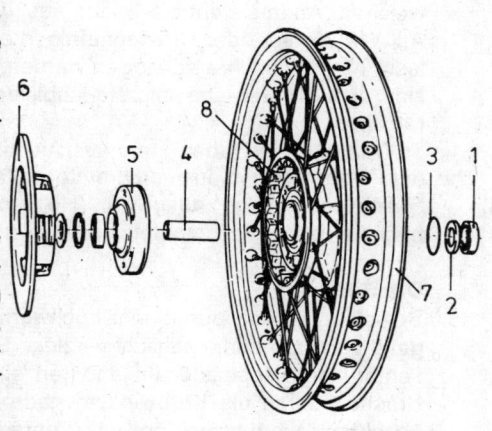

1 Radlager (Kugellager) (2)
2 Staubschutzscheiben (2)
3 O-Ringe (2)
4 Distanzhülse
5 Lagerschild
6 Bremsscheibe
7 Felge
8 Nabe

(Ducati)

Die Felge

Vorderräder und Hinterräder sind in Durchmesser und Felgenbreite vielfach unterschiedlich dimensioniert.

Der Durchmesser wird in Zoll angegeben ("16er" Rad = 16 Zoll Durchmesser).

Der Reifensitz an der Felge ist durch lange Versuche optimiert worden. Die Felge hat u.a. eine Riffelung auf der Innenseite, um ein Durchrutschen des Reifens zu verhindern.

Ein Felgenband aus Gummi schützt den Schlauch vor Verletzungen durch hervorstehende Nippel und Speichenenden.

Speichenfelgen sind wegen der Speichenöffnungen auf keinen Fall für schlauchlose Reifen geeignet. Die Luft würde über kurz oder lang entweichen. Anders sieht die Sache aus, wenn Schläuche eingezogen werden. Auf WM-Kontur oder CP-Konturfelgen dürfen auch Schlauchlosreifen (Tubeless) mit Schlauch aufgezogen werden. Auf anderen, älteren Felgenprofilen sind diese Reifen aber nicht erlaubt, der Reifenwulst könnte aus der Felge rutschen.

Während die Naben stets aus Aluminiumguß hergestellt werden, können die Felgen ebenso aus verchromtem Stahl bestehen. Dann sind sie meist als "Flachschulterfelge" ausgelegt. "Hochschulterfelgen" können auch aus einer hochwertigen, geschmiedeten Aluminiumlegierung bestehen.

Die Speichen

Speichen werden aus einem hochwertigen Stahl gefertigt und sind vorwiegend verchromt oder schlicht verzinkt. Sie besitzen an einem Ende einen linsenförmigen Kopf und am anderen ein gewalztes Gewinde. Dies, um ein Brechen durch die Kerbwirkung gedrehter Gewinde zu unterbinden. Speichenköpfe werden gekröpft oder gerade in der Nabe geführt. Die geraden Speichen können mehr Zug aushalten und brechen nicht so schnell.

Die Stärke der Speichen macht man von der Leistung der Maschine, ihrer Größe und dem Gewicht abhängig.

Es gibt einfach oder vielfach gekreuzte Einspeichverfahren, je nach Belastung der Felge oder nach Designvorstellungen.

Elegant und sehr haltbar sind Räder mit einer großen Anzahl von Speichen in bestimmten Mustern (Ferrari-Stil beispielsweise).

Das Einspeichen ist Spezialistenarbeit, als Uneingeweihter sollte man die Finger davon lassen.

Die Speichennippel bestehen aus verchromtem Messing oder Stahl und sollten vor dem Einbau leicht eingefettet werden.

Eingespeichte Räder prüft man nach ihrem Klang. Hierzu klöttert man mit einem Schraubendreher auf den Speichen entlang. Klingt eine davon dumpf, muß sie mit einem Speichenschlüssel nachgezogen werden, sonst lockern

370

sich andere mit der Zeit ebenfalls. Wenn alle Speichen gleichmäßig hell klingen, ist die Speichenspannung korrekt.

Gebrochene Speichen müssen ausgetauscht werden, wozu leider Rad und Reifen herunter müssen.

Wo eine Speiche fehlt, entsteht ein Ungleichgewicht im Speichenkreis. Im Folgenden wird eine Speiche nach der anderen brechen oder locker werden, ersetzt man die fehlende nicht.

Speichenräder müssen gelegentlich auf Seitenschlag und Höhenschlag geprüft werden. Hierzu bockt man die Maschine auf eine Kiste auf und prüft, indem man das betreffende Rad durchdreht, mit einem Stift, angehalten an der Felge, das Ausmaß der Schläge. Abhilfe ist etwas für echte Experten, es sei denn, man kauft sich einen Auswuchtbock und macht es selber. - Das aber kann lange dauern, wenngleich die Sache auch gehörigen Spaß bringt.

8.5.2. Leichtmetallspeichenräder (Gußräder)

Vor allem die Einführung von schlauchlosen Reifen brachten die Gußräder in die Serienproduktion.

Ihr Hauptvorteil besteht im exakten Gleichlauf bei hohen Dauergeschwindigkeiten um 200 km/h, dicht gefolgt von ihrer Fähigkeit, schlauchlose Reifen zu verkraften, und der Anspruchslosigkeit, was Reinigung und Wartung angeht.

Gußräder sind ein Ausbund an Schlichtheit: Unter Druck oder im Kokillenguß komplett fertig gegossen, gereinigt, beschliffen, poliert und lakkiert, fertig!

Nabe, Speichen und Felge bestehen aus einem Stück. Lediglich Radlager, Reifenventil und die Auswuchtgewichte kommen hinzu. Außerdem eine Bremsscheibe für das Hinterrad, ein oder zwei für das Vorderrad. Hin und wieder wird die Nabe noch für die Aufnahme einer Hinterradtrommelbremse vergrößert hergestellt. Da keine Speichen stören, kann die Felge des Gußrades

Gußrad

1 Radlager (Kugellager) (2)
2 Dichtringe (2)
3 Bremsscheibe
4 Gußrad
5 Radnabeneinsatz
6 Distanzhülse

(Suzuki)

371

speziell für die Verwendung von schlauchlosen Reifen geformt werden. Erstaunlich dennoch: Speichenräder sind oft um einiges leichter.

Gußräder müssen auf Risse, Verformungen und Verzug geprüft werden. Leider kann man sie so gut wie gar nicht richten. Vertikale und horizontale Felgenschläge von mehr als zwei Millimeter sind schon kritisch. Während man Speichenräder noch mittels Speicheneinstellung "hinziehen" kann, müssen Gußräder ausgewechselt werden, besonders natürlich gerissene oder verzogene Räder oder solche mit ausgebrochenen Felgenrändern. Ein auseinanderfallendes Gußrad bei 180 km/h führt zu einem gräßlichen Unfall.

8.5.3. Verbundräder

In einer Zeit ,als Rückrufaktionen bei Gußrädern gang und gäbe waren, entstanden die Verbundräder aus Stahl (schwer, widerstandsfähig) und Leichtmetallen (weniger stabil).

Verbundrad

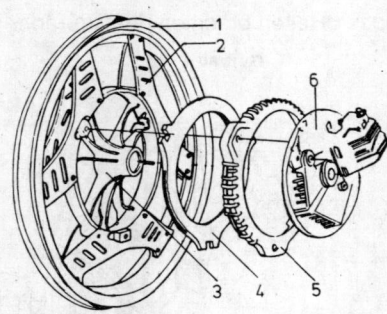

1 Felge (Alu)
2 Stahlblechspeichen
3 Radnabe
4 Bremsscheibe (Innenscheibenbremse)
5 Staubschutzring
6 Bremsankerplatte

(Honda)

Heute treten die aufwendigen Verbundräder wieder in den Hintergrund. Ihre nicht gerade schmeichelhafte optische Erscheinung tat ein Übriges; Laufeigenschaften und Stabilität sind jedoch hervorragend.

Die verschiedenen Bauelemente, in der Regel Nabe, Speichen und Felge, werden zusammengeschraubt oder genietet. Vorwiegend sind es unlösbare Verbindungen, an denen nichts verändert werden darf.

Seitenschlag und Höhenschlag prüfen wir in gleicher Weise wie bei Gußrädern, es gelten auch die gleichen Grenzwerte. Da Verbundräder wesentlich stabiler sind, haben Höhen- und Seitenschlag weniger Bedeutung für die Sicherheit.

Größere Unwuchten, Risse und lockere Nieten bzw. Schraubverbindungen sind dagegen nicht mehr tolerierbar. Das gilt auch für stark korrodierte Teile. Hier muß leider das ganze Rad ausgewechselt werden.

Das Material der Felge besteht aus einer geschmiedeten Aluminiumlegierung, einem besonders harten und zähen Leichtmetall, welches sich zwar verformt, aber nur schwer bricht, z.B. bei Überfahren eines Bordsteines mit höherer Geschwindigkeit.

372

Die Speichen bestehen aus Stahlblech, zähelastisch, gegen Korrosion verzinkt, die Nabe wird aus Aluminiumdruckguß hergestellt.

8.6. Die Radlager

Ein Radlagerschaden liegt vor: Wenn sich im Vorder- oder Hinterrad ein rumpelndes Geräusch hören läßt. Wenn ein Rad, bei aufgebockter Maschine in Drehung versetzt, ein Gefühl von unrundem, rubbeligem Lauf erzeugt. Wenn ein Rad, mit beiden Händen angefaßt und hin- und herbewegt, eine Lose im Bereich der Radachse aufzeigt.

Die Räder unserer Maschinen laufen alle auf Rillenkugellagern, da sie seitlich nicht in dem Maße beansprucht werden, als daß man z.B. Kegelrollenlager einbauen müßte.

In der Radnabe befindet sich links und rechts je ein Lagersitz. Darin ruhen die Radlager, deren innere Lagerringe von einer Distanzhülse auf Abstand gehalten werden. Wellendichtringe schützen die Lager vor äußerer Einwirkung. Immer häufiger werden geschlossene Rillenkugellager bevorzugt, deren Dauerfettfüllung ein Lagerleben lang reicht. Rillenkugellager haben ein etwas größeres Laufspiel, um ein Fressen der Lager bei Erhitzung zu verhindern. (Das heißt nicht, daß normale Lager gleich festgehen).

Radlager werden ausgewechselt, indem man mittels eines Durchschlages auf den Innenring des Kugellagers schlägt. Hierzu schiebt man die Distanzhülse etwas beiseite, um jeweils das gegenüberliegende Lager austreiben zu können.

Bevor man aber an das Lager herankommt, muß oft ein Lagerdeckel entfernt werden. Er kann mit einem verstellbaren Zapfenschlüssel herausgeschraubt werden; die darunterliegenden Wellendichtringe werden mit einem Haken herausgezogen.

Neue Radlager legt man zwei Stunden ins Tiefkühlfach, bevor man sie einbaut. Sie ziehen sich dann geringfügig zusammen und rutschen, mit etwas Fett unterstützt, leichter auf die Lagersitze. Offene Wälzlager müssen vor dem Einbau gut gefettet werden, am besten mit einem wasserabweisenden Lagerfett (Lithiumfett).

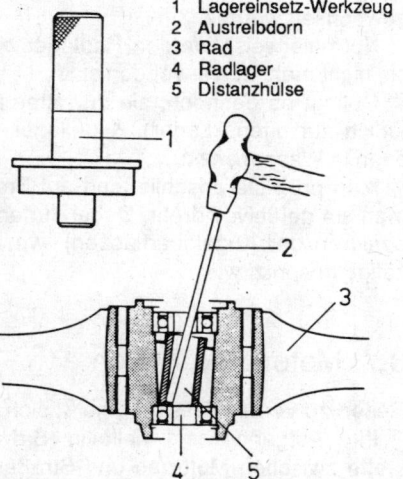

1 Lagereinsetz-Werkzeug
2 Austreibdorn
3 Rad
4 Radlager
5 Distanzhülse

Lassen sich die Lager nur schwer auf ihre Sitze schieben, so hilft man mit einem passenden Rohr nach, das man auf den äußeren Lagerring auflegt. Mit dem Hammer treibt man dann die widerspenstigen Lager ein. Achtung! Auf keinen Fall die Lager verkanten und nicht auf den Lagerinnenring schlagen, er ist tabu! Andernfalls wird das Lager beschädigt. Nicht vergessen, vor Einsetzen des zweiten Lagers die Distanzbuchse einzulegen! Ohne Buchse fressen die Lager unglaublich schnell, werden sie doch beim Einsetzen des Rades ins Fahrwerk eingeklemmt. Nach dem Einsetzen neuer offener Lager muß man die Wellendichtringe erneuern.

Hat man sich für selbstschmierende, versiegelte Radlager entschlossen, müssen die alten Wellendichtringe dennoch mit eingebaut werden, weil sie als Distanzhalter benötigt werden!

Ein Wort noch zum Ein- und Ausbau! Abgeschraubte Bremsscheiben dürfen nicht hohl gelegt werden. Sie könnten sich verziehen. Also auf plane Unterlage legen.

Bei Kettenantrieb muß man nach dem Austausch der Radlager am Hinterrad zusätzlich die beiden Rillenkugellager in der Antriebsplatte für den Zahnkranz untersuchen.

Reinigen der Räder

Ein leicht rauher Lauf ohne Rattermarken läßt auf ein zwar gebrauchtes, aber noch arbeitendes Lager schließen. Mit Rattermarken muß es allerdings sofort gewechselt werden.

Normalerweise werden Radlager beim Ausbau so stark beschädigt, daß sie nicht mehr zu verwenden sind.

Gelingt es dennoch, sie zu retten, so müssen sie gereinigt werden (natürlich nur offene Lager). Kugellager reinigt man am besten erst in Heizöl, dann in Waschbenzin.

Man prüft sie anschließend auf Fremdkörper oder Beschädigung, indem man sie gefühlvoll dreht. Dabei dürfen die Lager nicht trocken laufen (Ramponieren der Kugeloberflächen), weshalb etwas dünnes Öl auf die Lagerkäfige gespritzt wird.

8.7. Motorrad - Reifen

Reifen zu vernachlässigen, heißt sich und auch andere zu gefährden.

Ihre Aufgaben sind vielfältig. Sie übertragen die Antriebs- und Bremskräfte zwischen Motorrad und Straße. Sie übernehmen die Radführung auf gerader Strecke sowie die Seitenführung und Haftung in Kurven. Dem Fahrkomfort sind sie nur bedingt dienlich, was ihr Eigenfederverhalten angeht. Dies, weil die Reifenflanken möglichst steif gehalten werden müssen, um einen stabilen Geradeauslauf zu ermöglichen. Nicht zuletzt ist die Laufleistung ein Kriterium, das durch hohe Motorleistungen immer stärker in den Vordergrund gerät.

Übertragung von Antriebs- und Bremskräften

Die Fähigkeit der Kraftübertragung von Hinterradreifen wächst mit der Reifenauflagefläche (Reifenaufstandsfläche) und dem Gewicht, welches auf dem hinteren Teil eines Motorrades lastet. Dies erklärt die unterschiedliche Dicke von Vorder- und Hinterradreifen. Das Profil der Reifen spielt auf trockenen und nicht zu glatten Straßen keine Rolle, wie man an den absolut glatten Slick- Reifen von Rennmotorrädern leicht ersehen kann. Erst bei unterschiedlich glattem oder rauhem Straßenbelag werden Art, Stärke, Form und Tiefe des Reifenprofils zu einem wichtigen Leistungsmerkmal.

Die Gewichtsbelastung des Antriebsrades ist eine wichtige Größe, wenn man von Schlupf und Antrieb spricht.

Je stärker das Antriebsrad belastet ist, desto mehr Leistung kann es übertragen, und desto geringer ist der Reifenabrieb.

Die Bremskräfte beim Verzögern sind scheinbar entgegengesetzte Probleme, die sich bei näherem Hinsehen aber als nahezu identisch herausstellen. Hauptträger der Belastung ist diesmal aber der Vorderradreifen. Der Grund liegt in der Radlastverlagerung beim Bremsen, bei dem eine Gewichtsverlagerung nach vorne stattfindet.

Verstärkt wird dies durch das starke Eintauchen der Vorderradgabel (siehe 8.3.).

Während beim Bremsen das Hinterrad entlastet wird, was soweit gehen kann, daß Maschine und Fahrer ins Schleudern kommen, wächst der Druck auf das Vorderrad. Es sind nun entgegengesetzt zu den Antriebskräften am Hinterradreifen, ähnliche Belastungen am vorderen Reifen festzustellen. Im Unterschied zu dort, herrschen Verschleißkräfte aber verstärkt nur während des Bremsens. Vorderradreifen sind deshalb auch nicht so breit wie ihre hintere Verwandtschaft. Außerdem muß die Profilgestaltung neben der Übernahme der Bremskräfte auch der Seitenführung, dem Geradeauslauf des Vorderrades, Rechnung tragen. Breite Reifen am Vorderrad lassen die Handlichkeit der Maschine in Kurven vermissen.

Fahrstabilität

Der Innenaufbau des Reifens hat entscheidenden Anteil an der Fahrstabilität.

Der Reifenquerschnitt muß an der Lauffläche gerundet sein, um bei Kurvenfahrten mit ihren starken Neigungswinkeln eine ausreichende und möglichst tief hinabgehende Seitenführungskraft aufzubauen.

Die Reifenflanken müssen verstärkt gestützt werden, um für Kurven und Geradeauslauf die nötige Steifigkeit aufbringen zu können.

Plötzlicher Luftverlust der Reifen soll das Motorrad nicht undirigierbar machen. Dies ist ein ganz wichtiger Grund für schlauchlose Reifen, die eine wesentlich bessere Seitenstabilität aufweisen.

Luftdruckverlust bei einer Reifenpanne während der Fahrt

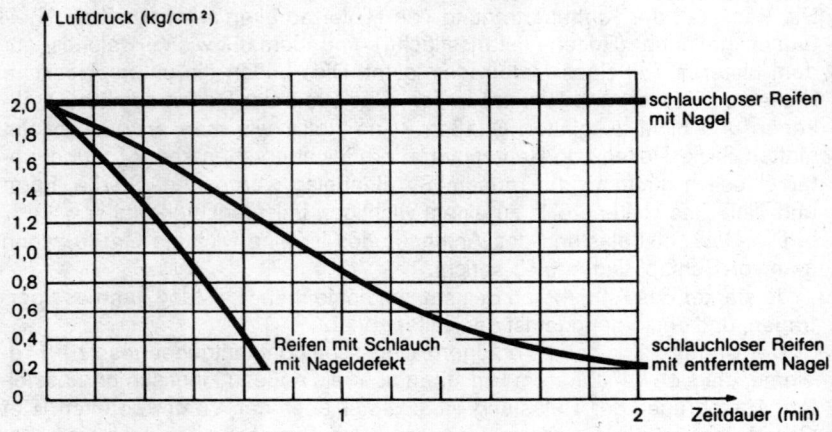

(Dunlop-Reifenhandbuch)

Die geringe Aufstandsfläche von Motorradreifen bringt es mit sich, daß der Reifen die verhältnismäßig schwere Maschine (womöglich noch mit Gepäck und Sozius) auf dieser relativ kleinen Fläche voll tragen muß, weshalb die Tragfähigkeit von Reifen ein wichtiger Faktor ist.

Hierbei spielt der korrekte Luftdruck eine überragende Rolle. Zu niedriger Druck beeinträchtigt Geradeauslauf, Kurveneigenschaften, Tragfähigkeit und Lebensdauer, bewirkt eine stärkere Walkarbeit des Reifens, läßt seine Temperatur überproportional ansteigen, fördert dadurch den Reifenabrieb und die Zerstörung des Pneus.

Laufleistung
Die Laufleistung ist von folgenden Faktoren abhängig:
a.) Reifenaufstandsfläche
b.) Gummimischung und Reifenprofil
c.) Gewicht der Maschine
d.) Fahrstil
e.) Leistung der Maschine
f.) Rauhigkeit des Straßenbelages
g.) Luftdruck

376

Je größer die Lauffläche, desto weniger nutzt sie sich ab. Die immer breiter werdenden Autoreifen sprechen für sich.

Die Kunst der Gummimischung verlangt rutschfeste Reifen, aber auch lange Lebensdauer. Keine einfache Aufgabe. Je härter die Mischung desto abriebfester ist der Reifen und um so höher die Kilometerleistung des Motorrades. Aber nur eine relativ weiche Mischung bietet gute Bodenhaftung auch bei Nässe.

Der neueste Schrei ist hierbei eine härtere Lauffläche mit weichen Schulterpartien.

Je schwerer eine Maschine, um so größer der Reifenabrieb. Nicht zu verwechseln mit der Haftung des Antriebsrades, bei dem eine gute Belastung den Schlupf erspart und damit auch höheren Abrieb.

Durch breitere Reifen, vor allem hinten, gleicht man das Manko wieder aus, wie Harley-Davidson bei der Elektra Glide vorführt oder Kawasaki mit der 1000 GTR.

Der persönliche Fahrstil hat enormen Einfluß auf den Reifenverschleiß. Die einen brauchen 1500 km, die anderen 8000 km, um den Hinterradreifen klein zu kriegen.

Die Motorleistung, ob man will oder nicht, provoziert den Gummiverbrauch! Ein leichter Dreh am Gasgriff einer 100 PS/74 kW-Maschine produziert mehr Abrieb als bei einem nur halb so starken Gefährt. Eine rauhe Betonstraße nutzt das Reifenprofil, trotz erfreulicher Griffigkeit beim Fahren, stärker ab als ein glattes Straßenband, welches die Landschaft durchzieht. Auch Schotterpisten und Feldwege nagen kräftig am Gummi.

8.7.1. Radialreifen - Diagonalreifen - Gürtelreifen

Grundaufbau der Reifen
Der Reifen besteht aus Karkasse, Wulst, Seitenwand und Lauffläche.

Die Karkasse ist der Unterbau. Sie besteht aus hochfesten, textilen Materialien, deren Kriterien von der gewünschten Festigkeit, von Geschwindigkeits- und Tragfähigkeitsforderungen bestimmt wird.

Motorrad-Karkassen werden überwiegend in Diagonalbauweise hergestellt, doch gibt es auch Radial- und Gürtelkarkassen.

Der Wulst ist der "Fuß" des Reifens. Er ist verantwortlich für festen Sitz auf der Felge.

Bei schlauchlosen Reifen (Tubeless) dichtet er ihn zusätzlich gegen die Felge luftdicht ab.

Die Seitenwand ist eine flexible aber dennoch tragende Fläche des Motorradreifens. Sie sorgt für die Feder- und Dämpfungseigenschaften des Reifens, ohne jedoch durch indirekte Weitergabe der Brems- und Antriebskräfte

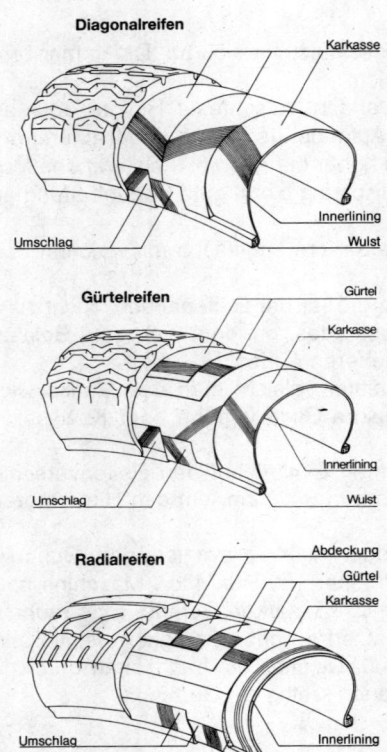

Diagonalreifen

Karkasse

Innerlining

Umschlag   Wulst

Gürtelreifen   Gürtel

Karkasse

Innerlining

Umschlag   Wulst

Radialreifen   Abdeckung

Gürtel

Karkasse

Umschlag   Innerlining

Kernreiter   Wulst

(Dunlop-Reifenhandbuch)

ein schwammiges, instabiles Fahrgefühl zu erzeugen.

Die Lauffläche hat unmittelbaren Kontakt mit der Straße und ist profiliert.

Das Profil ist eine Ansammlung von Rippen, Lamellen, Stollen, Rillen und Blöcken auf der Lauffläche.

Reifen für Geländeeinsätze führen ein grobstolliges Reifenprofil, Straßenreifen ein feinprofiliertes. Hinterradreifen sind mit größerem Blockprofil versehen als Vorderradreifen, die mehr Rillen und Lamellen auf der Lauffläche besitzen.

Der Trend zu profilmäßig und vom Aufbau her aufeinander abgestimmten Reifen, sogenannten "Zwillingen", nimmt zu.

Radialreifen

"Radial" werden Reifen genannt, deren Textilfäden nebeneinander, schichtweise und um 90° gedreht zur Laufrichtung verlegt sind.

Diagonalreifen

Alle gängigen Reifen werden heute in diagonaler Bauart hergestellt. Ihre Karkassenfäden sind im spitzen Winkel zur Laufrichtung, diagonal nebeneinander und in mehreren Schichten übereinander sowie gegenläufig verlegt.

Der spitze Winkel der Fäden wie auch die einander kreuzenden Schichten, sollen einen ausgeglichenen Laufcharakter herbeiführen.

Gürtelreifen

Die im Automobilbau seit langen Jahren bewährten Gürtelreifen waren zunächst für Motorräder nicht geeignet, weil deren Reifen keine weichen Seitenwandungen haben dürfen.

Erst der Niederquerschnittsaufbau der Reifen mit runden, fast 180° herumgezogenen Laufflächen und versteiften Seitenwandungen sowie der Einsatz moderner Fasern für den Gürtelaufbau machten den Motorrad-Gürtelreifen hoffähig. Seine Vorteile gegenüber normalen Diagonalreifen:

a.) höhere Kilometerleistung durch größere Aufstandsflächen.

b.) Höhere Tragfähigkeit bei gleichem Luftdruck.

c.) Ausgezeichnete Seitenführungskräfte, somit bessere Bodenhaftung.

d.) Reduzierung der Walkarbeit der Reifen, dadurch verringerte Reifener-
wärmung, was den Einsatz hervorragend haftfähiger Gummimischungen
auf der Lauffläche ermöglicht!

e.) Höhere Bremsleistung auch in Schräglage.

f.) Verringerter Rollwiderstand und bessere Haftung auf der Straße bei
Nässe.

g.) Geringeres Gewicht, dadurch besseres Handling (Problem der ungefederten Massen).

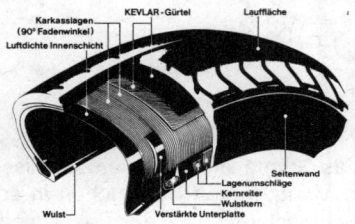

h.) Verbesserte Hochgeschwindig-
keits- und Richtungsstabilität.

Gürtelreifen werden auf der Basis
(Karkasse) vom Radial- oder Diagonalreifen produziert und werden
entsprechend als Radial- bzw. Diago-
nalgürtelreifen bezeichnet.

(Pirelli)

8.7.2. Reifen mit und ohne Schlauch

Bis vor etwa fünfzehn Jahren waren Reifen ohne Schlauch undenkbar.

Das Aufkommen von Gußrädern bzw. Verbundrädern löste das Abdicht-
problem auf einfache Weise und brachte den praktischen, schlauchlosen
Reifen hervor.

Dennoch sind heute schlauchführende Reifen erhältlich und wohl auch
notwendig; vor allem im Endurobereich.

Da außerdem Speichenräder stark im Kommen sind, werden auch
Straßenmotorräder wieder vermehrt mit Schlauchreifen ausgeliefert. Erleichtert allerdings durch den Umstand, daß die meisten Schlauchlosreifen auch
auf den Speichenrädern, dann aber mit Schlauch, gefahren werden können.

Schlauchlose Reifen

Schlauchlose Reifen wurden möglich durch Änderungen am Reifenwulst,
geeignete Felgenprofile und Leichtmetallfelgen in Verbund- oder Gußbau-
weise.

Der schlauchlose Reifen bedarf eines festen Sitzes auf der Felge, weil der
Wulst völlig luftdicht abschließen muß. Schlauchlose Reifen sollten demnach
nur auf Räder aufgezogen werden, die dafür zugelassen sind.

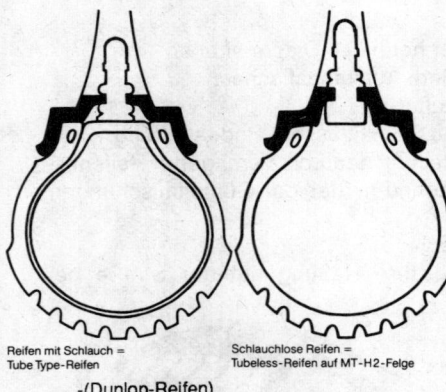

Reifen mit Schlauch =
Tube Type-Reifen

Schlauchlose Reifen =
Tubeless-Reifen auf MT-H2-Felge

-(Dunlop-Reifen)

Die Montage sollte man einer Reifenfirma überlassen!

Im Notfall allerdings kann mit Montiereisen und Hammer der Reifen abgezogen werden, um beispielsweise ein Ventil zu erneuern. Abraten tun wir deshalb, weil es im Normalfall nicht nötig ist, denn Reifenmontage kostet lediglich etwa DM 4,-. Eine zerdellte oder zerkratzte Felge aber hat einen weit größeren Wertverlust.

Nach jedem zweiten Reifenwechsel übrigens sollte man aus Sicherheitsgründen auch das Ventil, welches separat in der Felge steckt, erneuern, weil das Gummi im Laufe der Zeit Risse bekommen kann.

Die Montage von Schläuchen in schlauchlosen Reifen ist möglich, wenn das Schlauchventil mit der Felge *nicht* luftdicht verschlossen wird. Man läßt die Rändelmutter am Ventilkörper weg, weil aufgrund von Luftblasen zwischen Reifen und Schlauch dieser dann durch Scheuern kaputtgehen kann.

Schlauchlose Reifen können auch auf die normalen WM-Felgen aufgezogen werden. Mit Schlauch versteht sich! Schlauchlose Reifen mit Schlauch aber nicht auf die für schlauchlose Reifen vorgesehenen MT-H2-Felgen! Die Schläuche würden dort in gefährlicher Weise eingeklemmt werden. Das bedeutet Unfallgefahr!

Reifen mit Schlauch (Tube-Typ)

Sie unterscheiden sich von den Schlauchlosen durch einen anders geformten und weniger steifen Wulst sowie eine schwächere Seitenpartie. Der Reifen bildet gewissermaßen nur die Decke über dem eigentlich tragenden Schlauch. Daher auch das Synonym "Decke". Profil und Karkasse der Schlauchreifen sind ansonsten gleich den Schlauchlosen.

Die Schläuche entsprechen der Größe der Reifen. Zu große Schläuche werfen Falten nach der Montage und werden durch Reibung leicht defekt.

Nach dem zweiten Reifenwechsel sollte man sie austauschen. Manche Hersteller empfehlen: "Ein neuer Reifen - ein neuer Schlauch!" Dem Schlauch im Vorderrad sollte die meiste Aufmerksamkeit zukommen. Wenn er nämlich platzt, legt sich die Maschine sofort hin und der Fahrer daneben. "Aufmerksamkeit" bedeutet: Den Reifen auf Profiltiefe, Risse und Ausbrüche prüfen; nicht vergessen den Luftdruck!

380

8.7.3. Ein paar Infos über Felgen

Für Schlauchreifen wird als Standard die WM-Felge genommen.

Schlauchlose Reifen verlangen die MT-H2-Felge. Manche Motorradfelgen führen noch das Profil der CP-Felgen. Sie ist für beide Reifentypen geeignet.

Die MT-Felge für schlauchlose Reifen ist auch für Schlauchreifen geeignet.

Die wichtigsten Motorradfelgen

WM-Kontur
Zulässig sind alle Metzeler-Reifen in Schlauchlos- und Schlauchtyp-Ausführung. Die Montage muß immer mit Schlauch (auch bei Schlauchlos-Reifen) erfolgen.

CP-Kontur
Zulässig sind alle Metzeler-Reifen in Schlauchlos- und Schlauchtyp-Ausführung. Die Montage muß immer mit Schlauch (auch bei Schlauchlos-Reifen erfolgen).

MT-Kontur
Zulässig sind alle Metzeler-Reifen in Schlauchlos- und Schlauchtyp-Ausführung. Der montierte Reifentyp muß den Angaben des Fahrzeugherstellers entsprechen (Tube-Type oder Tubeless).

MTH2-Kontur
Zulässig sind alle Metzeler-Reifen in Schlauchlos- und Schlauchtyp-Ausführung. Maßgebend sind jedoch die Vorschriften der Fahrzeughersteller. Bei Verwendung eines Schlauches besteht Fabrikatsbindung (Metzeler-Reifen Metzeler-Schlauch).

8.7.4. Reifenkennzeichnungen und ihre Bedeutung (Technischer Dienst-Motorradreifen, Dunlop 1986)

Die bisher übliche Reifennorm:

(Metzeler-Reifenhandbuch)

Beispiel 1: 3.25 - S 18 4 PR
3.25 = Reifenbreite 3.25 Zoll
S = Kennbuchstabe für zulässige Höchstgeschindigkeit bis 180 km/h
18 = Felgendurchmesser 18 Zoll
4PR = Ausdruck für die Karkassenfestigkeit. Die Zahl dient als Kennwort für Beanspruchungsfähigkeit von Reifen gleicher Größe. Eine höhere PR-Zahl ermöglicht durch höhere Luftdrücke eine höhere Tragfähigkeit.PR4 =Normalausführung; PR 6 = verstärkte Ausführung

Beispiel 2: 4.25 / 85 H 18
4.25 = Reifenbreite in Zoll
/85 = Querschnittsverhältnis, hier 0,85:1. Das bedeutet: Im Verhältnis zur Breite des Reifenquerschnittes von 1 beträgt die Höhe nur 0,85. Der Reifen ist demnach ein Niederquerschnittsreifen.
H = Kennbuchstabe für zulässige Höchstgeschwindigkeit von 210 km/h
18 = Felgendurchmesser in Zoll
Die neue Europa Norm ETRTO (European Tyre and Rim Technical Organisation):

381

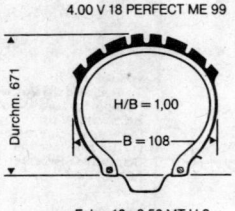

4.00 V 18 PERFECT ME 99

Durchm. 671

H/B = 1,00

B = 108

Felge 18 x 2.50 MT H 2

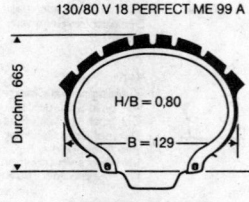

130/80 V 18 PERFECT ME 99 A

Durchm. 665

H/B = 0,80

B = 129

Felge 18 x 3.00 MT H 2

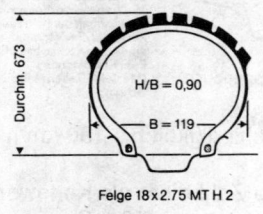

120/90 V 18 PERFECT ME 99 A

Durchm. 673

H/B = 0,90

B = 119

Felge 18 x 2.75 MT H 2

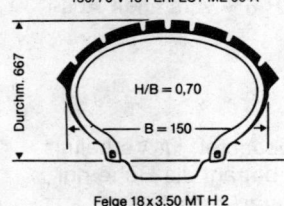

150/70 V 18 PERFECT ME 99 A

Durchm. 667

H/B = 0,70

B = 150

Felge 18 x 3.50 MT H 2

H=Höhe / B=Breite
H/B gibt das Verhältnis an.

(Metzeler-Reifenhandbuch)

382

Beispiel 3: 130/90 - 16 67 V TL

130	= Die Reifenbreite in Millimeter
/90	= Querschnitt von Höhe zu Breite: 90:100 in %. Der Reifen ist vom Niederquerschnittstyp.
16	= Felgendurchmesser in Zoll
67	= Tragfähigkeits-Kennzahl LI (Load Index)
V	= Kennbuchstabe für zulässige Höchstgeschwindigkeit von über 210 km/h
TL	= Tubeless = schlauchlos. Falls die beiden Buchstaben nicht dastehen, handelt es sich um Schlauchreifen (Tube-Type).

Die japaniche Reifennorm JATMA (Japan Automobil Tyre Manufactures):

Beispiel 4: 150/70 VR 17 Radial V 260 TL

150	= Reifenbreite in Millimeter
/70	= Querschnitt von Höhe zu Breite: 70:100 in %, Niederquerschnittstyp
V	= Kennbuchstabe für zulässige Höchstgeschwindigkeit von über 210 km/h
R	= Konstruktionskennung "R" für Radial = Gürtelreifen. Steht an dieser Stelle ein "B", handelt es sich um einen Gürtelreifen in Diagonalbauweise
17	= Felgendurchmesser in Zoll
V 260	= Sonderkennzeichen für maximale Höchstgeschwindigkeit bis 268 km/h
TL	= Tubeless = schlauchlose Ausführung

Tragfähigkeits-Kennzahl und Reifentragfähigkeit in kg

Die Tragfähigkeits-Kennzahl gibt an Hand einer Tabelle Auskunft, die man vor allem beim Beladen des Motorrades vor dem Urlaub beachten soll.

Code-Buch-staben (S I)	km/h	Code-Buch-staben (S I)	km/h
B	50	N	140
C	60	P	150
D	65	Q	160
E	70	R	170
F	80	S	180
G	90	T	190
J	100	U	200
K	110	H	210
L	120	V	über 210
M	130	Z*	über 240

* im Vorgriff
auf die künftige
Normenregelung

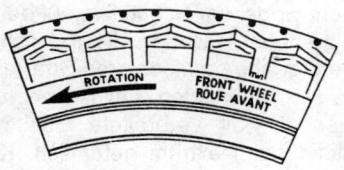

Drehrichtung Vorderrad

Reifentragfähigkeiten (kg)
LI = Tragfähigkeits-Kennzahl

LI	kg	LI	kg	LI	kg	LI	kg	LI	kg
0	45	16	71	32	112	48	180	64	280
1	46,2	17	73	33	115	49	185	65	290
2	47,5	18	75	34	118	50	190	66	300
3	48,7	19	77,5	35	121	51	195	67	307
4	50	20	80	36	125	52	200	68	315
5	51,5	21	82,5	37	128	53	206	69	325
6	53	22	85	38	132	54	212	70	335
7	54,5	23	87,5	39	136	55	218	71	345
8	56	24	90	40	140	56	224	72	355
9	58	25	92,5	41	145	57	230	73	365
10	60	26	95	42	150	58	236	74	375
11	61,5	27	97,5	43	155	59	243	75	387
12	63	28	100	44	160	60	250	76	400
13	65	29	103	45	165	61	257	77	412
14	67	30	106	46	170	62	265	78	425
15	69	31	109	47	175	63	272	79	437
1	2	3	4	5	6	7	8	9	10

(Pirelli-Reifen)

Drehrichtung Hinterrad

Beispiel 5: 130/90 - 16 67 S
**67 S = Reifen mit 307 kg maxi-
maler Tragfähigkeit bei
Geschwindigkeiten bis
180 km/h**

Geschwindigkeits-Kategorie-Motorrad
Kennbuchstaben auf den Reifen für die Angabe der höchstzulässigen Geschwindigkeit.

Pfeilmarkierungen
Da Motorradreifen einerseits wegen des Karkassenaufbaues eine bestimmte
Laufrichtung benötigen, andererseits Hinterradreifen auch als Vorderradreifen genutzt werden können, wird die Laufrichtung mit Angabe des Einsatz-
zweckes auf den Flanken der Reifen mit eingegossen.

8.7.5. Noch Fragen? - Tips zur Sache!

Neue Reifen müssen die ersten ein- bis zweihundert Kilometer sachte einge-
fahren werden, da sie im neuen Zustand nur eine stark verringerte Haftung

besitzen, wobei der Schutzfilm auf dem Reifen die wichtigste Rolle spielt. Ein etwas zu hoher Reifendruck wirkt sich weniger schädlich aus als ein zu niedriger, ergibt aber schlechteren Straßenkontakt und weniger Fahrkomfort.

Das Nachschneiden von Reifenprofilen, eine nach dem Krieg aus Rohstoffmangel weit verbreitete Unsitte, ist heutzutage wegen der hohen Motorleistungen extrem gefährlich. Kein Reifenhersteller gibt darüber eine Haltbarkeitsgarantie auf den Reifen. Versicherungen zahlen nach einem Unfall keinen Pfennig, sobald der Sachverständige nachgeschnittene Reifen bemerkt. Die Lauffläche ist viel zu dünn!

Mit kalten Reifen frisch nach dem Start auf die Autobahn? Das ist in Ordnung so, doch sollte keinesfalls gleich auf hohe Geschwindigkeiten gegangen werden. Die Pneus haben noch nicht ihre Arbeitstemperatur erreicht und können deshalb gefährliche Pendelschwingungen erzeugen! Vor dem Kauf von Reifen sollte man in die Fahrzeugpapiere schauen. Nicht eingetragene Reifen nimmt der TÜV nicht ab bzw. verlangt eine Unbedenklichkeitsbescheinigung des Fahrzeugherstellers.

Mischbereifung ist in vielen Fällen, besonders wenn Reifen unterschiedlicher Hersteller vertreten sind, nicht gestattet. Den Reifenluftdruck sollte man vor längeren Fahrten und mindestens einmal die Woche kontrollieren.

Aus Sicherheitsgründen sollte das Profil der Reifen noch mindestens -2- Millimeter betragen, darunter wechselt man die Reifen besser aus (Aquaplaning).

Bei schnellen Motorrädern müssen die Ventilkappen unbedingt mit einem Dichtring innen ausgestattet sein und fest aufgeschraubt werden. Am besten sind Metallkappen. Durch hohe Umlaufgeschwindigkeiten der Räder kann die Zentrifugalkraft den Ventilstift nach innen in das Ventil hineindrücken und die Luft dadurch langsam entweichen. Notreparaturen für Schlauchlosreifen gibt es von der Firma "Tip Top" im Zweiradhandel und Kaufhäusern.

Mittels Ahle, Rundfeile, Einsetzgummi und Vulkanisiermittel wird ein Stopfen in das künstlich erweiterte Loch der Reifendecke gezogen, der dann eingeklebt wird und nicht mehr heraus kann.

Mittels dreier Gaspatronen wird der Reifen (ohne Radausbau) dann wieder fahrfertig gemacht (ca. DM 20,-).

8.8. Die Bremsanlage

Moderne Motorräder erreichen Beschleunigungswerte und Geschwindigkeiten, von denen unsere motorradbegeisterten Großeltern nur träumen konnten. Und die uns selbst manchmal alptraumhafte Erlebnisse bescheren. Jede Beschleunigung muß auch wieder verzögerbar sein, wenn das Ganze einen Sinn haben soll. Abbremsen ist eine der Beschleunigung entgegengesetzte Kraft, eine "negative Beschleunigung". Die Bremsen funktionieren alle mit Hilfe der Reibung, ähnlich wie beim Fahrrad, dessen Felgenbremse durch Andrücken eines Reibklotzes an den Felgenrand arbeitet. Als Motorradbremsen werden Trommel- oder Scheibenbremsen verwendet.

Gute Bremsen erbringen heutzutage erstaunliche Leistungen. Diese Bremsleistung hängt unter anderem ab von:
1. Der Fahrgeschwindigkeit des Motorrades
2. Dem Eigengewicht der Maschine zuzüglich Fahrer, Sozius und Gepäck
3. Der Beschaffenheit und dem Zustand der Straße

Ein Teil der beim Abbremsen entstehenden Kräfte wird in Wärme umgewandelt und vom Fahrtwind abgeführt.

Ein anderer Teil macht uns größere Sorgen. Diese Kräfte wirken auf das Fahrwerk des Motorrades ein, setzen uns Gefahren aus und bringen erheblichen Verschleiß.

Tips:
1. Benutze immer Vorderrad- und Hinterradbremse zugleich.
2. Die Vorderradbremse ist die wichtigere von beiden. Sie hat eine wesentlich bessere Bremswirkung. Benutze sie stärker!
3. Betätige den Fußbremshebel der Hinterradbremse mit Vorsicht, vor allem bei Nässe. Sie neigt zum Blockieren, weil das Hinterrad durch die Schwerpunktverlagerung nach vorne entlastet wird und an Bodenkontakt verliert.
4. Versuche bei trockener Straße durch Bremsproben herauszufinden, bei welchem Hebeldruck die Hinterradbremse anfängt zu blockieren. Es bewahrt dich vor schlimmen Unfällen.
5. Achte auf die Beschaffenheit der Straße! Glatter Asphalt oder Beton? Sandig, verschlammt, mit Kies bestreut, sind glattflächige Fahrbahnmarkierungen aufgetragen oder naß? Im Winter achte auf Eis und Schneeglätte.
6. Die Reifen sollten stets genügend Profil (Minimum 2 Millimeter an der flachsten Stelle) und immer den richtigen Luftdruck haben.
7. Beifahrer und Zuladung können den Bremsweg eines Motorrades bedenklich verlängern! Probebremsungen sind deshalb vor einer solchen Fahrt angebracht!
8. Ein geübter Fahrer braucht bedeutend weniger Bremsstrecke als ein Gelegenheitspilot. Versuche durch gezieltes Üben herauszufinden, wie sich die optimalen Bremsvorgänge "anfühlen" und wie lang die Bremswege ausfallen.
9. Eine gute Sitzhaltung auf dem Motorrad und gut erreichbare, richtig eingestellte Hand- und Fußbremshebel sichern die besten Bremsergebnisse.

8.8.1. Wie Bremsvorgänge sich auf das Fahrverhalten von Motorrädern auswirken

Die besten Abbremswerte werden auf ebenen Straßen erzielt. Im Allgemeinen erbringt dabei die Vorderradbremse etwa 60%, die Hinterradbremse 40% der notwendigen Bremsleistung (Solomaschine).

Blockierende Räder verlängern den Bremsweg und können ausgesprochen ungesund sein. Blockiert beispielsweise das Vorderrad nur Sekundenbruchteile, stürzt unweigerlich die ganze Maschine.

Steht dagegen das Hinterrad durch Überbremsen, wird man es zuerst kaum bemerken. Erst wenn die Maschine hinten leicht quer kommt, ist es plötzlich im Hintern zu spüren, und man kann was dagegen tun. Dann gilt es, die Fußbremse vorsichtig zu lösen und die beginnende Schleuderbewegung durch gezieltes Gegenlenken abzufangen.

Die Fähigkeit einer Motorradbremse, die Bewegungsenergie des Fahrzeuges umzusetzen, ist unter anderem abhängig vom Faktor Zeit.

Da sich das Motorrad aber innerhalb dieser Zeit weiter fortbewegt und dabei eine bestimmte Wegstrecke zurücklegt, spricht man zum einen von der Bremsverzögerung, welche in Sekundenquadrat pro Meter angegeben wird und zum anderen von der Bremsstrecke, die in Metern ausgedrückt wird.

Die Bremsstrecke errechnet sich aus Reaktionzeit und Bremsweg.

1. Die Reaktionszeit (Schrecksekunde):
   a.) Die Zeit zwischen dem Erkennen der Gefahr und dem praktisch ausgeführten Befehl des Gehirns, beide Bremshebel schleunigst zu bedienen.
   b.) Den Zehntelsekunden, die vergehen, bis die Bremsanlage anspricht und die Bremsbeläge zupacken.

Während der Reaktionszeit können viele Meter Fahrstrecke verstreichen. Allgemein schätzt man den Zeitbedarf auf etwa eine Sekunde ein.

Beim Bremstraining fällt natürlich die Schrecksekunde weg, weshalb man im Verkehr nachher immer etwas mehr Abstand zum vorderen Fahrzeug einkalkulieren muß.

2. Der Bremsweg, welcher die Wegstrecke nach Einsetzen der Bremswirkung, bis zum Stillstand oder bis Erreichen einer herabgesetzten Geschwindigkeit bezeichnet.

Er wird beeinflußt:
   a.) Von der Fahrzeuggeschwindigkeit. Klar! Je langsamer die Maschine, um so kürzer der Bremsweg.
   b.) Vom Fahrzeuggewicht und der Leistungsfähigkeit der Bremsanlage. Je leichter die Maschine und je höher die Qualität der Bremsen sind, desto kürzer der Bremsweg.

c.) Von Haftfähigkeit und Güte der Reifen (abgefahrenes Profil, falscher Luftdruck, falsche Reifensorte etc.).

d.) Natürlich auch von der persönlichen Fahrkunst!

Ein Bremsvergleichstest zwischen Autos und Motorrädern, durchgeführt vom Magazin "Motorrad" (7/1985, S. 39), machte interessanterweise auch deutlich, daß es große Unterschiede gibt zwischen den Motorradfahrern, wer die kürzesten Bremswege schafft.

Ein guter Motorradfahrer vermag demnach zwar mit einer guten modernen Bremsanlage an der Maschine besser zu bremsen als ein PKW, aber ein weniger geübter ist eindeutig schlechter auf dem gleichen Fahrzeug. PKW's bremsen in der Regel auf trockener Straße besser, wenn die Bremsanlage des Motorrades noch ähnlich gute Werte zeigt wie die Doppelkolbenanlage der Honda VF 500 F2. Dazu muß der Fahrer Geschick aufweisen und Übung besitzen.

Abbremsen in Kurven erzeugt bei vielen Motorrädern ein Aufstellmoment der ganzen Maschine. Das Fahrzeug will sich aufrichten und muß förmlich mit Gewalt unten gehalten werden. Das kann gefährlich werden.

Vor der Kurve abbremsen ist besser.

Falls man sich dennoch einmal verschätzt hat und die Kurve gar zu schnell näher kommt, so daß der Abbremsvorgang sich bis in die Kurve hinein verlängert, ist vorsichtiges Bremsen nur mit der Hinterradbremse empfehlenswert. Hierbei wirkt das Aufstellmoment nicht so stark.

Paßfahrten im Gebirge, mit langen Gefällestrecken sind zweckmäßigerweise mit dem gleichen Gang runterzufahren, wie man hochgefahren ist. Starkes Abbremsen überfordert vor allem Trommelbremsen. Aber auch Scheibenbremsen lassen etwas nach, wenn sie noch keine Sintermetallbeläge besitzen.

Das: "Fading" genannte Überhitzen der Bremsbeläge setzt die Reibung zwischen Bremsbelag und Bremsfläche stark herab, so daß sie, speziell Trommelbremsen, im Extremfall kaum mehr Wirkung zeigen!

Ein anderes Problem ist die "Dampfblasenbildung" in der Bremsflüssigkeit, die durch stark überhitzte Bremsen entsteht. Sie setzt die Wirkung total auf Null und ist eine gefürchtete Erscheinung. Dampfblasenbildung tritt allerdings bei Motorrädern kaum auf, weil deren Trommelbremsen überwiegend mechanisch betätigt werden, Scheibenbremsen aber durch ihre offene Bauweise gut gekühlt sind. Dennoch sollte man sich vergewissern, daß vor großen Gebirgstouren die Bremsflüssigkeit nicht älter als zwei bis drei Jahre ist.

Am besten bremst man auf Paßabfahrten periodisch, mal mit der vorderen, mal mit der hinteren Bremse.

Wer bremst besser, die vordere oder die hintere Bremsanlage? Natürlich, wegen der Schwerpunktverlagerung während des Bremsvorganges, die Vorderradbremse. Man sollte besonders auf nasser Straße sehr vorsichtig mit der Hinterradbremse umgehen.

Motorräder mit großem Radstand und niedrigem Schwerpunkt sind da am besten dran. Wie ein Chopper z.B.: Die Räder schön weit auseinander, der Motor dicht über der Straße. Da auch das dicke Hinterrad durch Sitzpositon und Gepäckverteilung ausreichend belastet wird, kann eine unproblematische Bremsreaktion erwartet werden.

Irgend ein kluger Mensch hat einmal festgestellt, daß die Bremsleistung eines Fahrzeuges nicht größer sein kann als die Haftfähigkeit des Reifengummis auf der Fahrbahn.

Einfach ausgedrückt: Ist eine Bremse zu gut, beginnt der Reifen auf der Straße wegzuschmieren, die Haftgrenze ist überschritten.

Dieser Zustand ist sehr gefährlich und hängt ab vom Zustand der Straße sowie von der Gummimischung des Reifens.

Die Grenze der Haftfähigkeit kann auch erreicht werden, wenn die Maschine in der Kurve zu stark zur Seite geneigt wird und die Reifen auf ihrer Schulterlauffläche überfordert werden.

Auf einer guten, rauhen und trockenen Straße hat ein Reifen nicht nur eine gute Haftreibung, den "Radiergummieffekt", sondern es entsteht etwas Neues.

Der Reifen erwärmt sich auf der Lauffläche so stark, daß das Gummi beginnt aufzuweichen. Es wird klebrig, dies bewirkt eine förmliche Verzahnung mit der Oberfläche der Straße, ein Formschluß entsteht. Jetzt haben wir einen weiteren wichtigen Grund festgestellt, weshalb allgemein breite Reifen, auf Rennstrecken zusätzlich als Slick-Reifen, zum Einsatz kommen. Hier wirkt sich auch ein profilloser Reifen positiv aus, weil nun jeder Quadratzentimeter Lauffläche trägt und dadurch scheinbar die Physik außer Kraft setzt.

Dieser Formschluß der Lauffläche von Reifen bringt natürlich auch hervorragende Bremsverzögerungswerte mit sich.

Bei nasser Fahrbahn und auch bei kalten Reifen ändert sich das Bild dann schlagartig. Die Vorteile entfallen, der kalte Reifen klebt nicht mehr, das Kurven- und Bremsverhalten der Maschine wechselt und äußerste Vorsicht ist wieder geboten!

8.8.2. Welche Typen von Bremsanlagen es gibt und wie sie funktionieren

Trommelbremsen

Klassische Trommelbremsen sind heute meist nur noch an Enduros, kleineren Straßenmotorrädern und da auch meist nur am Hinterrad zu finden.

388

Simplex-Trommelbremsanlage
(Hinterradbremse)

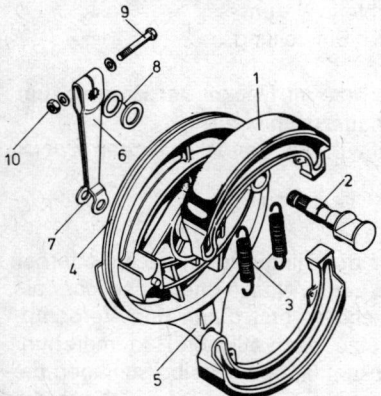

Duplex-Trommelbremse
(Bremse in Aktion)

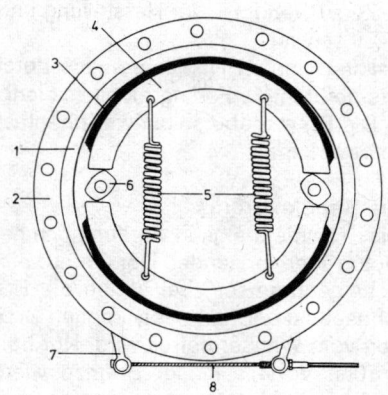

1 Bremsbacken (2)
2 Bremswelle mit Nocken
3 Rückholfedern
4 Bremsankerplatte
5 Bremsankerbefestigung
6 Bremswellenhebel
7 Aufnahme für Bremsgestänge
8 U-Scheiben
9 Klemmschraube
10 Mutter

(Honda)

1 Bremstrommel
2 Radnabe
3 Bremsbelag (2 Stück)
4 Bremsbacken (2 Stück)
5 Rückholfeder (2 Stück)
6 Bremswelle mit Nocken (2 Stück)
7 Bremswellenhebel (2 Stück)
8 Bremsseilzug

Die Duplex-Trommelbremse

Für die Verwendung im Vorderrad wurden sogenannte Duplexbremsen (Duplex = Zweifach-Funktion) verwendet, deren Bremsbacken durch das Verdrehen zweier Nocken gegen die Innenseite der Bremstrommel in der Radnabe gepreßt werden. Da beide Bremsbacken jeweils an der anderen Seite separat gelagert sind, legt sich jeder Backen zuerst mit der vorderen Belagfläche an die Bremsfläche der Trommel, an der auch der dazugehörige Nocken die Backe spreizt. Das ergibt pro Bremsbacke eine auflaufende Fläche, daher Duplex-Bremse. Bedenkt man den Drehsinn des Rades, hat sie gegenüber der ablaufenden Fläche einen wesentlich höheren Reibwert. Das zahlt sich in besserer Bremsleistung aus.

Duplex- und Simplexbremsen werden mechanisch über Seilzüge betätigt, wobei der rechte Handhebel am Lenker stets die Vorderradbremse, der Fußhebel die Hinterradbremse bedient.

Schnelle Motorräder der sechziger Jahre besaßen sogenannte Doppelduplexbremsen, bei denen in der Vorderradnabe links und rechts je eine Du-

plexbremse eingebaut war. Diese Bremsen sind durchaus mit den heutigen Scheibenbremsen zu vergleichen. Ihre Nachteile waren:
— Zu aufwendig in der Herstellung und in der Einstellung.
— Zu schwer
Belüftet wurden Duplexbremsen durch Schlitze im Deckel der Bremse, um das gefürchtete Fading möglichst lange hinauszuschieben.
  Die Bremsnabe selbst war phantasievoll verrippt, um den gleichen Zweck zu bewirken.

Die Simplexbremse

Die Trommelbremsen werden noch heute in den Hinterrädern auch moderner Motorräder verwendet. Der Grund: Sie sind gegen Nässe unempfindlicher als Scheibenbremsen, bei denen die Bremsscheibe erst durch den Verdampfungseffekt der hart zupackenden Bremsklötze, nach etlichen Radumdrehungen vom Wasser befreit wird. Nur bei Trockenheit der Scheibe schlagen die großen Vorteile dieser Bremse wieder durch. Der kurze Moment bis die Bremskraft einsetzt, provoziert den Fahrer, der keine Bremswirkung verspürt, zum härteren Betätigen beider Bremshebel. Das kann, wenn die Bremse plötzlich wieder kräftig zupackt, zum Überbremsen der Maschine und zum Wegschmieren führen.
  Die Trommelbremse kennt solche Probleme nicht. Da die Simplexbremse überdies eine verhältnismäßig geringe Bremskraft aufweist, bietet sie sich besonders als Hinterradbremse selbst für schwere Motorräder an.

Simplex-Trommelbremse

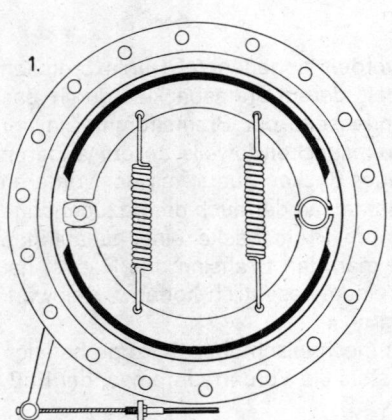 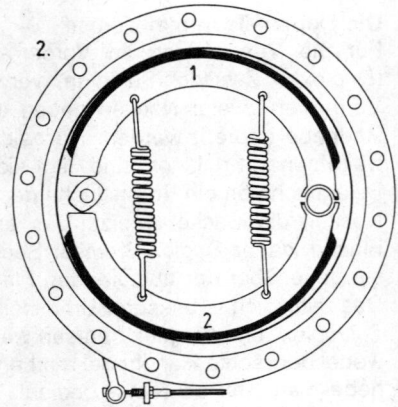

Bremse unbetätigt, Spiel zwischen Bremsbelägen und Bremstrommel.

Bremse betätigt:
1 Auflaufende Bremsbacke
2 Ablaufende Bremsbacke

390

Im Gegensatz zur Duplexbremse hat die Simplexbremse (Simplex = Einfach- Funktion) nur eine auflaufende Bremsfläche.

Die Bremsbacken werden somit durch nur eine drehende Nocke gespreizt, wobei beide Backen einen gemeinsamen Lagerbolzen benützen.

Die Bremsbacken werden von strammen Schraubenfedern in Ruhestellung gezogen. Die auf die Backen genieteten oder aufgeklebten Bremsbeläge, mit einer gegenüber den Scheibenbremsen höhe-

Hinterradtrommelbremse

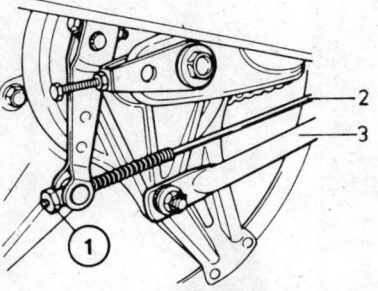

(Honda)

1 Bremsgestänge-Verstellmutter
2 Bremsgestänge
3 Bremsanker

ren Laufzeit, treten mit der Lauffläche der Bremstrommel in Kontakt. Trommelbremsen stützen sich am Motorrad über sogenannte Bremsanker ab, wobei am Vorderrad ein Nocken, eingelassen in das Tauchrohr der Telegabel, beim Hinterrad eine Metallstrebe den auftretenden Bremskräften entgegenwirken.

Scheibenbremsen

Eigentlich wurde die Scheibenbremse für den Flugzeugbau entwickelt. Durch größere Effektivität, ihr geringeres Gewicht und die kompakte Baugröße gab man ihr auch den Vorzug im Motorradbau.

In den sechziger Jahren tauchten die ersten Scheibenbremsen, von den Japanern im Motorradbau eingeführt, in der Bundesrepublik auf.

Die wahrhaft entscheidenden Vorteile der Scheibenbremse liegen in ihrer größeren Wärmebelastbarkeit. Mit Sintermetallbelägen ausgerüstet, machen sie ein Bremsfading schlechterdings unmöglich.

Neben einem großen Anpreßdruck der Bremsklötze an die Bremsscheibe verschaffen die hohen Reibwerte ohne Nachlassen selbst bei rotglühenden Bremsscheiben noch gewaltige Verzögerungswerte. Sie werden bei modernen Scheibenbremsanlagen nur noch durch die Haftreibung der Motorradreifen begrenzt.

Vorteile in der Mechanik und der Konstruktion sind die Beständigkeit der Bremsscheiben, die ein Verziehen unter Hitzeeinwirkung nicht zulassen. Des weiteren die nur geringfügige Aufheizung der frei im Luftstrom liegenden Bremszangen, Leitungen und Ausgleichsbehälter bzw. deren hervorragende Kühlung.

Die Nachteile machen sich vor allem am ungeschützten Aufbau der Bremse fest. Die Bremsscheibe liegt frei und ist Nässe, Ölresten und anderen, die

Reibwirkung herabsetzenden Stoffen, ungehindert ausgesetzt. Zwar gibt es Versuche, dies durch Verlagerung der Scheibenbremse ins Innere der Nabe zu verhüten, doch leidet die Kühlung der Bremse dadurch erheblich und die an sich guten Wartungsbedingungen wandeln sich in ihr Gegenteil. Wohl deshalb befindet sich diese Unterart der Scheibenbremse, in Spanien erfunden und von Honda lange Zeit in einigen Maschinen verwendet, wieder auf dem Rückzug.

Eine andere Methode wird an Enduros recht erfolgreich ausprobiert, wo Schlamm und grober Schmutz bisher die Trommelbremse favorisiert hatten. Sie besteht im Wesentlichen aus einer Schutzabdeckung für die Bremsscheibe, vergleichbar dem Schutzblech einer Hobby-Kreissäge, welche leicht demontierbar ist und die Bremsscheibe zwar gegen groben Dreck, nicht aber vor der notwendigen, kühlenden Luft abschirmt.

Ein weiterer Nachteil der Scheibenbremse ergibt sich aus ihrer Befestigung. Einseitig am Gabelholm angebracht, erzeugt sie beim Bremsen ein Drehmoment, das bei Einscheibenbremsen zum Verziehen der Gabel führt. Das beeinträchtigt die Spurtreue des Motorrades, sind Gabelholme und Gabelbrücke nicht massiv genug gestaltet.

Da die Bremsklötze von Scheibenbremsen schneller verschleißen als die Bremsbacken der Trommelbremsen, müssen sie öfter kontrolliert werden. Regenfahrten mit Scheibenbremsen sind gewöhnungsbedürftig, weil der

Wasserfilm auf der Bremsscheibe nach der Betätigung der Bremse erst verdampfen muß, damit die Bremswirkung einsetzen kann.

Prinzipieller Aufbau der Scheibenbremse
Die in den Naben der Räder angebrachten Bremsscheiben, zur besseren Ansprechzeit bei Regenfahrten gelocht oder geschlitzt, drehen sich an den Bremsklötzen vorbei, die in den Bremszangen sitzen.
Am Gabelholm vorne, bei zwei Bremseinheiten an jedem der beiden Gleitrohre, sind diese Bremszangen aufmontiert. Am Hinterrad übernimmt eine am Rahmen angebrachte Bremszangenhalteplatte bzw. ein Bremsankergestänge die Befestigung der hinteren Einheit.
In den Bremszangen sind regulär pro Zange zwei Bremsklötze (Beläge) eingelegt. Sie bestehen aus einer Trägerplatte und dem aufgeklebten Belag. Sie nehmen die durch die Bremszange laufende Bremsscheibe in die Mitte und pressen sich durch die Einwirkung der Bremskolben dagegen.
Scheibenbremsen sind in der Regel hydraulische Systeme und arbeiten mit einer Bremsflüssigkeit als Medium, deren Flüssigkeitspegel durchgehend vom Arbeitszylinder in der Bremszange bis zum Hauptbremszylinder mit Handhebel am rechten Lenkerende reicht (Vorderrad-Scheibenbremse). Ein kleiner Tank dient als Ausgleichsbehälter und liegt bei der Vorderradbremse meist am Hauptbremszylinder, bei der Hinterradbremse ist er am Rahmen befestigt. Die Vorderradbremse ist stets stärker ausgelegt als die hintere.

Funktionsweise der Scheibenbremse allgemein
Auf einen Hebeldruck hin preßt der Kolben des Hauptbremszylinders die Bremsflüssigkeit in Richtung Arbeitszylinder duch die Leitungen. Die Flüssigkeit ist so beschaffen, daß sie den Druck weitergibt, ohne selbst nachzugeben. Im Arbeitszylinder an der Bremszange wird daraufhin der Bremskolben in Bewegung gesetzt, geschützt gegen Schmutz durch Manschetten, abgedichtet von einem Gummiring. Er preßt nun den Bremsklotz gegen die Bremsscheibe. Der Bremsvorgang beginnt.
Wird der Handhebel bzw. der Fußhebel (Hinterrad-Scheiben-Bremse) wieder freigegeben, zieht die Saugwirkung der in den Ausgleichsbehälter zurückströmenden Bremsflüssigkeit, unterstützt durch die Kraft des in die Ruhelage zurückkehrenden Gummiabdichtringes, den Bremskolben wieder zurück, wodurch der Bremsklotz etwas Spiel bekommt gegenüber der Bremsscheibe. Der Bremsvorgang ist damit beendet. Dennoch läßt sich ein permanentes, leichtes Schleifen der Klötze nicht verhindern und ist in gewissen Grenzen (das Rad sollte sich noch leicht drehen lassen) zu akzeptieren.

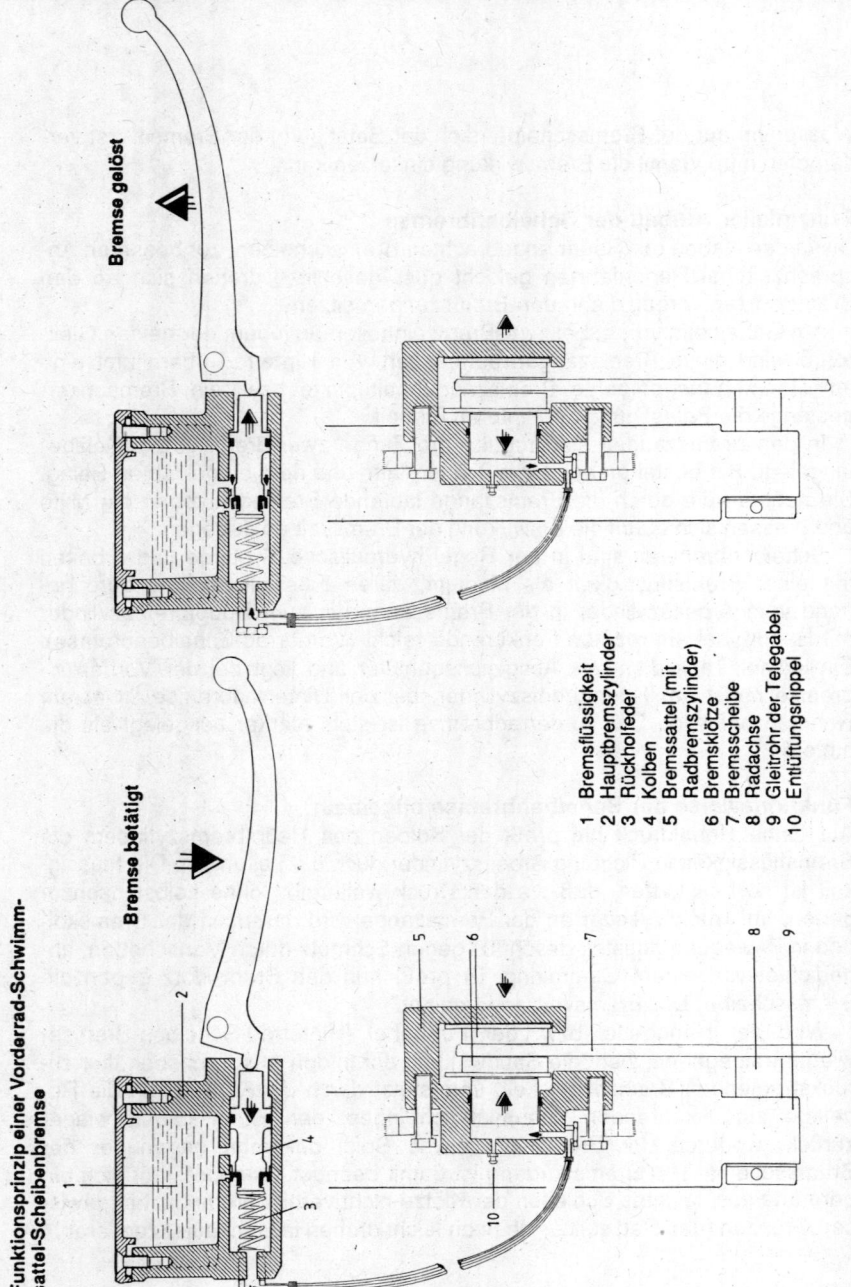

Funktionsprinzip einer Vorderrad-Schwimm-sattel-Scheibenbremse

Bremse betätigt

Bremse gelöst

1 Bremsflüssigkeit
2 Hauptbremszylinder
3 Rückholfeder
4 Kolben
5 Bremssattel (mit Radbremszylinder)
6 Bremsklötze
7 Bremsscheibe
8 Radachse
9 Gleitrohr der Telegabel
10 Entlüftungsnippel

Unterschiedliche Typen von Scheibenbremsen

Man unterscheidet grundsätzlich Einscheiben- und Zweischeiben-Systeme. Hinzu kommen unterschiedliche Konstruktionsweisen, die zum Teil überholt sind, wie die Schwenksattelbremse z.B. Hier nun die wichtigsten Systeme:

1. Schwimmsattelbremse (mit einem oder zwei Bremskolben)
2. Festsattel-Bremse (mit zwei oder vier Bremskolben) sowie einer eventuell vorhandenen, schwimmend gelagerten Bremsscheibe
3. Pendelsattel-Bremse (mit einem Bremskolben)
4. Schwenksattel-Bremse (mit einem Bremskolben)

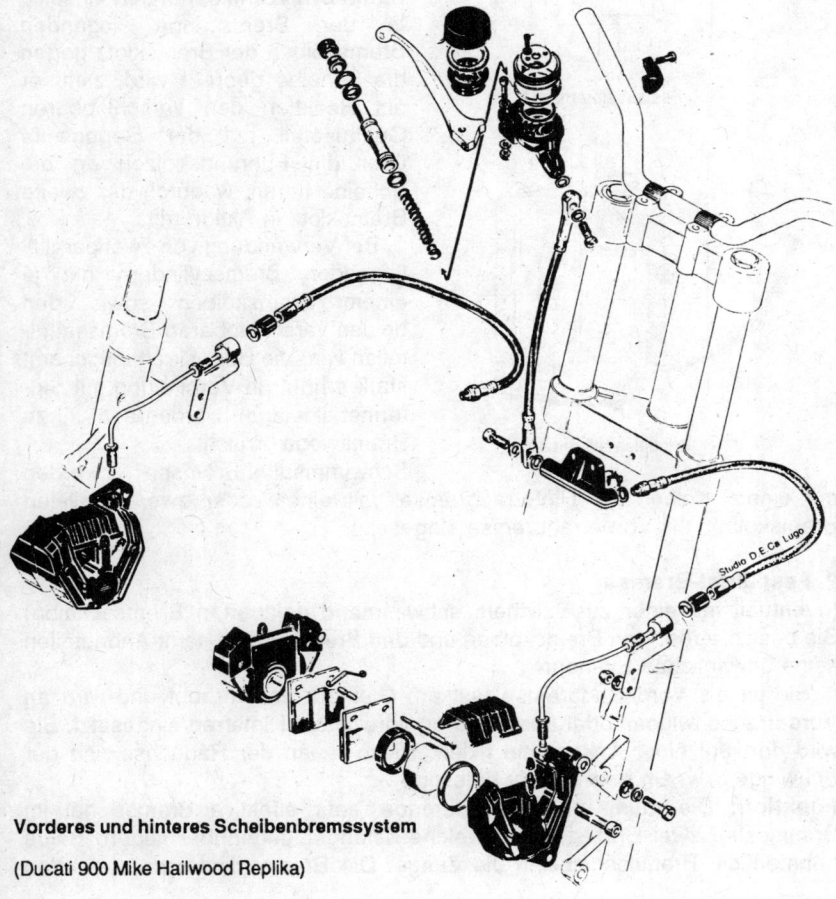

Vorderes und hinteres Scheibenbremssystem

(Ducati 900 Mike Hailwood Replika)

Schelbenbremsen

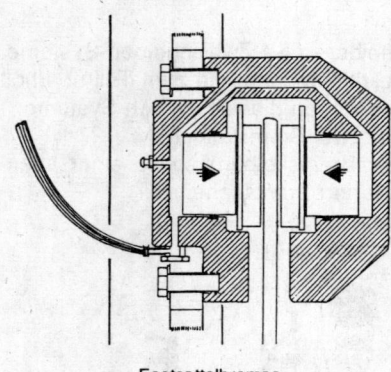

Festsattelbremse

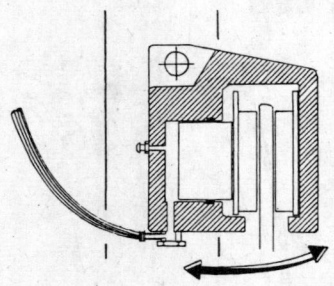

Pendelsattelbremse

1. Schwimmsattel-Bremse

Sie arbeitet mit einem Kolben im teilbaren Gehäuse der Bremszange. Ein Teil des Bremssattels ist vorne mit dem Gleitrohr der Vordergabel verschraubt bzw. mit dem Bremssattelhalter am hinteren Rahmenteil. Der andere Teil ist horizontal verschiebbar. Die Führungsbolzen sind durch Staubkappen geschützt.

Funktion: Wenn durch den einseitig in der Bremszange liegenden Bremskolben der Bremsklotz gegen die Scheibe gepreßt wird, zieht er als Reaktion den verschiebbaren Gehäuseteil auf der Gegenseite über die Führungsbolzen an die Scheibe heran, wodurch der zweite Bremsklotz in Aktion tritt.

Bei Verwendung von zwei parallel liegenden Bremszylindern mit je einem Bremskolben sowie den beiden verschiebbaren Bremssattelteilen wird die Bremskraft insgesamt stark erhöht. In Verbindung mit Sintermetallbelägen werden sehr kurze Bremswege erreicht.

Schwimmsattel-Bremsen werden mit einem Kolben als Hinterradbremse, mit einem oder zwei parallelen Bremskolben als Vorderradbremse eingesetzt.

2. Festsattel-Bremse

(eventuell mit einer zusätzlichen, schwimmend gelagerten Bremsscheibe) Sie besitzt außer den Bremskolben und den Bremsklötzen samt Anbauteilen keine beweglichen Elemente.

Sie ist als Vorderradbremse fest am Gleitrohr verschraubt und wird an Vorderradschwingen oder auch sehr erfolgreich am Hinterrad eingesetzt. Sie wird dort auf einer Ankerplatte fixiert. Diese ist an der Radachse und der Schwinge bzw. am Bremsanker befestigt.

Funktion: Die raum- und platzsparende, sehr effektive Bremse hat im Bremssattel zwei Bremskolben, welche einander gegenüber liegen. Beide nehmen die Bremsscheibe in die Zange. Die Bremszylinder dazu werden

396

vom Hauptbremszylinder bedient. Die Bremszylinder sind hierfür durch Kanäle verbunden. Die beiden Bremskolben laufen somit weitgehend synchron.

Der Preßdruck der Bremskolben arbeitet gegeneinander, mit der Bremsscheibe dazwischen, so daß kein Biegemoment aufkommt.

Festsattel-Bremsen werden auch mit vier Bremskolben ausgerüstet, wobei sich stets zwei Zylinder gegenüberliegen. Ein Verfahren, dessen Bremsleistung auch mit den stärksten Motorrädern fertig wird.

3. Die Pendelsattel-Bremse

Um eine stabile Achse dreht sich der Bremssattel. Die Sattelhalterung ist unten am Gleitrohr der Vordergabel integriert. Der Bremssattel besteht aus einem einzigen Bauteil. Am Bremskolben wird der äußere Bremsklotz mittels eines O- Ringes gestützt. Die Zange des Bremssattels hält den inneren Bremsklotz mit Hilfe einer Halterung fest.

Funktion: Ähnlich wie bei der Schwenksattel-Bremse stützt sich der Bremskolben an der Bremsscheibe ab. Dabei dreht sich das ganze Gehäuse des Bremssattels um den Lagerbolzen und ermöglicht so den Einsatz des gegenüberliegenden Bremsklotzes.

Diese Pendelbewegung während des Bremsvorganges veranlaßt die Bremsbeläge, sich mit der Zeit schräg abzunutzen, was in diesem Falle gewollt ist.

Pendelsattel-Bremsen werden ebenfalls nur als Vorderradbremsen verwendet.

4. Die Schwenksattel-Bremse

Schwenksattel-Bremsen finden nur als Vorderradbremsen Verwendung.

Um einen Lagerbolzen dreht sich der Sattelhalter mit dem Bremssattel daran.

Eine Fixierschraube mit Feder begrenzt den Ausschlag, wirkt als Rückholfeder des Sattelhalters und verhindert ein Klappern der Halterung. Im Bremssattel arbeiten ein Bremskolben und zwei Bremsklötze.

Zum Wechseln der Klötze kann der Bremssattel auseinander geschraubt werden, ohne daß die Hydraulikleitung abgebaut werden muß.

Funktion: Beim Bremsen rückt der Bremskolben aus und preßt dabei seinen Bremsklotz gegen die im Bremssattel laufende Bremsscheibe. Der Bremsdruck erzeugt währenddessen ein Drehmoment, weil sich der Bremsklotz quasi an der einen Scheibenseite abstützt. Dieses veranlaßt den Sattelhalter zum Schwenken, so daß auch der gegenüberliegende Bremsklotz zum Einsatz kommt und gegen die andere Bremsscheibenseite drückt.

Nach Beendigung des Bremsvorganges drückt die Feder am Fixierbolzen den Sattelhalter in die Ausgangspositon zurück.

Schwimmend gelagerte Bremsscheiben

Bei Rennmotorrädern sowie sehr sportlichen und teuren Seriensportmaschinen (Yamaha FZR 1000), verwendet man Bremsscheiben, die auf ihren Befestigungsbolzen, zwischen Tellerfedern gelagert, leicht horizontal, also quer zur Beanspruchungsrichtung der Bremse gleiten (schwimmen) können.

Diese Art der Scheibenlagerung verringert auch noch die letzten Verzugsmöglichkeiten der Bremsscheibe, z.B. bei hoher Hitzebelastung, und läßt die Bremse insgesamt schneller ansprechen.

8.8.3. Auswechseln von Bremsbacken, Belägen und Bremsklötzen

Trommelbremsen

Die Beläge haben normalerweise ein langes Leben, wenn nicht gerade Öl oder Fett drauf kommt. Das natürliche Ende kündigt sich spätestens dann an, wenn die Bremse schon einige Male nachgestellt wurde oder wenn der kleine Zeiger an der Bremsnocke auf den Pfeil an der Bremsankerplatte zeigt (bei der Honda CX 500 C).

Diese Anzeige gibt es bei vielen Motorrädern nicht, deshalb lohnt es sich, öfter einen Blick in die Bremse zu werfen.

Manche Motorräder haben hierfür kleine Inspektionslöcher, sorgfältig gegen Feuchtigkeit mit einem Gummipfropfen abgedichtet. Bei anderen muß man die Bremse zerlegen.

Die Verschleißgrenze der Beläge beträgt etwa 2 Millimeter. Bei alten Motorrädern, die noch aufgenietete Beläge tragen, dürfen es minimal etwa 3 Millimeter sein, weil sich sonst

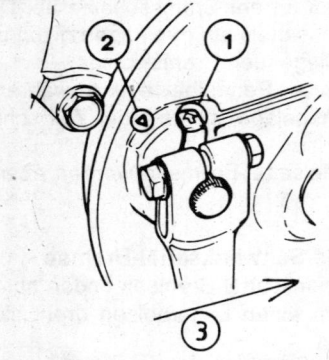

1 Bremsbelag-Verschleißanzeiger
2 Verschleiß-Grenzmarkierung
3 Zugrichtung des Bremswellenhebels

(Honda 125 T 2)

der Belag auflöst, da die Nieten abgeschliffen werden. Das macht die Bremse urplötzlich unbrauchbar, was zu einem Unfall führen kann, wenn die kaputten Teile innen zu blockieren beginnen.

Die Lebensdauer von Trommelbremsbelägen ist sehr von der Fahrweise abhängig, reicht aber an mindestens das Doppelte dessen heran, was Scheibenbeläge bringen. Also etwa 25.000 bis 30.000 km.

Auch hier muß man davon ausgehen, daß die Vorderradbremsbeläge stärker abgenutzt werden als die am Hinterrad.

Ausbau und Austausch der Bremsbeläge

Nach dem Ausbau des Rades und gegebenenfalls dem Lösen des Bremsankers (nicht nötig, wenn der Bremsanker in Form eines Zapfens an der Bremsankerplatte ansetzt), nehmen wir die Bremsankerplatte ab, welche die Trommelbremse wie ein Kochtopfdeckel abschließt.

Zum Herausnehmen der Bremsbacken ziehen wir uns lederne Arbeitshandschuhe an, weil die Rückholfedern ganz schön stramm sitzen und die Finger einquetschen könnten. Mit einem großen Schraubendreher hebeln wir die Backen an, greifen mit den Händen unter und klappen die Backen von ihren Haltepunkten an Nocken und Widerlager heraus. Beide Bremsbacken pro Bremse werden so mitsamt den Federn herausgenommen. Federn und Backen lassen sich dann gut voneinander entfernen.

Wir prüfen die Belagstärke. Der zweite Blick gilt dem Zustand der Bremsfläche im Innern der Trommel. Sie darf nicht zu riefig sein, sondern muß glatt und gleichmäßig wirken.

Stark riefige Bremsflächen müssen ausgedreht werden, was jede größere LKW- Werkstatt am kompletten Rad für wenig Geld tut. Sind die Beläge der Bremse unter Minimum, gibt es mehrere Möglichkeiten:

a.) Es sind geklebte Beläge. Dann wechseln wir die Bremsbacken komplett gegen neue aus. Immer satzweise, niemals einzeln! Manchmal kann man die Bremsbacken noch im Austausch wechseln. Also beim Händler nachfragen.

b.) Es sind geklebte Beläge, aber wir bekommen keinen Ersatz! Dann empfiehlt es sich, die Bremsbacken in einer Bremsenwerkstatt (Branchenbuch) neu bekleben zu lassen (nicht sehr teuer!).

c.) Es sind genietete Beläge. Die Bremsbacken werden gegen neue getauscht oder man erhält Beläge mit Nieten, die aufgenietet werden müssen. Das ist Spezialistenarbeit für Bremsenwerkstatt, Motorradhändler oder erfahrene Schrauber. Schlecht vernietete Bremsbeläge lösen sich garantiert wieder, und das bestimmt im falschen Moment. Also Vorsicht!

d.) Es sind genietete Beläge. Man kann neue Beläge "aufkleben" lassen, statt zu nieten (aufgeklebte Beläge können jederzeit wieder abgeschliffen werden). Nur in der Bremsenwerkstatt, weil das mit einem besonderen Klebstoff bei Hitze und Druck geschehen muß.

Aufkleben ist die beste und haltbarste Belagsbefestigung, doch wollen echte Schrauber mit ihren Problemen gerne selber fertig werden, weshalb sie lieber Nieten einsetzen.

Tauscht man nur Bremsbeläge aus, nicht aber die kompletten Bremsbacken, kann die Eigenschaft des Belages frei gewählt werden, indem man weichere oder besondere Spezialbeläge auflegen läßt.

Weichere Beläge reagieren anfangs weicher beim Bremsen, um dann aller-

dings brutal zuzupacken - aber sie verschleißen auch schneller.
Beachten sollte man beim Kauf von Belagmaterial, daß es asbestfrei ist.
Arbeitsstaub aus der Bremse steht im dringenden Verdacht, Krebs auszulösen. Also auch vorsichtig sein beim Entstauben der Bremstrommeln!

Die Kontrolle gebrauchter Bremsbeläge und der Austausch gegen neue Bemsbacken

Finden wir von der Belagstärke noch gut verwendbare Bremsbeläge vor, so prüfen wir:
a.) sind die Beläge verölt?
b.) ist die Oberfläche hart und erscheint glänzend-glasiert?
c.) sind einige Belagstücke herausgebrochen, der Bremsbelag womöglich gerissen?
... Dann müssen sofort die Beläge respektive die Bremsbacken gewechselt werden, weil die Bremsleistung gefährdet erscheint.

Ein veröltes oder zugedrecktes Trommelbremsgehäuse muß sorgfältig gereinigt, die Bremsfläche der Trommel mit Nitro-Verdünnung oder Waschbenzin abgewaschen werden.

Die Rückholfedern werden auf Rost und Materialbrüche überprüft. Gebrochene Rückholfedern können beim ersten Bremsversuch eine Radblockade auslösen.

Bevor neue Bremsbacken eingesetzt werden, dreht man an der Bremswelle und prüft, ob sie leichtgängig ist. Falls nicht: Ausbauen, reinigen und einfetten!

Die Enden der Bremsbacken, da wo sie gelagert werden bzw. wo die Nocke der Bremswelle angreift, fettet man dünn, um die Bremse leichtgängig zu machen. Dazu benutzen wir hitzebeständiges Fett, das uns später im Betrieb nicht davonläuft, wie das bei normalem Lagerfett der Fall ist. Überstehendes Fett sorgfältig abwischen!

Die Bremsbacken werden montiert, indem sie zusammen mit den Federn leicht V- förmig geklappt und mit der Spitze des V's auf den Ankerpunkt bzw. den Bremsnocken der Ankerplatte aufgesetzt werden. Auch zum Einbau wieder die besagten Handschuhe anziehen, Verletzungsgefahr! Dann klappt man sie in die Horizontale und hilft, wo es hakt, mit dem Schraubendreher nach, bis beide Backen sauber einliegen. Die Ankerplatte wird auf die Bremstrommel gestülpt, wobei die Bremsbacken noch etwas zurechtgerückt werden.

Nach dem Einbau des Rades wird die Bremse sofort auf Funktion geprüft. Man gönne überdies den Bremsbelägen eine gewisse Einfahrzeit und bremse die ersten Male nicht voll, wenn es nicht sein muß. Der Grund liegt in der Anpassungsphase der Beläge an die Bremsfläche, welche zu Beginn nur punktuellen Kontakt haben, so daß der Belag bei zu starker Belastung an

400

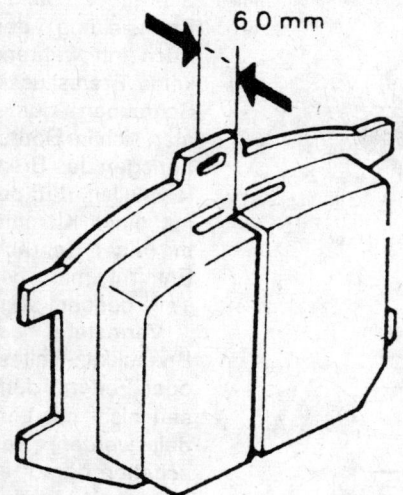

60 mm

Verschleißgrenze der
Bremsbelagplatten

diesen Stellen verglast, hart wird, beginnt unsauber zu bremsen und einseitig abnimmt.

Scheibenbremsen
Die Lebensdauer der Bremsklötze reicht von 2000 km bis 20.000 km, je nach Belastung und Art des Bremsbelages. Viele Bremsklötze haben Markierungen, teilweise farbige, um den Beginn der Verschleißgrenze zu kennzeichnen. Durch Inspektionsöffnungen oder im Licht einer Taschenlampe, einfach von unten in den Bremssattel hineingeleuchtet, kann diese Markierung erkannt werden. Abgenutzte Bremsklötze müssen ersetzt werden, weil ohne Bremsbelag der Stahl der Halterung auf der Scheibe zu schleifen beginnt und sie zerstört.

Ausbau und Tausch der Bremsklötze
Der Ausbau der Bremsklötze ist bei nahezu allen Scheibenbremsen gleich. Am häufigsten werden die Bremsklötze durch Sicherungsstifte und flache Spann- oder einfache Klemmfedern gehalten, wie dies bei Festsattelbremsen beispielsweise der Fall ist. Mit Hilfe eines Schraubendrehers und einer Zange lassen sie sich zumeist problemlos ausbauen und die Bremsklötze herausnehmen. Nur bei Schwimmsattel-Bremsen sieht es etwas anders aus. Dort läßt sich der Bremssattel in zwei Teile zerlegen, löst man eine oder zwei

401

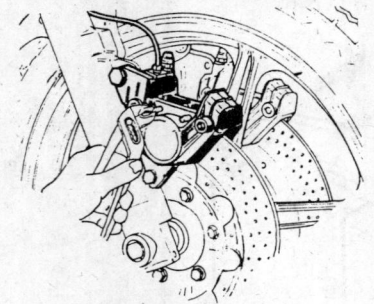

1. Stifte ziehen

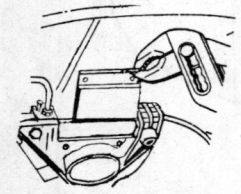

2. Bremsklötze herausheben

(Ducati 900 SS)

Schrauben. Dazu muß aber nie die Bremsleitung demontiert werden. Auch tritt während der Demontage keine Bremsflüssigkeit aus. Welche Schrauben gemeint sind, schaut man sich im Bordbuch an. Nach dem Zerlegen des Bremssattels wird man feststellen, daß der äußere Klotz nur mit einer Klammer, der Radinnere mit einer Schraube gesichert wird. Entfernt man beides, können die Teile bequem abgenommen werden.

Verrostete oder verschmutzte Bremsklotz-Haltestifte, Schrauben oder Federn, dürfen zum Herauslösen nicht mit Lösungsmittel behandelt werden, weil die Bremsmanschetten darauf allergisch reagieren und rissig werden. Man muß also wohl oder übel mechanisch reinigen und versuchen, z.B. festgegangene Stifte mit einem Austreiber plus Hammer heraus zu bekommen.

Wohl dem, der alle Teile regelmäßig kontrolliert und diese Befestigungsteile von Zeit zu Zeit zart mit Fett einschmiert.

Die Fixierstifte, Federn und Klemmen der Bremsklotz-Halterungen sollten dann ausgewechselt werden, wenn sie gar zu tiefe Rostspuren besitzen bzw. durch die Halteplatten der Bremsklötze zernagt wurden.

Bremsklötze müssen generell paarweise ausgetauscht werden, um ungleichmäßiges Bremsen auszuschließen.

Bevor man die neuen Beläge einsetzt, muß man meistens die Bremskolben wieder etwas hineindrücken. Dazu wird ein breites Montiereisen oder ein dickeres Stück Stahlblech benutzt. Um die Manschetten der Bremskolben nicht zu verletzen, sie halten Schmutz von den feingeschliffenen Laufflächen des Kolbens und Zylinders fern, wickelt man einen Lappen um das Arbeitsgerät.

Defekte Manschetten muß man auswechseln. In diesem Fall kann man davon ausgehen, daß Wasser und Schmutz im Innern ihre Arbeit schon getan haben. Dann lohnt es sich, den Bremssattel zu überholen, weil durch einsetzende Korrosion alsbald der Bremskolben beginnt zu klemmen.

Schwergängige Bremskolben, erkennbar an unnormal stark schleifenden Bremsklötzen, die oft entsprechend einseitig abgenutzt sind, zwingen zur

402

Demontage der Bremssättel. Ursache ist meist eine undicht gewordene oder abgerutschte Manschette, so daß Schmutz und Wasser hineingelangen konnten.

Dasselbe gilt bei festsitzenden Bremskolben, wenn man sich eines Morgens wundert, warum die eine Seite der Bremsscheibe blank, die andere leicht rostig ist, und warum die Bremse in den letzten Wochen schlechter zog als zuvor.

Sind die neuen Bremsklötze wieder eingesetzt, kann der Bremssattel wieder aufmontiert werden. Die Schrauben hierfür sollte man mit Drehmoment anziehen, etwa zwischen 30 und 40 Newtonmeter. Eventuell vorhandene Sicherungsbleche müssen erneuert werden.

Vor dem ersten Proberitt die Bremse mehrfach betätigen, um die Bremskolben an die Beläge heranzupumpen. Tut man dies nicht, kostet es wertvolle Sekunden, nachzupumpen bis die Bremse endlich funktioniert!

Auf den ersten 100 Kilometern möglichst keine Gewaltbremsung vornehmen, da die neuen Klötze noch nicht überall auf der Bremsscheibe tragen, wodurch punktuelle Überhitzungen/Verglasungen erfolgen können.

Es dürfen offiziell nur Bremsklötze mit Herstellerzulassung gefahren werden, da die Bremsanlage am Motorrad der ABE (Allgemeine-Betriebs-Erlaubnis) unterliegt. Da die Originalbeläge oft doppelt bis dreifach so teuer sind wie gleiche von Zubehörfirmen, lohnt sich Umsicht in jedem Falle. Z.B. bieten die Firmen Jurid- Werke GmbH, Postfach 1249, 2057 Reinbeck bzw. Hein Gericke-Versand, Speditionsstr. 1-3, 4000 Düsseldorf, mit dem TÜV-Segen versehene Bremsbeläge für viele Bremsanlagen an, die nicht schlechter sind als die Originale.

8.8.4. Hydraulische Scheibenbremsen: Entlüften der Anlage

Keine Angst, Entlüften muß man nicht sehr häufig - es sei denn, der Bremssattel wurde zerlegt, Dichtungen erneuert oder eine Bremsleitung ausgetauscht.

Doch es gibt auch andere Gründe:

a.) Bremsschläuche, die rissig oder angescheuert sind, müssen gewechselt werden - folglich wird auch entlüftet!

b.) Alle zwei Jahre sollte man die Bremsflüssigkeit austauschen, weil sie Wasser anzieht. Das bringt bei heiß gefahrenen Bremsen Dampfblasen in die Brühe, wodurch die Bremsflüssigkeit zusammenpreßbar wird, was den Bremsdruck gegen Null verschiebt.

Zum Austauschen werden fast die gleichen Arbeitsgänge benötigt wie zum Entlüften der Anlage insgesamt.

403

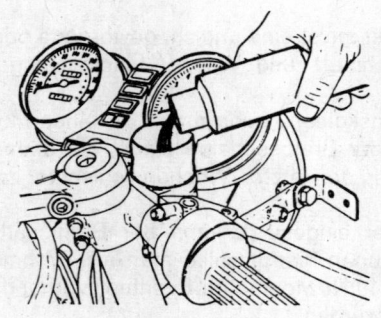

Bremsflüssigkeit nachfüllen

(Ducati)

Bevor es losgeht, besorgt man sich einen halben Liter Bremsflüssigkeit. Die sollte unter allen Umständen von hoher Qualität sein und die richtige "DOT"- Nummer haben. Dazu unbedingt die Daten der Bremsenhersteller berücksichtigen, weil beispielsweise in DOT 3-Bremsen DOT 5 ein Zerfressen der Dichtungen und Manschetten bewirken kann. Also erhöhte Alarmbereitschaft! DOT 4 kann dagegen in DOT 3-Anlagen verwendet werden und umgekehrt. DOT-gleichartige Bremsflüssigkeiten, aber von unterschiedlichen Herstellern sind mischbar. Hauptsache: die Nummer stimmt!

DOT 5 darf *nicht* in Anlagen für DOT 4 verwendet werden und umgekehrt. DOT 5 ist auf Siliconbasis aufgebaut, DOT 3 und 4 auf Glycolbasis.

Benötigt wird zur Entlüftung pro Entlüftungsnippel am Bremssattel ein Klarsichtschlauch, der von dort bis zur Erde reichen soll.

Ferner nehmen wir ein schmales, hohes Gurkenglas (1/2 L), schneiden pro Schlauch ein Loch in den Deckel und befüllen den Boden mit ca. drei Zentimeter Bremsflüssigkeit.

Sinn des Ganzen ist es, die Schläuche mit ihren Enden unterzutauchen, um nachher, während der Entlüftung, nicht wieder Luft in die Bremsanlage zu ziehen. Wenn jetzt passende Ringschlüssel vorhanden sind, kann es losgehen.

Festsattelbremsen führen meist zwei Entlüftungsnippel pro Bremszange, um eine gründliche Entlüftung der Bremszylinder zu ermöglichen. Alle anderen hydraulischen Scheibenbremsanlagen begnügen sich mit nur einem.

Wir stecken, bevor wir das Schlauchende über den Nippel stülpen, zuerst den Ringschlüssel auf den Sechskant des Entlüftungsventils. So wird das Auf- und Zudrehen während des Entlüftens erleichtert.

Der Deckel des Hauptbremszylinders wird geöffnet. Der Lenker (bei Vorderradbremsen) wird so gedreht, daß der Behälter nahezu waagerecht steht und kontrolliert, ob der Maximalpegel der Bremsflüssigkeit erreicht ist. Im folgenden muß mit einem Auge stets dieser Flüssigkeitsspiegel im Auge behalten werden. Der Pegel darf nicht unter Minimum sinken, da sonst alles vergebens war, weil die Bremse von oben wieder Luft zieht.

Entlüftet werden kann nur bei angebauten Bremssätteln, mit eingelegten Belägen und einer Bremsscheibe dazwischen!

404

Es gibt drei Arten, eine hydraulische Bremse zu entlüften. Beginnen wir damit, mittels des Ringschlüssels den Entlüftungsnippel um eine viertel bis eine halbe Umdrehung zu öffnen. Eventuell austretende Bremsflüssigkeit wischen wir gleich wieder weg. Sie darf nicht auf die Beläge bzw. die Bremsscheibe gelangen!

Der eigentliche Entlüftungsvorgang beginnt, wenn der Handbremshebel bzw. der Fußbremshebel zwei- bis dreimal langsam betätigt und dann im angezogenen Zustand festgehalten wird. Sodann schließt man den Entlüftungsnippel und läßt den Hebel wieder los. Kontrolliert anschließend den Flüssigkeitsstand im Behälter und füllt ihn bei Bedarf auf.

Entlüften der Bremsanlage

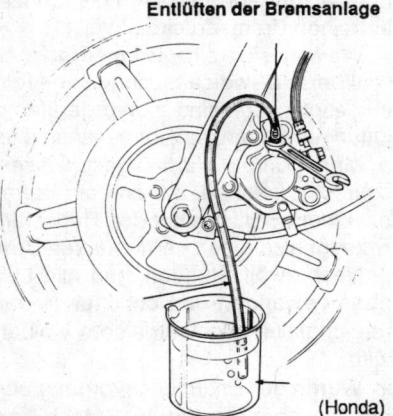

(Honda)

Während des Pumpens beobachtet man die im Klarsichtschlauch schubweise im Pumpenrhythmus austretende Bremsflüssigkeit auf Luftbläschen und Farbe. Dunkelfarbige Flüssigkeit mit Schmutzfahnen dazwischen zeigt altes, verbrauchtes Hydrauliköl. Luftbläschen zeigen eine fortschreitende Entlüftung an. Durch leichtes Klopfen auf den Bremssattel können einzelne Luftblasen aus ihrem Versteck in den Winkeln des Bremszylinders und der Kanäle vertrieben werden.

Den Entlüftungsnippel nicht zu weit aufdrehen, weil zwischen ihm und dem Gewindeloch in der Bremszange Luft angesaugt werden könnte, und man sich dann wundert, daß immer noch Blasen kommen, obwohl schon ein halber Liter Flüssigkeit durchgerauscht ist.

Mit dem erneuten Öffnen des Entlüftungsventils beginnen wir die nächste Runde und so fort, bis keine Blasen mehr austreten.

Zeigt sich nach Schließen des Entlüftungsventils noch kein vernünftiger Bremsdruck, sehen wir die Bremsanlage auf Lecks durch. Auf Verdacht, oder bei austretender Bremsflüssigkeit ziehen wir die Anschlüsse nach und schauen auch mal nach der Bremszange, ob es zwischen Bremsklötzen und Sattel nicht feucht geworden ist. Undichte Bremszylinder müssen sofort (nicht mehr fahren!) mit einem neuen Satz Dichtringen und Manschetten versehen werden.

Vorsicht mit dem Nachspannen von Bremsschlauch-Befestigungsschrauben! Sie sind hohl gebohrt und reißen gerne ab.

Die zweite Methode des Entlüftens unterscheidet sich darin von der ersten, daß man den Bremshebel bis zum Anschlag betätigt, währenddessen den Nippel öffnet und ihn wieder schließt, wenn der Hebel am Anschlag angekommen ist. Den Hebel wieder loslassen und wieder ziehen, dabei den Nippel erneut öffnen ... und so fort, bis keine Blasen mehr auftreten.

Diese Methode eignet sich für schwierige Fälle. Man schließt so eine Menge Fehlerquellen aus, die Arbeitsweise ist aber entsprechend langwierig.

Als dritte Art der Entlüftung bietet sich die Pumpmethode an.

Der Nippel bleibt geschlossen. Man pumpt zwei- bis dreimal und behält den Hebel dann am Anschlag, worauf jetzt erst geöffnet wird. Nach dem Austreten der Flüssigkeit wird der Entlüftungsnippel wieder geschlossen und man pumpt von neuem. Das Ganze wiederholt sich, bis die Bremse einen astreinen Bremsdruck aufweist.

Weigert sich eine Bremse hartnäckig, ihrer Aufgabe gerecht zu werden, weil beispielsweise tausende von feinen Luftbläschen in der Bremsflüssigkeit eingeschlossen sind, hervorgerufen durch Wirbelbildungen während der Entlüftungsarbeiten, so gibt es einen alten Trick.

Man pumpt, Nippel geschlossen, Hauptbremszylinder wieder dichtgeschraubt, solange, bis sich ein Bremsdruck aufgebaut hat. Dann bindet man mit einem Stoffstreifen den Hebel für die Vorderradbremse am Handgriff fest. Erzeugt also einen permanenten Bremsdruck.

Nach zwölf Stunden sind alle Luftbläschen durch die Bremsleitung nach oben gewandert und entlüften in den Hauptbremsbehälter, wenn der in Betätigungsrichtung festgelegte Kolben im Hauptbremszylinder wieder gelöst wird.

Wurde der Entlüftungsvorgang abgeschlossen, werden die Entlüftungsnippel gut, aber nicht zu fest (nach "fest" kommt wieder "lose" und dann "ab"), angezogen und mit einer Staubschutzkappe versehen.

Die Schläuche werden abgenommen und verwahrt für's nächste Mal. Alte Bremsflüssigkeit ist nicht mehr zu gebrauchen. Sie darf nicht zum Altöl gekippt werden. Man soll sie in einem alten Bremsflüssigkeitskanister sammeln und bei der Sondermüllsammelstelle abgeben.

Bremsflüssigkeit ist recht giftig und darf weder in den Mund noch in das Erdreich gelangen. Putzlappen gehören wie Öllappen zur Altölsammelstelle!

Falls am Ende zu viel Bremsflüssigkeit im Ausgleichsbehälter steht, schöpft man sie mit einem Löffel aus oder saugt die überflüssige Menge mit einem fusselfreien (!) Lappen auf.

Die angebrochene neue Bremsflüssigkeit verschließt man sorgfältig, damit kein Wasser aus der Luft von der Flüssigkeit aufgenommen werden kann. Bei großen Behältern mit Restmengen empfiehlt es sich, sie in kleinere umzufüllen.

9. Wichtige Werkzeuge für Reparatur und Wartung

9.1. Grundausstattung für die Werkstatt

Bordwerkzeug ist in der Regel von schlechter Qualität und sollte nur wenig benutzt werden. Eine Ausnahme bildet vielleicht der speziell geformte Kerzenschlüssel einiger Motorräder.

Nachfolgend die von uns vorgeschlagene Grundausrüstung, ein Minimum für jeden Schrauber. Nicht hinzuzählen können wir Spezialwerkzeuge. Viele davon kann man durch Improvisation ersetzen, andere muß man kaufen.

1. Maul-Ringschlüssel der Größen: 8mm; 9mm; 10mm (davon zwei Stück); 11mm; 12mm (bei japanischen Motorrädern davon ebenfalls 2 Stück); 13mm (bei nichtjapanischen Motorrädern davon 2 Stück); 14mm; 15mm; 17mm; 19mm; 22mm; 24mm. Von der Seite gesehen hat der Ringschlüssel eine leichte Schräge von vielleicht 15 Grad, zum leichteren Ansetzen des Schlüssels. Ring-Maulschlüssel führen an beiden Enden dasselbe Schraubenmaß. Der Sinn liegt im Kombinieren beider Enden, wenn es eng und schwierig wird.

Will man eine Schraube oder eine Mutter lösen, soll man unbedingt zuerst versuchen, sie mit dem Ringschlüssel zu öffnen. Hierbei werden beim Drehen alle sechs Kanten der Schraube erfaßt. Die Kraftübertragung ist dadurch besser und die Schraubenköpfe bzw. die Muttern werden

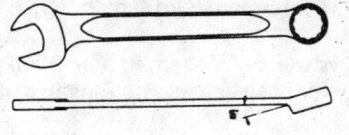

**Maul-Ringschlüssel
Chrome-Alloy-Steel**

Chrom-Vanadium-Stahl

geschont. Erst wenn der Platz nicht reicht soll der Gabelschlüssel in Aktion treten.

2. Einen Kasten mit Steckschlüsseln ("Nußkasten") der Größen: 10mm; 11mm; 12mm; 13mm; 14mm; 15mm; 17mm; 19mm; 22mm; 24mm; 27mm; 30mm. Dazu eine Knarre; eine kurze und eine lange Verlängerung; eine Kardanumlenkung für schwierige Ecken; einen Quergriff.

Beim Kauf sollte man darauf achten, daß die Steckschlüssel (oder "Nüsse") doppelsechskantig sind und nicht einfach sechskantig. So können wir in schwierigen Winkeln beim Aufsetzen des Werkzeuges auf den Schraubenkopf besser hantieren.

3. Ein Satz Schraubendreher (die Maße, wie auch für die Kreuzschlitz-Schraubendreher, dürfen, vor allem was die Gesamtlänge angeht, auch abweichen):

Anzahl Art	Klingbreite		Gesamtlänge	
1 Vergaserschraubendreher	6,0	mm	80	mm
1 Werkstattschraubendreher	3,5	mm	180	mm
1 Werkstattschraubendreher	5,5	mm	220	mm
1 Werkstattschraubendreher	8,0	mm	265	mm
1 Elektrikerschraubendreher	2,5	mm	125	mm
1 Elektrikerschraubendreher	4,0	mm	210	mm

4. Ein Satz Kreuzschlitzschraubendreher nach DIN 5262

Anzahl Art	Klingenform	Gesamtlänge	
1 Kreuzschlitzschraubendreher, kurz	D	80	mm
1 Kreuzschlitzschraubendreher	B	180	mm
1 Kreuzschlitzschraubendreher	B	200	mm

Hier sollte man nur Markenqualität kaufen, weil ansonsten die empfindlichen Kreuzspitzen rasch verschleißen.

5. Ein Satz Inbusschlüssel (Winkelschraubendreher für Innensechskant-schrauben) Größen: 2; 3,5; 3; 4; 5; 6; 8; 10mm

6. Zwei Schlosserhämmer 300g und 800g. Ein Kunststoff- Schonhammer für auswechselbare Einsätze, 400g. .

7. Ein Flachmeißel: Klingenbreite 15mm; Gesamtlänge 120mm. Ein Kreuz-meißel: Klingenbreite 9mm; Gesamtlänge 125mm.

8. Einige Splinttreiber, auch als Durchschlag (fälschlich) oder Schlagstift bezeichnet: Anzahl:

	1	1	1	1
Treibdorndurchmesser:	2mm;	4mm;	6mm;	8mm
Gesamtlänge:	115mm;	150mm;	150mm;	150mm

9. Ein Satz Feilen: eine Flachfeile mittlerer Hieb, ca. 320mm Gesamtlänge; eine Flachfeile feiner Hieb, ca. 250mm Gesamtlänge.
Eine Rundfeile mittlerer Hieb, Durchmesser an der stärksten Stelle ca. 8mm, Gesamtlänge ca. 300mm.

10. Ein Dreikanthohlschaber sowie ein Flachschaber.
Schaber dienen dem Entgraten von Metallteilen. Nach dem Abbau von Motorenteilen sind sie zum Abschaben der Dichtungsreste gut geeignet.

Einen Flachschaber kann man sich recht gut aus einer alten Flachfeile schleifen. Einfach vorn flach und leicht schräg schleifen. Dreikantschaber entstehen aus alten Dreikantfeilen.

11. Eine Wasserpumpenzange
12. Eine Universalgripzange
13. Ein Seitenschneider
14. Eine Flachrund- oder Flachspitzzange mit langen Backen
15. Eine Präzisionsflachzange mit kurzen Backen
16. Eine Bügelsäge mit Metallsägeblättern; eine kleine Puck-Säge ebenfalls mit Metallsägeblättern.
17. Ein Schlagschrauber mit unterschiedlichen Einsätzen
18. Ein Standard-Zweiarmabzieher mittlerer Größe
19. Eine Schraubzwinge mittlerer Größe
20. Ein Drehmomentschlüssel für den Bereich 20 Nm bis 100 Nm
21. Eine Lötlampe, am besten mit Gaskartusche
22. Eine Ölspritzkanne sowie eine Öleinfüllkanne mit Ausgießer (1 Liter)
23. Eine Stahlbürste sowie ein Staubpinsel
24. Eine Schere

An Meßwerkzeugen schlagen wir folgendes vor:

1. Eine Schieblehre mit 1/20 Teilung
2. Ein Fächer Fühlerlehren

Für Arbeiten an der elektrischen Anlage empfehlen wir:

1. Eine Prüflampe mit Prüfspitze und einem Kabel mit Krokodilklemme. Die Lampe soll am besten bis 24 V Bordnetzspannung reichen, das macht sie universeller, aber nicht teurer.
2. Ein Multimeter (Vielfachinstrument) mit einem 20 V-Bereich. Am besten wäre ein Digitalmeßgerät. Der Strombereich sollte mindestens 10 A umfassen. Der Ohmbereich soll einen Zwei- oder Dreiohmmeßbereich besitzen, um auch Kabel und Zuleitungen genau prüfen zu können. Nach oben hin wäre ein Zwanzigkilo- Ohmbereich nützlich (für Kerzenstecker etc.) sowie ein Hochohmbereich von 10 Megaohm, um geöffnete Schalter und auch Elektronikbauteile prüfen zu können.
3. Zwei, je einen Meter lange Meßkabel, an jedem Ende einen Rundstecker, passend in die Aufnahme der Meßbuchse am Meßgerät.
Zwei Meßspitzen zum Anstecken an die Meßkabel. Ebenso zwei Fliegenbein- Klammern (man kann mit diesem Werkzeug Drahtenden oder Bauteilbeine gut umfassen und Meßvorgänge erleichtern).
4. Eine Stroboskoplampe

5. Ein Säureheber, um den Ladezustand von Bleiakkumulatoren prüfen zu können.
6. Eine Flachstecker-Quetschzange
7. Ein Kabelmesser oder eine Abisolierzange

Zusätzlich wären eine Werkbank und ein Schraubstock nützlich. Auf die Werkbank legt man eine dünne Blechplatte, um das Holz zu schonen und um keine Holzspäne in den Motor zu befördern, während man daran schraubt.

An besonderen Geräten hat sich ein Doppelschleifbock mit einem groben und einem feinen Schleifstein (zum Ab- und Zuschleifen von Metallteilen sowie für das Anschleifen von Bohrer, Meißel und feingearbeiteten Metallteilen etc.) bestens bewährt.

Des weiteren eine Trennschleifmaschine ("Flex"), deren extrem dünne Scheibe auch gehärtete Teile wie Butter durchtrennt.

Dies alles ist viel und kostet auch entsprechend. Doch wenn man nach· Bedarf einkauft und hierzu diese Liste verwendet, bekommt man bald eine stattliche Ausrüstung zusammen, mit der man auch universell am Auto arbeiten kann.

9.2. Bordwerkzeug und Zubehör

Als Bordwerkzeug für die Fahrten im Landkreis, genügt für gewöhnlich das serienmäßige. Während das japanische Bordwerkzeug immer noch von schlechter Qualität ist, gibt es hin und wieder Hersteller, die gutes Werkzeug spendieren (BMW z.B.). Wer's nicht mag, tauscht sein schlechtes nach und nach gegen gutes Werkzeug aus. Manchmal hat man spezielle Tips dabei, z.B. Ventilausheber bei DOHC-Motoren mit Tassenstößeln oder einen Speichenschlüssel für Drahtspeichenräder.

Als Zubehör nimmt man immer einen Satz Zündkerzen mit, ein Reifenreparaturset mit Montiereisen und Luftpumpe. Bei schlauchlosen Rädern ein Schlauchlos- Reparaturset mit Füllpatronen zum Ersetzen der Reifenluft.

Ein Verbandskästchen sowie ein paar Putzlappen würde das Ganze abrunden.

Bordwerkzeug und Zubehör auf großer Fahrt
Neben dem oben erwähnten Outfit kommt hinzu:
1. Ein kleiner Schlosserhammer
2. Eine Montagespitzzange für Innen- und Außensicherung. Sie kann, mit zwei feinen Spitzen versehen, zwei Seegerringzangen im Notfall ersetzen.
3. Eine Flachstecker-Quetschzange sowie ein kleines Sortiment Flachstecker.
4. Eine Wasserpumpenzange

410

5. Ein Satz Innensechskantschlüssel (Inbus), falls solche Schrauben an der Maschine vorhanden sind.
6. Eine kleine Flachfeile 7. Ein großer Schraubendreher, auch als Hebelwerkzeug einsetzbar.
8. Ein Splinttreiber, 4mm Treibdorndurchmesser
9. Ein kleiner Flachmeißel
10. Passende große Gabel- oder Ringschlüssel.
11. Ein Dorn mit einem Durchmesser von 8mm und einer Länge von ca. 250mm. Zum Austreiben von Bolzen, Achsen und als Knebel insgesamt gut zu gebrauchen.
12. Ein Reifendruckprüfer. Speziell im Süden gibt es nicht überall gute Luftdruckmesser.

Als Zubehör:
1. Eine Taschen- oder Kabellampe mit Stecker für die evtl. vorhandene (oder nachträglich anbaubare) Bordnetzsteckdose.
2. Eine Tube Lagerfett
3. Ein Liter Reserveöl im Schraubbehälter
4. Bei Kettenmotorrädern eine Dose Kettenspray
5. Ein Satz Glühlampen (im Ausland gibt es manchmal Schwierigkeiten welche zu bekommen).
6. Eine kleine Rolle Draht. Schon mancher Auspuff wurde damit wieder festgezwirbelt.
7. Eine kleine Rolle Elektrokabel 0,75mm
8. Ein kleiner Satz Splinte, falls versplintete Schrauben an Bord sind.
9. Eine Dose mit einem kleinen Sortiment Schrauben und Muttern (M5; M6; M8; M10 bzw. Spezialschrauben und -muttern).
10. Ein Reserve-Reifenventil plus Abdeckschraubkappe
11. Ein Satz Unterbrecherkontakte.
12. Ein Reserve-Kerzenstecker

An Ersatzteilen muß jeder selber überlegen, was ihm für seine Maschine notwendig erscheint (z.B. Reserve-Seilzüge). Dabei wäre es wichtig, alle Teile die nicht mehr so berauschend gut (z.B. Antriebskette, Speichen, Reifenschlauch, etc.) oder anfällig erscheinen (z.B. bestimmte Wellendichtringe oder Gummimanschetten) sicherheitshalber mitzunehmen.

10. Einmotten und Überwintern

Eine geheizte und trockene Garage ist gewiß der Traum eines jeden Motorradbesitzers. Besonders wenn es kälter wird, und die Maschine abgemeldet vor der Tür steht. In allen Fällen empfiehlt es sich, das Motorrad auf die lange Standzeit vorzubereiten. Beginnen wir mit einer Checkliste:

1. Motorrad dampfstrahlen oder zumindestens gründlich reinigen
2. Kraftstofftank auffüllen, jedoch etwas Platz lassen zwischen Kraftstoffspiegel und Tankdeckel für den Volumenausgleich der Flüssigkeit bei Temperaturschwankungen.

   Eine andere Methode ist das Ausschwenken des abgebauten Tankes mit einer Öl- Kraftstoffmischung, die man anschließend in dem Altöl-Sammelbehälter entsorgt, so daß ein Ölfilm das Innere des Kraftstofftankes bedeckt. Den Tank anschließend, so wie er ist, in einem trockenen Raum lagern. Um die Kraftstoffdämpfe verdunsten zu lassen, läßt man den Tankdeckel noch eine Weile offen.
3. Batterie ausbauen, mit destilliertem Wasser auffüllen, volladen und kühl lagern. Die Temperatur darf dabei aber nicht unter 0° Celsius fallen, sonst kann eine leere Batterie gefrieren und ihr Gehäuse zerstören.
4. Kraftstoff aus den Schwimmerkammern der Vergaser ablassen. Hierzu gibt es seitlich unten an den Kammern in der Regel Ablaßschrauben, (siehe Bordbuch). In anderen Fällen muß der Schwimmerkammerdeckel gänzlich abgeschraubt werden. Der Kraftstoff bildet zusammen mit Kondenswasser eine Emulsion, deren Ablagerungen an Düsen und Kammerboden nur durch sorgfältige Reinigungsarbeiten wieder zu entfernen sind. Sie verhindern im Frühjahr das einwandfreie Starten und führen zu Leistungsverlusten.
5. Frisches Motoröl sollte das alte ersetzen, denn dieses hat durch Verbrennungsrückstände Ätzwirkung.

   Das frische Öl durch Betätigen des Starters im Motor verteilen. Jedoch den Motor auf keinen Fall starten.
6. Um ein mögliches Festgehen der Kolbenringe (vor allem sind Zweitaktmotoren gefährdet) zu verhindern und auch die Ventile zu schützen, schraubt man die Zündkerzen heraus, spritzt etwas Motoröl ins Innere der einzelnen Zylinder (20 ccm), dreht den Motor mehrmals durch und schraubt die Kerzen wieder hinein. Das verwirbelte Öl hat sich inzwischen überall im Zylinderraum verteilt und schützt lange Zeit vor Korrosion und Luftfeuchtigkeit.

   Alle zwei Monate soll man den Motor durchdrehen, um den Ölfilm zwischen Kolbenringen und Zylinderwandung zu erneuern, weil das Öl an diesen Stellen abgelaufen sein kann.

7. Die Maschine mit Sprühöl einnebeln, dabei zuvor die Bremsscheibe sorgsam mit einem Lappen abdecken, bis das überschüssige Öl abgewischt wurde. Dann das Motorrad aufbocken, durch Stützklötze die Räder zum freien Schweben bringen, was den Reifen über die lange Standzeit hinweg guttut. (Wer keinen Hauptständer hat, schiebt das Motorrad jeden Monat auf eine andere Stelle, um so die Reifenkarkasse gleichmäßig zu belasten.) Anschließend legt man ein altes Laken, Spannbett-Tücher haben sich sehr bewährt, über die Maschine, um sie so vor Staub und Schmutz zu schützen.

Plastik ist nicht so gut, weil das Motorrad bei Temperaturschwankungen wie unter einer Käseglocke schwitzt. Das fördert Korrosion ungemein. Diese Art der Abdeckung ist deshalb auch im Freien problematisch, aber nur dann, wenn sie länger als ca. 3 Wochen dauert.

Hat man jedoch keine andere Möglichkeit, so bleibt nur übrig, die Plane alle 3 Wochen zu lüften und das mehrmals während der gesamten Standzeit. Des weiteren empfiehlt es sich dann, die Maschine mit Schutzöl dünn einzusprühen. Atlantik-Radglanz hat sich dabei besonders bewährt (erhältlich in Fahrrad-, Moped- und Motorradläden).

10.1. Wiederinbetriebnahme der Maschine

Nach einer langen Standzeit waschen wir zuerst das Schutzöl von der Auspuffanlage und den Zündkabeln. Erst ganz zum Schluß, wenn die Maschine wieder klar ist, putzen wir die Maschine komplett. Die Batterie wird wieder eingebaut, danach die Zündkerzen herausgenommen und überprüft. Befindet sich noch Öl an den Elektroden, entfernen wir es mit Waschbenzin und trocknen sie.

Der Kraftstofftank wird frisch gefüllt. Dann spülen wir die Schwimmerkammer im Vergaser durch, indem der Kraftstoffhahn und auch die Ablaßschraube am Schwimmerkammerdeckel geöffnet werden. Mit dem Öffnen wartet man allerdings einige Minuten, um der Kammer die Gelegenheit zu geben, sich aufzufüllen. Den durchgeschwemmten Kraftstoff geben wir in den Altöl- Sammelbehälter.

Ohne Zündung drehen wir den Motor anschließend viele Male durch, um das Motoröl im Schmiersystem zu verteilen.

Man tut dies am leichtesten mit herausgeschraubten Zündkerzen.

Danach starten wir den Motor und erhalten ihn auf erhöhter Leerlaufdrehzahl bis er warm geworden ist.

Vor Antritt der Probefahrt reinigen wir die Bremsscheibe sorgfältig mit Nitroverdünnung und prüfen die Bremsen durch kurze Probebremsungen auf Funktion. Bei Trommelbremsen erübrigen sich die Reinigungsarbeiten. Dann kanns losgehen. Bei dieser ersten Fahrt den Motor nicht zu sehr hochdrehen

414

und ihn vorsichtig warmfahren. Womöglich festklebenden Kolbenringen im Zylinder gibt man so die Möglichkeit, sich wieder zu lösen. Andernfalls können sie festbrennen, was Bruch oder mindestens hohen Verschleiß nach sich ziehen kann. Außerdem muß das angesammelte Kondenswasser aus dem Motoröl und dem Motorgehäuse verdampfen.

Quellenverzeichnis und Literaturliste

— **Schmierstoffe und ihre Anwendung**
Wolf Dieter Franke, Carl Hanser Verlag, München, 1971
— **Das Fachbuch vom Automobil-Automotor**
Werner Schwoch, Westermann Verlag, Braunschweig, 1976
— **Fachbuch Kraftfahrzeugtechnik**
Autorenkollektiv, Leitung Dipl. Ing. H. Geschler
Verlag Europa-Lehrmittel, Wuppertal, 1980
— **Fachkunde für Kraftfahrzeugmechaniker und Kfz-Schlosser**
H. Nymphius, K. Schmidt, H. Vollmer
Verlag Giradet, Essen, 1972
— **Motorräder, Motorroller, Mopeds und ihre Instandhaltung**
Autorenkollektiv, Herausgeber Ing. H. Trzebiatorwsky VDI
Fachbuchverlag Dr. Pfanneberg, Gießen, 1955
— **Besser fahren mit dem Motorrad**
Waldemar Burghard, Verlag Klasing & Co, Bielefeld, 1955
— **Motorradtechnik, Analysen und Tests**
Helmut Hütten, Motor-Buch-Verlag, Stuttgart
— **Motorrad-Vergaser, Entwicklung, Typen, Technik, Wartung, Reparatur**
Verlag Bucheli, Zug/Schweiz
— **Die neuen K-Modelle, Technik im Detail**
BMW-Motorrad GmbH & Co, Kundendienst-Schule
— **Zweitakt-Motoren-Tuning**
Christian Riek-Verlag, Eschborn
— **Motorrad und Motorroller**
W. Toelz, Verlag Richard Karl Schmidt & Co, Braunschweig, 1957
— **Das Motorrad und seine Konstruktionen**
von Hamtland-Ptaczowsky
M. Krayn-technischer Verlag GmbH, 1934
— **Motorrad-Renntechnik**
Ing. Michael Heise, Sportverlag-Berlin-West, 1953
— **Tuning vor Speed**
P.E. Irving, Newnes Book, London, 1969
— **Einführung in die Motorradtechnik**
H.W. Bönsch, Motor-Buch-Verlag, Stuttgart, 1986
— **Fortschrittliche Motorrad-Technik, eine Analyse der Motorradentwicklung**
H.W. Bönsch, Motor-Buch-Verlag, Stuttgart, 1985
— **Das große Handbuch für Motorradfahrer**
von Poensgen, Motor-Buch-Verlag, Stuttgart, 1986
— **1000 Tricks für schnelle BMW's**
Hans Joachim Mai, Motor-Buch-Verlag, Stuttgart
— **Geheimnisse der Motocross-Technik**
Jim Gianatsis, Motor-Buch-Verlag, Stuttgart

— **Besser machen - Arbeiten an Motorrädern (Teil 1 & 2)**
Von C. Hertweck Motor-Presse-Verlag, Stuttgart, 1959
— **Der Kupferwurm - Elektrotechnik, Zündung und Lichttechnik an Kraftfahr-zeugen**
Von C. Hertweck, Motor-Presse-Verlag, Stuttgart, 1961
— **Motorrad-Reparatur-Handbuch**
John Thorpe, Motor-Buch-Verlag, Stuttgart
— <u>Werkstatthandbücher:</u>
— **BMW Twins / BSA 350, 500 & 600 Pre-Unit Singles / Ducati 750, 850 & 900 V-Twins / Harley-Davidson Sportsters; Harley-Davidson 'Glides' Norton Commando / Triumph 650 & 750 Twins**
Haynes - Owners-Workshop-Manuals vor Bikes, Sparkford Yeovil, Som, erset, England
— **Honda CX 500 (ab 1978); CX 500 (ab 1980) / Moto Guzzi (V-2) 750, 850, 1000 ab 1974 / Yamaha XS 750 (1976 bis 77) / Yamaha XT, TT & SR 500 (1-Zyl.)**
Verlag Bucheli, Inh. P. Pietsch Zug, Schweiz (Vertrieb über Motor-Buch-Verlag, Stuttgart)
— **Kawasaki GPZ 900 R / Kawasaki GPZ 1000 RX**
Eigenverlag, Kawasaki Heavy Industrie LTD - Motorcykle Group, Akashi-city, Japan
— **Honda CBR 1000 F / Honda CBR 600 F / Honda XL 600 RM / Honda CX 500-500 C**
Eigenverlag, Honda-Motor Co LTD, Tokyo, Japan
— **Suzuki GS 750**
Eigenverlag, Suzuki Motor Co LTD, Hamamatsu, Japan
— **Moto Guzzi V 1000 G5 / Moto Guzzi V 1000 SP**
Eigenverlag, Moto Guzzi S.E.I.M.M., Mandello del Lario, Italien
— **Ducati 900 Damahr / Ducati 900 ss / Ducati 900 replika**
Ducati Meccanica S.P.A., Bolgna, Italien
— **Harley-Davidson XHL Sportster 883; Sportster XLH 1100 / Harley-Davidson FXR Super Glide; FXST Softail; FLST Heritage Softail; FXRT Sport Glide; FLTC Tour Glide Classik; FLHT Elektra Glide-FLHTC Elektra Glide Classik**
Eigenverlag, Harley-Davidson Inc., Milwaukee, Wisconsin, USA;

100 heiße
Schrauber-
tips

Udo Janneck
Ölfuß

Moby Dick

Udo Janneck, Ko-Autor beim „Schrauberhandbuch",
bekennender Schrauber und fähiger Schreiber, hat jetzt
sein eigenes Projekt verwirklicht: 100 heiße
Schraubertips – ein Buch direkt aus der Trickkiste...
Geholfen hat ihm Wolfgang Ußleber, besser bekannt als
„Ölfuß", der Konstrukteur des legendären Red Porsche
Killers – damit hat er bei Fachleuten und Fans den Ruf
eines begnadeten Schraubers weg...
Die Eingeweihten der Motorradzunft hielten ihre
Schraubertips geheim und vererbten sie nur vom Fahrer
auf den Sozius – hier werden sie enthüllt. Trickreich,
aber leicht verständlich. Wie repariere ich kaputte
Gewinde? Warum geht das verflixte Drehmoment nicht
voll auf die verflixte Schraube? Rost und Lack und
Fehlersuche. Und überhaupt: Wenn Motorradfahrer
Spaß am Lesen haben, dann vermutlich mit Büchern wie
den „Schraubertips!"
208 S., DM 26,80
ISBN 3-922843-38-7

Motorrad-Gespanne

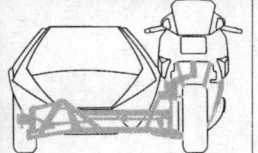

Ralf Heinsohn   Moby 🌀 Dick

Man mag's ja kaum noch sagen, aber auch hier sind wir
wieder die Vorreiter... „Motorrad-Gespanne" ist das erste
umfassende Handbuch über die Brummer mit
Seitenwagen.
Während der Motorradmarkt eine gewisse Sättigung
erkennen läßt, freuen sich allein die Gespannschmieden
über volle Auftragsbücher. Bei den Kombimaschinen
handelt es sich um besonders hochwertige Fahrzeuge,
die das faszinierende Erlebnis des Motorradfahrens mit
echtem Komfort verbinden.
Ralf Heinsohn, Gründer und Chefredakteur der
Motorradzeitschrift „Die Kurve", bringt es fertig, die
komplizierte Bauweise des Gespannes verständlich
darzulegen. Alle bekannten Varianten werden
ausführlich geschildert und durch zahlreiche
Zeichnungen erläutert. Aber damit nicht genug, denn
Gespannfahrer sind Schwärmer. Eine Auswahl der
schönsten Unterwegs-Geschichten mit herrlichen
Farbfotos zieht den Leser in ihren Bann. Und man meint,
das Grollen der schweren Maschinen zu hören...

192 S., Farbfotos, DM 36,00
ISBN 3-922843-53-0